优秀工程造价成果案例集

YOUXIU GONGCHENG ZAOJIA CHENGGUO ANLIJI

（2023年版）

上　　册

北京市建设工程招标投标和造价管理协会　主编

中国计划出版社

·北京·

图书在版编目（ＣＩＰ）数据

优秀工程造价成果案例集 : 2023年版 : 上下册 /
北京市建设工程招标投标和造价管理协会主编. -- 北京 :
中国计划出版社，2024.2
　　ISBN 978-7-5182-1570-6

　　Ⅰ．①优… Ⅱ．①北… Ⅲ．①建筑造价管理－案例
Ⅳ．①TU723.31

　　中国国家版本馆CIP数据核字(2023)第240906号

责任编辑：秦　洁　　　　　　　　封面设计：韩可斌

中国计划出版社出版发行

网址：www.jhpress.com

地址：北京市西城区木樨地北里甲11号国宏大厦C座4层

邮政编码：100038　电话：（010）63906433（发行部）

三河富华印刷包装有限公司印刷

787mm×1092mm　　1/16　　47.75印张　　1057千字

2024年2月第1版　　2024年2月第1次印刷

定价：238.00元（上下册）

本书编委会

主　　任：吴佐民

副 主 任：李　维　付丽娜　于　敏

委　　员：（按姓氏笔画排列）

王　燕　石双全　刘　扬　陈　彪　陈　滨　陈　静

郭冬鑫　唐晓红　彭　博　翟霜梅

编审人员名单

主　　审：李　维　刘　维

编审人员：（按姓氏笔画排列）

王　燕　石双全　平　均　叶双飞　付　欣　刘学华

刘宝华　刘哲宏　齐　权　许威燕　李　凤　李永洁

李　敏　连　欣　吴巧云　宋志红　张卫华　张月玲

张文锐　张立杰　张　洁　陈立荣　陈宝伟　陈　彪

陈　滨　陈　静　季天华　岳　岭　胡定贵　柳书田

徐建军　郭冬鑫　席作红　唐晓红　崔文云　阎美玛

游　燕

序

北京市建设工程招标投标和造价管理协会2023年组织的"优秀工程造价成果奖"评选如期完成。62家会员单位报送的96个项目获得"优秀工程造价成果奖",383名主创人员获得"优秀造价专业人员"称号。协会决定将其中的31家单位的优秀工程造价成果文件结集成书,37位评选专家和163位成果文件主创人员参与了本案例集的编制和审核工作。我向获奖的单位和个人表示衷心的祝贺,也向奉献优秀成果的单位和各位编审人员表示诚挚的感谢!

2017年,国务院办公厅发布《关于促进建筑业持续健康发展的意见》(国办发〔2017〕19号)后,工程总承包、全过程工程咨询等新的工程组织模式发展顺利,对推进建筑产业现代化、促进建筑业持续健康发展起到了积极作用,工程造价成果也呈现多样化。本次评奖,工程造价成果不仅有投资估算、设计概算、工程量清单和最高投标限价编制、工程结算与工程审计、招标代理服务等传统的成果文件,也出现了很多的全过程造价咨询、数字化应用成果,以及上述内容之外的其他类工程造价咨询成果,这也说明工程造价业务在稳固传统业务的基础上,呈现出以工程咨询与投资管理综合类业务,以合同管理、纠纷解决、工程索赔、保险理赔、风险管理的精细化业务,以BIM、虚拟仿真为代表的数字化业务拓展的趋势,非常可喜可贺!

随着建筑工业化、产业数字化的快速发展，工程造价管理工作要与时俱进，积极适应智慧建筑、智慧城市、智慧交通等的供给侧改革和科技进步的发展要求；积极适应低碳、绿色、文明的人类社会共同追求的新发展理念。随着数字技术的发展，传统工作模式中的很多重复性、标准化业务工作终将被人工智能所取代。因此，工程造价管理工作既要稳固传统业务，更要过渡到人、材、机等生产要素，碳、土地、环境、数据等新的资源与管理要素的供应链管理及资源优化配置和项目组织等方向，助力建筑业数字化、网络化、绿色化、智能化发展。希望工程造价行业同仁能够放开视野、积极探索与实践，期待今后在行业内能涌现出更多、更好、更新的工程造价咨询成果。

吴佐民

2024 年 1 月 18 日

目　录

上　册

下　　册

概算及投资估算编审成果篇

招标代理成果篇

清单最高投标限价成果篇

结（决）算编审成果篇

综合类成果篇

全过程工程造价咨询成果篇

某工程建设项目全过程造价咨询成果案例

编写单位：信永中和工程管理有限公司

编写人员：汪　晖　李晓峰　李多姿　魏美欣　李　岚

I　工程概况

一、项目概况

某展览类建筑（以下简称本项目），位于北京市朝阳区奥林匹克公园中心区某地块，规划建设用地面积约为4万 m^2，总建筑面积约24.39万 m^2。其中：东侧主体建筑地下建筑面积约5.76万 m^2，地上建筑面积约8.94万 m^2；西侧配套建筑地下建筑面积约9.69万 m^2。东侧主体建筑地下3层，地上7层（其中第7层为局部建筑）；西侧配套建筑地下4层。地下为车库及各类设备用房、库房、临时展厅、影院及人防设施等；地上1~4层为展厅及接待室，5~7层为办公区、会议室等。建筑檐口高度50m，基坑深度20.4m。本项目为钢筋混凝土框架＋劲性柱＋钢梁＋隔震体系的混合结构，屋盖为钢桁架，桩基采用混凝土灌注桩。结构设计使用年限50年，抗震设防烈度8度。本项目包括红线内市政管线、道路广场、绿化、照明等室外工程和红线外市政工程等。

本项目周边道路、雨水、污水、再生水、供水、燃气、热力、供电、网络等均已规划到位，水、电等市政设施条件完善，施工临时用水、用电可就近接入。项目周边交通便利，可满足施工单位进出场要求。

本项目施工场地狭小，现场无临时施工及办公场地。项目东侧居民区较密集，需考虑扰民及民扰所需费用。项目南侧紧邻地铁及隧道，处于地铁50m保护范围内。

本项目2018年8月26日举行奠基仪式，2021年2月8日竣工，工期共计898天。

本项目获得2020年度结构长城杯金质奖，2021年度建筑长城杯金奖，第十四届中国钢结构金奖工程，并获得2021年度中国建设工程鲁班奖。

二、项目参建单位

本项目参建单位包括建设单位、设计单位、施工单位、监理单位及造价咨询单位等，其中造价咨询单位为信永中和工程管理有限公司。

三、项目特点、难点及应对策略

（一）重点工程，各方对项目高度关注

本工程从2018年8月26日举行奠基仪式、9月10日工程正式开工，到2021年2月8日竣工，历经近900天。在建设单位领导下，由国内顶级的设计、勘察、项目管理、施工、造价、监理等参建单位组成攻坚团队，艰苦奋战、顽强拼搏，协同攻关、精益求精，共同完成了本工程的建设任务。

（二）投资控制的难度大

由于本项目对工期有严格要求，为保障工程顺利进行，在没有施工图的情况下，根据以往类似工程的经验，采用模拟方式编制招标工程量清单，设定招标控制价。本项目在建筑设计上要求庄严肃穆、具有殿堂般的仪式感，涉及多类专业工程设计，要求高、难度大，可参照的数据指标寥寥无几。同时，按照建设单位要求，项目要节俭适用、强化经费使用，力争将投资控制在概算批复内。高标准、严要求，大幅增加了项目动态投资控制的难度，需要在实施过程中不断强化技术与经济的结合，在实施过程中严格控制设计标准，不断修改调整设计图纸、招标控制价，保证项目投资整体受控。

（三）项目复杂，协调配合难度大

本项目使用功能多，既有展厅、办公区、会议区，又有影院、商铺、展品收藏保护区、停车场等多业态，项目建筑布局及造型复杂、节点变化多。实施过程中，总承包施工单位、专业分包单位、材料设备供应商、设计单位、监理单位、咨询单位及代建等多家参建单位，都对工程投资形成了多维度控制，如何在保证工程进度、质量的前提下，协调好各方资源进行投资的有效控制是本项目需要解决的难题。

（四）咨询服务的应对策略

基于项目的上述特点，我公司技术标准委员会、风险控制委员会牵头与项目组经反复讨论，形成了本项目的服务应对策略，即：强化成本与设计的有机结合，在方案设计阶段、招采阶段提前介入，通过技术与经济的有效融合，按照成本控制总目标优化设计、优化设备选型，从源头加大控制。在实施中，通过概算资金分解，按月按季分析、预估成本，将材料、人工价格上涨，各类变更费用动态调整融合到总成本中，使项目成本始终处于受控状态。

1. 决策阶段

决策阶段是确定建设工程造价的重要环节，确定项目投资估算、初步设计概算，对设计单位编制的估算、概算进行分析，及时提供真实数据指标，保证估算、概算工程量编制的基本准确、无漏项，选用的价格信息符合市场水平。审核过程中，充分发挥设

计单位造价人员与设计人员交流便捷、积累估算指标案例多的优势，以及咨询企业快速准确编制招标控制价、通过结算审核掌握材料、设备市场实际价格的优势，协同完成投资估算、设计概算的确定。

2. 设计阶段

对项目设计单位提供的各项设计方案，在投资控制的前提下，依据以往项目经验进行可行性分析，提出优化设计的专业性意见，并对设备选型、材料使用提出相关咨询意见。

3. 发承包阶段

本项目受工期及设计深度所限，总包单位招标工作采用模拟工程量清单招标，这对清单中招标范围、施工标段、清单子目的选择、工程量的编制、设备材料价格确定及合理测算措施项目及费用都提出更高的要求。

4. 施工阶段

这个阶段重点要关注以下两方面：

（1）制订相关管理流程制度，为项目各方在工程投资、质量、进度管理等方面顺利开展创造有利条件，针对合同签订、费用支付、材料采购管理及工程变更管理等工作，与咨询单位、代建单位、监理单位相互配合，制订申报、审批工作流程。

（2）投资控制，投资控制在整个建设项目管理中处于重要而独特的地位。通过编制资金使用计划、成本动态控制表、工程重计量、审核工程变更及现场签证、材料设备认价、工程进度款项拨付控制、合约管理、索赔预警、政策调整、不可预见风险管理这些可能引起工程造价变化的因素，对项目整体投资进行有效管理。

5. 竣工结算阶段

竣工结算阶段重点关注上报结算资料的完整性、合规性及工程量、计价标准的准确性，结算依据的合理性。

II 咨询服务内容及组织模式

一、咨询服务内容

根据签订的服务合同，我公司工作内容主要为估算审核、概算审核、工程量模拟清单编制、工程量清单编制（含控制价）、工程量重计量、项目施工阶段造价控制、竣工决算资料编制等。具体内容如下：

（1）立项阶段：投资估算审核。

（2）设计阶段：概算审核、限价设计成本指标及标准的制订。

（3）招标阶段：编制工程量清单、招标控制价，负责招标过程中的答疑、清标等一切造价咨询工作（包含专业工程暂估价），编制主要项目指标分析表（包括但不限于钢结构、钢筋、混凝土、砌体等主要项目含量、造价指标），协助甲方完成项目成本分析。

（4）施工阶段：即实施阶段造价控制（包括工程款审核、编制施工图预算、清单工程量核算、专项工程招标、材料设备认质认价、工程洽商审核确认、设计变更审核确认、现场签证审核确认、建筑面积计算、目标成本指标编制）。

（5）结算阶段：负责结算审核工作、配合项目整体决算服务工作。

（6）竣工决算阶段：负责工程部分决算资料的整理、归档，满足第三方审计要求。

本项目的BIM服务内容包括：利用BIM技术提高施工图工程量计算的效率和准确性；完善BIM模型，利用BIM模型进行工程量计算，根据设计变更、签证、洽商、工程联系单及时调整模型；形成最终竣工结算模型；随时可应委托人要求提供最新文件、资料及历史文件、历史资料。

二、咨询服务组织模式

（一）造价咨询服务组织

项目组由项目负责合伙人、项目主管经理、项目经理、各专业负责人、各专业审核人员组成，项目组在项目及质量管理上实行层层负责制；项目主管经理对项目组的组建及审核工作全面负责，并受项目负责合伙人领导。项目组在咨询工作中根据工作进度及工作量的需要调整配备相关专业人员，切实满足工程审核进度及审核质量要求。

图1为我项目组根据公司业务质量控制办法，结合本项目建设单位的要求而制订的项目组织示意图。在具体组织上，根据我公司以往组织管理各类大型咨询项目的经验，在项目组中设立项目核心组。

项目核心组的主要工作：对项目目标、项目方案及项目过程中主要问题的解决进行最终确定，并与相关部门保持及时沟通。

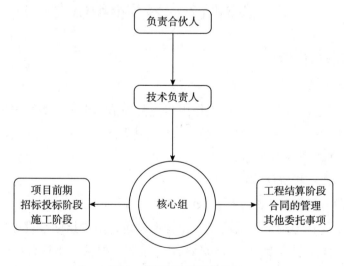

图1　项目组织示意图

咨询服务项目组（图2）构成：我公司在承接项目之初组织有类似工程经验的合伙人、专业技术人员组成专业小组，以事务所专家顾问组提供技术支持，组成全方位的工作团队。项目组成员按各阶段的服务需求，及时提供符合实际的造价咨询服务。

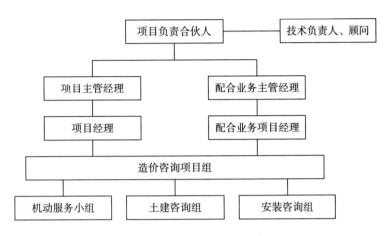

图2 咨询服务项目组示意图

（二）项目组主要成员

项目组主要成员一览表见表1。

表1 项目组主要成员一览表

序号	姓名	专业	职业资格	技术职称	项目职务
1	××	土建	注册造价工程师	高级工程师	项目总负责人
2	××	土建	注册造价工程师	高级工程师	项目顾问
3	××	土建	注册造价工程师	高级工程师	项目主管经理
4	××	土建	造价员	工程师	专业负责人/现场负责人
5	××	安装	造价员	高级工程师	专业负责人/驻场工程师
6	××	安装	注册造价工程师	工程师	专业负责人/驻场工程师
7	××	土建	注册造价工程师	经济师	驻场工程师
8	××	土建	注册造价工程师	工程师	专业工程师
9	××	装饰	注册造价工程师	工程师	专业工程师
10	××	市政园林	注册造价工程师	注册造价工程师	专业工程师
11	××	装饰	造价员	助理工程师	专业工程师
12	××	土建	造价员	工程师	驻建设单位工程师
13	××	安装	注册造价工程师	工程师	专业工程师
14	××	安装	造价员	助理工程师	驻场工程师

（三）造价咨询服务方式

根据委托合同要求，以及本项目造价咨询服务的指导思想和主要目标，为保证完成委托合同的约定任务，提供优质服务，在遵从项目管理总体工作流程的前提下，项目服务过程中我公司采用现场驻场实时咨询与定期咨询相结合的咨询服务方式。

1. 实时咨询服务

根据建设单位的要求，在施工现场及建设单位安排专业人员驻场服务，提供全过程咨询服务。

如：材料设备价格的咨询服务，通过厂家询价、网上询价、参考北京市造价信息等多种方式，分析比较，再与建设单位协商，共同与施工单位商务谈判确定。

变更洽商审核，在项目现场随时进行现场勘查，根据现场实际情况、施工单位上报及代建单位、监理单位确认的单据完成实时审核工作。

2. 定期咨询服务

项目组其他非驻场专业人员定期对工程进度款、项目实施过程中完成的单项（或单位）工程结算、最终的工程竣工结算进行全面的咨询服务。

三、咨询服务工作职责

（一）项目负责合伙人造价咨询分工职责

全面负责项目的总体实施，对工程造价咨询工作进行全面技术把关和指导。与建设单位管理层定期沟通反馈服务进度质量及需协调解决的原则问题，督导项目主管经理的工作按照预期目标进行，并对全过程造价咨询服务的成果进行四级复核。

（二）项目主管经理职责分工

（1）协同项目负责合伙人完成咨询服务技术标准及管理制度的建设和完善工作，使咨询工作规范化、制度化、专业化。

（2）根据项目性质、规模、时间要求等实际需求，结合当时人员承担项目的实际情况，对项目组人员做出妥善安排，报告项目负责合伙人。

（3）指导项目现场负责人草拟项目工作计划、实施方案和工作进度表。

（4）在项目实施阶段，指导和监督项目组现场工作按时按质完成，帮助解决工作中出现的难点和重点问题，审核工作计划、实施方案。

（5）在项目实施阶段，负责二级复核工作，在《工程"审定签署表"复核表》《成果文件复核表》相应审核意见栏签署意见、签名。

（6）在项目完成阶段，就审核过程中发现的重大问题及审核风险向项目负责合伙人汇报，充分沟通后形成文字记录。

（7）负责项目的原则沟通、组织管理、质量与风险控制和报告审核，复核项目报告初稿、附件、提请项目负责合伙人注意事项。

（三）项目现场负责人造价咨询分工职责

（1）拟定项目的具体工作计划、操作方案。

（2）负责项目的具体实施，指导项目中各专业人员开展工作。及时解决工作中的问题，重大问题应及时向上级汇报。

（3）在项目实施阶段，负责一级复核，在《审核交换意见记录表》《工程"审定签署表"复核表》《成果文件复核表》相应审核意见栏签署意见、签名。

（4）组织实施各专业组审核定案工作。组织协调各专业组之间的关系、与客户的关系，协助项目主管经理与客户保持必要的联系。

（5）负责拟写项目报告、提请主管经理注意事项，检查各专业人员工作成果。

（6）根据项目具体情况，积极采取措施，确保良好的工作质量。

（7）负责具体项目报告的征求意见和修改，以及正式报告的制作及发出工作。

（8）负责具体项目信息与资料的完善、收集、项目台账的填写工作及归档工作。

（四）专业负责人造价咨询分工职责

（1）对本专业的工作实施细节进行规划，协助项目现场负责人编写审核报告中涉及本专业的内容、建议。

（2）指导本专业审核人员进行专业工作，检查各专业人员工作成果，就审核过程中发现的本专业问题提出解决方案。

（3）按照有关规定和制订的工作技术规范要求，结合项目实施方案及项目情况，进行工程量、单价、取费标准、市场价格等方面的计算、审核、询证等专业工作，按要求形成专业工作成果。

（4）负责对计算结果和过程进行自查，确保良好的工作质量。

（5）在项目实施阶段，完成初步审核及一级复核表、审核交换意见记录表。

（6）结合工作实际中出现的问题，学习和研究专业知识，提高专业水平。

（五）专业人员造价咨询分工职责

（1）按照有关规定和制订的工作技术规范要求，结合项目实施方案及项目情况，进行工程量、单价、取费标准、市场价格等方面的计算、审核、询证等专业工作，按要求形成专业工作成果。

（2）负责对计算结果和过程进行自查，确保良好的工作质量。

（3）在项目实施阶段，完成初步审核及一级复核表。

（4）结合工作实际中出现的问题，学习和研究专业知识，提高专业水平。

Ⅲ　咨询服务的运作过程

一、咨询服务的理念及思路

我公司项目组在实施全过程造价咨询服务中的总体理念：应符合现行的法律、法规、规章、规范性文件及行业规定要求和相应的标准、规范、技术文件的要求，诚实守信、讲求信誉，体现出公正、公平、公开的执业原则。据此我公司项目组根据委托合同及本项目实际情况，在项目开始之初即确定以下6项基本工作原则贯穿后续服务工作。

（1）总额不变原则：确保经批复的项目初步设计方案及投资概算内完成工程项目建设。投资控制目标作为对本项咨询服务的核心，初步设计概算是投资控制的底线。在全过程造价控制中首先以投资控制目标为基础，分解到工程实施各阶段，在投资控制目标之内，各单位工程的投资计划留有余地。

（2）动态控制原则：在工程实施过程中实行投资的动态控制，通过确立计划、投入、检查、分析、调整等环节，根据概算中各单项工程投资金额，对比实际发生金额，找出偏差的原因，并根据分析的结论纠正偏差，形成对投资目标的动态控制。

（3）预控原则：认真做好项目投资控制的事前分析工作，对可能影响项目投资的自然因素、政策因素进行研究，关注可能引起造价变化的因素，及时反馈给建设单位，并做出造价影响分析、提出相应咨询建议，降低各种因素对投资控制的影响，达到投资控制效果。

（4）贯穿原则：以总承包施工合同为投资控制基础，将投资控制贯穿于设计管理、招标管理、监理管理、采购管理、施工现场管理等各环节中，确保投资控制目标的实现。

（5）投资预警原则：对出现影响使用功能或增加费用较大的变更，及时报告建设单位关注并编制变更预算，为建设单位决策提供依据。

（6）保密原则：本项目为保密工程，项目在实施过程中严守保密规定，相关信息不传播、相关资料线下传递、不与无关人员讨论项目情况。

二、咨询服务的目标及措施

我公司项目组通过对本项目工程设计阶段、发承包阶段、施工阶段及竣工阶段进行相应的咨询服务，并采取相应的控制措施，努力将工程造价控制在批准的投资限额以内，并在项目实施过程中及时发现造价偏差，分析导致造价偏差的原因，及时向建设单位汇报，提出纠正偏差的措施，以保证项目投资管理目标的实现。达到核实工程造价、控制建设成本、规范基建程序、提高基本建设资金使用效益、节约资金投入的目的。为达到上述咨询服务目标，我公司项目组主要通过下列措施对全过程咨询服务的进度、质量进行控制。

（一）进度控制措施

1. 适当、合理配备项目审核人员，确保高效完成委托咨询任务

根据项目的实际情况及投标承诺，中标后立即组成项目团队，适当、合理配备项目专业人员，充分保障项目组成员特别是核心组成员的稳定性，确保持续和高效地完成委托咨询任务。

2. 制订详细的时间计划，结合时间管理系统有效控制项目的执行进度

我公司项目组根据具体业务情况制订详细的时间计划，编制时间进度表，提交建设单位，并在咨询服务过程中严格执行。

我公司的时间管理系统，要求每个项目都要有详细的时间安排和时间进度监控，包括项目的时间预算、时间控制、员工的时间控制、时间利用率评价。在整个项目实施过程中，项目现场负责人、负责经理、负责合伙人可以对项目实时监控，确保项目时间进度的有效执行。

3. 合理、明确的组织分工，是咨询服务工作有序、高效完成的保障

针对本项目的特点和难点，设立项目核心组和检查小组。项目核心组主要职责是统筹协调整个项目的人员安排和时间安排；负责制订总体策略、审核资料清单；负责汇集咨询服务过程中存在的重大问题并及时与建设单位沟通；研究各专业小组提出的共性问题和疑难问题的处理意见等。检查小组主要负责协调本小组内部共性问题和疑难问题的处理；汇集本小组内的重大问题提交核心组。合理明确的组织分工，确保咨询工作有序执行。

4. 建立有效的沟通机制，保证项目高效有序进行

我公司项目组建立了项目阶段报告制度，要求各项目小组将阶段工作进度、审核中发现的重大问题及时反馈给项目负责合伙人或核心组，负责合伙人或核心组将定期召开项目沟通会议，及时讨论和解决项目实施过程中发现的重大问题，并将需各参建单位配合解决的问题汇总反馈给建设单位。

5. 发承包阶段，在建设单位、咨询单位及代建单位允许的情况下，提前介入项目

我公司项目组在建设单位、咨询单位及代建单位允许的情况下，为保证完成项目招标工作的时间安排，根据设计完成情况，提前介入项目工作。设计单位分阶段、分部位交付施工图纸（纸版或电子版），我项目组按照电子版图纸熟悉现场及图纸设计情况，对一些未来变化不大的项目先行导图、计算；预计未来图纸审批中可能发生变化的项目先前期做好基础工作。

（二）质量控制措施

1. 完整的质量控制体系，是确保造价咨询服务质量的基础

我公司秉承和发展了国际事务所的先进理念和管理模式，多年来建立、完善了一整套标准管理体系、执业标准、专业规范和质量控制体系等内部管理制度。在项目管理和实施方面，按照事务所技术标准实行项目经理、主管经理、技术负责人、负责合伙人四级控制制度。同时设立技术部在专业技术委员会领导下对项目实施过程中发现的审核方面的重点和难点问题给予技术支持。

2. 周密的质量控制方案，是确保造价咨询服务质量的手段

我公司项目组在项目准备阶段、实施阶段、完成阶段均制订有周密的质量控制方案，通过信息管理方案、接受资料控制措施、项目组织管理措施、审核成果文件质量控制措施、技术保障措施、职业道德规范措施等各项方案措施的制订，考核项目团队人员认真主动的工作态度、服务意识、解决问题的方式等方面，确保造价咨询服务质量。

3. 咨询工作保障体系的建立，是确保造价咨询服务质量的必要条件

我公司项目组充分秉承事务所的服务优势，以诚信的服务态度，良好的服务手段，客观公正的审核原则，高水准的审核方法开展执业，与建设单位及代建、咨询、监理、设计、施工等各参建单位积极沟通，创造良好和谐的执业环境，为确保造价咨询服务质量创造了必要条件。通过建立定期与建设单位联系汇报制度、工作例会制度、重大问题汇报制度、服务应急预案制度，主动换位思考，加强解决问题的主动性，共同促进，解决问题，以确保咨询服务质量。

三、针对本项目特点及难点的咨询服务实践

通过对本项目的特点、难点分析，可以看出对成本的动态控制贯穿整个项目造价咨询服务工作始终，项目组主要通过以下方式予以妥善解决：

（一）合理确定估算、概算金额

建设项目概算是国家对基本建设实行科学管理和有效监督的重要手段之一，对建设项目概算编制过程和执行情况的监督检查，有利于合理分配投资资金，加强投资计划管理，促进概算编制单位严格执行国家有关概算编制规定和费用标准，防止任意扩大投资规模或出现漏项，最后导致实际造价大幅度突破概算的现象。本项目受整体建设时限要求，项目估算及可研概算审核工作时间有限，在估算及概算编制单位形成成果文件初稿后，我公司项目组同步安排专业人员进行审核、调整工作。

在对估算、概算的审核中，我公司项目组首先对估算、概算指标进行分析，利用以往项目的经验，对标类似项目，协助估算、概算编制单位提高时效性、准确性及费用项目的符合性。在进行指标分析的同时，与施工图设计进行同步比对，及时提供真实指标，保证概算编制的工程量基本准确、无漏项，选用的价格信息符合市场水平，估算、概算金额可以真实反映项目的实际情况。

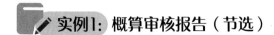

实例1: 概算审核报告（节选）

序号	项目名称	具 体 事 项
一		缺项漏项问题
1	土建工程	未考虑钢结构中钢柱底漆
		未考虑混凝土泵送费
		未考虑楼梯子目
2	安装工程	未考虑封闭母线的工作内容
		未考虑充电桩的工作内容
		未考虑展位箱约3 000台
二		工程量计算错误
1	土建工程	钢筋桁架楼承板工程量计算有误，地上建筑面积9万余 m²，送审楼承板仅有6.3万 m²
2	安装工程	对标类似项目，本项目概算中配电箱数量明显偏少，送审仅有560台
三		材料价格调整
1	土建工程	高建钢，送审综合单价5 600元/t，按照市场参考价调整为7 600元/t
2	安装工程	电力电缆WDZA-YJY4×185+1×95，送审综合单价271.11元/m，按照市场价调整为315.46元/m

（二）及时制订合约规划、划分各专业工程界面

本项目招标之初，我公司项目组即与建设单位、全咨单位、招标代理单位，结合项目情况，拟定合约规划、招标文件、招标范围、总分包界面等相关工作，明确各自分工及工作流程。

1. 项目各管理方的分工

所有招采计划应以合约规划为依据进行编制，范围为工程类、设计类、服务类等招采项目，招采计划应在项目启动招标前编制完成，充分考虑项目的开工顺序、各阶段施工面积大小、场地布置情况、管理难度、招标方式及时间等因素，将合约规划中的各项内容合理地划分成一个或若干个合同，满足项目顺利实施的需求，时间要求应基于工程管理计划进行编制。全咨单位作为工程管理组是招采计划编制的牵头部门，负责对各合同的施工界面进行划分，确定各方的责任及义务，避免出现界面之间的矛盾、冲突或遗漏。我公司项目组作为成本控制组负责对招采方案中投资概算、采购范围与合约规划中投资概算、合同范围的一致性进行复核。招标代理机构负责采购方式的确定：场内公开招标、场外公开招标、直接采购。编制采购分判时，采购项目名称、投资概算（预算）、合同类别、合约关系、采购范围的内容应与合约规划一致。主要成果包括《采购分判》《界面划分》等。

2. 工作流程

成本管理组在项目启动招标前，根据项目计划，编制招采总计划。项目正式实施后，工程管理组根据项目进展情况提出具体的招采需求，成本管理组根据招采需求时间、图纸绘制进度情况，编制季度招标采购计划。在编制招采计划时，充分考虑项目需求，前置工作进展情况，确保招采计划的合理性和可行性。招标采购的时间安排应包括承包人进场时间、合同签订时间、定标时间、开标时间、招标文件发布时间。

（三）按计划完成工程量清单及控制价编制工作

本项目设计单位在招标阶段仅完成了方案设计、平立面图及效果图、专业物料表及部分安装专业系统图，采用模拟方式编制招标工程量清单及设定合理控制价是招标阶段解决无图纸招标的唯一方式。本工程投资额大、专业多、难度大，在建筑设计上要求庄严肃穆、具有殿堂般的仪式感。由于项目的唯一性，造成没有太多可参照的项目指标。如何准确形成招标工程量清单是本工程成本控制的重中之重。

我公司在招标清单编制之初，派出富有丰富经验的专业人员将项目化整为零，用每一个构成项目的基本单元在我公司成本数据库中比对类似项目清单，多次适配形成第一版模拟工程量清单。在与设计、咨询单位共同商讨各项材料设备的材质、型号、规格、品牌后，通过设计单位提供的项目结构形式、混凝土总量、钢材总量、拟采用钢材规格、设备规格、材料做法等相关信息，再结合以往项目经验，修改第一版模拟清单。从接到工作到终稿完成，经过与建设单位、咨询单位、设计单位反复讨论，历经9次调整，模拟清单满足了总费用可控，细节画像越来越接近设计师心中的工程后，于2018年7月26日出具正式版招标工程量清单及招标控制价，控制价从最初的26.36亿元调整为23.14亿元，合理节约了项目投资。

实例2：招标清单编制期间提出的部分工作建议

序号	建　议	具　体　内　容
1	优化设计	造价控制应从源头抓起，如主体建筑在本次招标范围内各单项工程平方米造价排在前三位的分别是钢结构工程 2 021.52 元 /m²、地下结构工程 1 793.96 元 /m²、电气工程 837.20 元 /m²，需与设计单位沟通，其是否可以进行优化设计；本次招标中未招标的暂列工程在深化设计中可以根据实际情况进行限额设计或降低设计要求
2	询价渠道多样化，降低材料成本	总包单位暂估材料如配电箱、水泵、风机、空调机组、锅炉等金额较大的材料设备，业主可多渠道询价，降低材料成本
3	降低材料品牌档次	总体原则在满足使用需求及设计允许的情况下，优先考虑国产品牌，如国产品牌不满足要求的用合资品牌，合资品牌不能满足要求的再考虑进口品牌
4	协调解决问题	标办在招标中清标均采用电子清标，本项目采用招标单位安排专业人员进行清标，需提前与标办沟通协调

在招标控制价编制过程中，针对清单项目特征描述，材料设备拟采用规格、档次等相关内容，与设计单位利用现场会议及函件等各种形式进行商讨确认。

工程项目合约规划

1 招标代理类

一阶段招标代理
- 可行性研究招标代理委托
- 全过程工程咨询招标代理委托
- 设计招标代理委托
- 造价咨询招标代理委托
- 临电招标代理委托
- 监理招标代理委托
- 勘察与支护设计招标代理委托
- 临水招标代理委托
- 施工总包招标代理委托
- 其他招标代理委托

2 咨询评估类

- 全过程工程咨询
- 项目可研（代项目建议书）编制咨询委托
- 环境影响评价咨询委托
- 交通影响评价咨询委托
- 地质灾害危险性评价委托
- 文物勘探报告书编制委托
- 社会稳定风险评估委托
- 勘察成果设计审查委托
- 施工图设计审查咨询委托
- 水影响评价咨询委托（水资源、水影响、水土保持方案）
- 地震安全性评价委托
- 其他

3 造价咨询类

- 概算审核
- 工程量清单编制
- 预算编制
- 施工阶段造价管理
- 结算审查
- 竣工决算编制

4 测量检测类

- 用地钉桩测量委托
- 土地方格网测量委托
- 规划放线
- 基坑第三方检测委托
- 项目沉降观测委托
- 主体结构检验收检测绘委托
- 房产局面积测绘
- 室内环境质量检测委托
- 建筑节能工程检测委托
- 建筑消防验收检测委托
- 防雷接地检测委托
- 锅炉设备检测委托
- 电梯设备检测委托
- 其他

5 勘察、设计类

甲方发包勘察设计类
- 项目初勘、详勘、基坑支护及降水设计
- 结构抗震超限审查论证
- 消防性能化专项论证报告

设计发包
- 项目临水工程设计
- 项目临电工程设计
- 外电源工程设计
- 燃气工程设计
- 热力工程（表前）设计
- 给水工程（表前）设计
- 建筑设计（建筑、电、水、暖、结构）
- 地基处理设计
- 室内装饰设计
- 幕墙设计
- 建筑泛光照明设计（含外立面照明设计）
- 锅炉工程设计
- 中水处理设计
- 附属建筑工程设计
- 太阳能系统设计
- 小市政工程（污水、给水、中水、道路等）设计
- 室外景观工程设计（含景观照明设计）
- 雨水收集系统设计
- 导向标识系统设计（包括室内和室外）
- 绿建三星设计
- 能耗监测设计
- 项目供热规划技术咨询
- 项目供热可行性技术咨询
- 周边道路网方案设计咨询
- 周边道路网排水设计咨询
- 项目消防技术咨询
- 其他设计

施工单位中标或深化商厂深化设计类
- 弱电智能化系统深化设计
- 结构工程深化设计
- 幕墙工程深化设计
- 电梯工程深化设计
- 中水处理系统深化设计
- 锅炉系统深化设计
- 太阳能系统深化设计
- 雨水收集系统深化设计
- 其他深化设计

6 监理类

- 建筑工程监理委托
- 市政工程监理

7 施工与设备采购类

甲方发包
- 临水工程施工
- 临电工程施工
- 临时围墙工程施工

施工总承包
- 基础、主体结构、屋面工程、室内装修、机电暖安装及初初装修
- 土方、边坡支护及降水工程
- 钢结构加工制作
- 幕墙工程
- 室内精装工程
- 消防工程
- 通风空调工程、安装
- 电梯采购、安装
- 泛光照明及景观照明
- 外电源、智能发电机
- 燃气工程
- 热力工程（表前）施工
- 给水工程（表前）施工
- 红线内室外道路工程
- 景观园林工程（室内、室外）
- 导向标识系统工程（含室内、室外）
- 电信
- 及有线电视工程
- 污水处理站安装
- 太阳能系统工程
- 锅炉系统安装
- 雨水回收系统工程
- 弱电智能化工程
- 柴油发电机采购安装
- 人防设备工程
- 数据机房工程
- 其他工程

五、电气工程

1．本清单中包含电气专业动力配电、照明、防雷接地、桥架、电缆等内容。

2．清单中配电箱工程量依据设计院提供的数量编制，电缆、电线依据设计院提供的品牌阻燃耐火A类低压电缆及矿物绝缘耐火电缆考虑。照明灯具考虑相关射灯、筒灯、格栅灯、LED灯带等灯具，其中大堂及展区考虑大型吊花灯，地下车库考虑设置单管、双管吊杆荧光灯，疏散指示灯考虑为智能集中控制型，其余灯具参照雷士品牌档次的价格。断路器、ATSE自动转换开关参照施耐德品牌档次的价格。西区的设备及参数等与东区相同，另暂设一个变配电室。

3．需提供各项系统图。

4．应急照明配电箱中的EPS应给出大致的容量、规格。

5．大规格的电缆、插接母线因影响工程造价较大，设计院应给出大致工程量。

6．照明工程设计院应给出本工程拟采用的灯具使用种类、品牌、规格及大致的使用数量。

7．防雷接地系统未有详细说明，楼顶避雷网与设计沟通后为50×5的铜带作为避雷网，此部分应落实到纸面，总等电位箱、等电位箱应明确位置及数量。

～～～～～～～～～～～～～

（四）顺利完成清标工作

清标工作是发承包阶段的重要环节，投标单位在投标时经常出现不同程度的不平衡报价情况，这就需要我公司在清标过程中发现问题，提出质疑。通过投标单位的澄清回复，既为评标专家提供评标依据，又为今后合同管理、变更费用控制、工程结算等一系统投资管控等奠定基础。

在本项目中，我公司项目组在协助编制招标文件中即明确了："招标人专门成立的清标工作小组将进行现场封闭清标，由具备相应执业资格的专业人员在评标工作开始前完成清标工作。清标成果将提交评标委员会审核确认。清标范围：投标单位的投标报价与基准价相比，上浮15%以上，下浮20%以下且偏差总金额大于5万元的报价，各投标单位分部分项清单及措施费单项报价的平均价为清标基准价。"项目开标后，我公司项目组安排四名专业工程师进行清标工作并完成了清标报告，从各投标单位报价分析、费率情况对比、清标主要问题汇总到工作建议四个方面对投标单位相关报价进行了全面分析并向评审专家提出建议。通过清标工作，共计发现投标单位报价存在各类问题392条，很好地配合了项目招标评审工作。经过评标专家评审，在确定某施工单位为预中标单位后，在签约前我公司项目组又按照建设单位要求再次对预中标单位就投标报价中的有关问题进行确认，得到中标单位的逐项澄清，有力保障了后续项目管理及造价控制的顺利进行。

2018年8月18至19日，××工程施工总承包招标工作清标代表对参与投标的××、××、××、××、××五家单位的商务标进行了清标。

根据招标文件要求，投标单位的投标报价与基准价相比，上浮15%以上，下浮20%以下且偏差总金额大于5万元的进行清标。基准价为投标单位各分部分项清单及措施费单项报价平均价。

一、各家报价及分析

工程名称：××工程　　　　　　　　　　　　　　　　　　　　　　　　　　单位：元

序号	项目名称	××	××	××	××	××
1	投标报价	××	××	××	××	××
2	暂估价（除税）	511 199 476.19				
3	暂列金额（除税）	××				
4	投标评标价	××	××	××	××	××
5	招标控制价	2 314 679 412.26				
6	招标控制价有效价	××				
7	评标价与控制价有效价偏差/%	××	××	××	××	××

（五）建立统一规范的管理制度

建设工程中的各类咨询都是以"全面提升项目投资效益、全面提高工程建设质量、全面实现运营维护增值"为服务目标开展的咨询活动。服务范围应以合同约定的咨询范围为准，贯穿建设项目投资决策、工程建设和项目运营维护全过程。从参建单位划分，有勘察设计、招标代理、造价咨询、监理等不同专业单位，从项目不同建设阶段划分，有投资决策咨询、勘察设计咨询、施工造价咨询，以及专项工程咨询，所以如何让来自不同单位、不同专业背景的人能够遵循相同的工作制度、履行定好的工作程序，在保证足够的人力资源配置及顺畅调度的条件下，高度协同实现项目的一体化管理，最终在满足合规的基础上实现项目的投资控制目标。我们需要制订工作程序、沟通机制、报告体系，以及如何控制各项工作的进度并保证这些工作是有效且高效的。

在施工过程中建立规范有序的工作制度及流程，可确保全过程造价咨询服务工作的严肃性和有效性。在本项目的管理制度中，我们会明确组织结构，从管理架构、管理目标，以及权限职责对未来项目的管控做出相应的制度保障。将动态成本管控表，按照设计变更、工程签证等分类进行审批管理。制订《计量支付管理》《工程结算管理办法》及相关流程图、附表等项工作，为工程后续投资控制做到有据可依、有序进行打下良好的基础。

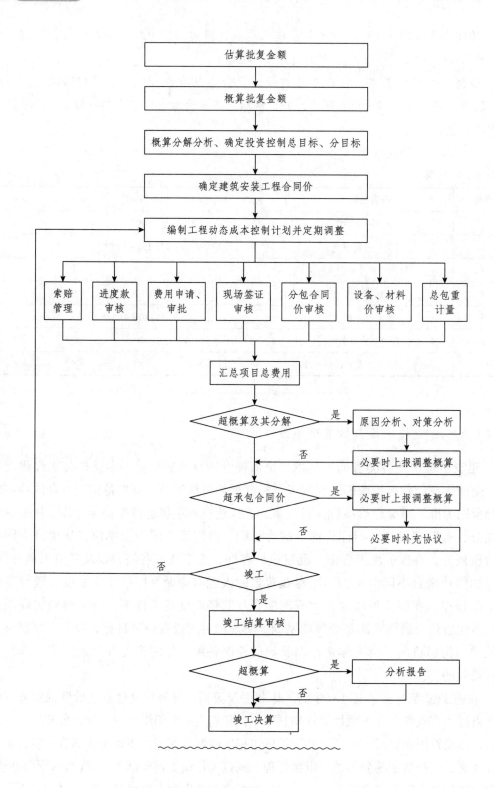

实例7：本项目工程结算办理流程

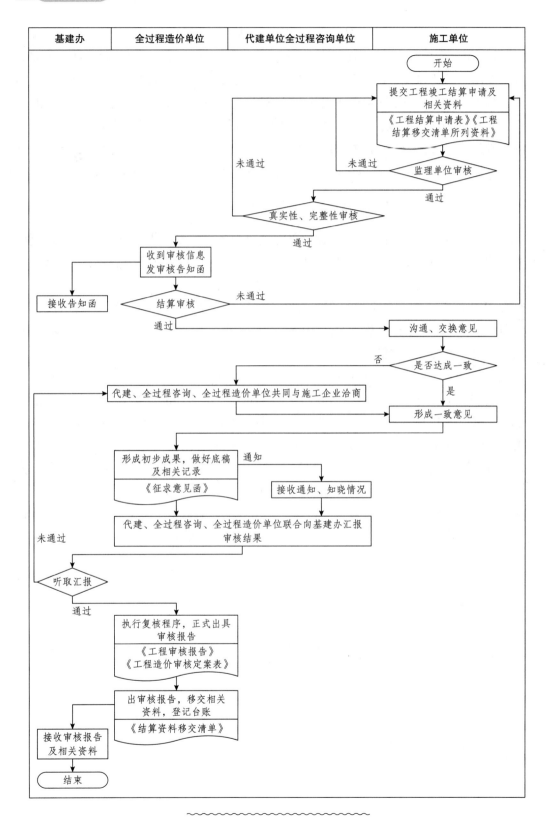

基建办	全过程造价单位	代建单位全过程咨询单位	施工单位

开始

提交工程竣工结算申请及相关资料

《工程结算申请表》《工程结算移交清单所列资料》

监理单位审核

未通过　未通过　通过

真实性、完整性审核

通过

收到审核信息发审核告知函

接收告知函

结算审核

未通过

通过

沟通、交换意见

是否达成一致

否

代建、全过程咨询、全过程造价单位共同与施工企业洽商

是

形成一致意见

形成初步成果，做好底稿及相关记录

《征求意见函》

通知

接收通知、知晓情况

代建、全过程咨询、全过程造价单位联合向基建办汇报审核结果

未通过

听取汇报

通过

执行复核程序，正式出具审核报告

《工程审核报告》《工程造价审核定案表》

出审核报告，移交相关资料，登记台账

《结算资料移交清单》

接收审核报告及相关资料

结束

（六）按项目需要及时完成重计量工作

为落实成本控制、过程管理的需要，同时也为确定与施工图纸相适应的合同金额及施工单位进度款支付的需要，随着设计工作逐步完成，我公司项目组适时启动本工程的重计量工作。经过与施工单位的核对、调整，历经3个月，于2019年11月18日完成《某工程及某工程配套工程重计量编制报告》，主体工程重计量金额与中标价12.8亿元相比，仅相差3 400万元，证明模拟清单编制的基本准确合理。至此，本项目具备了动态成本管控的基础条件。后续随着项目的进展及设计图纸的变化，我公司项目组于2020年6月再次针对总包施工范围内图纸进行重计量工作，及时随设计变化动态调整成本控制。

（七）控制总包范围内专业暂估工程招标定价

施工总承包单位范围内的专业暂估工程主要为幕墙工程、精装修工程、弱电工程、泛光照明工程及室外工程等。其中幕墙工程、装修工程、弱电工程不仅费用占比较大，而且材料设备的选择也直接影响工程的品质定位。

在精装修工程中，装修材料多达百余种，仅石材种类就有10余种，装修样式多，线条复杂。项目B1层至F4层层高为10m，序厅、会议厅、报告厅等最大层高为23m，墙面通体铺设各类装饰材料。

外幕墙工程采用大量的浮雕造型石材，额枋、花格墙、柱头、柱础石材浮雕造型不尽相同，共计4.4万 m² 石材幕墙，1.6万 m² 玻璃幕墙，0.54万 m² 金属屋面，包括汉白玉廊柱、花格墙等共16种幕墙系统，且单块石材最大重量达1.5t。其中的汉白玉廊柱每根又由柱础、柱身和柱帽3部分共计33层组成，每层由4块弯弧石材拼接而成，共计132块。

类似品质、规格及加工难度的石材，市场上没有可供参考的成品价格。为了充分掌握材料价格，我公司项目组除通过多种渠道询问石材荒料价格，还配合建设单位进入石材矿区实地考察，通过测算石材荒料价格、出材率与加工费、运输费、企业利润、管理费组合的方式，合理控制石材的材料价格，最终合理确定外幕墙的专业暂估工程招标控制价。

以精装修工程为例，我公司项目组先后完成了五版图纸的费用测算，与设计单位反复协商讨论，最终形成招标控制价，保证了对概算总费用的控制。

✏ 实例8：本项目精装修工程审核招标控制价情况向建设单位汇报主要内容

1．审核情况

与总包核对情况：××月××日与总包沟通，现已完成。送审控制价××万元，初步审核控制价为××万元，最终审核控制价为××万元。

调整原因：

（1）金属类材料单价总承包控制价按××元/m²计入，初步审核控制价根据市场询价调整为××元/m²，调减材料费约××万。

（2）装饰专业人工单价总承包控制价按××元/工日计入，初步审核控制价根据信息价调整为××元/工日，调减人工费约××万。

（3）安装专业人工单价总承包控制价按××元/工日计入，初步审核控制价根据信息价调整为××元/工日，调减人工费约××万。

（4）××工程量部分偏高，审核按实调减约××万。

（5）石材材料单价总承包控制价按××元/m²计入，初步审核控制价根据市场询价调整为××元/m²，调减材料费约××万。

2．设计优化情况

（1）××楼瓷砖共××m²，初步审核时按××元/m²计入，根据设计定档调整为××元/m²，调减材料费××万。

（2）根据设计优化，将××阅览室书柜取消，此部分调减直接费××万。

（3）根据设计优化，减少××地下一层、地下二层部分精装区域，此部分调减直接费××万。

（4）根据设计优化，取消××展厅区域地面自流平做法，此部分调减直接费××万。

（5）根据设计优化，只在门厅、序厅、报告厅做吊顶转换层，其他区域只做吊顶反向支撑，此部分调减××万。

（6）根据设计优化，调减部分灯具单价。

~~~~~~~~~~~~~~~~~

项目原设计施工图中，序厅、前厅、展厅及电梯厅之间设计为超大防火门。本项目超大防火门规格明细表（部分）见表2。

表2　本项目超大防火门规格明细表（部分）

序号	楼层	门号特征描述	尺寸/m		数量/樘
			宽	高	
1	地下一层	钢质超大防火门：DM8370、洞口尺寸8 300×5 000、五金配齐；门饰面：不锈钢仿玫瑰金，表面无特殊花纹	8.3	5	4
2	首层	钢质超大防火门：DM8370、洞口尺寸8 300×5 000、五金配齐；门饰面：不锈钢仿铜，表面无特殊花纹	8.3	5	6
		钢质超大防火门：DM5340、洞口尺寸5 300×4 000、五金配齐；门饰面：石材效果饰面，可为复合石材，仿天使米黄饰面	5.3	4	3
3	二层/三层/四层	钢质超大防火门：DM8370、洞口尺寸8 300×5 000、五金配齐；门饰面：不锈钢仿铜，表面无特殊花纹	8.3	5	4/4/4
		钢质超大防火门：DM5340、洞口尺寸5 300×4 000、五金配齐；门饰面：石材效果饰面，可为复合石材，仿天使米黄饰面	5.3	5	2/2/2

针对超大防火门的选用，2019年9月我公司对几个厂家进行产品询价，各厂家平均报价在2 300万元左右。在询价过程中我们同时了解到，防火门现有检测设备洞口最

大尺寸为5.2m×5.2m，可检测最大防火门尺寸为4.6m×5m，如选用超大防火门检测难度大，且其门轴、开启系统等均需做特殊处理，故报价较高。

综合各厂家意见，我公司项目组及时向建设单位进行汇报，并建议设计单位综合考虑造价因素结合现有技术进行论证。在满足消防要求、又不影响室内设计风格的情况下出具最优解决方案。最终设计单位将其中一部分超大防火门改为防火卷帘。另一部分超大防火门更改门体高度，变更为常规防火门，此项建议为本项目节约投资逾千万。

（八）按照成本控制目标参与设计优化

项目建设中受概算上限控制，项目资金与所要完成的内容相比较紧张，因此必须对各项设计进行限额设计、优化设计，加强技术和经济的结合力度。在满足总体使用功能的前提下，区分不同功能空间，调整装饰材料或非主要设备的规格、档次，建设单位、咨询单位、代建单位及造价咨询单位协同配合，共同对费用进行控制。一是通过方案测算将成本费用提供给设计单位，同时提供以往类似案例的实际成本数据查找偏差，由设计人员对方案进行局部的设计优化，经反复修改、测算，直到在满足建设单位使用需求的情况下，将费用控制在目标内。二是通过对总承包单位提供的分包价格进行审核，减少不合理计费，控制分包的招标限价。

以本工程外幕墙为例，控制幕墙费用的要点主要在幕墙形式、幕墙单元分格、材料品牌、玻璃、石材、龙骨类型等几个方面。幕墙节点构造见图3。

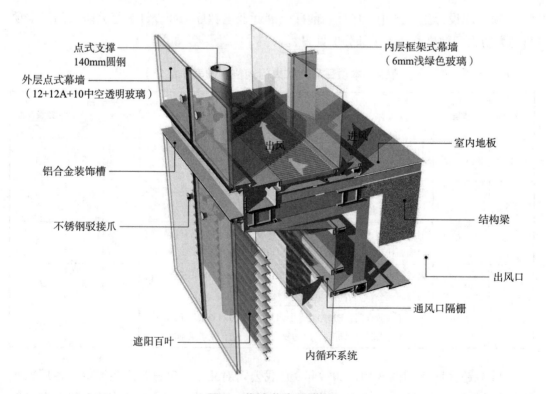

图3 幕墙节点构造图

常见的幕墙材质包括玻璃、石材、金属，做法分框架明框幕墙、隐框、半隐框（横明竖隐、横隐竖明）、点式玻璃幕墙、双层呼吸式玻璃幕墙、单元式玻璃幕墙等。

幕墙的价格由人工、材料和其他费用组成，人工费随幕墙形式和施工方法的不同而变化，材料费由面材、骨架和其他材料组成。当面材确定后，影响材料费的主要就是骨架的组成，骨架的做法又受到幕墙分格的影响，因此同一个工程幕墙价格的不同是由幕墙分格不同决定的。同样立面投影面积的幕墙，价格因幕墙形式不同，会产生很大的变化，如纯平面玻璃幕墙、玻璃与石材组合幕墙、凹凸窗玻璃、铝板、石材组合幕墙的价格会相差很大。当然，材料品牌、原材料价格波动都会引起幕墙材料价格波动，如铝锭价格波动引起铝型材、铝板等材料价格波动，钢材价格波动引起钢龙骨、钢结构、钢转接件和预埋件等材料价格波动。

在本项目中，我公司项目组首先根据招标图及技术规格书进行工程量清单编制，同步进行材料询价。通过选择计算的标准单元，计算外挂材料、埋件、龙骨、转接件、挂件、开启率、密封胶、胶条、防火层等对幕墙实际成本进行测算，并将测算结果及材料厂家的合理化建议及时反馈给设计单位，优化、调整设计方案。

经过设计人员对方案进行局部的设计优化，调整龙骨厚度、石材造型，在满足建设单位使用需求的情况下，我公司项目组协助设计单位将费用控制在合理目标内，同时对总承包单位提供的分包价格进行审核，减少不合理计费，控制分包的招标限价。

（九）及时对设计变更、洽商、签证进行审核

在项目实施过程中，我公司项目组严格执行各项规定，针对申报的各项设计变更、洽商、签证做到及时审核、及时沟通，为建设单位的变更决策提供成本调控数据。建设期间共出具各类咨询意见130份、审核设计变更570份、洽商103份、签证416份。

如编号为21A-A-083-1的精装修设计变更为大厅天井做法调整变更，涉及天井面积约2 000m²，第一版设计变更采用2mm厚木纹转印铝板包封，经询价按260元/m²测算材料费约需52万元，我公司项目组及时提示建设单位该变更成本较高，是否可修改设计，在得到建设单位的同意后，我公司项目组及时与设计单位沟通，在不改变设计意图的前提下，最终将2mm厚木纹转印铝板变更调整为4mm厚铝塑板，仅此一项材料调整节省投资金额约20万。由于沟通及时，该变更既节省了投资又未影响正常施工，取得了良好的经济效益。

实例9：本项目出具咨询意见目录（部分）

序号	文件夹名称	文件内容	咨询意见出具时间
一	前期咨询意见		
1	2017BJECC10025-ZX-Q001	××工程交通影响评估合同的咨询意见	2018.09.08

序号	文件夹名称	文件内容	咨询意见出具时间
2	2017BJECC10025-ZX-Q002	××工程社会稳定风险评估合同的咨询意见	2018.09.08
3	2017BJECC10025-ZX-Q003	××工程地质灾害危害评估合同的咨询意见	2018.09.08
4	2017BJECC10025-ZX-Q004	××工程建设项目勘察合同审查的咨询意见	2018.09.08
5	2017BJECC10025-ZX-Q005	××工程建设项目考古勘探合同的咨询意见	2018.09.08
6	2017BJECC10025-ZX-Q006	××工程抗震设防专项合同的咨询意见	2018.09.08
7	2017BJECC10025-ZX-Q007	××工程勘察及岩土工作合同的咨询意见	2018.09.08
…			
40	2017BJECC10025-BZY-ZX047	××程燃气工程设计概算的咨询意见	2020.03.30
41	2017BJECC10025-BZY-ZX048	××工程外部雨污水工程的咨询意见	2020.05.26
42	2017BJECC10025-BZY-ZX049	××工程电梯招采限价的咨询意见	2020.05.31
43	2017BJECC10025-BZY-ZX050	××工程空调设备招采限价的咨询意见	2020.05.31
44	2017BJECC10025-BZY-ZX051	××工程隔震支座招采限价的咨询意见	2020.06.02
45	2017BJECC10025-BZY-ZX052	××工程热力施工图设计费的咨询意见	2020.07.03

（十）严格进行材料设备的询价、认价工作

在项目建设之初，我公司项目组就将整个项目的材料设备选型、价格作为控制重点，并且材料设备的选择也直接影响工程的品质定位。本项目采用了大量新技术和非常规材料，同时又采用了大量有代表意义的重要国产材料。

为保证所选用设备材料质量优秀、价格合理，我公司项目组共对包括柴油发电机、锅炉、电梯、隔震支座、铜门、超大防火门、泛光照明灯具、空调、弱电设备、石材、汉白玉等49类产品几百种材料、设备进行询价、认价，从整体上保证了材料费用可控、质优价廉。

1. 隔震支座的价格确认

隔震支座属于一种新型的结构部件，其应用会大幅提高项目的抗震水平，可有效降低结构的水平地震作用，有效保护展览馆结构及馆中重要藏品。本项目在地下采用层间隔震技术，共计8种336个隔震支座，承担隔震层以上26万t的荷载重量，实现最大层间位移720mm。设计单位为符合实际施工需求，较原模拟清单时的初步设计方案，重新调整了隔震支座的数量及参数。我公司项目组为合理确认隔震支座的相关费用，利用自身专业能力对经建设单位筛选合格的多个厂家产品进行多轮次询价、比价。在综合考虑产品质量、过往业绩及运输费用、供货时间、安装检测费等条件后，对入围厂家产品从询价比价、厂家考察、优化各项技术参数、二次报价再到商务谈判等多个环节进行筛选。最终将隔震支座单项整体采购价格从3 015万元降至1 996万元，节约投资1 019万元。

2. 电梯的价格确认

本项目在设计之初，共有直梯51部，扶梯64部。按照建设单位的要求，初期我公

司项目组主要是对品牌整机原产国进口产品的电梯设备厂商进行询价。在确定电梯选用原产国进口三大部件即：主机、门机、控制柜主板和变频器，其他部分为合资产品的标准后，我公司项目组对厂家进行第一轮询价，各厂家报价区间在4 700万~6 200万元。随着设计单位修正技术规格书且调整直梯台数为35台后，我公司项目组又分别组织了第二轮次、第三轮次询价，逐步明确了各品牌对应的电梯型号、速度、轿厢内部尺寸、电梯开门尺寸、开门类型、坑底深度、机房位置、曳引机功率、层站召唤和材质、轿厢内扶手、轿厢地板、空调、表面材料等重要细节。

在建设单位领导下，我公司项目组根据前期掌握的资料及概算批复，结合项目实际采购需求，形成了本项目电梯采购的最高限价，最终投标限价比第一轮询价降低了45%。

✎ 实例10：本项目电梯询价要求

一、××工程电梯配置要求

序号	电梯类型	电梯编号	配 置 要 求
1	贵宾直梯	L7~L8	整机原产国进口、三大部件（主机、门机、控制柜主板和变频器）原产国进口，分别报价
2	展览相关直梯	L1~L6	三大部件（主机、门机、控制柜主板和变频器）原产国进口
3	扶梯	所有扶梯对应编号	合资品牌梯
4	办公相关直梯、消防梯、货梯等	序号1、2包含编号以外的直梯	合资品牌梯

二、××工程配套建筑项目电梯配置要求

所有直梯和扶梯配置要求为合资品牌梯。

三、其他相关要求

1．××工程和××工程配套建筑项目需分别报价。

2．大载重电梯、液压升降平台、杂物电梯（食梯）如无匹配梯型可不报价。

3．具体技术要求以图纸、技术规格书、答疑文件要求为准，表述不一致的以较高要求为准。

4．整机进口产品要求：需提供原产地证明及整机进口报关单，所选型号档次不低于三大部件进口型号。

5．三大部件进口产品要求：需提供部件原产地证明及进口报关单，建议型号如下：

品　　牌	型号（电梯编号L1~L6）	型号（电梯编号L7~L8）
××	××	××
××	××	××
××	××	××

品　　牌	型号（电梯编号L1~L6）	型号（电梯编号L7~L8）
××	××	××
××	××	××

6. 合资品牌梯产品要求：须为不低于原产国引进技术的合资品牌，主机、门机、控制柜主板和变频器等主要部件须为本工厂生产。

（十一）持续做好动态成本控制

本项目涉及大量施工类总、分包合同，建设期内又遇建筑材料、人工费用价格大幅上涨，以及新冠疫情影响，上述影响因素均需要按照市场价格波动及疫情费用补偿调整合同总金额，这给在概算内控制建设资金，增加了巨大的不确定性。

为此，做好项目动态成本分析是投资控制的最直观体现，我公司项目组以最终批复的概算为项目成本目标，凭借专业经验，将实施中实际发生的项目成本及预估即将发生的项目成本进行有效的动态投资控制分析，及时为项目投资控制预警，并为建设单位及时纠正与控制即将发生与已经发生的成本偏差提供合理化建议，为建设单位下一步决策提供参考依据。

1. 日常工作中对动态成本的控制要求

（1）全面控制。把成本目标控制的概念落实到所有参建单位，建设单位、设计单位、代建单位、监理单位甚至是施工单位，真正树立起全员控制的观念。

（2）概算控制。以概算为龙头，做到事先计划、事中控制的核心思想。项目成本的分解依据、成本要素和项目进度计划等分解形成成本体系，为成本控制提供依据。

（3）实时控制。实时准确反馈项目工程动态成本，将各项成本控制在概算范围内，加强合同管理，实时归集成本，便于掌握每一时点的成本费用状态。

（4）预警系统。对超出投资概算范围的费用支出及时进行预警，使各项工作在概算总费用控制中。

（5）动态调整。根据项目的实时成本控制情况，针对不同阶段的投资概算要求，进行系统调整。

（6）动态成本变动分析。我公司在记录每一笔动态成本变化时，必须对动态成本变化原因进行分析，分类记录在"成本变动"栏中。如：因为规划方案、建筑设计、结构设计、建设方需求等改变而引起成本变化的设计变更；施工过程中，由承包人根据承包合同约定而提出的关于零星用工量、零星用机械量或工程变更导致返工量、合同外新增零星工程量的确认的现场签证；由于市场变化造成建筑材料、人工等的价格调整而引起成本变化的原因；由于编制投资概算时，预估不足或者过大而引起成本变化的预估偏差。

2. 日常工作中动态成本控制的部分成果

我公司项目组根据概算总体规划进行资金分解，及时进行费用预估，按月、按季、按年共编制完成27份《项目成本分析动态表》，分析表中包括项目各单项工程的概算批复金额、合同金额、重计量金额、变更洽商金额、预估后期发生金额、节余金额及进度款付款金额等各项数据，以便建设单位及时掌握投资及资金剩余情况。后期随着工程建设进度加快，投资控制难度加大，我公司项目组在按月出具资金使用情况动态分析的基础上，每周编制成本周报供建设单位及时掌握资金情况，月报及周报主要包括项目概述、工程招标情况、合同管理、支付管理、咨询意见、变更与签证审核、材料设备询价、下期计划及附件等内容。同时我公司项目组还以专题汇报的形式，及时向建设单位汇报投资情况的变化，以便建设单位及时掌握项目资金情况。

如2020年7月第二次重计量工作完成后，我公司项目组在进行项目动态成本分析时发现，项目主体工程预计发生成本19.89亿元，与概算批复金额相比仅有1.72亿元余额，其中工程费用余额0.42亿元，建设工程其他费节余0.47亿元，预备费0.83亿元。同期，各专项工程施工仍有部分设计变更和工程洽商正在发生，当时新冠疫情影响导致的相关费用等也还未确认。经对上述情况进行分析后，得出项目投资有超资风险的结论，需进一步加强相关项目成本控制。为此，我公司项目组及时向建设单位发出成本预警分析，建议建设单位一是要避免大的设计变更增加成本；二是在装修选材、弱电设备选用上要对照投标清单进行严格控制，避免成本大幅度增加。类似上述动态成本分析贯穿整个项目投资控制的始终。

（十二）分阶段结算，保证项目按期完成结算审核工作

项目竣工，施工单位经过半年多时间的准备，于2021年12月报送了本项目结算。尽管我们在施工过程中将成本控制在了概算内，但是否将施工单位的实际费用控制在概算内，成为检验我们成功控制成本的关键。

为加快工程结算审核进度，我公司项目组将工程结算工作分成两个阶段，第一阶段以经过代建单位、监理单位、全过程咨询单位审核确认的施工图为基础，依据合同条款确定结算审核原则后进行审核。第二阶段对满足审核要求、手续齐全的设计变更、工程洽商及签证文件进行结算审核。由于本项目在项目建设过程中存在图纸版本多、深化设计变化多、专业设计单位多、电子版和纸版图纸共存等多种问题，进入竣工结算阶段后，我公司项目组与代建单位一起组织各设计单位、施工总包、专业分包单位同步完善资料的确认手续并进行设备的现场清点移交工作。

经审核，施工单位送审结算中存在部分工程量多计、重复计算、结算未执行原投标价格或未按投标让利组价、新增材料价格没有执行认价且偏离市场价格水平等问题。由于涉及面广，双方分歧较大，建设单位多次主持召开本项目结算专题会议，确定结算原则、解决问题、消除差异。经多方共同努力，2022年12月，施工总承包单位最终确认了结算审定金额。至此，在考虑了突发疫情对施工单位的政策性费用补偿后，整体建设费用仍控制在批复概算内并有部分结余资金。

📝 案例11：本工程结算审核工程现场勘察记录

项目名称：××工程建筑项目

勘查日期：20××年××月××日至20××年××月××日

建设单位	××	现场勘察人	××
施工单位	××	现场勘察人	××
审核单位	信永中和工程管理有限公司	现场勘察人	××
监理单位	××	现场勘察人	××
使用单位	××	现场勘察人	××

查勘项目：××工程建筑项目施工现场设备清点

查勘记录：

1.主体工程共计997台配电箱需现场清点，其中B2层库区及7层南区51台配电箱、83台动力照明配电箱；层顶隐蔽77台T接箱、13台应急照明配电箱未找到，其余配电箱均与现场一致。

2.配套工程共计665台配电箱需现场清点，其中层顶隐蔽83台动力照明配电箱、121台T接箱、32台电伴热配电箱现场未找到，其余配电箱均与现场一致。

3.主体及配套工程有119台、243台水泵设备需现场清点，经清点水泵设备均与现场一致。

4.主体工程共计1 183台暖通设备（风机、空调设备、空调水泵等）需现场清点，其中主体B2层库区、气灭钢瓶间、7层南侧区域等涉及风机、空调机组等27台暂未清点；热空气幕依据图纸核现场情况，只有30台，其余属于层顶隐蔽或部分房间未开门有56台风机、泵类等设备暂未清点，其余设备均与现场一致。

5.配套工程共计572台暖通设备（风机、空调设备、空调水泵等）需现场清点，其中131台风机、机组等设备属于层顶隐蔽或部分房间未开门暂未清点，（现场有些风机设备铭牌编号与图纸清单编号不一致，数量暂未计入，此类设备有55台），其余设备均与现场一致。

6.上述未清点设备均属于层顶隐蔽或需馆方审批房间开门的暂未清点，后续由物业、施工单位及监理单位落实。落实后项目组人员再共同确认

〰〰〰〰〰〰〰〰〰〰

📝 案例12：本工程结算审核内部会议纪要（2022年第2期节选）

项目名称：××工程　　　　　　　　会议性质：结算内部例会

会议时间：20××年××月××日星期五下午　　　会议地点：A座16层会议室

会议主题内容：××月××日至××月××日××工程项目结算核对进度及下周工作部署

参会人员：××

一、结算核对进度及情况

1.1　土建：进行核对时间约3天半。混凝土、二次结构、人防门、地下室底板防水、室外防水核对完成；钢屋架初步审核完成；装修核对完成60%；钢筋工程、屋面防水、室内防水、条板墙、门窗工程、变更洽商等未进行核对。其中钢筋工程差距较大：结算送审钢筋工程约××万t，送审金额约××亿元，审核工程量约××万t，审核金额约××亿元。工程量差约××t，金额差约××万元。

1.2 精装1标：进行核对时间约3天。设备间、机房、餐饮配套用房、办公室、强电间、卫生间的合同及量差部分工程量基本核对完。大堂、走廊、化妆室、影视文创区、贵宾休息室中除工程量差距较大的墙面工程外基本核对完成。差距较大的墙面工程量施工单位需要重新计算，变更洽商签证未进行核对，预计下周末工程量核对初步完成。

1.3 精装2标：进行核对时间约5天。合同内及洽商部分工程量核对完成，合同内工程量差距较小，签证核对完成50%，设计变更刚开始进行核对，预计下周末工程量核对初步完成。

1.4 给水排水、消防水：进行核对时间约1天。给水排水专业主要核对工程量差大的部分，下步再核对工程量量差较小的部分，目前的单价方面差距较大。消防水专业施工单位未按照××图纸计算，施工单位记录审核工程量后回去自行核对，至今未收到反馈。

1.5 弱电、消防电：配套消防工程送审金额约××万元，初步审核金额约××万元。消防电专业施工单位按照深化图纸计算，我方按照××图纸计算，两版图纸工程量差距较大。

~~~~~~~~~~~~~~~~

Ⅳ　服务实践成效

一、服务效益

（一）圆满完成服务工作，获得建设单位的高度评价

本项目严格按照概算批复金额控制项目投资，控制中严格执行事前、事中、事后控制，尽量采取主动控制，事前控制。实际执行过程中各阶段如有超概风险，及时查找原因、制订应对方案、编制分析报告报建设单位，与参建各方共同分析，采取调整资金使用计划、优化设计方案或更改采购需求等多项措施，保证项目建设顺利进行。本项目在建设单位的领导下，经参建单位共同努力，通过技术和经济的双结合，最终将建设资金控制在概算批复内，造价咨询单位在成本控制方面交出了令各方满意的答卷，获得建设单位的高度评价。

（二）积累全过程造价控制经验，为企业转型夯实基础

造价咨询企业正处于从传统业务向工程咨询服务的转折期，本项目是基于全过程工程管理中的造价控制，工作的广度、专业知识的深度都面临挑战，但也是机遇。《国务院办公厅关于促进建筑业持续健康发展的意见》《住房城乡建设部关于开展全过程工程咨询试点工作的通知》等文件的颁布，都是为进一步完善工程建设组织模式，推进全过程工程咨询服务发展，加快与国际工程咨询模式接轨，培育具有国际竞争力的工程咨询企业。我们能有机会抢占了业务转型的先机。在项目完成后，我公司项目组即在公

司组织下启动项目工作总结，完善工作底稿、调整部分旧有工作流程，并且基于项目经验，我公司荣幸获邀与东南大学、哈尔滨工业大学等高校一起参与建设部标准化协会组织的"全过程工程咨询标准—造价管理"分册的编制工作。

（三）通过项目实施，获得大量项目数据指标和材料设备价格信息，为后续项目建设积累数据

本项目参建单位及各材料设备供应商均为行业内顶尖企业，通过本项目的咨询服务工作，我公司项目组不仅了解到大量新材料、新技术的应用信息，也积累了许多材料设备信息，为充实公司数据库及后续项目建设积累了丰富经验。

材料设备询价，以往造价咨询人员习惯于按照设计单位提供图纸进行工程量的计算，材料设备价格由建设单位给定或者通过询价平台进行询价，这样通过工程量乘以综合单价形成控制价，并没有更积极地参与到设计优化中，无法给建设单位提供决策用数据，这是我们造价咨询人员急需改进的工作习惯。按照本项目的建设特点和时间要求，我们认为本项目的询价是要在不同的时间节点来进行的，并不是建设单位和设计单位固化了设备选型后我们才去询价。我们按照专业分包工程图纸、技术规格书、拟定的材料设备规格、档次、品种进行询价，并根据厂商报价分析、整理形成汇报材料反馈给建设单位及设计单位，形成概算金额内的招标控制价。我们有专业能力向前端努力，在建设单位有需求的情况下，影响建设单位、设计单位对方案的选择。以往建设单位在设计方案的选定上更多依赖设计单位，但设计单位测算费用方面没有咨询企业专业，咨询企业今后也应该积极介入设计，提供更全面的服务。话语权是靠工作成果决定的，当造价人越来越多地提供有价值的服务，建设单位或是设计单位在决策时就会主动征求造价人的意见，更多关注我们对设计方案经济性的评价意见。

（四）项目团队人员快速成长，已成为其他项目的骨干

我公司从承接本项目的服务到完成竣工结算审核工作，历时近四年时间，其间先后派出20余名专业工程师，涉及建筑、结构、智能化、消防、通风空调、给水排水、电气、市政工程等多专业，基本全天候服务于本项目，白天正常计量计价，晚上开会总结、布置第二天工作。高强度的工作模式、创新的工作方法，使得项目团队所有成员快速成长。通过本工程的造价咨询服务，现有项目团队人员已经迅速成为后续其他项目的骨干力量。

二、经验启示

项目组全体成员参与本项目工作最深的体会是，传统的工程投资控制是基于已有设计方案、施工图纸，按照一定计算规则进行费用控制，重点在于按图计量的准确性。本项目的特点是形成了一套方法，在项目全生命周期内，通过系统性的方法和流程，对项目进行全面规划、组织、协调和控制。包括明确项目目标和范围、制订详细工作计

划、合理分配资源、管理进度和风险、监督项目执行情况、与相关方进行有效沟通等。最大化资源利用效率、控制成本和风险。

在方案设计阶段，通过大量数据指标分析，在满足建设方使用需求的情况下确定投资上限，根据投资控制原则指导设计方案的多轮次优化。建设过程中，通过创建工作流程、标准表单，使建设方→设计方→施工方有效协同，最终在预先设定的投资限额内实现全部使用功能。有效解决了国家重点工程常因工期紧，设计、施工同步，而费用无法同步计量的问题，将传统的串联工作转变为多角色高度协同的并联关系，确保项目按照既定目标和要求顺利进行，以达到预期的成果和效益。

专家点评

本案例为国家级展览馆建设项目的全过程造价咨询服务成果展示。案例思路清晰、内容专业、数据翔实，体现了作者在造价咨询领域的专业素养和丰富经验。作者详细描述了项目的各个阶段造价控制要点、难点，并进行了分析，提出相应的具有针对性和可操作性的解决方案。

该项目具有规模大、专业复杂、定位高、建设标准高等特点，使得投资控制难度很大。项目组成员严谨细致，运用自己的丰富经验及专业的技术，圆满完成了投资控制工作。例如，在招标阶段编制工程量清单及招标控制价时，经过与建设单位、咨询单位、设计单位反复讨论，不断细节画像，由初稿到终稿，经历九版，最终完成了准确成果，为控制投资不超概算打下了坚实基础。在施工过程管理阶段，当预期发生成本不可控的较大风险时，及时向建设单位发出成本预警，建议建设单位优化设计方案，并在材料设备选取上严格控制，避免成本大幅度增加。

总之，本案例突破常规的造价咨询工作模式，采用与设计单位、建设单位联动的做法值得推荐。项目取得了投资可控的优秀成果，得到建设方的认可，获得了委托人的好评。同时，案例提供了大量实际数据，能够为同类项目提供借鉴和参考，值得推荐。

指导及点评专家：付　欣　北京筑标建设工程咨询有限公司

某化工项目全过程造价咨询成果案例

编写单位：北京知信工程咨询有限公司
编写人员：徐素勉　徐冬梅　赵　星　王广琦　任丽萍

I　项目基本情况

一、项目概况

（一）项目背景

2009年某公司自主研发并建设了年产3万吨/年沸腾氯化生产线，2018年5月关键工艺技术全部实现突破，成为国内首家全面掌握、熟练运用沸腾氯化生产技术的企业，在此背景下2020年开工建设6万吨/年氯化法钛白粉项目。项目鸟瞰图见图1。

图1　项目鸟瞰图

作为某公司所属集团十四五规划的重点发展项目和某省市重点项目，该项目符合国家产业政策和某公司所属集团发展战略，得到了政府和社会各界的广泛关注和大力支持。

本项目致力于"中国智造"，项目采用当今世界最先进的沸腾氯化生产技术。某公司在投产后，高档氯化法钛白粉年产量将由原有的6万吨增加至12万吨，行业内领先地位将进一步巩固，同时该项目为塑料、涂料、造纸等行业提供了大量的原材料，带动其他行业的协调发展，实现了化学工业和相关行业互相促进，创造更多的就业机会，减轻社会就业压力，将有力促进当地工业经济转型升级、实现高质量发展，对当地产生一定的社会效益。

（二）项目基本概况

本项目为年产6万吨氯化法钛白生产线，2020年6月正式开工，2021年12月施工完成达到联运试车条件，2022年12月26日完成竣工结算。项目总用地面积21.24万 m^2，建筑面积6.25万 m^2，包含33栋建筑物，43个构筑物，项目结算总投资10.5亿元（含工艺设备费用）。

由于本项目位于某省市工业园区建设单位现有厂区南侧，紧邻老厂，可充分利用现有公共设施和各种资源，并对资源能做到合理配置，有利于节省投资、降低成本、增强产品竞争力、提高经济效益。

（三）参建单位

建设单位：某股份有限公司。
项目管理单位及全过程造价咨询服务单位：北京知信工程咨询有限公司。
设计单位：某工程科技股份有限公司。
主要承建单位：某建筑安装有限责任公司等5家单位。

二、项目特点及难点

（一）项目管理模式

本项目建设单位在运行多年的原有生产线的运维过程中积累了丰富的实际经验。本着节约成本、缩短工期尽快投产的目的，建设单位未采用工业项目传统的EPC工程总承包模式，而是成立了项目建设处，由公司常务副总担任项目总经理，下设项目执行经理及设计科、施工科、综合科、预算科，各科室人员均由行业经验丰富的人员组成。

本项目成本管控由建设单位项目预算科牵头，我公司作为专业的项目管理及造价咨询团队，开展全过程造价管理工作，负责项目成本控制目标实现。主要任务是协助建设单位代表，对项目各管控目标予以总体规划、总体管理，落实各职能部门领导小组安排的各项任务，与建设单位紧密协作，确保本项目的顺利实施。本项目组织架构见图2。

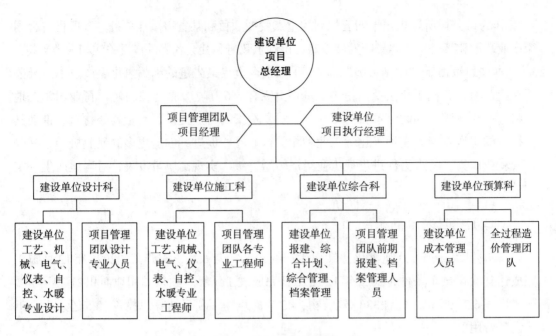

图2　本项目组织架构

（二）项目合约特点

结合本项目管理模式制订合约规划如下：

结合本项目特点及招采形式需要，工艺设备由建设单位自行采购，相应土建工程、设备安装工程、厂区综合管网及管架钢结构工程、园区内道路、路灯工程等采用平行发包模式。

（1）电缆、高低压开关配电柜、工艺设备由建设单位自行采购：

电缆材料用量多涉及金额高，从节约成本的角度考虑，由建设单位自行采购。

因工艺设备的特殊性，无法由一家供应商集中供货，需分别招标。

相应土建工程、机电设备安装工程、厂区综合管网工程、管架钢结构工程、园区内道路、路灯工程等采用平行发包模式。

（2）土建部分分为两个标段：

一标段含甲苯供应站、碱罐区、脱盐水站、四氯化钛罐区、氯化1#、氯化2#、氯化烟囱、氧化1#、氧化2#、配电室、精制、成品库、机柜间、石油焦储运、高钛渣储运。

二标段含后处理、氮氧站、循环水站、配电室、开闭间、中央控制室、消防泵房、冷冻站、污水预处理、雨水提升泵房、中和压滤、蒸发结晶、地磅房、门卫室、卫生间等。

（3）机电设备安装工程包括：建设单位自行采购的工艺设备的安装、各子项内电气系统、仪控系统、工艺管道系统、非标设备制作及安装，综合管网动力及信号电缆。

（4）厂区综合管网工程包括：公用系统管网、地下管网、初雨收集池。

（5）管架结构工程包括：厂区间钢结构管架、管架基础。

（6）总图道路工程包括：厂区内道路、路灯、过道涵洞、排水明渠、雨水收水井、排水支管、雨水箅子、围墙。

（7）园林绿化工程包括：厂区内绿化及景观。

（8）火灾自动报警系统包括：各子项及厂区火灾自动报警。

（9）其他零星工程包括：与老厂区连接的蒸汽管路、工业压力管道、原有办公楼改造、中心化验室改造等。

本项目合约数量众多且繁杂，各合约间界面多有交叉，组织协调工作量大，管理难度较大。本项目合约架构见图3。

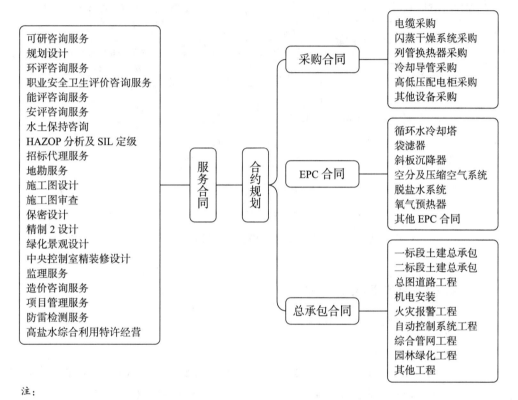

注：

HAZOP分析：指一种结构化的危险分析工具，从系统的角度出发对工程项目或生产装置中潜在的危险具有预先的识别、分析和评价的能力，识别出生产装置设计及操作和维修程序，并提出改进意见和建议，以提高安全性和可操作性，为制订基本防灾措施和应急预案进行决策提供依据。

SIL定级：即安全完整性评级定级、验证、确认。

图3　本项目合约架构图

II　咨询服务内容及组织模式

一、咨询服务内容

建设项目各阶段造价咨询服务清单（图4）包括：投资决策、工程建设和运营维护三个阶段。本项目咨询服务包括：投资决策阶段的投资估算；工程建设阶段的勘察设计、招标采购、工程施工和竣工验收；运营维护阶段的固定资产转增内容。

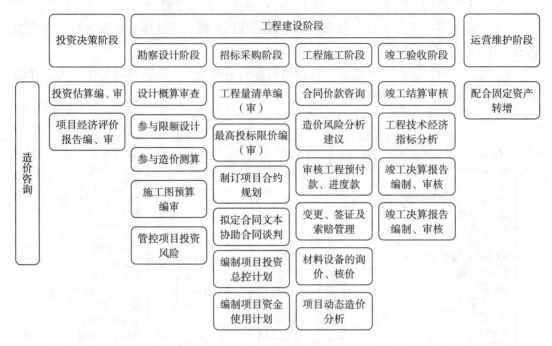

图4　建设项目各阶段造价咨询服务清单

二、咨询服务范围和组织模式

（一）咨询服务范围

本项目采用全过程造价咨询服务，咨询服务范围涵盖投资估算、设计概算、施工招投标、施工全过程管理及竣工结算等，主要包括工程估算、概算审核，工程量清单、招标控制价的编制，协助建设单位对投标报价进行分析、合同谈判等招采工作，施工阶段过程支付审核、洽商变更索赔等审核及争议处理，竣工结算审核，以及配合建设单位进行部分后评价、固定资产转增等事项。

结合本项目，具体工作内容有：概算审核，电缆、配电箱柜等甲供材料采购前期市场调研，建安类工程从招标至结算阶段的全过程造价管理，即：招标清单编制、招标控制价编制、招标文件中合同条款编制，施工过程中进度款审核、现场鉴证确认、新增材料认价、动态成本管控，结算审核等；工艺设备的造价管理工作虽然不在我公司合同约定服务范围内，但仍需配合项目管理团队进行招标阶段的相关工作。

（二）咨询服务组织模式

为实现本项目工程建设的总体目标，保证项目建设投资得到有效控制，遵循高效、精干、务实的原则，本项目组建了公司领导小组总体管控，公司总工办负责质量监督，造价咨询项目负责人为管理核心的组织机构。为更好地满足建设单位对造价咨询服务的要求，根据项目需要，邀请施工、造价管理经验丰富的资深专家作为项目部的强大技术支持，咨询服务组织模式见图5。

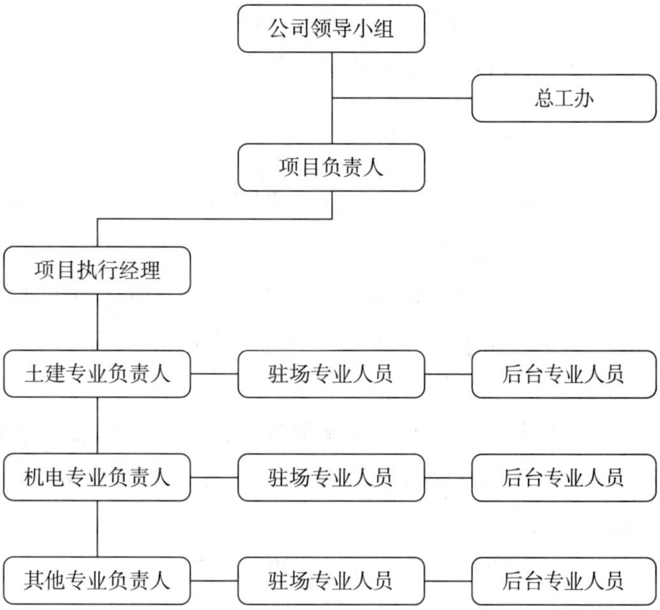

三、咨询服务工作职责

（一）公司领导小组

协调本项目管理及造价咨询工作，由公司常务副总经理、造价事业部业务总监、项目管理事业部业务总监、总工办副总工程师组成公司领导小组，牵头制订全过程项目管理及造价咨询的组织架构、专业分工、管理制度、工作流程等，加强各相关部门之间的横向沟通协作，以保证项目按计划时间竣工并投产。

图5　咨询服务组织模式

（二）总工办

（1）协助公司领导小组，根据项目需求确定全过程造价咨询项目部人员及其岗位职责。

（2）协助项目部制订咨询服务实施方案，并通过季度检查、随访等形式对咨询服务实施方案执行情况进行监督、检查。

（3）在项目实施各阶段对成果文件进行严格质量把控。

（4）根据项目需要提供必要的技术支持。

（三）项目负责人（由造价业务部门负责人担任）

（1）全面主持项目部工作，协调各岗位分工，完善内部组织建设，有计划地安排项目部的各项工作。

（2）编制咨询服务实施方案，并检查监督实施情况。

（3）负责落实建设单位下达的与本项目有关的一切任务、计划、指示，并向建设单位如实反映各种情况。

（4）参加重点合同的起草、评估、谈判和签署，监督合同执行情况并主持处理有关索赔问题。

（5）组织或参加重要的工程造价会议。

（6）对项目重点成果文件进行审核、把关。

（7）对项目动态成本进行管控。

（8）项目造价管理其他相关事宜。

（四）项目执行经理（由造价业务骨干担任）

（1）协助项目负责人做好项目部的管理工作，在项目负责人的授权下主持造价咨询工作。

（2）协助项目负责人落实建设单位下达的与本项目有关的一切任务、计划、指示。

（3）进驻工程现场，在授权范围内处理现场发生的造价咨询业务，并将有关情况及时上报项目负责人。

（4）协助项目负责人编制咨询服务实施方案，并组织实施。

（5）参加各类合同的起草、评估、谈判和签署，监督合同执行情况并参加处理有关索赔问题。

（6）对项目成果文件进行审核、把关。

（7）对项目动态成本进行管控。

（8）项目造价管理其他相关事宜。

（五）驻场造价工程师（由不同专业的经验丰富的造价业务人员组成）

（1）按照项目经理的部署和咨询服务实施方案要求开展业务。

（2）负责造价控制日常工作的具体实施。

（3）负责各类咨询业务成果编制。

（4）负责现场工程量的测量与计价。

（5）负责信息的收集、传递、整理和归档工作。

（6）收发管理与建设单位、施工单位、设计单位等的往来文件，并做好收发文登记。

（7）按我公司《质量体系程序文件》中《文件控制程序》的要求，管理公司文件和资料。

（8）按我公司《资料管理办法》的要求，及时做好资料的收集、标识、分类、编目、组卷、归档等管理工作。

（9）做好造价管理工作会议记录、整理和会议纪要的分发工作。

（10）项目经理安排的其他相关工作。

（六）后台人员

根据项目各阶段不同工作要求，由项目负责人协调公司后台组织相应专业人员参与造价咨询工作，如招标阶段、结算审核阶段工作体量大、要求时间紧，为保证工作质量，后台配备足量的各专业造价工程师，并根据实际工作情况调整人员配置及配合方式（后台协助或项目现场办公），以确保招标工作及竣工结算的进度要求。各专业负责人，对专业文件进行审核及技术支持，并根据需要，由项目执行经理牵头，专业负责人组织本专业工程师召开技术碰头会，进行阶段性咨询工作的交底和技术讨论。

公司层面，由总工办协助项目进行咨询方案制订、通过季度检查、随访等形式对项目整体实施过程进行监督，对成果文件进行最终质量把控，同时，根据项目需要提供必要的技术支持。

III 咨询服务的运作过程

一、咨询服务的理念及思路

我公司将系统性思维应用到工程造价管理中，树立全局意识和大局观，立足于全过程或全生命周期的管理，保证工程各阶段造价管理的整体性和系统性，既反对将工程各阶段的造价管理进行人为拆分或孤立对待；也反对单从造价论造价，而要把造价管理放到整个项目管理中去思考和运行，用管理的手段进行造价控制，用科学的方法避免造价管理过程中的失控、扯皮、浪费等情况的发生，在造价管理中准确地抓重点、抓关键，做到精准发力，从而起到纲举目张、事半功倍的效果。

在本项目咨询工作中，我公司以项目管理、造价咨询相结合的形式，发挥"1+1>2"的专业协作精神，为本项目顺利竣工投产保驾护航。

我公司项目管理团队通过进度跟踪、动态分析、全过程精细化管控，克服重重困难，通过授权顺利完成招标工作，并设置线上审核的高效流程，有效缩短了图审时间，最终保障了项目的精准交付，做到无重大安全事故，质量管理达到合格标准，其中2项单体工程获得"省优质工程"称号。造价咨询团队从项目的估算到施工招标、过程管理、工程结算等每一个环节进行动态管理，将投资金额有效控制在概算范围内，并在结算阶段为建设单位节约资金5 000余万元。

二、咨询服务的目标及措施

（一）投资费用

以经上级集团批准的投资概算作为成本控制目标，从施工招标、施工过程管理、工程结算等每一个环节进行动态管理，将投资金额有效控制在概算范围内。采取的主要措施有以下3个方面：

（1）从建设单位的需求出发，对项目进行功能和成本分析，将技术分析和经济分析紧密结合，在满足使用功能的前提下，使设计方案达到最优化，降低建设投资。

（2）在招标阶段，结合项目实际及招标工程的内容、工期等相关情况，通过对招标方式、合同价款形式、合同商务条款的把控，减少施工单位提出索赔条件，避免索赔机会。

（3）通过月度动态成本报告形式，及时掌握项目实际发生的费用金额，可能发生的变化及风险，及时反馈建设单位并做出应对措施。

（二）过程管理标准化、规范化

建设单位为生产型企业，已有3万吨/年氯化法钛白粉项目建设经验，但建设时间为十年前，近年仅涉及过标的额较小的检维修改造工程，现有的管理制度无法匹配投资额上亿的新建工程。

为降低管理成本、提高工作效率，我公司结合建设单位的企业性质及自身特点，协助建设单位对项目进行标准化、规范化管理。采取的主要措施有以下5个方面：

（1）制订《项目管理实施方案》，对建设、监理、项目管理、造价咨询等相关单位成本控制链条上各相关人员的职责权利进行明确，避免因职责不清造成执行力低下、多头管理而导致成本增加的情况。

（2）依托以往项目管理经验，结合项目实际情况制订《本项目现场管理制度》，对施工现场进行标准化、规范化管理，做到"事事有人管、人人有专责、办事有标准、工作有检查"，大幅提高了工作效率。

（3）制订《项目管理资料和档案成卷规定》，从前期到保修阶段的所有资料组卷进行标准化管理，真实反映项目实际情况，为项目管理、使用、维护、改造、扩建提供可靠依据。

（4）针对本项目国有投资的性质，招标阶段在严格遵守相关法律法规的前提下，结合项目实际情况制订合理的合约规划。

（5）协助建设单位对造价咨询工作进行标准化、规范化管理。对材料价格确认、月工程进度款审核、结算审核等造价相关的工作形成标准流转程序，避免无意义地重复工作、浪费人力物力。

三、针对本项目特点及难点的咨询服务实践

（一）前期及设计阶段

1. 投资估算

造价咨询项目部通过整理拟建项目信息、借鉴已完工并投产的同类建设项目，结合公司相关案例指标库，协助建设单位确定投资估算。

2. 设计概算审核

图纸设计阶段是建设项目投资控制的关键阶段，工业类项目与普通民用建筑不同，以工艺生产流程为主导，在确定了主要工艺设备规格参数基础上再进行厂房及配套设施等相关内容的设计，其概算费用组成也与其他民用建筑有显著区别。

项目部在熟悉工业类项目设计概算的特点，掌握设计图纸主要内容及概算所列工程费用的主要编制内容基础上，对建设单位原有生产线进行了现场踏勘，对项目整体有了更深入、更形象的了解，再通过对设计图纸工程量计算、审核材料、设备价格与市场价格水平差异性、同类型或已建项目横向对比等方式，完成设计概算的审核工作。设计概算明细表见表1。

表1 设计概算明细表

序号	工程项目或费用名称	计算公式	设备购置费	主要材料费	安装工程费	建筑工程费	其他费用	小计	备注
概算总投资 /元		一+二+三+四	××××	××××	××××	××××	××××	98 794.47	
一	建设投资 /元	1.1+1.1+1.3+1.4	××××	××××	××××	××××	××××	××××	
1.1	固定资产费用 /元	①+②	××××	××××	××××	××××	××××	××××	
①	工程费用 /元		××××	××××	××××	××××	—	××××	
②	固定资产其他费用 /元		—	—	—	—	××××	××××	
1.2	无形资产投资 /元		—	—	—	—	—	—	
1.3	其他资产投资 /元		—	—	—	—	××××	××××	
1.4	预备费 /元		—	—	—	—	××××	××××	
二	增值税 /元		××××	××××	××××	××××	××××	××××	
	税率 /%		13	13	9	9	6		
三	建设期资金筹措费 /元		—	—	—	—	××××	××××	
四	铺底流动资金 /元		—	—	—	—	××××	××××	

3. 设计优化

本项目发挥建设单位、设计单位、咨询单位各自技术优势，公司项目管理和造价咨询团队协调、平衡好设计工作的各个方面，通过价值分析、方案比较、设计优化等手段将投资控制落在实处。

我公司组织相关人员对设计图纸进行优化，为建设单位节约了上千万元的建设资金，以下列举几项优化实例：

（1）管架钢结构基础埋深优化：工程所在地冻土层为–1.1m，设计开挖深度为–1.8m，施工时实际开挖后发现持力层为–1.5m，结合实际施工情况经与设计单位多次讨论，对开挖深度进行优化，优化后为–1.5m即混凝土短柱顶面标高以下1.8m，从而减少土方开挖及回填工程量。

（2）后处理厂房防腐范围优化：根据建设单位设计任务书整个后处理厂房均按防腐考虑，经我公司项目管理专业工程师仔细查看图纸并与建设单位专业工程师多次沟通，发现后处理厂房中仅局部区域因生产使用要求必须防腐，且仅需做地面防腐，墙面、顶棚不需要防腐。针对此问题及时向建设单位提出并尽快落实，对不需要防腐的区域取消地面、墙面、顶面防腐设计，取消原设计中需要防腐的局面区域内所有墙面和顶棚的防腐设计。

（3）厂房天棚装修做法优化：设计单位沿用传统的设计方案，全部厂房天棚装修均为抹灰。根据本项目实际情况，结合以往项目的管理经验，此类建筑在实际使用过中因工艺设备运行产生的振动等原因，抹灰层会产生开裂、脱落等现象，影响美观。经与建设单位及设计单位沟通，取消了部分厂房天棚抹灰装修做法，一方面保证项目后续使用质量，另一方面也节省了建设投资。

（4）成品库房屋面排水方案优化：成品库房屋面排水原设计为屋面两侧设置一定坡度的天沟，屋面的水通过天沟以重力流的方式排出。结合工程所在地天气情况，根据以往的项目管理经验，初冬或初春季节屋面积雪白天温度升高时融化缓慢，天沟内积存一定污水，夜晚温度降低时天沟内积水会结冰，导致积水排不出去，当积累到一定程度时天沟承受不住压力会自行脱落；因为屋面排水为重力排水方式，如施工时天沟坡度过小或钢板连接不平整，汛期时屋面雨水不能及时排出，产生积水过多也会造成天沟脱落，经与建设单位及设计单位沟通对屋面排水方案进行优化，将有组织排水改为无组织散排，这样优化后在保证后期使用安全基础上，节省了建设投资。

（5）成品库房钢结构优化：邀请技术经验丰富的资深专家（国家注册一级结构师），对成品库房钢结构图纸进行优化设计，出具深化设计图纸并后附结构计算书，在满足屋面荷载的情况下，最大限度地减少单方用钢量，并就深化方案与建设单位、设计单位多次沟通讨论，最终得到设计单位认可，节省了建设投资。

（二）工程招标阶段

1. **主要工作内容**

工程招标是造价控制的重要手段，通过投标竞争，建设单位择优选定施工单位，有利于降低工程造价，在此阶段本项目有以下主要工作：

（1）根据工业项目特点、设计资料、工期要求、现场施工条件等因素，就发包形式、标段范围、合同形式、合同条款及评标方式等向建设单位提供合理方案，协助编制招标文件。

（2）对于大宗或价值较高的材料、设备，在招投标阶段建议建设单位制订材料、设备品牌范围，既可控制材料、设备的质量，又可限制材料的费用，从而规避了建材市场质量参差不齐可能产生的风险。

（3）准确的工程量清单、合理的招标控制价是保证工程质量、保证工程招标及投资控制圆满完成的重要因素。造价咨询项目部以设计图纸、招标文件、现场实际施工条件、工程材料价格信息、市场价格为依据，编制工程量清单及招标控制价。

2. **工作重点、难点及解决方案**

本阶段的工作重点、难点包括确定合适的招标策略：标段划分建议、发包模式及总分包界定、合同形式的选择、计价方式分析、评标原则确定，以及合理确定招标控制价、合同条款设置等，要针对不同单项或专业工程的特点（总承包及各专业分包、独立承包、设备材料采购等）来确定。

（1）在划分合同标段时，应结合施工工期，如工程体量较大，工期要求较紧，可考虑将整个工程划分为多个标段招标。

（2）在招标文件评标办法设置时，可根据专业特点确定不同的评定标准。如专业分包如果对施工工艺、施工管理方面要求不高，设置评分标准时，可增加商务报价的得分比例，如对专业性要求较高，则可增加技术方案的得分比例。

（3）在划分各合同施工界面时，应根据合同界面所涉及的工作性质分为管理界面和实体界面两大类：

①管理界面：指为完成合同内所涉及的项目工作内容而必需的资源协调、组织分工、职责划分，例如：水电的提供、脚手架的使用、成品保护、垃圾清理、安全防护等工作。管理界面一般通用于总包合同与分包合同，具体实施时，可根据分包合同的范围和实际管理情况进行微调。

②实体界面：与项目直接关联的各分部分项工程之间的界面，与合同结构共同构成项目的全部施工内容。根据实体界面的处理方法与表现形式，又可将其分为范围型、搭接型、前置型、处理型（表2）。

表2　实体界面分类

类型	定　义	举　例
范围型	合同中常产生扯皮的范围组成部分	施工场地周围边坡支护
搭接型	两个合同界面之间需要通过连接在一起才能完成某项任务	电气管线的铺设：总包单位需完成楼板及墙体内暗配管的敷设，分包负责穿线
前置型	一个合同需要为其他合同提供前置工作以便其他合同的便利实施	施工图纸上的所有预留、预埋、开孔等
处理型	为了施工质量，主要工作完成后在合同界面上的细部或修复处理	钢附框与结构洞口间的砂浆后塞工作和防水涂料的涂刷

（4）合同形式及计价形式的选择，要综合建设单位的需求是否明确、设计图纸是否已达到施工图纸的深度、工期等因素来选择。

①本项目四氯化钛储罐制作安装工程、包膜罐及中间水槽制作安装、中央控制室暖通空调工程合同金额较小、工期较短，建设单位要求已明确、设计图纸已达到施工图纸的深度，预计在施工过程中无大的变更洽商，采用固定总价的合同形式。

②本项目土建一、二标段因受设备提资影响较大，考虑到部分子项为按经验提资进行设计，预计在施工过程中会发生变更，合同采用单价合同形式，且设置了钢材价格因市场价格波动调整的合同条款，避免在合同实施过程中因市场价格波动引起主要材料价格涨跌幅度过大的风险，避免建设单位、施工单位双方产生纠纷。

（5）除施工图纸、工期等情况外，市场环境的重大变化会对工程造价产生重要影响，我公司在本项目实施过程中对遇到的以下情况及时进行总结：

①对建安合同中市场波动较大的材料，建议增加"市场价格波动因素引起的材料价格波动"的合同条款，避免建设成本增加的风险。

本项目包膜罐及中间水槽制作安装工程计划工期90个日历天，因工期较短合同条款中未设置"市场价格波动因素引起的材料价格波动"条款，招标控制价编制时材料价格在市场询价基础上考虑了一定涨价因素。但招标控制价编制时间与施工单位收到中标通知书签订合同时间间隔约1个月，期间本工程主要材料"双相不锈钢SS22053"因疫情及国际市场环境因素导致涨幅较大，施工单位在签订合同时提出该材料因涨幅度过大要求调整签约合同价格，建设单位予以拒绝后未与施工单位签约。我公司对该材料进行市场询价发现，确实比招投标时期材料价格超过5%，后经建设单位内部沟通讨论决定重新招标，第二次定标距离第一次定标后约4个月，虽未对总工期造成延误，但二次招标增加了建设成本及风险。

②对本项目中甲供材料电缆，建议以招标控制价为基数，以长江有色金属网长江现货1#铜均价变化幅度为主要调整指标进行投资控制。

因电缆供货价格受其主要原材料—铜的影响较大，招标阶段在合同中约定了市场价格波动因素引起的材料价格波动条款，鉴于公开招标周期较长在编制招标控制价时也考虑了一定比例的市场价格浮动因素。但开标前，投标单位以投标期内铜价急速上涨导致电缆价格大幅上涨，成本价格突破招标控制价为由提出异议。经查询当日长江有色金属网长江现货1#铜均价67 240.00元/t，较招标控制价编制时的59 000.00元/t价格上涨约14%，同时电缆价格确有明显较大涨幅，经与建设单位沟通，建议以原招标控制价为基数，以长江有色金属网长江现货1#铜均价变化幅度为主要调整指标，以可调整控制价形式进行并完成了招标工作，保证了项目顺利实施。

③对金额较小的改造部分项目，建议采用固定总价合同形式。

办公楼改造工程、中心化验室改造工程均为对建设单位原有建筑进行改造作为投产后办公楼使用，建设单位对建筑物改造要求明确且已落实施工方案，但落实施工图纸存在一定难度，且因两项工程预算金额较小不属于必须公开招标范围。综合考虑以上情况，我公司建议合同计价采用固定总价形式。在给定控制价的基础上，采用不提供招标图纸仅提供招标方案，邀请多家施工单位踏勘现场后进行自主报价的形式完成招标工作，避免因工程量、项目的差异造成索赔。建设单位采纳了我公司意见，较好地控制了成本。

3. 主要的质量保证措施

本项目清单及控制价编制过程中采用了我公司根据多年造价咨询工作经验总结编制的《工程量清单及控制价编制自检表》（表3）。自检表中涉及清单及控制价编制的依据、流程及重点关注事项，以便编制人员在自检环节对照检查，避免疏漏。同时，经过项目部专业负责人、项目经理、造价业务部、公司总工办四级复核，保证成果质量完善。

表3　工程量清单及控制价编制自检表（节选）

工程名称：　　　　　　　编制人：　　　　　　　　　　　　时间：

序　号	检 查 内 容	是	否	简　述
1	**资料收集（按规范或操作手册）**			
1.1	拟发布的招标文件是否齐备			
1.2	招标工程图纸是否齐备			
...				
2	**需确认的事项**			
2.1	明确清单编制规则（如2013版国标）			

序　号	检　查　内　容	是	否	简　　述
2.2	工程量清单编制范围是否与招标文件中招标范围、建设单位要求一致			
2.3	是否需分标段招标，标段划分范围是否清晰			
…				
3	**编制程序**			
3.1	是否进行工程量全面计算，底稿工程量是否与清单工程量一致			
3.2	有关联的子目工程量是否相互匹配			
3.3	清单、子目单位是否一致，不一致时工程量换算关系是否正确			
…				
4	**编制说明或编制报告**			
4.1	是否按公司模板编制			
4.2	编制依据、工程概况是否适用于本项目；编制依据是否齐全			
4.3	编制范围是否与招标文件一致			
4.4	关于甲供材、暂列金额、材料及设备暂估价、专业暂估价的计价事项是否在说明中表述清晰			
4.5	各专业说明是否齐备，特别是设计图纸中不明确、清单中暂列做法的项目应重点说明			
4.6	是否有其他需要说明的内容			
…				
5	**指标**			
5.1	清单控制价指标表是否填写并判断合理性			
6	**其他自检内容**			
6.1	电子标生成检查			

（三）施工阶段

1. 主要工作内容

我公司在本项目施工阶段以动态成本管控为理念，在项目实施阶段中的合同管理、进度款审核、设计变更、工程洽商、签证的审核、索赔的审核，以及材料、设备询价、配合协助编制年度投资预算等方面开展工作。

2. 工作重点

（1）鉴于本项目特点：工艺生产设备繁多，且均需建设单位直接采购（工艺设备200多份合同），而大部分又需机电安装单位负责安装，与之配套的设计基础、辅助设施等由土建总承包单位进行施工，除了在招投标及合同签署阶段约定清晰以外，在施工阶段，通过对所有合同界面进行梳理和划分，明确各合同的实施范围和界面尤为关键。各合同施工范围及界面划分见表4。

表4 各合同施工范围及界面划分

序号	项目名称	各合同施工范围及界面划分					备注
		土建总包负责的工作	机电总包负责的工作	厂区管网总包负责的工作	总图道路总包负责的工作	其他相关单位的工作	
1	各子项内	本工程施工图纸中标明的，以及工程规范和技术说明中规定的地基与基础工程、主体结构工程、给水排水工程、强电工程、采暖通风工程、防雷接地等工程。详细范围如下： 建筑工程： (1) 图示子项内地基、基础工程、主体结构工程； (2) 图示子项内设备基础、地脚螺栓、二次灌浆。 采暖工程：图示子项内采暖系统施工。 通风工程：图示子项内通风系统施工。 给水工程：(1) 图示子项内外给水系统施工； (2) 施工至外墙1.5m处或室外阀门井处。 排水工程：(1) 图示子项内外排水系统施工； (2) 施工至外墙1.5m处或室外水封井处。 消防工程：(1) 图示子项内外消防系统施工； (2) 施工至外墙1.5m处或室外阀门井供。 其中消火栓、灭火器甲供。 电气工程：(1) 图示子项内电气工程（照明、插座、应急照明、防雷接地）施工； (2) 施工至外墙1.5m处	电气工程： (1) 图示子项内设备电源及控制工程施工； (2) 施工至外墙1.5m处。 其中低压配电柜、低压开关柜、低压变频器柜、UPS电源、双电源切换箱、电缆甲供。 设备： (1) 电动葫芦：机电施工至配电箱； (2) 螺栓：液下泵与罐体法兰之间的螺栓乙供	—	—	供货单位：工艺设备供货	

序号	项目名称	各合同施工范围及界面划分					备注
		土建总包负责的工作	机电总包负责的工作	厂区管网总包负责的工作	总图道路总包负责的工作	其他相关单位的工作	
2	310开闭间	（1）照明箱及下口管线设备供货安装； （2）应急照明，照明箱及下口管线设备供货安装； （3）防雷接地：其中应急照明配电箱，安全出口指示灯甲供	高低压配电系统，变压器至照明、应急照明系统配电箱上口管线设备供货安装； 其中变压器，进线柜，母联柜、母联隔离柜、PT及过电压抑制柜、变压器馈线柜、电动机馈线柜、馈线柜、小电流选线装置、高压微机综合自动化系统后台、直流屏、线路保护屏、进线柜、电容自动补偿柜、MCC柜、有源滤波柜、智能照明控制柜、低压软启动器柜、端子转接柜、断路器箱，EPS、电缆甲供	—		（1）供货单位：高压微机综合自动化系统软件调试； （2）消防施工单位：电气火灾监控系统	
3	150中央控制室	（1）施工图示主体结构，砌块墙； （2）地面：除面层外做法； （3）墙面：抹灰； （4）门窗：外窗，室内门； （5）给水系统管道，阀门； （6）排水系统管道，地漏； （7）消火栓系统管道阀门； （8）照明系统，不含灯具； （9）应急照明系统，不含灯具；	（1）空调电配管配线； （2）落地安装配电柜型钢基础；	—		精装修单位： 天正设计单位图纸范围内： （1）地面：防水，面层； （2）墙面：抹灰层之外做法； （3）门窗：大门，玻璃隔断上的室内门； （4）顶面：吊顶； （5）外立面及雨篷； （6）给水排水系统：洁具及连接	

序号	项目名称	各合同施工范围及界面划分				备注
		土建总包负责的工作	机电总包负责的工作	厂区管网总包包负责的工作	总图道路总包负责的工作	其他相关单位的工作
3	150中央控制室	（10）防雷接地；其中消火栓、灭火器（箱）甲供			—	软管； （7）照明系统：灯具； （8）应急照明系统：灯具； 其中安全出口指示灯甲供； （9）其他：玻璃隔断、卫生间隔断、窗台板、室内外Logo等
4	厂区	—	（1）电缆桥架供货安装，支架，接地； （2）电力/控制电缆安装，电缆甲供、电缆头乙供； （3）仪表控制电缆安装，电缆甲供、电缆头乙供	（1）地下管网； （2）地上工艺管网（外墙1.5m之外的管道）； （3）管架混凝土基础； （4）钢结构管架地脚螺栓及二次灌浆； （5）管架钢结构基础接地	（1）厂区道路； （2）排水明渠、道路涵洞； （3）路灯及路灯电源线； （4）排水支管及排水口	管架钢结构施工单位（不含W01~W11范围内钢结构）： （1）钢结构管架（含电缆层架）； （2）管架防腐

（2）项目存在施工过程中合同外新增材料、设备的情况，与建设单位及项目管理部共同编制价格确认流程，对新增加材料、设备进行多次反复询价，并跟踪材料价格确认流程（图6），进行记录。

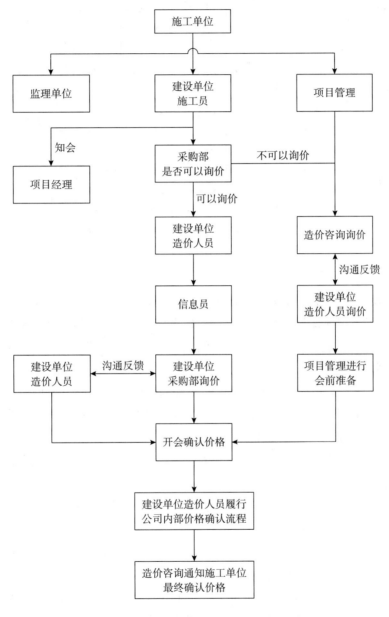

图6 价格确认流程图

（3）建立合同管理台账、进度款支付台账、变更洽商签证统计台账等成本管理台账资料（表5），并根据施工进度进行动态调整和分析，实时掌握项目的过程投资情况，对可能发生超额项目的设计变更和现签证及时进行预警和采取相应投资控制措施。

表5 某项目合同台账明细表（节选）

工程名称：某项目

序号	工程名称	结算金额/元	合同金额/元	付款情况				合同情况			备注
				截止年/月/日已完产值	按合同约定应付工程款/元	累计已付款/元	累计付款比例/%	工期	质量要求	...	
1	土建一标段工程	×××.××	×××.××	×××.××	×××.××	×××.××	75	××日历天	优良		
2	土建二标段工程	×××.××	×××.××	×××.××	×××.××	×××.××	68	××日历天	优良		
3	机电安装工程	×××.××	×××.××	×××.××	×××.××	×××.××	40	××日历天	优良		
4	总图道路工程	×××.××	×××.××	×××.××	×××.××	×××.××	10	××日历天	优良		
5	综合管网工程	×××.××	×××.××	×××.××	×××.××	×××.××	48	××日历天	优良		
...											

（4）定期对施工过程的投资情况进行有效监控并及时反馈，将投资控制分析情况按月、按季、按年分别编制工作报告，提交建设单位参考，同时对下一报告期的投资情况进行预测，分析可能发生的偏差、提出纠偏处理预案，为建设单位安排下一时间段的工程投资计划提供参考。

（5）处理好工程进展过程中随时可能出现的合同纠纷和索赔事件。工程索赔是因为合同的一方未履行义务或者出现了应由对方承担的风险而遭受损失时，向另一方提出赔偿的要求，不同于洽商变更。工程索赔的原因通常为当事人违约、不可抗力、合同缺陷、合同变更、工程师指令等。工程索赔对工程造价有着较大影响，应严格控制，要注意以下方面：

①索赔必须以合同为依据，对索赔的依据、时效性进行严格审查。

②索赔发生后，处理要及时，以免对工程产生不利影响。

③加强主动控制，减少工程索赔，对可能产生的违约行为和可能导致索赔的指令进行分析，向建设单位提出预警。

④选择适宜的纠纷处理方式。对于合同履行过程中出现的纠纷，采取组织召开专门问题讨论会、加强现场协调等措施，使得相关方相互沟通、增进了解，争取通过各方的友好协商解决纠纷，必要时将解决结果以合同补充协议书的形式进行落实。

如本项目施工过程中，土建一标段原施工单位因疫情及自身资金问题无法完成施工，我公司配合建设单位进行施工单位撤场结算及施工单位更换相关工作，撤场结算工作时，参与对已施工区域的范围确认，以便准确进行撤场结算范围审核；通过现场踏勘，对未完施工内容可能存在的质量隐患如"排水沟底面、侧面不平整，脱盐水站外墙面出现脱落"等需要后续施工单位修补项目进行费用预估和扣减，控制投资费用增加。

（四）竣工结算阶段

1. 主要工作

召开结算交底会议，向相关单位明确结算送审资料、对接人员、审核事项等要求。采用全面审核法对各专业合同，从量、价、费等多个方面进行详细审核。

2. 工作重点、难点及应对措施

（1）认真核对合同条款。首先，对竣工工程内容是否符合合同条件，是否验收合格进行审查，只有按合同要求完成全部工程内容并验收合格才能列入竣工结算。其次，应按合同约定的结算方法、计价依据、取费标准、双方责权条款等对工程竣工结算进行审核，防止忽略细小但影响造价的条款。

（2）落实变更签证。所有变更签证必须内容清楚、明确，经建设单位和监理工程师审查同意的有效变更，才能作为结算依据。

（3）根据计算规则按图仔细核实工程数量，检查隐蔽验收记录，有效利用隐蔽验收、现场踏勘记录帮助确认结算工程量和项目。本项目结算时我公司采用现场踏勘与图纸计量相结合的方式，积极主动推进工作进展的同时，进行严格审核。如：

①部分单体工程距离较近，因此基础挖土时存在重叠的情况，在结算时重叠部分的工程量予以扣除。

②机电设备安装工程中的仪表风管在工艺管道图纸与仪表控制工程图纸中均有体现，且施工单位结算时重复报送，在结算时将重复部分予以扣除。

③火灾自动报警系统，经现场踏勘管道敷设方式除个别子项为暗敷、其他子项均为明敷，与竣工图示不一致，在落实管道敷设方式对系统使用功能没有影响的情况下，结算时按实际情况予以计算。

（4）通过现场工程师参与结算的方式提高竣工结算质量，结合合同条款，重点关注变更减项、重叠项和反索赔内容。结算时通常容易忽视的减项和重叠项有以下内容。

①实际发生但投标时承诺已包含的工作内容。

②各分项工程交接部位的工程量。

③合同价中包含但实际未施工项目。

④招标文件及合同条款已约定不需调整的费用。

经过我公司全面细致的审核工作，送审结算审减幅度超过15%，为建设单位节约资金超过5 000万元。本项目结算台账（节选）见表6。

表6　本项目结算台账（节选）

序号	工程名称	合同金额/元	送审金额/元	审定金额/元	审减金额/元	审减比例/%	备注
1	管架钢结构工程结算	9 582 656.67	11 101 055.71	9 893 168.81	1 207 886.90	10.88	固定单价
2	土建一标段工程撤场结算	66 393 139.31	34 039 058.34	25 124 844.82	8 914 213.52	26.19	固定单价
3	土建一标段工程结算	66 608 558.78	65 727 506.30	48 898 202.91	16 829 303.39	25.60	固定单价

序号	工程名称	合同金额/元	送审金额/元	审定金额/元	审减金额/元	审减比例/%	备注
4	电厂至6万吨界区蒸汽管路铺设工程结算	3 056 676.86	3 443 177.31	2 885 417.06	557 760.25	16.20	固定单价
5	总图道路工程结算	19 111 103.04	20 530 058.26	19 155 096.77	1 374 961.49	6.70	固定单价
6	土建二标段工程结算	74 603 322.39	93 107 818.26	81 398 855.64	11 708 962.62	12.58	固定单价
7	机电设备安装工程结算	41 072 170.51	49 685 827.77	42 716 163.94	6 969 663.83	14.03	固定单价
8	综合管网工程结算	21 177 822.75	22 193 638.65	19 891 540.13	2 302 098.52	10.37	固定单价
...							
	合　计				51 677 516.24	15.55	

3. 结算阶段质量保证措施

本项目结算审核过程中采用了我公司根据多年造价咨询工作经验总结编制的《结算审核自检表》(表7),自检表中涉及结算审核的依据、流程等各个方面,供各专业编制人员用以自检,同时,经过项目部、造价业务部、公司总工办四级复核,保证成果质量完善。

表7　结算审核自检表（节选）

工程名称:　　　　　　　　　结算审核人:　　　　　　　　　时间:

序号	检 查 内 容	是	否	简　　　述
1	**资料审查（按规范或操作手册）**			
1.1	送审资料是否经过建设单位审核或认可			
1.2	是否有有效的合同及其补充协议			有效的签字或盖章是否完善
1.3	是否有有效的竣工验收报告			有效的签字或盖章是否完善
1.4	是否有合同预算、中标价或已标价的工程量清单			
...				
2	**需确认的事项**			
2.1	审核内容是否在咨询合同范围内			
2.2	是否存在对本结算施工单位的罚款、扣款、反索赔事项			需有我公司发函及建设单位回函
2.3	是否存在未完成的合同内容			需有我公司发函及建设单位回函
...				
3	**合同及补充协议内容**			
3.1	合同形式			
3.2	合同中关于合同价格包含内容的条款			
3.3	关于结算的条款			
3.3.1	是否有关于价格调整的条款			

序号	检 查 内 容	是	否	简 述
3.3.2	洽商变更费用的约定			
...				
4	**结算审核程序**			
4.1	是否进行工程量全面审核,底稿工程量是否与结算书一致			
4.2	有关联的子目工程量是否相互匹配			
4.3	是否存在子目工程量异常多或异常少的情况			
4.4	变更洽商、现场签证等原合同价中有的项目是否按合同单价执行			
...				
5	**结算审核报告**			
5.1	是否按公司模板编制			
5.2	结算审核依据、工程概况是否适用于本项目			
5.3	是否列出结算审核对比表			
...				
6	**结算指标**			
6.1	结算指标表是否填写并判断合理性			
7	**其他自检内容**			

4. 固定资产转增

在完成咨询合同所有工作内容后,应建设单位要求,积极配合建设单位财务部门对本项目进行固定资产转增工作,转增内容包含本项目厂房、设备、厂区内管架等。

固定资产转增的工作难点为设备的转增工作,设备转增的基本工作原则为账、卡、物相符。

我公司的主要工作为按建设单位财务部门提供的固定资产转增表格:

(1)根据采购合同结算资料逐项核实设备数量、规格型号、采购单价。

(2)根据机电安装图纸核实其使用位置。

(3)根据土建工程结算文件拆分出单个设备基础费用。

(4)根据机电安装工程结算文件拆分出单个设备的工艺管线、电气管线、仪控管线、电缆费用。

(5)对单个设备所涉及的待摊费用、其他费用进行分摊。

(6)对单个设备涉及的金额进行汇总,形成最终的固定资产转增金额。

因需转增的固定资产数量高达几千项,我公司投入大量人力及精力配合转增工作,为固定资产登记卡提供准确的数据,真实地反映了本项目固定资产情况,避免实物与账册不符的情况。建(构)筑物转固明细表(节选)见表8,设备/管线/管架转固明细表(节选)见表9。

表8 建（构）筑物转固明细表（节选）

建筑编号	建筑名称	结算金额/元					转固金额/元（1）+（2）+（3）+（4）+（5）
		土建（1）	电气（2）	水暖（3）	签证（4）	材料调差（5）	
1#	厂房—消防泵房	×××.××	×××.××	×××.××	×××.××	×××.××	××××.××
1#	消防水池	×××.××	×××.××	×××.××	×××.××	×××.××	××××.××
6#	厂房—循环水站—加药间	×××.××	×××.××	×××.××	×××.××	×××.××	××××.××
6#	氮氧站—冷箱	×××.××	×××.××	×××.××	×××.××	×××.××	××××.××
24#	厂房—中和压滤—污泥脱水间	×××.××	×××.××	×××.××	×××.××	×××.××	××××.××
25#	厂房—蒸发结晶	×××.××	×××.××	×××.××	×××.××	×××.××	××××.××
32#	蒸发结晶—反应罐区	×××.××	×××.××	×××.××	×××.××	×××.××	××××.××
30#	厂房—污水预处理—泵房	×××.××	×××.××	×××.××	×××.××	×××.××	××××.××
34#	中和压滤—中和池	×××.××	×××.××	×××.××	×××.××	×××.××	××××.××
39#	污水预处理—外排水池	×××.××	×××.××	×××.××	×××.××	×××.××	××××.××
43#	雨水提升泵区	×××.××	×××.××	×××.××	×××.××	×××.××	××××.××
…							

表9 设备/管线/管架转固明细表（节选）

资产编码	资产名称	资产类别	规格	使用部门	位置	供应商	制造商	出厂日期	投资合计/元
××××××	储药罐	常压容器	φ1000	空分车间	氮氧站（南）	×××××	×××××	2021-04-14	×××××
××××××	计量泵	旋流泵、往复泵	MS1C138 B31C4080	空分车间	氮氧站（南）	×××××	×××××	2020-04-26	×××××
××××××	32%工业碱稀释泵	离心泵	HJ65-50-160A $Q=20m^3/h$ $H=25m$	氧化车间	碱储罐区	×××××	×××××	2021-03-01	×××××
××××××	污水管线	其他输送管道	DN300（91.1m）	水电车间	污水预处理	—	—	—	×××××
××××××	供氯管道桁架	桥梁、架及坝、堰、水道	钢结构461m	供氯车间	动力供氯	—	—	—	×××××
××××××	高压电缆	输电、配电和变电专用设备	ZR-YJV-8.7/15-3×95-1146m	水电车间	变电运行	—	—	—	×××××

（五）数字化管理的内部质量控制

为保证咨询成果文件的质量，本项目严格按照我公司ISO9001质量管理要求，根据事业部造价业务管理手册及相应质量管理制度要求，对全部造价咨询业务进行质量管理。

在严格执行审核程序的情况下，采用事业部部门内审及公司OA审批相结合方式，通过四级复核对咨询成果质量进行把控，四级复核的主要分工及内容为：

一级复核：编制人员自检、专业负责人复核。主要工程量的计算、定额子目的套用、建筑工程经济指标的分析。

二级复核：项目负责人/项目经理在工程审核人员自检、专业负责人复核的基础上，对工程量计算底稿数据同预算数据协调性的复核、定额子目套用正确性，以及同初稿有差异部分的详细计算等进行审核。

三级复核：事业部负责人在项目负责人复核完成后，对项目成果文件在经济指标等方面问题进行重点复核。

四级复核：公司总工办、主管领导通过公司OA系统进行咨询成果文件审核。对于重大异议性问题，必要时提请公司造价咨询管理工作领导小组和专家顾问小组专题研讨。

经过OA审批后，形成造价咨询报告（征求意见稿）提交建设单位，并根据建设单位的意见，对成果文件进行修改、完善后，按照建设单位要求及时出具咨询成果文件。

以上所有流程均在我公司自行研发的OA系统软件上进行，所有招标清单、控制价编制，结算审核相关资料，部门内审意见调整、公司总工办意见调整，盖章版成果文件均可在本项目相应的工程下查询并下载（表10、图7、图8），并根据不同类型文件设置相应权限，保证质量管控前提下兼顾咨询工作效率，实现全流程数字化管理。

表10　部门内复核记录表及审批表

工程名称：

日　　期：

专业人员：

工程项目情况说明：

序号	需要调整或关注的问题	解决情况	复核人
一	一级复核		（编制人员自检、专业负责人复核）
二	二级复核		（项目负责人/项目经理）
三	三级复核		（造价事业部负责人）

序号	报告名称	文件类型	编制人	加盖何种印章	查看	操作
13	高低压配电开关柜采购	工程量清单/招标控制价	徐冬梅	公章; 法人章; 资质章; 造价师章		
14	阻燃电缆招标工程清单	工程量清单/招标控制价	徐冬梅	公章; 法人章; 资质章; 造价师章		
15	管架钢结构工程	工程量清单/招标控制价	赵星	公章; 法人章; 资质章; 造价师章		
16	电缆招标控制价修正建议	重要往来函件	徐冬梅	公章		
17	总图道路工程	工程量清单/招标控制价	赵星	公章; 法人章; 资质章; 造价师章		
18	后处理闪蒸工程	工程量清单/招标控制价	任丽萍	公章; 法人章; 资质章; 造价师章		
19	分散罐及精制烟囱制安装程	结算编 (审) 报告	任丽萍	公章; 法人章; 造价师章		
20	液氯库至6万吨段管架工程	工程量清单/招标控制价	赵星	公章; 法人章; 资质章; 造价师章		
21	土建一标段工程撤场结算	结算编 (审) 报告	王广琦	公章; 法人章; 造价师章		
22	办公楼改造工程结算	结算编 (审) 报告	王广琦	公章; 法人章; 造价师章		
23	综合管网工程	工程量清单/招标控制价	任丽萍	公章; 法人章; 资质章; 造价师章		
24	中央控制室精装修工程	工程量清单/招标控制价	赵星	公章; 法人章; 资质章; 造价师章		
25	中央控制室空调工程	工程量清单/招标控制价	任丽萍	公章; 法人章; 资质章; 造价师章		
26	中心实验室改造项目	结算编 (审) 报告	王广琦	公章; 法人章; 造价师章		
27	土建二标段工程	结算编 (审) 报告	赵星	公章; 法人章; 造价师章		

图7　OA系统中成果文件记录

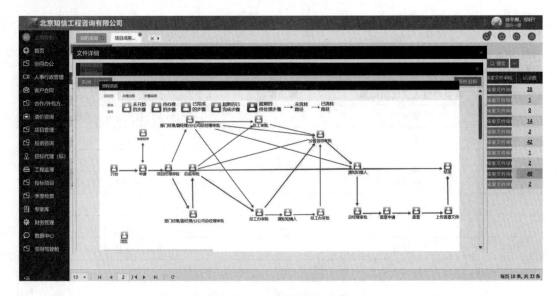

图8　OA系统审核流程图

Ⅳ 服务实践成效

一、服务效益

（一）进度、质量、安全管控

1. 进度

以计划控制整体进度，采用PDCA循环法，根据实际情况及时更新调整进度计划，保证里程碑节点不可突破。

（1）建立设计管理、招标采购、工程施工、建设手续问题跟踪表，及时更新工作进度表，全方位体现工程各项工作进展情况。

（2）项目施工时间为2020年6月至2022年10月，从设计阶段到施工阶段均不同程度地受到新冠疫情影响。因此导致整个项目设计图纸无法按计划时间一并完成，且设计单位不在工程所在地，线下沟通效率低，经与图审公司多次沟通最终采取线上电子版图纸审核，完成一个审核一个，我公司全力协助建设单位对接设计单位与图审公司，提升了工作效率、缩短了图审工作时间，保证了项目正常施工。

（3）施工期间协助建设单位对施工现场人员进行严格管控，最终使项目按计划时间竣工并投产。

2. 质量

项目整体质量达到合同约定的合格标准，其中2项单体工程获得"省优质工程"荣誉。

3. 安全管控

牢固树立安全无小事的红线意识，强化施工现场人员的安全教育，施工期间无重大安全事故。

（二）项目成本管控

我公司项目管理、造价咨询团队对项目前期及设计阶段、招标阶段、实施阶段，以及竣工阶段的全过程造价实施主动控制，在保证项目工程质量目标、进度目标、安全目标的前提下，将项目实际成本有效控制在概算金额之内。

（1）设计阶段是项目成本控制的关键与重点，我公司组织相关人员通过价值分析、方案比较、设计优化等手段，对设计图纸进行优化，将经济与技术相结合避免不必要的浪费，为建设单位节约了上千万元的建设资金。

设计主要优化项目节约投资明细见表11。

表 11　设计主要优化项目节约投资明细表

序号	设计优化项目	设计优化内容	节省投资额/万元
1	后处理厂房其他地面楼面取消防腐设计	根据工艺防腐要求，对可以不需要进行防腐要求的区域取消防腐设计，取消原设计中相关区域所有墙面和顶棚的防腐设计，节省投资	976
2	管架钢结构基础埋深	对管架钢结构基础进行优化，将基础埋深地面以下 −1.8m，优化为混凝土短柱顶面标高以下1.8m，节省投资	12
3	成品库房钢结构	对成品库钢结构部分图纸进行优化，节省投资	50
4	调整后处理天棚装饰做法	结合生产车间功能使用需求，取消后处理双T板顶棚装饰做法，节省投资	20
5	优化成品库房屋面排水方案	优化成品库房屋面排水方案，节省投资	4
6	调整天棚装饰做法	为防止后期脱落，将各子项天棚抹灰取消，改为打磨，提高质量的同时节省投资	65
合　　计			1 127

（2）招标阶段，详细调查并分析研究内外部影响项目实施的各种有利和不利因素、环境条件，并在合同形式的选择、计价方式分析、评标原则确定，以及合理控制价、合同条款设置等招标策略方面对预估风险进行规避。

（3）结算阶段本着实事求是的态度严把审核关，认真核对合同条款、检查隐蔽验收记录、落实设计变更签证等内容，为建设单位节约资金超5 000万元，确保了建设资金使用的真实、合法、有效。

（三）用系统性思维进行造价管理

将造价管理放到整个项目管理中去思考和运行，用系统性思维来避免造价管理中粗犷式的、就事论事的管理误区。

（1）树立全员参与思维及成本意识，明确造价管理是项目管理的重要组成部分，造价管理目标的实现不能仅依靠造价管理者的努力，需要项目管理全员参与：

①项目管理部在审批施工组织设计时，在满足施工需求的情况下特别关注不同施工方案的经济性。

②前期踏勘原有生产线时发现，厂区内钢制电缆桥架、管架钢结构均有不同程度的腐蚀，本项目建设时经与建设单位探讨将全厂的电缆桥架由镀锌钢板材质变更为玻璃钢材质。

③对图纸设计中采用的特殊材料在工程所在地进行市场调研。如图纸设计中个别子项地面采用钢纤维混凝土，造价管理部经对当地及附近地市主要混凝土供应商进行调研发现无钢纤维混凝土供货，而项目上用量较少，若坚持使用，供应商需为

本项目单独采购，成本较高，经与设计单位讨论在满足工程需求的前提下进行了材料替换。

（2）立足于图纸，又不过度依赖图纸，以整个项目全维度管理的思维来进行造价管控，与建设单位及项目管理部共同探讨影响造价的各种因素及可能产生的变更、索赔，在招标阶段制订防控策略，避免管理过程中失控、扯皮、浪费等情况发生：

①大部分省市将临时设施费列为措施项目按费率计取，工程所在地清单计价规范中将临时设施费用列为实体工程，需将硬化道路、临时办公场所、临时生活场所及所用水电拆分为单个清单项，逐项计算费用。按实体清单逐项计算的形式，工程结算时临时设施部分有两种结算方式，一种为施工过程中签认工程量的形式，另一种为临时设施施工内容形成图纸作为计量依据，此两种方式均增加了项目管理工作的难度。存在的风险为临时设施的性质导致实际使用的材料可能非新采购，而是利用施工单位原有材料，原有材料的规格参数如大于使用需求或实际使用材料且在招标清单中没有列项，无论哪种方式均增加了过程管控的难度及结算的不确定性。经项目管理部讨论确定临时设施清单以项为单位计入，控制价结合现场实际情况编制，投标时由投标单位综合考虑，减少了过程管控难度和结算中可能产生的扯皮。

②本项目土建一标段招标阶段正值疫情刚刚爆发，经项目管理部讨论均对事态发展无法预估，因此在招标文件编制时增加对疫情防控的相关要求、疫情防控费用的相关要求，以及因疫情原因导致的人工、材料、机械价格浮动的相关要求，避免了结算时出现扯皮，在前期阶段有效地控制了成本。

③基于本项目的合约规划特点，建设单位采购的工艺设备众多，且大部分工艺设备合同中约定仅供货，由机电安装单位负责安装，经项目管理部探讨，建设单位采购的工艺设备到货时间与实际施工时间不能达到完全重合，机电安装单位需承担到货后的保管及安装时的二次搬运工作，因此在机电安装工程招标时在招标文件和招标清单中对此进行了说明，避免了后期的责任不清晰。

（四）成本数据整理

根据本工业项目实际特点及结算情况，对项目所涉及的各子项的单位工程进行梳理，对技术指标、经济指标进行分析，形成该类型工业建设项目的指标分析表。其中技术指标主要从设计标准的角度进行分析，如钢筋含量、混凝土含量、砌体含量、保温做法、防水做法、窗墙比、安装专业系统配置、专业用工含量等，经济指标主要从造价的角度进行单方造价分析，如屋面防水工程、钢筋工程、混凝土工程、各种装修做法的单方造价等，形成该类型工业建设项目的指标分析表以便于建设单位作为后续项目的决策参考，项目部分子项建筑安装指标分析表（节选）见表12。

表12 项目部分子项建筑安装指标分析表（节选）

项目名称	烟囱	四氯化钛罐区（501）	高钛渣储运—筒仓	中和压滤—事故水池
项目实景照片				
子项概况	（1）钢筋混凝土单筒烟囱，上口内直径为3.48m，烟气温度为40℃； （2）本烟囱抗震设防类别为丙类建筑，结构安全等级为二级	（1）钢筋混凝土框排架结构，主要用于存储物品为四氯化钛； （2）建筑结构安全等级二级，地基基础设计等级丙级； （3）框架结构抗震等级四级（抗震设防类别为丙类）； （4）生产类别丁类；耐火等级为二级	（1）单层钢筋混凝土筒体结构厂房，用于每个筒仓顶设一个进料口，低钙镁渣、UGS渣通过栈桥和转运楼输运至筒仓存储，每个筒仓底设两个出口，出料时分别通过圆盘给料称从仓底计量出料； （2）建筑结构安全等级二级、地基基础设计等级丙级； （3）框架结构抗震等级四级（抗震设防类别为丙类）； （4）生产类别戊类；耐火等级为二级	（1）事故水池为地下水池，钢筋混凝土结构单体，混凝土抗渗等级为P8； （2）生产类别为丙类； （3）水池敞开式，周圈栏杆进行安全防护
建筑面积	烟囱表面积：2 456.87m²	占地面积1 078m²	（1）29m层皮带机间建筑面积294m²； （2）筒仓表面积1 450.59m²×3； （3）楼梯间建筑面积212m²； （4）筒仓容积5 679.04m³×3	水池的有效容积4 365.43m³
单方指标计算基数	烟囱表面积：2 456.87m²	占地面积1 078m²	筒仓容积17 037.13m³	水池的有效容积4 365.43m³

060

项目名称	烟　　囱	四氯化钛罐区（501）	高钛渣储运—简仓	中和压滤—事故水池
建筑高度/其中地上、地下	建筑均为地上，高度120m	建筑均为地上，高度2.5m	地上3层，高度34.4m	建筑物均为地下，高度4.3m
基础埋深/基础形式	−5m/烟囱基础	−2.9m/环形设备基础	−4.3m/筏板基础	满堂基础
结构类型	筒体结构	钢筋混凝土框排架结构	钢筋混凝土筒体结构	现浇钢筋混凝土结构
设计使用年限	50年	50年	50年	50年
抗震设防烈度	6度	6度	6度	6度
土建工作内容	（1）土方工程； （2）钢筋混凝土工程； （3）装饰装修； （4）金属结构工程（钢梯及平台）； （5）0.00以下基础、基础梁、基础短柱表面防腐：环氧沥青涂层 500μm为24.6元/m²）	（1）土方工程； （2）金属结构工程； （3）装饰装修（仅地面）； （4）钢筋混凝土工程； （5）无砌体； （6）0.00以下基础、基础梁、基础短柱表面防腐：环氧沥青涂层 500μm为24.6元/m²）	（1）土方工程； （2）钢筋混凝土工程； （3）装饰装修； （4）金属结构工程； （5）砌体工程； （6）0.00以下基础、基础梁、基础短柱表面防腐：环氧沥青涂层 500μm为24.6元/m²）	（1）土方工程； （2）主体结构； （3）装饰装修
安装工作内容	给水排水工程； 电气工程：防雷接地、航空障碍灯	（1）给水排水工程； （2）电气工程：防雷接地、照明	（1）采暖、通风工程； （2）消火栓工程； （3）电气工程：防雷接地、照明	套管预留预埋
经济指标 单方造价/(元/m²)	1162.53	1569.68	752.73	365.81
经济指标 其中:建筑工程	1137.96	1534.85	730.46	365.43
经济指标 安装工程	24.57	34.84	22.27	0.38

项目名称		烟 囱	四氯化钛罐区（501）	高钛渣储运—筒仓	中和压滤—事故水池
技术指标	钢筋／（kg/m²）	44.99	62.05	61.43	26.93
	混凝土／（m³/m²）	0.57	0.5	0.32	0.25
	模板／（m²/m²）	0.31	1.07	0.57	0.34
	钢结构／（t/m²）	0.0031	0.013	0.003	0.0003
	装饰／（m²/m²）	—	—	0.18	—
	装饰外墙／（m²/m²）	1.01	0.45	0.34	0.009
	装饰天棚／（m²/m²）	—	—	0.09	—
	装饰地面／（m²/m²）	0.11	1.0	0.07	0.007
	土方／（m³/m²）	0.89	2.34	0.44	1.46

二、经验启示

本项目为年产6万吨氯化法钛白生产线建设项目，属大型工业建设类项目，根据该项目实际特点，我公司认真梳理并找出工业项目与民用建筑项目间的差异，这些差异有可能直接影响项目造价管理工作的侧重点（表13）。

表13 工业项目建筑与民用项目建筑差异对比表

民用建筑	工 业 建 筑
以建筑方案为主线	厂房的建筑设计是在工艺设计人员提出的工艺设计图的基础上进行的； 建筑设计应以工艺方案为主线，适应生产工艺要求
结构形式主要是框架、框架剪力墙、剪力墙	因厂房内生产设备多，体量大，并有多种起重运输设备通行，大部分厂房宽度较大，内部有较大的面积和空间；单层厂房多采用钢筋混凝土排架结构承重；多层厂房广泛采用钢筋混凝土骨架结构承重； 特别高大的厂房或地震烈度高的地区厂房宜采用钢骨架承重
注重舒适度及后期体验感	注重实用性及功能性，紧密结合生产
主要考虑静荷载	除了考虑静荷载同时也要考虑动态荷载，且计算方法复杂； 工业建筑的荷载计算与工艺流程相关，且在设备维护、更新等实际操作中常发生变化，建筑在其使用年限内还存在疲劳导致的强度降低，因此计算方法非常复杂
设计流程相对简单，涉及专业相对较少	因厂房的建筑设计是在工艺设计图的基础上进行，涉及的专业较多
设备基础较少，建筑基础钢筋型号和规格比较可控	设备基础较多，钢筋型号规格较民用建筑偏大
设计指标因建筑形式、使用功能差异而稍有差别	不同行业、不同工艺、不同设备，以及不同的生产条件对建筑结构的要求存在很大的差别，这也使其设计指标趋于多元化

通过梳理对比工业建筑与民用建筑差别，并结合本项目实际情况，找出工业项目造价咨询侧重点，在全过程造价咨询各阶段针对性的采取不同措施：

（1）因工业项目注重实用性及功能性，图纸会审阶段建议生产一线人员参与，从实际生产角度为出发点和切入点进行优化设计，以此避免投产后发生的一些改造追加投资。

（2）因工业项目固定资产转增工作不论时间还是成本划分要求均与民用建筑差异较大，工业项目不似房地产项目按费用类型进行划分简洁清晰。

①各子项按建（构）筑物划分，如消防水池与水泵房需分别转固，中和压滤子项中所包含的各个建（构）筑物分别转固，各建（构）筑物转固金额包含其土建专业、安装专业（不含工艺类管线）等所有费用。

②设备的固定资产金额，包含设备，设备基础，配套的电气管线、工艺管道、自控管线、电缆等所有费用。

③厂区室外管道按系统（即输送介质）性质。

因此在概算编制、招标控制价编制阶段建议建设单位财务部门共同参与讨论，明确固定资产转增工作的具体要求，尽量避免或减少后期因固定资产转增对结算文件拆分带来的重复工作，提高工作效率。

（3）非标设备制作安装方面，工业项目中存在部分非标设备，一般情况下设备、材料占工程造价比重较大（≥60%），虽然工期较短，但若采用公开招标方式，从发布招标公告至签订合同需要时间较长，编制招标控制价时应充分考虑主要材料在投标文件编制期间可能产生的材料价格波动，在合同条款中约定材料价格调整条款，避免在招标期、合同履行期材料价格波动造成的重复招标产生工期延误。

（4）工业类项目中电缆是使用数量较大的材料，电缆材料价格受到其主要原材料铜的市场价格影响，而铜是中国稀缺金属之一长期依靠国外进口，因此其价格除受到需求影响外还受国际关系影响。

因此在项目招标阶段，无论是建设单位为节约成本单独采购还是由施工单位自行采购，在招标控制价编制及合同条款编制时均需充分考虑原材料市场价格波动对材料价格的影响。如材料单独招标，在招标控制价设置上，建议采用基准＋浮动相结合的可调控制价形式。

（5）工期不超1年的合同，因市场波动因素引起的材料价格浮动是否调整，建议充分结合工程及市场实际情况在合同中约定。

专家点评

本案例采用项目管理和造价咨询相结合"1+1>2"合作的全过程咨询模式，以项目总负责人为"一条主线"，根据委托范围和内容，进行全面协调和管理，保证了造价目标的实现，并获得建设单位好评，其中土建二标段—中央控制室和后处理2项单体工程获得"省优质工程"荣誉。

本案例以工艺方案为主线，工艺设备由建设单位自行采购，相应土建工程、设备安装工程、厂区综合管网及管架钢结构工程、园区内道路、路灯工程等采用平行发包，在全过程造价咨询过程中建立合同管理台账、进度款支付台账、变更洽商签证统计台账等成本管理台账资料，并根据施工进度进行动态调整，实时掌握和调整项目投资情况，对可能发生的超额项目及时进行预警和采取相应投资控制措施。

该项目在全过程造价咨询过程中实现了项目咨询管理线上审核、造价和指标的大数据分析、项目实施过程中钢结构等设计优化、电子存档数字化管理等精细化管控动态管理，把该项目投资管控在目标范围内，发挥了全过程咨询服务的集成化管理，取得了良好的经济效益。

指导及点评专家：李　敏　北京中天运工程造价咨询有限公司

某2022赛区及配套设施项目全过程工程造价成果案例

编写单位：建银工程咨询有限责任公司
编写人员：马海威　刘毓秀　段建明　王月明　赵海泉

I　项目基本情况

一、项目概况

（一）项目简介

某2022赛区三场一村及配套设施建设项目由三个竞赛场馆和一个某运动员村组成。三个竞赛场馆分别为某跳台滑雪中心、某越野滑雪中心、某冬季两项中心，某运动员村为运动员住宿及生活区。

1. 某跳台滑雪中心

是赛区主要竞赛场馆之一，由顶部建筑、滑道区、下部看台区组成，总建筑面积24 242.53m²，顶部建筑高38.3m，下部看台区高20.96m（图1）。赛时主要用于承接跳台滑雪比赛项目，项目获得国家鲁班奖。

图1　某跳台滑雪中心

2. 某越野滑雪中心

由兴奋剂检测中心、混合采访区、看台、竞赛办公室、体育展示办公室、室外开敞观赛平台、奥运大家庭、国际单项联合会官员休息室、仲裁室、计时和计分室等比赛技术用房，以及附属设备用房等组成，地下1层、地上4层，获河北省优质工程奖。

3. 某冬季两项中心

由场馆技术中心及看台、比赛场地、赛道及配套设施、其他工程组成。

4. 某运动员村

用地19.76hm²（赛时包括东侧绿地，占地约21.9hm²），赛时地上建筑面积约16.5万 m²，地下约8.5万 m²。共分10个组团，地上建筑3~5层，层高3.5m，地下1层，层高3.4m，局部设置夹层3.6m高。

（二）项目参建单位

建设单位：某建设开发有限公司。设计单位：某建筑设计研究院有限公司。勘察单位：某勘察设计研究院有限公司。监理单位：某工程咨询有限公司。施工总承包单位：某建工集团有限公司。参建单位：某钢机股份有限公司、某幕墙股份有限公司、某建设集团有限公司。咨询单位：建银工程咨询有限责任公司。

二、项目特点及难点

（一）建筑造型独特，工程量计算超过定额适用范围

某跳台滑雪中心气势宏大、线条流畅，称之为"雪如意"。由落差136.2m的大跳台赛道和落差114.7m的标准跳台赛道组成，是全球首个采用全钢筋混凝土框架结构的跳台滑雪赛道。标高定位难、支撑体系难度大、材料运输难、曲面赛道结构支模难度大。

工程地处高寒山区，整体建筑依山而建，不稳定因素多，建造环境极其复杂。建筑最大落差163.2m，人工挖孔桩165根均坐落在花岗岩质山体上，均采用人工挖孔+定向爆破方式施工，同时在建造过程中面临约30万 m³山体边坡切削改造工程，涉及精细爆破成形技术、预应力抗拔锚杆技术等。

极寒山地条件下钢构件运输、焊接及变形控制等难题，给工程建设带来巨大挑战。为实现设计造型，顶部出发区采用异型钢框架结构、双层网壳结构，顶部外圆直径78m，内圆直径36m，四周均为悬挑结构，最大悬挑长度37.5m，安装、卸载等施工难度大；采用大型动臂吊机接力转运，设置临时支撑设备，分单元安装，保证了结构的安全和质量。

专业助滑道安装突破国外技术垄断，实现国内首次高精度安装。采用激光调平定位，利用转接固定构件和安装龙骨进行调平，安装专用平衡系统，实现助滑曲线顺畅，保证面层助滑模块安装平顺。挡风护翼依山起伏，逐一定制安装，采用GPS精准定位结

合动臂塔材料倒运，分构件拼装，完美实现设计意图和有效的防护效果。保证运动员赛时稳定发挥。

本项目设有72 568m²幕墙，幕墙为玻璃肋全玻幕墙系统、双曲穿孔铝板幕墙系统等。悬挑区圆环观光层最大单块玻璃重达1.5t，总厚度42.3mm，现场无法使用吊机、无法搭设支架，项目研究一种滑轨式幕墙玻璃安装运输装置，实现室内精准安装，拼缝合理、收口美观，实现双曲变化有致的艺术风格。

（二）费率下浮结算方式导致整体投资控制困难

因"雪如意"的造型及施工难度，国内没有类似项目可参考。在招标时采用费率下浮方式确定合同价，竣工结算时需按施工图纸、定额及配套文件计算结算金额，实施过程中无总投资控制限额。这种结算方式虽前期有利于加快招标工作的开展，但事前控制的缺乏，给整体投资控制带来了较大难度，必然会大幅增加工程建设期间的工程造价管理工作，需要全过程造价咨询单位人员具有充足的经验和能力。在结算时各项单价和工程量确定需经过双方造价人员逐项核对确定组价，因为工艺的复杂性和独特性，结算双方对参考定额各持己见，互不妥协。同时该运动场馆项目涉及业态各异，应用新技术较多，造价信息未列的材料设备难以按照市场价达成一致意见，不可避免出现大量材料需要开展市场调研、认质认价，这些都增加了结算的困难。

（三）工程建设意义重大，完工时间刚性要求高，赶工措施费用高

为兑现我国申奥时的庄严承诺，项目必须如期完成建设任务。开工建设以来，从中央到地方社会各界媒体都时刻关注项目进展情况，第一时间向社会报道。跳台滑雪项目竞赛场馆，是某主办区工程量最大、技术难度最高的竞赛场馆，符合国际雪联建造标准，是中国第一个以跳台滑雪为主要用途的体育场馆。本工程在社会大型公建方面树立了标杆，"雪如意"的"柄首"是可容纳500人的多功能报告厅的顶峰俱乐部，它为观众提供了前所未有的观赛视角。赛后，还可用于举办会议会展，接待旅游观光等。

（四）开创了多个中国第一、全球首例，施工难度系数无参考标准

"雪如意"顶部出发区结构采用异型钢框架结构，钢结构直径为78m，中空内圆直径为36m，层间高度6m，最大悬挑长度37.5m。中部滑道区由大跳台与标准跳台两条赛道组成，大跳台落差136.2m，标准跳台落差114.7m。为了保障观感和竞赛效果，某跳台滑雪中心选择建设于山谷之间，是全球首个采用全钢筋混凝土框架结构的滑雪中心，滑道板最大倾角36°，混凝土结构距地面平均有20m高，如同在山体斜坡上建设一条20m高架空混凝土跑道，材料运输、标高定位、高空作业等都面临巨大挑战。项目实施过程新技术应用10大项48子项、专利4项、创新技术5项，这些都给工程造价的确认增加了难度。

Ⅱ　咨询服务内容及组织模式

一、咨询服务内容

本项目造价（审计）咨询服务内容包括预算编制、施工阶段造价咨询、结算审核、委托方下达的零星单项委托服务、政府审计对接等。

二、咨询服务组织模式

为做好本项目造价（审计）咨询工作，建银咨询举全公司之力，选派最好的管理人员和技术骨干组成项目团队，公司技术负责人作为项目总负责人，对本项目承担管理、协调的责任。同时项目施工现场选派实践经验丰富、具有高级职称的造价工程师担任项目经理，项目组成员均为从事多年造价咨询业务的造价工程师和专业技术人员。

（一）咨询服务专班人员

由我公司副总裁担任本项目总负责人。

从全公司正式员工中，通过对政治面貌、道德品行、执业资格、工作能力、廉洁自律、大项目经验等多个维度进行考察，优选专业人员进入服务专班，服务专班中党员占比超过30%，10年以上工作经验、中高级职称、一级注册造价工程师占比均超过50%。

由公司专家顾问团队从技术方面为项目提供技术支持保障。

（二）总部、分公司联合承做提供服务

我公司在全国有35家分公司，人员均由总部直属管理。项目选派政治可靠、业务精湛、经验丰富、管理能力强的总部高层领导担任项目负责人，项目经理从总部选派人员和分公司共同承做，全体成员均具有相应的业绩和资格。

（三）设置独立专业咨询组

按具体项目类型或标段划分，总部设专业咨询组，咨询组下设项目承做团队。

各专业咨询组组长由业务能力突出的技术骨干担任，且具有10年以上从业经验及一级注册造价工程师执业资格；项目服务团队专业人员和人数按现场管理要求，选派参与过国家级重大项目或复杂项目的造价工程师进场工作。

（四）建立项目激励机制

按照我公司项目管理办法并考虑驻场实际，设置驻场补贴、加班补助、流动红旗、闪光党员、攻坚奖励等，确保人员安心工作，尽心服务。通过各类经济奖励、业务竞赛、行政表扬等多种措施，充分调动项目人员的积极性，保质保量完成所分配的任务。年度考核优秀的员工，同等条件下，评优评先和职务晋升优先考虑，以保障队伍的长期稳定。

三、咨询服务工作职责

（一）项目总负责人

建银咨询技术负责人担任项目总负责人，负责对本项目咨询业务专业人员的岗位职责、业务质量的控制程序、方法、手段等进行管理。

（1）负责主持咨询团队工作，主持处理合同约定的各项义务，落实项目各环节、全要素监督管理，调配人员、资源、物资等，保障驻场力量；全面负责与建设单位管理层及相关单位的沟通、对接工作；建立例会制度，定期分析研究本项目形势、进度。

（2）负责牵头制订项目专业咨询工作计划，整体把控项目造价咨询重点环节，并及时回复项目各方面问题或疑问，对重大事项、重点难题，牵头组织项目部、专家顾问团队讨论研究，必要时上报本项目服务专班领导小组直至公司党委会集体研究决策，并将结果报告建设单位。

（3）负责协调处理项目服务过程中的难点问题、风险事项。

（4）牵头制订以"履职表现、服务质量、客户满意度、基层党建、安全保密、廉政廉洁"等方面的综合考评为导向的考核方案，并负责对各层级机构进行考核、评价和奖惩。

（5）牵头制订项目服务过程中的督导检查方案，参加项目各项监督检查，配合审计监督等工作。

（6）负责签发项目成果文件，对成果文件的质量和进度负总责。

（二）项目组专业人员

参与本项目造价咨询业务的专业人员分为项目负责人、专业负责人、专业预算人员3个层次，各自的职责如下：

1. 项目负责人

（1）负责代表项目总负责人主持咨询团队工作，主持处理合同约定的各项义务，落实项目各环节、全要素监督管理，调配人员、资源、物资等，保障驻场力量，支持本项目履约；负责代表项目负责人与建设单位管理层、相关单位的沟通、对接工作。

（2）负责咨询业务中各子项、各专业间的技术协调、组织管理、质量管理工作；根据咨询实施方案，对各专业交底工作进行调整或修改。

（3）负责统一咨询业务的技术条件，统一技术经济分析原则；动态掌握咨询业务实施状况，负责审查及确定各专业界面，研究解决存在的问题；负责代表项目总负责人协调处理项目服务过程中的难点问题、风险事项。

（4）编写综合咨询成果文件的总说明、总目录，审核相关成果文件，是成果文件质量的第一责任人。

（5）会同项目总负责人参加项目各项监督检查，配合审计监督等工作。

2. 专业负责人

（1）负责本专业咨询业务的实施和质量管理工作，指导和协调预算人员的工作。

（2）在项目负责人领导下，组织本专业预算员拟定咨询实施方案，核查资料使用、咨询原则、计价依据、计算公式、软件使用等是否正确。

（3）动态掌握本专业咨询业务实施状况，协调并研究解决存在问题。

（4）组织编制本专业咨询成果文件，编写本专业咨询说明和目录，检查咨询成果是否符合规定，负责审核和签发本专业成果文件。

3. 专业预算人员

（1）依据本项目咨询业务要求，执行作业计划，遵守有关业务标准与原则，对所承担的咨询业务质量和进度负责。

（2）根据本项目咨询实施方案要求，展开本职咨询工作，选用正确的咨询数据、计算方法、计算公式、计算程序，做到内容完整、计算准确、结果真实可靠。

（3）对实施的各项工作进行认真自校，做好咨询质量的自主控制。咨询成果经校审后，负责按校审意见修改。

（4）完成的咨询成果符合规定要求，内容表述清晰规范。

（三）专家顾问团队权限职责

（1）负责解决重点、难点问题。对于项目进展过程中遇到的重点、难点问题，以专家顾问团队会议形式进行研讨，形成统一决策，对项目下一步的进展提供合理化建议。

（2）负责提供多方面的咨询服务。在项目服务过程中，除造价咨询业务外，专家顾问团队还负责提供招投标采购、法律顾问、经济财务等多方面咨询服务的支持保障。

Ⅲ 咨询服务的运作过程

一、咨询服务的理念及思路

"雪如意"是我国第一个跳台滑雪场地，施工招标时尚未确定成熟的设计方案，作为投资控制上限的设计概算尚无法确定，本次咨询服务的核心理念是在全过程管控过程中通过建立投资控制审批流程，辅助建设单位科学决策，最终实现建设项目价值。

（1）全过程管理。从施工图设计、施工阶段、结算阶段等各个阶段的全面管理，通过连贯的、不间断的管理方式，确保项目成本的合理控制。

（2）流程管控。通过建立进度款及工程款支付程序、设计变更及工程洽商管理流程、材料设备认价单管理流程等一系列投资控制审批流程，实现项目各阶段投资可控。

（3）辅助决策。针对项目边设计边施工的特点，针对不同方案或同一方案的不同建设标准测算相应费用，为建设单位决策提供依据。

（4）精细化管理。从建设项目细节入手，通过精准的造价测算，实现项目成本的有效控制。

二、咨询服务的目标及措施

（一）咨询服务目标

预算编制：准确计算出项目的各项工程量、材料费用、设备费用、人工费用等成本，并对其进行合理估算，为建设单位决策提供依据。

施工阶段造价咨询：对施工过程中的造价进行全面控制和管理，包括工程量清单审核、合同管理、工程变更和索赔处理、进度款支付审核等，以确保施工过程中的造价控制在合理范围内。

竣工结算审核：一是要确保结算合规，包括检查结算是否符合合同要求、相关法律法规和行业标准，以及确保所有相关文件的完整性和准确性；二是要结算金额准确，包括对工程量、单价、取费标准等进行详细审核，确保每个环节的合理性和准确性。

（二）咨询服务措施

1. 做好现场调研

项目驻场团队经常深入施工现场，掌握工程进度、设计变更、工程洽商等真实情况，了解工程建设中涉及的有关技术问题，熟悉工程计量规则及有关费用的测算办法，做好相关记录。通过观察、调查、审核、计算等方法收集能够证实咨询事项真相的证明材料，并尽量取得相关方的签名或盖章。

驻场团队对于本项目采用的为保证工程质量、施工安全及投资、事后又无法取证的施工方法和措施，如基础开挖、设备材料采购、隐蔽工程、重大设计变更、工程结算、交付使用等事项，应把其施工过程确定为咨询重点，留下记录及影像资料。可以利用照相、录像等手段对项目原始地理地貌测量、隐蔽工程及其他重要环节等进行现场取证作为留存资料，为竣工结算提供可靠依据。

项目驻场团队对主要的施工管理活动进行跟踪，重点收集工程验收、隐蔽工程验收、图纸会审、现场技术交底、设计变更审查、工程建设例会、特殊情况下召开的与工程建设有关的会议、主要材料和设备进场清点检验、材料实验（化验）的取样及委托等资料。

2. 驻场办公、定期汇报

公司在项目现场设立办公场所，与建设单位建立定期联系制度，参加建设单位的重要例会，及时了解、掌握项目有关情况，并且做好相关记录。

项目驻场团队以《工作联系单》形式与建设单位建立定期联系制度，及时掌握工程资料、工程信息、工程进展。主动并及时收集工程设计变更资料、工程洽商等有关经济文件，敦促建设单位及时完善施工资料。及时审查设计变更、施工现场签证手续是否合理、合规、及时、完整、真实。

项目驻场团队实行周报和月报制度，工作量要有记录、小结，定期以书面形式向项目负责人和建设单位汇总上月情况，说明完成的工程量，进展情况，存在及需要解决的问题。

3. 建立过程控制管理制度

针对项目情况，我公司建立了进度款支付程序、变更洽商管理流程、材料设备认价管理流程等各类投资控制管理程序。

1）进度款支付程序

进度款支付重点控制两个方面，一方面要按照项目实际进度完成的工程量计量支付，不得超支，另一方面要控制预付款的抵扣和抵扣时间。

根据合同条款、施工方案及施工单位提交经建设单位批准的工程进度计划，将施工图预算根据项目工期进度进行分解，编制工程进度款计划表，作为全过程造价控制工程进度款的依据。进度款支付的主要工作内容和程序：

（1）每月25日施工单位提交当月完成《形象进度报表》并组织监理公司、咨询公司、建设单位等有关部门对当月完成的项目工程量进行验收确认。各相关部门根据现场验收验工情况，对当月合同范围内的工程和经建设单位批准确认的变更的工程形象进行签字确认，形成《不同年不同月份工程形象进度确认单》。

（2）施工单位根据《不同年不同月份工程形象进度确认单》计算本月完成的工程量，按合同要求编制当月完成项目工程量的施工图预算，编制《某月工程进度款报审表》和《工程款支付申请表》后附本月完成工程量施工预算书，报监理公司审核。

（3）监理公司对施工单位提交的施工图预算和支付申请书进行审核，提出审核意见及扣款建议后报送建设单位审核，建设单位接收登记后转咨询公司进行复审。

（4）咨询公司对工程价款支付申请进行审核，根据施工图预算对本月完成的工程量进行核算，并对随进度款一起申报的设计变更、工程洽商记录的预算进行初步审核。审核完毕后填写工程项目进度付款建议表，报送建设单位。

（5）建设单位对咨询公司审核的进度款支付建议进行复审，复审后，建设单位进行内部会签确认，将最后审定金额通知监理单位，由监理单位开具进度款支付证书。

（6）监理单位根据建设单位审定结果，签署《工程进度款支付证书》，交付施工单位（抄送咨询单位），完成进度款审批流程进入财务付款流程。

2）变更洽商管理

（1）管理制度如下：

①所有工程设计变更、工程洽商原则上先办理审批后再实施，特殊、紧急情况下须经建设单位同意可边办理边实施。事先未经建设单位书面同意施工方自行实施的工程

设计变更、工程洽商原则上建设单位将不予签认。

②由施工单位提出的设计变更、工程洽商同时需提交变更费用预算书，该费用预算书仅作为建设单位决策评估的参考，不作为结算依据。建设单位审批变更时可委托咨询单位对施工单位提交变更费用预算进行造价费用测算和评估。

③设计变更、工程洽商要严格按照合同约定的工作时限要求及时办理，在签认设计变更、工程洽商文件的同时，须注明签认日期。

④各有关单位应指定专人负责设计变更、工程洽商文件的往来、收发、存档等工作；各单位应明确设计变更、工程洽商文件签认的授权人，非授权人签认的文件无效。各相关单位应在设计变更、工程洽商文件中加盖具有法定效力的印章。

⑤设计变更、工程洽商文件均为技术文件，不得出现与经济有关的内容。由设计变更、工程洽商造成的工程费用变更，在设计变更、工程洽商经建设单位批准后按施工合同的约定执行。

⑥监理单位负责跟踪批准的工程设计变更、工程洽商文件的执行、完成情况。督促施工单位按审批后的设计变更、工程洽商内容实施、完成并进行验收。对于未实施、不完全实施的设计变更、工程洽商，监理应及时记录并报告甲方，调整修改设计变更、工程洽商文件。

⑦涉及合同价款变动的设计变更、工程洽商，由施工单位准备、整理和提供相关造价资料。不形成工程实体、隐蔽工程、返工等在竣工时无法进行计价的设计变更、工程洽商在实施前和实施中，施工方需及时提请监理公司、建设单位、咨询单位进行现场核定实施工程量，办理鉴证资料，并留存必要的影像资料。

⑧一份设计变更、工程洽商文件，原则上只针对一个专业提出，且最多不得超过5个变更事项。

⑨建设单位下发的《建设单位通知》，施工单位见文应立即执行。但《建设单位通知》不能作为结算依据，施工单位应根据《建设单位通知》及时办理相应的工程洽商和签证文件。

⑩由监理公司负责工程设计变更、工程洽商的统筹管理，设计变更、工程洽商文件在会签完成后，由监理单位统筹编号、建立台账。台账内容应具体详尽，记录每一设计变更、工程洽商文件的编号、内容、时间、施工单位、执行及完成情况等。监理单位对工程变更实施前的部位、状态、工程量、特别是隐蔽工程要及时见证。

⑪监理单位应每周更新工程变更台账，竣工时向建设单位提供全部设计变更、工程洽商的最终台账、分类分析统计报告。

（2）《设计变更通知单》管理流程如下：

①由设计单位按规定格式撰写，设计变更应按单位工程分别撰写便于竣工归档。其中建设单位2份，设计单位1份，监理公司1份，施工单位2份，共6份。

②流程及时限：由设计单位撰写《设计变更通知单》并签字盖章（若有附图加盖设计确认专用章）交建设单位；建设单位签认后，交监理公司；监理公司建立设计变更台账，并统一编号发各单位。

（3）《工程洽商记录》管理流程如下：

①由施工单位按规定格式及份数撰写。工程洽商记录应按单位工程分别撰写便于最终按单位工程竣工归档。

②流程及时限。由施工单位撰写6份并签认提请建设单位，建设单位初审（可征求监理公司意见）后转交设计单位审核；设计单位审核并签认后，交建设单位转监理单位统筹编号、建立台账，发各单位。

（4）《现场签证单》管理流程如下：

施工单位撰写并签认交监理公司，监理公司审核无异议后，交建设单位审核。建设单位签认后，返监理公司，在会签完成后，由监理公司统筹填写编号，发各单位存档。

各类变更洽商审批流程见图2。

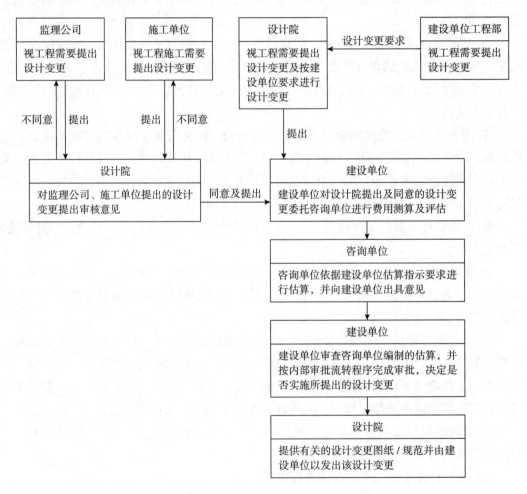

图2 各类变更洽商审批流程

3）材料设备认价管理

（1）认价范围：

根据施工合同约定，本项目所使用的材料设备在某市及邻近城市造价信息中没有的，项目特需专用品牌型号的材料设备需市场价进行认价。按照施工合同通用、专用条款的有关规定，对于属于依法必须招标的材料设备按照合同有关条款执行，招标限额以下的材料需要在材料采购前由建设单位确认价格后再进行采购，未经建设单位确认价格，施工方自行采购的材料，后果由施工方承担。

（2）认价流程：

①施工单位根据合同内容及设计变更等依据提出《材料、设备单价确认单》，每种材料设备单价确认单后需附上不少于3个厂家的报价资料（包括授权委托书、公司资质、简介、加盖报价公司公章的产品报价明细一式二份）报送监理公司。

②监理公司3日内对材料设备的技术要求、规格、质量、档次标准审核确认，完成对材料设备价格初步审核，提交建设单位。

③建设单位对材料设备的技术要求、规格、质量、档次标准审核确认，根据材料设备的重要程度决定是否需要进行实地考察，并于5日内将确定的技术资料和报价资料提交咨询公司进行询价。

④咨询公司根据合同内容判断该单价是否需要重新认价，对材料设备价格进行询价、评估和测算后，提出审核意见报建设单位。

⑤建设单位根据考察结果及监理和咨询公司的审核意见，最终确定厂家。

⑥建设单位、监理公司和其他各相关单位都可以对施工单位提供的厂家品牌进行补充、增加供建设单位参考。

4. 强化三级审核管理

项目实施过程中，严格执行自校、复核、审定的"三级审核"质量控制程序。造价咨询成果文件在三级审核的每一阶段完成时，需由编制人、审核人、审定人签名，并加盖执业印章。重大项目应进行客户满意度调查与反馈，及时总结。

1）自校阶段

（1）编制人员应严格执行公司制定的质量管理相关规章制度，严格按照国家、行业标准编制咨询文件。

（2）负责按合同约定范围及深度编制咨询项目成果文件；负责造价咨询项目所采用的法规、规范、标准、定额、计算方式、价格等依据的正确性、合理性。

（3）承担咨询项目的算量、组价、计价、取费和询价等基础工作；审核建设单位所提供资料的完整性、真实性；对造价咨询项目相关事项进行初步调查、了解，梳理所承接造价咨询项目的作业程序；对造价咨询项目过程中形成的会议纪要、工作联系单、工作底稿进行整理与保存；完成咨询计划规定的全部咨询内容，达到约定深度。

（4）自校数据引用、计算、调整、评估、汇总是否准确，初步结果表述是否完整、清晰。

（5）对咨询项目中出现的复杂事项、重大分歧、风险因素、未决事项，以及对咨询结果可能产生重大影响需要提请复核人员重点复核的问题，在《咨询成果文件质量控制流程单》意见栏中说明；按照各级审核意见对成果文件进行修改。

（6）对阶段性成果文件、相关附件、工作底稿等辅助性材料归档。

2）复核阶段

（1）严格执行公司质量管理相关的规章制度，严格按照国家、行业规范审查造价咨询文件。

（2）确认建设单位提供的资料的完整性、有效性和合规性；确认所承接造价咨询项目的作业程序合规，确认造价咨询项目约定的全部内容达到了约定深度。

（3）对编制人出具的成果文件进行审核；负责质量问题制定纠正、预防和改进措施。

（4）复核并确认各专业初步成果达到合同约定的全部内容，深度满足使用要求。

（5）复核关键数据的计算分析，重点指标的正确性、合理性、一致性、相关性。

（6）充分了解并重点复核重大分歧、重要风险点，对未决事项提出指导意见，做出分析、判断和选择。

（7）填写流程单，对错误的部分提出书面修改和补充意见，将未决事项和需要提请上一级复核人员重点复核的问题在流程单意见栏中说明；应说明而未说明的，复核人负直接责任。

（8）完成复核，将成果文件、相关附件、流程单提交审定人。

3）审定阶段

（1）贯彻执行公司发布的各项质量管理办法、规章制度。

（2）负责组织业务质量管理的策划、实施、监督和评审，针对质量问题制定纠正、预防和改进措施，对成果文件质量进行整体控制。

（3）检验成果文件是否经过详细自校、复核，检验成果文件的调整、纠正、补充是否恰当和准确。

（4）检验关键性数据的计算结果，着重审核流程单记录的重点问题、重大分歧、风险、未决事项及处理意见。

（5）检验成果文件内容的客观性、公正性，表述的严谨性、清晰性。

（6）对成果文件中存在的不准确、不完整、不可靠或错误之处应责成和督促相关人员予以修改、补充和完善。

（7）完成审定，确认流程单内容填写完整，签认审定意见。

（8）对于项目实施过程中或经三级审核后仍未解决的疑难问题，由造价咨询部负责人组织公司内部专家进行内部评审，必要时可聘请外部专家协助。

（9）经分公司组织评审仍解决不了的问题，提请公司首席产品官办公室组织项目评审，并填写公司项目评审意见表。

（10）公司总部造价咨询部针对质量管控中出现的技术难度大、专业性强的问题经内部专家评审后仍未解决的，需提请公司首席产品官办公室组织项目评审，必要时可邀请外部专家协助，并填写公司项目评审意见表。

三、针对本项目特点及难点的咨询服务实践

针对本项目复杂的定价情况，经过分析、归纳，主要可以分为以下几种类型，我

们也对应采取了相关造价管理方案：

（一）建筑造型独特，工程量计算超过计价依据适用范围

某跳台滑雪中心，建筑设计概念从中国传统饰物"如意"抽象衍生而来，称之为"雪如意"，将传统元素与现代建筑完美结合，由顶部出发区、中部滑道区及底部看台区组成，是典型的异形结构，各类工程量计算非常困难。

钢结构工程，本项目顶部出发区采用异型钢框架结构、双层网壳结构，顶部外圆直径78m，内圆直径36m，四周均为悬挑结构，最大悬挑长度37.5m；本项目钢结构梁、柱造型复杂、异形结构多，且为空间网壳结构，工程量计算难度大。为准确计算工程量，组织了专项钢结构课题培训，通过专家培训、视频学习、观看图片等方式加深对复杂钢结构的认识和理解。通过详细校核、统计各大样构件工程量，并通过三维建模软件复核空间构件的数量、长度等保证钢结构工程量计算的准确。

本项目幕墙工程为玻璃肋全玻幕墙系统、双曲穿孔铝板幕墙系统。玻璃幕墙、铝板幕墙均为弧形和曲面结构，无法用常规方式计算，经过行业钢结构专家建议，项目组和施工方共同采用某软件进行建模辅助计算。

室内地面、墙面、天棚也存在大量不规则形状和异形造型，传统的手工算量耗时多、准确性差。在比较国内的工程量算量软件后，采用某软件公司BIM装饰算量软件进行建模，对不规则平面面积进行识别；跌级吊顶、线条等通过绘制异型构件，三维建模等方式，达到精准算量的目的。

（二）开创了多个中国第一、全球首例，施工难度系数无参考标准

1. 新技术、新工艺计费缺乏计价依据

项目组严格按照各方审批的专项方案，结合专家论证评审意见、专项施工组织设计及实施过程中测定的人工、机械、材料消耗量，参考河北省周边地区如北京、内蒙古、山西等地方类似定额含量，保证施工费计费的合理性、准确性，其中：

1）钢结构工程

钢结构的单价主要由材料费、安装费（包含吊装费、支撑费、卸载费用、监测、检测费用等）组成，综合以下因素钢结构价格较常规项目高出很多。

（1）材料费：因"雪如意"造型独特，钢结构存在大量异形梁、异形柱、圆管柱、特殊拼装桁架等构件，加工制作难度大、材料损耗较大，制作费用高。

（2）安装费：场馆区处于山区，挑台各段高差大。跳台滑雪中心采用动臂塔与临时支撑相结合的吊装形式，中间段使用动臂塔吊装，看台区采用履带吊装；使用的机械主要有2台QTZ610（ZSL850）塔机、3台ZSL650（动臂塔）、2台100t履带吊，2台25t汽车吊，使用的机械型号多，吊装能力大，吊车费用高。

（3）临时支撑：此支撑体系属于"四新"之一，且在山体上搭设，投入大、费用高。构件拼装形式为设立胎架散拼，临时支撑根据位置分为两类，一类为落于混凝土结构上或者原地面，平均高度约36m的下弦临时支撑；另一类为落于下弦钢结构上，平均

高度约6m的屋面临时支撑。本项目应用的《钢支撑贝雷梁支撑体系施工工法》获得省部级工法奖项。

（4）卸载及变形监测：钢结构卸载难度大，钢构件变形监控是关键。项目部为此开发了大跨度预应力悬挑钢结卸载施工技术、复杂环境不规则钢结构斜柱测量施工工法，保证卸载的成功实施和变形监测数据准确性。

（5）检测费：本项目为重点工程，为保证结构的安全性，设计要求所有焊缝均为一级焊缝，且检测比例必须满足国家规范要求。

2）幕墙工程

（1）某跳台滑雪中心以铝板幕墙和玻璃幕墙为主，屋面为多层次金属屋面系统，为达到设计造型效果，还增加了很多幕墙后钢结构骨架，平面位置的氟碳喷涂钢篦子。

（2）玻璃幕墙多为曲面玻璃幕墙，且尺寸（4.5m×2.3m）及形状特殊，造型复杂，加工制作费用高；材料消耗量大；由于玻璃面积大、使得单块幕墙重量大，吊装机械投入多，人工消耗量大；超大玻璃要重新生成原片，压弯过程需要重新开模且采用大型加工设备，造成损耗率成倍增加。由于曲面玻璃及铝板的曲率跨度巨大，需要将每个曲率的模板重新制作，且有些模板无法重复利用，只能一次摊销。在压制过程中稍微出现一点偏差就会造成材料无法使用的情况，特殊形状也加大了材料损耗。由于跳台区落差大，玻璃幕墙安装难度高，人工、机械消耗量远高于计价依据的含量。

（3）铝板幕墙多数为曲面或双曲面幕墙，且曲率跨度极大，造型复杂，幕墙加工制作费用高；由于铝板重合部分多，安装时胶的用量大，材料消耗也大。

3）造价解决措施

（1）钢结构材料费，项目组筛选资质强，并向为大型场馆提供过材料的厂家进行询价，协同建设、监理、施工单位共同对厂家进行实地考察。询价的同时，要求厂家提供经过处理的异形构件大样图纸和数量清单，保证价格的准确性、合理性。最终按市场询价双方认价确定钢结构材料费。

（2）钢结构吊装费，经过专家论证会，吊装机械按2018年《河北省装配式钢结构工程定额（试行）》子目为基础按以下方法调整计算：将定额内的吊装机械品种、规格换成建设单位审核后签认的施工组织设计或施工方案中的吊装机械品种、规格，台班数量乘以系数0.8。已经在措施费中计算过的吊装机械费用不再重复计算。进出场费用、安拆费用按照施工组织设计或施工方案吊装机械品种、规格计算。国家跳台滑雪中心钢结构吊装机械与按定额计算相比所增加的费用按差价处理，差价仅计取安全生产、文明施工费和税金。

（3）钢结构临时支撑体系。按照建设单位审核后签认的施工组织设计（或施工方案）和相似定额计算安装费用（材料按照两次摊销计算，吊装机械品种、规格按照施工组织设计（或施工方案）调整，台班数量乘以系数0.8，已经在措施费中计算过的吊装机械费用不再重复计算。拆除费用按上述换算后安装费用的人工、机械的50%计算。临时支撑体系吊装机械与按定额计算相比所增加的费用按差价处理，差价仅计取安全生产、文明施工费和税金。

（4）双曲面幕墙工程鉴于和正常幕墙差距较大，经过市场调研，综合考虑龙骨框架、玻璃尺寸、夹胶、曲面难度系数对幕墙价格的影响，采取市场组价、双方认价的方式，确定幕墙价格。

2. 山区人工费高于定额，人工、机械需大幅降效

1）人工挖孔桩+爆破作业

出发区（顶峰）主体基础共有桩基45根，桩径1 200mm，17根；桩径1 000mm，24根；桩径800mm，4根。出发区侧翼基础共有桩基21根，桩径800mm，17根。滑道区基础共有桩基133根，桩径2 000mm，47根；桩径1 200mm，38根；桩径800mm，48根。桩基础采用人工挖孔嵌岩施工，桩端持力层为花岗岩层（中等风化），嵌岩深度不小于1.0倍桩径，且桩长不应小于5m。桩基础施工、计价难点如下：

（1）由于某跳台滑雪中心位于山谷中，各桩顶标高相差较大，全部开挖后将无施工作业路，故需要4台斗容量1.5m³的反铲挖掘机、2台50t吊车及3台25t吊车配合，为人工挖孔桩施工修筑临时作业路及辅助物料运输，逐级开展施工作业面。

（2）采用挖掘机或动臂塔运输预拌混凝土工效低，费用高。

（3）山体上施工，施工人员行走不便，操作不便，施工降效增加。

（4）桩下基本为坚硬岩石，采取桩下爆破方式进行挖掘，桩下爆破，作业空间小、危险性大、安全措施要求高。

2）滑道区室外配套安装工程

（1）按设计要求给水管道、污水管道、消防管道、电力桥架及电缆、电信桥架均由看台沿滑道侧面和正下方敷设至跳台顶端，从而满足跳台配套。

（2）所有材料均由人工搬运。施工作业面在滑道结构至山体之间，且没有任何施工通道，山体坡度较大地势崎岖，无法使用任何载运或吊运机械，所有材料均由人工进行搬运或利用绳索拉拽至施工作业面。

（3）管道安装工序增加。由于该部位所有管道均安装固定在结构承台支架上，承台上为直管段，承台前后为斜管段，增加了1倍以上的焊口工程量。所有结构柱承台高差均不相同，管道安装时各管段坡度均不统一，成品弯头只有90°和45°，因此在每处弯头焊口部位都需要现场测量实际所需角度后，反复切割才能完成对缝焊接。管道安装降效约在2.5倍。

（4）电缆安装需要搭设脚手架。由于该部位所用电力电缆规格较大，弯曲半径也大，因此在电缆桥架及其梯形支架施工时须架高安装才能使弯头处较为平缓，由于施工面地势陡峭崎岖，须搭设脚手架才能保证正常施工。

（5）施工降效。由于整个施工面的作业环境极度恶劣，山体坡度较大，道路崎岖（全段平均坡度约30°最大坡度约60°）且为了满足某市冰雪运动会时的水电正常使用，使工期提前在冬季完成。该部位降雪之后，施工更是举步维艰，施工降效倍率较大。

3）造价解决措施

针对上述情况，项目组积极深入现场、实地踏勘，结合视频、影像资料，验证情况的真实性，同时按照经各方论证、审批的施工组织设计及实施过程中施工单位提供的

签证资料，对合同约定的定额进行调整，保证降效补偿费用的合理性、经济性。

（1）某跳台滑雪中心地处山区的山脊上，受大风、低温等恶劣气候及路途等不利因素影响，参照公路、铁路定额的人工、机械数量（按实际数量或费用、分包合同、租赁合同调整的人工、机械除外）在定额含量的基础上增加7.5%。增加的费用按差价处理，差价仅计取安全生产、文明施工费和税金。

（2）三场的石方爆破引起的停工降效。石方爆破引起现场人员、机械撤离，停工范围、数量、时间、价格按甲乙双方确认的签证、洽商计算停工费用。或按照石方爆破引起的现场人员、机械撤离，甲乙双方确认的对应实际工程量所计算出的人工、机械数量增加20%计算。降效费用仅计取安全生产、文明施工费、税金。

3. 山区施工措施费费用高

1）场内二次倒运

某运村占地面积332hm²，三场一村相互之间距离远，由于在山区施工，材料堆放场及加工场离作业面远，材料需经多次倒运，才能达到施工作业面。

某跳台滑雪中心地理位置位于山区，其中比赛跳台斜坡地面标高为1 640~1 770m，高差约为130m，坡角为20°~40°，山谷两侧无法修建施工通道，需进行山体改造，故施工所需的材料垂直及水平运输极其困难，只能通过长达4km的盘山公路联络线到达山顶。交通线路见图3。

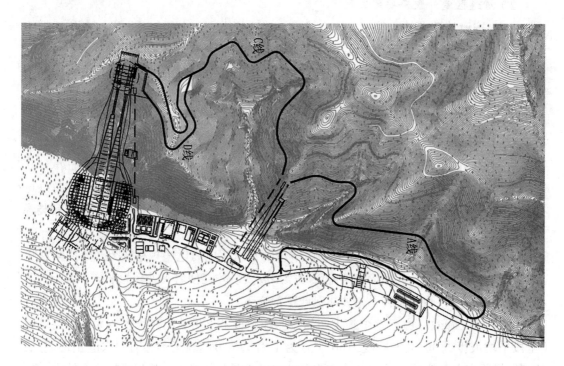

图3　交通线路图

跳台土石方倒运。跳台依山而建，土石方开挖在山体上进行，需在山体场内多次倒运。其中出发区土石方用5台破碎锤，7台挖掘机配合铲车，从1 770m倒运至1 749m

共计9次。滑道区土石方由1 749m通过6台挖掘机和2台推土机相互配合共经过8次倒运至1 686m处。北侧护坡最高处1 746m最低处1 634m，土石方用4台破碎锤进行破碎，6台挖掘机从上到下进行45次倒运至1 634m处，过程中3台挖掘机配合7台土方车倒运至1.2km越野场内堆放区。山区施工，土石方开挖难度大，倒运次数多，造成土石方价格高。

某冬季两项滑雪场技术楼及附属设施，由1台80t汽车吊负责场内材料垂直运输，由于两项技术楼东西跨度达到100多米，汽车吊的水平运输只能照顾到部分区域，无法照顾到整个两个场区，故需要汽车吊、自卸车进行配合，完成水平运输，大部分材料例如：成品钢筋、模板、周转料、砌筑材料等根据施工进度的需要，仍需要自卸车进行倒运。冬季两项滑雪场在施工期间需要1台80t汽车吊、2台25t汽车吊及2台15t装载量的自卸吊，贯穿整个施工周期，其机械使用的运转时间与现场施工时间同步匹配。

某冬季越野滑雪场的材料倒运方案，从某运村到现场采用25t汽车吊装车、9.6m平板车或自卸车装载至北欧冬季越野滑雪场的现场，运输距离4km；再通过现场的机械设备进行水平、垂直运输。现场需要1台80t汽车吊及1台15t装载量的自卸吊，贯穿整个施工周期，其机械使用的运转时间与现场施工时间同步匹配。

本项目综合管廊长达2km，设置两个物资材料临时堆放场所及钢筋加工厂，现场需要2台25t汽车吊及2台12t装载量的自卸吊，贯穿整个施工周期，其机械使用的运转时间与现场施工时间同步匹配。

具体情况倒运情况如下：

（1）人工挖孔桩：由于本项目是在山地山谷中进行挖孔桩作业，护壁混凝土浇筑采用挖掘机进行混凝土运输。桩身混凝土浇筑对于能采用汽车泵送的位置采用汽车泵送，无法采用汽车泵送的位置使用塔吊配合进行混凝土的水平及垂直运输。

（2）土方工程：修筑盘山作业路，尽最大可能满足机械通行条件；部分区域可直接采用土方车及挖掘机装载运输至山下，大部分区域无法运输，只能由标高高处向标高低处采用大型挖掘机进行翻土作业，由出发区翻土至下部看台区。

（3）山体支护：采用机械设备结合爆破的方式破除坚硬岩石；再利用大型挖掘机设备从上至下翻挖土石方，对于格构梁的混凝土运输采用上三级汽车泵送；下三级汽车泵送；中间无法采用汽车泵送区域采用地泵连接泵管，将混凝土运输至指定部位。

（4）混凝土结构：做好详细的模板支设、脚手架施工方案，根据施工进度情况计划好下一阶段的周转料所需材料量，分批次根据工程进展情况多次运输至山上，由于没有场地可存放，需要即卸车即使用。对异形构件配置定型模板，对低洼地势进行回填，处理架体搭设基础，尽可能充分利用已完构件强度。

（5）钢结构吊装：项目部在山脚处配置4 000m²的材料中转场，根据吊装进度需要，用平板车将工厂构件倒运至施工现场，由于工期进度紧且钢结构构件繁多，为节省时间，提升吊装效率，项目部研究采用现场拼装焊接，特种塔机作为钢构件吊装设备，解决吊装作业难题。

（6）装饰装修工程：做好装饰装修施工方案，根据施工进度情况计划好下一阶段的所需材料量，分批次根据工程进展情况多次运输至作业场所，存放后人工进行倒运至室内作业区域。

2）垂直运输费

跳台滑雪中心坐落于山谷中，两侧山体位于传统塔吊旋转半径范围内，塔吊无法正常运转；钢结构单体构件重量大，普通塔吊不能满足施工要求的最大起吊重量，定额最大塔吊的起重力矩为 2 000kN·m，使用的动臂塔，起重力矩分别为 5 000kN·m、7 500kN·m、8 000kN·m，与实际需求相差悬殊；河北省定额垂直运输费土建工程均按建筑面积计量，但滑道工程无适用的建筑面积计算规则，导致垂直运输费用无法计取；因本项目在山地环境中施工，项目跨度大，混凝土浇筑等施工无法到达施工相应作业面，需要在动臂塔上安装布料机，才能解决此问题。

跳台滑雪中心垂直运输机械采用的是动臂塔，而河北省 12 定额中只有普通自升式台式起重机、双笼施工电梯、卷扬机等，没有此类动臂塔机械项目。

3）冬季施工费

因项目位于山区，冬季气温低、需采取多种保温措施相结合的方式，造成冬季施工费用投入大。根据张家口崇礼区地区历年气温情况，冬施的开始时间一般为 10 月 15 日左右，结束时间为 4 月 10 日左右，大气最低温度基本为 −25℃ ~−10℃。由于三场一村工程工期紧，2018—2020 年均需要在冬季进行连续施工。其中国家跳台滑雪中心看台区混凝土冬施措施采用综合蓄热法结合暖棚法（燃油暖风机）进行保温；冰玉环栈道混凝土楼板、跳台滑道区结构、跳台挖孔桩施工采用综合蓄热法结合电阻丝加热进行保温。具体措施包括搭设暖棚、配备燃油暖风机；楼承板上部保温采用保温棉被，下部保温采用泡沫双面胶、锡纸胶带，燕尾钉固定挤塑板。根据现场不同情况，分别在楼承板板中、板下铺设自限温电热带，保证混凝土温度。混凝土梁板根据现场不同情况，采用上部覆盖塑料薄膜、电热毯、防水、防火棉被等及电伴发热保温措施。

4）造价解决措施

针对本项目的施工难点及特殊性，项目组和建设单位、监理单位严格论证施工方案，综合考虑专家论证建议及现场实测情况，对措施费费用做了认定，其中：

（1）某跳台滑雪中心室外配套安装工程因全部采用人工二次搬运，综合考虑人工布放、拖拽、高山、坡度、气候等因素，并对施工降效实测。如：电力电缆施工初期，建设单位派驻作业人员 150 人进行电缆敷设。150 工日完成电缆敷设工程量 450m，人工费约 30 000 元。按照北京市 12 定额测算，450m 3×240 电缆仅有 53 工日，人工费约 4 500 元，各类取费后约 12 000 元。综合考虑各种因素，降效费用按相应定额子目人工、机械乘以系数 2.5 计算。所需搭设的脚手架按批准的施工组织设计或施工方案、适合的定额计算，安装定额的脚手架搭拆费不再计取。某跳台滑雪中心（滑道区室外）管线安装工程调整后，按取费的规定取费。

（2）三场的土方、材料等倒运费用按照甲乙双方确认或批准的施工组织设计（或施工方案）计算。材料倒运费的各项取费按以下方法处理：按定额价计算的材料倒运费，区分不同的取费基数规定，参与取费；按市场价计算的材料倒运费，乘以0.5系数后区分不同的取费基数规定，参与取费。

（3）鉴于某跳台滑雪中心垂直运输的复杂性，依据补充协议约定，以相应定额子目为基础按以下方法调整计算：按照批准的施工组织设计（或施工方案）、租赁合同的动臂塔、塔式布料机租赁费用、进出场费用、安拆费用，调整定额内的施工电梯、塔式起重机、卷扬机费用、进出场费用、安拆费用。对于不能计算建筑面积的滑道工程按混凝土实际面积的30%计算，作为其垂直运输工程量并入上述工程量。某跳台滑雪中心垂直运输与按定额计算相比所增加的费用按差价处理，差价仅计取安全生产、文明施工费和税金。

（4）冬季气温低，场地分散、工作面大、工期紧，需要采取多种保温、采暖措施，冬季施工费用高。依据此类情况，根据施工单位编制的冬季施工方案，严格履行审批程序。在施工过程中做好各类物料的签证确认，包括可重复利用材料的摊销次数及回收工作。在确定冬季施工费时，严格审核相关材料的价格，对于可回收材料做好利旧费用的核算，保证冬季施工费用的合理性、经济性。

IV 服务实践成效

一、服务效益

在项目执行过程中，项目团队经历了一系列的挑战与困难，同时也展现了出色的应对能力，通过各方努力，该项目顺利竣工，助力2022北京冬奥会。

（一）助力完善项目管理体系，为项目合规经营保驾护航

完善的项目管理制度是项目顺利实施的有力保障，该项目团队成员进驻现场后，首先，对建设单位内控制度进行了初步测评，提出了该建设项目管理中缺少的制度管理办法，并协助建设单位建立健全变更签证管理办法、变更签证审批程序等规章制度，为项目合规经营保驾护航；其次，协助建设单位在建设过程中严格按照上级审计部门、国家审计的要求做好项目工作，确保项目能顺利通过有关部门的工程结算、财务竣工决算等各项专项审计工作。目前，该项目各项工作合规开展。

（二）深耕过程投资管控措施，提高政府资金使用效益

该项目部分工程在未完成勘测，设计方案未确定的情况下，就进行了施工招标，存在招标阶段造价难以确定、施工阶段设计方案反复调整、不确定因素较多等问题，给投资管控带来较大挑战。如何对项目造价进行有效管控，使投资与进度间的矛盾得以缓和，进一步实现政府资金使用效益最大化是项目组成员面临的难题。项目组成员通过审核施工合同完善性、抓好各类材料投资管理、结合设计优化方案和严格办理设计变更签

证，以及加强过程管理等有效手段，有效对造价加以控制。并在工程实施过程中，不断探索积累更加翔实全面的指标性数据，以提高项目各参建单位的协调配合水平，平衡项目建设中质量、工期与投资间的矛盾，实现政府资金使用效益最大化。

二、经验启示

通过承担该项目的造价咨询业务，项目团队吸取了许多宝贵经验，并总结了相应的经验启示，主要体现在以下三方面：

（一）坚持系统内协同服务模式，凝聚共商共建合力

该项目采用总部与分公司共同承做的模式，充分发挥总部的组织能力、专家优势及分公司对属地计价体系更为熟悉的特点，为项目提供切合工程实际和更为优质的造价咨询服务，得到建设单位认可。

该项目由总公司承做造价咨询服务，子公司承做监理服务，充分发挥了公司造价及监理"1+1>2"的协同联动优势。从实践来看，系统内协同合作模式，能够全面释放各类资源效能，调动和发挥系统内每一个组织单元"螺丝钉"的作用，相互支撑，为建设单位提供高质量的服务。

（二）打破传统计价思维，着力强化创新创造

该项目为国家重点建设工程，较常规项目而言，有其独具的特点，一是该项目地处高寒地区，主体建筑依山而建，建造环境极其复杂，不稳定因素多，存在土石方开挖多次倒运、材料运输困难、人机降效幅度大等特点；二是该项目严格落实绿色科技理念，在项目实施过程中新技术应用10大项，专利4项，创新技术5项。按照传统定额计价模式已经不能满足该项目投资控制的要求，必须打破传统定额计价思维，坚持问题导向，从业务中遇到的难点痛点入手，更好地推进工作开展、提升工作质效，深入分析、主动探索，积极寻求针对性、可行性的定价路径和措施。

（三）建立健全沟通报告机制，协调解决项目难题

项目实行周汇报制度，项目经理以周报形式向部门领导汇报项目进展情况及需协调解决的问题。

公司分管领导定期到现场检查指导，并与建设单位进行充分沟通交流。

与工程造价管理机构建立联系，邀请工程造价管理机构的专家到项目现场调研指导，听取管理机构对项目投资管控的意见和建议。

主动与项目审计机构建立沟通，就项目实施过程中审计机构的关注要点、重要事项等及时向审计机构反映，听取审计机构的建议，降低项目管理风险。通过建立健全沟通报告机制，并通过日常与各方的沟通联系，提高项目服务质效。

（四）从被动向主动转变，提升价值创造能力

传统造价咨询模式都是委托人下达任务，造价咨询单位按照委托人的要求做造价，委托人怎么要求怎么做，不会过多地去追问为什么，仅被动根据项目方要求，未能发挥造价咨询企业协助建设单位进行不同方案技术经济评价的有利作用，也未能真正解决建设单位的核心需求。

随着造价咨询行业市场竞争日趋白热化、低价化，转变思维，打破传统造价被动接受委托的现状，变被动为主动，从解决建设单位的核心需求着手开展工作，体现造价咨询单位的价值，提高市场竞争力显得尤为重要。例如：前期阶段，要深度沟通并分析建设单位的需求，协助建设单位完成对不同初步方案的技术经济比选、制定项目总体资金使用计划；设计阶段除了依据概预算定额计算工程预算价外，更要积极主动参与设计方案比选，设备、材料选用选型等与造价直接相关的工作，根据资金情况和项目功能需求，通过对设计方案、设备选型、效益分析等方面进行设计方案经济优化，真正使限额设计落到实处。通过积极参与项目各阶段工作、主动解决项目实施过程中的问题和难题，不断提升业务承做的主动性和前瞻性，体现造价咨询单位的价值。

专家点评

作为国家重点建设项目，三大建设目标之一的投资管控也同等重要，是衡量项目整体管理水平和管理能力的重要因素。全过程造价咨询工作是建设项目管理的关键一环，起到至关重要的作用。尤其是对于国家大型重点项目，大量的新技术和新工艺应用在建设项目中，同时因为本项目地理环境的特殊性，为解决现场施工的难度，施工过程也采用了一些特殊的施工技术和施工措施。这些因素的叠加对全过程造价咨询团队是个挑战。在现有的定额体系及计价模式下，全过程造价咨询团队通过思考和探索，找到了几方都能接受和认可的解决问题的策略和方法，该项目中全过程造价控制的实施方案、策略和方法值得学习和借鉴。

指导及点评专家：阎美玛　北京展创丰华工程项目管理有限公司

某体育文化建设项目全过程造价咨询成果案例

编写单位：北京求实工程管理有限公司

编写人员：陈　静　张　迅　谢　黎　袁志霞　宋亚会

I　项目基本情况

一、项目概况

（一）项目简介

某体育文化建设项目由某体育文化产业发展有限公司投资建设，本项目位于重庆市巴南区，西临区体育场、体育馆（旧馆），为西南区最大、且为此区域内首个国际性综合场馆，建成后以体育馆及配套商业为主，具备较为齐全的服务功能，主要包括体育馆、热身馆、配套商业、配套车库、美术馆、商业步行街、影城等。项目鸟瞰图见图1。

本项目整体质量目标为：达到"三峡杯"优质结构工程奖标准、中国钢结构金奖、巴渝杯优质工程奖。

图1　项目鸟瞰图

（二）项目工期

总工期：729日历天；开工时间：2017年4月18日；竣工时间：2019年4月17日。

（三）项目规模

本项目总投资225 956.65万元，建设用地面积98 486m²，总建筑面积295 468.62m²，其中：体育馆（含热身馆）地上85 717.24m²，地下29 692.96m²；配套商业（地上）74 205.06m²，地下车库105 853.36m²。

（四）参建单位

建设单位：某体育文化产业发展有限公司。
设计单位：某建筑设计研究院。
施工总承包单位：某集团建设发展有限公司、某（集团）有限公司。
全过程造价咨询单位：北京求实工程管理有限公司。

二、项目特点及难点

本项目地处重庆市，地势起伏大，基坑占地面积广，且需要拆分为体育馆地下和配套商业地下两个施工标段；同时，项目建设规模大、业态复杂、涉及专业多，且为大空间结构，施工难度很大。

（一）现场条件复杂

本项目为山地项目，按照施工图纸基坑开挖后，场区内将形成最大高度约20.0m的基坑边坡，基底绝对标高为190.6m，边坡总长度约760m，坡体物质以素填土、粉质黏土及粉质黏土夹卵石为主，局部为泥岩、砂岩层，拟建工程存在基坑边坡稳定性问题。南侧新建体育馆范围原有河道存在淤泥质粉质黏土，同时由于平场后局部回填厚度较大需进行地基处理；配套商业及车库基坑大致可分为西侧和东南侧部分，其中西侧坑底为泥岩层（局部达到较硬岩强度），东南侧部分为黏土层+卵石层。综合现场实际情况及设计要求，进行场区内300mm厚岩土预留层开挖及东侧有土区域大开挖施工，采用岩石切割机、水钻、风镐及挖掘机等机械结合人工进行预留层及基础的开挖工作。

（二）流水作业

分区、多工序、多专业流水作业组织方式施工，是本项目组织管理的重点：本项目从总平面设计到流水段划分，施工队伍选择到管理人员配制等多方面均考虑分阶段、分区、分专业组织，每个大区域形成相对独立管理和作业区，保证每个区均处于受控状态。

配套商业及车库流水作业图见图2。

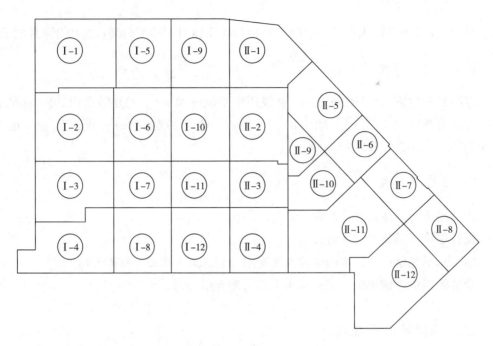

图2　配套商业及车库流水作业图

（三）工期短，任务重，场地狭小

本项目场地周围狭小，基坑周边可利用的场地主要分布在北侧、西侧及东南侧，其他区域基坑周边距围墙较近，可利用价值非常小，所以钢筋加工区、木工加工棚、周转材料堆放区等均围绕上述3个区域进行布置。西侧、东北侧、南侧无法设置物料及加工场地，只能进行场内二次倒运。施工现场布置图见图3。

图3　施工现场布置图

（四）主体防渗漏

底板、侧墙、顶板防渗漏是重点。地下室底板、侧墙、顶板等部位均对防水有要求，针对这些易出现渗漏问题的重点部位，制订专门的控制方案。如外墙及底板设计为防水混凝土配合2.0mm厚自粘防水材料施工，采用单层防水材料，因此对施工工艺和质量要求非常高。

（五）钢结构屋面

体育馆屋面钢结构为圆角矩形，采用双向交叉平面钢桁架结构，长126m，宽109.2m，高5.76~8.717m，总体量约3 000t。体育馆屋盖中心区域长84m、宽68m，总面积5 712m²，总重量约1 300t。利用场心单台额定提升能力为405t的8组提升支架，通过液压同步提升系统将中心区域整体提升至设计高度后，使用630t履带吊对钢结构屋盖外环桁架进行整榀吊装。履带吊分别在结构南侧、西侧、东侧按照对称原则进行布置，最后利用塔吊安装剩余杆件，完成屋面钢结构施工。

体育馆施工方案建模图见图4，体育馆屋顶钢结构现场拼装图见图5，体育馆屋顶钢结构现场提升图见图6。

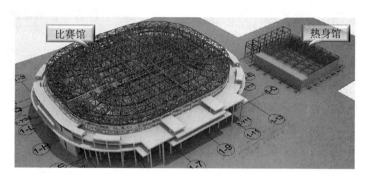

图4　体育馆施工方案建模图

图5　体育馆屋顶钢结构现场拼装图

图6　体育馆屋顶钢结构现场提升图

（六）体育工艺

本项目以体育商业活动为特色，其体育工艺由人工冰场、扩声系统、照明系统、看台座椅、运动地板等组成。其中人工冰场为主体育馆冰场，冰场尺寸61m×30m；主体育馆冰场上有移动式木地板，能举行篮排球比赛和文艺演出，可同时容纳16 000万人次观看；流动扩声系统配置两套线阵列扬声器，每串6只全频扬声器，2只低频扬声

图7 体育工艺示意图

器，另配置4只返送扬声器灵活使用。体育工艺示意图见图7。

（七）车库代建

地下停车场工程属于政府代建项目，实施过程中需对接政府下属管理公司，完成本项目的施工及协调工作。车库项目组织架构图见图8。

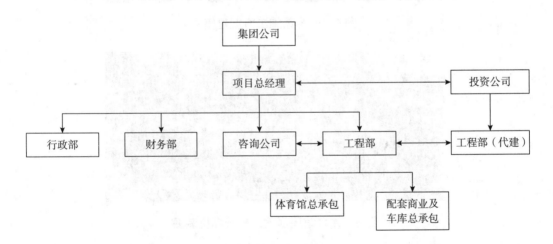

图8 车库项目组织架构图

（八）发承包模式独特

本项目启动前，我们与建设单位共同编制了合约规划、招标计划和目标成本。

依据合约规划、招标计划，本项目采用施工总承包管理模式，划分成两个施工标段；建设单位采用公开招标方式确定了两家施工总承包单位。施工总承包单位确定后，建设单位分别与两家施工总承包单位联合招标，确定暂估价专业分包工程施工单位和暂估价材料和设备的供货单位。再由建设单位和施工总承包单位作为共同发包人与相关施

工单位、供货单位签订三方合同，同时在合同中约定建设单位和施工总承包单位各自的职责，建设单位以项目品质、成本控制为主，其他发包人职责均由施工总承包单位承担，赋予施工总承包单位管理职责和权利。

本项目的承包模式有利于厘清工程建设中建设单位与施工总承包单位的关系，建设单位、施工总承包单位与分包单位的关系。有利于优化资源配置，减少资源重复投入与管理成本；通过推行"大总包"模式，即使得建设单位摆脱了工程建设日常工作中的杂乱事务，避免了人员与资金的浪费；也使得施工总承包单位能够统筹项目的质量、安全、进度，使资金、技术、管理各个环节衔接更加紧密。有利于控制工程造价，按建设单位与总承包单位的分工，招标过程中建设单位负责确定设计选型、招标控制价等，总承包单位则负责组织招标程序等，通过招标竞价，把"投资无底洞"消灭在工程发包之中。

II　咨询服务内容及组织模式

一、咨询服务内容

根据建设单位委托，我公司为本项目提供全过程造价咨询服务，主要涵盖设计阶段、招投标阶段、施工阶段、结算阶段等的造价咨询相关工作。

（一）设计阶段

1. 编制项目成本计划

根据设计方案、设计图纸（或初步设计图纸）和设计说明，协助建设单位估算本项目建造成本总额，以此确定本项目建筑安装工程成本计划。

2. 项目合约规划

协助建设单位进行项目合约规划，包括设计发包方式、合同安排、分包计划、采购计划、计价原则等重要事项并编排整个项目的招标工作计划。

（二）招投标阶段

1. 编制招标工程量清单

编制用于施工总承包、分包等招标目的的工程量清单。

2. 编制招标控制价

根据与建设单位商定的计价依据编制招标控制价。

3. 组织施工总承包、分包等招标

协助建设单位组织施工总承包招标全过程的工作，包括但不限于配合发布公告、资格预审、发标、答疑、开标、评标、中标结果备案、合同备案等，并办理施工总承包招标的全套招标手续。

4. 清标

协助建设单位对全部投标文件进行基础性分析和整理工作，针对可能存在的计算错误、对招标文件的响应性、主要价格的合理性、不平衡报价、表述不清或矛盾歧义等方面进行详细审查及分析，并在此基础上提交清标报告。根据清标结果，在必要时编制针对某些投标人的投标质疑问卷，要求投标人进行书面回复，并进一步审查投标人回复质疑问卷问题时提交的澄清、说明或补正。

5. 协助合同谈判，编制合同文件并组织签约

协助项目建设单位进行合同谈判，并以招标文件为基础，结合投标人提交的投标文件，以及招标过程中形成的所有补充或更新内容制订全套合同文件。

（三）施工阶段

1. 与工程实施相关的合同管理

负责建设单位与总承包单位等所有与工程实施相关的各单位之间的合同管理，对承包单位日常履约情况进行全面、实时、动态的跟踪和监督，及时发现和判断承包单位的违约情况，合理预见承包单位可能出现的潜在违约风险，及时处理合同履约过程中出现的问题，并定期向建设单位书面报告合同履行情况。

2. 支付管理

以合同为依据，审查各承包单位提交的付款申请，包括付款文件编制或审核、完成工作量的测量或核定、合同外工作量的审定等；建立并随时更新支付台账，使建设单位在任何时候可以掌握最新的项目支付情况。

3. 索赔管理

以合同为依据，充分发挥我公司作为专业顾问的技术优势和经验优势，实施包括对施工总承包、专业分包和专业承包的索赔或反索赔，最大限度地保护建设单位的利益不受伤害。

4. 设计变更及工程洽商管理

对设计变更和工程洽商，以合同为依据，在最短的时间内，完成对设计变更和工程洽商的书面计价审核，并随时完成设计变更和工程洽商对工程造价的影响及相关合同价款的调整。

5. 保函和保险管理

以合同为依据，监督和管理承包合同中的保函和保险事宜，密切关注保函和保险条款的适用情况，最大限度地体现保函和保险条款对建设单位的保护。

（四）结算阶段

审查由各承包单位编制和报送的竣工结算文件和资料，编制项目竣工结算报告。

二、咨询服务组织模式

（一）建设单位投资控制模式

建设单位承担本项目投资控制的主要责任部门是造价成本管理部，主要配合部门是设计管理部—工程管理部—工程监理—设计单位—承包单位，各参建方统一在建设单位造价成本管理部的领导下开展投资控制工作。

（二）我公司的咨询服务组织模式

1. 项目组织机构

基于建设单位投资控制的组织模式，根据本项目建设需求，我公司及时成立了项目部，并指定了项目负责人，采取"现场+后台"的组织模式；现场驻场1人，关键节点加派1~2人；后台设置土建、安装、景观负责人各1人，并搭配土建专业组、精装修专业组、电气专业组、水暖专业组、景观专业组、市政专业组，每专业组固定2人，随工作需要及时调配人员。项目部人员配置合理，专业与数量与服务项目匹配，具有相应资质和从业经验，能够完全胜任造价相关工作。从事本项目造价咨询的专业人员熟悉相关规定，人员相对固定，具有较高的政治素质、政策水平和专业技术能力，业务熟练，经验丰富，勤奋敬业，认真负责，具有团队协作精神，综合业务素质高。

项目组织机构图见图9。

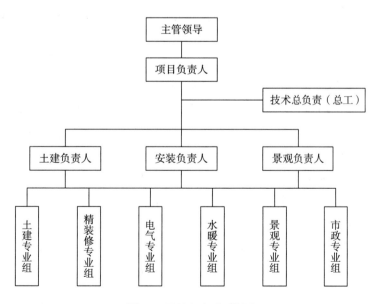

图9 项目组织机构图

2. 组织机构人员职责

结合本项目实际情况及各阶段造价咨询服务特点，我公司针对本项目造价咨询服务人员安排如下：

1）项目负责人

在本项目各阶段，全面指导项目工作，参加与造价控制有关的重要会议；及时解决造价咨询服务过程中出现的各类问题，为建设单位提供全方位的咨询服务和建议。

2）技术总负责人（总工）

负责本项目的整体技术及质量把控。在提交技术部审核成果文件前，技术总负责人完成对成果文件的复审。在遇到具体技术问题时，技术总负责人负责与公司技术管理部沟通协调，必要时协调公司有关专家共同解决技术难题。

3）各专业负责人

按建设单位和项目经理的工作要求和造价咨询工作计划，完成相应咨询服务阶段的各项造价咨询任务；特别是在设计概算及招标阶段，将适时的根据需要派驻现场完成相关工作，及时解决出现的专业技术问题。

4）各专业造价咨询人员

按项目经理及专业负责人的要求，按计划完成相应专业的造价咨询工作，并出具成果文件初稿，报专业负责人及项目负责人审核，对出具的造价咨询成果文件负责。

积极响应建设单位要求，合理安排工作计划，确保各项工作的顺利衔接，实现总体进度目标。根据工程特点，认真策划项目的招标组织工作，所有工作环节和成果文件不仅保证质量，而且保证在符合相关法律、法规要求的前提下，最大限度地满足建设单位的要求和愿望。

3. 组织机构设置方针

（1）根据建设单位要求，我公司派出以项目负责人为主的专门机构进行本项目工程造价管理工作。

（2）本项目工程造价管理设置满足合同文件、本项目的基本情况、国家相关的规定、要求，同时体现效率、精干、务实的组织形式。

（3）组织结构设置将能保证本项目各阶段造价控制目标的实现，从而确保本项目的投资控制目标。

（4）在设置本项目组织机构时，考虑到工程建设不同阶段的工作目标和工作重心的变化，为更好地发挥工程造价咨询机构的整体优势，组织机构中各部门人员设置，均为征求建设单位同意的前提下，以有利于造价控制的可调整性为原则。

（5）本项目组织机构设置符合专业分工要求。

（6）本项目的建设，从造价专业技术角度划分，可分为：建筑专业、结构专业、装修专业、暖通专业、给水排水专业、强电专业、弱电专业，市政专业等专业，同时全程通过合约管理予以有效控制。

三、咨询服务工作职责

本项目服务范围为全过程造价咨询服务，服务内容涵盖设计优化及设计阶段造价咨询、项目采购策略、合约规划、编制招标工程量清单、招标控制价、施工过程管理、竣工结算管理等工作。基于服务内容履行的工作职责一览表见表1。

表1　工作职责一览表

序号	工作阶段	工作内容及职责
1	设计优化及设计阶段造价咨询	（1）根据本项目性质、规模、标准、功能定位进行项目总投资估算，提交建设单位进行审批。 （2）编制工程估算，并按建设单位修改方案及时调整估算作为建设单位造价控制目标及限额设计的依据。 （3）为建设单位聘请的设计顾问、配套公司不同的设计方案编制估算和项目经济评价，按需要提供各修改方案价格比较的建议，协助建设单位及其他专业顾问选择最佳和最经济的设计方案，按需要对不同设计方案及材料进行成本分析，并向各专业顾问提供成本及成本优化建议，协助他们在造价限额范围内进行设计，为建设单位提供材料、工程设备、工程价格信息及选型意见等。根据图纸深化程度，制订项目的总投资概算（或预算），不断对总成本做出相应修改，编制并更新详细的工程成本计划与资金流量表，作为工程成本控制目标。 （4）根据建设单位要求，参与由设计单位、施工总承包、分包等承包单位及相关人员等举行的会议。 （5）对设计图纸提出存在的问题及优化建议
2	项目采购策略和合约规划	进行本项目采购策划，包括：总包方案、分包计划、分包方案（含暂估价的专业分包工程和发包人发包的专业工程）、材料设备供应方案（含暂估价材料和工程设备及发包人供应材料和工程设备）。在采购策划的基础上编制本项目的合约规划，包括总、分包工作内容划分（要求不重复、不遗漏）、一般要求和开办项目的定义和划分、交叉地带的责任界定、采购与总分包之间的合约关系，招标形式、合同形式、招标顺序及时间安排（结合项目进度计划统一规划）
3	计量规则和计价原则	针对工程特点和要求，结合国家和本项目所在地的地方政府的相关规定和要求，就工程各个招标项目的工程量计算规则和计价原则提出专业性建议，并对其做出必要说明和解释
4	编制工程量清单	根据施工图纸和选定的工程量计算规则计算工程量，编制可供施工总承包招标和签订合同使用的全部工程量清单
5	编制施工图预算	根据工程量清单及与建设单位商定的计价依据编制施工总承包工作范围内的施工图预算（或称为招标控制价）
6	编制招标文件	根据合约规划，制订施工总承包招标之招标文件，其中包括资格预审文件、投标邀请函、投标须知、评标办法、合同协议书、合同条件、一般要求和开办项目、技术标准和要求、工程量清单、工程量计算规则，以及各种附件、表格和格式等
7	组织工程招投标	协助建设单位组织施工总承包的招投标事宜，按照招标法律规范中规定及政府主管部门的规定的程序要件和实质要件组织招标的全部事宜，并保证招标结果的合法有效，组织招标的过程包括但不限于：组织投标资格预审、发标、招标答疑、开标、评标、投标澄清和质疑等，对所有投标文件，包括单价、总价、工程量、对招标文件的响应等方面进行详细审查及分析，并提交相关分析报告
8	制订合同文件并组织签约	以招标文件为基础，结合投标人提交的投标文件，以及招标过程中形成的所有补充或更新内容制订全套施工总承包工程合同文件并组织签约

序号	工作阶段	工作内容及职责
9	办理招标手续	协助建设单位办理与施工总承包招标代理有关的手续和事宜
10	合同管理	负责建设单位与承包单位（包括施工总承包单位、暂估价的专业分包单位/暂估价材料和工程设备的供应商、发包人发包专业工程的承包单位/发包人供应材料和工程设备的供应商，下同）之间的合同管理，并负责制作合同文本。对承包单位的日常履约情况进行全面、随时、动态的跟踪和监督，及时发现和判断承包单位的违约情况，合理预见承包单位可能出现的潜在违约风险，及时处理合同履约过程中出现的问题，并以周报、月报、季报的形式按照建设单位批准的格式向建设单位书面报告合同履约情况，以及受建设单位委托以建设单位代表身份处理建设单位与承包单位的相关事宜，包括违约预见后的处理及违约发生后的处理
11	分包招标和采购招标	（1）以本项目总控制进度为依据，编制暂估价专业分包工程、暂估价材料和工程设备、发包人发包工程、发包人供应材料和工程设备项目的分包招标或采购招标计划，并按照此计划开展分包和采购招标工作，保证上述招标的合法有效，以及保证工程实际施工进度不会因为分包和采购招标而招致延误。 （2）对于上述暂估价专业分包工程、暂估价材料和工程设备、发包人发包专业工程及发包人供应材料和工程设备项目，按照上述分包招标和采购招标工作计划，进行分包招标和采购，具体工作包括： ①在与建设单位协商的基础上进行招标和采购策划； ②编制招标文件； ③必要时编制招标控制价文件或参考价格； ④对潜在的投标人进行资格预审，将资料汇编成册交与建设单位，并由建设单位确定投标人名单； ⑤组织招标，包括发标、答疑、开标、评标、给出评标报告、协助定标。 ⑥准备合同文件并组织签署合同
12	设计变更管理	（1）对拟采取的设计变更方案（建设单位、设计单位、承包单位或其他方面提出或建议）进行造价分析判断，这种分析判断包括但不限于这种拟采取的变更对工程造价、质量、工期，以及施工可行性和难度方面的影响，最终向建设单位给出专业性的建议。 （2）对于决定采用的设计变更，负责对设计单位出具的设计变更文件进行预先审查，如存在任何问题及时和设计单位沟通。 （3）以合同为依据，在最短时间内，完成对设计变更进行计价，分析设计变更对原工程造价的影响，做好相关合同价款的调整。 （4）参加施工现场返工索赔变更确认，出席工地工程变更会议，审核工程量并提供专业意见
13	支付管理	（1）以合同为依据，设定工程款申请、审批和支付的工作程序和标准化工作表格。 （2）以合同为依据，审查（或制订，视情况定）各承包单位的付款计划。 （3）按照上述工作程序和付款计划，审查各承包单位提交的付款申请，包括付款文件编制或审核、完成工作量的测量或核定、合同外工作量的审定等。 （4）建立并随时更新支付台账，使建设单位在任何时候可以掌握最新的项目支付情况。 （5）组织月度施工总承包、分包中期付款专题会议，现场确认施工总承包、分包当月完成量，审核施工总承包、分包提交的中期付款申请

序号	工作阶段	工作内容及职责
14	财务管理	（1）协助建设单位财务部门编制项目资金流量计划（包括资金流量总计划和季度、月度资金流量计划）和资金使用计划。 （2）协助建设单位财务部门统计本项目实际成本，并将该实际成本与预算成本进行动态比较，合理预见可能存在的问题，为建设单位财务决策提供事实依据。 （3）协助建设单位财务部进行税务管理并提出专业性建议
15	索赔管理	（1）在招标阶段做好统筹考虑，尽量减少对建设单位不利的任何索赔机会，从根源上保护建设单位利益。 （2）以合同为依据，充分发挥咨询公司作为专业顾问的技术优势和经验优势，实施包括对施工总承包、分包和供应商的索赔或反索赔，最大程度保护建设单位的利益不受伤害。 （3）接受建设单位委托，在因上述索赔和被索赔引起的诉讼或仲裁中，参与争议解决的全部过程，包括但不限于谈判、和解、出庭、收集并出示证据、协助律师进行争议的诉讼或非诉讼处理。 （4）提供合约条款解释说明工作，协调工程中对合约条款的争议
16	保函和保险管理	（1）以合同为依据，监督和管理承包单位合同中的保函和保险事宜，密切关注保函和保险条款的适用情况，最大限度体现保函和保险条款对建设单位的保护。 （2）对于由建设单位投保的保险事宜，接受建设单位委托，办理投保、续保、索赔等与保险有关的各种工作，并提供建设性咨询建议
17	竣工结算	（1）审查由施工总承包单位、暂估价专业分包工程单位、暂估价材料和工程设备供应商、发包人发包专业工程的承包单位、发包人供应材料和工程设备的供应商编制和报送的竣工结算文件和资料，对竣工结算文件的依据性、完整性、合理性及正确性进行审查和判断。 （2）在上述审查和判断的基础上编制本项目竣工结算报告。 （3）以合同为依据，对承包单位的保留金实施扣留与支付。 （4）协助建设单位财务部门办理竣工结算支付。 （5）编制本项目投资控制绩效评价及报告

Ⅲ 咨询服务的运作过程

一、咨询服务的理念及思路

某体育文化建设项目作为我公司的重点服务项目之一。为提供优质的咨询服务，在本项目初期，我们就站在全局角度充分策划，制订科学、合理、针对性高的工作实施方案，且以可实施落地作为检验标准，并及时调整做出合理的组织安排。

以"主动服务、躬身入局"作为咨询服务理念，我公司作为本项目的全过程造价咨询单位，打破常规，不拘泥于日常造价咨询服务工作，提高站位，站在"建设单位成本部门"的视角开展各类造价工作，强化主动服务意识，树立超前思维模式，加强风险预判和把控。

为有效地控制好本项目的投资与造价，确定并建立了如下控制思路：

（一）建立"事前、事中、事后"控制相结合的理念

"事前"：投资发生前的控制（以前期设计阶段为主）。
"事中"：投资发生时的控制（以项目施工阶段为主）。
"事后"：投资发生后的控制（以项目结算阶段为主）。

（二）建立"动态、全方位、全过程"的控制理念

"动态"：即节点控制，在概算、预算、结算的基础上，进行连续控制，并对控制目标进行完善、补充和修正。
"全方位"：即各工种、各子项的全局控制。
"全过程"：在确定的控制目标下，进行全责任、全方面、全过程的控制。

（三）设立正确有效的控制环节与方法

在建立了造价控制理念的基础上，设立正确有效的控制环节与方法是极为重要的。本项目全过程投资控制与造价管理从以下方面作为重点实施：

1. 项目前期阶段的成本计划是项目造价控制的纲领

在项目前期阶段所做的成本计划工作绝不是传统意义上的"估算"或"概算"的模板，它是随项目设计的不断深入，项目要求的不断调整而逐步细化并起到项目造价控制统一的纲领性文件。

首先，编制的成本计划不仅仅是对图纸（方案图纸、扩初图纸）作的估算或概算，还起到优化设计与控制设计的作用，过程中深度参与设计汇报会议，组织设计优化专题会议，会后调整和打磨图纸和造价数据，因此该成本计划是处在动态调整与更新状态中的，即随多个"方案设计"→"初步成本计划"→"从经济角度优化设计"→"成本计划"→"优化调整设计"→"详细成本计划"→……→"确定成本计划"。随着这一过程不断深入，进行动态调整后，最终确定项目的总投资控制目标。

其次，编制的项目成本计划不仅仅是体现一个项目的静态总造价，还需根据项目的实施计划给出项目用款的资金流量预测表。该表会随着成本计划书的不断深入而细化，形成每个月的项目用款计划。

2. 项目发承包阶段的施工合同是项目造价控制的基础

建设项目的建造价格是由发承包合同来确定的，作为工程造价全过程控制的责任主体之一，除了掌握工程的计量计价方式外，更重要的是掌握和熟悉运用各类发承包方式，撰写各类发承包合同，以市场竞争、定价的方式确定项目的建造价格。在这一阶段，主要控制以下4个关键环节：

（1）制订适合具体项目的招标方式，以及相关的合同形式。
（2）按项目特点及实际情况编制招标文件及发承包合同文件。

（3）做好大宗材料、设备的定价控制程序。

（4）做好投标书的评审与分析报告。

由于每个项目的特点与要求各不相同，所以在进行上述专业服务的过程中我公司必须给项目开出特定的"方子"，不能所有项目一概而论，这样才能达到有效控制造价的目的。

3. 施工阶段跟踪服务是项目达到造价控制目标的手段

施工阶段（即合约后）的造价控制是以施工承包合同为依据，对施工过程中的费用实施动态跟踪管理。这一阶段的服务主要把握住以下3个环节：

（1）做好实物工程量的审核及批准，做好中期付款审核。

（2）对于工程变更、索赔及时按承包合同条款进行评估、测算。

（3）根据项目实际进展情况，每月出具反映项目造价状况的中期造价控制报告。包括反映已完工程的造价控制目标与实际结算价对比分析报告，以及反映今后造价状态的项目用款现金流量计划表。

二、咨询服务的目标及措施

（一）咨询服务的目标

本项目咨询服务的最根本目标就是有效控制好项目投资。项目咨询服务的核心是"成本控制"，是对建设过程中的各阶段的静态和动态投资的控制和调整。在确定项目竣工时间和投资总额内，在工程要求的性能和技术水平下，通过科学方法将投资总目标进行分解，形成工程建设各阶段的投资控制目标。制订有效的投资控制措施，采用高效率的工作，对工程投资的实现过程进行监控，对结果进行审核，对投资过程中出现的偏差进行实时纠正，最终实现项目投资总目标。

以工程批准的投资额度为目标，切块分解总投资，细化控制目标；建立覆盖本项目全部工程范围的投资控制体系；运用控制论的基本原理，采用动态控制方法，及时估算工程费用，定期分析预测最终结算，掌握跟踪投资指标执行情况，严格估算并审查各类费用，依据投资指标执行情况及时向建设单位提供控制投资方面的报告和建议，达到协助建设单位对本项目投资管控的目的，使人力、物力、财力等在工程上得到最合理使用，资金有效运作发挥最大效益、成本控制在批复投资指标内，并力争达到节约，最终通过项目竣工审计。

（二）基本任务

1. 设计阶段

（1）根据设计图纸计算建安工程相关经济指标，协助建设单位进行目标成本编制或调整工作。

（2）具体成本优化方案落实后，根据建设单位要求，对具有代表性或可推广性的方案进行案例编写。

（3）向建设单位提供至少1个与本项目类似的当地项目目标成本资料；包括但不限于总承包（含桩基及围护工程）预结算文件、外立面系数、外立面材料配置比例及单价、景观单方成本、窗地比及品牌单价等。

2. 招标阶段

1）工程量清单编制

在施工图较完善且具备编制工程量清单条件下，按建设单位要求在规定时间内完成工程量清单编制。如图纸深度不足，本着有利于控制投资的理念，主动推进工程量清单编制工作。

2）招标控制价编制

工程量清单经建设单位复核通过后，我公司将在约定的时间内按建设单位要求编制招标控制价。

3）招投标的配合工作

我公司根据项目需要配合建设单位完成招标过程中的招标清单核对工作。根据招标控制价，审核投标单位的投标报价书，并在规定时间内按照建设单位要求的格式审核投标报价的合理性并出具审核意见。

开标后，按建设单位要求，我公司后台团队承担所招标工程的全部评标资料分析整理工作，包括但不限于投标单位商务报价书与招标控制价的差异分析及工程造价构成分析等；并出具书面报告，向建设单位提供相应的电子文档。

参加建设单位招标答疑会，对投标人工程量清单文件中的疑问进行汇总，并在建设单位要求的时间内对投标人给予正式答复。

3. 施工阶段

1）资金使用计划编制

根据建设单位要求，编制工程资金总计划表和每年度、每季度资金计划进度表，每月提供计划与实际付款比较说明，随时调整资金计划进度表，供建设单位合理安排投资费用。资金计划表（节选）见表2。

2）设计变更、工程洽商、现场签证的管理

及时对设计变更、工程洽商、现场签证进行估算并提供合理化建议。工程管理人员发起指令单后，及时处理并参与评估，驻场人员需按变更、洽商、签证估价表的预估费用及时录入到项目台账中。现场发生索赔及反索赔时，协助收集整理相关数据资料，结合现场情况，编写索赔条款或反索赔应对策略，必要时参加谈判工作。

设计变更、工程洽商、现场签证内容应准确、严谨。在收到变更、洽商、签证单后，驻场人员应与经办工程师充分沟通，结合合同条款与现场实际情况，重点掌握隐蔽、返工、拆除等审核控制点，做到计算依据充分，价格及工程量来源描述清晰；对具有代表性的变更、洽商、签证，按照公司要求的格式编写案例。

变更签证需满足一单一算、一月一清的原则。每月25日前，对该月已完成核对的工程量和未完的所有设计变更、工程洽商及现场签证单进行汇总整理成台账，并向建设单位提交已盖公章的书面报告（需含未完成部分的进度安排）。洽商变更总台账（节选）表见表3。

3）方案比选测算

施工过程中方案比选测算，包括但不局限于：根据图纸及设计方案或根据建设单位要求及时提供有关造价数据，按设计单位不同设计方案、建筑形式、工程结构、机电设备、景观装饰、施工方法或工料含量等提供价格比较及优化建议，协助建设单位把造价控制在预算内。

4）进度款审核

依据建设单位与承包单位签订的合同进行进度款审核，按时完成进度款审核，保证准确、严谨。工程进度款支付情况（节选）见表4。

5）动态成本管理

建立成本台账，内容包含合同信息、变更签证信息、过程中动态更新，每月25日前提交给建设单位。动态成本分析表（节选）见表5。

变更签证超过合同金额的±10%，及时提醒建设单位与承包单位签订相关补充协议。

6）合约报告

按照建设单位要求每月25日前提供合约报告。

7）会议

按建设单位要求和工作实际需要，主持、参与相关工程会议。

4. 结算阶段

（1）根据中标文件、工程合同、设计变更及现场签证资料、竣工图纸及其他与结算相关的资料，完成审核并与承包单位或利益相关方核对确认后，编制结算审核报告（需附上完整的计算书及与本次审核的相关资料）。如因项目需求，建设单位需委托第三方进行复审的，复审期间，无条件配合第三方工作。

（2）建设单位要求的其他相关工作：

①按建设单位要求进行相关经济、技术指标的提取，以及相关造价分析及汇总工作。

②根据建设单位需要，向建设单位提供与本项目有关的工程造价信息及服务，包括但不限于造价主管部门发布的各类信息、计价（算量）软件使用、材料设备价格信息、行业类似项目造价信息及经验、造价信息库等内容。

③对该工程的图纸等资料的"错漏碰缺"之处提出修改意见，且对工程图纸提出设计优化建议。

④对建设单位制订的重大方案或与我公司负责的已招标工程存在紧密关联性方案进行成本测算及提出相关的成本优化建议。

施工单位：

表 2 资金计划表（节选）

序号	合同名称	承包人名称	合同总价	已经审批金额		已支付金额		未支付金额		当前形象进度	付款比例	9月		合计	比例	备注
				金额	比例	实际支付金额（不含扣款）	扣款	财务未支付付款金额	施工单位未收到的审批金额			产值	付款			
1	xxx	xxx	xxx	xxx	xxx	xxx	xxx	xxx	xxx	xxx	xxx	xxx	xxx	xxx	xxx	xxx

表 3 洽商变更总台账（节选）

单位：元

序号	文件编号	文件日期	专业	类别	内容简述	预估金额	承包人申报金额	求实审核金额	初审意见	是否涉及相关责任方扣款	备注
1	xxxx-001		建筑	设计变更	某处砌块墙隔墙取消……	-20 000.00	-18 000.00		事实清楚，可直接审核费用		

表 4 工程进度款支付情况表（节选）

序号	合约编码	合约类别和名称	承包人名称	截至本期合同价值			本期完成产值	至本期累计完成产值	至上期累计已付金额	本期应付金额	相关扣款金额	本期申报支付金额	本次支付后累计金额	支付比例		备注
				合同金额	调整金额（合同外）	调整后金额				$g=e\times$付款比例				本次支付付比例	合同外总比例	
				a	b	$c=a+b$	e	d	f	g	h	$i=g-h$	$j=f+i$	$l=i/e$	$m=j/a$	
A		施工总承包类														

表 5 动态成本分析表（节选）

序号	项目类别	签订合同额 A		暂估价及暂列金额 B		实施合同额 $C=A-B$		预估变更洽商 D		截至报告期实施成本/元 实施成本合计 $E=C+D$		结算成本金额/元 结算额 F		结算与目标成本差异 $G=F-E$		备注
		金额	单方	金额	单方	金额	单方	金额	单方	金额	单方	金额	单方	金额	单方	
1	xxx	xxx	xxx	xxxxxx	xxx	xxx	xxx	xxx	xxx	xxx	xxx	xxx	xxx	xxx	xxx	xxx

（三）管理措施

为确保服务质量，公司层面制订了详尽的质量管理措施，包括质量控制管理体系、质量控制程序、公司内部审核程序、执业人员专业技术能力保证措施、造价咨询服务工作质量过程管理措施、工作质量控制程序保证措施、对拟派出的项目小组服务质量的控制措施、质量控制关键环节具体措施等几方面。

针对质量控制关键环节具体措施，公司制订了部门工作手册，造价咨询工作人员严格按照工作手册规定的工作流程做好自己的工作。

设计阶段造价控制流程图见图10，支付流程图见图11，变更流程图见图12。索赔

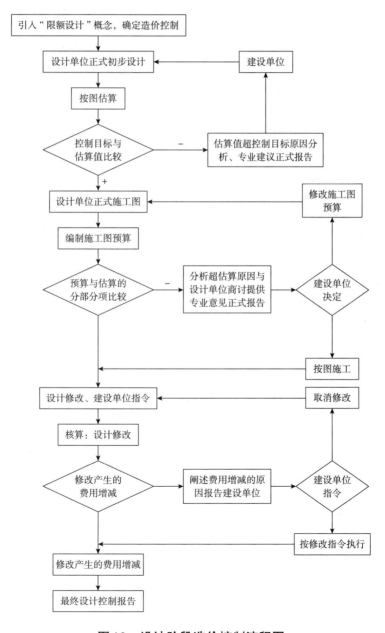

图10　设计阶段造价控制流程图

流程图见图13，编制工程量清单和招标控制价工作流程图见图14，清标工作流程图见图15，工程量和造价核对工作流程图见图16，结算审核工作流程图见图17。

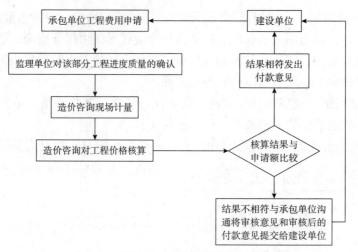

图11　支付流程图

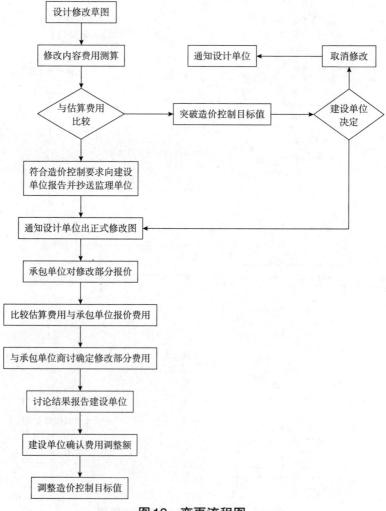

图12　变更流程图

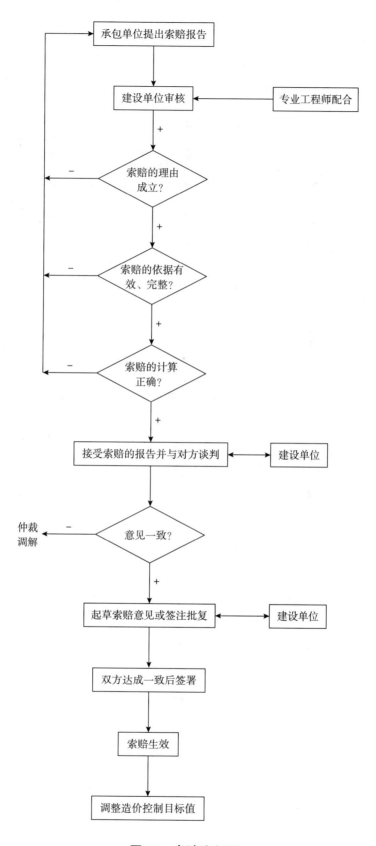

图 13 索赔流程图

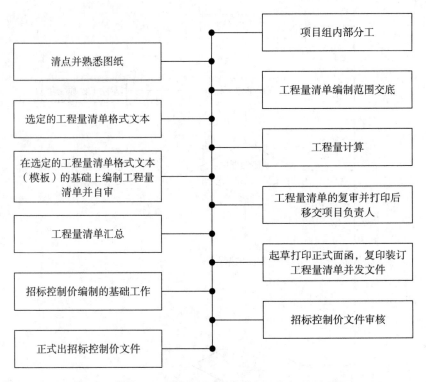

图14 编制工程量清单和招标控制价工作流程图

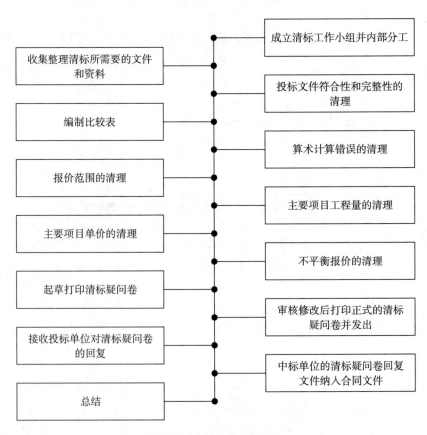

图15 清标工作流程图

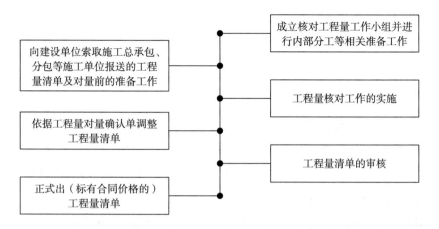

图16　工程量和造价核对工作流程图

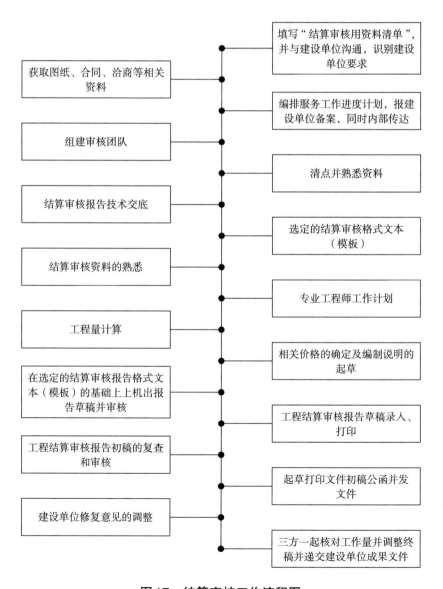

图17　结算审核工作流程图

三、针对本项目特点及难点的咨询服务实践

（一）本项目特点及难点

1. 政府招商引资重点项目

本项目作为某区政府招商引资的重点项目之一，也是某集团产业布局的重要组成部分。自项目立项以来，各级政府部门极其重视，多次现场办公，为项目早日开工提供各类便利条件并实际解决各种制约因素。

2. 既要考虑体育馆的社会效益，也要考虑商业配套的经济效益

本项目是具有地域标志性的体育产业综合体。既要考虑体育馆的社会效益，也要考虑商业配套的经济效益。某集团作为民营企业，有北京某体育馆商业运营的成功经验，故加以复制，在重庆市某区建造一座约1.5万席位的体育馆，及2 000个车位的商业配套，总体量达29.5万 m^2。

3. 现状及周边环境复杂

项目启动初期，项目部深入现场实际踏勘。场地中央有一座山坡，还有一条泄洪渠贯穿项目南北，现场5栋居民楼待拆迁、约3 000m^2的青少年活动中心待拆迁且还要还建；拆迁工作量大，经地勘，一半为土质一半为岩石，项目地形复杂。

4. 建设单位需统筹考虑对外、对内的双重管控

本项目中的地下车库部分作为社会投资的PPP项目，某体育文化产业发展有限公司既是建设单位，同时也是代建单位，需要统筹考虑对外、对内实际成本的双重管控。因此，对造价咨询工作提出了很高要求。

（二）咨询服务实践

我公司作为本项目的全过程造价咨询单位，在做好日常造价咨询服务工作的同时，提高站位，主动站在建设单位成本部门的视角开展各类造价管理工作，强化主动服务意识，树立超前思维模式，加强风险预判和把控。为此，制订了管控项目总造价，对内对外双管下，阶段目标需明确，角色调整要及时，基本工作要扎实，重点难点需勤抓的服务方针。

1. 管控项目总造价

在项目建设初期，我公司就建议并协助建设单位确定目标成本，作为项目整体造价管控的目标。并以此为纲领，将合约规划、招标计划、合同价款、价款变更等以表格形式处理，形成"动态管控投资一表化"，对于总造价设定红线，允许科目内平衡，最终实现了总造价不突破。

2. 对内对外双管下

因本项目地下车库部分同时属于代建内容，此部分的造价管控工作需分对内、对

外两种模式。对内需要基于施工合同的相关约定，严格把控项目成本，强化施工合同的落地执行；对外则需要根据委托代建合同的相关约定，本着"有理有据、风险共担"的原则，追求成本及合理利润。为此，我们对外工作制订了专项方案，由建设单位牵头，咨询公司、监理单位等参建单位共同参与，详细研读代建合同，细化具体工作，制订明确节点，分工到人，达到了预期效果。

3. 阶段目标明确

通常将整个项目建设分为设计阶段、招投标阶段、实施阶段、结算阶段、后评价阶段，由于各阶段对造价管控的侧重点不同；因此，作为全过程造价咨询单位需明确各阶段的服务目标。如在招投标阶段，要根据项目实际情况编制并确定本项目的合约规划。

因本项目招投标涉及的专业类别、材料、设备非常广泛，编制合理的合约规划非常关键，编制初步合约规划思路如下：

（1）合约规划的理由和目的，在进行施工总承包招标时通常会遇到以下情况：

①施工总承包招标时，弱电工程和玻璃幕墙工程等项目，仅按设计单位提供的图纸，有时不具备确定价格的条件，需要二次深化设计以后才能确定价格。

②热力、燃气、消防等行业相对垄断的项目，招标时需按整项暂估的形式考虑。

③由于电梯属于专业性很强的项目，供货及安装需要专业公司完成。

（2）项目合约规划，就是如何将整个建设工程的施工范围进行合理切块和划项，以求达到以下目的：

①确定需要划分多少个工作包（包括施工总承包、专业分包、暂估价材料和设备、发包人发包工程、发包人供应的材料和设备等），以及需要签署多少份合同（包括施工总承包合同、专业分包合同、暂估价材料和设备供应合同、发包人发包工程承包合同、发包人供应材料和设备采购合同等）才能将招标工程全部完成。

②每个工作包本身所对应的工作内容清晰明确，投标人能够完全理解其承包内容和报价范围。

③各个工作包之间工作内容的界限清晰明确，特别是施工总承包与各专业分包之间工作内容的划分一定要清楚明白，做到既不重复，也不遗漏，并且所有工作包所对应的工作内容叠加以后能全面覆盖全部施工范围。

④各工作包所对应的承包单位之间合同责任和义务的界限清晰明确，特别是施工总承包单位与各专业分包之间责任义务的界定要清楚明白，并能相互交圈。

⑤除此以外，合约规划还应解决以下问题：

每个工作包的发包方式、每个工作包拟采取的合同形式、每个工作包的招标时间和招标安排、每个工作包招标的前置条件。

（3）合约规划的指导性原则如下：

①不违背相关法律法规的要求，不得肢解发包工程等。

②整个工程的拆分不宜过于零碎。原则上，只要施工总承包单位具备深化设计、

加工制作和安装能力，并且在施工总承包招标阶段已经具备招标条件（指设计的深度和相关信息的掌握等）的工作，都可以考虑纳入总承包自行施工的范围，以体现施工总承包责任主体一元化的本质。

根据上述合约规划原则，本项目划分为：施工总承包合同2项、专业分包合同43项、暂估价的材料和设备供应合同2项、发包人发包工程承包合同15项、发包人供应材料和设备采购合同2项。

4. 角色调整要及时

基于本项目实际需求，项目团队既要作为对内造价咨询单位，配合建设单位做好内部成本管控，把握各类合同的顺利结算；同时还要作为对外被政府审计的建设单位，主动为建设单位争取合理的利润。因此，需要根据不同立场，及时切换角色，达到多赢的局面。

5. 基本工作扎实

因本项目开发周期短，各项工作要求高，时间紧，现场情况复杂，项目团队立足本职工作，从计量计价基本功入手，扎实推进各项工作，强化现场与工程资料的一致性，勤下现场，勤留证据，及时督促相关方确认相关工作，以"分段结算"的服务模式及时确认工程造价。

6. 勤抓重点、难点

合约商务报告是我公司作为全过程造价咨询服务单位，按一定时间节点向建设单位提交的关于整体工程在报告期内合约及造价管理工作及活动过程管理文件。合约商务报告主要内容涉及以下几个方面：根据合约规划进行的招标情况汇总、依据合同履约的工程价款支付情况（包括直接发包、分包、直接采购合同等）、依据合同履约的变更洽商等各类经济文件的审核情况、其他建设单位希望了解的涉及合约成本管理的其他内容。

我公司每月25日定期向建设单位提交一份"合约商务报告"，主要包括：合同台账、付款台账、变更洽商台账，以及近期风险提示等。合约商务报告起到了提纲挈领的作用，可以让建设单位及时、动态地了解成本变化，就项目的重点、难点予以关注，从而确保项目的平稳推进。

（三）具体服务措施

在项目具体服务过程中，项目团队着眼宏观，立足微观，针对项目的难点和重点作出针对性的管控思路和具体做法。

1. 服务创新

由于本项目特点突出，结构形式复杂，设计难度大，且在项目实施过程中，施工图纸需要阶段性提供，这种模式不利于成本控制。同时，本项目作为重庆市某区重点工程，各级政府对项目关注度非常高，积极协调推动前期手续办理，为加快项目开工创造便利条件。由此，全过程造价咨询工作就需要自我革新，既要满足工程建设需要，也要达到成本控制的目的。

1）招标模式创新

根据项目整体计划安排，需要于2015年年底启动施工总承包招标工作，但设计图纸尚处于概念设计阶段，完全不具备计算工程量的深度。为了打破僵局，我公司多次主动与建设单位、设计单位沟通清单控制价编制事宜。最终确定，结合现阶段图纸并参照北京某篮球馆施工图纸编制招标工程量清单，从而大幅缩短了招标定标时间，并保证了承诺政府的开工时间。

土护降工程招标时，图纸仅有基坑平面图、地勘报告、边坡方案设计，边坡支护的具体设计不完善。为保证工期和施工质量，采用类似EPC的招标方式，邀请有设计能力和施工经验丰富的承包单位参与投标；并在清单控制价编制中创新工程量计算规则，"工程量为基坑立面垂直投影面积，高度即冠梁顶至基坑底"；将工程项目特征描述为"由投标人根据图纸及施工经验负责深化、施工并完成基坑支护工程，包括但不限于下述工程内容，并包含必需的检测、试验等一切工作内容：钢筋混凝土冠梁；钢筋混凝土抗滑桩，含截桩头；桩间支护，喷射混凝土配置钢筋网，预埋PVC管作泄水孔；锚索；钢腰梁（如需）；桩土及桩间土外运、消纳等"，创造性地统一了招标工程量清单，由各投标人基于现有图纸并结合自身经验竞争报价，大幅缩短了招标周期，也减少了招标前置条件的制约性。最终六家投标人参与投标报价，经过技术、经济评审，采用"经评审的最低价法"确定了中标人。

土护降分段结算时，基于现场实际情况，以及建设单位最终确认的施工图纸，只需按工程量清单计算规则计算基坑的垂直投影面积，节省了结算的计量计价时间，减少了施工总承包、分包等施工单位的索赔机会，顺利完成了结算价款的确认。

2）过程管理创新

由于本项目体量大且业态复杂，施工图纸采用分节点出图的方式，始终无一套相对完整的正式施工图纸，参考类似项目编制清单开展的招标，造价失控的可能性非常大，影响工程款的支付，带来停工的风险。为此，我公司深入现场，与建设单位、施工总承包、分包等施工单位沟通交流，并实时掌握实际施工进度，主动编制预算文件，锁定目标成本，灵活审批工程款，保证了成本的总体控制，没有因为拖欠工程款而影响工程进度。

2. 分段结算

基于图纸实际情况，我公司主动组织建设单位工程部、设计部及施工总承包、分包等单位确认各施工部位的图纸版本，各方签字确认；并就确定图纸版本部分开展重计量工作，锁定部分工程造价，在此基处上开展变更洽商审核工作，将结算工作前置，用时3个月完成土护降工程、地下主体、地上主体部分的分段结算，为后期项目结算奠定了基础。

3. PPP项目对内对外的双重管控

本项目配套车库作为社会投资的PPP项目，既要考虑体育馆的社会效益，也要考虑商业配套的经济效益。咨询服务的委托方既是建设单位，同时也是代建单位，需要统筹考虑对外、对内实际成本的双重管控。因此，对造价咨询工作提出了很高要求。

造价管控工作需分对内对外两种模式，对内需基于施工合同的相关约定，严格把控项目成本，强化施工合同的落地执行；对外则需根据委托代建合同的相关约定，本着有理有据、风险共担的原则，追求成本及合理利润。

4. 设计复杂程度高，造价控制难度增加

本项目特点突出，结构形式复杂，设计难度大，在项目实施过程中，设计调图频率高，施工图纸版本较多，非常不利于成本控制。因此，全过程造价咨询工作既要满足工程建设需要，也要达到成本控制的目的。

招标阶段结合实际需求及图纸情况，灵活采用多种合同模式，严格把控合约规划，施工界面，施工过程中项目团队立足本职工作，从计量计价基本功入手。

跟进施工图编制情况，积极与项目参与各方积极沟通，主动推进暂估价合同的转固工作，做到不影响进度款支付，同时避免了价款超付的情况发生。

扎实推进变更、认价各项工作，勤下现场，勤留证据，强化现场与工程资料的一致性，及时督促相关方确认，做到建设成本动态更新，以"分段结算"的服务模式及时确认工程造价。

5. 外立面造型特殊借助工具软件，保证工程计量的准确性

本项目外立面呈现"飘带"效果，用常规的二维模型无法准确计量，最终借助相关软件通过三维建模计算工程量，保证了工程量的准确性。

6. 项目团队与公司后台的沟通协调

本项目体量较大，工期紧张，既是某区政府招商引资的重点项目，也是某集团产业布局的重要组成部分，自项目立项以来，各级政府部门极其重视。结合实际情况，我公司采用项目团队加后台支持的方式提供造价咨询服务。

本项目在实施服务过程中项目团队与公司后台之间通过反复磨合，建立清晰的角色与职责，确保项目团队和公司后台的每位成员都清楚自己的职责和角色，明确责任分工，以便在需要时快速找到相应的负责人。制订项目工作交底及反馈机制，确保信息在项目团队和公司后台之间传递的准确性和及时性。定期召开沟通协调会，共同讨论项目进展情况、遇到的问题和解决方案，以及下一步的工作计划。通过本项目服务实施，培养了项目团队与公司后台之间的团队合作精神，加强了相互之间的理解与信任，高效完成服务工作。成为本公司内部团队协作的成功案例。

7. 严格落实三级质量审核

本项目各阶段成果文件（含电子版）均经三级审核后才可报出。各级审核需向上

一级审核提供三级审核会签单、成果文件初稿（含电子版）、委托合同、编制要求、图纸、计算底稿等相关资料。

1）专业组内审核

（1）自审：成果文件初稿定稿前，由项目负责人指派编制人员作为初审人员进行自审或互审，初审人员需在审核会签单初审栏中填写被审核编制人员的编制任务范围及书面审核意见，监督问题修改后在审核会签单初审人员处签名。

（2）复审：经初审并修正后的成果文件初稿及相关资料，由编制人员报送各专业负责人进行复审，各专业负责人复审后在审核会签单复审栏中填写书面意见，监督修改后在审核会签单复审人员处签名。

2）项目负责人再审

经复审后并修正的成果文件初稿及相关资料，由各专业负责人报送项目负责人，由项目负责人进行终审，项目负责人终审后在审核会签单终审栏中填写书面意见，监督修改后在审核会签单终审人员处签名。

3）质量审核组三审

由公司技术管理部各专业造价工程师组成项目质量审核小组，负责造价成果文件在发出之前的最后一道质量审核，为成果文件的质量把最后一道关。

为有效控制成果文件质量，我公司除了在项目组内部实行估算师自审、互审，各专业负责人复审，项目负责人再审外，增加了技术管理部审核小组的评审会议制度：由项目负责人上会汇报成果文件的编制情况，项目总负责人参加，审核小组在评审会上提出审核意见，项目组成员予以解答；如确是成果质量问题，由项目组调整改正；最终审核小组确认无误后由领导签批盖章，出具最终成果文件。

针对工期紧、工作量大且集中等项目特点，审核组根据项目情况采取特事特办流程，将审核工作前置，把事后审核调整为过程中及时跟进审核，发现问题及时纠偏，保证成果文件按期保质完成。

4）其他

未经三级审核的造价成果文件（含电子版）报出公司，发生质量问题，公司有权对相关人员进行处罚。

8. 信息化技术应用

信息化技术应用在本项目中发挥了很好的实践性效果，一方面规范了团队成员的成果文件编审行为，通过在信息化办公平台进行任务分配、工作交底、基础资料上传、专业工程师编制初稿、三级审核、成果文件盖章前最后一道审核，提高成果文件的质量；另一方面在参建单位众多、建设单位资料管理难度大的情况下，我公司预先在信息化平台上传了终版的基础资料，出现资料丢失时，可以从平台直接下载，为项目资料的归档创造了条件。

我公司信息化平台工作流程见图18。

114

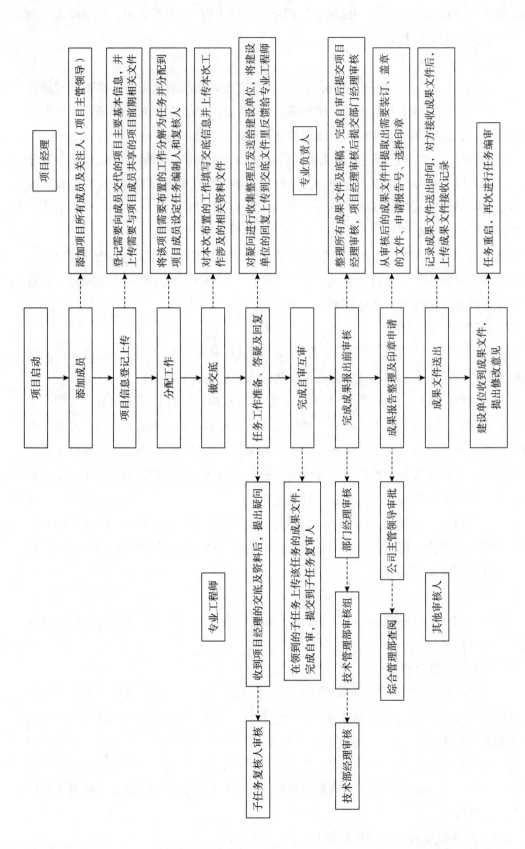

项目经理

添加项目所有成员及关注人（项目主管领导）

登记需要向成员交代的项目主要基本信息，并上传需要与成员共享的项目前期相关文件

将该项目需要布置的工作分解为任务并分配到项目成员设定任务编制人和复核人

对本次布置的工作填写交底信息并上传到相关资料文件

对疑问进行收集整理后发送给建设单位，将建设单位的回复上传到交底文件里反馈给专业工程师

专业负责人

整理所有成果文件及底稿，完成自审互审后提交项目经理审核，项目经理审核后提交部门经理审核

从审核后的成果文件中提取出需要装订、盖章的文件，申请报告号，选择印章

记录成果文件送出时间，对方接收成果文件后，上传成果文件接收记录

任务重启，再次进行任务编审

项目启动

添加成员

项目信息登记上传

分配工作

做交底

任务工作准备、答疑与回复

完成自审互审

完成成果报告报出前审核

成果报告整理及印章申请

成果文件送出

建设单位收到成果文件，提出修改意见

专业工程师

收到项目经理的交底及资料后，提出疑问

在领到的子任务上传该任务的成果文件，提交交到子任务复审人

技术管理部审核组

综合管理部查阅

其他审核人

子任务复核人审核

技术部经理审核

部门经理审核

公司主管领导审批

图18 信息化平台工作流程

Ⅳ 服务实践成效

一、服务效益

本项目全过程造价咨询管理服务跨越了将近五年时间，项目建筑安装工程结算控制在投资估算范围内。我公司出具的所有造价成果文件及良好的服务质量，获得了建设单位的认可与好评。

全过程造价咨询服务贯穿项目建设期合约管理和造价管理的全过程，做好全过程咨询服务既要重视事前管理（前期阶段），也要重视事中管理（招标阶段和施工阶段），同时还要重视事后管理（结算阶段），任何一个阶段管理失误都会造成成本失控，全过程咨询服务的目标就无法实现。

该项目凭借创新的运营模式、多维度综合业态、多元化服务功能，获得"重庆市体育旅游综合体""中购联购物中心行业创新模式示范项目""重庆市文化产业示范基地""2021百城建筑新地标"称号。

项目配套的沉浸式商业，提供完善、优秀的文化体育娱乐内容和配套服务；美术馆常年举办各类优秀文化艺术展览和政府公益性展览活动；自建的市政走廊通过时空隧道与轨道交通2、3号线鱼洞站无缝连接；新建的室外篮球场、乒乓球场、羽毛球场、攀岩、滑板、儿童游乐等公益性场所，全部对市民免费开放。其"一场三馆"，包括35 000座的体育场及16 000座、5 000座、2 000座的3个室内体育馆，为西南地区唯一可承办NBA中国赛及北美冰球职业联赛的大型体育场馆，同时可满足国际与国内体育文化项目及群众性体育活动的需求。

该项目自开业以来累计已举办世界冰壶比赛、世界花样滑冰大奖赛等130余场体育文化活动，年吸引人流达200万人次。

二、经验启示

作为本项目的全过程造价管理公司，在提供造价管控服务工作中，也总结提炼了几点经验：

（1）根据整体项目总控计划，在编制具体造价管控计划时，要适当考虑设计文件的深度要求，建议与建设单位积极沟通，力争具备相对完善的施工图纸作为招标前置条件。

（2）收到图纸后，要及时开展图纸会审工作，将制约计量计价的问题预先提出来，尤其对专业间不交圈、平面图与系统图不一致等重大问题，避免造成重复、低效工作。

（3）重视参建各方的合约管理、成本管理思维，加强经济变更和签证的事前审批，以及设计方案、施工措施的比选工作等，将造价管控意识落实在日常管理工作中。

（4）加强创新意识，借助工程总承包、重计量、分段结算等管控模式，阶段性地确定项目成本，进而更好地预判风险、管控风险。

（5）强化合同文件的可执行性；尤其对容易产生歧义的合同条款，及时采取补救措施；强化契约精神，在索赔事件处理中，首先要遵照合同，必要时可向相关监管部门进行咨询。

（6）依托数字化管理平台，加强参建各方的配合度，确保项目管理信息及时、顺畅、全面、高效，从而提高造价管理工作服务质量和水平。

🖐 专家点评

本案例为某体育文化建设项目的全过程造价咨询案例，项目位于重庆市巴南区，为西南地区最大、且为此区域内首个国际性综合场馆，为西南地区唯一可承办NBA中国赛，以及北美冰球职业联赛的大型体育场馆。

案例作者认真总结了项目特点、重点、难点，结合咨询单位的实际情况，采取了相应组织措施、技术措施、合同措施、经济措施，采用"现场+后台"的组织模式，"事前、事中、事后"控制相结合，动态控制、全方位控制、全过程控制，准确、细致地做好招标界面划分，创新招标模式，创新过程管理，推行过程结算和阶段性结算，科学合理地进行造价管控，最终在设计深度不足、项目情况复杂的条件下将项目投资控制在投资估算范围之内，获得了建设单位的认可与好评。

项目凭借过硬的质量和创新的运营模式、多维度综合业态、多元化服务功能，获得"巴渝杯""三峡杯""中国钢结构金奖""中购联购物中心行业创新模式示范项目""重庆市文化产业示范基地""2021百城建筑新地标"等荣誉。

作为西南地区最大的国际性综合场馆的全过程造价咨询，案例体现了较高的专业能力和咨询水平，为国际性综合场馆的全过程造价咨询提供了宝贵经验，可供同行学习、借鉴和参考。

指导及点评专家：柳书田　北京远东工程项目管理有限公司

某仿古项目全过程造价咨询成果案例

编写单位：中和德汇工程技术有限公司
编写人员：段少佐　詹芙蓉　陈　元　单宏兰　李海英

I　项目基本情况

一、项目概况

（一）项目建设背景

某仿古项目位于北京市历史文化保护区，是新建仿古四合院建筑群。项目沿街效果图见图1。

图1　项目沿街效果图

（二）项目建设规模

本项目占地面积32 000m²，总建筑面积59 913m²，分12个地块。主体结构为钢筋混凝土结构，外装饰装修是仿明清时期样式建筑，每个四合院都独具一格。

（三）项目建设内容

本项目含住宅及商业共76处院落。专业包括：土建、水电、通风空调、消防、安防、电话、网络手机信号智能化、电梯、停车设备、标识标牌、红线内小市政道路铺装、小市政管线、景观绿化、景观照明等。

（四）主要参建单位

建设单位：某文化发展有限公司。
设计单位：某设计研究院有限公司。
总包单位：某集团有限责任公司。
全过程造价咨询单位：中和德汇工程技术有限公司。

（五）项目工期

开工时间：2020年10月30日；竣工时间：2023年2月7日。

二、项目特点及难点

（一）项目特点

本项目住宅设计注重复原北京四合院的传统功能，包括居住功能、书香功能、社交功能等。建筑风格严格遵循老北京风貌，注重历史文化保护传承，充分实现古建特色多样化，做到每个院落风格不同、风貌不同、样式不同。

在设计过程中，根据76处院落格局、大小、朝向等特征进行分类，结合屋面屋脊组合方式，台帮、下碱、上身的用砖及砌法，墙身海棠池子、五进五出、圈三套五、软硬组合，盘头、冰盘檐、门鼓石等雕刻细节，商业挑头、门簪、门钹、护门铁、楹联等艺术装饰风貌，进行细节设计。

项目采用BIM（建筑信息化模型）正向设计方法，提供全生命周期精细化管理，为项目提供全专业的整体化设计、全方位的三维无死角设计、全阶段的精细化控制管理。

项目采用传统材料与施工工艺，"织补"城市界面，用多样化的建筑形式延续传统民居风貌。通过创新设计与高新技术，"织补"生活方式、"织补"服务功能、"织补"绿地空间。

项目特别注重采用老料建造。完全体现原汁原味的老北京风韵，并融入绿色、节能、低碳的建设理念。精美的砖雕施工是点睛之笔，绘图工匠根据现场排砖尺寸对砖雕进行1∶1绘制，再由加工厂雕刻工匠对砖雕进行核对。

施工过程中，运用了诸多北京四合院传统建筑元素。采用传统手工工艺彩画，精雕细作每一块砖瓦，手工绘制并雕刻小门楼冰盘檐，油漆彩绘参照老图谱等。

（二）项目难点

1. 单体多且不可复制

由于每个院落都是独立的个体，其风格、风貌、样式各不相同，且都展现出唯一及不可复制的特殊性。项目对工艺要求极高，较其他项目，增大了造价咨询管控过程工作量。

2. 项目品质及精细度要求高

业主对项目品质的期望值较高，要求项目彰显老北京古色古香、古朴典雅的韵味。项目各参建单位对本项目始终保持一种精雕细琢、精益求精的态度。建设单位的精细化管理、设计单位先进的设计理念、承包单位精湛的施工技术、监理单位专注的责任意识、全过程造价咨询单位专业的顾问团队都是为打造精品工程奠定了强有力的基础。为了项目能完美呈现，建设单位在项目实施过程中经常组织各参建单位现场梳理工作，随时沟通项目进展情况，解决施工中遇到的难点。为协调好各参建单位之间的交叉作业，需多方联动。同时要求造价咨询单位在工程建设期参与项目的各个沟通环节，实时测算、实时把控，对配合度要求极高。

3. 选用特殊施工方案和材料，认价难度增大

由于本项目所处的地理位置特殊，需采取减震降噪措施，建设单位要求进行多方案可行性分析和经济性比较。

本项目采用了一些专利产品、进口产品。由于造价咨询企业对这些新工艺和新产品没有可参考借鉴的历史数据，加大了询价及谈判难度，延长了认价周期。

除了常规的主体结构、二次结构外，项目的特色便是仿古风貌，如石作工程、方砖铺装、木作工程、屋面瓦工程、油漆彩画、仿古门窗、标识系统等。其中仿古门窗作为四合院的门面，采用了专利产品及设计理念，旨在打造项目的独一无二性；机电专业的电力系统、供暖系统、新风系统、门禁系统、智慧生活系统的设备都是采用进口品牌、特殊型号。这些都给造价控制带来了难度。

4. 施工现场情况复杂

项目地处繁华闹市。因施工场地狭小，导致土方开挖、施工作业面受限，降低了开挖作业的施工效率；土方工程施工难度大，导致该工作节点工期延长。因现场可操作面有限，施工材料需要二次倒运；因运输线路无法避开闹市街区，只能夜间运输，造成扰民和民扰。项目建设过程中除环保、安全文明施工标准政策性调整外，还遇到新冠疫情和人工材料涨价等影响。实施过程较其他项目有更多的不确定性，上述情况对造价咨询工作提出了更高要求。

II 咨询服务内容及组织模式

一、咨询服务内容

本项目的咨询服务工作分3个阶段。施工准备阶段（从制订造价控制目标及工程量

清单编制开始至总包合同签订为止）、施工阶段（自项目开工之日至项目竣工之日）和结算阶段，各阶段的咨询服务内容分述如下：

（一）施工准备阶段的造价控制

协助建设单位制定合理的造价控制目标、编制建筑安装工程工程量清单、钢筋算量、编制招标控制价；协助审核招标文件；回标文件清标等工作。建设单位要求的合同、补充协议等文件的审核。

（二）施工阶段的造价管理与控制

编制减震降噪、电梯、通风、消防、安防、弱电、停车设备等专业工程工程量清单及招标控制价，编制电力、自来水、燃气、雨污水、道路、路灯、园林景观、绿化、拆改移等工程的工程量清单和招标控制价，审核项目其他相关工程预算。

对设计变更、工程洽商、工程索赔、现场签证、备忘录文件等与造价相关的文件、预算进行审核；因图纸局部改版导致的重新计量等工作；项目实施过程中所有工程进度计量支付审核、主要设备及材料认质认价；工程成本动态化管理；合同台账、洽商台账、成本台账、资金计划的编制；监督所有施工合同的执行，对违反合同规定的行为提出纠正意见；有效利用专业特长提供有关造价控制方面的咨询意见。

（三）工程结算审查

对建安工程及其他项目工程结算进行审查，并编制结算审核报告。

二、咨询服务组织模式

（一）项目组织架构

为保证咨询业务质量，我公司建立了职责清晰、分工明确的项目组织架构。公司分管造价的领导作为本项目的主管，项目部设有项目负责人、项目技术负责人、专业负责人、专业审核人、专业工程师等岗位，实行成果文件的三级审核，保证成果文件质量。项目组织架构见图2。

（二）组建经验丰富、高素质的项目部

造价咨询作为一个服务性行业，其人员的责任心、素质和能力对咨询服务质量和水平起决定性作用。我公司组建了责任心强、专业知识扎实、经验丰富、能力强、年龄结构和专业搭配合理的项目团队，为圆满完成项目造价咨询服务工作提供人员保障。

项目负责人具有很强的沟通、协调、组织等综合能力和广博的知识面、丰富的项目管理经验；项目技术负责人具有相当丰富的从业经验，能从整体和细节控制成果文件

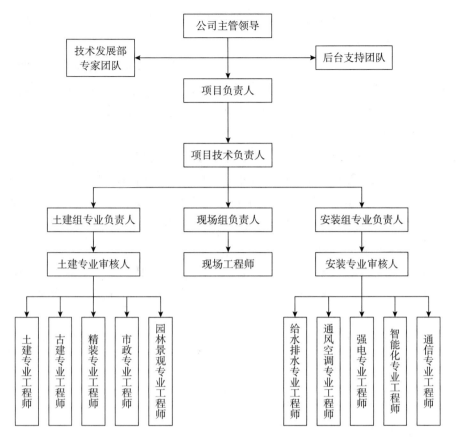

图2 项目组织架构图

质量；现场工程师具有一定的项目造价工作经验，除具备最基本的业务能力，还能高效配合项目负责人的工作安排；各专业负责人均对本专业十分精通，不仅能够协助项目负责人安排专业计量及计价工作，还负责本专业成果文件的质量控制；各专业审核人通过对提交的成果文件的细致审核，能快速地发现问题并给予解答；各专业工程师老、中、青搭配合理，既有经验丰富的老员工，也有充满活力的新生力量。项目团队成员全心全意为建设单位服务，把最大限度地维护建设单位的利益作为最高目标和最终目的。通过组建经验丰富、高素质的项目部，既保证了工作质量，又保证了工作效率。

（三）公司后台＋现场驻场的服务管理模式，保证各项工作的开展

根据本项目造价咨询服务工作特点，为提高工作效率、保证服务质量，项目部采取现场和后台密切配合，充分发挥整体优势的策略和方式。

项目由公司主管领导直接主管，现场工作组负责造价过程控制、联络和日常工作，公司后台全面负责造价咨询服务各项工作的实施和合同义务的履行，两组紧密结合，做到专门机构运行有序，各级人员职责清晰，着力强化现场服务，关键岗位人员到位。

1. 领导牵头，快速决策

项目由公司主管领导直接主管，遇到各种问题均能够做到快速反应及决策，可调

动全公司资源，在技术问题处理方面更具有得天独厚的条件。

2. 专业人员配备齐全

项目部涉及土建专业组（包括土建、古建、精装、市政、园林景观）、机电专业组（包括给水排水、通风空调、强电、通信、智能化）。项目负责人、各专业负责人均为已在我公司工作三年以上且工作状态稳定的核心人员。其他成员，为已在我公司工作一年以上且工作状态稳定的员工。

3. 设置后台业务支持小组，在工程繁忙阶段给予支持

针对业务范围出现短期内工作较为集中的情况，公司专门为项目配置了相对固定的后台业务支持小组，该小组成员通过项目实施方案、启动会纪要、阶段性总结报告等书面方式密切跟踪项目进展，随时投入项目的具体工作中。

4. 人员分工明确、各司其职

项目部主要造价人员的分工是根据建设单位及项目工程的实际情况，项目实行"后台支持团队+项目驻场服务"的组织架构，团队人员相对固定，根据项目进展的不同阶段，进行合理组织和动态配置。团队设项目负责人1名，项目技术负责人1名，现场工程师不少于2名。专业负责人2名，专业审核人4名，专业工程师若干名，高峰期配合人员达30余人。各人员的职责分工简述如下：

1）项目负责人

（1）全面负责与建设单位日常管理和沟通工作。

（2）对项目参加人员进行管理和安排。

（3）对各专业造价人员进行技术指导和成果文件的审核把关，对工作过程中发现的问题及时提出整改意见和预防改进措施。

（4）对项目的全过程造价咨询工作进行分配、安排、检查及风险控制。

（5）合理安排项目各项造价咨询工作的时间，对工作进度进行把控，对于建设单位有特殊要求的，协调和合理安排好需要投入的人财物。

（6）负责项目的外部沟通，负责与项目建设单位及其他相关参建单位进行沟通和协调。

（7）负责项目内部沟通，将建设单位委托的各类工作及时分派给咨询小组的对应责任人。

（8）对提交给建设单位的所有书面或电子成果承担复核责任，对工作质量负责。

（9）组织或应邀参加或列席相关会议，对专业问题提出咨询意见。

2）项目技术负责人

负责为项目提供技术指导及支持，负责对成果文件进行第二级审核。

3）现场工程师

（1）负责项目前台与后台的信息传递工作。

（2）对建设单位的资料（如施工图、设计变更工程指令的计算依据、合同等）负保管及传递责任，要求及时勿遗漏。

（3）对项目现场情况、变更、洽商等进行核实及测量。

（4）负责网上流程的设计变更、工程指令的处理。

（5）负责进度款的审核。

（6）过程跟踪中及时收集各种资料并形成案例，每个月向建设单位提交项目的咨询月报。

（7）填写《项目管理集成台账》，对造价咨询的日常工作进行系统梳理和归档，提高工作质量和效率。

（8）对建设单位成本人员安排的工作按时保质完成。

4）专业负责人

（1）负责编制专业工作标准和要求，在项目工作开始前对专业工程师进行交底，负责造价业务在各自专业范围内的正确实施。

（2）审核本专业各项造价成果文件，对成果文件的正确性与准确性负审核责任。

（3）完成质量管理体系文件规定的审核记录，协助项目负责人完成工程经济指标分析和资料收集存档等工作。

（4）协助项目负责人不断完善和修改工程项目施工过程造价管理程序文件和各项规章制度。

5）专业审核人

（1）负责审核本专业现场工程师及专业工程师的成果文件。

（2）完成质量管理体系文件规定的审核记录。

（3）完成专业负责人安排的其他工作。

6）咨询小组其他成员

（1）依照项目负责人要求，按时保质保量完成各自专业的造价文件编制及自审工作。

（2）根据项目负责人安排，对造价成果文件进行互审。

（3）配合现场工程师在规定时间内完成本专业所负责变更指令的处理和施工单位上报签证的审核等所有工作。

（4）定期或在建设单位要求时到项目现场办公，熟悉并掌握项目的相关进展情况。

（5）对项目负责人安排的工作按时保质完成。

（四）建立畅通的沟通渠道，保证信息传递的准确、及时、高效

对外与建设单位及相关参建单位有效沟通，对内各部门进行专业协调，是保证造价咨询服务过程中服务进度及质量的重要手段。为了最大限度畅通渠道，减少沟通成本，提高工作效率，我公司制订以下工作措施：

1. 沟通渠道明确，出口唯一

项目负责人作为本公司对外沟通的第一责任人，也是信息的对接人，负责与建设单位及相关参建单位的所有对接工作，避免项目部其他成员因表达方式不同出现不同理解或产生沟通歧义。项目负责人为团队唯一领导，对内传达公司领导的指导意见，协调、统筹项目各部门间的工作。

2. 提前与建设单位沟通，定期进行工作交流和汇报

从接受项目全过程造价咨询服务任务开始，项目负责人就要根据已经掌握的招标投标信息，与建设单位展开全面沟通，预先了解建设单位需求，提前做好工作规划，工作前置，最大限度地提高工作效率。

项目实施过程中，通过项目实施方案、月度工作汇报、阶段性工作汇报、项目工作总结等方式定期与建设单位进行工作交流，形成书面文件，提交建设单位审阅。遇到疑难问题，提请建设单位采用专题会方式解决。项目部每周五向建设单位上报本周工作进展情况，项目负责人每两周到建设单位办公室汇报工作的进展情况，提请建设单位协助解决工作过程中遇到的问题。

3. 内部实时沟通，采用书面方式记录沟通结果

我公司标准工作流程中，对内部沟通原则做了明确规定，倡导专业间平级沟通，可直接解决大部分需要协调的问题，平级沟通不畅时提请上一级领导解决，采用工作联系单、会纪要等书面形式记录沟通结果，作为指导下一步工作的依据。

三、咨询服务工作职责

向建设单位提供我公司从事工程造价咨询业务有关的文件，包括但不限于：工程造价咨询企业资质证书及承担本合同咨询业务的专业人员名单、咨询工作计划等。

遵循市场价值规律，遵守国家和北京市有关最新工程造价管理的法律法规及政策（结合项目相关工程合同、协议），按合同约定的工作范围和内容、期限向建设单位提供专业服务。对出具的所有工作成果、咨询意见依法承担责任。

恪尽职守，完成本合同所规定的服务内容；维护建设单位权益，向建设单位提供真实、可靠的合同委托范围内的咨询服务，协助建设单位实现预定的工程造价管理目标。

保证咨询服务质量，满足建设单位及行业主管部门的要求，所提交的咨询成果报告须文字清晰整齐，有较强的可复查性，对所有工作成果的质量负责。

有义务接受建设单位随时对工作效果及相关材料的检查，并针对建设单位提出的意见进行整改。

Ⅲ 咨询服务运作过程

一、咨询服务的理念及思路

（一）咨询服务的理念

引进高素质专业人才，培养骨干精英，通过职业培训，为公司的持续发展提供源源不断的动力，培养一支团结、敬业、求实、高效的全过程造价咨询服务团队。始终坚

持"厚德载物、汇贤致远"的经营理念，为建设单位提供全方位、全过程、专业化、高品质的造价咨询服务。

（二）咨询服务的思路

1. 流程科学

制订科学合理的造价管控流程，保证各项工作按程序有序开展。根据本项目造价咨询服务范围和特点，结合我公司标准服务流程，制订项目服务工作流程如下：

（1）根据委托项目的相关情况，按投标文件承诺并结合建设单位的具体要求，组织精干人员成立造价咨询工作组。

（2）根据建设单位提出的造价咨询服务工作计划及其他相关资料，编制适合项目的实施方案。实施方案的主要内容包括但不限于：

①明确造价咨询服务目的和项目建设阶段工程进展状态。

②与建设单位总体控制计划相符的全过程造价咨询工作计划，并随实施过程进行完善。

③本项目投入的人员安排。

（3）清点建设单位提供的施工图纸、合同文本、过程管理文件等相关资料，组织人员踏勘现场，了解具体情况，明确工作的关键点和风险点。

（4）由建设单位牵头，召开由建设单位成本部、造价咨询单位及施工单位相关人员参加的项目联席启动会，按照建设单位对编制或审核工作的统一要求和标准，对造价咨询单位掌握的现有资料中发现的疑问进行解答；造价咨询单位在会议中宣布项目负责人及一、二级审核人；会议内容应以书面形式得到以上参会各方确认。

（5）内部召开项目启动会议，明确各项工作节点安排及各专业工程师的工作范围，对建设单位要求和标准进行宣贯，对工作思路和方法进行统一，同时进行廉洁、保密等各项教育。

（6）全面展开造价咨询服务工作，按实施方案计划和工作要求进行服务，编制成果文件。除正常的计算、复核程序外，还需注意以下工作要点：

①全面复核项目资料。

②编制经济指标分析表，通过对经济指标分析表的对比与反查，对咨询成果进行检验。

③在咨询过程中，遇有对咨询结果有重大影响的问题及时与建设单位进行沟通，采取积极的处理办法。

④在咨询结果汇总后向建设单位进行全面汇报，听取建设单位的意见和建议并进行相应调整。

⑤必要时和施工单位进行工程量、价的核对，针对核对过程中的争议，积极寻找解决办法，形成初步核对成果。

⑥汇总各阶段资料，出具资料完整的工程造价咨询报告，按建设单位要求将报告送达相关部门，返还相关借阅资料。

⑦按本公司相关规定进行内部文件资料存档。

2. 服务专业

提供专业造价咨询服务及相关技术服务，让建设单位在享受到专业造价咨询服务的同时还能享受高含金量的附加服务。根据建设单位造价管理要求，及时提供与工程相关的数据、信息、文件或服务。除提供专业的造价咨询服务外，还向建设单位提供全面、专业的法律、技术方面的咨询服务，提供建设性的建议和意见。

综上所述，在符合国家及行业规范，尽量满足建设单位合理要求的前提下，充分理解建设单位意图，配合建设单位安排，并在咨询服务实施过程中和编制咨询文件时将建设单位投资控制理念全面、灵活、具体、有效地贯彻落实到每一步工作中去，向建设单位提交高质量的造价咨询成果文件，最终为项目的顺利完成奠定基础，达到建设单位的造价控制目标。

3. 保证咨询工作进度

根据我公司以往项目经验，全过程造价咨询工作不仅需要保证咨询工作的服务质量和成果文件的质量，也需要保证咨询进度要求。因此必须制订科学合理的工作计划，保证咨询工作的及时性。随时向建设单位提出并提供合理的建议，做好工作计划。

4. 保证咨询结果质量

咨询结果不仅直接影响到建设单位资金投入的多少，而且还会影响到项目的具体实施，因此咨询结果必须科学合理。

二、咨询服务的目标及措施

（一）咨询服务的目标

1. 总体控制目标

本项目造价咨询的总体工作目标为：确保工程在满足建设单位制订的质量、工期目标的前期下，将投资控制在批准的设计概算额度之内，并在此基础上尽可能节约投资，确保建设单位满意。

2. 质量控制目标

确保成果文件的质量，满足建设单位的工作管理和审批要求，质量水平高于行业规范水平30%。

3. 咨询成果交付时间目标

成果文件的交付时间满足建设单位和合同约定的时间要求。

（二）咨询服务的措施

1. 制订标准作业流程

为了保证造价咨询服务质量，我公司根据项目特征，按照业务准备阶段、业务实施阶段及业务终结三个阶段制订了标准作业程序。

1）业务准备阶段

（1）制订造价咨询工作计划或工作大纲。

根据项目特点编制工作计划并编制工程造价咨询项目的工作大纲。工作大纲的内容应包括：项目概况、工程造价咨询服务范围、工作组织、工作进度、人员安排、实施方案、质量管理等。

该咨询工作大纲经部门负责人审定批准后实施。

（2）配置咨询业务操作人员。

我公司为项目配置相应的操作人员，包括项目负责人、技术负责人、相应的各专业负责人/审核人及专业工程师。

（3）咨询资料的收集整理。

根据合同明确的标的内容和建设单位提供的资料清单，过程中需收集整理相关资料，资料应符合以下要求：

①建设单位对所提供资料的真实性、可靠性负责。

②建设单位提供的项目资料应满足造价控制的需要，资料应完整。

③在项目负责人的安排下，收集、整理开展咨询工作所必需的其他资料。

2）业务实施阶段

业务实施阶段包括发承包、施工和竣工3个阶段。主要采取以下措施：

（1）合理确定造价控制目标并进行分解。

根据本项目的建设标准、功能定位、工期及质量要求等多方面因素，我公司从合理性、完整性、全面性等多方面对成本控制目标进行统一考虑，并与建设单位进行充分沟通，参考对标了类似工程，最终合理确定投资控制目标。

我公司对造价控制目标进行了分解。先是进行合同级分解，将项目列成可实施的合同模块，然后根据造价规律进行费用及项目的分解，将投资目标分解到对应的合同模块中的清单项目，最后形成按照合同口径的投资分解控制表。

（2）制订科学、合理的招标策划和合约规划。

根据工程特点制订合理、科学的采购策划及具体可行的合约规划，明确招标前置条件，确定招标方式、标段划分、总分包划分及工作界面，策划确定每个标段、总包及专业分包招标文件和合同文件的主要内容，同时按总体进度计划要求制订合理的招标计划，确保招标工作目标的顺利实现。

（3）把控好招标文件和合同条款，避免纠纷。

对影响工程造价的各种因素认真分析，如工程造价的计价方式、定额及费用的取定、增加工程的结算方式等，做到既客观、合理，又能实现有效控制工程造价的目的。为了避免纠纷，对招标文件和合同条款的拟订在严格性、逻辑性、操作性等方面多下功夫，做到文字准确、意思明晰、措辞严谨、不留隐患。

（4）掌握项目的时代特征和构造体系，按照《仿古建筑工程工程量计算规范》GB 50855—2013及2021年《北京市建设工程计价依据——预算消耗量标准　建筑装饰工程　仿古建筑工程》（以下简称《仿古定额》），编制好工程量清单和招标控制价。

公司挑选掌握仿古建筑构造体系，熟知仿古建筑构件名称、功能，对仿古建筑构造有较理解，能够熟练应用《仿古定额》的预算人员参与工程量清单和招标控制价的编制工作。他们可以熟练并合理计算出仿古建筑需消耗的人工、材料和机械费用，是编制仿古建筑工程量清单和招标控制价的重要保证。

（5）合理确定材料价格。

工程材料费一般占总投资的60%以上，工程材料价格的高低直接影响工程造价。应按照市场变化规律对材料价格实行动态管理。疏通材料价格信息渠道，收集材料生产厂家、材料供应商价格信息，参阅工程造价管理部门发布的材料价格，建立自己的价格信息网；推广材料报价制度，建议施工单位将工程各个时期主要材料的进货渠道、进货时间、价格报送建设单位，三方共同制订材料进货计划，加强监督，防止流通环节的不规范交易，合理控制材料价格。

（6）严格把控变更签证，随时掌握工程造价变化。

施工过程中，严格控制变更洽商、材料代用、现场签证、额外用工及各种预算外费用，实际操作中推行"分级控制、限额签证"的制度。对必要的变更，做到先算账，后花钱，变更一旦发生就要及时计算因工作量变更而发生增减的费用，随时掌握项目费用额度，对工程造价做到心中有数。现场工程师还应认真做好各种记录，特别是隐蔽工程记录和现场签证的文件要留存根，减少结算时的扯皮现象。

（7）认真审核竣工结算。

工程竣工结算是确定工程造价的最终手段，是投资控制的最后一个工作环节，造价人员要树立高度的责任心。认真审核竣工结算资料（包括工程变更、有效签证等），辨别结算资料的真实性、有效性，针对资料不齐全或不符合要求的要及时反馈给建设单位确认；项目负责人应组织结算各专业、各参与人员进行现场竣工踏勘，对未按图施工的部位做好记录；应注意区分仿古构件的工艺和特征，合理套用《仿古定额》；重点审核工程量计算的准确性、综合单价组成的正确性及各项费用指标是否符合现行规定，以提高竣工结算的准确性。

施工单位需确保结算资料真实、合法、齐全。咨询小组在接到通知后一个工作日内接收建设单位移交的项目相关资料，办理交接手续，并在一个工作日内将人员安排情况通知建设单位。咨询小组审核人员（以下简称"审核人员"）对资料进行初步审查，在一个工作日内向建设单位提交缺失资料的清单。

3）竣工阶段

（1）咨询资料及信息化资料的整理与归档。

造价咨询业务完成后，由项目负责人牵头对项目的全部成果文件和过程文件进行整理、归档。建设单位对资料归档有要求的，按建设单位的规定执行。

（2）咨询服务回访。

咨询服务完成后，我公司市场部对建设单位进行了回访。通过回访，真实了解到咨询服务工作中的成效及存在的问题，收集建设单位对服务质量的评价意见。对回访中发现的问题，及时通知项目负责人，项目负责人针对问题进行整改，并应用到今后的咨询服务工作中。对回访中发现的共性问题，有针对性地对公司业务人员进行培训，提高服务质量。

三、针对项目特点及难点的咨询服务实践

（一）聘请古建专家全程指导

针对本项目特点、难点及项目的重要性，我公司高度重视，为更好地做好咨询服务，做好成本把控工作，我公司特聘请古建专业高级顾问对项目进行指导，分析该项目设计理念、根据项目特殊性梳理全过程造价管理的难点及易错点、制订仿古建筑全过程造价咨询的整体思路、结合同类项目的复盘案例进行分享，使相关人员有了更为直观的成本管理思路。

（二）通过限额设计做好投资事前控制

本项目76座仿古四合院落，数量多，各个院落形式、设计风格等都存在较大差别，为减轻造价咨询工作量，提高造价控制准确性，在进行限额设计时，将76座院落根据格局、大小等进行分组，每组挑选一个或两个典型院落重点进行测算。

测算时，主体结构部分根据初设图纸进行结构限额测算，对突破限额指标的部分，要求设计单位进行优化。仿古建筑因其特殊性、多变性及不确定性，在测算时区分石作、木作、屋面等分部工程分别进行测算，同时利用我公司OA信息化管理平台内已积累的类似项目指标，包括造价指标、工程量指标和工料消耗量指标，结合本项目特点，提供相对科学合理的限额指标。

（三）实地调研走访，提高前期阶段测算准确性

为深入研究北京四合院建筑，做好本项目设计阶段造价控制工作，我公司顾问团队对标项目客户群体展开了细致调研，多次参观调研知名四合院建筑。如某收藏家在北京的四合院，院落虽然不大，但极具观赏性，并结合了中式、西式、古典、现代不同元素的混搭。又如某烟火艺术家在北京的四合院，中式住所包含了新的"现代"功能，既是一个具有弹性的多功能空间，又是一个艺术家工作室。再如某世界知名人士在北京的四合院，融入了大量现代设计元素，充满了趣味和美感，同时又根植于传统中式文化的空间布局。

通过调研交流，充分了解了业主的居住体验，项目团队收获良多。作为全过程造价咨询单位，以控制成本目标为出发点，在不影响产品定位及功能使用的前提下，我公司顾问团队对该项目最终设计方案确定提出了诸多合理优化建议，最终得到建设单位认可和设计单位的采纳。

（四）设计阶段方案优化

设计方案优化是成本控制的重要环节，在设计阶段，根据设计单位的方案及图纸，

建设、咨询方提出合理化建议，从成本管控的角度分析项目的经济性和合理性，减少无效成本，为此我公司做了一系列优化举措。

（1）原设计方案中檐檩铝构件厚度采用3.0mm厚，由于单价偏高，我公司从经济角度出发，考虑在满足使用功能的前提下，提出将其厚度优化为2.0mm厚，节约投资43余万元，铝构件厚度造价对比表见表1。

表1　铝构件厚度造价对比表

方案	优化内容	单位	数量	单价/（元/m）	合价/元
原方案	瓦口、封檐、闸挡板、小连檐、檐檩铝构件厚度3.0mm	m	2 649	568.28	1 505 373.72
优化方案	瓦口、封檐、闸挡板、小连檐、檐檩铝构件厚度2.0mm	m	2 649	405.54	1 074 275.46
优化成本					431 098.26

（2）本项目原设计水泵全部采用进口水泵，价格昂贵，为节约成本，我公司提出，国产知名品牌水泵在质量和使用寿命上完全能够满足公共区域使用要求，且价格更具优势，推荐将公共区域的水泵改为国产品牌。对于住宅区域，考虑未来小业主的需求和项目卖点，仍采用进口水泵。通过方案优化，节约投资30余万元，水泵配置造价对比表见表2。

表2　水泵配置造价对比表

方案	规格参数	配置标准	单位	数量	单价/（元/套）	合价/元
原方案	流量20m³/h，扬程25m	进口品牌	套	81	26 617	6 366 597
	流量12m³/h，扬程22.5m		套	60	70 177	
优化方案	流量40m³/h，扬程25m	公区国产品牌	套	25	14 240	6 057 172
	流量20m³/h，扬程25m	住宅进口品牌	套	56	26 617	
	流量12m³/h，扬程22.5m		套	60	70 177	
优化成本						309 425

（五）招标阶段准确编制工程量清单和招标控制价

1. 总承包工程

1）暂估价设置

因该项目为新建仿古项目，项目体量大，古建元素丰富，而招标图纸对很多古建元素细节不能完全体现，需要二次深化设计，如牌楼、标识牌、门头等，在编制招标控制价时无法准确定价。对此，凭借公司古建造价人员的工作经验，对这部分内容以暂估价形式体现。为保证暂估价确定的准确合理，编制人员提前与相关专业设计和厂家进行询价、沟通，掌握相关制作与安装费用的价格区间，同时参照类似项目的数据指标，并考虑后期实际施工效果和进度质量等要求综合确定，确保项目品质。

2）仿古建筑

对于仿古建筑中的一些棘手项目或是没有计价标准的项目，需要通过顾问团队研究其人工、材料、机械实际消耗量来综合确定，主要体现在以下3个方面：

（1）建筑风格和特殊要求：根据仿古建筑独特的建筑风格和特殊设计要求，在编制招标控制价时，要考虑这些特殊要求可能带来的额外成本。

（2）材料选择和价格波动：仿古建筑常使用传统的建筑材料，如木材、石材等，这些材料的价格有时会随季节有较大波动。在编制招标控制价时，要考虑材料的选择和价格变动，以及需要进行特殊加工或定制等情况。

（3）工艺和施工技术：仿古建筑的某些工序需要特殊的工艺和技术手段，对施工技术要求较高。在编制招标控制价时，要考虑这些特殊工艺和技术可能带来的额外成本。

通过对仿古建筑特殊性的综合考虑，顾问团队集思广益，秉承对造价成果精益求精的态度，最终形成客观、合理的招标控制价。总承包工程招标控制价汇总表见表3。

表3 总承包工程招标控制价汇总表

序号	名 称	项目造价/元	分部分项合计/元	单价措施项目合计/元	工程规模/m²	单位造价/（元/m²）
1	土方工程	38 378 243.91	38 378 243.91	0.00	59 913	640.57
2	护坡工程	27 368 226.56	27 115 338.58	252 887.98	59 913	456.80
3	仿古建筑工程	122 227 300.49	121 508 984.20	718 316.33	59 913	2 040.08
4	建筑工程	223 374 913.07	178 215 263.70	45 159 649.38	59 913	3 728.32
5	装饰工程	28 117 579.15	26 277 085.49	1 840 493.66	59 913	469.31
6	电气工程	19 816 561.56	19 621 263.06	195 298.50	59 913	330.76
7	给水排水工程	9 870 451.45	9 832 191.93	38 259.52	59 913	164.75
8	抗震支架工程	2 934 395.94	2 916 211.00	18 184.94	59 913	48.98
9	消防工程	8 506 752.51	8 380 538.96	126 213.55	59 913	141.99
10	通风空调工程	17 470 748.71	17 252 625.43	218 123.28	59 913	291.60
11	采暖工程	3 618 385.89	3 618 385.89	0.00	59 913	60.39
12	锅炉机房	7 323 938.85	7 323 938.85	0.00	59 913	122.24
13	手机信号工程	503 717.45	503 642.80	74.65	59 913	8.41
14	弱电工程	8 942 108.51	8 870 885.71	71 222.80	59 913	149.25
15	室外部分	14 981 393.71	14 981 393.71	0.00	59 913	250.05
16	总价措施项目	69 422 645.26	—	—	59 913	1 158.72
16.1	其中：安全文明施工费	56 663 405.86	—	—	—	—
16.2	其中：其他总价措施	12 759 239.40	—	—	—	—
17	其他项目	51 496 137.62	—	—	59 913	859.52
17.1	其中：暂列金额	32 568 807.34	—	—	—	—
17.2	其中：暂估价	15 596 330.28	—	—	—	—

序号	名 称	项目造价/元	分部分项合计/元	单价措施项目合计/元	工程规模/m²	单位造价/（元/m²）
17.3	其中：计日工	335 000.00	—	—	—	—
17.4	其中：总承包服务费	2 996 000.00	—	—	—	—
18	规费	24 086 927.90	—	—	59 913	402.03
18.1	项目：安全文明施工费规费	0.00	—	—	—	—
18.2	项目：计日工规费	42 232.00	—	—	—	—
18.3	各单位工程规费合计	24 044 695.90	—	—	—	—
19	税金	61 059 638.57	—	—	59 913	1 019.14
合计		739 500 067.11	484 795 993.20	48 638 724.59	59 913	12 342.90

选取屋面工程为代表，其局部清单列项：仿古建筑屋面工程清单明细表见表4。

表4 仿古建筑屋面工程清单明细表

序号	编码	类别	名称	单位	含量	工程量	单价	合价	综合单价	综合合价	取费专业
			屋面工程							86534.9	
1	20602001002	项	板瓦屋面	m²	—	118.81	—	—	639.77	76 011.07	仿古建筑
	6-15	换	合瓦屋面2号	m²	1	118.81	185.9	22 086.78	639.77	76 011.07	仿古建筑
	440051@2	主	板瓦	块	135.7	16 122.517	2.65	42 724.67	—	76 011.07	—
2	20602009002	项	檐头（口）附件	m		19.42			80.08	1 555.15	仿古建筑
	6-74	换	合瓦檐头附件2号	m	1	19.42	22.16	430.35	80.08	1 555.15	仿古建筑
	440071@1	主	花边瓦	块	8.4	163.128	5.49	895.57	—	—	—
3	20602003001	项	滚筒脊	m	—	9.71	—	—	296.8	2 881.93	仿古建筑
	6-22	换	鞍子脊2号	m	1	9.71	153.07	1 486.31	296.8	2 881.93	仿古建筑
	440051@2	主	板瓦	块	5.33	51.7543	2.65	137.15	—	—	—
	440055@1	主	2#折腰、续折腰	块	14.87	144.3877	5.49	792.69	—	—	—
	040231@1	主	蓝机砖（仿古）	块	1.55	15.0505	2.743	41.28	—	—	—
4	20602006001	项	过垄脊	m	—	9.71	—	—	210.76	2 046.48	仿古建筑
	6-58	换	合瓦过垄脊2号	m	1	9.71	136.32	1 323.67	210.76	2 046.48	仿古建筑
	440051@2	主	板瓦	块	5.33	51.7543	2.65	137.15	—	—	—
	440055@1	主	2#折腰、续折腰	块	5.33	51.7543	5.49	284.13	—	—	—

序号	编码	类别	名称	单位	含量	工程量	单价	合价	综合单价	综合合价	取费专业
5	20602009003	项	勾连搭天沟	m	—	8.32	—	—	80.08	666.27	仿古建筑
	6–74	换	合瓦檐头附件2号	块	1	8.32	22.16	184.37	80.08	666.27	仿古建筑

2. 分包工程

以减隔震分包工程为例：由于本项目南区北区住宅及商业部分正处于北京市地铁运行线路之上，在地铁上盖施工，首先要考虑结构安全及居住体验，必须采取减震降噪措施，对地铁引起的竖向振动和噪声控制目标要符合国家验收标准。因地铁上盖项目的减震降噪措施并不常见，经过多次与厂家沟通及市场询价，并参与了建设单位组织的可行性及经济性分析，最终确定了减震降噪的施工方案，考虑项目品质的需求，为更好地控制造价成本，经与厂家多次谈判，最终确定合同价。减振降噪材料采购招标控制价见表5。

表5 减振降噪材料采购招标控制价

序号	名称	材料性能	面积/m²	材料单价/元	损耗率/%	安装费/元	不含税综合单价/元	税金（13%）/元	含税综合单价/元	含税总价/元
1	聚氨酯减震垫—底垫	（1）闭孔聚氨酯减震垫（2）厚度：50mm厚（3）部位：地下室地面	11 647.20	2 524.06	0.02	47.27	2 621.82	340.84	2 962.65	34 506 595.20
2	聚氨酯减震垫—底垫	（1）闭孔聚氨酯减震垫（2）厚度：25mm厚（3）部位：地下室地面	2 576.97	1 230.63	0.02	47.27	1 302.52	169.33	1 471.84	3 792 895.93
3	聚氨酯减震垫—底垫	（1）开孔聚氨酯减震垫（2）厚度：50mm厚（3）部位：商业地面	4 128.70	1 802.72	0.02	47.27	1 886.05	245.19	2 131.24	8 799 230.24
4	聚氨酯减震垫—底垫	（1）开孔聚氨酯减震垫（2）厚度：25mm厚（3）部位：商业地面	1 956.20	685.23	0.02	47.27	746.21	97.01	843.22	1 649 499.33
5	聚氨酯减震垫—侧垫	（1）闭孔聚氨酯减震垫（2）厚度：25mm厚（3）部位：地下室外墙	2 154.00	754.67	0.02	91.97	861.74	112.03	973.76	2 097 480.85
6	聚氨酯减震垫—侧垫	（1）闭孔聚氨酯减震垫（2）厚度：50mm厚（3）部位：地下室外墙	3 569.63	2 306.53	0.02	91.97	2 444.63	317.80	2 762.43	9 860 869.70
7	聚氨酯减震垫—侧垫	（1）开孔聚氨酯减震垫（2）厚度：25mm厚（3）部位：商业基础侧面	348.00	644.39	0.02	91.97	749.25	97.40	846.65	294 635.56
	总　计		26 380.70	—	—	—	—	—	—	61 001 206.82

（六）选取典型院落并借助专家力量形成重计量仿古建筑样板

由于实际施工图与招标图偏差较大，为控制实际成本，需进行施工图重计量。

因院落数量多且每个院子既兼容又独立，在仿古建筑方面，公司抽选具有代表性的单体进行计量计价，列明工程量计算底稿和计算公式，备注计算部位，形成重计量仿古建筑样板。公司聘请资深古建专家作为顾问，对仿古建筑样板进行审核，确保样板工程的准确、无误。

样板工程完成后，在项目部内部进行交底。对照图纸及计算底稿，结合《仿古建筑工程工程量计算规范》GB 50855—2013及《仿古定额》计算规则，进行面对面逐一讲解。使其他专业工程师充分掌握仿古建筑计量计价的方法。针对特殊部位的计量随时由专家解答，最终形成重计量咨询报告。

重计量主体结构技术指标见表6。

表6　重计量主体结构技术指标表

项目名称		单位	工程量	平方米含量
砌体	砌体合计	m³	6 615.52	0.110
	其中：地下		4 273.70	0.102
	其中：地上		2 341.82	0.130
混凝土汇总量	混凝土合计	m³	57 547.12	0.961
	其中：地下		49 440.82	1.180
	其中：地上		8 106.30	0.450
混凝土各构件	基础	m³	22 080.77	0.527
	墙		14 194.78	0.237
	其中：地下		10 669.60	0.255
	其中：地上		3 525.19	0.196
	梁	m³	3 697.83	0.062
	其中：地下		2 994.21	0.071
	其中：地上		703.62	0.039
混凝土各构件	板	m³	8 070.81	0.135
	其中：地下		5 987.22	0.143
	其中：地上		2 083.59	0.116
	柱	m³	953.19	0.016
	其中：地下		928.45	0.022
	其中：地上		24.73	0.001
	其他	m³	5 413.26	0.090
	其中：地下		5 089.01	0.121
	其中：地上		324.25	0.018

项目名称		单位	工程量	平方米含量
钢筋	钢筋合计	kg	5 650 076.27	94.305
	其中：地下		4 653 721.93	111.070
	其中：地上		996 354.34	55.310

（七）加强现场巡视

本工程共设置了广亮大门、蛮子门、如意门、小门楼、西洋门、随墙门6种门楼形式；设置了后檐墙—老檐出、门楼—老檐出、封后檐3种出檐形式；设置了清水墙面、五出五进、海棠池子、方池子4种墙面样式；设置了干摆、丝缝、细淌白、软芯、硬芯5种墙面形式；设置了格栅窗、支摘窗、槛窗3种窗的形式；还有极具传统韵味的花瓦墙，雕刻精美的砖雕透风、抱鼓石、小门楼冰盘檐、盘头等。如此复杂，施工难度可想而知。作为全过程造价咨询单位，成本管控贯穿于整个施工周期，任何一项施工工艺、材料选型、现场变更都与成本工作紧密相连。针对本项目的特点要想做到精细化造价管理，不仅要掌握这一连串的古建名词，还要对每一项施工工艺进行渗透学习。

对此，项目部加大了现场观摩学习力度，通过与现场古建师傅交流，加深对仿古建筑施工工艺、设备参数、产品功能的理解。将理论与实践相结合，加深了对项目难点的理解，对造价控制起到了决定性作用。

现场观摩时，要求现场工程师对不同的施工内容进行记录，牢记每个院子的编号，每个院子包含的工作内容及特有属性。现场工程师凭借深厚的专业技能和较强的逻辑思维能力，较好地完成了现场观摩工作。针对施工现场不可确定的因素，及时掌握实际情况，做到心中有数，相关证据及时拍照发文记录，为后期预防结算纠纷和反索赔提供依据。

（八）严格控制变更洽商

施工过程中对变更洽商按事前审批流程进行审核，并对变更洽商发生的原因、必要性、技术可行性等进行分析论证，对发生的费用进行预估及测算，建设单位内部流程审批通过后，变更洽商才能予以实施。

本项目施工过程中共审核确认182单变更洽商，上报金额3 192.70万元，审定金额2 408.87万元，核减783.83万元，审减率24.55%。

（九）细致落实认价管理

因招标图与施工图的差异较大，导致实际施工过程中很多材料合同内无可执行单价。针对项目合同外主材价，严格落实询价认价程序，要求施工单位提供样品、产品具体参数、细部节点大样，由现场工程师进行市场询价。并详细对比其各种参数与承包单位上报的参数是否一致、对价格组成进行详细分析，充分了解其报价的合理性，做到心中有数。在配合建设单位进行谈判时，将主动权掌握在建设单位手中。

项目部在全过程造价咨询中共完成材料设备认质、认价38份，包括仿古门窗、玻璃隔断、古建石材、智能化系统、各类设备等，涉及材料高达732项，材料设备认价统计表见表7。

表7　材料设备认价统计表

序号	专 业 名 称	资料编号	备注
1	污水泵、污水提升装置（水泵）（室内）	01	签完
2	污水泵、污水提升装置（水泵）（室外）	02	签完
3	仿古门窗（院内门窗（三宅））	03	签完
4	仿古门窗（沿街商业门窗）（三宅）	04	签完
5	防火玻璃隔断	05	签完
6	车库卷帘门及保温门（车库出入库门）	06	签完
7	智能人行通道控制系统（道闸）	07	签完
8	通风、空调设备	08	签完
9	冷凝壁挂炉供暖及生活热水系统	09	签完
10	楼宇智能化系统	10	签完
11	手工门头砖雕刻、墀头砖雕，圆混珠、砖椽（刻传统花样）	11	签完
12	金属标识（灯笼、旗杆）	12	签完
13	弱电智能化设备	13	签完
14	配电箱	14	签完
15	铝构件（商业沿街）	15	签完
16	仿古宅门	16	签完
17	地下二层车库标识标牌	17	签完
18	地下二层车库划线设施	18	签完
19	古建石材构件（门鼓石）	19	签完
20	石材雕刻	20	签完
21	古建石材（一级青白石）	21	签完
22	室外园林灯光	22	签完
23	室内地下二层灯光	23	签完
24	仿古岗亭及幌子	24	签完
25	消防工程：消防缆线	25	签完
26	消防工程：不锈钢水箱	26	签完
27	消防工程：气体灭火超细干粉装置	27	签完
28	消防工程：音响设备	28	签完
29	地下门窗及小构件（三宅）	29	签完
30	不锈钢井盖—地下二层车库	30	签完
31	不锈钢井盖—园林景观	31	签完

序号	专业名称	资料编号	备注
32	不锈钢门套系列	32	签完
33	不锈钢—牌匾托检修井盖喷塑大门系列	33	签完
34	不锈钢后补项	34	签完
35	园林绿化	35	签完
36	室外及室内后增加灯光	36	签完
37	园林栏杆	37	签完
38	室外铺装石材	38	签完

以仿古门窗认价为例，其综合单价：认价单—仿古门窗综合单价分析表见表8。

表8 认价单—仿古门窗综合单价分析表

序号	名称	单位	数量	除税单价/元	金额/元	备注
一	材料费：A					
1	超耐候氟碳粉喷铝型材	kg	79.09	27.46	2 171.57	阿克苏或老虎粉末（十年质保）
2	型腔内置保温棉	m	19.70	6.80	133.96	
3	44mm高保温尼龙PA66隔热条（满足K值为1.5）	m	39.40	15.58	613.66	泰诺风或恩信格
4	5+12A+5LOW-E+12A+5LOW-E中空双钢玻璃	m²	2.06	309.73	638.05	南玻或信义原片
5	20×40×2热镀锌钢副框	m	5.80	22.12	128.32	国产优质
6	单扇上悬窗五金配件	套	2.00	405.31	810.62	德国丝吉利娅五金
7	仿榫卯激光焊接平木角造型盖板	套	2.00	306.64	613.28	
8	外置"回字形"中式铝格栅	套	2.00	175.22	350.44	
9	销钉连接组角导流铸铝角码	套	31.00	4.87	150.88	
10	三元乙丙软硬共挤密封胶条	kg	5.80	28.32	164.25	江阴海达
11	中性密封硅胶	支	3.44	21.24	73.03	
12	铝型腔组角双组分胶	支	0.44	84.07	36.99	
13	铝断面防渗漏胶	支	0.45	57.52	25.88	
14	发泡剂	支	1.36	28.00	38.16	桑莱斯
15	其他辅材	m²	3.31	55.00	182.16	
16	保护胶贴及塑料薄膜	m²	3.31	25.00	82.8	
二	机械及运输费：B					
1	机械费	m²	3.31	10.00	33.12	
2	包装及运输费	m²	3.31	115.00	380.88	
三	人工费：C					
1	厂内制作及组装	m²	3.31	660.00	2 185.92	

序号	名　　称	单位	数量	除税单价/元	金额/元	备注
四	直接费小计：$D=A+B+C$	樘	—	—	8 813.98	
五	综合管理费：$E=D×$费率	樘	—	10.00	881.40	
六	单樘总价	樘	—	—	9 695.38	
七	单樘面积	m²	—	—	3.31	
八	综合单价	元/m²	—	—	2 927.35	

（十）竣工结算快速、有序、规范

本项目建设周期历时27个月，施工作业圆满完成。项目结算合同共计9份，于2023年3月份正式启动结算工作。由建设单位牵头，全过程造价咨询单位主导召开结算启动会。对符合办理结算条件的施工单位提出结算上报截止时间及要求。施工单位上报前需自行审查结算资料的完整性、合理性、有效性，并对上报资料负责，结算办理过程中不允许重新上报或补报，对签字盖章不齐全或不符合审计要求的一律按减项处理。对暂时不符合办理结算条件的施工单位，需跟建设单位落实具体原因，并承诺关门时间。会议内容需各相关单位严肃执行，最终形成会议纪要。

公司内部由项目负责人牵头，对项目资料进行细致整理，将工作任务进行拆分，具体落实到人、责任到人，有序开展结算审核工作。严格执行国家相关规范、计量计价原则，秉持严谨认真、客观公正、有依有据的审核原则。有争议随时记录，过程随时解决，避免积压。

经过建设单位协调与支持，结算工作最终于2023年9月15日完成，结算上报总金额为90 733.17万元，审定金额为78 700.32万元，审减金额12 032.85万元，结算审减率13.26%，咨询质量得到建设单位高度认可。

本工程结算汇总表见表9。

表9　工程结算汇总表

序号	项目名称	报审金额/元	审定金额/元	审减金额/元	审减率/%
一	总承包工程	744 787 684.66	648 262 326.15	96 525 358.51	12.96
1	土方工程	45 367 546.59	41 338 996.91	4 028 549.68	8.88
2	护坡工程	28 590 433.16	25 723 378.11	2 867 055.05	10.03
3	建筑工程	290 523 529.39	257 801 654.68	32 721 874.71	11.26
4	装修工程	21 992 434.10	19 736 002.41	2 256 431.69	10.26
5	电气工程	26 948 357.66	19 894 655.75	7 053 701.91	26.17
6	给水排水工程	24 994 261.72	17 360 919.10	7 633 342.62	30.54
7	抗震支架工程	1 302 236.20	1 186 525.18	115 711.02	8.89
8	消防工程	15 491 287.70	13 911 206.61	1 580 081.09	10.20

序号	项目名称	报审金额/元	审定金额/元	审减金额/元	审减率/%
9	通风空调工程	20 535 243.56	19 481 703.94	1 053 539.62	5.13
10	采暖工程、锅炉机房工程	10 286 776.55	9 908 662.05	378 114.50	3.68
11	弱电工程	9 096 411.87	9 426 807.21	−330 395.34	−3.63
12	楼宇自控智能化	5 940 295.10	5 732 150.33	208 144.77	3.50
13	小市政工程	12 654 611.53	10 018 160.74	2 636 450.79	20.83
14	路灯工程	2 847 137.19	2 499 950.64	347 186.55	12.19
15	仿古建筑工程	160 536 407.97	135 939 189.87	24 597 218.10	15.32
16	景观园林工程	26 983 029.17	22 633 166.41	4 349 862.76	16.12
17	精装修工程	40 697 685.20	35 669 196.21	5 028 488.99	12.36
二	专业分包工程	13 653 975.77	13 653 975.77	0.00	0.00
1	电梯工程	13 006 850.00	13 006 850.00	0.00	0.00
2	N2#电梯	647 125.77	647 125.77	0.00	0.00
三	安全文明施工费	61 763 112.39	61 763 112.39	0.00	0.00
四	总包服务费	3 265 640.00	3 203 596.35	62 043.65	1.90
五	暂列金—扰民费	1 487 695.22	1 487 695.22	0.00	0.00
六	工程洽商及设计变更	38 388 498.63	24 088 697.33	14 299 801.30	37.25
七	地下综合管廊	2 094 909.21	1 550 432.33	544 476.88	25.99
八	材料设备价差调整	28 053 593.58	24 790 613.26	3 262 980.32	11.63
九	疫情增加费	14 492 140.27	8 918 240.16	5 573 900.11	38.46
十	扣减试验检验费（科筑）	−655 536.00	−715 449.00	59 913.00	−9.14
合　计		907 331 713.73	787 003 239.96	120 328 473.77	13.26

Ⅳ　服务实践成效

一、服务效益

新建仿古四合院项目在北京为数不多，为某区重点项目，在各界备受关注。通过项目全过程造价咨询服务使我公司造价从业人员对仿古建筑有了更进一步的了解，我公司能有幸参与全过程造价咨询服务，极大提高了我公司在仿古建筑领域的知名度。

项目自开工建设起至竣工结算，我公司团队人员充分配合，一切从建设单位利益出发，规避风险、控制成本，服务态度及专业素养得到了建设单位的认可，并顺利承接了该建设单位旗下的另一个全过程项目，使双方合作得以延续。

二、经验启示

因项目业态的稀缺性，填补了我公司在仿古建筑领域的空缺，通过对项目成本复盘，我公司掌握了一定的经验数据，也得到了如下经验启示：

（1）仿古建筑构件比较零碎，需要大量的手工算量，因本项目院落数量较多，为保证工作节点，我公司安排8人分院落开展计量工作。尽管进行了交底，但因参与的人员较多，存在手法步骤不一致的情况，导致局部偏差，审核调整工作繁重。在今后的工作中，根据本次经验，再遇到类似项目时，应分构件安排工作，进而避免一些不必要的重复工作。

（2）对于特殊工艺、特殊材料，在网上联系厂家询价时，存在两个问题：第一，报价反馈率低；第二，报价价格存在很大差异。今后再次遇到此类情况时，应到厂家进行实地考察或请厂家到项目上进行面谈，这种方式更能看到双方合作的诚意，报价才会反映真实的市场水平。

（3）因新冠疫情影响，导致后期赶工。建设单位为保证施工进度，对现场发生的变更、签证、洽商，往往会现场决策拍板，致使出现一部分先施工后补手续的事项。针对此种情况，我方驻场人员及时跟进，要求相关单位及时下发指令单，作为过程资料归档，防止结算时发生争议。

专家点评

本案例为北京市新建仿古建筑四合院群全过程造价咨询项目。项目位于历史文化街区的繁华闹市，在地铁运行线路之上，包括住宅及商业，项目管理难度较大。案例从选择适合的人组建项目团队入手，采用"公司后台＋现场驻场的服务管理模式"，按照科学合理的造价管控流程，在成本把控方面得到了建设单位的高度认可，取得了一定的社会效益和经济效益。

案例采用聘请资深古建专家顾问指导项目管理的方式，通过指导及培训，分析该项目设计理念、梳理全过程造价管理的难点及易错点，保证项目顺利实施。通过组织咨询人员进行现场观摩学习，了解施工工艺、设备参数、产品功能，掌握现场第一手资料，使造价咨询人员对仿古建筑的认识得到提升，从而满足项目对造价咨询人员的要求；通过选取典型院落形成重计量样板，保证了整个项目重计量标准统一及整个项目重计量工作的一致性。

作为比较特殊的典型仿古建筑全过程造价咨询，案例体现了咨询单位较高的专业能力和水平，为仿古建筑全过程造价咨询提供了借鉴和参考的经验。

指导及点评专家：齐　权　北京维公工程项目管理有限公司

某项目全过程跟踪审计

编写单位：青矩工程顾问有限公司

编写人员：严明奇　张周峰　向志亮　白　静　崔　莹

I　项目基本情况

一、项目概况

本项目位于陕西省某市，于2015年10月8日开工建设，2020年1月13日完成竣工验收。项目总建设用地面积232 260.84m²，总建筑面积84 569.98m²，主要建设内容有：联合工房、动力中心、原料周转库、后勤服务用房、废料中转站、香精香料库、污水处理站等，项目鸟瞰图见图1。

图1　项目鸟瞰图

本项目新建1条综合生产能力4 500.00kg/h制丝生产线（其中制叶丝线能力3 500.00kg/h、制梗丝线能力1 000.00kg/h），满足150亿支（30万箱）/年生产规模的制丝能力。

二、项目特点及难点

本项目具有投资额大、工期紧、任务重、工艺设备复杂、协调工作量大、合规管理要求高等特点，如何保证项目施工质量、进度、安全、投资控制，实现项目的合法合规建设、按期投产是项目面临的核心问题。

（一）项目特点

本项目审计工作为建设项目全面审计，涵盖从决策立项到竣工验收的全过程，需要按照全方位、全过程的审计要求，做到关口前移、全程监控，以合规管理、投资控制为重点，兼顾质量、进度和安全。

本项目经一级公司批复，要求本着"谁投资、谁负责、谁受益、谁承担风险"的原则，防范并承担投资风险，提高投资效益。本着以全面提升工艺技术水平、提升企业管理水平，打造技术先进、管理高效、质量优良的现代化生产企业为宗旨的建设目标。

本项目要严格执行国家建设有关规定，注重使用功能的完整性和工艺技术及装备的先进性、适用性，合理控制建设标准，做到适用、经济、节地、节能、节水、节材和环保，安全设施必须做到"三同时"（即建设项目中的安全设施必须与主体工程同步设计、同步施工、同时投入生产和使用），合理安排工期，确保工程质量，控制项目投资。

（二）项目难点

1. 行业的特殊性

本项目属于生产类行业，建设单位管理人员多为原生产部门职工，对国家大型基本建设项目方面的管理、审计、政策了解较少，系统完成或参建的项目人员非常少，各参建单位需要磨合期。且由于生产与建设同时进行，存在"一人多岗"的情况，增加了管理的难度。

2. 合规管理要求高

建设单位作为国有大型企业，且本项目监督部门层级管理多，分别为一级公司审计司、二级公司审计部、三级公司审计科。除了按照国家政策法规、部门规章、行业规范等文件外，还需要按照上级集团、上级企业、企业自身管理制度进行合规管理。

3. 建设标准要求高

本项目从一开始建设标准要求就很高，尤其是联合工房单体工程，施工总承包合同约定"工程质量标准：确保获得'长安杯'，争创'国家优质工程'"，且合同另外约定"若项目未能获得'长安杯'的，招标人将从中标人递交的履约担保或工程款中直接扣除50万元。项目获得'国家优质工程'的，招标人奖励中标人50万元"。

4. 投资控制要求高

本项目经一级公司二次调整批复，概算总投资减少，对项目整体投资控制的要求增大，且由于政府承诺的政策及补贴落实困难，进一步增加投资控制难度。

5. 管理协调工作量大

本项目采用平行发包模式，建筑安装工程、设备采购及服务类合同共签订123份，标段划分较细，导致预算、控制价、招标文件、合同审核、合同签订，以及单项合同现场施工管理、交工验收、竣工结算、资料管理等工程量大，且管理协调难度较高。

II 咨询服务内容及组织模式

根据《某公司关于印发某行业工程审计操作指南的通知》（某公司审〔2013〕473号），全过程跟踪审计是指建设单位内审部门或委托的审计机构从工程建设项目投资活动开始，至项目竣工验收并交付使用（立项阶段、设计阶段、招标投标阶段、施工阶段、竣工阶段）全部经济活动的真实性、合法性、合规性、完整性及效益性进行的审计。

一、咨询服务内容

本项目咨询服务内容分为两部分：一部分为咨询服务，一部分为全过程跟踪审计，主要内容如下：

（1）咨询服务内容，见表1。

表1 咨询服务内容

工 作 内 容	主要工作成果
一、开工前阶段咨询服务	
（1）协助建设单位合理确定承包范围及界面的划分（确定标段）	出具咨询建议
（2）为合同谈判提供专业支持和策略支持	
二、工程实施阶段咨询服务	
（1）协助制订、完善统计台账，合同分类管理，并执行投资控制的概算指标分解及考核的落实	完善统计台账
（2）对设计变更和现场变更提供经济、技术分析论证服务，提出建设性的优化方案	出具咨询建议
（3）针对工程建设的实际情况，结合各承包合同的履行情况及时向建设单位提供承包商可能提供的索赔、赔偿内容，相应地提出应对措施，并对工程造价纠纷进行鉴证	出具咨询建议
（4）根据项目进展及存在的审计问题，每季度出具项目管理建议书	管理建议书
（5）根据项目进展及存在的审计问题，每月及每年出具月报、年报	月报、年报
三、征地费用审查	
（1）审查征地费用是否符合有关规定，有关评估、计价是否合规、合理	出具咨询建议
（2）拟用土地是否已取得合法使用权，"七通一平"是否已完成	
（3）与土地征用有关的合同、付款等内容的审查	
四、配合竣工决算编、审	

（2）全过程跟踪审计内容，见表2。

表2 全过程跟踪审计内容

工 作 内 容	主要工作成果
一、初步设计概算审核	
对初步设计和概算编制的真实性、合规性、合理性和完整性进行审查，概算深度必须详细，达到初步设计概算程度	出具概算审核报告

工　作　内　容	主要工作成果
二、项目立项及设计阶段的审计	
（1）项目的审批文件是否完整、合法、合规，以及相关论证、咨询、评估等管理程序文件是否齐全等	出具内控制度评审报告
（2）项目内部控制体系是否健全有效	
（3）建设单位是否对设计方案中影响项目建设成本的关键因素等进行全面、系统分析，设计方案是否不断优化	
（4）建设项目发生重大变更时，是否按项目原审批程序报项目审批单位批准	
（5）施工图设计是否在批准的初步设计及概算范围内	
（6）资金来源是否落实，分析评价项目建设融资方案是否合理并切实可行	
三、招标投标阶段的审计	
（1）审计监督招标过程的合法性和合规性	出具招标文件审核建议
（2）对服务类（勘察、设计、监理、咨询）、工程类（总承包、专业分包）、货物类（设备、材料）招标和其他采购方式进行审计	
（3）审查招标文件的条款是否完备，特别是实质性的技术条款和商务条款	
（4）审查是否存在没有施工图进行工程招投标的现象	
（5）对工程量清单、控制价进行审核	出具工程量清单及控制价报告
（6）对开标、评标、定标等程序进行合规性审查	存在问题的出具咨询建议
（7）主要对建筑安装工程类进行回标分析	出具回标分析报告
四、合同管理审计	
（1）对工程建设项目合同商务谈判阶段进行审计	存在问题的出具咨询建议
（2）对工程建设项目合同进行分类审计，包括通用部分审计、施工合同审计、勘察设计及其他咨询类合同审计	
（3）审查所有合同方是否具备国家相关主管部门颁发的执业资质，支付的费用是否超过国家或某行业规定的标准	
（4）对合同的合法性、合规性、完备性、有效性、可操作性及合同双方的权力义务等合同条款进行全面审查	
（5）审查是否存在没有详细工程量清单的固定总价合同，合同内容是否与事实相符	
（6）审查合同方是否按约定提供银行保函、足额交纳履约保证金	
（7）审查各类合同签订、履行、变更、终止是否合法、合规、合理	
（8）审查是否存在未经审计而签订的合同，合同内容和价款是否符合行业和相关法律法规的规定	
五、施工管理阶段审计	
（1）工程建设项目管理制度审计，包括工程建设相关管理制度的建立和执行情况，以及设计单位、监理单位、施工单位、咨询单位、材料设备供应单位与建设项目相关的各项制度和措施是否健全	存在问题的出具咨询建议
（2）工程建设项目监理情况审计，包括监理单位资质、监理人员资质、监理单位履职等	

工 作 内 容	主要工作成果
（3）工程工期审计，包括工期计划、变更、逾期违约责任等	存在问题的出具咨询建议
（4）工程质量审计，包括质量保证体系、质量验收、质量监督等	
（5）现场安全管理审计，包括安全保证体系、措施等	
（6）工程变更审计，包括变更程序、新增设备材料价格、重大洽商变更的决策、变更费用等	出具变更、进度款审核意见
（7）工程款支付审计，工程款是否按照行业和合同约定，建立共管账户进行工程款支付	
（8）现场施工、工程材料、设备进场验收、试验、调试等审计	
（9）过程验收、过程资料与现场进度匹配审计	
六、（单项）工程竣工验收审计	
（1）项目名称，开竣工时间，已验收、未验收项目和保修情况是否准确无误	存在问题的出具咨询建议
（2）项目建设单位是否按照相关规定及时组织工程竣工验收	
（3）在项目竣工验收前，施工单位是否提供《工程竣工报告》，勘察、设计单位是否提供《工程质量检查报告》，监理单位是否提供《工程质量评估报告》	
（4）工程竣工验收是否按有关规定组成竣工验收小组，验收小组的人员组成是否合理，涉及有关政府管理部门的验收项目，是否邀请有关方面参加	
（5）竣工验收小组是否严格按照有关规定和标准进行验收，隐蔽工程验收及分项工程验收是否在施工企业自检基础上提出报验申请，并已由工程监理组织验收	
（6）项目实施过程中是否按规定履行了质量监督手续，对质量监督站等有关部门责令整改的质量问题，是否全面整改完毕并经验收合格	
（7）竣工验收后，项目各参建单位签字是否完备，验收小组是否将验收资料报送相关职能部门备案，建设单位是否把完整的工程项目全过程竣工档案资料移交给当地建设档案主管单位	
（8）单项工程验收合格后才可以实施单项工程的竣工结算审计	
七、工程竣工结算审计	
（1）工程竣工结算原始资料是否真实、完备、合法、有效	出具竣工结算单项、总体审计报告
（2）审计报送结算书的编制是否符合要求，对送审结算书的完整、规范、准确、有效进行审查	
（3）对送审结算书的工程量、单价、取费等准确性、完整性进行全面审核，是否按照合同约定、计价规范、计量规范及费用标准执行	
（4）出具竣工结算报告后，移交审计相关资料。审计工作底稿、工程量计算书、月报/年报、各类建议书、各类报告、各类审核意见等	资料移交
八、项目资料管理审计	
（1）基本建设程序资料包括：项目建议书、可行性研究报告/备案文件等前期政府部门批复文件；初步设计文件及扩大初步设计文件、初步设计概算及批复资料；项目能评、环评、安评等论证及批复文件；建设工程规划许可证、建设用地规划许可证、施工许可证、土地证	存在问题的出具咨询建议
（2）内控体系管理资料包括：项目公司管理制度汇编，以及组织机构设置、岗位职责说明文件等	
（3）合同管理资料是否完整。项目所有合同及合同台账，包括补充合同、补充协议等；工程变更、现场签证、工程索赔管理台账；工程变更申请、审批资料；现场签证及审核确认资料；工程索赔相关资料	

工 作 内 容	主要工作成果
（4）招投标管理资料包括：项目招标台账；资格预审文件、资格预审申请文件（包括通过资格预审单位及未通过资格预审单位的申请文件）、资格预审评定报告；招标公告/投标邀请书；招标文件，包括澄清、答疑文件，及招标控制价、招标工程量清单；投标文件，包括中标单位及未中标单位的投标文件；清标资料、评标报告、评标过程打分资料、中标通知书；竞争性谈判采购项目，提供竞争性谈判文件（包含中选单位及未中选单位的响应性文件）、过程澄清答疑文件、二次报价文件、评定文件、采购报告，及相关会议纪要、审批资料等；询价采购项目，提供询价报价单、评定文件、采购报告及相关会议纪要、审批资料等；单一来源采购项目，提供相关报价资料、会议纪要及审批资料	存在问题的出具咨询建议
（5）施工现场管理资料包括：项目开工报告/监理单位签发的开工令；施工组织设计及相关审核、审批资料；安全专项施工方案及相关审核、审批资料；专业分包报审资料；施工日志；隐蔽工程、检验批验收资料；进场材料、构配件检验、检测资料；施工进度计划、实际进度情况；施工单位特种设备及特种作业人员进场报验资料；监理规划、监理实施细则、监理月报、监理日志、监理例会纪要、监理单位进场人员报审资料、人员变更申请/审批资料、监理旁站记录等	
（6）结算及竣工验收管理资料包括：项目结算报告，及结算审核资料、工程款支付资料；项目消防验收、档案验收等专项验收资料，以及竣工验收资料	
（7）审计建设单位及各参建单位对各种重要的工程会议是否有照片、视频记录，记录的保存是否规范，是否进行有效的备份	

二、咨询服务组织模式

根据工作特点和专业分类，审计组织分为土建专业组、安装专业组及内控审计组，各个小组在项目负责人领导下既相互配合又相对独立的开展审计工作，使项目审计既能从总体上理清各种经济关系、把握重点，又能使审计工作从专业细部角度上满足纵深的要求，本项目组织机构图见图2。

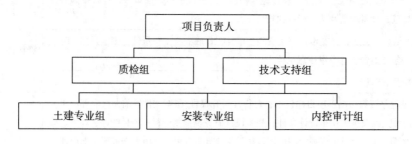

图2 项目组织机构图

三、咨询服务工作职责

（1）按照《某公司关于印发某行业工程审计中介机构使用考评管理办法的通知》

（某公司办综〔2015〕22号）接受建设单位对日常审计业务进行管理、监督、抽查、评价、考核。

（2）严格按照国家及某行业有关政策法规、审计合同及审计方案有关要求进行全过程跟踪审计，在约定时间内完成审计业务，按照行业准则出具审计报告、审计意见和管理建议书并保证真实性和准确性，对审计结果负完全法律责任。

（3）审计合同履行期间，遵守法律、法规和行为准则，严格按照工程项目审计方案及国家、行业有关规定实施审计，完成建设单位委托的各项事务，维护建设单位的合法权益，公正、公平、严格、及时、准确地提供审计服务。

（4）审计工作过程中，对发现的重大问题和普遍问题提出书面意见和建议，并分阶段（每季度不少于1次）提出详细管理建议书，及时提交建设单位内审部门。

（5）及时、如实地告知建设单位应当了解的信息，妥善整理保管有关资料并在审计结束后交还。

（6）建立《跟踪审计工作台账》等审计数据库，按月向建设单位、建设单位（内审部门）报告审计工作开展情况，主要工作台账表式见表3~表14。

（7）按相关规定出具管理审计报告、竣工结算审计报告，经上级审计单位审核通过后，作为项目总体验收的必备法律文件。

（8）在现场建立完善有效的内控制度。

表3　项目基本信息表

项目名称：某项目

项目名称			建设单位	
项目简称			建设状态	建设阶段
建设地址	陕西省某市			
初步设计文件	编制单位			
	编制时间	年　　月		
	资格等级			
	是否经设计评审程序	已通过评审	批复文号	〔　　〕号

表4　建设项目手续办理情况表

项目名称：某项目

序号	名　　　称	文件名称	文号	批准部门	批准日期	办理状态
	项目前期手续					
1	政府立项建议					
2	政府支持文件					
3	立项请示文件					

表5　工作联系函管理表

项目名称：某项目

序号	工作联系函编号	事项名称	发出日期	具体审计发现说明	审计提示与建议	管理层回应		
						回应内容	改进措施	完成时间
1								
2								
3								

表6　审核意见汇总表

项目名称：某项目

序号	审核意见编号	审核意见名称	审核意见时间	报审资料类型（合同\招标文件\标底\清标\预算\材料设备价\变更\月度\结算）	合理化建议数量	建设单位采纳数量
1						
2						
3						

表7　招标情况审核表

项目名称：某项目

序号	工程名称	类型	招标文件审核			工程量清单审核			招标控制价审核	回标分析			中标金额
			审核意见编号	合理化建议数量	建设单位采纳数量	审核意见编号	合理化建议数量	建设单位采纳数量	审核意见编号	审核意见编号	合理化建议数量	建设单位采纳数量	
1													
2													
3													

表8　合同审核表

项目名称：某项目

序号	合同名称	合同文件审核				合同金额	合同文件内容
		审核意见编号	合理化建议数量	建设单位采纳数量	合同审核时间		合同乙方
1							
2							
3							

148

表9 概算执行情况表

项目名称：某项目

序号	工程或费用名称	金额	合同名称	施工单位	合同金额	变更洽商	结算金额	累计应付产值	累计实际支付工程款
一	工程费用								
1									
2									
3									

表10 变更、签证审核情况表

项目名称：某项目

序号	审核意见编号	审核意见名称	审核意见时间	审 核		
				送审金额	审定金额	增减金额
1						
2						
3						

表11 进度款审核表

项目名称：某项目

序号	年份	审核日期	项目编号	项目名称	收款单位	合同总金额	上次累计付款	本期累计付款	本次申请付款	本次审定金额	累计支付比率	期次
1												
2												
3												

表12 结算审核情况表

项目名称：某项目

序号	项目名称	送审金额	审定金额	增减金额	养老保险	施工单位/货物提供商
1						
2						
3						

表13 尾工工程及预留费用明细表

项目名称：某项目

序号	项目名称	合同金额	预留费用	合计	备注说明
1					已完工，已验收
2					未施工完，待验收
3					已完工，部分单体未验收

表14　全过程跟踪审计移交资料清单表

项目名称：某项目

合同编号	合同名称	招投标阶段						合同执行阶段				结算阶段
		招标文件及回复	资格预审及回复	工程量清单及回复	招标控制价及送审单	回标分析	合同审核及回复	补充协议审核及回复	进度款审核	认质认价审核	变更签证审核	结算审核

Ⅲ　咨询服务的运作过程

一、咨询服务的理念及思路

（1）全面开展审计服务工作。以工程造价审计为基础，向工程项目管理审计、财务管理审计等领域延伸，全面开展审计服务工作。

（2）采用事后审计和过程跟踪相结合的审计方式。

（3）在日常的审计服务中提前做好配合政府专项审计工作。协助建设单位在建设过程中严格按照国家审计、财政部门、某行业的要求做好各项工作，将政府、行业专项审计工作分解到日常的审计服务工作中，按照建设单位的要求，随时配合国家有关部门、行业的专项审计工作，确保项目能顺利通过国家有关部门、行业的工程结算、财务竣工决算等各项专项审计工作。

（4）着重主动控制。将咨询服务工作中深入到施工过程，监控整个过程的实施，提前发现可能会产生争议的有关问题，提前预控，将问题消灭在萌芽状态。

（5）着重事前控制，将预控作为工作的重点。通过收集、分析建设项目前期的招标文件、投标文件、合同等相关资料，找出投资失控的风险点，提请建设单位予以关注，并尽可能地采取措施，规避存在的风险。

（6）以审计为主，审计和咨询相结合。通过培训、管理咨询等相关全过程跟踪审计为建设单位建账建制、提高工程项目管理和财务管理水平、完善建设单位内部控制，从制度上保证项目的管理水平。本项目跟踪审计工作流程见图3，具体方法如下：

①召开专题会议、定期开展审计培训、学习、交流，加大项目的指导。审计工作涵盖项目实施的各个方面，需要建设单位各部门，以及各参建单位统一思想、加强沟通协调，因此需要定期开展交流、学习，避免出现对审计工作的抵触、排斥或不配合等，影响审计工作的开展。

②对建设单位所有参与建设的人员进行审计工作培训。针对"建设单位管理人员

多为原生产部门职工，对国家大型基本建设项目方面的管理、审计、政策了解较少，系统完成或参建的项目人员非常少"的情况，在具体实施审计前分阶段进行培训，包括初步设计概算审核阶段、立项及设计阶段、招标投标阶段、合同签订及管理阶段、施工管理阶段、（单项）工程竣工验收、工程竣工结算阶段、项目资料归档阶段，每次培训前做PPP课件（包含本阶段审计重点、需要提交的资料、配合单位或部门、建设单位注意事项）。

　　③对参与跟踪审计参的内部员工进行审计工作指导。定期指导员工学习最新的法律、法规、部门规章、行业规范、行业及地方定额、政策文件等，保证知识的更新；定

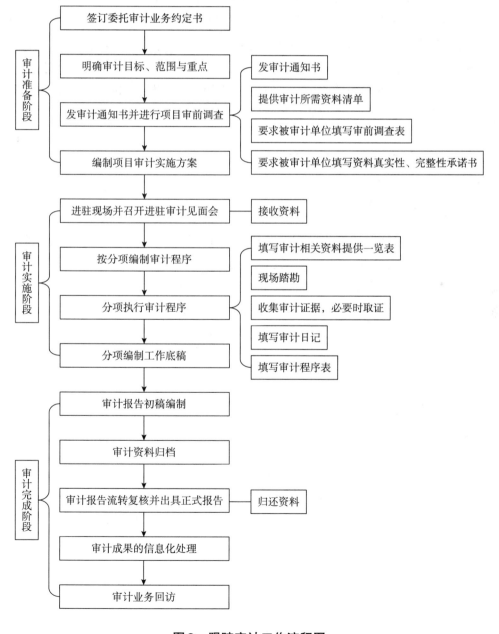

图3　跟踪审计工作流程图

期相互复核成果文件质量、监督进度，以及工作效率；定期进行安全培训，在进入现场前明确重大安全风险源，至少每次2人进行现场踏勘，相互监督；定期开展保密培训，要求提高保密意识；定期梳理工作中的难点、相互交流，将问题提前化解；定期进行工作进度核查，确保审计进度与施工进度、现场管理进度保持一致。

④对参建单位进行审计工作的宣贯。按照审计工作要求，定期对监理单位、施工单位开展审计工作的宣贯。在项目日常管理、专项检查前，提前通知相关单位做好资料收集准备，如：对监理单位审计时，要求提供监理通知、监理日志、监理月报、监理会议纪要、现场例会会议纪要、隐蔽工程验收记录、监理旁站记录等监理资料等；对施工单位审计时，要求提供过程资料，包括工程总进度计划、施工方案、施工组织设计、开工令/工程师签发的开工通知书、开工报告、工程变更、洽商、签证、承包人的工程备忘录、施工日志、工程联系单、通知书、设备（材料）验收单、试验或调试记录、施工单位的隐蔽工程、分部分项工程、单位（子单位）工程质量验收申请文件、隐蔽工程检查记录、隐蔽工程验收单与验收记录，监理工程质量评估报告，包括但不限于分部分项验收记录、单位（子单位）工程质量验收记录、竣工验收资料等。

二、咨询服务的目标及措施

（一）咨询服务的目标

本项目跟踪审计服务工作的目标是以投资的审核为重点，兼顾质量、进度和安全。将审计监督贯穿于从前期准备、建设实施直至竣工投产的全过程，围绕建设项目建设目标相关活动进行跟踪，及时发现和纠正工程管理、投资控制等建设环节中常见的或苗头性的问题，规范、促进、提高建设单位加强建设项目管理水平，提高项目质量和控制项目造价，千方百计为提高投资效益服务，促使参建各方避免出现违规行为，有效遏制各种问题的发生，提高效益。同时，满足建设单位依照国家及相关部门的规定、按照合法程序开展建设项目，合规、合理地使用建设资金，以规避国家相关监管部门的审计风险。

（二）咨询服务的措施

（1）以工程投资控制为主线，协助建设单位将项目投资控制在最经济、最合理的范围之内，以最小的投入取得最大的经济效益，确保项目投资管理目标的实现。

（2）以风险控制为导向，发现项目管理在内部控制、风险管理方面的不足，规范、促进、提高建设单位的工程建设和财务管理水平，督促建设单位完善企业内部控制制度。

（3）以增值为目的，确保工程结算的准确性，确保造价咨询偏差率、误差小于国家政策允许和双方约定的范围，节省工程造价成本，为项目增值，为企业增值。

（4）督促建设单位在建设过程中严格按照上级审计部门的要求做好各项工作，确保本项目能顺利通过外部的各项专项审计。

（5）按规定定期出具全过程跟踪审计意见，最终出具工程结算、管理建议书等。

三、针对本项目特点及难点的咨询服务实践

（一）投资立项阶段审计

依据国家的法律、法规和对审计的有关规定，通过有关审计措施，评价、证明、确定和监督是否履行相应责任，并达到纠正错误，严防舞弊，加强控制，提高效益的目的。

1. 前期立项程序方面审计

（1）建设项目开工是否已获有关建管部门批准。

（2）项目基本建设程序是否合规。

（3）建设项目建议书、可行性研究报告、项目批复、核准文件、初设批复等申报与审批文件是否齐全。

（4）建设项目单位是否按规定组建，是否满足建设项目管理的实际需要。

（5）建设项目施工图纸是否齐全并报审到位。

（6）建设项目资金来源及落实情况，包括资金来源是否合规，能否满足项目建设投资进度需要，后续建设资金是否落实。

（7）项目前期费用真实性、合法性的审计。

2. 基建内控体系方面审计

（1）审查是否建立项目内部控制和风险管理体系。

（2）评价项目的机构设置和人员配备是否科学合理。

（3）审查内部控制制度是否齐全，主要应包括招标投标制度、合同管理制度、质量控制制度、进度控制制度、财务管理制度、资金管理制度、成本控制制度、物资采购制度、信息管理制度等。

（4）审查内控体系是否完备、严密、有效。内部控制制度是否与国家的相关法律、法规相抵触；是否存在重大缺陷，容易给建设工程带来损失；各项业务管理活动的程序、审批权限和责任制度是否明确等。

（5）审查内控体系执行的有效性。

3. 前期决策文件方面审计

对项目前期立项、决策的审计（评估）重点是对项目建议书、项目可行性研究、项目决策、项目核准（审批）文件等主要结论及批复意见进行审计。

（二）勘察设计阶段审计

1. 勘察设计单位选聘环节的审计

选聘勘察设计单位的方式是否合法合规，被选聘单位的资质是否满足要求，投标

书是否满足招标文件的要求。

2. 勘察设计实施过程审计

（1）勘察单位是否编制有勘查工作报告；勘查工作报告内容是否齐全；勘查工作报告内容反映是否与实际开挖的地质情况相符；勘测深度及点位数量是否满足相关规范要求；勘查的结果是否能够满足设计及施工的要求。

（2）初步设计管理的审计。审查初步设计批准的编制依据是否充分，程序是否合规；是否对初步设计进行多种方案的比较和选择；报经批准的初步设计方案和概算是否符合经批准的可行性研究报告及估算，有无夹带项目、超规模、超标准设计等问题。

（3）施工图设计管理的审计。审查是否按照批准的初步设计文件进行施工图设计，施工图是否达到了规定的深度要求，是否经过了施工图审查；是否进行了优化设计和限额设计；各分部分项工程的详图是否详细完整；审查施工图交底、施工图会审的情况，以及施工图会审后的修改情况；施工图设计的内容及施工图预算是否符合经批准的初步设计方案、概算及标准；施工图预算的编制依据是否有效、内容是否完整、数据是否准确。

3. 设计概算审核

（1）审查总概算文件的组成内容，是否完整地包括了工程项目从筹建到竣工投产为止的全部费用。

（2）审查编制依据的合法性、时效性和适用性，投资概算采用的各种编制依据是否经过国家或授权机关的批准，是否符合国家的编制规定；各种依据，如定额、指标、价格、取费标准等，是否依据国家有关部门的现行规定执行。

（3）审查编制依据的适用范围，判定编制概算所套用的定额、指标、费率、税率等是否适用，定额与取费之间是否配套。

（4）审查编制说明，通过审查编制说明可发现概算内容是否完整，有无遗漏部分费用。

（5）审查概算编制的深度：重点审查编制深度是否能达到国家要求、概算文件是否完整。

（6）审查概算的编制是否符合国家方针、政策，是否根据工程项目所在地的自然条件而进行的编制。

（7）审查投资规模、建筑面积、用地标准、设计标准、主要设备、配套工程、设计定员等是否符合原批准的可行性研究报告或立项批文的标准。

（8）审查设备规格、数量、配置是否符合设计要求。

（9）审查工程建设其他费是否属于总概算范围的费用、具体费率和计取标准，有无随意列项、有无多列、交叉计项和漏项等。

（10）审查综合概算、总概算的编制内容、方法是否符合现行规定和设计的要求，有无设计外项目，有无将非生产性项目作为生产性项目列入。

（11）审查总概算文件的组成内容，是否完整地包括了工程项目从筹建到竣工投产为止的全部费用组成。

（12）审查经济指标是否达到了技术上先进可靠、经济上合理的要求。

4. 施工图预算审核

（1）审查施工图预算的编制是否符合现行国家、行业、地方政府有关法律、法规和规定要求。

（2）审查工程量计算的准确性、工程量计算规则与计价规范规则或定额规则的一致性。

（3）审查在施工图预算的编制过程中，各种计价依据使用是否恰当，各项费率计取是否正确。

（4）审查施工图预算各要素市场选价是否合理。

（5）审查限额设计，核对定预算按专业、按分项进行技术经济分析，说明超估算、超概算的原因，提出不突破造价限额的纠偏措施，处理好限额设计与工程质量、功能等方面的关系。

（三）招投标阶段审计

1. 招标投标准备阶段的审计

（1）招标方式是否符合规定，是否按法律法规规定确定并经有关部门批准，公开招标的工程是否违规进行邀请招标；符合邀请招标范围的工程是否履行了相应的审批手续等。

（2）招投标的范围是否全面，是否存在将工程项目化整为零，规避招标的行为。

（3）招标代理机构是否具备相应资质，是否及时签订了招标代理合同、招标代理费是否符合相关收费标准的规定，代理操作是否规范等。

（4）招标文件是否详细完整，招标范围、投标报价要求、投标报价组成部分、评标办法、付款方式、工程计价取费依据、合同主要条款、技术资料、工程竣工验收后保修措施、设备材料售后服务措施和承诺，以及双方违约责任等内容是否明确且详细。

（5）招标程序是否合法合规，审查建设单位是否按规定发布招标公告或发出招标邀请书，其内容是否合规、合法、详细完整，是否与招标方式的规定相一致；审查招标文件发放时间与投标截止时间间隔是否符合《中华人民共和国招标投标法》的有关规定。

2. 工程量清单、控制价审计

1）工程量清单审核

（1）审查工程量清单是否符合规范的规定。

（2）审查工程量清单文件组成是否完整，总说明描述是否完整、清晰，与招标文件内容是否一致。

（3）审核项目特征描述是否完整、准确，工程量清单项目是否存在漏项、重项、列项不准确、计算不准确等问题。

（4）检查工程实体消耗和措施消耗的工程量清单的准确性、完整性。

（5）检查工程量清单计价是否符合国家清单计价规范要求执行；分部分项特征描述是否的全面性、准确性、规范性。

2）招标控制价审核

（1）审查招标控制价是否符合规范和省、市工程造价计价的有关规定。

（2）审查招标控制价内容界限是否清晰，与招标范围要求是否一致。

（3）审查分部分项工程清单是否存在组价不准确，费用不全面，清单工程量与定额工程量计算规则的差异对组价的影响，综合单价中是否考虑了管理费、利润、风险等因素，人、材、机市场价是否合理等问题。

（4）审查是否存在暂估价项目设置不合理，暂估材料单价过高或过低等问题。

（5）招标控制价的编制是否符合招标文件、设计图纸、国家规定的技术标准等，招标控制价列项是否与招标文件的工程量清单项目一致，人工、材料、机械、设备价格的确定是否合理、措施性费用是否考虑齐全、管理费、利润、风险、规费及税金费率的合理性。招标控制价的价格是否在总概算及投资限额内。

3. 招投标实施阶段的审计

（1）审查评标委员会的组建，查看评委的来源、人数、组成是否符合要求。

（2）开标情况的审计，审查开标是否在投标文件截止时间的同一时间公开进行，开标是否有违反规定、存在暗箱操作现象。

（3）评标情况的审计，审查评标是否规范，是否遵循了评标规则。

（4）定标情况的审计，审查定标的程序和方法是否符合有关法律法规规定和招标文件中确定中标单位的办法。

（5）中标通知书下达情况的审计，审查招标人是否在规定的时限内向第一中标候选人下达中标通知书，并同时将中标结果通知所有未中标的投标人。

（四）施工管理阶段审计

1. 合同管理审计

1）合同管理制度审计

审查合同管理制度的制订：是否制订合同管理制度；合同评审、会签程序是否建立；合同管理制度是否有重大缺陷。

审查合同管理制度的执行情况：是否执行合同评审、会签制度；是否设置合同管理部门或专（兼）职合同管理员；是否建立合同档案；是否建立合同台账。

2）合同的审批与签订管理审计

合同的订立是否符合法律规定的形式和程序，涉及法律裁决的条款是否完善；对国家、有关部门制订有强制性标准的，包括质量要求、技术规范等，订立合同时，是否按国家、有关部门制定的强制性标准执行；审查合同在企业内部是否经过相关部门的会签，拟签订合同的人是否得到适当的授权，合同拟盖公章是否符合企业的规定。

3）合同履行审计

签订合同的主体与履行合同的主体是否一致，有无由他人代为履行合同行为，是否按招标文件的规定递交履约保函；双方是否按合同规定的条款全面履行义务；合同的价款或酬金是否按合同约定支付，实际支付时有无不按合同的约定将价款支付给第三方，是否存在大额现金结算支付的方式；支付合同价款或酬金时有无提前、拖欠、多付的情况，是否按合同的规定扣回预付款；预留的质保金有无不按合同中的规定提前支付情况；合同付款时是否严格按照规定履行审批程序和权限进行签证，相关部门是否履行相应的管理职责；合同规定事项全部履行完毕，履行质量、数量、验收及经济效益水平是否达到合同要求。

4）合同变更及补充协议的审计

合同变更是否符合法定条件；是否按规定的原则和程序办理变更审批手续；是否采用书面形式，确认有关变更的手续是否齐全；变更的文件及相关资料是否完整。

2. 工程监理管理审计

1）对监理单位的监督管理制度的完备性和有效性进行审计

审查建设单位对监理单位的监督管理制度规定是否全面，要素是否存在缺失，各项规定是否合理，是否存在重大缺陷。同时还要审查对监理单位的监督管理制度是否得到了有效的执行。

2）监理招标及合同环节管理的审计

审查监理招标、投标工作是否规范、公平、公正：包括从监理单位的资格条件、监理公司经验、监理公司信誉、监理实施方案计划、人员配备方案、承接新项目的监理能力、监理报价等几个方面进行评审。

3）监理单位履职情况的审计

审查建设单位是否从资质（单位资质、人员资质、有无同类工程经验）、资料（监理月报、进度报告、监理通知单等）、现场管理（符合安全、质量、进度、投资控制要求，及时发现问题并切实解决问题）等三方面对监理单位进行监督管理。

3. 变更洽商、签证和索赔费用审计

1）变更、洽商及现场签证审计

（1）审查工程变更或签证的理由是否充分，是否有变更或签证的必要。投标单位为了增加中标机会，常采取多种投标策略，如以退为进策略（即低价中标，再在施工过程中寻找索赔机会），对一方正当的要求应予以支持，而对于利用工程变更或签证机会、高估冒算工程量以抬高工程造价的不正当行为，坚决予以制止；对只增加造价而不增加功能的变更或签证要向建设单位提出其对造价影响建议，防止无意义的变更或签证。

（2）审计工程变更的程序是否正确，是否经建设单位、设计单位、施工单位协商确认并由设计部门发出相应图纸或说明，总监理工程师是否签发工程变更指令；手续是否完备；有无擅自扩大建设规模和提高标准的问题。

（3）审核工程变更是否确属原设计不能保证工程质量、设计遗漏和错误，以及与现场不符无法施工，工程变更引起的造价增减幅度是否控制在预算范围之内，施工中发生的材料代用是否办理材料代用单，设计变更是否记录详细，是否简要说明变更产生的原因、背景、时间、参与人、工程部位、提出单位。

（4）审核工程变更计价方式和计价依据是否合理、科学，建设单位是否对重大设计变更增加了投资，是否及时追究责任方的责任。

（5）审核现场建设单位代表核实后的签证，是否注明原因、背景、时间、部位，是否存在应在合同中约定而以签证形式出现或是否存在应在施工组织方案中审批的而做签证处理，是否存在材料价格的确认未注明采购价还是预算价现象。

（6）工作签证是否与合同冲突，签证工程量是否有明细计算式及相关图形。

（7）审核签证的价款是否按照"签量不签消耗、签量不签价、签单价不签总价"的原则签订。

2）索赔与索赔费用审计

审核索赔事项是否符合合同规定；审核索赔事项是否履行相应程序，申报、审批手续是否齐全；审核索赔费用计算是否合理；审核索赔资料是否齐全；协助建设单位积极开展反索赔。

4. 工程物资管理审计

工程物资管理审计是指审计人员根据相关法律法规、上级单位及建设单位的相关规定，对建设单位的物资管理情况进行检查，监督建设单位按照相关规定实施物资管理工作，确保物资管理工作达到节约工程成本、保证工程建设顺利实施、竣工决算顺利完成的目的。

（1）项目公司关于物资管理的制度是否得到有效执行。

（2）相关的物资采购合同是否约定了明确的交货期，合同中对于交货延迟的问题是否按照合同约定进行处罚。

（3）通过检查相关的资料发现监造管理工作是否有效实施，是否符合监造管理要求。

（4）检查和监督项目公司的工程物资使用（需求）计划管理情况，是否存在甲供物资的超量采购的情况。

（5）检查采购的物资是否按期交货，是否存在交货期滞后甚至影响工程施工进度的情况；供应商供应的物资的规格、型号、数量是否准确，是否满足采购合同要求；对于交货延迟的供应商是否按照合同约定条款进行了处罚；对于由于供货滞后影响工程施工进度或者造成工程费用增加的问题是否进行了索赔处理。

（6）检查物资仓储管理是否满足仓库管理、仓库消防安全、仓库安全保卫的基本要求，对化学、危险物资的仓储管理是否满足相关要求。对采用物资代保管模式的，还要重点关注代保管单位是否按照合同约定的要求实施了代保管工作，项目公司是否对代保管单位实施了有效的监管，对于代保管单位对工程物资管理不力造成损失的，项目公司是否按照合同约定进行了相应的索赔。

（7）检查物资管理人员是否按照物资管理的基本要求和财务核算的要求及时办理工程物资的入库、出库、退库手续，是否能够做到账账相符、账卡相符、账实相符，是否存在账外物资或者物资丢失的问题。

（8）检查对报废物资、废旧包装物的接收、保管和处理程序是否合理，账务处理是否合规。

5. 工程质量安全、进度管理审计

1）审查工程质量安全控制情况

审查有无工程质量安全保证体系；审查是否组织设计交底和图纸会审工作，对会审所提出的问题是否严格进行落实；审查是否按规范组织了隐蔽工程的验收，对不合格的处理是否适当；审查是否对进入现场的成品、半成品进行验收，对不合格品的控制是否有效，对不合格工程和工程质量事故的原因是否进行分析，其责任划分是否明确、适当，是否进行返工或加固修补；审查中标人是否存在转包、分包及再分包的行为。

2）审查工程进度控制情况

审查施工许可证、建设及临时占用许可证的办理是否及时，是否影响工程按时开工；审查是否有对设计变更、材料和设备等因素影响施工进度采取控制措施；审查进度计划（网络计划）的制订、批准和执行情况，网络动态管理的批准是否及时、适当，网络计划能否保证工程总进度；审查是否建立了进度拖延的原因分析和处理程序，对进度拖延的责任划分是否明确、合理（是否符合合同约定），处理措施是否适当；审查有无因不当管理造成的返工，窝工情况；审查对索赔的确认是否依据网络图排除了对非关键线路延迟时间的索赔。

6. 竣工验收管理审计

（1）审查施工单位完成设计图纸和合同约定的内容后，是否自行组织验收并合格，是否具备竣工验收条件才提交竣工验收申请报告。

（2）审查建设项目竣工验收组织形式是否符合相关规定；建设单位竣工验收小组的人员组成、专业结构和分工是否符合规定。

（3）审查施工单位是否按照规定提供完整有效的施工技术资料；对于委托工程监理的建设项目，应审查监理机构对工程质量进行监理的有关资料是否完整、齐全和有效。

（4）审查施工单位是否签署了质量保修证书；建设项目是否经城市规划行政主管部门和土地房产管理部门的验收，并获取认可文件（包括对是否符合规划审批要求或超占用地红线等验收）；经建设行政主管部门及其委托的工程监督机构和有关部门责令整改的问题是否已全部整改完毕。

（5）审查建设项目验收过程是否符合现行规范，包括环境验收规范、消防验收规范等；对隐蔽工程和特殊环节的验收是否按规定作了严格的检验。

（6）审查建设项目验收的手续和资料是否齐全有效；（施工单位自检、监理单位对质检评定、设计单位对质检报告的审核等）；保修费用是否按合同和有关规定合理确定和控制；验收过程中有无弄虚作假的行为等。

（7）审查建设项目完工后所进行的试运行情况，对运行中暴露出的问题是否采取了补救措施等。

（8）审查竣工档案的整理是否及时、完整、规范，是否向城建档案管理机构提交了完整的工程建设档案。

（五）竣工结算审计

1. 审核思路

工程结算审计首先应关注工程造价，即根据工程承包合同的约定，公平、公正、合理的确定工程结算价款。其次要关注建设项目工程造价管理全过程，涵盖概算批复、招投标、合同签订、变更签证、索赔管理流程和执行情况，在核定工程造价的同时，对建设项目的造价管理提出管理建议，督促建设项目的造价管理持续改进。

在开展工程竣工结算审计时应依据国家相关法律法规、造价标准、施工合同、招标投标文件、施工图纸、施工过程变更洽商等相关资料，对施工承包商、设备材料供应商等单位申报的工程结算进行审核，合法、合理、准确确定工程造价，协调施工承包商（设备材料供应商等单位）达成一致性意见并出具工程结算审计报告。

2. 主要审核内容

（1）审查结算资料的递交手续、程序的合法性，以及结算资料具有的法律效力；审查结算资料的完整性、真实性和相符性。

（2）审查建设工程发承包合同及其补充合同的合法性和有效性；审查施工发承包合同范围以外调整的工程价款是否正确：包括由于工程变更、工程索赔发生的费用是否正确（施工过程造价管理已详细描述）；审查奖励及违约费用的计算是否正确等。

（3）审查结算工程量的准确性。

（4）审查结算分部分项工程及措施项目的清单计价。

①审核结算所列项目的合理性。注意由于清单计价招标中漏项、设计变更、工程洽商纪要等发生的高估冒算、弄虚作假问题；工程项目、工作内容、项目特征、计算单位是否与清单计算规则相符，是否有重复内容；重点审核价高、工程量较大或子目容易混淆的项目，保证工程造价的准确。

②审核综合单价的正确性。除合同另有约定外，由于设计变更引起工程量增减的部分，属于合同约定范围以内的，应执行原有的综合单价；工程量清单漏项或由于设计变更引起新增的工程量清单项目、设计变更增减的工程量属于合同约定范围以外的其相应综合单价由承包方提出，经发包人确认后作为结算的依据。审计时以当地的预算定额确定的人工、材料、机械台班消耗量为最高控制线，参考当地建筑市场人、材、机价格，根据施工企业报价合理确定综合单价。

③审核计算的准确性。计算公式的数字运算是否正确，是否有故意计算、合计错误及笔误等问题。

（5）审查材料用量及价差的调整。采用工程量清单计价模式下的综合单价，是在合同约定风险范围以内材料单价不变动，当出现合同约定范围以外的风险时，就出现了材料价差的调整。对材料用量审核，主要是审核钢材、水泥等主要材料的消耗数量是否准确，材料价差是否根据当期的计量与支付材料进行申报，申报数量、实际价格、差价计算是否准确。材料代用和变更是否有签证，材料总价是否符合价差的计算规定等。

（6）检查隐蔽验收记录，落实设计变更与签证。验收的主要内容是否符合设计及质量要求，落实设计变更及签证，设计变更应由原设计单位出具设计变更通知单和修改图纸，设计、校审人员签字并加盖公章，并经建设单位、监理工程师审查同意。重大的设计变更还应经原审批部门审批，否则不应列入结算。在审查设计变更及签证时，除了有完整的变更及签证手续外，还要注意工程量的计算，对计算有误的工程量应进行调整，对不符合变更及签证手续要求的不能列入结算；对于工程变更及签证，首先要核查原施工图设计、图纸答疑和原投标预算书的所列项目等资料与工程变更及签证的对应关系，对原投标预算书中未做的项目要予以取消；其次对于需要调增的变更及签证，应审查变更及签证增加的项目是否已包括在原有的项目中，以防止重复计算。另外，对于含糊不清和缺少实质性内容的项目要深入现场核查并向现场当事人进行了解，核查后加以核定；

（7）审查规费、税金的取费基数和费率。对规费、税金的取费基数和费率进行审查，一是要审查费率计算是否正确，计算基础是否符合规定，是否存在错套费率等级的情况；二是审查费率的选取是否正确；三是审查各项"独立费"的计取是否正确、是否参与了取费基数。

（8）审查工程变更与现场签证情况。审查工程变更及签证的审批情况；对工程变更和签证金额的审计；对工变更和签证现场进行踏勘察审计。

（9）审查附属工程。在审核工程结算时，对列入建安主体的水、电、暖与室外配套的附属工程，应分别审核，防止施工费用的混淆、重复计算等问题。

（10）审查甲供材料控制、计价及扣回是否符合合同及有关规定。对甲供材料和"甲指乙采"材料定期盘点情况进行审计，是否定期组织了盘点，盘点记录是否规范合理；甲供材料和"甲指乙采"材料时是否对耗用量进行了分析，根据合同约定的耗量损耗率或定额规定的损耗率，依据已完工程量对甲供材进行耗用量核算，审核是否超供、超领，并分析其原因是否合理；对甲供材核销分析发现欠供的也应进行分析，是否存在已计工程量虚假，是否存在投入不足等问题。

（11）审查应抵扣的工程款项是否已按照合同约定扣回。包括预付备料款、甲供材、质保金、代缴的税金、代缴的施工水电费、代缴的劳保费等。

（12）关注索赔与反索赔。关注合同中的索赔范围，确认索赔事项是否符合招投标文件和合同约定，不在合同索赔范围内的事项不予认可；审查索赔依据是否真实、充分，索赔原因，责任界定是否清晰；审查索赔金额的计算是否正确，是否有多计、重复、提高标准等现象；审查具体索赔事项是否达到索赔标准；风险因素内的事项不予索赔；应积极开展反索赔：对工期、质量、性能等问题充分关注，对非项目公司原因的索赔分清责任，进行反索赔。

Ⅳ　服务实践成效

一、服务效益

在全过程跟踪审计期间，严格执行跟踪审计合同、审计方案、第三方合同进行跟踪审计活动。完成初步概算审核、内控制度评审、工程量清单审核、最高限价审核、回标分析、招标文件审核、合同文件审核、进度款审核、变更签证审核、管理建议书、监理单位专项审计、结算审核等多项审计工作，对项目进行了全面评价。

跟踪审计合同约定"以投资审核为重点，兼顾到工程质量、进度和安全"。依据审计合同赋予的合法权利及义务，对建设单位委托的监理单位进行全面的工作监督，并对施工合同的履约情况进行实时管控，及时上报建设单位。建设初期设定的合规管理目标、投资控制目标、质量目标、进度目标、安全目标完全实现，尤其是合规管理目标、投资控制目标、质量管理目标等表现亮眼，具体如下：

（一）合规管理

严格按照《某公司关于印发某行业工程审计操作指南的通知》（某公司审〔2013〕473）、《某公司关于印发某行业工程审计管理办法及实施细则的通知》（某公司审〔2020〕180号）及《建设工程全过程跟踪审计合同》的约定，为项目的顺利实施保驾护航。项目已多次通过一级公司专项审计、二级公司专项检查、总经理离任审计、项目后审计、项目竣工验收等，未发现合规管理方面的重大问题。主要工作成效如下：

（1）内控制度评审。针对管理制度进行了两次评审，共提出63条评审建议。

（2）工程量清单审核建议16份。提出审核建议791项，采纳建议558项。

（3）最高限价审核及回标分析建议116份。

（4）招标文件类审核建议113份。提出建议845项，采纳建议786项。

（5）合同文件类审核建议163份。提出建议349项，采纳建议338项。

（6）进度款审核意见231份。

（7）变更签证审核意见755份。

（8）跟踪审计管理建议书17份。提出17份管理建议书及12项重点管理建议，采纳重点建议12项。

（9）监理单位专项审计。提出10项管理问题，采纳建议10项。

（10）结算审核建议122份。

（二）投资控制

本项目概算总投资115 307.49万元，实际完成投资92 558.89万元，实际投资较概算节约22 748.60万元，节约率19.73%。跟踪审计重点从设计优化、初步设计概算、招标控制价、招标方式、回标分析、变更签证管理、结算管理、违约管理等，进行多梯次的投资控制，使投资更加合理化。

项目整体投资控制经过初步设计概算审核（核减占比10.82%）、招标控制价审核（核减占比13.29%）、投标阶段（核减占比33.09%）、变更签证管理（核减占比13.45%）、结算及违约管理（核减占比29.34%）阶段，从数据来分析，投标阶段、结算及违约管理占比最高，合计占比62.44%，因此造价控制的重点也在此两个阶段。项目各阶段核减情况及占比分析表见表15。

表15　项目各阶段核减情况及占比分析表

序号	项目各阶段名称	核减金额/万元	核减占比/%	排序
1	初步设计概算审核	1 919.61	10.82	5
2	招标控制价审核	2 357.46	13.29	4
3	投标阶段	5 869.00	33.09	1
4	变更签证管理	2 384.60	13.45	3
5	结算及违约管理	5 203.14	29.34	2
6	合计	17 733.81	100.00	—

（三）质量管理

跟踪审计依据监理及施工合同，审查施工单位有无工程质量保证体系；是否建立现场签证和隐蔽工程管理制度，其执行是否有效；是否按规范组织了隐蔽工程的验收，对不合格项的处理是否适当；监理单位是否对进入现场的成品、半成品进行验收，对不合格品的控制是否有效，对不合格工程和工程质量事故的原因是否进行分析，其责任划分是否明确、适当，是否要求施工单位进行修补。各单项工程是否符合施工合同约定的质量要求，其项目名称、检验标准文号或检验依据、质量认定情况，以及不合格原因等主要内容及依据是否正确。是否有质量监督站进行质量监督，对质量监督站等有关部门责令整改的质量问题，是否全面整改完毕并经验收合格。

联合工房荣获《2020—2021年度第一批中国建设工程鲁班奖（国家优质工程）》（网址：中国建筑业协会http://www.zgjzy.org.cn/menu19/newsDetail/8937.html），联合工房60 067.24m² 占项目总建筑面积84 569.98m²的71.03%，是项目最大的单体工程。

（四）进度管理

项目于2015年10月8日全面开工建设，2020年1月13日完成竣工验收，满足项目建设初期计划进度管理要求。

（五）安全管理

项目在2015—2019年施工期间，现场管理良好，未发生安全管理事故。

二、经验启示

通过跟踪审计工作的开展，一方面协助建设单位加强对工程造价的控制与监督，控制工程建设成本，提高投资效益；另一方面从设计、招投标、合同管理、变更洽商管理等角度分析项目投资控制体系，提出针对性的投资控制建议。

（一）项目优秀经验启示

1. 发挥企业当地龙头利税等优势，争取政策及财政补贴支持

项目前期，建设单位积极与政府相关部门沟通，为项目落地争取了有利的政策支持，包括土地费用、场地平整、施工围墙、三通一平、土地使用证、施工许可证、厂区外围市政、绿化、交通、职工住房用地等。

2. 可研、设计、概算阶段，进行了多批次、多方案比选，大幅节约了投资

应给予设计单位合理的设计、优化时间，不要在设计阶段压缩太多工期，同时可以设置设计优化节余奖励，调动设计单位的积极性。

3. 造价管理规范、风险分担合理

按照国家规范合理编制各标段工程量清单及招标控制价，避免漏项、缺项，不压价，保证投标方合理的利润，真正做到"合作共赢"。在招标及合同阶段，按照国家相关规定，合理约定了人、材、机的调整原则，减少了后期结算过程中的许多争议。

4. 项目管理规范

建设单位各部门对制度执行很规范，但又不缺乏灵活性，是难得一见的管理规范项目。

5. 加强工程建设资金监管

所有施工标段在招标文件、合同签订中约定了"设立工程建设资金共管账户"，在施工过程中起到了非常重要的作用。

6. 严格执行合同，减少违约风险

项目建设过程中付款及时，未发生违约付款，保障了项目进度及减少现场窝工等争议。

7. 引入BIM，实现信息的集成与共享

最早期引入BIM概念，由设计院通过BIM模型实现信息的集成与共享，优化项目设计。

8. 合同设定清晰合理的目标和奖惩机制

跟踪审计合同中各阶段约定了审减奖励（如最高限价阶段、变更签证管理阶段及结算阶段），大幅提高了审计单位的积极性，且同时对施工单位的恶意或乱报金额在施工合同中设置了违约考核。施工合同质量目标设定明确，奖罚分明，易于具体执行。

（二）项目缺点经验启示

1. 建设单位生产管理人员与项目管理人员的业务要脱钩，不要一身多职

项目施工与生产同时进行，虽然不在一个厂区，但主要管理人员"一身多职"，必然影响项目的整体进度。

2. 现场各参建单位管理人员的连续性不足

项目管理人员的稳定性对项目至关重要，因此各参建单位在更换项目经理或主要负责人时，建设单位一定要慎重。

3. 现场变更签证阶段，认质认价各方拉锯时间较长

由于新增主材或设备认质认价各方拉锯时间较长，导致变更签证迟迟无法确定。建议在合同中约定，对于迟迟无法确认的主材或设备价格，各方先以暂估价计入，后期或结算阶段一并处理，这样可以加快变更签证审核进度。

4. 平行发包合同数量太多，应尽可能采取总承包模式

由于现场标段多、合同多，导致建设单位管理协调难度加大、各标段各工作面交叉严重，容易引起现场施工纠纷、工作面重叠或缺失，现场安全管理难度大、竣工结算工程量大，影响项目整体结算、决算、验收进度。

👆专家点评

本案例是全过程跟踪审计咨询案例，项目规模大、业态多、个性化强，咨询服务工作内容包括从初步设计概算审核到工程竣工结算审计等。咨询服务团队针对本案例项目特点和服务需求，设立合理的项目组织架构、组建专业团队，以工程造价审计为基础，还包括工程项目管理审计、财务管理审计等领域，为建设单位提供专业、规范的咨询服务，取得了很好的社会效益和经济效益。

本案例以投资审核为重点，兼顾到工程质量、进度和安全。咨询服务目标明确、思路清晰，以审计为主，审计和咨询相结合。咨询团队主动工作，审计工作开始前，加强组织和培训工作，建立《跟踪审计工作台账》，进行工作指导和宣贯。审计工作过程中，根据《跟踪审计工作台账》及审计数据库，按月向建设单位报告审计工作开展情况，同时对发现的重大问题和普遍问题提出书面意见和建议，及时发现和纠正工程管理、投资控制等建设环节中常见的或苗头性的问题。咨询服务的各个阶段就内控制度、招标文件、合同文件及造价文件等提出专业审计意见和建议，充分体现了专业能力和水平，为全过程跟踪审计提供了借鉴和参考的经验。

指导及点评专家：宋志红　北京京城招建设工程咨询有限公司

某垂直森林城市综合体项目全过程造价咨询

编写单位：中瑞华建工程项目管理（北京）有限公司
编写人员：许威燕　刘少达　高文斌　彭　军　李凌飞

I　项目的基本情况

一、项目概况

（一）基本概况

本项目位于湖北省黄冈市，占地面积4.54hm²，总建筑面积215 568.52m²。由南北两个区组成，南区建筑面积51 876.25m²，北区建筑面积163 692.27m²。项目业态分为垂直森林住宅64 795.11m²；Loft公寓9 402.03m²；商场75 142.87m²；底层Mall商铺8 640.25m²及地下车库57 588.26m²。

南区为1#、2#楼森林住宅和底商；北区为3#、4#、5#、6#、7#楼和集中商业，其中3#楼为垂直森林高层住宅，4#楼为生态Mall商铺，5#楼和6#楼为公寓，7#楼为家居商业Mall。项目总平面图见图1。

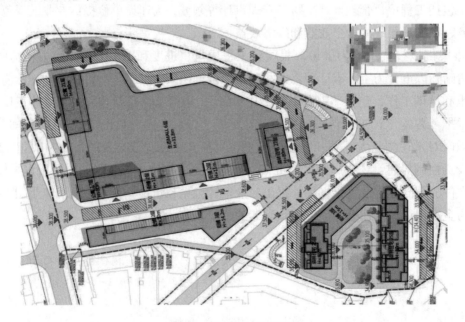

图1　项目总平面图

（二）项目设计理念

项目设计目标是创建一个绿色综合体，将住宅、公寓和大型商业空间整合在一起，为城市创造一个全新的绿色空间，满足不同人群的日常需求。项目包括五座塔楼，其中两座塔是住宅，采用了垂直森林设计理念，为周围城市提供新的生活体验。项目强调第四代建筑领域的创新，将内部市场需求与传统住宅结合起来，引进先进技术，并从根本上改变城市景观和人们对可持续城市未来生活的期望，旨在打造宜居、环保、智能的家园。项目位于三条道路的封闭区域，每个功能区域都与开放公共空间相连。

商业部分外墙采用了一种由垂直和模块化元素组成的纹理元素，这种纹理分布稳定，改变了立面外观。这种设计的选择在视觉上呈现出连续不断的外部前景，创造了一种节奏感。商业区的工作空间大部分被绿地覆盖，将自然环境与工作空间紧密联系起来。

两座塔楼是一种新型的垂直森林设计，阳台布局不规则，允许植物在垂直空间上自由生长，树冠形状完全契合立面设计。住在高楼大厦的人们有机会从不同角度体验被大自然包围的舒适。

塔楼外立面采用悬挑元素，结合了开放式和封闭式阳台，打破了建筑的规整性，创造了一种连续不断的动感，也为植物生长提供了一个富有层次和变化的平台，使得乔木和灌木的存在更加突出。开放和封闭阳台的结合可以更好地适应不同群体的生活体验。设计充分利用外墙树木，将植物景观融

图2　项目效果图

入建筑尺度，打造出森林的感官体验。项目效果图见图2。

（三）主要参建单位

项目于2018年10月开工，2022年1月通过竣工验收。主要参建单位：

建设单位：某地产有限公司。

设计单位：某设计院股份有限公司。

监理单位：某工程监理有限公司。

施工总承包单位：某集团有限公司。

全过程造价咨询单位：中瑞华建工程项目管理（北京）有限公司。

二、项目特点及难点

（一）设计理念领先，建设标准高

项目设计理念为能够满足人们生活需求的智能化、绿色化、可持续发展的第四代建筑，智能化外立面成本投入较高，其中：智能化造价指标相比传统住宅造价指标高出20元/m^2、绿色外立面（即垂直森林绿化）投入260元/m^2。

建筑结构中部分框架梁采用预应力混凝土结构，结构体系复杂。

（二）开发规模体量较大

黄冈市一次性开发总建筑面积215 568.52m^2的综合体项目，对当地资源的调配压力较大。项目在质量标准，环保标准上高于常规项目，招标采购环节优选具备同等规模业绩的供应商存在一定难度，招标的资格条件设置困难。

（三）业态复杂，标准化程度低

项目同期开发垂直森林住宅、Loft公寓、集中商业、生态Mall商铺、车库等多种业态；在外立面、机电、装修等专业针对不同业态的材料选型各不相同，项目标准化比例低，过程中计量建模、询价、变更较多。

（四）本土优势施工单位，造价管控难度大

本项目施工单位是具有特级资质的建筑总承包企业，在当地市场所占权重较高，对本地市场造价信息具有较大的市场影响力。使得造价咨询服务工作在过程询价、市场定价等环节难度大。

（五）合约模式为费率招标转固，分歧点较多

项目施工采用费率下浮方式确定施工单位，在工程建设过程中通过施工图预算转固确定合同控制总价难度较大。例如：在核对过程中，双方就工程税金是否按照投标下浮比例进行下浮分歧较大；施工单位主张税金为不可竞争性费用，应该仅对不含税金额进行下浮，但是合同文字描述定义为含税总价下浮，税金也是合同总价的组成部分，应该对合同总价的全部构成进行下浮。经过多次协商和向相关主管部门咨询后，最终还是在尊重合同，兼顾投标公平原则下确定为含税总价下浮模式。

（六）受新冠疫情影响大

项目建设过程受到新冠疫情冲击，2019年年底，新冠疫情在湖北武汉出现，采取封城措施，黄冈市距离武汉不到100km，也是疫情重灾区。自2019年12月至2022年1月，项目经历了两年多的防疫、抗疫过程。疫情导致工期延迟，索赔事项增多。

II 咨询服务的内容及组织模式

一、咨询服务内容

受建设单位委托，中瑞华建工程项目管理（北京）有限公司负责整个项目的前期、招投标、施工、结算阶段全过程造价咨询服务工作，咨询服务内容见表1。

表1 咨询服务内容

序号	建设阶段	服 务 内 容
1	前期阶段	协助建设单位前期指标测算，确定控制性概算
2	招投标阶段	招标控制价的编制；根据建设单位项目管理情况，配合测算、成本分析工作，并按建设单位要求提供专业分包工程控制价编制；与施工总承包单位进行合同谈判，对施工合同进行审核并提出审核意见
3	施工阶段	建设单位提供施工图纸后，编制施工图预算，审核总承包单位上报的施工图预算并组织核对，出具施工图预算审核报告
		施工期间审核施工单位上报的进度款，对月度进度产值进行核算，对工程支付是否符合合同约定节点，形象进度签认是否与现场一致进行真实性审核
		对施工过程中发生的变更、签证进行审核；审核变更签证的真实性、价格的合理性
		提供材料设备询价服务，并对施工单位上报的材料及设备市场价格进行审核
		动态成本管理，定期梳理成本月报，对项目实际发生成本与概算及上一期成本进行差异分析
		对工程款支付节点施工单位上报的结算进行审核并出具支付审核报告
4	竣工阶段	工程结算审核

二、咨询服务组织模式

项目负责人负责组建项目组，公司平台质量审核部、行政管理部等其他后台部门提供业务及行政支持。由项目负责人负责对公司内部各职能进行统筹协调。

项目组成员15人，其中项目负责人1人、土建专业4人、安装专业7人、驻场服务3人；现场驻场服务团队由土建专业工程师，安装专业工程师和资料员各1名组成，由项目负责人统筹整个项目的全部业务工作，土建和安装专业分别由各专业负责人进行组内业务安排。项目组组织架构见图3。

全过程造价咨询服务采用驻场服务与后台服务相结合模式。概算审核、施工图预算编制、结算初审等工作由后台团队完成；施工过程咨询服务，例如进度款审核、工程变更审核、认质认价等工作由驻场服务团队完成。

项目负责人由同时具备一级注册造价工程师执业资格和高级工程师职称的人员担

任；土建专业和安装专业负责人由具备一级注册造价工程师执业资格和中级以上职称的人员担任；驻场工程师由具备5年以上全过程造价咨询服务经验的人员担任。

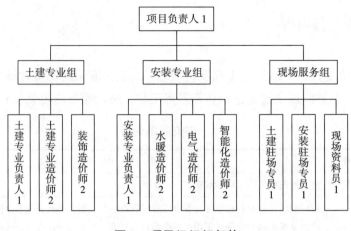

图3　项目组组织架构

三、咨询服务的工作职责

（一）项目负责人的管理职责

项目负责人全面负责对外沟通协调，对内组织管理、绩效考核、成果审核，是项目成果质量的第一审核责任人，直接对成果文件质量负责。对送审资料的完整性、真实性，计量计价的准确性，结果的合理性进行重点审核。项目负责人的工作职责如下：

1. 审核送审资料的完整性

项目服务内容包括前期成本测算、施工图预算编制；施工期间的工程进度款审核支付、变更价款的审核，暂估材料价格询价认价；竣工验收阶段的工程结算审核工作。项目负责人要根据咨询企业对不同时期的咨询业务要求建立的标准清单审核施工企业送审资料的完整性，并提出修改意见。

以工程结算审核为例，要求送审资料清单（表2）必须包含如下内容。

表2　送审资料清单

序　号	文件名称	提交时间	接收意见
1	结算送审承诺书（盖章版）		
2	立项预算		
3	概算及概算批复		
4	招标评审报告、招标文件、投标文件		
5	中标通知书		
6	施工合同及其补充协议		
7	经过审批的施工组织设计		

序　号	文件名称	提交时间	接收意见
8	结算书（导出文件与广联达计价文件）		
9	开工报告、竣工验收报告		
10	竣工图纸（CAD版本）		
11	隐蔽工程验收记录		
12	关键施工节点的现场照片		
13	工程量计算书（或广联达模型）		
14	洽商变更签证（如有）		
15	水电费扣款及罚款（如有）		
16	其他相关资料		

2. 审核送审资料的真实性

项目负责人对送审资料真实性需从多个角度进行复核，重点审核相关签字盖章手续是否齐备，签字人员是否为合同约定的履职人员，签字笔迹是否存疑，不同文件同一个人的签字笔迹是否存在明显可疑，不同文件对施工期间的事实披露是否一致等。发现问题要查证落实，并及时向建设单位反馈，提示合规风险。

3. 审核过程底稿的合理性

项目负责人对项目组成员的成果质量进行检查，检查工作底稿留存是否符合公司内控要求，工作底稿的形式是否便于后续查证及核对工作，对造价占比较高、工艺复杂项目的底稿进行重点复核。

4. 审核成果文件的合理性

项目负责人根据自身专业经验，对项目各阶段咨询成果文件的合理性进行审核。充分利用造价指标，行业价格水平对成果质量进行审核。

5. 编制最终咨询报告

对于复杂、多专业协同的工作任务，项目负责人负责对每个专业成果文件进行整理汇总，编制最终报告。例如施工图预算的编制，在各专业汇总预算文件、编制说明及计算底稿的基础上，项目负责人需要打包汇总整体文件，包括但不限于编制说明，报告，预算书，综合单价分析表等。确保整个文件原则、逻辑、结构合理一致。

（二）驻场团队的工作职责

驻场团队包括驻场土建专员、驻场安装专员和驻场资料员。驻场土建专员是整个驻场工作的责任人，驻场资料员负责现场档案管理工作。驻场团队常驻项目现场开展工作，主要工作职责为：

1. 审核工程款

施工合同约定"承包人应于每月25日向监理人报送上月20日至当月19日已完成的工程量报告，并附具进度付款申请单、已完成工程量报表和有关资料"。项目驻场专员每月25日至28日期间要完成现场形象进度复核，产值核算及应付工程款的审核工作。

2. 审核现场签证工程量

现场发生的签证工程量必须由相应专业驻场专员现场审核确认后方可作为结算依据，尤其是涉及隐蔽工程、图纸无法准确计量的零星改造、拆除工程等工作内容。

3. 配合招标工作

配合建设单位完成权限内专业分包招标工作，例如室外园林景观工程、室外小市政工程等。现场驻场经理需要完成专业分包招标的招标文件商务条款审核、招标控制价编制。

4. 梳理项目动态成本

驻场专员每月根据实际合同签订金额、变更金额、待发生项目的预估情况，上报项目动态成本。并与设计概算及上期动态成本进行对比分析。

5. 定期总结汇报

驻场专员工作定点在现场，按照项目组织要求，每周必须向项目负责人汇报项目当周进展、咨询服务工作内容、遇到的困难及解决方案、下周工作计划等工作内容。完成项目重要工作节点汇报，例如建设单位工作督办、检查情况，现场重大工程变更情况，重大索赔情况，重要里程碑节点情况等。

6. 组织现场档案管理

驻场专员组织现场资料员对工程建设过程中，全过程造价咨询服务资料、过程资料及成果档案进行管理。安排现场资料员对付款、变更及扣罚款台账进行登记，建立收发文台账，完成文件档案存档等工作。

Ⅲ　咨询服务的运作过程

一、咨询服务的理念及思路

全过程造价咨询提供的是专业的人力资源服务，通过企业平台资源、人力资源及后台数据资源，为项目造价管理贡献价值。本项目服务过程中，项目组严格依据行业、协会相关规程，始终以客户为中心，以价值输出为导向，全面落实全过程造价管理责任制，公平、公正开展服务工作。践行造价咨询服务理念，实现服务价值。

（一）以造价控制为核心

项目全过程造价咨询服务的最终目标是协助建设单位实现造价管控。全过程、全链条参与造价管理的关键环节是全过程造价咨询服务的基本特点。

（二）以跟踪服务为手段

项目组对建设过程中的每个造价管理敏感点重点把控，不仅要保证结果合理，更要关注过程合规。造价咨询服务要通过合理过程管控，实现合规、合理的结果。

（三）以服务为理念

全过程造价咨询工作，首先是服务，其次是工作。项目组开展工作前，团队内要进行服务交底，提高思想站位，增强服务意识。

（四）遵守执业操守，坚守法律底线

全过程造价咨询工作，需要参建单位的密切配合，团队人员必须遵守执业操守，守住法律底线。

二、咨询服务的目标及措施

全过程造价咨询团队以成本管控目标为抓手，充分利用咨询企业的人力资源和技术优势，全面参与项目建设过程，精心组织实施咨询方案中的各项措施，保证造价咨询目标的实现。全过程造价咨询服务的整体目标既要考虑如何提升项目自身效益，也要兼顾整个社会效益。在项目建设的每个阶段都有不同的子目标，所制订的具体目标和采取的措施有所不同。前期阶段重点关注设计方案的优化和限额设计的落实；招投标阶段重点关注招标文件及拟定合同商务条款设置的合理性，如控制价的合理性、合同商务条款的合理性等；施工阶段重点把控合同履行的完整性，关注动态成本的变化；竣工阶段的服务要关注结算的真实性和合理性。

结合本项目建设单位的要求，项目各阶段目标及重点工作如下：

（一）前期阶段的服务目标及重点工作

前期阶段的造价咨询工作，在整个投资控制中意义重大，关系到投资控制成败。前期阶段咨询服务人员团队需要业务能力强，实战经验丰富的人员参与。本项目前期阶段的造价咨询服务由项目总负责人，带领各专业负责人组成专业团队。同时需要有较强的组织能力，能在有限时间内完成高强度的测算工作。前期阶段咨询服务的目标是配合建设单位选择定位合理、性价比优的初步设计方案，尽快完成报规、报建等前期开工手续。前期阶段造价咨询具有项目运作节奏快、咨询服务时间短、专业性强的特点。其主要工作内容包括：

1. 协助建设单位完成限额设计目标值设置

设计限额目标值是否合理往往是一个项目成本控制能否取得成功的关键。在与建设单位充分沟通的基础上，深入了解建设单位需求，协助建设单位完成设计任务书编制，参照历史数据完成限额设计目标值设置。

2. 多方案测算比选

根据建设单位需求、规划设计指标及设计单位的概念方案进行多方案成本测算，提出优化思路，在多轮优化设计和成本测算后最终确定初步设计方案，为项目决策提供专业支持。

3. 合理确定项目概算

项目组依据建设单位确定的初步设计方案和设计院编制的设计概算，结合当地人材机市场和类似工程进行深度成本测算，最终形成项目概算。

4. 协助建设单位完成服务类合同的签订

在前期阶段协助建设单位通过招投标、询价、比价等方式确定设计、环评、水土保持等咨询服务单位。主要任务是招标文件商务条款审核、编制招标控制价、清标、合同条款审核并签订合同。

（二）招标阶段的服务目标及重点工作

协助建设单位完成施工、监理、各专业工程等招标工作。项目负责人按照招标计划合理组织后台服务力量，由团队各专业负责人牵头，组织编制招标控制价、清标、合同商务条款起草与合同条款审核等工作。招标阶段的工作特点是造价咨询工作量大、沟通协调难度大、时间紧，需要团队更加有耐心去应对琐碎的工作，并注重每一个细节。核心工作内容包括：

1. 关键商务条款起草

起草招标文件中拟定合同文本中的合同范围、合同价款、付款方式、调价机制、变更定价机制、结算条款等。注重各条款的可操作性和合同履约风险。

2. 招标控制价编制

项目负责人按照招标计划合理组织后台服务力量，由团队各专业负责人牵头，依据招标文件、设计文件结合当地定额及造价信息的价格水平、常规施工方案编制招标控制价，单项招标控制价必须控制在概算范围内，确保成本受控。咨询服务过程中，项目组还完成了室外园林景观、小市政招标控制价的编制，并及时对招标图纸进行了优化工作。

3. 招标文件核心条款审核

重点审核招标范围与清单编制范围是否一致、商务评分占比和量化细则是否科学合理、拟定的合同条款是否全面、合理、风险可控等。

4. 进行商务清标工作

按建设单位要求，主要对投标人报价中的算数误差、不平衡报价进行商务清标，对明显不合理单价在招标阶段要求投标人澄清并修正，确保合同计价的合理性。

5. 合同文件审核

根据招标文件中的格式条款，签订施工合同，完善合同相关附件内容，有效防范合同履约风险。审核合同完整性，包括审核清单所有专业汇总表，分部分项清单、措施费用清单、人材机清单的完整性；审核技术文件完整性，包括合同界面、主要材料品牌要求、现场安全生产要求、交付标准等的完整性。

（三）施工阶段的服务目标及重点工作

施工阶段咨询服务周期长、节点多、内容烦琐。咨询项目组加强与建设单位和各参建方的沟通协调工作，准确贯彻建设单位意图，做好现场履职工作。施工阶段咨询服务的目标是全面履行合同内容，合理控制工程变更，有效控制动态成本，见证项目施工过程，为工程结算准备第一手现场资料。主要服务内容包括：

1. 施工图预算审核

本项目初步设计方案于2018年7月报规划局审查通过，2018年10月开工。为保证按时开工，项目施工招标时依据初步设计方案，采用定额计价费率下浮的计价模式选定施工单位。合同约定在施工图设计完成后45日内由施工单位上报施工图预算，造价咨询单位30天内完成核对，最终确定合同价款。

2. 工程进度款审核

本项目包含商业地块和住宅地块两部分。依据施工合同约定，各地块的工程进度款分别按照±0.00、主体结构封顶、工程完工三大节点支付，每次支付按完工产值的75%进行核算。对产值的核算是进度款审核与支付的关键。

对服务类单位的付款审核，既要关注付款条件是否达到，也要关注成果文件、履职情况是否符合合同约定。审核过程中重点关注合同约定的成果标准、团队要求、提交时限、过程考核等要求。

3. 工程变更审核

过程中发生的设计变更、工程签证审核后均随进度款按照75%比例同期进行支付。同步进行动态成本调整和控制，随着项目推进，及时审核变更、签证是过程咨询服务的主要工作。变更的审核环节咨询服务单位承担着真实性认定、隐蔽工程量鉴定、预算合理性判定的主要责任。

4. 材料设备认质认价

随施工进度开展对合同外产生的主要材料、设备的认质认价工作。针对额度较小的材料，直接提供询价服务；针对额度较大的主要材料、设备，配合采购部提供询价、比选、谈判等服务。本项目采用定额预算下浮比例的模式签订施工总承包合同，机电设备、装饰材料等认价工作量较大。

5. 施工过程见证

合同履行过程中，按照建设工程质量验收规范要求，隐蔽工程覆盖前需履行验收程序。全过程造价咨询单位参与隐蔽工程的验收工作，能够从源头上发现不符合合同技术要求的施工内容，并取得第一手证据资料。及时参与隐蔽工程验收，避免偷工减料、虚假签证等问题。

参与见证过程中拆改的工作量。由于项目设计方案创新度较高，标准化程度低，个性化施工内容较多，施工过程中不可避免产生拆改工作。为避免结算争议，及时分清责任，全过程造价咨询服务过程中，对拆改工作内容进行见证留痕。

（四）竣工阶段的服务目标及重点工作

竣工结算阶段造价咨询服务的目标是合理确定工程真实造价。工程结算成果直接关系到建设单位、施工单位的双方利益。在办理工程竣工结算环节，造价咨询服务秉承依据充分、事实清楚、客观公正的原则开展工作。结合项目组丰富的结算工作经验，对以下关键点进行重点把控：

1．结算资料的完整性和真实性

项目建设周期较长，业态复杂。依据公司结算资料清单模版结合项目实际情况，收集并梳理项目结算资料，保证结算送审资料的完整性和真实性，确保结算工作的依据充分。

2．变更资料的完整性

变更资料能够充分说明变更理由，能够支撑变更计量，能够落实变更责任。

3．合同中约定的调差计算

施工过程中人工费、钢筋、混凝土等主要材料的调差要以合同约定的调整原则计算调差。参与调整的工程量要与当期施工形象进度匹配，计算依据要符合合同约定。

4．合同减项是否落地

对于合同范围取消内容，项目组针对减项要及时落实实际情况，完善相关减项手续。

5．待扣待缴费用的扣除

涉及建设单位代缴代付的水电费、检测费用要及时从结算价款中扣除。避免重复结算。

三、针对本项目特点及难点的咨询服务实践

咨询服务从团队组织、市场调研、造价控制、争议解决、应急服务模式等方面进行了创新实践，获得了建设单位认可，创造了咨询服务效益。

（一）合理组建团队

根据建设单位的造价管理要求、管理方式和项目特点，结合公司资源现状组建项目组。

项目组核心人员从业经验均15年以上，具有城市综合体类型项目造价咨询服务阅历。经验丰富，驻场人员从事工程造价工作经验5年以上。具有现场处理一般事务的能力。

本项目是典型的综合体项目，建设周期较长，对人员团队的专业经验及管理经验要求较高，为了保证能够完成成本管控目标任务，前期立项测算，施工图预算编制及结算审核等节点性工作均由北京总部后台直营团队完成，参与工程师均选择有综合体服务经验的人员，确保在公司直属领导下能够按时完成攻坚任务。驻场服务现场工作通过当地分公司派驻工程师完成，充分发挥当地专业人员更加了解市场行情及定额体系的优势，实现优势互补；从最终交付成果及客户反馈的信息来看，这种创新的团队合作模式是成功的，后续项目也进行了类似业务推广。

（二）充分调研市场，合理确定项目成本目标

项目前期围绕确定项目成本目标而开展工作。根据项目特点，进行充分市场调研，

掌握人、材、机市场要素，论证施工方案，在设计单位完成概算编制的基础上开展细致审核工作，最终形成项目成本控制概算。

经多轮设计方案调整和测算，整个项目工程建设费用总费用按照71 166.7万元控制，具体明细见表3。

表3　工程建设费用明细

序号	项目名称	单位	工程量	单价	合价
A	商业地块	—	—	—	606 076 672
一	主体部分费用	m²	176 950	2 164	382 945 540
1	地下车库	m²	56 000	3 404	190 624 000
2	地下商业	m²	8 000	3 108	24 864 000
3	地上生态Mall商铺	m²	79 110	1 514	119 772 540
4	地上森林住宅	m²	9 000	1 445	13 005 000
5	地上公寓	m²	24 840	1 396	34 680 000
二	专业工程及附属工程费用	—	176 950	1 098	194 270 338
（一）	专业工程	—	—	—	186 345 388
1	外饰幕墙工程	m²	176 950	137	24 230 850
2	室内燃气工程	m²	176 950	13	2 210 181
3	园林、绿化、小市政	m²	176 950	59	10 390 490
4	电气工程	m²	176 950	199	35 222 000
5	给水排水工程	m²	176 950	90	15 950 283
6	暖通工程	m²	176 950	83	14 705 185
7	弱电工程	m²	176 950	21	3 682 460
8	电梯工程	m²	176 950	104	18 315 440
9	消防工程	m²	176 950	144	25 535 950
10	变配电及外电源	m²	176 950	157	27 825 380
11	锅炉及发电机工程	m²	176 950	24	4 226 640
12	室外泛光照明工程	m²	176 950	23	4 050 530
（二）	专业设备	—	—	—	7 924 950
1	室外天然气	m²	176 950	45	7 924 950
三	不可预见费（5%）	—	—	—	28 860 794
B	住宅地块	—	—	—	105 589 493
一	主体部分费用	—	—	—	61 325 384
1	地上森林住宅	m²	38 618	1 588	61 325 384
二	专业工程及附属工程费用	—	—	—	39 236 038
1	外立面装修工程	m²	38 618	150	5 792 850

序号	项目名称	单位	工程量	单价	合价
2	室内燃气工程	m²	38 618	67	2 587 406
3	电气工程	m²	38 618	87	3 359 766
4	给水排水工程	m²	38 618	125	4 827 250
5	弱电工程	m²	38 618	35	1 351 630
6	电梯工程	m²	38 618	100	3 861 800
7	消防工程	m²	38 618	115	4 441 070
8	采暖工程（通风空调）	m²	38 618	77	2 973 586
9	垂直森林绿化	m²	38 618	260	10 040 680
三	项目不可预见费（5%）	—	—	—	5 028 071
	合　计	—	215 568	3 301	711 666 165

表3中主要分部工程造价指标，结合了历史项目指标，根据黄冈市材料价格水平且充分考虑了周边相邻三个地级市的市场行情进行调整换算后形成。建筑安装工程单方指标3 301元/m²，在当地属于中高档产品。

（三）参与图纸审查

设计院2018年10月15日提供第一版施工图草稿，在正式施工图蓝图出图之前，全过程造价咨询单位全面参与施工图图纸审查，梳理图纸问题，提出建设性意见。

1. 图纸深度不够，影响计量

结构构件、建筑实体标注不完整；建筑做法不完善；专业系统图与平面图不一致；部分应设计区域未设计，部分商业公共区域机电设计未及时提交图纸；部分智能化子系统设计不完整。

项目组对上述共性设计问题分专业梳理，共计梳理50多项设计图纸问题清单，提交设计单位进行完善，正式施工图出图全部落实到位。

2. 设计方案局部不合理

电气管道路径通道设计不合理，部分位置无法连通；地下室配电房位置布局不合理，距离核心筒太远，电缆桥架敷设成本高，需要优化。

（四）定期复盘提高管理能力

由于项目建设周期长，规模大、业态多，对造价管控要求较高。为保证投资控制目标的实现，项目组制定复盘会议制度。整个项目造价咨询服务合同履行过程中，吸收了类似类型项目的咨询服务经验，定期召开项目复盘会议，复盘主题包括绿色建筑设计对项目造价的影响、费率合同的管控办法、施工图预算核对过程中争议解决机制、过程变更控制核心思路等。经多次复盘不仅及时解决了项目造价控制存在的问题，而且团队的管理能力也得到提升。

（五）做实基本功，做好造价控制

1. 提前做好市场调研

结合本项目特点，初步设计阶段，项目组对武汉、鄂州、黄冈三市的商业综合体项目的主要材料价格、劳务分包价格、垄断行业收费标准开展了大量市场调研工作。调研数据用于初步设计阶段的控制概算审核。

2. 合理确定合同价款

建设单位采用以当地预算定额价为基础，按照投标竞价下浮比例的模式签订施工总承包合同。2018年9月份，建设单位与施工总承包单位签订施工合同。2018年10月底，项目施工图正式下发。2018年11月底，项目组与施工总承包单位背靠背完成施工图预算编制工作。2018年12月底，项目组完成与施工单位施工图预算的核对工作，建设单位与施工单位签订重计量补充协议。施工图预算编制、核对过程的主要难点通过以下措施得到有效解决。

1）统筹公司后台力量完成图纸计量

统筹利用公司的后台优势，解决施工图预算工程量计算问题。项目总建筑面积215 568.52m²，其中：商场面积75 142.87m²，车库面积57 588.26m²，商场及车库面积占比61.57%，工程量计算体量大。为按期完成工程量计算，项目组集中投入土建计量工程师8人，安装计量工程师6人，突击25天完成项目的工程量计算任务。

2）建立沟通联络、成果共享机制

在拿到施工蓝图后，按照建设单位要求，施工单位和造价咨询单位背靠背开展计量工作。在项目负责人建议下，经建设单位组织，双方建立了定期联络机制。凡是涉及计量原则，图纸缺陷等技术性问题，每周沟通交流一次，成果文件共享，有效提升计量效率。

3）商务分歧及时解决

在与施工单位核对过程中，主要分歧集中在对技术资料的理解偏差和商务理解上。图纸缺陷问题、承包界面等问题最终均通过现场沟通协调会的形式解决。比如对施工图预算阶段主要材料价格的调整问题，施工方提出把按投标基期价格即2018年7月份调整为开工时间点即2018年10月份。经现场多次协调会，最终以2018年7月份作为投标基期价格，并形成会议备忘录。

3. 重视结算审核工作，确保结算金额准确

项目结算阶段，施工单位送审金额124 815.09万元，最终审定为94 969.15万元，审减29 846.04万元，审减率为23.92%。以合约为基础，以事实为依据，以资料为支撑，有效解决结算争议问题。结果得到了建设单位认可。结算过程中，项目组重点落实：

1）安装材料市场化询价

施工期间，根据项目需要及建设单位要求，项目组对主要安装材料、设备开展市场询价工作，特别对电线、电缆、灯具、配电箱、桥架、母线、JDG线管、PVC线管、风机、空调、锅炉、水泵、不锈钢水箱、阀门等均开展了过程询价工作，大部分材料都进行了2~3个品牌的比价，积累了大量的价格资料。

2）主动跟踪扣罚款及减项签证

全过程咨询服务中，对建设管理扣罚款及减项签证进行全面跟踪，结算中扣减扣罚款金额100万元，减项签证17.2万元。

（六）建立动态成本波动预警机制

动态成本变化是施工过程中成本管控的重点和难点。建设单位要求项目组按月上报成本周报、配合集团成本职能提供成本动态变化汇报材料，项目动态成本管控围绕以下思路开展：

1. 以总概算作为动态成本管理的目标

项目过程动态成本管理，坚持以总概算为控制目标。施工图预算完成后，及时将施工总承包合同价款和概算目标进行对比分析，考虑合理的变更预留后，确保施工总承包合同金额不超出概算分解目标。

2. 定期更新成本月报，及时跟踪动态成本变化

依据动态成本管控目标，项目组建立动态成本台账体系，按月对成本数据进行分析，并与上一期数据进行环比分析，对成本变动进行差异原因梳理。

3. 关注市场主材价格动态，建立成本预警机制

当市场主要材料价格变动较大，例如钢筋、商品混凝土价格变化幅度超过合同约定的变化幅度时，要及时评估动态成本变化情况；对于发生金额较大的变更、超出预估金额较多的单项合同金额及结算超出合同金额比例较大的，项目组及时以成本预警邮件形式提示建设单位成本主管领导。

（七）关注质量安全的措施投入

依据施工总承包合同约定，本项目需要取得湖北省"楚天杯奖"，若未取得对承包人按建筑面积20元/m²进行处罚；取得"中国建筑工程鲁班奖"或"国家优质工程奖"，对承包人按建筑面积20元/m²进行奖励。建设单位对项目的质量标准高于常规综合体建筑项目，具体措施包括：

（1）项目开工后，建设单位要求施工单位上报整个项目的质量、安全生产措施投入方案及计划，并报监理及建设单位审核，全过程造价咨询单位针对方案的合理性进行全面评价。

（2）开工后30天、±0.00节点、结构封顶3个关键节点，全过程咨询团队对质量、安全生产实际投入情况进行物料清点，发现未按照既定方案落实质量、安全生产措施投入的，第一时间反馈给监理单位和建设单位。

（3）项目结算阶段，根据整个质量、安全生产的投入实际跟踪落实情况，对照合同约定的要求，合理确定该部分的结算价款。

（八）落实质量三级复核要求

在项目造价咨询服务过程中，项目组一直以"质量创优，客户满意"作为咨询服务的理念。项目组在不断提高造价咨询编制、审核成果文件输出质量的同时，也不断优化提升阶段性周报、月报的成果质量，确保过程阶段性成果文件既能够全面记录造价咨询服务业务，同时通过高质量的成果输出来提升客户的满意度。对于服务质量的把控，项目组重点落实如下措施：

按照公司质量复核制度要求，每一级别的复核都有自己的审核标准和审核要求，每个成果文件落实各级审核清单。

第一级质量审核由项目负责人负责，要全面复核各专业业务成果，从真实性、合理性、完整性等方面复核。

第二级质量审核由部门经理负责，主要针对项目一级审核提出的问题，是否已整改落实的审核，针对项目的重点内容进行二次审核，以及主要经济指标的审核。

第三级质量审核由公司技术负责人负责，是在成果文件盖章之前最后一道把关，根据公司内控质量三审要求，抽查重要内容进行审核，以及主要经济技术指标的复核。

（九）关注合规管理，降低合规风险

虽然建设单位为民营企业背景，但非常重视项目的合规管控，企业内部也建立合规风险部门。建设单位对项目组要求不仅要保证项目成本管控合理性、效益性，同时也要关注整个项目合规风险可控。咨询服务过程中，项目组从以下几个关键点进行合规风险把控：

1. 更加重视项目内控制度的执行

业务审核不仅关注合同要求，还要兼顾内控制度要求。以工程进度款审核为例，进度款审核的首要依据是合同商务条款，既要符合合同约定的要求，同时还要兼顾企业内控管理制度对工程款支付的要求。例如，企业内控制度要求建设单位必须提前上报当期预算，预算通过后才能进行当期工程款支付。施工合同对企业内控要求未做约定，项目组在审核工程进度款的过程中就需要兼顾企业内控制度要求，提前预估工程款支付预算金额。

2. 重视招标环节合同条款的法律风险

审核招标文件的关键条款是项目组服务内容之一。招标文件合同条款审核通常是关注商务条款设置是否合理，违约条款是否完整，是否能更全面的保障招标人的利益。在考虑合规风险后，还需要关注合同条款是否存在违背市场公平的不对等条款；如双方违约金设置是否对等、条款内容是否明显倾向于招标人等。

3. 重视变更、索赔过程中牵涉成本变动的责任判定

施工过程中变更责任判定是否合理，合同范围是否冲突；施工方上报索赔处理中，各责任主体部门对事项责任判定是否论证充分等。

4. 修正建设单位制度体系漏洞

项目组在审核工程变更审批流程时发现，金额超过5万元的变更，一部分审核到项目总经理，一部分审批到公司经营管理部门。经过落实后发现，建设单位制度约定和权责手册针对此事项审批权限划分不一致。建议建设单位对其内部制度体系进行修正。后

续建设单位根据项目组意见，及时对权责管理手册进行修正，50万以内的变更由项目总经理负责审核。

（十）创新争议解决模式

为合理解决结算争议，对分歧问题尽快达成共识，项目组以合同为框架、以事实为依据，针对争议事项成立争议专家组，专家组成员包括项目负责人，各专业负责人及公司技术专家小组部分团队成员，以团队方式解决争议问题。争议解决分为三个阶段：

第一阶段，通过双方核对沟通的成果文件，形成全面完整的争议清单及依据资料。此阶段的重点是确保结算争议清单的完整性、真实性；对争议事项描述要求准确、真实；计量计价依据完整；要求施工方作出承诺，第一阶段结束后不再允许再补充上报资料。

第二阶段，争议专家组分解争议任务，针对第一阶段形成的争议问题清单，由争议专家组专人牵头落实，专家组成员每人牵头落实5~10个重点争议问题，分解任务。由组长每周召开专题会，沟通交流问题推动进展。针对每个争议问题，首先核实问题的真实性，落实适用依据，包括政策法规依据、合同依据、事实依据，全面落实每个争议诉求背后的逻辑，调查事实真相。确保每个争议事实合理性的同时，确保处理流程合规，避免审计风险，在保证建设单位利益的同时，还要倾听施工方的诉求，确保施工方合理诉求能够实现。整个争议解决过程中，调阅大量第一手监理资料，包括监理日志、周报、例会会议纪要等，部分涉及定额争议的问题，咨询当地定额站专家团队，全过程造价咨询驻场见证的资料在争议解决过程中也发挥了积极作用。

第三阶段，主要集中在争议金额的落地。2022年6—10月，建设单位组织四次大型争议协调会议，由于疫情管控原因，均采用线上会议的方式进行。整个第三阶段核心思路是"做减法"，解决一项减少一项，由于在第二阶段，项目组对每个争议问题进行合理分工，均由专人牵头，调研确证过程非常充分，得到了建设单位及参建单位的好评。

（十一）创新应急服务模式

2019年12月，武汉市大规模爆发新冠疫情，项目正处于施工期间，面对重大的公共卫生事件，整个项目面临的是一个极其恐慌的状态。为了人民群众的利益，在党中央领导下，项目经历了封闭停工、防疫、抗疫到复工的过程。

整个新冠疫情期间，作为项目参建单位之一，项目组在防疫指挥部领导下做好防疫的同时积极开展工作。疫情停工期间，一方面对项目前期服务内容进行总结复盘；另一方面对整个项目防疫人力、物资投入进行持续跟踪审核。

1. 简化流程，提升效率

新冠疫情期间，交通受限，人员情绪复杂，原有步步为营，逐级审核推进的业务模式已经适应不了当时的社会形势。简政、放权、提效，以及一切以人民群众生命安全作为第一位是特殊时期的主要使命。为了适应形势，保证员工生命安全，造价咨询业务简化了流程：

（1）所有前台服务调整为后台居家服务，每天线上考勤、线上工作（依防疫要求居家休息除外）。

（2）把防疫放在第一位。凡是涉及防疫的人力投入、物资投入的审核优先级永远排在第一位。对于所有参建单位的合理防疫方案、合理防疫投入，项目组都按照防疫指挥部制订的审核程序给予审核确认，并保留影像证据。

（3）简化内审流程，落地双签机制。涉及防疫投入的审核由公司授权驻场负责人、项目总负责人、土建负责人三人中两人内部双签即生效。双签形式可采取线上形式，包括但不限于保留时间戳的即时通信确认、电邮确认等，取消传统三级审核流程，公司保留对上述审核进一步调查再审核的权利。

2. 创新审核方案

新冠疫情期间，受市场供应及交通物流限制，防疫物资大量紧缺，全国各地防疫物资供应价格，供应周期均不相同，给防疫物资的定价带来极大挑战。为解决此难题，项目组协同建设指挥部统一对所有参建单位的防疫物资管理提出要求：

（1）计划先行，各参建单位根据自身企业现场人员数量制订合理的采买计划，确定合理的采买周期，尽量集中采购。

（2）保留凭证，每次采买及时留存凭证，采买物资品种、批次、渠道及询价定价资料都要留存备审。造价咨询服务单位每天密切关注常用防疫物资市场价格并每日整理留存，每日上报，作为后续审核定价的参考依据。

（3）参建单位对防疫物资的发放由专人负责。每天上报发放品种，数量及用途。

3. 合理评估防疫费用

防疫期间参建企业的防疫费用结算主要依据政府指导意见完成。2022年3月18日，湖北省城乡与建设厅发布了关于印发《湖北省房屋市政工程项目复（开）工及疫情防控工作指南》的通知，文件从复工条件、防疫要求、现场防疫措施等方面提出具体要求。项目的防疫工作严格按照政府文件要求执行，防疫费用的审核也是结合文件要求，以及现场实际投入情况进行合理评估后确定。

本项目大规模防疫投入时间为4个月，造价咨询单位根据施工方上报的费用投入进行审核，总承包单位上报疫情补偿费用1 595.15万元，最终核定防疫费用为50万元。其中：防疫人员费用6.8万元，防疫物资费用23.59万元，防疫宣传教育费用27.71万元，施工单位整体让利16.2万元。

IV 服务实践成效

一、服务效益

（一）节省项目建设投资

项目结算阶段，施工单位上报结算金额124 815.09万元，最终审定为94 969.15万元，审减29 846.04万元。

全过程造价咨询服务能够全程服务于项目，及时参与项目中的关键节点造价管理，实时见证施工过程中的隐蔽工程，及时确认施工期返工、拆改等工程量，为工程结算提供了真实、完整的证据，结算工作更加高效准确，较大额度的节省建设项目总投资。

（二）沉淀了经济技术指标

通过实际的项目结算数据经分析提炼形成造价指标，数据的参考价值大，结合本项目是垂直森林类型的特点，结算指标可以为类似项目提供参考。

1. 北区结算造价指标

北区总建筑面积163 692.37m²，建安工程费用（不含土地、前期、水电气配套等）总结算金额722 165 929.76元，综合结算建筑面积单方指标为4 411.73元/m²，北区分部工程建筑面积单方指标见表4。

表4 北区分部工程建筑面积单方指标

北区分部工程	单方造价/（元/m²）
1. 建筑结构工程（含粗装修）	2 699.53
（1）地下建筑结构工程（含土石方及基坑支护）	4 460.60
（2）7#楼地上（家居商业Mall）	1 906.60
（3）3#楼地上（垂直森林住宅）	1 890.91
（4）5#楼地上（Loft公寓）	2 280.44
（5）6#楼地上（公寓）	1 870.68
（6）4#楼地上（生态Mall商铺）	2 342.44
2. 室内装饰工程	356.04
（1）地下停车场	197.57
（2）7#楼背走道区域	765.73
（3）3#楼室内公区（垂直森林住宅）	1 225.15
（4）5#楼室内公区（Loft公寓）	1 347.84
（5）6#楼室内公区（公寓）	1 327.69
3. 外立面装饰工程	408.19
（1）7#楼外立面（家居商业Mall）	314.67
（2）3#楼外立面（垂直森林住宅）	427.09
（3）5#楼外立面（Loft公寓）	388.77
（4）6#楼外立面（公寓）	390.64
（5）4#楼外立面（街区商业）	786.72
4. 机电设备安装工程	1 206.13
（1）3#、5#、6#、7#楼安装工程	1 220.35
（2）4#楼安装工程	803.40

北区分部工程	单方造价/（元/m²）
5.广场、道路、广场及屋面园林绿化工程	766.34
（1）7#楼屋面部分的园林及竹木地板架空层	644.38
（2）外广场部分	790.01
（3）4#楼屋面的园林绿化	1 421.61
（4）3#楼层间的园林绿化	538.56
6.管网工程	43.71
7.道路工程	32.36
8.其他工程	28.63
（1）临时箱变工程	7.52
（2）广告围挡工程	7.28
（3）BIM工程	7.78
（4）临建租地费用	2.79
（5）专项疫情防控费用	3.05
（6）售楼部代缴水电费	1.15
（7）扣减罚款	−7.16
（8）分包管理费	6.22
合　　计	4 411.73

2. 南区结算造价指标

南区总建筑面积 51 876.25m²，建筑安装工程费用（不含土地、前期、水电气配套等）总结算金额 228 025 541.97 元，综合结算建筑面积单方指标为 4 395.57 元/m²，南区分部工程建筑面积单方指标见表5。

表5　南区分部工程建筑面积单方指标

南区分部工程	单方造价/（元/m²）
1.建筑结构工程（含粗装修）	2 965.01
（1）地下建筑结构工程（含土石方及基坑支护）	6 511.30
（2）1#、2#楼地上（垂直森林住宅）	2 283.58
（3）底商	1 628.97
2.地下室装饰工程	228.03
3.外立面装饰工程	494.55
（1）1#、2#楼外立面（垂直森林住宅）	454.40
（2）底商外立面	1 177.57
4.机电设备安装工程	734.66
5.广场道路、园区园林绿化工程	1 767.22

南区分部工程	单方造价/（元/m²）
6.管网工程	20.75
7.其他工程	28.93
（1）临时箱变工程	4.08
（2）广告围挡工程	8.00
（3）BIM工程	7.98
（4）临建租地费用	2.77
（5）分包管理费	4.40
（6）样板间装修	1.70
合　　计	4 395.57

注：外立面装饰工程包括抹灰工程、饰面工程、外门窗工程；安装工程包括给水排水工程、电气工程、通风空调、电梯、消防、智能化工程；管网工程包括室外自来水管网、消防管网、雨污水管网。

（三）咨询中融入审计思维，降低项目合规风险

审计和审核是不同的两个视角，工程审计更加关注项目管理思路、管理行为是否合规，一方面要审计项目建设行为是否符合国家法律、法规、行业规范，以及企业的内控体系的要求；另一方面也要关注企业内控制度体系本身是否完整、合理、高效。审计更加关注从内控制度角度去寻找问题的根源，提出整改建议。审核更加侧重于审核结果的合理性，依据计价依据、合同条件，以及市场价格对建设过程中投资节点进行合理性审核，例如进度款审核、工程变更审核、工程结算审核。审核的目标是合理确定施工期间的计量、结算数据，合理控制投资。

项目组在实施本项目工程结算审核过程中，融入审计思维，对工程变更、施工索赔、防疫费用的审核环节，更加关注上述事项本身发生的合理性。审核思路从传统的结果导向转变为责任导向、合规导向。以工程变更的审核为例，项目组重点关注工程变更的责任主体是否在变更手续的审批环节落实，关注变更的审批环节是否符合内控制度要求，关注变更实施过程中的见证环节是否完整。整个审核过程既要把控工程变更的真实性、合理性，也要兼顾建设单位主责部门是否勤勉尽责，体系建设是否存在管理漏洞。

（四）提升了企业咨询服务水平

通过本项目咨询服务，打造了一个凝聚力、战斗力更强的服务团队，获得一份特殊的收获。

收获了垂直森林类型项目的工程建设完整知识体系。项目组从项目投资决策阶段就开始深度介入，对垂直森林项目体系的设计、招标、施工、竣工整个建设过程中的每一个环节都身临其境的体验。尤其是对项目组的跟踪团队来说，是来之不易的学习机会。

项目服务周期较长，前台后台空间跨度大，提升了公司前后台协作水平。项目前

台驻场服务人员为当地分支机构派遣人员，施工图预算，结算审核等节点工作由总部后台团队完成，前台团队的二审、三审工作均在后台完成，基于这种模式需要较强的协调和协作能力，同时也经受住了疫情的考验。结算期间，针对争议问题，成立争议解决专项小组，结算疑难问题责任到人，也是复杂结算项目值得推广的经验。

（五）升级紧急管理体系

面对新冠疫情，造价咨询服务企业和大多数企业一样，都经历了从不知所措到主动应对，到完善应急预案的过程。通过本项目的复盘总结，公司完善了原有应急预案机制。在应急方案、应急流程、后备团队、应急措施等环节进行优化提升，应急管理体系更加完善。

二、经验启示

通过本项目咨询服务实践，我们认为在合同条款中设置合理的考核机制是有效控制投资的手段之一。建设单位应重视合同体系的完善工作，在重要的设计、施工、监理合同签订过程中，对投资控制的关键节点设置必要的考核条款，能够有效提升成本管控效益。

（1）本项目施工合同采用传统的总分包模式，合同计价按照定额价费率下浮方式，合同条款中缺乏对施工图预算核对周期的考核机制。施工过程中通过施工图预算定额计价环节确定过程合同价，与施工单位进行商务谈判相对被动，谈判周期较长。建议在类似施工合同签订时，增加施工方配合完成节点工作考核条款。例如，因为施工方原因不能够按期完成施工图预算核对及确认工作，可以采取延期或降低工程进度款支付比例等措施，提高咨询服务的效率，节省时间成本。

（2）施工总承包合同缺乏对施工单位超报结算进行考核的机制。本项目结算审减29 846.04万元。超报冒算对上报单位无任何利益损失，如果在建设工程施工总承包合同中，增加超额上报到一定比例实施罚款、承担咨询服务费用等措施条款，施工单位对结算金额的上报会更加理性。

👆**专家点评**

本文是第四代建筑的综合体项目全过程造价咨询案例，项目规模大、业态多、个性化强，对项目的成本管控要求较高，案例针对项目特点和难点，合理组织专业团队，以成本管控目标为抓手，落实全过程造价咨询各项工作，为客户提供了比较成功的咨询服务，取得了很好的社会经济效益。

本案例项目咨询组织架构简捷、工作高效、责任明确，造价咨询服务理念和思路清晰。在造价管控过程中，充分利用公司后台力量和分公司驻场人员的便捷性创新组建服务团队。执行过程中积极与参建各方沟通协调，定期复盘，发现问题及时解决。案例全面分析了项目的造价控制重点和难点，并从组织、技术、人力资源等方面采取控制措施，有力保证项目造价控制目标的实现。针对结算阶段出现的争议问题，创新解决争议模式，发挥专家特长，通过倾听各方意见和查阅现场资料等大量细致工作，剖析争议问题根源，做到解决问题有理有据。另外，在为建设单位提供成本管控过程中兼顾合规风险服务，结算中融入审计思维，降低项目合规风险，为建设单位提供超值服务。本案例不仅解决了建设单位成本管控的需求，而且自身咨询服务水平得到提高，并形成了有价值的造价咨询成果指标和经验启示，值得学习和借鉴。

指导及点评专家：季天华　天健工程咨询有限公司

某卷烟厂项目过程跟踪审计咨询成果案例

编写单位：北京泛华国金工程咨询有限公司

编写人员：王卓相　张小敬　王喜芬　方建国　范明娟

I　项目基本情况

一、项目概况

（一）项目背景

某卷烟厂烟叶仓库资源紧张问题历来较为突出，需长年租用大量仓库，以满足烟叶存储需求。因外租仓库地点分散、交通不便、储存条件及质量参差不齐，为充分保证烟叶存储质量，降低烟叶存储成本，需新建烟叶仓库项目。

某卷烟厂原有打叶复烤线（1996年建成投产）设备老化，工艺技术落后，已经不能满足品牌发展需要。打叶复烤原主厂房、分级整理场地（含真空回潮、原烟周转场地）受限，有效作业面积十分拥挤，且不具备仓储能力，已经远远落后于行业发展水平，与国家某局提出的打叶复烤发展战略不相适应，不能满足卷烟工业的需求，故投资建设某卷烟厂打叶复烤易地技术改造项目。

为提高物料周转效率和节约用地，某卷烟厂新建烟叶仓库项目与打叶复烤易地技术改造项目同步规划、同步选址、同期建设。

我公司接受委托，对某卷烟厂新建烟叶仓库项目、打叶复烤易地技术改造项目进行过程跟踪审计。

两个项目均包括多个施工合同包，大规模施工自2019年4月开始，2022年4月完成地方建设行政主管部门竣工验收。

（二）项目批复情况

项目批复概况表见表1。

表1 项目批复概况表

项目名称	总投资/亿元	新征土地/万 m²	总建筑面积/万 m²	项目主要内容
新建烟叶仓库项目	11.12	35.8	22.81	新建仓库总建筑面积22.81万 m²，含原烟库、片烟醇化库，收烟及验级大棚，库区管理用房及安防中心，库区业务用房及交烟休息室，地下停车库，水泵房，配电所，门卫房，公共卫生间，非机动车停车棚等。配置原烟收购、定级、检测、称重、装箱、转运、存储及片烟转运等所需的仪器设备和框栏等。配套建设库区供电、照明、给水排水、消防、安防等公用配套设施。配套建设库区信息化系统。配套建设道路、绿化、管网等室外工程
打叶复烤易地技术改造项目	9.92	28.2	9.13	新建联合工房（含选叶工房、配方库、配料准备区、打叶复烤车间、烟叶打包区、凉包库、烟梗烟末包装间、辅材及备件间、车间管理用房及生产辅房等）、后勤保障用房、生产管理用房、倒班宿舍、地下停车库、非机动车停车棚、动力中心、中水处理站。配套建设给水排水、空压、锅炉、变配电、照明、空调、除尘等公用动力工程。按照"三同时"要求，建设环境保护、职业安全卫生、消防、节能设施。建设能源管理、计算机网络、消防及安防、综合布线等信息化系统。建设厂区室外管线、道路、广场、围墙及绿化景观工程

本文以新建烟叶仓库项目为主介绍全过程跟踪审计情况。两个项目的项目效果图见图1。

图1 项目效果图

二、项目特点及重点难点

（一）项目特点

（1）新建烟叶仓库项目与打叶复烤易地技术改造项目同期开展审计工作。两个项目同时获批、同期建设、在同一建设地点、共用建设土地，需要统筹两个项目管理工作。

（2）跟踪审计工作内容多。过程跟踪审计要从质量、进度、投资、安全、环保等全方位参与跟踪管理，参与项目管理阶段多、周期长、工作内容多。

（3）审计工作质量要求高。新建烟叶仓库项目与打叶复烤易地技术改造项目同时列为省"四个一百"重点项目，管理方为本项目设立了高质量、高标准工程管理目标：努力把项目打造为阳光工程、品质工程、廉洁工程、典范工程。

（4）跟踪审计在建设单位既有的管理制度下开展工作。建设单位及其上级主管部门有系统完善的项目管理制度，对咨询机构服务人员的素质要求高，审计服务工作需要符合国家和行业的要求。

（5）跟踪审计工作过程受到严格监督。项目实施过程中随时接受行业和政府有关部门的检查，随时接受委托人及上级部门的过程审计、阶段审计，整体竣工完成后还需要接受行业后审计。

（二）项目重点难点

1. 资金划分
新建烟叶仓库项目与打叶复烤易地技术改造项目同步实施、统筹管理，同一合同中包含两个项目工作内容和概算投资资金，所以对标概算工作内容进行投资控制的资金划分是难点、重点。

2. 合同管理
标段划分、合同范围界定、标段投资确定是重点。本项目采购量大，边招标边施工，涉及专业和平行标段较多，合同管理工作量大。

3. 清单及控制价确定
招标工程量清单编制的清晰、完整、准确，有利于减少过程中争议及因缺漏项导致的现场变更和签证，减少合同外项目增加，有效控制合同金额增加。

4. 减少变更发生
审核变更和签证的必要性、合规性、合理性，以及如何减少变更签证的发生是难点。

5. 材料和设备的询价比价
审计工作中对材料和设备等询价比价是难点。

6. 质量控制
对不合格或不符合合同约定的品牌和技术标准的材料、设备的管理是确保工程质量的关键。

7. 进度控制

本项目工期紧，任务重，实施过程中又恰遇新冠疫情，为保证项目按时投产，土建工程和设备安装工程同时进行，工作面大，平行交叉施工管理和配合管理工作量大。

8. 安全控制

本工程基础地质条件复杂，基础形式多，涉及屋面大跨度钢结构吊装、8.9m高支模搭设、21.9m大跨度梁施工、水塔支筒采用滑模施工、水塔顶部45°倒锥型水箱液压提升整体吊装就位等超危大工程，安全控制是重中之重，需制订有效措施减少因安全问题导致的投资增加。

II 咨询服务内容及组织模式

一、咨询服务内容

根据跟踪审计咨询服务合同，我公司咨询服务内容见表2。

表2 咨询服务内容

服务阶段	服 务 内 容
项目立项及设计阶段	（1）审查内部管理体系（质量管理体系、进度计划管理体系、投资控制管理体系、安全管理体系、合同管理体系、信息管理体系、技术管理体系、综合协调管理体系等）是否健全、有效；实施过程中是否严格执行。 （2）审查项目建设程序是否完备。拟用土地是否已取得合法使用权，规划许可证、建设用地许可证等各项手续是否齐全。项目的审批文件，包括项目立项、初步设计及概算的申报和批复文件是否完整，以及配合此阶段申报需要办理的所有相关论证、咨询、评估等管理程序文件是否齐全。 （3）审查施工图设计是否在批准的初步设计及概算范围内。 （4）审查建设项目的建设规模、建设标准、建筑面积、建设内容和建设地点发生重大变更时，是否按项目原审批程序报项目审批单位批准
招标投标阶段	（1）审查招投标工作是否按相关法律、法规执行；招标文件、招标控制价是否完整、合理；按规定，招标范围外的采购是否按管理制度执行。 （2）审查招标文件的内容是否符合国家、行业和地方建设行政管理部门的相关规定，是否在整体及各个细部都全面、合法、公允，是否详细表述了建设单位的招标意图，在不违背国家和地方法律法规的前提下是否有效保护了建设单位的利益。 （3）对招标图纸进行审核、在工程量清单编制时就重点对图纸中不完善的部分进行风险预判、对不合理的工程做法进行修改调整等。审查工程量清单及招标控制价的编制是否符合相关规定，是否超出批复的初步设计概算中相应的内容，量、价是否合理。 （4）审查在招标文件中是否对回标分析有明确规定，对中标后回标分析发现的问题提出处理意见或建议。 （5）审查未达到招标条件的工程、货物（设备、材料）和服务是否通过询价、比选、竞争性谈判，量、价是否合理

服务阶段	服 务 内 容
合同管理阶段	（1）审查合约商务谈判是否按管理制度执行，合约条款是否符合国家、地方、行业有关法律、法规，是否完整、合理。 （2）审查实施过程中是否严格执行合同条款
施工管理阶段	（1）审查监理制度是否执行；施工过程监理是否工作到位；安全、质量、工期等是否出现问题。 （2）审查工程预付款、进度款支付是否按相关规定程序执行，手续是否齐备；是否经过严格审查；对违规支付申请给出风险分析。 （3）审查变更洽商批准程序是否完善，手续是否齐备；量、价是否合理；按时完成施工过程中材料询价、组价、认价、经济分析、现场计量等内容。 （4）审查施工管理阶段签证的完备性，并及时认定和汇总，控制造价。 （5）监督材料进场验收、隐蔽验收等工作，审查单项工程竣工验收程序是否完善，相关验收文件是否齐全
竣工阶段	（1）审查报送的竣工结算书是否按《建设项目工程结算编审规程》编制，是否符合合同约定的有关条款。 （2）审查报送的竣工结算申报资料是否真实、齐全、有效，量、价计算是否合理、准确。 （3）配合项目竣工决算和转固定资产。 （4）配合建设单位接受行业上级主管部门专家组后审计
质量保修阶段	质量保修期间项目管理，质保金款项支付

二、咨询服务组织模式

根据本项目特点，公司任命具有丰富的跟踪审计经验的总工程师为项目总负责人，对外负责与建设单位沟通公司层面的相关工作，对内负责统筹安排项目驻场人员及后台支持人员，负责成果文件的三级审核。任命具有丰富现场经验和管理经验的工程师为驻场经理，负责合同的具体履行和驻场人员管理。本项目跟踪审计过程中，根据项目阶段不同驻场人员数量有所变动，除驻场经理外，还平均安排了3名土建工程师，2名安装工程师，其中4人侧重工程造价，1人侧重现场管理。在工程量清单及招标控制价审核阶段和结算审核阶段，项目总负责人协调安排公司总部各专业人员随时进行支持，人数约10人。

（1）具体项目人员组成见表3。

表3 项目部人员组成表

序号	主要人员	人 数	备 注
1	项目总负责人	1	注册造价工程师，高级工程师
2	驻场经理	1	
3	审计驻场人员	5	土建3人，安装2人
4	后台支持人员	10	

（2）审计项目部组织架构见图2。

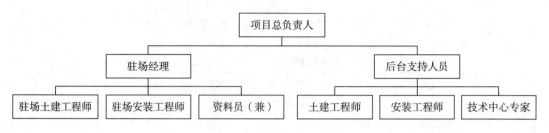

图2　项目部组织架构

三、咨询服务工作职责

（一）咨询机构职责

创新咨询服务组织实施方式，满足委托方多样化需求，为固定资产投资及工程建设活动提供高质量智力技术服务，全面提升投资效益、工程建设质量和运营效率，推动高质量发展。以工程质量和安全为前提，帮助建设单位提高建设效率、节约建设资金。

建立与咨询业务相适应的专业部门及组织机构，负责项目协调，根据项目管理需要配备结构合理、具有相应执业能力的专业技术人员和管理人员，必要时提供人员支持。提升核心竞争力，培育综合性多元化服务及系统性问题一站式整合服务能力，努力提升服务能力和水平，促进全过程工程咨询服务科学化、标准化和规范化。

加强咨询人员思想建设，加强法律意识和廉洁教育，依法依规开展咨询活动，制订咨询工作实施制度和标准规范，规范咨询人员咨询行为，提高咨询工作质量，防范咨询工作风险，切实履行合同约定的各项义务，承担相应责任，并对咨询成果的真实性、有效性和科学性负责。

（二）咨询人员职责

恪尽职守、依法依规开展咨询服务工作，勤勉、高效、廉洁、诚信、客观、公平履行职责，努力提高自身综合素质。项目人员具体职责如下：

公司项目总负责人：负责公司总部项目整体协调及全面审计工作，负责为驻场项目组提供业务咨询。

技术中心二级审核人：负责对各专业成果文件规范性、准确性等进行全面审核，负责为驻场项目组提供业务咨询。

驻场经理职责：负责项目整体协调及全面审计工作。

驻场工程师职责：负责对建设程序、管理制度、招标文件、招标工程量清单和招标控制价及限价的审核；合同签订前的回标分析审核；合同价款审核；并对合同造价方面条款进行技术性审核；工程进度款支付审核；分部分项工程结算审核；过程设计变更、现场洽商等的审计；参加重大变更会议，在变更造价比对、监控方面提出审计意见；过程材料设备的询价、比价、定价审计；及时做好资料整理归档交接工作。

Ⅲ　咨询服务的运作过程

一、咨询服务的理念及思路

（一）咨询服务的理念

我公司恪守"质量第一、客户为先、诚实、守信、感恩"的服务理念。"勤勉、高效、创新、升华；廉洁、诚信、平等、尊重"是公司的企业价值观，公司员工以"廉洁、勤勉、高效、创新，追求卓越，创建行业一流专业团队，提供一流服务"为标准严格要求自身，不断提升自己的思想认识和专业素养，以期为客户提供更优、更专业的服务。

（二）咨询服务的思路

我公司在建设单位审计部的全力支持下，结合我国法律、法规及国内现有的建设工程审计及项目管理经验，创新出符合该项目特点的过程同步审计、监督的新模式。这是一种全过程、全方位的同步审计、监督模式。该模式以建设工程造价控制为主线，在该项目建设的各个标段、各个单项工程、各个单项工程的不同阶段、不同环节分解控制，将事后审计转为事前审计、事中审计，做到事事预防为主、预控在先。在实现合法、合规、合理的阳光工程基础上，将秋后算账、亡羊补牢变为预防为主、审计关口前移，并将工程项目管理咨询作为全过程同步审计、监督的扩展和延伸，使其互相补充和完善，最大限度地规范建设工程项目管理主体行为和工作程序，有效的控制工程项目投资，在审计实践过程中取得了良好成效。

二、咨询服务的目标及措施

（一）咨询服务的目标

依据项目相关批复、委托合同对项目进行过程跟踪审计，工程咨询与审计结合，开展系统化、规范化的工程审计工作，在确保工程质量和安全的前提下，科学、合理、有效地控制工程投资，保障项目控制在批复的概算资金范围内，并顺利通过行业后审计，达到建设投资预期效果。通过全方位跟踪、规范化管理，实现全过程工程咨询服务的科学化、标准化和规范化。

（二）咨询服务的措施

针对建设项目建立有效的内部组织管理和外部管理组织协调体系。

制订了《全过程造价咨询操作手册》，规范全过程造价咨询，对造价人员进行系统培训，使每一位造价人员都能熟悉相关业务流程、工作内容。

了解委托方的需求、预期目标、既有的规章制度、工作流程等信息，制订切实可行的过程跟踪审计实施方案，进一步细化工作流程，如：变更签证由设计发起或者施工方向监理提出，监理报建设单位负责人，组织各参建方进行现场踏勘和会议讨论，费用测算、履行审批流程，先审批后实施，并在项目管理全程中执行。

对项目人员进行交底：包括项目情况、咨询合同、咨询职责等，加强风险防控意识，落实风险防控措施。强化服务意识规范服务行为，为项目管理过程提供保障。

项目实施过程中，驻场项目部与公司总部保持密切和流畅的沟通，项目组内部充分讨论、协商，加强事前控制，做好事中控制，夯实事后控制，保证项目保质保量顺利完成，实现项目管理目标。公司设立信息化工作平台，提供高效、便捷的工作保障。

为实现项目的建设投资目标，并顺利通过行业后审计，项目管理过程中，做好现场复核、会议记录、联系单整理，做好变更签证费用测算记录，竣工结算工程量计算式整理成册，对出具的审计底稿进行编号上传建设单位网络审计系统，做到重要事项有记录，工作底稿可追溯。

（三）针对本项目特点及难点的咨询服务实践

该项目公开招标66次，单一来源采购28次，共签订94个合同。我公司审计组驻场8年，介入所有建设过程，编制招标文件及合同审计底稿534份、联系函10份、审计周报307份、月度简报88份、审计年报7份等各类咨询成果文件。

集中会审、随时沟通、有效沟通是本项目最大的特点。审计单位驻场人员在建设单位办公楼办公，施工期间每日在施工现场驻场办公，对工作中发现的问题，随时发现随时沟通随时解决，与各专业组各部门及各参建单位间保持流畅的沟通渠道，减少函件往来花费的无效时间，大幅提高了工作效率。

强化参建各方不可超越概算和严格执行管理制度的理念。在审计组的督促和建设单位机关的直接关注下，建设单位项目管理部门制订了严谨的管理制度，实践中共同合理把控工程造价。

审计组重点贯彻投资控制前移的理念。驻场审计人员用自身的专业知识和经验，努力做到事事预防为主、预控在先，将事后审计转为事前、事中审计。在合法、合规、合理的基础上，将工程项目管理咨询作为全过程跟踪审计的扩展和延伸，使其互相补充和完善。

我们开展了全面的咨询服务工作，包括但不仅局限于以下内容：

1. 项目建设程序审计

包括论证立项程序、项目备案程序、设计招标程序、规划审批程序、施工许可审批程序、竣工验收等程序。

对项目前期资金来源是否落实，拟用土地是否已取得合法使用权；投资项目备案证、规划许可证、建设用地许可证、建筑工程施工许可证等各项手续是否齐全；项目的审批文件，包括项目建议书、可行性研究报告、初步设计及概算的申报和批复文件是否完整、合法、合规等进行审计。

2. 工程建设项目管理制度审计

审计工程建设项目相关管理制度的建立和执行情况；实施部门的有关具体业务流

程按照相关制度的规定执行情况。

按照国家和行业的有关规定，实行招标投标制、工程监理制和项目审计制。对项目内部控制体系（质量管理体系、进度计划管理体系、投资控制管理体系、安全管理体系、合同管理体系、信息管理体系、技术管理体系、综合协调管理体系等）的建立及运行情况进行审计。

制订了项目管理的议事和决策制度。重点对工程财务管理制度、工程招投标制度、工程签证及验收制度、合同管理制度、工期管理制度、工程进度款支付管理制度、安全及文明施工制度、设备材料采购（验收、领用、清点）制度等的建立和执行情况进行审计。

对设计单位、监理单位、施工单位、咨询单位、材料设备供应等单位与建设项目有关的各项管理制度和措施进行审计。

3. 投资控制

投资控制贯穿于项目的整个建设过程，为使投资金额控制在概算批复范围内，我公司自始至终将投资控制作为项目管理的重中之重，加强项目的采购计划、预算、招投标、合同、过程变更、签证等方面的管理，严格控制总投资。

为体现咨询价值，加强服务质量，提高服务意识的前瞻性，审计组主动识别并有效防范项目风险，采取的措施包括：

（1）通过约定人工材料调差范围，税金随国家税率调整而调整等，防范项目政策风险。

（2）通过明确送审资料要求和审核工作流程，防范造价咨询审核程序风险；通过在招标文件中的材料技术标准约定、加强现场巡检和检验验收施工管理等，防范工程质量风险。

（3）项目组人员通过不断学习提高专业能力，加强审计组内人员间沟通交流，加强和公司总部间沟通，加强与建设单位和其他参建单位间不同专业人员之间的交流，防范造价咨询人员专业能力风险。

（4）通过积极主动参与现场管理，强化现场复核程序，严格审核各类工程资料等，防范资料风险。

过程控制的主要节点有：

1）设计概算的审核与调整、对标概算进行管理

项目启动之初，对设计图纸进行会审和设计评审，合理选择设备选型和系统配置，并对初步设计概算进行审核，审查初步设计方案的合理性及经济性，减少实施过程中因重大设计变更导致的投资增加。

新建烟叶仓库项目与打叶复烤易地技术改造项目同步实施，在招投标阶段就对投资控制和过程管理做好准备。结合建设单位投产计划和现场情况，两个项目建设协调配合、统筹安排。依据两个批复项目的总平面图布局、地形地貌位置、设计图纸相似度、工期计划、工艺特点、生产流程、设备及系统功能形成、投产运营计划、招投标管理、工程量清单及控制价标准统一、现场施工管理等，统筹组织两个项目，合理有序划分标段，统筹使用两个项目资金。合同标段划分、资金拆分示例见表4。

表 4 合同标段划分、资金拆分示例表

序号	标段划分方法	资金拆分方法	合同名称	合同总额/元	其中:新建烟叶仓库项目 内容	金额/元	其中:打叶复烤易地技术改造项目 内容	金额/元
1	按总平布局、建筑物场地、设计图纸、现场场地、准备情况、工程量等划分	按工程量拆分	动力中心建筑安装工程	19 540 259.80	动力中心主体建筑	5 040 684.05	相邻土石方及挡墙	14 499 575.75
2			原烟库与收烟验级大棚建筑安装	107 652 098.58	八栋原烟库与收烟验级大棚	107 652 098.58	—	—
3			片烟醇化库建筑安装工程	357 600 342.82	十六栋片烟醇化库、库区管理用房及安防中心、水池、水泵房及水塔、厂区弱电管线	357 600 342.82	—	—
4			配套后勤保障建筑安装工程	61 367 696.01	非机动车停车棚及-5.1m标高层车库、库区业务用房及交烟休息室、公共卫生间、1#~2#配电所、1#~4#门房	24 276 996.01	非机动车停车棚、-5.1m标高层车库 后勤保障用房、生产管理用房、倒班宿舍、污水处理站	37 090 700.00 37 090 700.00
5	按功能能系统划分		场地平整工程施工(二期)	77 353 178.06	场地平整工程	64 492 705.11	场地平整工程	12 860 472.95
6			室外附属工程	118 239 998.70	室外附属工程	89 324 903.70	室外附属工程	28 915 095.00
7			安防及生产视频监控系统	7 420 796.00	安防及生产视频监控系统	2 217 954.00	安防及生产视频监控系统	5 202 842.00
8			物流烟箱及框栏购置	35 725 000.00	物流烟箱及框栏购置	30 452 500.00	物流烟箱及框栏购置	5 272 500.00
9			10/0.4KV变配电设备购置及安装	27 230 915.33	10/0.4KV变配电设备购置及安装	8 358 930.98	10/0.4KV变配电设备购置及安装	18 871 984.35
10			给水加湿系统购置	1 982 329.00	给水加湿系统购置	908 099.00	给水加湿系统购置	1 074 230.00
11			电梯购置安装	14 993 300.00	电梯购置安装	12 693 600.00	电梯购置安装	2 299 700.00
12	按便招投标管理、一次招标划分	按用地面积划分	用地地形方格网测量	230 400.00	用地地形方格网测量	128 885.76	用地地形方格网测量	101 514.24
13			地下管网规划验收测绘	801 600.00	地下管网规划验收测绘	448 600.00	地下管网规划验收测绘	353 000.00
14	节约投资、一次完成划分	按建筑安装工程费拆分	建筑安装工程监理	10 335 945.74	建筑安装工程监理	7 265 048.98	建筑安装工程监理	3 070 896.76
15		按实际检测工程量拆分	建筑工程质量检测项目	2 376 075.00	建筑工程质量检测项目	1 010 572.00	建筑工程质量检测项目	1 365 503.00

实施过程中加强项目投资规模控制，设置各子项目预算，以投资预算为指导，对项目的投资情况随时跟踪，及时做出投资分析，准确判断投资情况。

由于很多合同标段中包含两个项目工作内容和概算投资资金，本着立足全局、前期为后期准备的思路，依据具体情况分别从工程量清单编制及招标控制价和最高限价的确定、合同金额约定、过程进度款支付、竣工结算金额确定等过程进行了资金拆分，出具审计底稿。依据不同情况，具体分析，合理选择资金拆分方式，主要分为三类：

（1）工程监理费依据建筑安装工程费拆分资金。

（2）场地平整工程、室外附属工程、动力中心建筑安装工程、配套后勤保障建筑安装工程、电梯购置安装等依据工程量划分资金。

（3）用地地形方格网测量、地下管网规划验收测绘等按用地面积划分资金。

随着工程的深入，逐步结合实际投资与计划投资进行对比，确保各个环节能按照计划进行。将结算与概算对标，有效控制投资。在控制投资预算的同时，按照工程进度编制年度资金预算，随时控制投资进度，为投资决策提供科学、准确的依据，使项目建设资金得到有效控制，并为后续高效快速的转固定资产工作做了充分准备。表5工程投资控制分类表，以动力中心建筑安装工程为例对各环节投资控制情况进行分类。

表5　工程投资控制分类表（动力中心建筑安装工程）

序号	项目名称	总金额/元	其中：新建烟叶仓库项目	其中：新建打叶复烤易地技术改造项目
			金额/元	金额/元
1	控制价	19 979 798.26	5 142 489.45	14 837 308.81
2	合同金额	19 540 259.80	5 040 684.05	14 499 575.75
3	预付款	1 954 025.98	504 068.40	1 449 957.58
4	进度款（一期）	776 005.52	691 324.94	84 680.58
5	竣工结算金额	18 072 408.46	5 061 163.30	13 011 245.16

2）招标文件、工程量清单及招标控制价的审核

招标文件、工程量清单及招标控制价、合同审核等在各单位提前审核的基础上实行集中会审，由建设单位项目指挥部组织各专业组、厂各职能部门（审计、法律、企管、财务、使用部门等）、审计单位及其他有关外协单位共同集中、全面会审，逐字逐条小到标点符号大到可预知风险从不同专业视角提出修改意见，当场修改定稿，大幅提高了工作效率和实效。分析识别项目风险，做到早发现早预防早处理，做好前期投资控制。

（1）招标文件审核。

对招标文件及招标文件所附的合同专用条款进行了集中会审讨论、修改，特别是有关进度款支付、工程结算、奖罚等条款都有明确细致的规定，为工程管理、结算审查

提供准确依据。

最终达到：

①承包方式、承包界面、施工内容、投标人资格、现场管理人员资质规定明确。

②承发包人责、权、利及违约责任明确。

③合同价款调整、暂列金确认、进度款支付、结算方式、奖罚办法明确、详细等。

④标段划分和采购方式符合项目实际情况及国家、行业和地方建设项目行政管理部门的相关规定。

⑤详细表述了建设单位的招标意图，在不违背国家行业和地方法律法规的前提下有效地保护了建设单位的基本利益。

⑥保障招标文件编制的合法合规性、准确性及与项目的贴合度。

在招标文件条款审核中，提出的有针对性的建议有：

①对钢结构、门窗、幕墙等二次设计费用是否计取，总包服务费是否计取等予以明确。

②明确自行踏勘现场，善意提醒投标人考虑进入施工场地跨越铁路的老桥的运输荷载风险，综合考虑相关措施和费用。

③告知合同签订前进行回标分析程序。

④招标文件中明确了相关材料技术标准，材料调差范围等，在后续项目管理过程中双方按约定执行。

⑤通过对符合招标文件要求的潜在投标人情况预测，确定投标人业绩标准要求，保证招投标工作顺利成功。

（2）工程量清单、招标控制价的审核。

工程量清单及控制价编制阶段也是对设计文件的又一次复核补充和调整，设计文件和工程量清单相辅相成、互为补充，为后期的项目实施过程管理和结算工作打下基础，这就需要造价咨询人员在工程量清单编制阶段也要充分重视对设计文件的复核和对后期风险的预估，并采取有效预防措施，以尽可能减少由于设计文件瑕疵和工程量清单错漏项引起的变更和签证。

严格按批复概算指标进行各建设程序的总体控制，将概算作为招标控制价编制的重要依据，做好概算的分解工作和指标比对分析，将控制价与概算比对分析作为各标段招标控制价评审的一项重点工作；将重大设计缺漏项和缺陷作为重点审查工作，确保设计方案的完整性；为保证工程量清单和招标控制价的编制质量，在各标段工程量清单的编制过程中，充分发挥建设单位和第三方咨询单位的专业力量；建设单位、过程跟踪审计单位和编制单位对招标工程量清单进行多次集中会审讨论、修改，听取各专业人员建议，合理确定招标工程量清单及招标控制价。

本项目工程量清单及控制价审核过程中加大清单审核力度，对设计图纸和设计采用图集严格复核，提出了大量的修改建议，从而帮助完善了施工图纸，将设计图纸中不合理不完善部分、可能引起的商务风险在工程量清单编制阶段就予以有效防范，并为保障后期工程进度提供了有利条件。

对材料选用、标准图集选用、设计文件模糊不一致及清单编制中的特殊情况等提出有针对性的建议有：

①原烟库及收烟验级大棚建筑安装工程中，室内地沟设计采用毛石排水沟图集做法，不仅造价高而且不适用，经我公司提出建议后做了调整，不仅节约造价，同时也减少了过程中变更的发生。

②室外工程中围墙设计为采用霹雳砖砌筑，我们在工程量清单审核中经过市场咨询，了解到当地无霹雳砖生产，遂向建设单位提出建议，建设单位经市场考察后，调整为混凝土砌块砌筑、仿石面砖贴面。

③对图纸模糊的部分先分情况列清单项，防止漏项。

④对于定额中没有合适子目的内容，结合实际施工工艺，合理确定综合单价，如土石方工程中土夹石垫层施工，经过对实际施工工艺的分析，分析人、材、机消耗量，结合定额子目和市场询价，合理确定综合单价组价方案，确定综合单价。

⑤措施项目方案经多专业讨论保证合理的、切实可行的措施项目列项。

清单审核时对项目实施过程中可能和易于发生争议的地方提出明确补充意见，要求编制单位进行补充和明确，减少过程中和结算时的扯皮争议，有效避免清单模糊争议导致的进度延误和价格谈判困难。通过多次对设计图纸的复核明确和调整、补充漏项、调整错项和不合理项、完善项目特征描述、调整计量单位以方便准确计量、严格审核各标段资料间逻辑关系、兼顾平衡同期或近期各标段招标控制价之间的标准和统一、确定材料调差范围和风险幅度、三方集中审核等措施，提高招标工程量清单编制质量，充分表达了招标人的招标意图，与设计图纸相辅相成、互为补充，大幅减少了项目实施过程中的错漏项，确保了清单的实操性，为项目实施过程中进行合同管理提供了有效工具。

工程量清单及控制价审核示例见表6。

表6 工程量清单及控制价审核示例

序号	审核类型	
一	工程量清单审核	
1	复核调整项目名称	"金属推拉门"清单项目名称调整为"轻质夹芯板推拉式大门"
		"成品瓷砖窗台板"清单项目名称调整为"窗台瓷砖面层"，项目特征描述中做相应修改
2	调整和补充完善项目特征描述	钢筋清单项目特征描述中有"含……措施钢筋"的，补充描述"其中措施钢筋工程量计入清单工程量"
		25#、35#、36#库房"水稳层"清单项目特征描述补充水泥含量"6%"
		24#库房"内墙面一般抹灰"清单项目特征描述中删除"5.含单梁、连系梁抹灰"
		20#、24#、25#、29#库房"室外排水沟"清单项目特征描述中混凝土强度等级由C10调整为C20
		29#、35#、36#库房"垂直运输"清单项目特征描述补充"包括塔吊基础"、同时删除塔吊进出场清单中的本条描述
		35#库房，"电力电缆ZR-YJV-4×35+1×16mm^2"清单规格型号改为ZR-YJV-4×25+1×16mm^2

序号		审核类型	
3	复核调整清单计量单位	"大型机械设备进出场及安拆"塔吊进出场及安拆清单单位由"台次"调整为"项"	
		"基础（人工挖孔灌注桩护壁）"措施清单23#库房、28#库房、32#库房、水泵房清单单位由"m³"调整为"m²"	
		各库房水灭火控制装置调试清单单位由点数调整为系统	
4	调整清单项目位置	水塔"倒锥壳水塔水箱提升"清单，放到措施项目里面	
5	复核调整工程量	土石方清单工程量和定额工程量复核调整	
		土石方平衡复核	
6	补充清单项	35#、36#库房"大型机械设备进出场及安拆"清单补充其他机械清单，"自升式塔式起重机安拆""履带式挖机进退场费"等	
		补充"矩形梁"清单	
		补充"先张法预应力钢筋"清单	
		有电梯的建筑物补充电梯机房"水泥砂浆楼地面"清单	
		35#库房补充"90系铝合金推拉窗"清单	
		水泵房补充"基底开挖后（换填部位）挖方"清单	
		3#、4#水池补充内"圈梁"清单	
		水池补充内壁7厚纤维聚合物水泥砂浆"墙面一般抹灰"清单	
		水塔补充"外墙勒脚"清单	
		19#、20#、24#、25#、29#、23#、28#、32#库房、水泵房补充"基础（人工挖孔灌注桩护壁）"措施清单	
		各栋片烟醇化库补充清单灭火器箱清单	
		各栋片烟醇化库喷淋系统补充增加减压孔板清单项	
		35#库房通风系统补充增加柔性接口清单项4.8m²	
		室外厂区弱电增加控制电缆接头清单项	
		35#库房通风系统补充增加弯头导流叶片清单项1.92m²。32栋补充增加清单项电磁阀DN25，8个；喷淋管线补充计算超高工程量	
二		控制价审核	
1	调整定额选用，复核定额消耗量，	"细石混凝土楼梯面层（楼面2）"清单40厚C20细石商品混凝土：组价中定额由"水泥砂浆楼梯20mm厚定额×2"调整为"水泥砂浆楼梯20mm厚，只调整材料消耗量"	
		"自升式塔式起重机安拆"定额费用调减1/2	
		各库房消火栓消防水冲洗部分原套用定额子目为自动喷水灭火系统管网水冲洗，调整为定额第八册管道消毒、冲洗水冲洗子目	
		各库房喷淋管线气密性定额由"低中压管道泄漏性试验"调整为"低中压管道气压试验"	
2	相同清单综合单价调整统一	"旋挖成孔灌注桩"清单综合单价调整基本统一	
		管理用房"卫生间蹲便器处"清单补充1：6水泥焦渣垫层工程量，综合单价由13.91元/m³调整为418.74元/m³	

序号	审核类型	
2	相同清单综合单价调整统一	"基础梁"模板清单综合单价，29#库房为0.02元/m²，35#库房为38.05元/m²，调整为46.3元/m²
		35#、36#库房"后浇带"模板清单定额工程量调整，综合单价由938.19元/m²和864.36元/m²分别调整为140.64元/m²和140.29元/m²
3	调整材料单价，综合单价相应变动调整	调整装饰材料单价，如铝合金百叶窗由400元/m²调整为250元/m²
		钢丝网材料单价由2.5元/m²调整为8元/m²
		挤塑聚苯板100mm厚材料单价由29.28元/m²调整为32.82元/m²
		窗台瓷砖材料单价由250元/m²调整为120元/m²
		35#、36#库房"金属屋面"清单：0.6mm厚镀铝锌压型钢板材料单价23.17元/m²调整为54.52元/m²，0.5mm镀铝锌底层板材料单价19.31元/m²调整为45.44元/m²

3）回标分析

本项目在招标文件中明确实行回标分析，中标单位要接受中标后回标分析，调整不平衡报价中的综合单价，并作为合同组成内容。实施过程中通过公开招标的方式确定施工单位，对中标单位投标报价进行回标分析，防范不平衡报价的风险。审计组为此做了大量工作，调整了不合理单价，并纳入合同中，作为对超过清单工程量15%部分的调整综合单价，为竣工结算打下良好基础。

在对投标报价进行回标分析时，不仅对投标文件的投标报价偏差进行分析，同时对投标文件的技术部分和其他合同条款偏差也进行分析，并计入回标分析报告和审计工作底稿，便于在合同缔约谈判中明确相应条款。

依据本项目具体情况，为有效控制工程造价，前期控制价编制审核做了大量细致的工作，我们采用以控制价作为对比基准，对投标报价中综合单价超过控制价一定比例的作为异常报价进行调整，以控制价中的综合单价作为调整后的综合单价。这种方法简单易操作，中标人也容易接受，能达到较好的投资控制效果。

4）合同审核与执行

对合同的合法性、合规性、完备性进行审计。审查合同双方的权利、义务是否对等，合同双方真实意思是否表达清晰，合同对方的违约责任是否明确，是否有明显不利于建设单位的条款。合同内容是否与事实相符。

重点审核施工合同中的合同金额是否与中标金额一致，合同工期与中标人所递交的投标文件中的承诺工期是否存在差异，承包范围、计价形式、结算方式、价差的调整、措施费及风险费、总分包之间的配合与责任、预付款比例和支付、变更洽商的计价原则和审批权限、调价的原则及依据、履约保证金规定的比例、提供的方式、退还的时间及履约的责任和义务、银行保函等条款是否明确、清单错漏项及风险约定、"违约责任"及"争议解决"的表述条款是否清晰严谨、相关处理措施是否得当，在不违背国家和地方法律法规的前提下是否有效地保护了建设单位的基本利益；合同条款中合同款支付的方式和支付进度及合同履约等约定是否符合行业和建设单位的相关规定。

审计监督合同商务谈判过程按照有关程序进行，商务谈判过程是否做好记录，并形成会议纪要备案存查。有关专业部门和人员在进行商务谈判时，商谈的合同条款是否全面、合法、公允，与合同文件、招标文件和投标承诺是否一致，具体条款在合同中有无体现。对有争议条款的讨论是否充分明确，合同各要素的谈判是否全面。为防范不平衡报价风险，对中标单位投标报价进行回标分析，是否将回标分析结果纳入合同约定。

为有效控制投资和进度，本项目不设工程和材料暂估价。

通过前期方案的充分论证，方案确定合同签订后，为保障顺利实施，用制度约束权力，严格按规定落实层级管理，落实民主决策制度，进行权力限制，防止权力滥用、杜绝随意变更。

项目实施过程中，监督各参建单位认真履责，严格按照施工图纸及合同约定进行项目管理。共同开展隐蔽工程验收、材料报验、变更签证、工程量复核等工作，认真审核工程进度款支付情况，时刻关注工程款支付红线，做好投资控制比对，有效防范资金超付现象。参加监理例会，及时了解项目情况，对项目现场发生的问题依据合同和相关制度及时提出审计建议，防范风险，保障项目规范实施。

项目实施过程中，结合造价管理部门颁发的工程造价信息，随时跟踪主要材料价格市场情况，掌握材料动态变化。

5）变更洽商的审核控制

过程中加强对现场情况的管理，加强对变更签证的审核，提高变更签证审核质量，对发生的变更及签证及时履行论证、审批和认价程序，才能更好地完成项目全过程管理的任务，达到项目管理预期目标。

变更签证资料先审批后实施，进场初期报送资料往往不完整，被退回重报。审计组为此多次提出具体报送要求。主要要求有：

（1）按该项目管理制度程序、手续完善。

（2）报送资料完整，特别是作为结算依据的原始资料。

（3）竣工结算时必须有监理对报送工程的质量意见。

审计组对现场变更和签证的程序性、必要性、合理性、正当性等进行全面审核。严格审核设计变更、现场变更程序，涉及结构、工艺、设备等重大设计变更的专家论证程序，审核审批程序、变更事项、测算设计变更的工程造价，将设计变更与此单项分解的投资概（预）算指标进行对比，分析是否控制在此单项分解的投资概（预）算指标之内。定期对已发生增减的费用进行统计汇总，查看投资控制情况。

审查人勘察现场，根据报送资料、合同条款、已支付情况、市场询价等审定价款。分析合同内容和边界，杜绝重复计量计价的情形：如设计图纸中的二级钢筋施工方提出采购困难，申请变更为三级钢、并申请调整价格，设计和监理均认可的情况下，我公司经市场咨询、分析认为采购困难并不等于市场无货源，二级钢采购属于承包方责任，变更原因不充分，即使变更也不应调整价格，最后施工方自行解决，避免了不必要变更导致的造价增加。

对过程中发生的变更签证，依据计价标准和合同约定进行审核，需要询价的进行市场询价，依据项目具体情况对报价资料进行认真分析比对，通过合理方式确定认价。

参与变更洽商谈判，合法合规合理基础上进行充分沟通，在尽量公平合理的前提下促成谈判成功、解决争议问题。监督过程中涉及商务的事项及时认价，提供结算依据，确保结算审核时顺利进行。

6）隐蔽工程过程控制

加强现场施工过程管理，施工现场管理过程中，务求实事求是，监督参与现场数据测量，夯实现场基础数据。采取的具体措施有：

（1）合理确定方格网间距便于准确计量。

（2）检查测量仪器工具，现场复核基础测量数据。

（3）合理选择现场测绘点位，提高工程量计算基础数据准确度，而不是任由施工方自己测量。

（4）了解施工情况，分析区分措施包干范围和实体计量范围。

（5）室外工程管沟开挖回填时密切关注室外附属工程铺装和硬化标高情况，观察现场开挖回填施工情况，管道并沟情况等，予以准确计量计价。

在做好造价咨询审计的过程中，利用多方咨询和自身经验为项目提供一些现场技术方面的合理建议作为参考。如动力中心室外附属工程土工格栅施工过程中，施工方刚开始第一层施工时，就把土工格栅全部掩埋，我项目人员现场发现及时提醒预留与后续室外附属工程标段的搭接，避免了室外附属工程施工时二次开挖破坏质量和增加的开挖恢复的工程造价，有效防范了后续标段返工和对项目工期的影响。

7）进度款的审核控制

确保项目施工过程的客观公正、计量准确，夯实施工过程和结算资料。在现场施工中，监督参与有关方对现场实际情况进行记录、各项数据采集、施工资料整理等尤为重要；同时，对过程中发生的变更签证事项及时认价。

对于涉及商务的重大问题，建设方均与对方签署会议纪要等合同组成有效文件，以促使双方共同履行。

在监理工程师和建设单位审核进度的基础上，审核实际质量和进度情况，从工程预付款、进度款、质保金等所有款项的支付条件、支付程序、支付方式、支付时间、合同约定的起付点、工程计量、支付比例等进行全面审核，实时与合同金额进行对比分析，控制进度款支付红线，同时也要考虑项目顺利实施，合理确定进度款，出具进度款审核支付意见表，在烟草行业审计信息系统上签署支付意见。

建立工程款支付管理台账，实时统计已支付、累计支付、剩余支付的工程量和价的动态控制，杜绝超付现象，做好过程中款项支付控制。

8）竣工结算审核

严格审核竣工结算，确保投资控制。竣工结算作为投资控制的事后控制环节，准确确定工程结算造价是投资控制的关键，而分析防控竣工结算资料风险，通过对工程竣工结算原始资料真实性、完备性、合法性、有效性的审计，夯实结算依据资料又是项目竣工结算审核的前提，是投资控制管理的重点。我公司依据相关文件，在结算过程中按照严格把关、实事求是、客观公正的原则，全面审核项目资料，确保结算工作合法、合规、合理、有效地维护建设单位的权益。

竣工结算阶段，为提高结算审核质量和工作效率，驻场审计组及时从工程结算的报审程序、工作流程、工程结算编制审核的基本原则、工程结算应提交的资料文件、结算书编制基本要求等方面提出了系统的建议，为结算工作顺利进行提供条件。

严格审核竣工图纸、隐蔽资料、变更资料、签证资料、过程认价等竣工结算资料。进行现场复核，要求施工方将设计变更反映在竣工图纸上面，确保竣工图纸和现场测量数据、变更签证等资料一致。将竣工图纸与招标图纸进行比对，对不一致的地方查找原因，审核是否履行变更程序，分析是否应该计取费用，核实取消未施工内容。如室外工程第一版竣工图纸审核时，对比发现竣工图纸某些部位超出场地范围，立即退回要求修改直至合格。

现场复核片烟醇化库屋面钢结构隔撑、配电箱位置、室外管道长度和设备安装情况等，并与片烟醇化库施工单位、室外工程施工单位、建设单位、监理单位多方核实后要求在竣工图纸上面按实标注明确，避免结算计量争议，同时为室外管网工程结算提供佐证。水泵房室外架空安装设备的支架，最初施工方竣工图纸遗漏，现场复核后予以补充和再次复核。

本项目竣工结算审核方法为全面审核法。在审查过程中，我们结合该工程的实际情况，实施了包括查阅招投标资料、施工合同、施工过程跟踪审查、核查竣工结算资料、勘察现场、核实工程量、审查定额套用、召开结算审核工作协调会等我们认为必要的审计程序。主要包括：

对各参建单位合同履约情况进行审计，监督建设单位和监理单位对履约情况进行评价，作为竣工结算审核的依据。对合同约定的施工内容及范围，进行现场查验，理清不同合同段施工交叉界面，对施工不到位部分按照合同约定的结算方式予以核减。如：动力中心建筑物内有110kV变配电室、10kV变配电室、锅炉室、空压机室、机房等，动力中心建筑安装工程与变配电工程、锅炉空压设备安装工程等在电缆沟、设备基础、地面铺装等处有较多的施工界面交叉。我们踏勘现场，审核竣工结算资料，提出建设单位，监理单位和各有关单位共同核实明确施工界面范围，完善相关资料，避免结算重复计量和争议扯皮。对动力中心建筑安装工程中减少的设备基础和电缆沟部分进行核减，同时依据合同约定核减相应的措施费。

全面复核工程量，依据工程量计算规则，准确计算核对工程量，扣除多计重计的工程量。

全面审核综合单价，严格执行合同约定的计价办法。对清单工程量及超过清单工程量15%以内的工程量执行投标综合单价；超过清单工程量15%的部分按合同约定调价。

按合同约定审核措施费。

严格审核有关费用计取，严格执行合同约定的计价办法。

审核变更签证、进场材料等相关内容，按合同约定调整材料价差。

审核合同中的人员配置、工期进度、索赔奖惩等条款，全面对标合同内容。

针对结算中分歧较大的问题，及时进行认真分析，明晰责任，向建设方提出处理建议，多方充分沟通解决，保证了竣工结算工作的顺利进行。

项目组主动协调组织有关结算工作协调会，促进了项目竣工结算工作的开展。审计组依据合同及结算工作协调会会议纪要约定的结算方法进行全面审查，并与结算申报单位核对沟通。全面严格审核竣工资料，包括过程资料、设计变更、工程签证、隐蔽验收资料、竣工图纸、材料设备报验资料、签证变更审批程序资料等，严格检查资料之间的逻辑关系，严格进行现场核实，对发现的问题和不符合结算要求的资料及时与有关人员对接核实，提出整改意见并督促及时整改实施，必要时直接现场复核，现场整改，夯实了结算依据资料，使现场驻场办公效果发挥到最大。

做好审计资料归档交接工作。

4. 工程建设项目监理情况审计

对工程监理单位的资质等级、业务范围、人员配置、资料收集等进行审计，是否符合国家有关部门颁布且在有效期内的相关规定。

审计监理单位是否编制了项目监理大纲、监理规划、监理实施细则及监理管理制度，监理单位的质量控制、投资控制、安全控制、进度控制等内部工作制度，各种监理工作记录、监理资料是否齐全、完整。

在项目实施过程中，监督监理单位是否严格按国家相关规定和监理合同约定的内容对工程项目的安全、质量、进度和投资进行有效监理，严格履行职责。监督审计监理单位签署的隐蔽资料、竣工结算资料、进场材料验收等资料，发现问题及时要求整改。

工程监理单位是否及时做好各种监理资料的收集、整理和存档工作；监理单位是否及时检查施工单位竣工验收资料，是否及时协助建设单位完成工程竣工备案验收工作，在工程竣工验收时是否做好监理工作总结。

监督监理单位须每周定期组织召开监理例会，对上期的完成情况、下期计划、质量、安全文明施工，以及需要解决的各项问题进行商议。对施工过程中出现的关键工序、难点、疑点或者临时出现的特殊情况，组织专题会议处理。

5. 工程勘察、设计、服务类等情况审计

对工程勘察、设计、招标代理、造价咨询等工作进行审计监督。对合同约定的项目过程中人员履约情况、履约质量、履约结果进行全面审计，做好结算审计。

对勘察设计完成时间的要求、工作内容，工作质量的要求等是否满足项目实际的要求。审计勘察设计合同中关于勘察设计单位对于项目建设整个过程中技术的配合与支持是否到位，对于其酬金的支付是否与其提供的技术服务深度匹配，权责约定是否明确。

审查其他技术咨询类合同中对受托人工作内容范围的要求、工作质量及提交工作成果时间的要求是否满足工程建设项目整体进度的要求等。审计合同对其酬金的支付是否与其提供的技术服务深度匹配，双方的权利与责任约定是否明确。

审查各合同单位遵守相关法律、法规、技术规范及履行合同、协议情况。

6. 工程安全文明、环保情况审计

审计工程建设安全管理制度、项目安全设施建设，专兼职安全管理人员配备情况。

对项目安全管理进行监督，制订完善的安全制度，严格按安全制度执行，开展安全交底、安全培训、安全检查、突发事件应急演练等安全控制措施，有效防范安全事故的发生。

监督项目建设过程中，严格执行国家及地区环境保护法律法规进行环境影响预评价、环境保护现场检测、环境保护验收等工作，严格按照批准的环境影响评价报告要求进行设计、施工及验收。

项目建设地处高风沙地区。施工期间加强现场环境管理，采取场地硬化、洒水降尘、物料遮盖、施工废水沉淀后回用、固体废弃物集中处理等措施保障施工符合环境保护相关规定要求。

7. 工期进度审计

通过统筹协调、合理组织、高效管理，分阶段有步骤计划项目整体进度。从招标计划、合同缔约签约计划、项目开工实施计划，全方位管理保障项目整体进度有序进行，实时跟踪，确保项目整体进度目标完成。

为保证项目按期投产，克服新冠疫情对工期和设备交货的影响，工期做了大幅调整，倒排工序、抢抓工期，生产和技改双线攻坚，紧紧抓住关键工序，突出管理重点，优化资源配置，树立大局意识、团队意识、恪尽职守，为项目圆满完成创造有利条件。建设方和施工方努力克服在人员、材料、机械组织协调方面重重困难，保障项目进度，我公司驻场人员克服疫情影响，随时调整工作时间和场所，保证项目工作顺利完成。

本项目经过前阶段充分准备，现场实施阶段从2019年2月25日动力中心建安工程开工建设开始，至原烟收储物流系统2022年7月5日完成合同竣工验收；原烟库及收烟验级大棚建筑安装工程、片烟醇化库建筑安装工程、配套后勤保障建筑安装工程于2022年4月13日通过建设行政主管部门的竣工验收。2022年10月24日取得地方房屋建筑和市政基础设施工程竣工验收备案证，到全部项目完成竣工验收并移交。2022年11月接受行业后审计，2023年1月通过总公司整体竣工验收。现场实施阶段建设进度控制在烟草行业同类工程中表现优异。

结算时对工期进度进行审核，对比实际工期与计划工期的偏差，分析工期延误责任划分、工期奖罚等，按合同约定进行严格审核。本项目过程管理中时刻关注工期进度，各合同包均按期或提前完工，无工期延误奖罚情况。

8. 质量审计

项目质量永远是考察和评价项目成功与否的首要方面，加强质量监督也是工程审计的重点内容，将质量作为进度款支付和竣工结算的前提条件严格审核。建立健全有效的质量监督工作体系，认真贯彻检查各种规章制度的执行，随时检查质量目标与实际目标的一致性，来确保项目质量达到预期制订的标准和等级要求。查验各单项工程相关验收、质量检测报告资料、质量监督部门检查整改情况，参与监督工程原材料、成品及半成品的进场和验收，对发现的不合格材料或与投标文件不一致的材料提出意见予以退场更换。本项目通过以下措施进行有效的质量控制：

参与施工现场质量安全管理，每日单独或与建设单位和监理单位人员共同对现场进行巡检，对现场巡检过程中发现的问题及时提出建议，具体建议有：

（1）个别部位混凝土浇筑时模板内杂质未清理干净影响混凝土浇筑质量，模板缝隙未封堵严密容易漏浆。

（2）室外附属工程土夹石分层碾压回填时石子粒径超过设计和规范要求，粒径不均匀、土石比例和分层碾压厚度不符合设计要求。

（3）桩孔覆盖、安全警示标志设置、高空施工人员安全带系缚、脚手架支撑地面硬化、吊装设备起重臂下禁止站人、临时用电安全等情况及时予以提醒和纠正。

9. 资金管理

做好资金使用年度计划和月度计划，落实项目建设资金。

为确保项目资金使用的合理性，某卷烟厂严格执行合同管理办法，并加强财务监督管理，合理统筹和使用资金。实施过程中严格执行集团、工厂招投标管理、合同管理、资金支付审批等管理制度。建立合同台账和资金支付一览表，及时统计合同的名称、实施单位、采购方式、签订日期、合同编号、合同金额、支付情况等内容，便于掌握付款情况，确保投资可控。建立资金支付审批和资金共管制度，项目管理部、财务、审计、全过程跟踪审计、监理等单位或部门负责对各项施工合同款项支付及建设使用资金的审核与监督。

IV 服务实践成效

一、服务效益

（一）经济效益

本项目从概算批复到建设完成，建设周期长，市场价格波动大，其间经历了建设标准规范更新、计价依据变化、建筑市场人工、材料等生产要素价格上涨等因素影响，仍取得了显著的经济效益。

由于清单控制价在我公司大力度审核下编制的比较准确，所以几乎所有施工项目都未发生大的变更、洽商，结算价普遍低于合同价，投资控制效果在整个烟草行业首屈一指。

目前新建烟叶仓库项目已完成全部工程竣工结算，完成建设投资为9.69亿元，比总公司调整概算批复建设投资11.12亿元节余1.43亿元，实际完成总建筑面积22.54万 m^2，较总公司调整批复的总面积22.81万 m^2 减少0.27万 m^2。并于2023年1月28日通过了总公司整体竣工验收。投资控制合理有效，取得了良好的经济效益。

新建烟叶仓库项目投资控制对比情况见表7。新建烟叶仓库项目主要工程经济参数见表8。

表7 新建烟叶仓库项目投资控制对比表

单位：万元

序号	项目名称	概算金额	控制价金额	合同金额	结算金额	节约投资金额
		A	B	C	D	E=A−D
1	场地平整工程施工（二期）	6 653.45	6 648.75	6 449.27	6 165.23	488.22
2	动力中心建安工程	518.00	514.25	504.07	506.12	11.88
3	室外附属工程	9 053.63	9 023.36	8 932.49	8 036.10	1 017.53
4	配套后勤保障建筑安装工程	2 509.77	2 507.85	2 427.70	2 070.34	439.43
5	给水加湿系统购置	139.59	128.78	90.81	89.85	49.74
6	三维信息模型设计服务项目	90.93	71.69	54.00	54.00	36.93
7	原烟库及收烟验级大棚建筑安装工程	12 171.57	11 259.72	10 765.21	9 797.69	2 373.88
8	原烟收储物流系统	2 360.00	2 355.96	2 345.36	2 293.93	66.07
9	片烟醇化库建筑安装工程	40 550.00	36 141.50	35 760.03	33 662.79	6 887.21
10	其他项目	37 153.06	40 378.25	39 292.01	34 247.40	2 905.66
	总计	111 200.00	109 030.11	106 620.95	96 923.45	14 276.55

表8 新建烟叶仓库项目主要工程经济参数

序号	项目	单位	数据	备注
1	总占地面积	m²	362 431.37	用地面积（净用地面积：356 360.18m²）
2	总建筑面积	m²	225 373.35	依据测绘报告（其中：地上221 392.72m²；地下3 980.63m²）
3	总投资	万元	96 923.45	
4	建安总投资	万元	65 129.28	含建筑工程费，消防、照明防雷、给水排水、通风排烟、空调、火灾报警、综合布线、电梯设备购置费及安装工程费
5	建安单方造价	元/m²	2 889.84	
6	综合单方造价	元/m²	4 300.57	总投资/总建筑面积
7	投资强度	元/m²	2 674.26	总投资/总占地面积
8	建筑容积率	—	1.02	地上总建筑面积/总占地面积（《工业企业总平面设计规范》GB 50187—2012：层高超过8m按2层计算，按净用地面积计算。地上建筑面积363 287.91m²）
9	建筑系数	%	39.45	建筑物占地面积142 971.10m²/总占地面积
10	绿化率	%	20.00	含屋面绿化

通过本项目的实践，我公司不仅获得了经济效益，同时也获得了委托方审计部门和建设部门的一致好评（图3），锻炼了我公司员工队伍，提高了专业人员的基本素质、扩宽了业务范围，并为其他同类项目培养了人才。

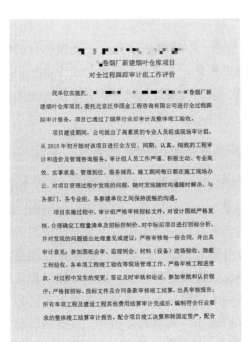
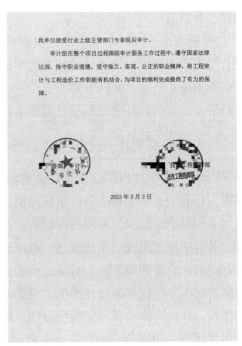

图3 委托方反馈意见

（二）社会效益

项目建成投入使用之后，解决了原烟存储的质量保障问题，同时醇化库建设减少了片烟的造碎、霉变，片烟经自然醇化后，能提高烟丝的档次，从而提高卷烟产品质量，减少外租库房费用及管理费的开支，降低了卷烟生产成本，库仓储有利于烟叶仓储安全，杜绝恶性事故隐患，具有较好的经济效益和社会效益。

项目建设选址在城市市区以外地段，库址交通便利，与全市烤烟生产主产区紧密联系，有高速及高等级公路相通，通风良好，布局合理，确保烟叶存储的质量。项目的建设符合当地城市总体规划及产业布局，有利于城市生态环境保护，有较好的社会效益。

项目建设在满足生产条件的同时，还要满足环境保护的要求，建设过程中先后组织了环境影响预评价、环境保护现场检测、环境保护验收等工作，严格按照批准的环境影响评价报告要求进行设计、施工及验收，实现了环境效益。

项目获得了地方政府2020年度和全国有色金属建设行业（部级）标化工地荣誉。

二、经验启示

（一）主动、充分、高效的沟通协调是保障项目规范、顺利完成的重要手段

做好项目全过程管理离不开建设单位和所有参建单位的支持，主动良好的沟通至关重要。"技术+业务+管理"有效融合，要求各参建单位进行充分、良好、畅通的沟

通协调，各取所长。

过程管理造价人员站位准确，权责范围清晰，不能越俎代庖，不能超越自己权限代替合同当事人行权，对自己的职责也不能推诿拖延。不仅要求熟悉造价专业知识，还要了解相关施工技术、合同管理等法律、经济、市场调研等相关知识，才能更全面、准确、科学、合理的做好全过程项目管理工作。

（二）投资控制在招投标阶段，招标工程量清单的编制质量尤为关键

对项目进行全过程跟踪管理要重视前后工作的衔接和对全局的把控，每一步的工作都要为后面的工作做好准备。虽然投资控制重点在设计阶段，但在招投标阶段一份高质量的工程量清单同样为控制投资起着尤为重要的作用。此阶段进一步对设计图纸进行完善，并对招标意图进行充分表达，做好概算分解对标工作，将招标控制价控制在批复概算范围内，合理预期风险，减少过程管控争议，提高管理质量。编制审核工程量清单及控制价时不能仅仅依据设计图纸，更要对其中不完善、不合理的地方提出建议和采取弥补措施，探讨措施项目方案的可行性，确保措施项目列项的合理性，重点在后期施工和合同管理中易出现争议的地方下心思，防风险、堵漏洞，提高工程量清单编制质量，为后期项目管理提供高质量实操性强的项目管理工具。

（三）注重项目实施过程中的合同管理

坚持制度管人、流程管事、标准做事，加强对权力的监督制约，杜绝随意变更是关键。项目管理全过程中随时与批复初步设计和概算对标，与合同对标是重要步骤，时刻关注投资、建设范围、建设标准与概算比对，严格控制在概算标准之内。

全过程跟踪审计管理人员要积极主动参与现场管理，及时了解现场实际情况，掌握原始资料，科学分析判断，不能仅是对报送资料来之用之，更要注重对资料及各种基础数据真实性、合理性、逻辑性、关联性等的全面审核。现场复核时检查测量工具，选择合理的测量方法和测量点位，确保数据采集的科学合理。对现场各种管理过程留存记录、影像等各种形式完整的反映客观实际情况的资料，预留备查。

（四）竣工结算阶段要加强对竣工图纸等资料的审核，夯实结算依据

竣工结算审核时务必加强对竣工图纸的审核，不能因为经过监理单位和建设单位审核就照搬照用。审核竣工图纸要结合招标图纸和过程资料、加强现场复核，严格审核变更签证与竣工图纸的关系，严格审核合同内容履约情况，准确合理确定工程造价。

（五）咨询机构咨询服务管理标准和人员建设是提供高质量服务的保证

要建立具有自身特色的全过程工程咨询服务管理体系及标准，努力提高信息化管理与应用水平，为开展全过程工程咨询业务提供保障。加强咨询人才队伍建设。咨询单位要高度重视全过程工程咨询项目负责人及相关专业人才的培养，加强技术、经济、管理及法律等方面的理论知识培训，提高业务水平，防范业务风险，培养一批符合全过程

工程咨询服务需求的综合型人才，为开展全过程工程咨询业务提供人才支撑。

专家点评

本案例新建与改造两个项目同时获批，在同一地点同时建设。该项目全过程跟踪审计从管理程序、质量、进度、投资、安全等全方位参与跟踪管理，参与项目管理阶段多，服务周期长达8年。

该公司以投资控制为目标，充分重视招标阶段对设计文件的复核和对后期风险的预估，在招标清单编制阶段补充漏项，调整错项和不合理项，完善项目特征描述，调整计量单位以方便准确计量，尽可能减少由设计文件瑕疵和工程量清单错漏项引起的变更和签证。

对中标单位实行回标分析（清标），采用控制价中的综合单价调整不平衡报价，达到较好的投资控制效果。

施工过程中加强现场管理，监督参与现场数据测量，夯实现场基础数据，密切关注隐蔽工程的实施情况，为工程结算打下良好基础。

竣工结算阶段对工程结算的报审程序、工作流程、工程结算编制审核的基本原则、工程结算应提交的资料文件、结算书编制基本要求等方面提出了系统建议，对竣工图纸与实际施工图的一致性进行重点复核，为结算工作顺利进行提供条件。

由于在审计工作中重视前期工作，加强过程控制，该项目工期、质量、投资控制均达成既定目标，顺利通过行业验收，取得了良好的经济和社会效益。

指导及点评专家：游　燕　北京永拓工程咨询股份有限公司

某冰雪运动训练科研基地改建项目
全过程造价咨询成果案例

编写单位：中竞发工程管理咨询有限公司
编写人员：张期华　赵　静　何　锋　岳才华　刘　伟

I　项目基本情况

一、项目概况

（一）建设背景

本项目是国家队备战2022年北京冬奥会的集训地，包括速滑馆、轮滑馆、运动员公寓、康复医疗中心（游泳馆）及其他配套附属设施，全部由某机车厂房改建而成，为保证2022年北京冬奥会顺利举办奠定了基础。本项目不仅是运动员们的训练场馆，还成为向青少年推广普及冰上运动的共享设施，为大力发展我国冬季冰雪运动发挥了巨大作用。

某机车厂已有120多年历史，2018年3月正式宣告停产，2018年8月，某局与厂方签署框架协议，决定利用部分老旧厂房，建设一个集训练、科研为一体的国家级冰雪运动基地。这一举措也为国内老工业遗址改造提供了新的发展思路。

（二）建设规模

项目总建筑面积58 558.92m²，投资约4.52亿元，具体情况如下：

1. 速滑馆

速滑馆（图1）建筑面积19 107.71m²，其中冰面面积约9 300m²，檐高18.20m。结构形式为网架、框架结构。包含2块61m×30m国际标准竞技冰场、1块400m×14m国际标准竞技速度滑冰场、地下通道（连接轮滑馆）及附属用房。冰场采用国际先进R507A制冰系统及CO₂载冷系统，具有节能、环保等多种优点。

图1　速滑馆内景

2. 轮滑馆

轮滑馆（图2）建筑面积17 674.93m²，檐高22.9m。结构形式为钢架、网架结构。包含200m×6m轮滑场、极限运动场，以及篮球场地、羽毛球场地、器材库、办公用房等，实现了"一场多用、一馆多用"。

图2　轮滑馆内景

3. 运动员公寓

运动员公寓（图3）建筑面积18 009.93m²，檐高35.4m。结构形式为钢框架、剪力墙结构。包含280间宿舍，可容纳739人入住，每层配备一间50m²的学习室，运动员餐厅约430m²，可供260人同时就餐。

4. 康复医疗中心/游泳馆

康复医疗中心/游泳馆（图4）建筑面积3 766.35m²，檐高12.29m。包含50m标准泳池、温水池、冷水池各一个，以及康复医疗等用房。

图3　运动员餐厅

（三）建设成果

项目于2018年9月15日开工建设，2020年10月27日竣工。速滑馆于2019年9月28日正式投入使用。它是2022年北京冬奥会配套场馆中最早投入使用的训练场馆，也是国内设施最为齐全、科技含量最高的运动员训练基地及科技助力奥运的前沿阵地，建设标准达到世界一流水平，建设效率体现了"中国速度"，建设内容实

图4　游泳馆

现多个"首创"。速滑馆打造了亚洲首个CO_2制冰场馆、北京市首个大道速滑馆、首个投入使用的冬奥配套工程，受到了国家体育总局的充分肯定，荣获多个国家、省部级奖项。图5为投入使用的速滑馆。

图5 投入使用的速滑馆

（四）参建单位

建设单位：某中心、某大学、某机车厂（以下简称联建办）。
设计单位：某设计集团有限公司。
监理单位：某建设工程管理有限公司。
施工单位：某集团有限公司。
全过程造价咨询单位：中竞发工程管理咨询有限公司。

二、项目特点及难点

（一）改造重点

（1）冲压备料车间改造成速滑馆。
（2）重锻厂房改造成轮滑馆。
（3）转向架车间改造成标准游泳池。
（4）柴油机试验站等改造成生活训练配套用房。

（二）项目特点

1. 原有钢结构重复利用

老旧厂房的改造是本项目一大特色，本项目最引以为傲的是充分利用原厂旧钢柱，通过人工、机械及电脑精确控制等全方位配合的拆除法，对原钢柱进行保护性拆除，经过工厂除锈、翻新，再加工后返场成为新建场馆支撑结构的一部分。如今，速滑馆内有

41组、82根钢柱经过理后"变废为宝"，节约钢材400多t，这项技术也取得了国家"老旧工业建筑钢结构构件改造再利用综合施工技术研究"科技成果鉴定。速滑馆钢结构施工现场见图6。

图6　速滑馆钢结构施工现场

2. 原有建筑垃圾粉碎成为再生骨料

原有建筑物的拆除产生了大量建筑垃圾（图7），为使这些建筑垃圾能够得到有效处置及再生利用，通过引进建筑垃圾资源化处置新工艺，将建筑垃圾粉碎为不同粒径的再生骨料（图8），以这些骨料为原料生产再生水泥制品，并原位用于基地的工程建设。厂区拆除的建筑碎料以新形式得以留存，建筑垃圾资源化率经测算达95%以上。此项技术在当前国内建筑行业处于前列，充分利用原有建筑垃圾，为节约资源及后期这类技术的推广应用起到了先行示范作用。

图7　成分复杂的建筑垃圾

（a）粒径<5mm　　　　　　　　　（b）粒径5~10mm

（c）粒径10~20mm　　　　　　　（d）粒径20~31.5mm

图8　不同粒径的再生骨料

　　建筑垃圾的就地处理、就地转化和就地利用，不仅实现了建筑垃圾的资源化利用，还减少了建筑垃圾外运所产生的二次污染，大幅节约了运输和垃圾消纳成本。建筑垃圾再生后使用场景见图9。

（a）场地回填　　　　　　　　　（b）道路铺筑

（c）河道治理　　　　　　　　　（d）步道砖铺设

图9　建筑垃圾再生后使用场景

3. 先进、精湛的制冰技术

速滑馆外圈冰道长400m，宽14m，速滑大道冰场内圈长61m，宽30m。冰场采用R507A制冰系统和CO_2载冷系统，由配置并联机组、CO_2板壳式液化器、CO_2桶泵机组、蒸发冷、停机CO_2压力维持机组等组成。制冰系统的深化设计及设备选型、供应安装、调试制冰及相关工作的实施，严格按照国际奥委会（IOC）、国际滑联（ISU）、世界冰壶联合会（WCF）、国际冰球联合会（IIHF）及全国冬运会冰场技术规范执行，具有技术领先、节能、环保、高可靠性等特点。按照2022年北京冬奥会对于大道速滑馆的各项技术指标要求，速滑馆冰场在冰面滑度、冰面温度控制、冰面平整度、冰面质量、冻冰时间等各项核心要素上均达到世界领先，成为全世界"速度最快的冰"。

（三）项目难点

1. 工期紧，与"时间赛跑"

速滑馆于2018年9月15日开工建设，2019年9月15日竣工验收，2019年9月28日举行了开训仪式，正式投入使用，比定额工期压缩约100天，压缩率29%。面对体量如此巨大、技术要求超高、施工管理极为复杂的工程，要保证工期按需完成，难度可想而知。施工现场汇集了多家参建单位、众多工程师及各行业专家，高峰期有上千名建筑工人，所有人群策群力，加班加点，施工现场24h小时无休，最终如期顺利完工。

2. 1.5万m^2屋面钢网架，一次提升

从建筑形式上看，速滑馆为方正的立方体，场馆区为单层钢结构，192m×78m的大跨度屋面钢网架提升，是施工中的一大难题。1.5万m^2、总重量约1 400t的屋面钢网架，由2 367颗螺栓球、747颗焊接球和14 208根杆件组成，仅需要现场焊接的焊缝就有5 976条。由于工期紧，采用分步提升的方法满足不了工期需求，经过各方反复研究后，最终决定采取整体提升的方法，在1.5万m^2的屋面网架上选取18个受力点，在计算机的计算监测下，同速度地提升到11m的空中，完成整体屋架的安装。

II 咨询服务内容及组织模式

一、咨询服务内容

本项目全过程咨询服务内容包括：项目前期设计阶段、招投标阶段、施工阶段、竣工结算阶段及竣工决算阶段的相关工作，咨询服务范围及内容见表1。

表1 咨询服务范围及内容

服务范围	服务内容
前期设计阶段	（1）为委托方提供方案测算，提供技术可行性及经济合理性分析，合理有效控制成本； （2）协助审查设计文件，对不同设计方案和施工图，进行造价分析及优化，提出改进措施及相关建议； （3）对后期施工可能出现的设计变更提出预警
招标投标阶段	（1）审核工程量清单及招标控制价； （2）协助完善招标文件，参与招标工作； （3）编制本项目跟踪咨询方案； （4）对总承包合同及各单项工程分包合同进行审核
施工阶段	（1）审核工程进度款是否按照合同约定支付，预付工程款的数额、支付时限及抵扣方式是否与合同一致等，将审核意见提交联建办； （2）主要隐蔽工程及变更的现场确认，做好记录，留存取证资料； （3）重要材料及设备价格的询价、提出审核建议； （4）工程变更费用的审核与建议； （5）索赔费用的审核； （6）及时将建设管理过程中不符合现行建设管理规定的问题向联建办汇报，并提出建议； （7）及时发现工程项目建设的内部控制管理的缺失和风险点，向联建办汇报，并提出整改建议； （8）每二个月提交一次跟踪咨询月报
竣工结算阶段	（1）审查竣工结算资料的真实性、完整性； （2）现场勘查，检查实际施工是否与图纸、招标文件及答疑、图集、施工规范的要求相符，对不符部分，按合同约定的方式调整； （3）审核工程量、清单项目，审查综合单价或定额套项、取费，对超报、虚报部分造价按合同约定扣减； （4）审核材料价格是否与签证价、市场价相符合，对不符的材料价格按合同约定调整； （5）甲供材料数量的核定； （6）及时完成结算咨询报告
竣工决算阶段	（1）整理跟踪咨询过程材料，编写项目总结并装订成册，影像资料以电子档留存； （2）针对工程项目建设的内部控制管理的缺失和风险进行汇总，并提出合理建议； （3）协助完成工程财务决算咨询

二、咨询服务组织模式

（1）在公司管理层面，根据项目服务内容的要求组织各专业注册造价工程师、执业人员组成项目组，由公司领导担任项目的总负责人，结合具体项目情况安排专业工作能力强、经验丰富、具有执业资格的专业人员担任项目负责人和现场负责人，控制投资风险，确保委托方的利益。本项目分设项目决策层、项目管理层、项目执行层三大层次，项目总机构设置图见图10。

①项目决策层：由公司领导担任项目总负责人，确定工作目标、工作重点和实施方案，进行宏观总体把控，对出现的疑难问题，及时给出明确的解决方案。

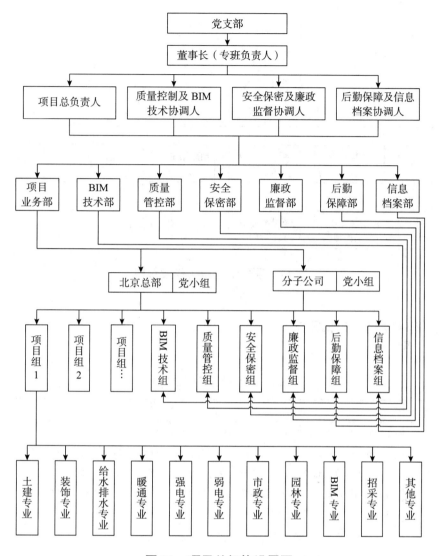

图10 项目总机构设置图

②项目管理层：由公司各职能部门组成，包括业务部门、技术部门、质量控制部门等。根据项目特点及决策层制订的方针、政策贯彻到各个职能部门的工作中去，对日常工作进行组织、管理和协调。

③项目执行层：根据项目特点组建项目部，在决策层的领导和管理层的协调下，各专业工作组通过专业技术手段，把组织目标转化为具体行动，做好各阶段造价咨询服务工作。

（2）在项目执行层面，项目部组建一支综合能力强、专业素质高、现场工作经验丰富、专业齐全、成员数量充足、结构合理的咨询团队，设立4个咨询工作组，分别是土建工作组、安装工作组、钢结构工作组和制冰系统工作组，通过建立激励机制等各种举措保证现场人员稳定，在公司决策层、管理层的全方位支持下，完成项目目标。项目部组织机构设置见图11。

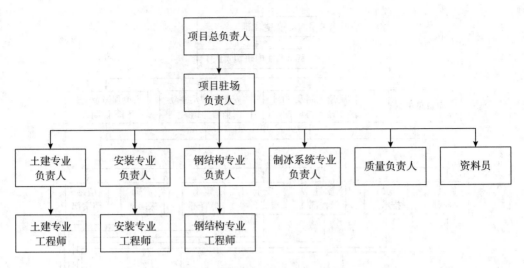

图11 项目部组织机构设置图

三、咨询服务工作职责

表2 咨询服务岗位职责

咨询服务岗位	工 作 职 责
项目总负责人	（1）负责与建设单位职能部门工作联系，综合协调整个造价咨询工作； （2）负责审查价咨询总体工作方案，负责本工程全过程咨询各关键节点的造价控制； （3）审阅造价咨询成果文件，审定造价咨询条件、原则及重要技术问题； （4）协调处理造价咨询业务各层次专业人员之间的工作关系及总体人员安排； （5）项目其他所需资源的协调处理
项目驻场 负责人	（1）全面负责项目造价咨询工作的实施，工作总结汇报； （2）负责与委托人及有关部门人员的具体沟通与协调； （3）负责总体造价咨询方案编制，依据方案对各专业进行工作交底，组织具体实施，并对造价咨询工作的实施进行监督、检查； （4）负责项目实施过程中的现场组织管理，保证项目正常实施； （5）负责项目实施过程中的质量风险控制，及时向项目总负责人报告重大风险； （6）负责检查咨询成果质量，组织复核小组成员对咨询成果进行一级复核； （7）负责解决工程师工作中遇到的争议问题和疑难问题，影响较大的问题要及时上报，经项目工作组商议后处理； （8）掌握该工程全过程造价控制情况；直接与委托人联系，按时参加工作会议，不得随意缺席； （9）切实履行职责，认真指导、监督检查驻场工程师的工作进行把关； （10）负责组织协调、配合与其他参建单位的相关工作
专业负责人	（1）由经验丰富具有造价工程师负责本项目组相关专业工作协调，组织管理、质量管理工作，负责工作计划的细化与调整； （2）负责造价咨询工作底稿的检查，汇总专业咨询成果，指导编写造价咨询报告，协调并研究解决本专业存在的问题。对咨询成果的质量审核把关，报项目驻场负责人审批；

咨询服务岗位	工 作 职 责
专业负责人	（3）施工期间及时处理工程变更等相关事宜，且必须在委托人规定的时间内完成； （4）按委托人要求切实履行值班职责，及时处理工程现场有关造价控制的疑难或突发事项，与相关各方积极沟通，讨论解决工程中存在的问题； （5）设计期间，及时预警处理后期施工中可能因设计缺陷导致的设计变更带来的造价影响
专业人员	（1）负责开展造价咨询工作的专业资料收集，依据造价咨询业务要求，执行作业计划，动态掌握本专业造价咨询业务实施状况，协调并研究解决本专业存在的问题； （2）做好造价咨询质量的自我控制，编写咨询日记和咨询工作底稿。经专业负责人校审后，按校审意见修改； （3）负责项目专业方面的造价咨询任务；包括设计概算审核、施工图预算编制、合同价审核、工程量清单计价编制、施工过程造价控制、结算审核，以及招标文件要求的其他咨询工作
招标采购负责人	（1）负责按照委托人要求，参与项目的招标采购工作； （2）负责招标采购过程中的风险把控，及时向委托方提出相关建议
项目质量负责人	（1）按照造价咨询原则、造价咨询过程实施及咨询成果文件进行质量控制，审查上述资料内容是否符合相关法律、法规及咨询原则，出具审核意见，保证造价咨询质量； （2）对造价咨询人员进行业务指导，对咨询过程中发生的问题与造价人员进行沟通指正，保证造价咨询工作保质保量地完成
资料管理人员	（1）负责整个项目资料的管理工作； （2）负责收发往来函件、项目整体资料的整理归档。复核工作档案是否符合委托方的要求、是否符合公司档案管理制度，对存在的问题及时与项目咨询人员进行沟通，并复核整改情况，保证项目资料的完整、完善； （3）负责收集、整理、保管咨询工作期间发生的与本项目工程造价相关的文件及资料，并保证其完整性

Ⅲ　咨询服务的运作过程

一、咨询服务的理念及思路

（一）服务理念

全过程造价咨询服务受委托方委托，依据国家有关法律、法规和建设行政主管部门的有关规定提供咨询服务；负责工程造价的确定与控制，缩小投资偏差，控制投资风险；以工程造价相关合同管理为前提，以事前控制为重点，以准确工程计量与计价为基础，以优化设计和风险控制为辅助，来实现工程造价控制的整体目标，做好项目各阶段控制工作。

1. 事前控制

认真做好项目设计阶段的分析工作，对可能影响项目投资的自然因素、政策因素进行研究，关注可能引起造价变化的因素，及时反馈给委托方并做出对造价影响分析，提出相应咨询意见，以期降低各种因素对投资控制的影响，达到投资控制效果。

2. 事中控制

在工程施工过程中进行动态控制，确立计划、投入、检查、分析、调整等环节，找出偏差的原因，对出现增加费用额度较大的变更洽商，及时分析变更事项对项目投资产生的影响，为委托方决策提供依据。

3. 事后控制

以控制目标值为前提，将造价控制贯穿于项目的各个阶段，确保投资控制目标的实现。做好项目的质量评估、结算审核及竣工验收等相关工作，分析项目效益，为委托方提供相关的建议和意见。

（二）具体工作思路

1. 项目前期设计阶段

（1）在充分了解委托方要求及工程项目有关情况的基础上，根据《委托业务合同书》的要求，编制全过程造价咨询服务的工作计划。

（2）以书面形式提请委托方提供相关资料。项目负责人指派项目组成员做好委托方所提供的资料的交接和登记工作，并妥善保管、防止丢失。

（3）组成包括项目负责人、现场负责人、专业负责人在内的工作团队，并进行合理分工。

（4）参加由委托方召集设计单位、监理单位及造价咨询组成员的会商会，通报和沟通情况，并做好会商纪要。

2. 项目招投标阶段

（1）由项目负责人组织实施项目工程量清单及招标控制价的审核。

（2）招标采购负责人会同专业负责人协助委托方完善招标文件，参与招标工作，并参与拟定合同条款。

（3）协助委托方对总承包合同及各单项工程分包合同进行审核、确认。

3. 项目施工阶段

（1）项目开始前，由项目负责人组织执业人员学习、分析委托方提供的资料，重点明确工作目标、工作内容、工作方法。

（2）按照批准的服务计划、服务方案实施造价咨询工作。结合项目的进展情况，适时开展各阶段工作。定期进行工程造价分析，分析造价偏离的原因，并及时提出控制方案和措施。

（3）为委托方做好日常咨询工作，当好参谋和顾问。

（4）建立咨询服务日志制度，做好工作记录。

4. 项目结算阶段

（1）对工作范围内的各类成果资料进行分析、汇总、整理，形成书面初步审核成果，并向委托方汇报。

（2）将初步成果与相关方进行核对，对于核对中发现的问题，同各相关方进行沟通并达成一致意见，对未达成一致意见的遗留问题，召集相关人员以专项会议的形式协商解决，确定解决方式并做好会议记录。

（3）出具咨询服务成果初稿，进行三级审核并出具正式咨询报告。项目负责人对造价咨询服务工作进行总结，所有工作底稿整理归档。

二、咨询服务的目标及措施

（一）咨询服务的目标

全过程造价控制工作目标，是在项目建设的投资决策阶段、设计阶段、招标投标阶段、施工阶段和竣工结算阶段，通过实施造价控制程序，合理地控制和确定项目造价，将工程造价控制在批准的限额以内。同时通过分析项目特点及项目在各阶段存在的问题与不足，提出相应的解决措施，实现以投资估算为红线，按照资金使用计划，对全过程资金使用进行动态管理，达到提升项目投资管理水平、提高投资效益的目的。

各阶段具体目标如下：

1. 设计阶段目标

根据项目的初步设计图纸审核设计概算，确定概算金额，做到工程量准确、价格水平合理、不丢项落项。通过与类似项目数据的对比分析，提出合理化建议，达到既能合理确定和控制造价，又提高设计质量的目的，实现经济与技术的统一。

配合概算编制单位做好概算的审核校正，与估算金额进行对比，确保设计概算不突破已批复的投资估算。

2. 招投标阶段目标

在整个项目管理过程中，招投标阶段是承上启下的重要环节，做好这个阶段的工作将为后期投资控制奠定基础。

本阶段的前期目标是要合理编制清单控制价，做到工程量计算准确、清单项设置合理、项目特征描述准确翔实、价格及措施等费用编制合理，不丢落项、不错项；协助委托方合理编制招标采购计划、合约规划，审核合同条款中的相关内容；高效完成"两编一对"的控制价核对工作；按工程划分的标段分解造价控制金额，确保各标段施工总包、分包及采购的招标控制价总金额控制在批复概算范围内。

本阶段的终期目标是做好清标工作，如发现投标人不平衡报价或未按招标文件要求报价等情况，及时向委托方提出规避风险的相关建议，以免后期出现造价失控情况。

3. 施工阶段目标

施工阶段的主要工作目标是根据项目推进中发生的所有涉及合同价款调整内容进行造价核算及对比分析，做好施工阶段的动态造价控制，随时把控合同价款的调整情况，避免出现超付现象。

4. 竣工结算阶段目标

结算阶段工作目标是严格审核所有施工单位送审的工程竣工结算，把好最后一道关，并出具符合咨询规范要求的结算审核报告。同时对工程进行造价指标分析，做好工程项目投资控制的总结工作。

结算审核应全面细致，必须现场踏勘项目的实际完成情况，除工程量计算准确、价格费用合理外，还要审核施工单位的合同履约情况，如实反映履约中存在的问题，做到结算金额合理准确、结算过程依法依规、结算资料规范完整，最终实现项目投资控制总体目标。

（二）咨询服务的措施

为实现咨询服务的目标，必须通过科学的方法将投资总目标进行分解，形成工程建设各阶段的投资控制目标。通过制定有效的投资控制措施，采用高效率的工作方式，对工程投资的实现过程进行全程监控，对结果进行审核，对投资过程中出现的偏差实时纠正，最终实现项目投资的总目标，让委托方满意。

具体措施如下：

1. 进度管理措施

接受项目委托后，项目部按照委托方对项目的总体要求编制咨询进度计划并严格执行。主要保障措施有：

（1）确保足够人员参与项目，并保持项目组人员稳定，咨询过程中不随意抽调、调换。项目组成员共有25人，高峰期驻场人员达到20人。

（2）制订应急预案、加强人员储备，遇有紧急突发任务，可随时补充人员，确保项目顺利实施。对于时间要求特别紧急的任务，在保证工作质量的前提下协调公司质量控制人员加快内控流程，确保不因公司内部管理原因影响项目进度。

（3）采用例会制度，项目组定期召开碰头会，互通进度，研究有关问题，提出下一阶段工作建议，一旦发现问题，立刻查明原因并整改，遇有重大问题及时向项目管理层报告。

2. 质量管理措施

公司建立了三级复核控制体系，即项目组内部的自检、项目负责人一级复核、标准审核部二级复核、公司质量控制人三级复核并签发，为造价咨询质量控制与风险管理提供可靠保证。此外，公司制订了以质量为导向的绩效考核制度、薪酬制度、升降级制度、招聘制度、培训制度等，帮助执业人员提高工作质量，遵守职业道德规范和业务准则及规程，以此保证质量控制目标的实现。根据项目特点和委托方需求，公司在原有质量管理内控制度的基础上进行细化、修改和完善，建立健全一套适用本项目的质量管控措施，具体包括以下方面：

（1）选派政治可靠、业务精湛、经验丰富、管理能力强的企业主要领导担任项目总负责人，并明确领导责任。

（2）项目组人员进入项目前均经过公司培训，清楚知晓各自业务范围和具体要求，确保严格遵守国家法律、法规及委托方要求，高效高质完成业务工作。

（3）设置现场考核评分标准及考核结果的分段汇总与奖罚细则。

3. 投资成本控制措施

1）招标投标阶段

（1）协助完善招标文件。委托方提出招标需求后，项目团队中的招采人员立即协助配合相关招标工作，包括提出招标方案和投标人资格要求建议，拟定技术标、商务标、经济标的条款和评分办法，对于招标范围、标段划分、合同价格形式、合同价款的调整条件和方法等对工程造价产生实质性影响的内容重点关注并提出合理化建议，为顺利招标从源头把好关。

（2）严把清单控制价编制及审核关。合理准确的清单招标控制价是投资控制及顺利招标的先决条件，重点在于准确计算工程量、采用合理的价格水平、消耗量及利润等费率参考社会平均水平、充分考虑发承包双方能够承担的风险、措施项目计列全面并适合项目施工特点等。另外，随时关注各标段招标控制价是否在批准的概算以内，一旦发生超概情况立刻采取措施，或申请调整概算或对设计进行优化。

（3）合理进行清标分析。评标之前，根据招标文件要求对投标报价进行清标。除常规核查事项外，还针对商务报价逐条逐项进行详细核查，特别是综合单价组成的分析，包括是否存在不平衡报价、消耗量是否合理、价格与市场情况是否存在较大偏差、措施费用是否符合施工方案要求等，将发现的问题汇总总结，形成清标分析报告，以便对接下来的造价管控起到预警作用。

2）施工阶段

施工阶段是工程建设的核心部分，也是工程款投入和支出的集中环节，与其他建设阶段相比，施工阶段的管理更为复杂，此阶段的造价管理投入了最多人力物力。

（1）图纸管理。改造项目变更较多，施工过程中产生多版图纸，施工图内容不断调整覆盖。如果不能及时对在施图纸进行确认，则无法保证结算内容与实际施工内容一致。因此在施工过程中资料员及时收集整理图纸版本，做好记录，确保现场实施与用于计量计价的图纸版本一致，从而保证工程结算的准确性。

（2）方案审批管理。对于承包商提出的施工方案加强方案审批管理，从而避免在工程结算时出现多算冒算的现象。例如挖基础土方，施工方法是采用人工开挖还是机械开挖，基坑周围是否需要放坡、预留工作面或做支撑防护等，都以施工组织设计或施工方案为计算依据。对施工组织设计和施工方案进行技术经济分析是造价管理的主要工作之一，项目组针对这个项目建立技术经济分析指标体系，对各种施工方案从技术上和经济上进行对比审核、优化，最后确定最优方案。

（3）材料设备采购管理。在工程建设费用中，材料费约占总造价的60%，因此在施工过程中，必须对施工材料和设备价格进行有效控制，特别是用量很大或者用量虽小但价格却很高的材料设备，以及暂估价材料设备和专业暂估价的招采工作。项目组在前期对主要材料设备进行市场调研并形成调研报告，在清标环节仔细辨别承包商精心布下的材料设备不平衡报价陷阱，尽量规避这些材料设备变更，从而避免踩坑。

（4）变更、签证、索赔管理。

①参加设计变更工程例会，合理辨别发生的设计变更是否涉及合同价款及工期的调整，提出合理化建议。

②现场签证及时处理、及时审核，程序严谨、格式规范，实测实量保证签证内容的真实性和准确性，保留完整的支持材料，包括发生原因、实施部位、具体做法及工作量等，并留有影像资料，便于后期计量。

③及时预警索赔事项的发生，提出和收集反索赔资料证据。

④安排专人负责设计变更、现场签证、索赔的备案工作，做好台账，月统计后汇总上报。建立和完善相关责任追究制度，明确责任人，规范现场人员对设计变更和现场签证的管理行为，避免不履行自身职责、随意签证、弄虚作假、故意刁难、行贿受贿等现象的发生。

⑤清标时发现低于成本价的清单项尽量避免做法变更导致结算重新组价，高于市场价的清单项尽量避免其工程量增加。

3）结算阶段

（1）明确结算资料编制要求。结算工作开展前组织召开各方会议，给各承包单位下发竣工结算资料编制要求，以便提高结算书编制质量、加快结算资料的报送，缩短结算审核时间，协助委托方做好结算阶段的管理工作。

（2）审查合同履约情况。对合同进行全范围审核，除依据施工合同做好项、量、价、费的具体审核外，项目组还注重审核现场是否全部按照图纸施工，是否有未实施项；审核设备、材料的实际使用品牌、型号是否符合合同要求；审核隐蔽工程记录是否与设计要求一致；审核承包人是否存在违约行为等。

（3）数据分析。结算审核完成后，进行项目投资情况的汇总、整理和分析，形成完整、全面的数据库，同时对咨询服务工作进行总结，形成咨询服务总报告，提交委托方。

（4）资料管理。工程竣工后，按照《建设工程资料管理规程》JGJ/T 185—2009规定及时收集整理相关资料，保证资料的完整性、真实性、合法性。建立资料归档制度，全过程造价咨询过程中的成果文件以纸版及电子版形式存档，便于后期查阅及检查。

4. 细化工作流程

根据本项目特点和委托方需求，公司专门制订全过程造价咨询工作标准手册，制定详细的工作规程流程图，每一步均有可操作性，根据流程图可追溯到成果文件在哪一步出现问题，责任人是谁等。

全过程造价咨询的主要流程展示见图12~图17。

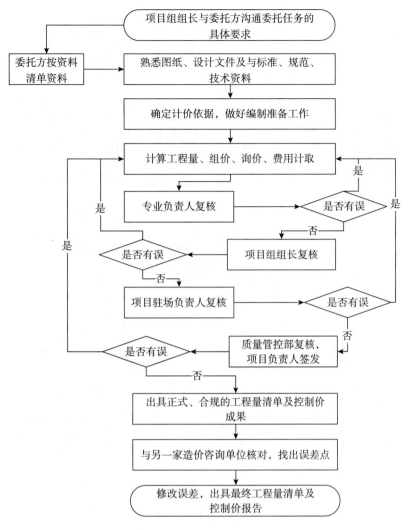

图12 工程量清单及控制价"两编一对"流程图

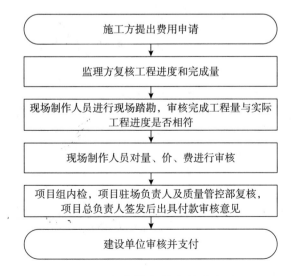

图13 进度款支付审核流程图

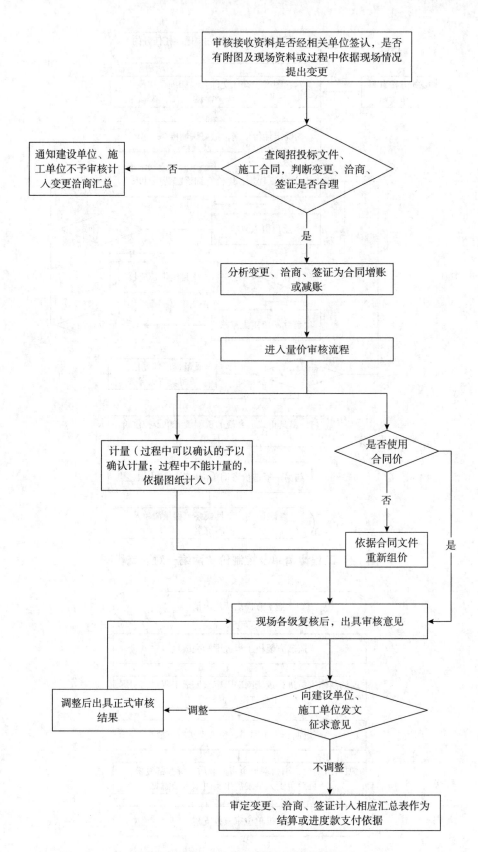

图14 变更、洽商、签证审核流程图

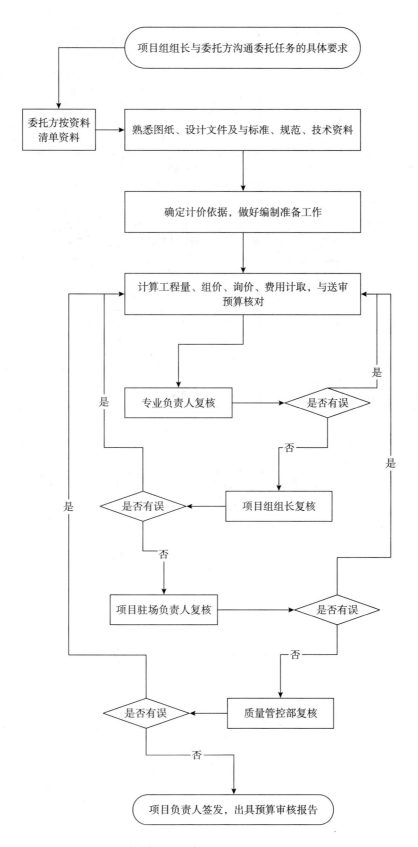

图15 专业工程暂估价项目预算审核流程图

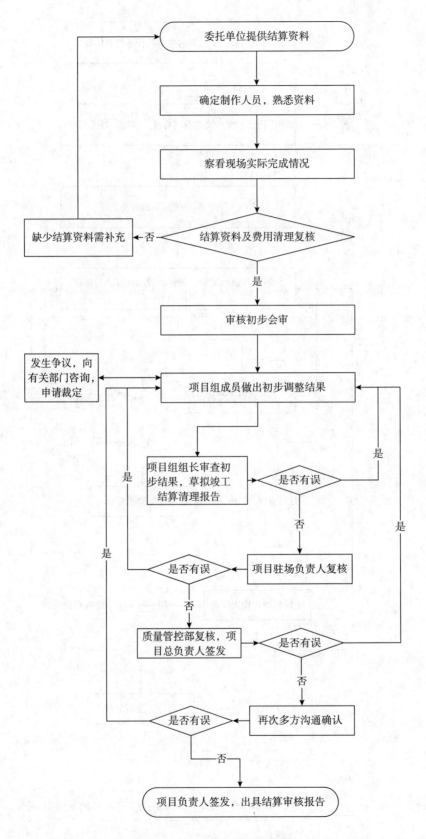

图16 竣工结算审核流程图

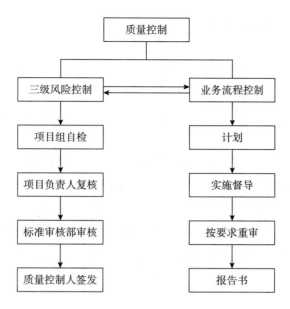

图17　咨询质量控制流程图

三、针对本项目特点及难点的咨询服务实践

基于本项目的特点、难点，各工作组除做好常规项目的造价管控工作外，在钢结构工程、制冰工程等特殊专业造价管理方面上下了大力气，在工程建设不同阶段都采取了相应举措。

（一）招标投标阶段工作重点

本项目是在老旧房的基础上进行改造，需充分利用原厂可利用的结构部分，进行保护性拆除。针对此特点，对原有厂区的踏勘、施工方案及招标控制价的确定尤为重要。为此，公司前期安排各专业负责人及专业工程师常驻现场，在现场开展审核工作。

1. **多维度复核工程量**

工程量是工程造价中最基本内容，是取费和计税的基础。工程量一旦不准，就会导致工程造价不实。现场人员将工程量复核的重点放在容易重复计算、隐蔽工程和容易遗漏部分，核实是否存在多算、漏算、少算情况。

工程量的审核包括拆除工程量、新增工程量及重复利用工程量。审核过程中公司BIM组全程参与，项目组与BIM组同时进行工程量的审核，找出各方的差异进行比对，并与控制价编制单位核对，得出准确工程量，这对后期结算工程量也起到了事半功倍的效果。

2. **复核项目特征描述及组价的合理性、准确性**

（1）核对清单编码及项目特征描述是否满足本项目特点及《建设工程工程量清单计价规范》GB 50500—2013的规范要求。项目特征的正确描述直接影响综合单价组价，尤其是利旧结构，必须核实项目特征是否描述"主材利旧"等项目特点，以免投标单位按"新增项目"报价。

（2）查证组价环节定额套用的合理性。首先查看所执行定额及配套文件的颁布时间、适用范围是否适用本项目；其次查看采用的定额子目工程内容是否与图纸工程内容完全一致，定额基价的换算是否正确；还要查看定额说明中的注意事项，核实定额套用是否存在其他问题。

（3）审核人工、材料、设备单价是否按工程造价管理机构发布的工程造价信息或当期市场信息价格进入综合单价，对于造价信息价格严重偏离市场价格的材料、设备，是否进行了适当处理。

（4）针对本项目特点、难点，审核特殊措施项目是否根据施工方案列项计价，赶工措施是否按规定列项计价，通用措施项目清单未列但实际会发生的措施项目是否已进行补充、计价依据是否充分、措施费能否满足施工要求等。

（二）工程实施阶段工作难点

本项目涉及的特殊专业及专用材料设备较多，采用常规计量计价方法不能满足造价管理需求，必须通过多个角度、多种方法进行论证测算，集成后才能达成目标。

1. 钢结构拆除及加工、安装费用的确认

场馆工程充分利用原建筑结构，采用冷拆除技术对原建筑物进行保护性拆除，将旧钢柱拔出后送进工厂进行除锈、翻新等处理，然后两根旧钢柱合为一根，82根旧钢柱与新增钢柱共同撑起19 000m²的速滑馆。传统的机械拆除法，无法满足对原有钢柱、钢梁的重复利用。经联建办及各参建方、多位专家讨论后，决定先采用人工破碎法拆除钢筋混凝土部分，然后通过装备具有传感镜头的液压钳把钢柱上、下两端的连接点小心翼翼地剪除，再手动剔除各个螺栓，将完整钢柱拆除，然后返厂。拆除过程中有关钢柱的力学参数、重量、破损程度会同步传回电脑。

面对如此复杂、精益求精的拆除工艺，采用常规拆除定额子目、措施费及定额取费测算出的拆除费用肯定与实际发生费用相差甚远。为此，项目组通过广泛市场调研，多方寻求厂家报价，充分考虑钢材的利旧、回收费用等因素，依据工厂加工、现场拼装、提升等工艺及做法，再结合定额，最终测算出合理的钢结构拆除、加工及安装价格，放至分部分项中。

对钢结构工程量的确认是对项目组的另一大挑战。由于单根钢柱造价高，任何一方都不希望数量出差错，但是现场情况复杂，哪根钢柱可以重复利用，要逐一排查核实。拆除工作开展前，钢结构组负责人带领数名工程师跟联建办、监理单位、实施单位相关人员一起到现场踏勘、对比图纸。历经数日，经反复核对，确认拆除钢结构总量约3 800t，其中可以重复利用的钢柱约400t，各方均无异议。

2. "原有建筑垃圾粉碎生成为再生骨料"如何计价

建筑垃圾是在建筑物的建设、装修、维修和拆除等过程中产生的废弃物，是城市垃圾的重要组成部分。随着我国经济建设的快速发展，建筑垃圾的产量也逐年加大，随

之而来的是占用土地资源和环境污染问题日趋严重；同时，由于我国人口多、资源少，建筑材料也存在短缺问题。如何在发展建设的同时，实现建筑废弃物的有效利用和循环使用，是实现可持续发展的重要途径。

本项目理念是科技、绿色，立项时就考虑到要合理利用原有建筑垃圾，通过对资源的循环再利用，有效保护资源、保护环境，实现垃圾处理的减量化、资源化、无害化，这也契合了国家、北京市的"十三五"发展战略。

项目在实施过程中，积极采用新技术、新工艺，开展建筑垃圾资源化处置。厂区内需处理并再生利用的对象主要分为砖混建筑物、烟囱、硬化地面（图18）等拆除产生的建筑垃圾（图19），总体轻物质等杂质含量较少，可以生产出品质较好的再生骨料。

图18　需拆除的部分建筑物

图19　正在预破碎的建筑垃圾

建筑垃圾再生处理方案如下：

（1）建筑垃圾经过处置后生产出的再生骨料，可用于制造再生水泥产品、再生道路材料、堆山造景等。

（2）塑料、木屑、布类等送往生活垃圾处置设施消纳，金属类回收。

（3）结合场地的实际状况，灵活规划各区域的布置。

（4）选择国内外高效节能、运行可靠、管理方便、维修简便的垃圾处理设备。

（5）设备必须完全符合建筑垃圾的特点、满足工艺线的需求。

（6）选用灵活、易于搬迁的整套处理设备及系统。

（7）设施规划综合考虑粉尘和噪声等环境保护措施。

（8）采用现代化技术手段，实现自动化管理，做到技术先进、经济合理、运行可靠、操作方便。

全新的工艺，给造价咨询公司带来全新的挑战。联建办要求项目组对建筑垃圾按传统方法处理及按新工艺处理分别测算价格，以便进行招标。由于新工艺没有费用参考标准，给测算工作带来很大困难。项目组通过分析技术方案并与技术人员反复沟通，利用公司资源多方寻求类似项目经验数据，最终做出价格对比分析：约2.5万m³的建筑垃圾，采用传统方法处理的费用略低于采用新工艺处理费用。但是考虑到社会总成本及未来发展趋势，最终确定此项目采用"原有建筑垃圾粉碎生成为再生骨料"的实施方案。随后，项目组协助联建办完成了建筑垃圾再生的招投标及合同签订工作。结算时，依据合同单价，根据现场签认的人工、水、电、机械台班、临时设施、设备租赁等工作量进行调整，最终此部分结算金额为249.72万元，再生骨料综合单价约100元/m³。

绝大多数建筑垃圾经过破碎、筛分、分选等一系列处置过程，成为用于厂区回填的还原土及可用于场区道路施工、路面铺设、堆山造景的再生水泥制品及再生骨料原料，实现了建筑垃圾的减量化、资源化和就地利用的目的。

3. 制冰工艺定价

本项目为国内首个采用CO_2载冷系统制冰且冰面平整度必须达到国际滑联及赛事级要求的项目，制冰工艺复杂、技术标准非常高，单纯套用定额计价或采用市场询价作为招标控制价肯定不能满足要求。

冰面最下层结构板层采用C35抗冻混凝土，内置钢筋网：下层采用双向φ12@200mm×200mm螺纹钢并置于支架中部的横梁上，上层采用双向φ10@100mm×100mm钢筋网片）。冰面基层结构板施工现场见图20。

图20　冰面基层结构板施工现场

制冰项目对公司来说是一项新技术，完全没有同类项目指标可供参考，它的价格测算对所有人来说都是第一次，也是一次难得的学习经历。为此，制冰组工程师们不断突破自我，虚心跟着设计师学习设计理念，找业内优质厂家学习新设备、新工艺知识，多方查阅资料，到类似工程走访，在招标前积累了不少经验。在招标阶段，考虑到制冰工艺对于厂家的生产能力及设备的选型要求很高，国内国外只有为数不多企业满足要求，因此，项目组紧跟联建办的步伐，到国内符合条件的几家厂家考察，多方位进行费用测算，在各方的共同努力及配合下，最终确定了性价比最优厂家及施工方案。

4. 场馆智能灯光设备的选型、定价

速滑馆304套智能调光灯具及配套控制设备的选型、定价，也是本次造价工作难点之一。竞技场馆灯具必须满足的技术要求很高，除一般场馆的灯具要求以外，还必须满足如下要求：

（1）为保证灯具具有良好的防水防尘防潮防腐防护功能，延长灯具寿命，要求防护等级IP65。

（2）灯具具备防眩光设计或配置防眩光控制装置，以便精确控制光线。

（3）灯具额定电压AC110–277V±5%，频率50Hz±2%。

（4）光源显色指数Ra≥80，R9≥20，色温T_{cp}为5 000K±200K，灯具（含驱动电源等）防护等级：不低于IP65。

（5）灯具具备精确调试工具，使用刻度盘方式，刻度盘最小刻度应满足精度要求，确保灯具在维修后不会影响已设定的投射角，同时方便安装调试以保证照明设计的效果。

由于技术要求过高，为选出最优供应商，经过联建办及多位专家论证，决定采用公开招标确定实施单位。如何合理地确定招标控制价成为摆在项目组面前的难题。因此，在招标工作开始前，项目部的专业工程师们专程到国内几家知名灯具厂家探访，并到类似场馆参观调研。经多方询价、综合比较、反复讨论，项目部最终确定了适中的招标控制价并协助完成招标文件中关于技术参数、调试、报验、售后服务等要求，顺利完成了招标工作。招标结果是国内某优质品牌中标。

5. "1.5万m² 屋面钢网架一次提升"的费用测算

由于屋面钢网架整体提升施工方案是在招标后变更，招标时钢网架的安装按常规单片拼装施工方案考虑，需要对措施费进行调整。对于造价人员来说，最难的地方就是机械费如何计算。公司以往承接的场馆项目都没有采用整体提升施工方法，同行也几乎没有类似经验。在这种情况下，项目组工程师们硬着头皮上，一边与各参建方及专家讨论施工方案，一边根据每个拟定的方案测算费用，同时发出询价函，邀请有能力的企业报价。工期紧、任务重，在一次次测算、对比方案后，经各方及专家确认，合理确定了整体提升施工机械费，测算出整体的措施方案费用。经过谈判，实施单位认可了项目组测算的整体提升措施费，造价得到有效控制。

6. 赛事级计时计分系统的选型、定价

根据竞赛要求，速滑馆、轮滑馆场地需设置赛事级计时记分系统。记分系统包括：终点摄像、切光系统、自动记圈、电子发令、相关软件、电子记圈显示装置等成套系统。

经过市场调研，能满足需求的厂家主要为几大国际品牌。项目组经过对比代理商报价和合同条件，经过客观分析向联建办给出建议，最终选定了国际某知名品牌计时计分系统。赛后证明，该品牌系统在各方面的实际应用效果俱佳。

（三）项目总结

以下是速滑馆和轮滑馆主要技术经济指标分析，可作为后续同类项目指标参考依据。

1. 速滑馆

速滑馆建筑面积19 107.71m²，工程结算价18 013.8万元，单方造价9 427.52元/m²。工程特征见表3，主要技术经济指标见表4。

表3　速滑馆工程特征

速滑馆	工 程 特 征
土建工程	（1）原有结构的保护性拆除； （2）基础类型：独立基础； （3）主体结构：钢框架剪力墙结构（部分利用原结构），网球架屋面，单层，建筑高度18.20m；附属用房为混凝土框架剪力墙结构结构，二层； （4）墙体：外墙300mm厚蒸压加气块，100mm厚钢网憎水岩棉板保温；内墙200mm厚蒸压加气块； （5）地面：缓冲区3mm厚聚氯乙烯弹性塑料卷面层，不含冰面； （6）屋面：铝锰镁合金直立锁边屋面板，岩棉保温层、防水隔汽膜、双层非石棉纤维增强水泥中密度板（埃特板）、SBS改性沥青防水卷材； （7）外墙：真石漆墙面； （8）内墙：矿棉吸声板吸声墙面，无机涂料墙面、薄型面砖墙面（防水）； （9）门窗：灰色断桥铝合金框窗（中空玻璃）、钢制窗（A类防火钢化玻璃固定窗）、断桥铝合金框门（中空玻璃）、钢制防火门
给水排水工程	给水、中水管为衬塑钢管；排水管为铸铁管；压力排水及雨水管为热镀锌钢管
消防水工程	内外壁热镀锌普通钢管
采暖工程	镀锌钢管，钢制柱形散热器
通风空调工程	通风系统、冰场专用除湿系统、空调系统、排烟系统，薄钢板通风管道、橡塑保温，空调水管为无缝钢管
电气工程	场馆专业照明系统、普通照明系统、动力系统
弱电工程	综合布线系统、安防系统、门禁系统、LED大屏系统、扩声系统、楼宇控制系统、体育专项设备
赛事级计时计分系统	短道速滑计时计分系统、速度滑冰计时计分系统、训练系统（软、硬件）及整个系统的项目管理、场地预勘察、安装调试培训等

表4　速滑馆主要技术经济指标

项目	工程造价/万元	其中/万元						单方造价/（元/m²）	占造价比例/%
		人工费	材料费	机械费	管理费	措施费	规费税金		
土建	9 291.01	1 044.84	4 675.94	232.30	1 005.89	1 225.22	1 106.82	4 862.44	51.58
其中：钢结构	4 453.28	565.73	1 735.27	141.02	412.63	1 028.62	570.01	2 330.62	24.72

项目	工程造价/万元	其中/万元						单方造价/（元/m²）	占造价比例/%
		人工费	材料费	机械费	管理费	措施费	规费税金		
装饰	2 659.81	304.79	1 418.25	17.24	294.08	299.73	325.72	1 392.01	14.77
给水排水	68.32	8.94	39.05	0.61	9.05	2.68	7.98	35.76	0.38
消防水	141.77	17.36	84.52	1.05	17.58	4.93	16.32	74.19	0.79
采暖	110.72	15.60	60.64	0.77	15.79	4.76	13.16	57.94	0.61
通风空调	1 855.10	143.91	1 311.72	9.94	145.66	46.59	197.28	970.87	10.30
电气工程	1 732.58	74.21	1 381.48	8.13	75.16	21.43	172.17	906.74	9.62
弱电	649.84	49.71	463.04	3.51	50.35	14.33	68.90	340.09	3.61
赛事级计时计分系统	1 074.00	76.02	832.48	0	57.12	0	108.38	562.08	5.96
配电室	324.78	8.96	4.38	1.50	276.11	2.54	31.29	169.97	1.80
消防控制	105.91	18.18	8.12	1.00	60.10	5.27	13.22	55.43	0.59
合计	18 013.84	1 762.53	10 279.63	276.05	2 006.89	1 627.49	2 061.25	9 427.52	100.00

2. 轮滑馆

轮滑馆建筑面积为 17 674.93m²，工程结算价 11 936.6 万元，单方造价为 6 753.38 元/m²。工程特征见表5，主要技术经济指标见表6。

表5 轮滑馆工程特征

轮滑馆	工 程 特 征
土建工程	（1）原有结构的保护性拆除； （2）基础类型：部分独立基础，部分筏板基础； （3）主体结构：钢框架剪力墙结构，网球架屋面，2层，建筑高度22.9m；附属用房为混凝土框架剪力墙结构结构，4层； （4）墙体：外墙蒸压加气块和砖墙，岩棉板保温；内墙200mm厚蒸压加气块； （5）地面：3厚聚氯乙烯弹性塑料卷面层、3mm聚合物陶砂面层地砖； （6）屋面：铝锰镁合金直立锁边屋面板、岩棉保温层、防水隔汽膜、双层非石棉纤维增强水泥中密度板（埃特板）、SBS改性沥青防水卷材； （7）外墙：真石漆墙面； （8）内墙：防火吸音板装饰面层、无机涂料墙面、薄型面砖墙面（防水）； （9）门窗：灰色断桥铝合金框窗（中空玻璃）、断桥铝合金框门（中空玻璃）、钢制防火门
给水排水工程	给水、热水、中水管为衬塑钢管和PPR管；排水管为铸铁管；压力排水为热镀锌钢管；雨水管为热镀锌钢管和高密度聚乙烯管
消防水工程	内外壁热镀锌普通钢管，消火栓系统、喷淋系统、水炮系统

轮滑馆	工 程 特 征
采暖工程	镀锌钢管，钢制柱形散热器
通风空调工程	通风系统、排烟系统、空调系统，薄钢板通风管道、橡塑保温，空调水管为无缝钢管
电气工程	场馆专业照明系统、普通照明系统、动力系统
弱电工程	综合布线系统、安防系统、门禁系统、LED大屏系统、扩声系统、会议系统、体育专项设备

表6 轮滑馆主要技术经济指标

项目	工程造价/万元	其 中						单方造价/（元/m²）	占造价比例/%
		人工费	材料费	机械费	管理费	措施费	规费税金		
土建	6 306.23	632.23	3 168.27	104.79	659.90	985.26	755.79	3 567.89	52.83
其中：钢结构	3 116.9	253.1	1 299	48.91	270.5	856.2	389.08	1 763.44	20.71
装饰	2 381.04	309.94	1 243.23	13.80	264.83	252.80	296.44	1 347.13	19.95
给水排水	198.77	12.54	148.24	0.88	12.70	3.86	20.56	112.46	1.67
消防水	146.85	24.44	71.21	1.30	24.74	6.99	18.18	83.08	1.23
采暖	71.27	13.62	30.05	0.68	13.79	3.97	9.17	40.32	0.60
通风空调	891.44	167.97	371.27	16.12	170.02	51.71	114.36	504.36	7.47
弱电	760.04	87.62	22.54	5.11	533.19	25.18	86.40	430.01	6.37
电气	837.24	72.57	572.20	7.59	73.52	20.91	90.45	473.69	7.01
消防控制	143.15	21.08	76.33	1.10	21.35	6.12	17.18	80.99	1.20
配电室	200.53	6.08	165.47	1.69	6.16	1.70	19.43	113.45	1.68
合计	11 936.55	1 348.10	5 868.79	153.05	1 780.19	1 358.49	1 427.95	6 753.38	100.00

3. 制冰工程

速滑馆建筑面积19 107.71m²，制冰工程主要包括400m×14m速滑道和两块61m×30m冰场，冰面面积9 300m²，工程结算价5 486.09万元，单方造价2 871.14元/m²。工程特征见表7，主要技术经济指标见表8。

表7 制冰工程工程特征

制冰工程	工程特征
土建工程	冰面结构层：170mm厚C35抗冻混凝土（内置钢筋网：下层双向φ12@200mm×200mm螺纹钢并置于支架中部的横梁上、上层双向φ10@100mm×100mm钢筋网片）、0.2mm厚PE膜保护层、双层0.2mm厚PE膜滑动层。50mm厚、C25细石混凝土保护层（内配4@200mm×200mm冷拔钢丝网）、4mm厚防水层（SBS改性沥青防水卷材、国标II型、聚酯胎）、50mm厚C25细石混凝土保护层（内配：φ4@200mm×200mm冷拔钢丝网）、双层0.2mm厚PE隔离层、50mm厚聚苯乙烯挤塑板（300kPa以上B1级）、50mm厚聚苯乙烯挤塑板（300kPa以上B1级）、0.4mm厚PE膜隔汽层（接头焊接）、75mm厚砂层

制冰工程	工程特征
安装工程	制冷机房设备、中压管道（无缝钢管、铜管）、阀部件、橡塑保温、制冷剂；冰面主管HDPE管（开洞安装支管De25，支管间距500mm）、支管中压无缝钢管D25、30mm冰面制冰、标准冰场冰漆材料及喷冰漆、标准冰场涂料及标志图像、赛道划线、电气及自控系统、界墙及防撞垫系统

表8 制冰工程技术经济指标

项目	工程造价/万元	其中						单方造价/（元/m²）	占造价比例/%
		人工费	材料设备费	机械费	管理费	措施费	规费税金		
安装	4 909.90	235.89	3 866.13	20.02	247.81	47.65	492.40	2 569.59	89.50
土建	576.19	61.20	357.64	3.32	71.35	17.91	64.77	301.55	10.50
合计	5 486.09	297.09	4 223.76	23.34	319.16	65.57	557.17	2 871.14	100.00

Ⅳ 服务实践成效

一、服务效益

（一）社会效益

本项目为原有老旧厂房的改造项目，闲置下来的百年老工业基地与体育产业相结合，是对工业遗存进行保护并再利用的绝佳转型，为旧厂房带来了新生，也为这片老工业园区开启了新的未来。

项目的建成，极大推进了我国冰上运动发展，让越来越多的人爱上冰雪运动，为全民健身提供了有力保障。随着2022年北京冬季奥运会的成功举办，训

图21 速滑馆西短道场地改造为篮球场

练基地升级为"冬夏"兼顾的高水平综合训练基地，转为保障击剑、自行车、冲浪、曲棍球、水球、沙滩排球、排球、羽毛球、乒乓球、篮球等夏季项目训练（图21），同时也为雪上项目跨界跨项选材提供有力支持，为备战巴黎奥运会、米兰冬奥会展开科技助训及测试保障服务，继续为国家体育强国事业添砖加瓦。

该工程也以出色的管理水平荣获了中国建设工程鲁班奖（国家优质工程奖）、中国钢结构金奖、中国安装之星等多项国家、省部级荣誉。

（二）经济效益

项目建设过程中，充分利用原有结构和建筑垃圾，2.5万 m^3 废弃物变废为宝，建筑垃圾资源化率达到95%，不仅节约了社会总成本，也为环保事业添上浓墨重彩的一笔。项目还带动了周边经济发展、提供了就业机会，为发展国内体育经济做出示范性贡献。

项目实施过程中，公司始终坚持投资目标控制原则，在各阶段严格管控成本费用，最终项目结算额低于项目计划投资，成为类似项目造价控制典范。

（三）公司及个人效益

在公司及每名参与者的共同努力下，历时四年，攻坚克难，本项目咨询工作得以顺利完成，公司的咨询服务获得了委托方和参建各方的普遍认可，为公司日后承接类似项目全过程造价咨询提供了宝贵经验，为进一步打开新的咨询市场奠定了基础，丰富了公司业绩，提高了公司在咨询行业的知名度。

工程师们在面对新技术、新工艺、新设备的情况下，不畏惧、不退缩，积极想办法解决问题，通过本项目学到了更多技能，积累了丰富经验，锻炼了沟通及解决问题能力，为以后更好地提供各类咨询服务打下坚实基础。

二、经验启示

项目单位从前期设计阶段引入咨询公司进行全过程造价管理，充分发挥咨询公司数据优势、人才优势，不仅提高了工作效率，也为更好决策提供了先决条件。

对咨询公司来说，咨询工作开始前做好项目调研，针对项目情况成立项目组并安排合适的专业工程师，对咨询工作顺利完成起到了事半功倍的效用。

站在从业人员角度，新工艺、新技术层出不穷，想做好造价咨询工作，必须具备终身学习能力，要有钻研精神，学会主动寻求帮助，驻场咨询极大地提升了个人工作技能。此外，要有主人翁精神，把自己当成项目的主人，只有这样才能感同身受，做好专业咨询服务。

随着时代发展的步伐，建筑体量越来越大，技术越来越复杂，全过程造价咨询服务将在保障项目的顺利实施、实现项目的经济效益、社会效益等方面发挥更大作用，造价行业未来的路会越走越宽。

专家点评

本案例是某国家级冰雪运动训练基地全过程造价咨询项目。该项目利用旧厂区改造而成，设计新颖、科技含量高，建设标准达到世界一流水平，是推广和发展我国冰雪运动的有力保障，带动了体育产业发展，也为老旧厂区焕发生机提供了新的思路。

案例项目工期紧、施工难度大、涉及专业多、专业化程度高，很多技术属于国内首次应用，项目的复杂程度对造价管理工作提出了很高要求，本案例以事前控制为重点，以准确计量计价为基础，以合同管理为抓手，以优化设计和风险控制为辅助，踏踏实实做好各阶段造价咨询工作，最终实现工程造价控制整体目标，取得了良好的社会效益与经济效益。

本项目为今后类似场馆建设项目及旧厂区改造项目开展全过程造价咨询服务提供了很好的借鉴，具有指导意义。

指导及点评专家：王　燕　北京东方宏正工程管理有限公司

某研发楼建设工程全过程造价咨询成果案例

编写单位：北京中威正平工程造价咨询有限公司
编写人员：常习武　陈晶晶　刘文凤　张玉龙　关恩淑

I　项目基本情况

某研发楼建设工程，建成后将用于研发型企业办公，承载研发人才使用的功能需求，具备现代化的先进设施与优良环境。

一、项目概况

本工程为国有某有限公司自筹资金建设，主要功能为研发人员办公楼及配套的员工食堂、机动车库及设备机房等，由北京某设计顾问有限公司负责设计，某工程管理有限公司负责工程监理，某建筑工程公司负责施工，地址位于北京市朝阳区望京科技园区。工程内容包括设计图纸范围内的地基基础、主体结构、二次结构、建筑屋面及外立面幕墙、给水排水、采暖通风与空调、电气、智能化系统、消防、电梯、室外小市政等内容。工程主要经济技术指标见表1。

本工程结构类型为现浇钢筋混凝土框架—核心筒结构，主要结构跨度约8.4m×9.0m。本工程为二级抗震，抗震烈度8度，设计使用年限50年。本项目批复概算投资25 400万元，其中建安工程费23 565.6万元，招标控制价20 942.08万元（含专业分包工程），结算审定金额为23 078万元。于2017年9月15日开工，2021年5月11日竣工。

表1　工程主要经济技术指标表

序　号	名　　称	单　位	数　　量	备　　注
1	总建筑面积	m²	36 516	地上25 000，地下11 516
2	建筑檐高	m	59.80	
3	建筑层数	层	地上13层	地下2层

二、本工程的特点及难点分析

（一）专业多

本工程涉及的专业有结构工程、装饰装修工程、通风与空调工程（新风系统、VRV

空调系统[1]、消防排烟系统、通风系统）、强电工程（高压变配电、低压变配电、市政管沟、照明插座系统、动力系统、防雷接地）、给水排水工程（给水、排水、中水、净水、热水）、消防工程（消防报警、消防喷淋与消火栓、气体灭火）、安防工程（监控系统、门禁系统、入侵报警系统）、弱电工程（综合布线、无线网络、楼宇智能化系统、环境监测系统、会议系统）、红线内小市政工程（给水、中水、排水、雨水）。在安防工程中引入"入侵报警系统"，提高楼宇的安全保障系数；弱电工程中引入"楼宇智能化系统""会议系统"，提高楼宇的智能化标准，实现真正的智能化管理。

（二）工期长

本工程定额工期625日历天，计划2017年9月15日开工、2019年6月2日竣工。按计划开工后，各参建单位克服新冠疫情等不利影响，不畏艰辛、攻坚克难，于2020年12月底完成了项目勘察、设计、施工、监理、建设"五方"验收工作；于2021年5月11日，完成竣工验收备案。

（三）安全文明施工要求标准高

本工程地处望京科技园区，现场周边办公楼多，施工扰民及民扰问题是本工程施工管理的重点。本着"绿色施工"的理念，创造良好的安全文明施工环境和作业条件，达到"北京市文明安全工地"的标准，是本工程的重中之重。施工过程中树立"大安全"意识，既要保证施工现场人员的安全，也要保证周边民众和行人的安全；既要保证施工过程中的安全管理和安全控制，也要保证建筑物结构安全、技术质量安全、环境安全、消防安全、卫生安全等。

（四）施工现场环境复杂

本工程场区外围交通状况复杂，且建筑南侧及东侧距离建筑红线均比较近。施工现场的现状对施工组织能力是一个挑战，如何最大程度减少对交通的影响，也是必须考虑的重点问题。施工现场材料加工、料场、办公区、生活区、施工道路布置及施工材料现场运输，必须严格在施工用地规定的区域内进行；施工场外运输尽量避开交通高峰期。同时，还要与现场周围的其他承包商协调配合，共同利用有限的场地资源，创造良好和谐的施工氛围。

施工前，施工单位需充分考虑场地特点，针对不同施工阶段分别进行合理布置。对施工临设、各类加工场及生活区等进行合理安排，缓解工地场地不足的压力。

（五）基坑支护及降水工程难度较大

为深基坑开挖提供"无水"作业条件是本工程的一大难点。施工前需对场地内的地质、水文情况进行认真研究，由专业设计单位设计降水方案，并由工程专家对降水方案进行论证评审，保证降水方案切实可行；施工中严格按照设计方案保证降水井的成井

---

[1] VRV空调系统是变制冷剂流量多联式空调系统的简称。

质量，尤其是降水井管及滤料的施工。钻孔时做好护壁以防坍塌，井管下入后立即沿井管外四周均匀连续填入粒径为3~7m的砾料，不得用装载机或手推车直接将砾料倒入井管与井壁缝隙，以防砾料不均匀或冲击井壁。还要考虑降水施工可能造成周边建筑物沉降或变形，因此周边多层建筑物的安全问题是施工时的风险点之一。

施工降水需分阶段进行，加强施工监测，设立监测体系，建立信息反馈系统，在基坑开挖过程中对支撑体系的稳定性、地表沉降、排桩位移、水位变化，都需派专人监测并做好观测记录，出现异常立即采取回灌补充地下水等措施进行处理。

（六）墙体砌筑材料的比选

二次结构面层容易产生空鼓开裂问题，甚至在混凝土与砌块结合处、大墙面中间出现"门"字形、"米"字形裂纹。结合施工工艺及施工效果，施工前我公司对免烧水泥砖、加气混凝土空心砌块、轻集料混凝土空心砌块等不同材料的单方造价分别进行了测算。其中，免烧水泥砖单方造价454.63元/m^3、加气混凝土空心砌块单方造价414.34元/m^3、轻集料混凝土空心砌块单方造价465.40元/m^3。经过测算建议建设单位使用加气混凝土空心砌块，并使用专用砂浆进行砌筑；若采用普通砂浆砌筑墙体时应采取有效的墙体防裂措施。在施工中，提醒监理单位务必把好砌筑质量关，在墙面粉刷时要增加钢板网、网格布，贴分格条，加设圈梁构造柱等措施，抹灰工艺严格按规范执行。通过上述措施，保证了施工质量，达到了造价控制的目的。

II 咨询服务内容及组织模式

一、咨询服务内容

咨询服务的主要内容见图1。

在本工程的建设过程中，对应招投标阶段、施工阶段、竣工结算阶段，主要实施的造价咨询服务工作包括以下几方面内容：

（一）招投标阶段

1. 施工图纸核算及问题澄清

（1）对设计单位提供的图纸进行核对。

（2）对施工图纸存在的疑问向设计单位反馈意见。

2. 施工招投标及施工合同签订阶段

（1）勘察现场，对施工现场地质、水文资料、地上地下障碍物等情况进行了解。

图1 造价咨询服务的主要内容示意图

（2）编制总包及专业分包等工程量清单及招标控制价，参加清单编制交底会。

（3）对工程招标标段划分及各标段间临界点设置的合理性提供合理化建议，协助建设单位优化施工方案，尽量避免工程招标缺漏项造成的各类风险。

（4）结合本工程实际情况，审核工程招标资格预审文件、审核招标文件中合同商务条款的合法合规性。对有关工程造价方面的相关合同条款进行补充，并提出专业意见与建议。审查评标办法的合理性，是否涵盖了业绩、信誉、工期、施工能力（装备、技术、方案、管理、安全）、质量标准等关键内容，并提出合理化建议。

（5）审核施工发包的招标文件，将发现的问题及时向建设单位提出建议或解决办法。

（6）协助建设单位开展本工程相关合同的谈判工作。

（7）审核拟签施工合同，确认拟签合同与招标文件合同文本的实质内容一致，并就补充条款向建设单位提供造价专业意见。

（二）施工阶段

（1）按造价工作需要随时对工地现场进行踏勘，对必要部位的尺寸进行测量，并以拍照、录制视频等方式，及时获取现场的施工情况信息。

（2）及时对施工、监理及建设单位三方确认的合同暂估材料价、设备价进行复核、确认。

（3）及时认证施工过程中发生的设计变更、治商等商务费用，有效控制因工程变更引起的投资变化。

（4）及时对施工过程中发生的索赔进行事项、费用、工期的审核；并协助建设单位做好反索赔事项的确认与经济处理。

（5）审核与签认工程进度款，保证其支付的合规性与准确性。

（6）对于设计变更可能引起的工程造价或施工进度的变化等事项，出具动态书面报告提请建设单位决策参考，有效控制投资变化。

（7）对重大工程变更进行费用预估，提请建设单位决策参考。

（8）按时参加造价控制工作相关会议，并提出意见或建议。

（9）针对争议性问题，建议由建设单位召集监理单位、施工单位等主要人员进行沟通会谈，按照实事求是、协商一致的原则，确定解决方案。

（10）协助建设单位处理施工过程中其他有关工程造价问题。

（三）竣工结算阶段

（1）按照国家规定的结算办法及施工合同中约定的结算方式，督促施工单位及时按规定组织编报结算书。

（2）对工程竣工结算进行全面审核。对施工过程中形成的价格签认单进行复核、确认。结合工程实际情况，对未施工项目予以核减。在结算审核结果确定后，签订定案表，出具竣工结算报告书。

二、咨询服务组织架构与岗位职责

（一）组织架构

结合本工程造价咨询服务工作内容，组建由项目负责人、技术负责人、专业负责人、造价工程师等人员构成的服务团队，由公司总经理负责项目总协调。项目组的组织架构示意见图2。

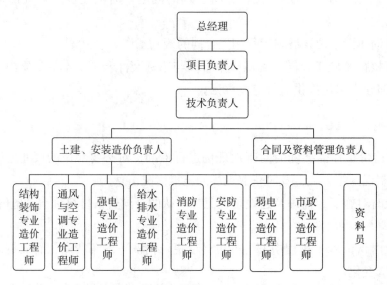

图2　项目组的组织架构示意图

（二）岗位职责

1. 项目负责人

（1）负责对专业人员岗位职责、业务质量控制程序、方法、手段等进行管理。

（2）负责咨询业务中各子项、各专业间的技术协调、组织管理及质量管理工作。

（3）负责处理审核人、校核人、编制人员之间的技术意见分歧，对审定的咨询成果质量负责。

（4）根据咨询实施方案，有权对各专业咨询工作进行调整或修改，并负责统一咨询业务的技术条件及分析原则。

（5）综合编写咨询成果文件总说明、总目录，审核相关成果文件最终稿，并按规定签发最终成果文件和相关成果文件。

（6）协调公司与项目各参与单位之间的关系，为公司高质量完成造价服务工作创造良好的外部条件。

2. 技术负责人

（1）审阅重要咨询成果文件，审定咨询条件、咨询原则及重要技术问题。

（2）协调处理咨询业务各层次专业人员之间的工作关系。

（3）负责处理审核人、校核人编制成果质量责任。

（4）对咨询成果质量负责。

3．土建、安装专业负责人

由熟悉工程技术、工程经济、工程施工、项目管理的资深造价工程师担任，对项目负责人负责，其主要工作内容为：

（1）在项目负责人领导下，组织本专业组成员拟定咨询实施方案、细化咨询原则、核查资料、审核计价依据的应用、计算公式、软件等使用是否正确。

（2）负责造价咨询工作的实施和质量管理，指导专业组成员的具体工作。

（3）动态掌握咨询业务实施状况，负责审查及确定各专业界面，协调各子项、各专业进度及技术关系，研究解决存在的问题。

（4）组织编制造价咨询成果文件，编写本专业审核说明和目录，检查审核成果的合规性，负责审核和签发本专业成果文件。

4．合同及资料管理负责人

（1）在项目负责人领导下，以本工程的各项合同为主线，负责每项合同对应的招投标资料、执行过程中发生的各类资料、合同履行完毕后的结算资料等的收集与整理工作进行协调和管理。

（2）指导与分派资料员的日常工作，并对资料归集情况进行检查。

（3）如有存疑或不完善的资料，及时与资料提供方核实，并提请建设单位、监理单位及时进行资料整改。

5．各专业造价工程师

（1）依据咨询业务要求，执行作业计划，遵守有关咨询业务的标准与原则，对所承担的咨询业务质量和进度负责。

（2）根据咨询实施方案要求，展开本专业咨询工作，选用正确的咨询数据、计算方法、计算公式、计算程序，做到内容完整、计算准确、结果真实可靠。

（3）对实施的各项工作进行认真自校，做好咨询质量自主控制，咨询成果经上一级校审后，负责按校审意见进行修改。

（4）完成的咨询成果符合规范要求，内容表述清晰准确。

6．资料员

（1）负责收发登记咨询项目组的文件和资料。

（2）负责管理咨询项目组的办公用品及收集整理图书资料。

（3）负责会议记录。

（4）完成合同及资料管理负责人委派的其他工作。

Ⅲ　咨询服务运作过程

一、咨询服务的理念及思路

工程全过程造价咨询是建设工程项目管理的重要方面，是节约投资、实现良好经济效益、实现投资目标的关键环节。在项目前期准确编制工程量清单与招标控制价、对施工合同签订前的审核和过程管理、施工过程中的造价控制、工程管理的审查、竣工结算的审核等，是全过程工程造价咨询服务的几个重要方面。必须严格按图计量、按计价标准执行、科学控制造价、合理确定结算价，实现建设单位工程投资经济效益目标。

确定咨询服务理念及思路至关重要，在招标采购工作前，协助建设单位对整个项目的招标采购工作编制整体合约规划、资金使用计划、变更管理制度、支付管理制度、索赔管理制度、成本管理制度及其他相关措施，为项目质量、造价、进度保驾护航。确立咨询服务目标，制订为达成目标必不可少的相应措施。

（一）工程发承包阶段的目标控制

确定目标成本与市场定位的对应性，落实限额设计的控制原则，从源头上控制造价；通过对招标文件的审核、工程量清单与招标控制价的编制，公平合理确定最高投标限价，将每个单位工程的工程造价控制在对应批准的设计概算范围内；审查合同的签订情况及条款的合法、合理、合规性。有以下主要措施：

（1）配合建设单位与设计单位进行方案比选、优化，对设计方案进行技术经济指标分析，提出降低成本的优化建议。

（2）结合类似项目及现场情况编制准确的工程量清单及招标控制价。了解设计意图和主要技术指标，对图纸标注不清、做法不明等事项逐一核实，确保工程量清单的准确性，为减少过程中发生设计变更打好基础。

（3）清标工作。对投标文件进行审查、分析、整理。重点审核中标价对招标文件的响应、是否存在不平衡报价、是否有表述不清或存在歧义等问题，并提交清标报告，为建设单位规避相应的风险，择优选取中标单位。

（4）审查勘察、设计、监理等各类服务咨询合同。依据勘察设计、监理的指导收费标准，结合市场价格水平，对本工程的勘察费、设计费、监理费合同价进行审核。重点关注合同中关于乙方责任与义务的约定、费用调整、付款节点及具体比例约定等条款。对合同文本提出意见和建议，协助建设单位做好合同签订与执行工作。

（5）审查施工合同。施工合同的起草水平与工程投资、施工的经济管理密不可分，合同签订至关重要。重点审查合同内容和范围是否清晰、明确，施工单位的责任与义务是否规定全面详尽，合同金额是否与中标价一致，合同中关于合同价格的确定方式、工程价款调整办法、变更签证计价办法、价格调整办法、结算计价办法、索赔处理方式等规定是否详尽、是否具有可操作性、是否符合法规与规范，审核合同文本描述是否科学准确无歧义。

（6）对合同签订、管理及执行进行全过程跟踪审核。对合同文本进行全面审核后，后续合同的签订、日常管理与执行进行跟踪审核。审查工程实施过程中出现的各类问题、各项事务是否严格依据合同执行，是否建立合同台账、合同管理制度与流程等，是否有专人负责合同日常管理，工程管理人员是否对合同进行交底、是否熟知合同内容并对合同执行情况进行跟踪审查。

（二）工程实施阶段的目标控制

以施工组织设计为基础，以工程项目管理为理论指导，以工程建设监理为保证，从而达到控制造价的目的。有以下主要措施：

（1）参与图纸会审及设计交底程序审核。施工单位中标签订合同后，参加由建设单位组织的图纸会审、设计交底，掌握会审与交底的具体内容及确定事项，并对工作程序是否符合规定进行审查，提出意见和建议。

（2）施工组织设计的经济性审核。在监理单位对施工单位编制的施工组织设计进行审批的同时，我们对施工组织设计的科学合理性、经济性进行审查。包括施工场地布置、大型施工机械使用、脚手架搭设方案、模板材质等与措施费相关的内容进行逐项审查。

（3）审核工程项目是否按计划使用资金，出具阶段性投资审核报告。在工程施工过程中，对各类合同预付款、进度款、材料设备款、勘察设计费、监理费等进行审核，并对照建设单位的资金收入与支出计划，分析与实际情况的差异，找出原因提出改进建议，定期出具阶段性投资审核报告书。

（4）审核工程项目是否按批复的内容进行建设，监督建设单位对出现的投资偏差进行分析，找出原因，落实纠偏措施。费用偏差主要原因见表2。

施工过程中时刻关注工程变更内容，对变更项目进行分类分析，审查其是否涉及工程批复内容的变化调整，工程是否严格按批复内容施工。对出现的投资偏差，建设单位是否予以重视和及时干预调整，是否针对出现的偏差及时采取处理方式加以纠正与落实。

表2　费用偏差原因

种　　类	具　体　原　因
物价上涨	人工涨价，材料涨价，设备涨价，利率、汇率变化
设计原因	设计错误，设计漏项，设计标准变化，设计保守，图纸提供不及时，其他
业主原因	增加内容，投资规划不当，组织不落实，建设手续不全，未及时提供场地，其他
施工原因	施工方案不当，材料代用，施工质量有问题，赶进度，工期拖延，其他
客观原因	自然原因，基础处理，社会原因，法规变化，其他

（5）审核预付款、工程进度款，对工程款的支付提出建议。在工程开工至竣工的实施全过程中，对各类合同预付款、已完成工程量的计量、工程进度款的申报、工程款的支付等进行审核。审核预付款是否严格按照合同约定的时间与比例金额进行支付，是否取得对方开具的合法发票，是否按照实际完成工程量进行计量，变更洽商的工程量是否按合同约定与进度款同期支付，进度款申报是否与完成工程量的产值相符、是否按合同约定扣除了各类款项或预留比例等支付进度款，各项付款是否按照建设单位的制度与流程进行审批执行。

（6）审核设计变更产生的造价增减、洽商与现场签证费用。除审核工程招标清单与控制价外，还应对中标的投标报价、实施过程中的变更、价格确认情况等进行审核。

（7）审核暂估价的专业分包工程造价（包括但不限于工程量清单和招标控制价）、暂估价的材料与设备采购等。对暂估专业工程项目与暂估材料设备价进行审核，审核其价款是否准确，是否符合市场价格水平。

（8）价格调整及工程索赔的审核。对于暂估价材料、变更新增材料的价格进行审核，对满足合同约定条件的价格调整是否正确进行审核，对发生的索赔事件进行真实性、合理性审核，对其索赔价款与工期等进行审核。

（9）隐蔽工程造价的审核。重点审核隐蔽工程旁站记录、重点部位是否按图施工、变更中的隐蔽项目是否有三方确认单。做好隐蔽工程审核的前期工作，做到有据可依。

（三）工程竣工阶段的目标控制

依据竣工结算资料，公平、公正、合规、真实的反映工程实际造价。经审核的工程竣工结算最终不超批准的投资限额。有以下主要措施：

（1）对单项工程或阶段性工作进行结算审核，并出具审核报告。对工程结算进行全面审核，重点审核该工程是否满足结算条件、工程量变更手续是否齐全、隐蔽工程是否有验收证明、价格调整、变更价款、措施费的计算等是否符合合同约定，结算编制是否严格执行合同约定的结算办法与计价方式，有无重复计算、擅自调价等问题，并审核甲供材的价格计算是否正确、计价依据是否充分、有无其他应扣款或罚款等情况。

（2）对钢筋工程量精细计量的审核。使用专门的图形与钢筋算量软件，重新计算钢筋工程量，并严格按照施工方案计算各类措施钢筋工程量、植筋数量等，按钢筋不同规格分别进行汇总计算，审核报审工程量是否准确。

（3）竣工结算资料的审核。除对工程结算书明细审核外，还包括对工程实施过程中发生的工程资料进行审查，是否按工程档案管理办法整理与立卷，审查招标文件、投标文件、合同、变更签证、设计图、竣工图、工程验收报告等工程资料是否齐全有效。

二、针对本项目特点及难点的咨询服务实践

（一）总包单位与各专业分包单位工作界面划分

总包单位与各专业分包单位工程界面划分，是编制各专业分包工程招标控制价的工作基础。

本工程建设单位要求总承包单位提供现场临时水、电的连接点，场内接驳由分包单位自行处理。总承包单位提供垂直运输机械，包括塔吊、人货梯等，同时为专业分包单位提供外脚手架的使用，脚手架搭设满足其施工空间要求（因脚手架搭设不满足施工要求导致的脚手架重新搭设、局部的调整所产生的费用由总承包单位承担，不得另行向建设单位和分包单位收取费用），搭设时间以建设单位认可的工期为准，超出工期产生

的脚手架费用由总承包单位向分包单位计取（总承包单位在施工脚手架拆除前必须以书面形式向建设单位提报，经建设单位同意后方可拆除）。

本工程总承包单位与各专业分包单位工程界面划分见表3。

表3 总承包单位与各专业分包单位工程界面划分

合同名称	施工总承包合同
外立面幕墙	幕墙专业暂估工程中包括外立面幕墙、旋转门、屋顶女儿墙部分金属栏杆、屋顶玻璃幕墙钢结构等；总包负责预埋件安装
消防工程	消防专业属于专业分包范围，总包负责预埋穿墙套管
变配电工程	发电机房控制柜属于变配电工程范围；低压配电室母线及桥架系统的出线50cm以外部分属于总包范围，所有出线电缆属于总包范围
电梯工程	电梯属于专业分包范围；电梯井内的桥架和电源（井道照明）属于总包范围
弱电工程	弱电工程属于专业分包范围，总包负责预埋穿墙套管
室外工程	给水、排水、雨水、中水、采暖总包负责做至建筑外墙皮1.5m，其余属于室外小市政范围
抗震支架	—
冷媒管及相关配件	总包负责预埋穿墙套管
中水系统机房	总包负责设备基础预留预埋
太阳能集热系统	总包负责设备基础预留预埋

（二）幕墙工程

本工程幕墙专业分包暂估价3 200万元（含税），包括外立面幕墙、旋转门、屋顶女儿墙部分金属栏杆、屋顶玻璃幕墙钢结构及马道等。本工程幕墙采用了许多新技术、新工艺，结构形式复杂，施工、性能控制、质量检测难度大。

在设计阶段，设计单位提出明框玻璃幕墙、隐框玻璃幕墙、半隐框玻璃幕墙三种不同设计方案，我公司同建设单位、设计单位、监理单位、施工单位共同研究不同方案之间的抗风压变形性能、抗雨水渗漏性能、抗空气渗透性能、隔热保湿性能、隔声性能对比，参与幕墙龙骨系统分解优化，包括横梁、立柱的材料选型等。我公司通过计算龙骨型材总用量，对单元式幕墙与框架式幕墙单位面积型材用量进行对比，发现隐框玻璃幕墙造价最低，性能最好，但施工难度最大，施工安全隐患较多。针对本工程的情况，我公司建议采用单元式隐框玻璃幕墙方案，在保障使用性能良好、各方面安全的前提下，采取辅助措施优化设计方案、降低施工难度及造价。方案实施后，幕墙专业最终结算价2 920.94万元，节约投资279.06万元。本工程幕墙施工现场照片见图3。

图3 幕墙施工现场照片

（三）抗震支架工程

为贯彻执行《中华人民共和国建筑法》和《中华人民共和国防震减灾法》，实行以"预防为主"的方针，使建筑给水排水、供暖、通风、空调、电气、弱电、消防等机电工程经抗震设防后，减轻地震破坏，防止次生灾害，避免人员伤亡，减少经济损失，做到安全可靠、技术先进、经济合理、维护管理方便。

由于本工程应用抗震支架正处于推广阶段，抗震支架产品的市场竞争还不够充分。我公司编制施工总承包招标控制价时将抗震支架工程列为专业暂估项（含税价410万元）。根据抗震支架技术发展及市场应用情况，我公司参与方案优化。

本工程为二级抗震，抗震烈度8度，为确保建筑在发生地震时具备更好的抗震能力。通过改进设计和使用高性能材料，提升抗震支架强度、刚度和稳定性，从而降低地震对建筑的破坏风险。

支架结构形式采用多层交错悬挂设计，增加稳定性和刚度；添加约束结构，提高抗震支架的耐震性能；优化抗震支架的剪力墙和框架结构，并增加关键部位的板材厚度，提高承载能力。通过优化抗震支架的结构形式，改进其受力性能，提高整体稳定性。

通过优化选择，选用高强度、高韧性、耐腐蚀性能良好的不锈钢材料，提高抗震支架的承载能力和耐久性，延长抗震支架的使用寿命。

合理安排施工工序，确保支架的安装顺序和时间；加强施工现场管理，提高工人的施工技术水平和安全意识；通过对抗震支架的设计、施工进行优化，提高了施工效率。优化后抗震支架的施工周期缩短20%，节约了大量人力资源和时间成本。

抗震支架专业工程最终竣工结算价为308.19万元，节约投资101.81万元。

（四）工程进度款的审核和支付

工程进度款的审核和支付涉及建设单位和施工单位的切身利益。对于施工单位而言，工程进度款是工程施工的资金保障。对于建设单位，做好进度款的审核与支付，有利于合理有效地利用资金。本工程为了更直观了解项目进度款支付情况，建立了工程进度款支付管理台账，支付进度表与形象图。我公司参与制订进度款上报审批流程、进度款申报报表格式、进度款申报规定，保证进度款审核的规范化，也有利于后期进度款的审核效率。

（1）进度款审核，应熟知合同文件中所有关于工程计量与支付方面的条款。本工程施工合同约定预付款支付至合同总价扣除暂列金额、暂估价、安全防护及文明施工措施费后的50%时开始抵扣，分四次平均扣除，当本期进度款的30%不够抵扣当期应抵扣预付款时，仅抵扣应抵扣预付款的50%，剩余金额从下期进度款中用相同方法扣除，若工程进度款付至合同价款的70%时尚未抵扣完成，则可将当期及随后的工程进度款全部抵扣，直至预付款抵扣完成。进度款按照经建设单位和监理单位工程师确认的上月完成工程量85%的比例支付，当支付的工程进度款金额累积计达到工程承包范围合同价款的85%时，暂停支付进度款，待竣工结算完成后，建设单位在扣除结算总价5%的质量保证金后将剩余的工程款一次性支付给施工单位。

（2）熟悉设计图纸、已审批的施工组织设计、技术措施方案、施工方案。对施工单位不按图纸施工、自行超出设计图纸范围和因施工单位原因造成返工的工程量不予认可，由施工单位自行承担，对于超出施工方案或与施工方案不符的措施费不予计算。

（3）在每期进度款审核时需要到现场勘查，了解工程项目的实际完成情况及工程质量情况，发挥全过程造价审核的作用。

（4）审查施工单位上报资料是否完整、是否按照规定上报、手续是否齐全。发现资料不全的，要求施工单位补全；没按规定上报的，要求其修改为符合规定的格式；对于不符合要求的进度款资料，不予审核。

本工程施工合同形式为固定单价合同，发生的变更与洽商签证费用与合同内项目的进度款同期支付。申报进度款的工程量以监理单位确认的完成工程量为依据。申报进度款中清单项目执行合同预算中相同清单项的综合单价、因变更洽商新增的清单项目按照施工合同约定的计价方式确定，即：

①合同中有相同项目的综合单价，按合同中已有的综合单价确定。

②合同中有类似项目的综合单价，参照类似的综合单价确定。

③合同中没有相同或类似清单项目综合单价的，参照项目建设当期《北京建设工程造价信息》、《建设工程工程量清单计价规范》GB 50500—2013、《房屋建筑与装饰工程工程量计算规范》GB 50854—2013、《通用安装工程工程量计算规范》GB 50856—2013、《北京市建设工程计价依据——预算定额》（2012年）等相关造价文件编制综合单价，按建设单位、监理单位和我公司共同确认后的综合单价执行。

全过程造价咨询实施期间，系统整理相关资料，是审核工程量、工程费用的基础工作。要做好设计变更、签证、往来函件、图纸会审单、工程联系单、会议纪要、材料价格记录等资料的归纳整理工作，建立对应的台账。尤其是对于隐蔽工程，要做好原始资料的收集和整理工作。

对于施工单位完成的合格工程内容，应及时确认和支付进度款，避免施工单位资金周转困难而影响工程质量和进度。

✐ 实例：某研发楼项目工程进度款支付管理台账，支付进度表与形象图，工程进度款审核汇总表（节选）

某研发楼项目进度款支付台账

工程名称：某研发楼

单位：元

序号	审核类型	送审金额	审定金额	实际支付	累计支付
1	预付款			16 789 654.65	16 789 654.65
2	2018年4月进度款	7 284 391.68	6 328 089.09	5 378 875.73	22 168 530.38
3	2018年5月进度款	1 214 732.80	1 128 051.32	958 843.62	23 127 374.00
…	…	…	…	…	…

序号	审核类型	送审金额	审定金额	实际支付	累计支付
10	2018 年 12 月进度款	17 406 720.23	12 184 038.60	10 356 432.81	57 283 946.88
11	2019 年 1 月进度款	5 865 435.27	1 681 036.52	1 428 881.04	58 712 827.92
…	…	…	…	…	…
17	2019 年 8 月进度款	8 489 881.00	7 050 618.31	5 993 025.56	84 865 008.46

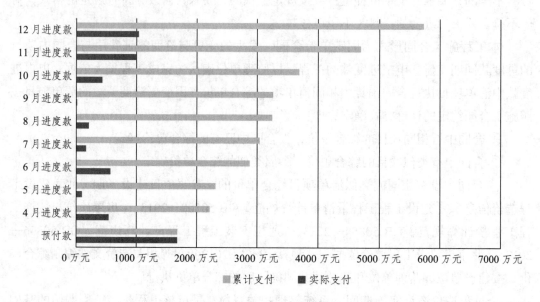

2018 年进度款支付情况

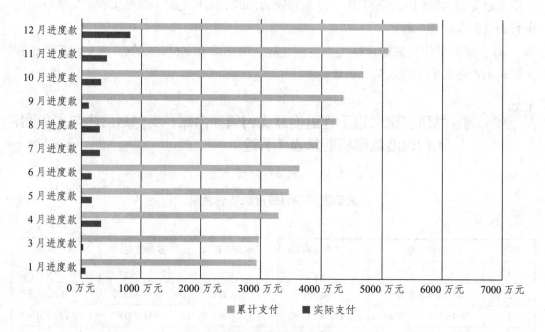

2019 年进度款支付情况

工程名称：某研发楼

单位：元

2019年4月工程进度款审核汇总表

序号	单位工程名称	合同金额	上期累计确认产值 A	上期累计付款金额 B	本月送审金额 C	本月咨询审核金额 D	本月调整金额 E=D-C	本月应支进度款金额 F=D×0.85	至本期累计确认产值 G=A+D	至本期累计应付款金额 H=B+F	支付百分比/%	备注
一	分部分项及单价措施工程费	146 167 768.50	47 182 041.75	40 104 735.49	12 593 414.68	7 516 540.44	-5 076 874.24	6 389 059.38	54 698 582.19	46 493 794.87	31.81	
1	土方及基坑支护工程（不含安文明施工费及临时设施）	18 990 839.96	16 478 923.72	14 007 085.16	2 694 592.59	405 793.10	-2 288 799.49	344 924.14	16 884 716.82	14 352 009.30	75.57	
2	地下结构工程（不含安文明施工费及临时设施）	35 017 448.13	27 780 523.20	23 613 444.72	1 276 088.44	1 088 088.48	-187 999.96	924 875.20	28 868 611.68	24 538 319.92	70.07	
3	地下装饰工程（不含安文明施工费及临时设施）	5 229 094.05	0.00	0.00	0.00	0.00	0.00	0.00	0.00	0.00	0.00	
4	地上结构工程（不含安文明施工费及临时设施）	30 703 745.87	2 246 163.90	1 909 239.32	7 934 367.75	5 730 058.33	-2 204 309.41	4 870 549.58	7 976 222.23	6 779 788.90	22.08	
5	地上装饰工程（不含安文明施工费及临时设施）	3 778 385.21	0.00	0.00	0.00	0.00	0.00	0.00	0.00	0.00	0.00	
6	强电工程（不含安文明施工费及临时设施）	15 790 989.07	468 356.03	398 102.63	408 946.05	224 005.26	-184 940.79	190 404.47	692 361.29	588 507.10	3.73	
7	弱电预埋工程（不含安文明施工费及临时设施）	445 073.59	170 564.92	144 980.18	279 419.86	68 595.27	-210 824.59	58 305.98	239 160.19	203 286.16	45.67	
8	暖通工程（不含安文明施工费及临时设施）	32 478 512.51	8 707.74	7 401.58	0.00	0.00	0.00	0.00	8 707.74	7 401.58	0.02	

序号	单位工程名称	合同金额	上期累计确认产值 A	上期累计付款金额 B	本月送审金额 C	本月咨询审核金额 D	本月调整金额 E=D−C	本月应支进度款金额 F=D×0.85	至本期累计确认产值 G=A+D	至本期累计应付款金额 H=B+F	支付百分比/%	备注
9	给水排水工程（不含安文明施工费及临时设施）	3 704 642.50	18 902.74	16 067.33	0.00	0.00	0.00	0.00	18 902.74	16 067.33	0.43	
10	消防工程预理（不含安文明施工费及临时设施）	− 29 037.61	9 899.50	8 414.58	0.00	0.00	0.00	0.00	9 899.50	8 414.58	28.98	
二	其他费用	58 054 086.61	0.00	0.00	0.00	0.00	0.00	0.00	0.00	0.00	0.00	
1	专业暂估等其他项目	58 054 086.61	0.00	0.00	0.00	0.00	0.00	0.00	0.00	0.00	0.00	
三	安全文明施工费	5 194 123.51	2 972 636.53	2 526 741.05	342 753.09	199 991.81	−142 761.28	169 993.04	3 172 628.34	2 696 734.09	51.92	
1	安全文明施工费（不含临时设施）	3 453 976.59	1 232 489.61	1 047 616.17	342 753.09	199 991.81	−142 761.28	169 993.04	1 432 481.42	1 217 609.21	35.25	
2	临时设施（100%）	1 740 146.92	1 740 146.92	1 479 124.88	0.00	0.00	0.00	0.00	1 740 146.92	1 479 124.88	85.00	
	合计	209 415 978.62	50 154 678.28	42 631 476.54	12 936 167.77	7 716 532.25	−5 219 635.52	6 559 052.41	57 871 210.53	49 190 528.95	23.49	

（五）安全文明施工费计取的政策变化

2019年1月北京市住房和城乡建设委员会《关于印发〈2019年建筑施工安全生产和绿色施工管理工作要点〉的通知》，通知中工作重点要求"推广科技创安，不断提升施工安全标准化水平"。一是推广实施新版《北京市建设工程施工现场安全生产标准化图集》（2019年），在安全防护、绿色施工、机械设备、现场临时设施、智慧工地等方面推广应用先进的设备设施和施工工艺，利用BIM、VR、AR技术等手段加强施工安全管理，提高全市施工现场安全生产标准化水平。二是充分发挥"北京市绿色安全样板工地"的示范引领作用，加强对先进设备设施和管理模式的推广和学习，鼓励引导建筑施工企业积极开展标准化创优。三是建立工程项目安全标准化水平与安全文明施工费费率相匹配的机制，激发参建单位创建标准化工地的积极性。

本工程施工合同签订于2017年9月，2021年5月11日竣工。在招标投标阶段执行《关于调整安全文明施工费的通知》（京建发〔2014〕101号）标准，施工单位投标的技术文件的安全文明施工费中安全防护管理措施脚手架立网统一采用绿色密目网防护。

建设单位响应北京市住房和城乡建设委员会的号召，按照《北京市建设工程施工现场安全生产标准化管理图集》划分标准，由标准化达标工地升级为绿色安全样板工地，将脚手架外围绿色密目网变更为冲孔钢板网，其余安全文明施工项目仍按原中标预算中安全文明施工费标准执行。本工程结算时，根据现场签证单内容，对施工单位结算中报审的密目网进行扣减，替换成冲孔钢板网。本项措施费送审金额为56.2万元，审定金额为44.9万元，核减11.3万元。

（六）税金调整

随着2016年建设工程增值税制度改革，新建工程项目全部推行"营改增"，建设工程取费程序也有了新的变化。本工程从2017年度招投标至2022年度工程结算经历时间较长，历经增值税税率的两次调整。第一次调整，2018年4月24日北京市住房城乡建设委员会发布《关于调整北京市建设工程计价依据增值税税率的通知》（京建发〔2018〕191号），文件要求2018年5月1日以后施工工程增值税税率由11%调整为10%；第二次调整，2019年3月27日北京市住房和城乡建设委员会发布《关于重新调整北京市建设工程计价依据增值税税率的通知》（京建发〔2019〕141号）文件通知，文件规定北京市建设工程计价依据中增值税税率由10%调整为9%，2019年3月31日（含）前已开标或已签订施工合同的建设工程，建设单位与施工单位按照友好协商的原则，调整合同价款。

我公司依据以上文件实时对本工程税率进行调整，有以下几个环节：

1. 预付款

预付款支付时间为2017年11月10日，适用增值税税率为11%。

2. 进度款

第一次调整时间点及调整幅度：2018年5月1日以后施工工程增值税税率由11%调整为10%，该文件发布后我公司积极与施工单位沟通，并向建设单位提出调整税率的建议（图4），建设单位同意当月工程进度款中的税金按照税率10%计取。

2019年3月27日北京市住房和城乡建设委员会《关于重新调整北京市建设工程计价依据增值税税率的通知》（京建发〔2019〕141号）文件通知，北京市建设工程计价依据中增值税税率由10%调整为9%。

第二次调整时间点及调整幅度：北京市建设工程计价依据中增值税税率由10%调整为9%，2019年3月31日（含）前已开标或已签订施工合同的建设工程，建设单位和施工单位按照友好协商的原则，调整合同价款。收到调整文件后我公司与施工单位沟通，并向建设单位提出调整税率的建议，建设单位采纳我公司的建议，在当月进度款中税金按照税率9%计取。

图4　调整本工程造价中增值税税率的建议文件

3. 结算款

本工程施工周期较长，历经两次增值税税率调整，施工期间工程进度款计算存在11%、10%、9%三种税率。结算时税金先按9%税率计算，然后根据实际缴税费率与金额，调整实际支付税率与结算税率计算税金的差额。工程结算的税金调整表见表4。

表4　工程结算的税金调整表

序号	票号	进度款税金金额	结算款税金金额	税金差	备注
1	3979	1 972 547.52	1 937 006.12	35 541.40	
2	6987	1 737 017.18	1 721 226.11	15 791.07	
3	6986	9 900 000.00	9 810 000.00	90 000.00	
4	5481	2 000 000.00	1 981 818.18	18 181.82	
5	722	2 074 362.58	2 055 504.74	18 857.84	
6	631	4 402 251.33	4 362 230.86	40 020.47	
7	645	124 228.34	123 098.99	1 129.35	
8	644	9 900 000.00	9 810 000.00	90 000.00	
9	5062	456 432.81	452 283.42	4 149.39	
10	5061	9 900 000.00	9 810 000.00	90 000.00	
11	5076	5 000 000.00	4 954 545.45	45 454.55	
小计				449 125.87	

（七）疫情索赔

自2020年1月24日我市宣布启动重大突发公共卫生事件一级响应以来，新冠疫情对在施工程的开复工不可避免的造成了不利影响。为本市疫情防控期间建筑市场的平稳有序、维护发承包双方的合法权益、保障开复工工程的质量和安全等方面提供政策支撑，北京市住房和城乡建设委员会陆续发布了一系列疫情防控相关指导意见及工作方案，指明了受疫情影响的政府投资和其他国有资金投资项目的工程造价和工期调整问题的解决路径，应按照公平、合理、实事求是的原则处理相关问题，依法妥善解决因新冠疫情产生的相关费用计价问题。疫情防控的相关工作指导意见及方案主要有：

住房和城乡建设部办公厅印发《关于加强新冠肺炎疫情防控有序推动企业开复工工作的通知》（建办市〔2020〕5号）；

北京市住房和城乡建设委员会印发《关于施工现场新型冠状病毒感染的肺炎疫情防控工作的通知》（京建发〔2020〕13号）；

北京市住房和城乡建设委员会印发《关于加强疫情防控做好建设工程复工协调调度的工作方案》的通知（京建发〔2020〕20号）；

北京市住房和城乡建设委员会印发《关于施工现场新型冠状病毒突发疫情应急预案》的通知（京建发〔2020〕46号）；

北京市住房和城乡建设委员会印发《关于受新冠肺炎疫情影响工程造价和工期调整的指导意见》的通知（京建发〔2020〕55号）；

北京市住房和城乡建设委员会印发《关于受新冠肺炎疫情影响工程造价和工期调整的指导意见》的通知（京建发〔2022〕176号）。

施工单位按照政策文件编制并执行《疫情防控施工方案》《疫情防控应急方案》等专项方案，在建设单位、施工单位、监理单位、我公司的共同努力下，项目施工现场未发生一例新冠肺炎感染者，有力保障了项目的施工进度和施工质量。

本工程竣工结算时，施工单位申报关于疫情期间应急措施费用、疫情期间停工损失、常态化疫情防控施工窝工降效损失、疫情增加其他费用的费用索赔，索赔费用约210.37万元。我公司依据施工合同、北京市住房和城乡建设委员会发布的相关政策文件、《建设工程工程量清单计价规范》GB 50500—2013及现场调查情况对施工单位送审的索赔进行审核，审定金额为28.44万元。某研发楼施工期间因疫情期间增加防疫费用审核汇总表见表5。

表5 某研发楼施工期间因疫情增加防疫费用审核汇总表

单位：元

序号	费用名称	送　审		审　核	
		费用增加项说明	增加费用	审核后费用	审核说明
一	疫情防控应急措施费用	因疫情防控应急措施增加的防疫人员工资、防控物资、核酸（抗原）检测和宣传教育等费用	562 149.00	109 017.87	（1）应急措施增加费：按疫情期间施工人员出勤统计表（工程监理签字确认）×20元/人； （2）现场封闭隔离防护措施费用，按照现场实际措施计算

序号	费用名称	送　　审		审　　核	
		费用增加项说明	增加费用	审核后费用	审核说明
二	疫情期间停工损失	疫情停工期间费用损失汇总（停工总天数89天）（1）现场留守人员工资；（2）现场停滞机械台班；（3）现场脚手架及围护架料租赁期延长	1 102 737.68	22 250.00	根据施工合同中第21.1条至第21.3条的约定不可抗力导致的人员伤亡、财产损失、费用增加和（或）工期延误等后果，由合同双方按以下原则承担：施工单位的停工损失由施工单位承担，但停工期间应监理单位要求照管工程和清理、修复工程的金额由建设单位承担；依据工作联系单，建设单位要求施工的安慰停工期间1名管理人员及1名保卫人员留在现场
三	常态化疫情防控施工窝工降效增加成本	疫情期间窝工降效费用，因本项目处于封控区内，按照人工和施工机械消耗量分别调增35%	391 529.46	146 823.55	本项目疫情防控期间施工未处于封控区，大部分施工时间为防范区，故按照京建发〔2022〕176号文，第3.3条第（3）项"工程处于防范区的，人工和施工机械消耗量分别调增10%~20%"的中值15%计取
四	工程疫情增加其他费用	工程物质损失保险及第三者责任险工期延长增加保险费用	47 252.25	6 352.25	程物质损失保险及第三者责任险由于工期延长增加保险费用，依据保单差价计取
	合计		2 103 668.39	284 443.67	

IV　服务实践成效

一、服务效益

本工程的施工过程历经五年，我公司始终遵循造价控制前瞻性理念，在全过程跟踪造价咨询实施过程中收集、整理了完善的工程资料，竣工结算阶段解决了所有争议问题，克服了因疫情、政策停工等不利因素，圆满完成全过程工程造价咨询工作。本项目批复概算投资25 400万元，其中建筑安装工程费23 565.6万元，我公司编制的招标控制价20 942.08万元（含专业分包工程）。在工程施工过程中依据成本计划，重点把控外立面幕墙工程、变配电工程、室外工程及抗震支架等专业分包项目的招标控制价编制工作，重点把控变更、洽商签证的审核工作。本工程申报建安工程结算金额27 507万元，审定金额为23 078万元，核减4 429万元，核减率16%。最终审定金额未超过批复概算的建安工程费，建设单位对我公司的造价咨询工作给予了高度认可与赞扬。

二、经验启示

（一）经验

本工程是我公司近年来完成的一个具有代表性、示范性的全过程工程造价咨询服务项目，通过这个项目我们获得了一些成功经验。

1. 项目团队工作能力的提高

经过对专业分包项目进行成本优化等细致把控，以及疫情防控、政策调整等各类事项的处理，项目团队人员得到充分历练，技术能力和业务能力得到提升。

2. 项目成本得到了严格控制

在工期延长、疫情防控等不利因素严重影响之下，通过成本控制的各种措施，将结算金额严格控制在概算批复范围之内。

3. 补充完善了我公司数据库

本工程具有研发、办公类的建筑属性，施工范围全面、工程专业齐全，作为典型工程分析归集其各类指标数据，能够指导今后同类工程项目的造价咨询服务工作。

（二）启示

1. 加强对施工图纸质量的管理

咨询单位在施工过程中应加强对设计变更的审核，要对拟发生的设计变更进行费用测算，并核查设计变更的原因。根据我公司的项目管理经验，有些设计变更是由于前期设计深度不够或设计质量缺陷造成施工过程的重复调整修改，从而导致造价突破概算批复额。为此我公司建议建设单位加强前期设计管理，尽可能地给出饱满的设计时间使其能保质保量地完成设计任务，并在设计委托合同中对设计单位的图纸质量约定罚则，如果发生设计质量缺陷造成的设计变更应予以追究，以预防突破概算。

2. 加强对合同的管理

施工总承包合同、施工分包合同及各类供货合同的签订，直接影响着工程投资，特别是施工总承包合同对建安工程造价控制起着至关重要的作用，因此合同中"合同价款调整""结算方式""暂估价材料调整""人工及主要材料设备价调整"等相关造价条款如果约定不清，过程中可操作性差，容易产生争议，造成结算价突破概算金额，为此咨询单位应协助建设单位加强对合同的评审，消除潜在风险。

3. 注重风险管理

（1）咨询单位要参与建设项目的风险管理，关注建设工程全过程的决策、设计、施工及移交等各个阶段可能发生的风险，正确分析和控制涉及人为、政策、经济、自然灾害等诸多方面的风险因素。重点关注合同文件、建设条件、人工及设备材料价格、质量、进度、施工措施、汇率、自然灾害等风险因素。工程造价咨询企业在项目实施中应进行正确的风险分析与风险评估，风险评估应包括对建设项目工程造价的影响和整个建设项目经济评价指标的影响。

（2）在工程造价管理咨询工作大纲中拟定建设项目风险管理方案，提出或分析主要风险因素。工程造价咨询企业应根据风险分析与风险评估的预测结果，向建设单位提出风险回避、风险分散、风险转移的措施。通过购买保险，将本应由自己承担的工程风险（包括第三者责任）转移给保险公司，通过保险可以使决策者和风险管理人员对建设工程风险担忧减少，从而集中精力研究和处理建设工程实施中的其他问题，提高目标控制效果。

（3）对于已经发生的风险事件应进行风险分析与评估，为处理风险事件、工程索赔等问题提出合理建议，降低风险损失，避免风险带来的损失扩大。

（4）充分发挥审核的预防性投资控制作用，充分认识建设工程风险，并进行主动预防和控制。

专家点评

本案例综合性很强，涉及专业比较齐全，尤其是机电专业，项目的合约规划与各标段工作界面的划分就显得尤为重要，而咨询人利用自身的专业能力，很好地解决了这一问题。

咨询人始终遵循造价控制前瞻性理念，根据设计概算制订成本目标，以成本目标为投资控制的主线，多次进行设计方案的经济比选及变更的经济分析，为建设单位决策提供了很好依据，也在实践中取得了成效，有效地控制了投资，受到了建设单位的好评。

风险管理，包括风险的识别、分析、评估，风险的处理，以及风险预案等，不仅仅是项目管理的手段和方法，也是今后造价咨询企业应该关注的重点，风险管理做好了，就能减少投资失控的风险。本案例咨询人对风险管理的理解深刻，其经验值得推介。

指导及点评专家：徐建军　中建精诚工程咨询有限公司

某档案馆建设工程全过程造价咨询成果案例

编写单位：北京华建联造价工程师事务所有限公司
编写人员：张春艳　刘力群　杨　帅　李　枣　汤晓丽

I　项目基本情况

一、项目概况

项目名称：某档案馆建设工程。

项目专业类别：公共建筑。

项目总投资：8.48亿元。

项目规模：工程总建筑面积 114 988m²，地下2层，地上9层、局部10层；檐高48.5m；建筑东西长173.8m，南北宽80.8m，建筑效果图见图1。

图1　建筑效果图

建设单位：北京市某单位。

设计单位：某研究院有限公司。

施工单位：某集团有限责任公司等。

造价咨询单位：北京华联造价工程师事务所有限公司。

二、项目特点及难点

（1）周边环境比较复杂。本项目临近北京市东三环且三面临路，紧邻已建成的成熟小区；所处位置原为旧厂房，遗留的废旧基础较多，地下环境不确定因素多，不利于工程成本的控制。

（2）工程体量大。本项目占地面积3.36万m²，单体建筑的总建筑面积达11万m²。

（3）结构体系多样。本项目主体结构为全现浇钢筋混凝土框架—剪力墙结构，大堂、展厅等高大空间采用钢桁架结构体系。

（4）参建单位数量多。本项目按土建、装修划分为不同标段承包给多家施工单位，交叉施工作业面较多，现场沟通协调事项较多，易发生争议及相互索赔事项。

II 咨询服务内容及组织模式

一、咨询服务内容

主要包括实施阶段全过程造价咨询、财务审计两大方面。以下是咨询服务的具体内容：

（1）编制工程量清单及招标控制价，并重点关注以下两点：

①审查各分包工程招标标段的划分及各标段间界面的设置，对不合理的划分或界面提出专业建议，协助各方优化施工组织管理，避免发生招标工程量清单缺漏项的问题。

②审查专业暂估项设定的合理性及必要性。并对甲供材、暂估价材料与设备提供市场价格信息和建议，协助建设单位确定招标阶段的各项暂估价格。

（2）审核工程总承包、甲分包的招标文件内容是否合法合规。重点是施工合同中有关风险结构分配、价格调整和结算的条款；审查评标办法是否合理，是否涵盖了业绩.信誉、工期、施工能力（装备、技术、方案、管理、安全）、质量标准、成本控制等关键内容，从而避免在后期施工过程中相关风险的发生。

（3）配合建设单位开展清标工作。

（4）对建设单位计划自行采购材料设备的需用量和资金计划提供咨询意见。

（5）配合招投标工作。

（6）协助建设单位做好各项合同的谈判工作。

（7）审核拟签施工合同中的商务及技术条款是否合法、合规。重点对合同价格、结算方式、材料购买、分包工程项目、进度款拨付等条款进行审查。

（8）审核施工合同中所列暂估价材料设备价格，协助建设单位做好认价工作。

（9）对设计变更、洽商签证的事项进行复核性审计，对所涉事项的确认程序、合规性进行审计。

（10）审核设计变更、洽商签证的增减造价。可能对工程造价或进度产生较大影响的事项，出具书面报告提请建设单位决策，及时更新并有效控制因此引起的造价变化。

（11）审查招投标阶段确定的工程造价在工程实施过程中的执行情况，及时完成工程量的核定工作。

（12）结合事中隐蔽工程验收情况，审核未施或者未按图施工的内容。

（13）审核工程预付款与进度款，对支付程序、完成工作量、应付款金额等进行复核性审计。

（14）对工程索赔事项及费用的真实性、合理性进行审计，协助建设单位合规的处理工程索赔。

（15）对投资计划与实际执行情况进行比较分析，随时对投资偏差提供纠偏意见，严格控制工程造价。

（16）协助建设单位编制合同台账，监督合同执行情况，分析合同非正常执行问题的原因，避免发生承包商或第三方的索赔。

（17）协助建设单位对项目信息进行收集、传递、存储、发布，定期编制建设信息的动态。

（18）按月向建设单位提供工程计划的完成情况表、形象进度报表等动态。

（19）协助建设单位对项目所有批文、合同、工程证照、各类通知、任命书、委托书、证书、施工签证、备忘录、报告、函件、会议纪要、索赔资料等文件进行分类保管。

（20）协助建设单位按照结算编制原则及要求，督促施工单位及时编制结算书。

（21）对项目的阶段性结算进行审核。主要是依据合同约定对某阶段施工已完成的工程量、清单组价的定额套用、材料价格取定等是否正确，各项费用计取标准是否符合规定等内容进行审计。

（22）根据施工合同约定进行工程竣工结算审核。对施工单位所报结算书是否全面、合理、规范提出审查意见，督促施工单位及时完善结算书。然后对送审结算书的工程量、价格、取费、材料替换、甲方供材等逐项审核，由各方确认工程造价，最终出具竣工结算报告。

（23）协助建设单位完成决算报告编制，包括以下工作内容：

①竣工财务决算报表和说明书的完整性、真实性。

②各项建设投资支出的真实性、合规性。

③建设工程竣工结算的真实性、合规性。

④对概算执行情况进行分析。

⑤交付使用资产的真实性、完整性。

⑥结余资金及基建收入。

⑦协助建设单位编制年度、月度投资完成报表，财务用款计划报表等。

⑧按照国家相关会计制度及财经政策要求，提供财务核算咨询。协助建设单位进行账务设置，定期对建设投资支付的真实性和合规性提出改进意见和建议。

（24）提出相关合理化建议。

二、咨询服务组织模式

为保障全过程造价咨询的服务质量，本项目组建咨询团队采用"驻场+后台配合、线上统一管理"的模式。以项目负责人为服务团队核心，全面领导咨询服务的实施；由驻场项目经理安排驻场专业人员日常工作，并组织BIM团队完成线上项目建模；由后台专业负责人组织各专业人员提供日常配合工作。各岗位人员按照公司的组织架构、管理制度和工作流程，分别完成各自分工的工作及相应成果文件。本项目服务团队的组织示意图见图2。服务团队的岗位与工作职责表见表1。

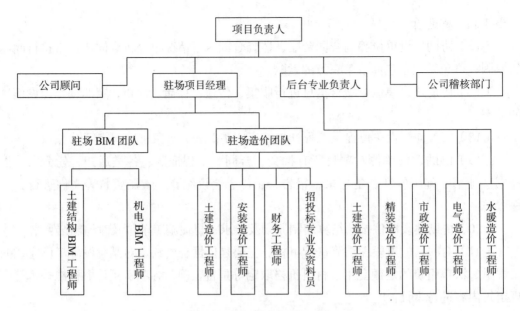

图 2　服务团队的组织示意图

表 1　服务团队的岗位与工作职责表

序号	岗位	岗位要求、职责、分工
1	项目负责人	（1）具有全过程造价咨询工作经验，组织、协调能力强，专业能力强、责任心强； （2）负责制订项目计划、管理制度，制订合约规划、目标成本、动态成本； （3）负责与建设单位之间的协调； （4）组织协调驻场及后台的人员配置； （5）负责成果文件质量的三级审核
2	驻场项目经理	（1）具有全过程造价咨询驻场工作经验，组织、协调能力强，专业能力强、责任心强； （2）全面负责具体的造价及BIM现场工作；统一造价咨询业务标准、统一技术经济分析原则、统一交底、统一底稿标准； （3）负责各专业间的技术协调、组织管理、质量管理工作； （4）负责驻场成果质量二级审核，资料整理收集、汇总
3	后台专业负责人	（1）具有造价咨询工作经验15年以上；专业能力强、责任心强； （2）全面负责后台的造价咨询服务；主要为概算审核、清单控制价编制、重计量、测算等工作量较大的咨询工作；统一造价咨询业务标准、统一技术经济分析原则、统一交底、统一底稿标准； （3）负责各专业间的技术协调、组织管理、质量管理工作； （4）负责后台咨询成果质量二级审核，资料整理收集、汇总，对咨询成果负直接责任
4	驻场造价工程师	（1）配合驻场项目经理完成驻场造价咨询工作； （2）配合驻场经理完成例会、周会、造价专题会、监理会等会议的会前准备； （3）配合驻场经理完成进度款审核、踏勘现场、测算
5	驻场BIM工程师	（1）配合设计和施工单位完成BIM 5D的建模修改； （2）配合驻场经理参加BIM会议； （3）在实施过程中配合各参建单位的BIM团队完成BIM建模

序号	岗位	岗位要求、职责、分工
6	驻场财务会计师	（1）财务工程师属于不定期驻场，配合驻场经理完成每月末、季度末财务工程物资监盘、审查资金收支合理性； （2）决算报告的编制
7	驻场招投标专员及资料员	（1）配合驻场经理完成招标文件、合同范本合规性审核； （2）配合驻场经理完成资料收发台账的记录
8	后台造价工程师	（1）配合后台专业负责人完成造价咨询工作； （2）根据任务要求，依据相关造价咨询规范及相关法规，完成咨询事项，并在线上完成成果的提交； （3）采用自检、互检方法完成成果文件的初级审核，对成果的质量和进度负责
9	后台稽核部门	（1）统一管理公司所有成果文件、咨询合同； （2）对各项目负责人的成果文件进行四级审核
10	后台顾问	多为经验丰富的设计、施工、监理、工程咨询、律师等人员，解决各阶段的关键性问题，为整体咨询工程保驾护航

Ⅲ 咨询服务运作过程

一、咨询服务的理念及思路

工程造价咨询是指接受委托的工程造价咨询机构，运用工程造价管理知识和技术手段，对建设项目前期（立项、可行性研究）、实施期（设计、招标、施工）、竣工验收期（结、决算）各阶段、各环节所涉及的工程造价进行全过程监督和控制，并提供有关造价决策方面的咨询意见、政策建议、法律法规咨询等服务。本项目采用"驻场+后台、项目部门+公司各管理部门"协同办公理念，以BIM技术为依托集成化管理，达到控制成本、保证质量的最终目的。

工程造价咨询主要在5个阶段进行成本控制，前期阶段、设计阶段、招投标阶段、施工阶段、竣工验收阶段。项目建设各阶段造价咨询服务内容示意见图3。

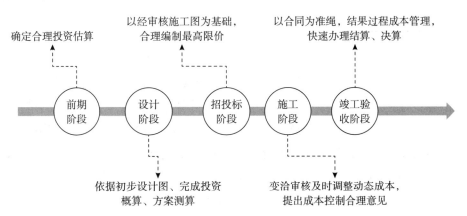

图3 项目建设各阶段造价咨询服务内容示意图

（一）前期阶段

配合建设单位确定项目投资额、分项造价及目标控制，有利于建设单位、设计单位、造价咨询单位做好项目源头投资控制。

（二）设计阶段

在项目确定投资决策后，控制造价的关键在于工程设计，这也是有效控制工程造价的重点环节。设计费一般占建设工程全寿命费用的1%左右，但设计在工程全寿命周期而言对工程造价的影响度高达75%以上。配合设计单位完成限额设计，合理控制工程造价。

（三）招投标阶段

招标工作是建设单位及其咨询顾问把所有策划和设想转移到建设项目的实施阶段，招标效果直接影响到项目实施成败。此阶段重点在于编制合规合理的最高投标限价，并协助建设单位确定造价控制目标。

（四）施工阶段

项目逐步落地，此阶段BIM技术发挥作用极大，能够指导施工单位合理安排施组，避免重复施工，避免不必要的变更。利用BIM 5D技术进行造价动态管理，便于建设单位、设计单位直观快捷了解造价控制情况，对造价变动情况提出风险预警。此阶段财务审计直接参与，审核项目资金收支、审计建设管理费列支等。

（五）竣工验收阶段

工程竣工结算应按法律法规有关规定，以合同为基础，实事求是进行。工程结算采用阶段结算、事前结算、竣工结算三种形式，便于控制造价，同时编制决算报告并与概算投资进行对比分析。

二、咨询服务的目标

咨询服务的总目标是合理控制工程造价；合规、不超概；合理利用资源。配合设计单位限额设计，进行多方案的经济比选测算，利用公司数据库中各业态的指标及以往类似项目实施方案，提出优化建议；利用公司数据库严管材料设备价格，确定项目投资概算。在招投标阶段严格按施工图及相关规定确定工程承包方式（施工总承包＋设备甲供），确定造价控制目标。实施阶段利用BIM技术进行多专业交叉碰撞检查，进行优化设计。建立动态造价台账，对超概风险提出预警。审计项目资金收支是否严格执行基本建设财务制度。竣工阶段快速准确的完成结（决）算的审核。

（一）设计阶段

设计是项目整个建设过程中最重要的部分，我公司团队人员与设计师密切配合，合理充分争取概算资金，确保概算不漏项目总金额合理，控制签约合同价和竣工结算价在批复概算范围内。重点是技术方案的研究与选择，应做到：

（1）采用限额设计。按照批准的可行性研究报告及投资估算控制初步设计及概算，同时各专业在保证建筑功能要求的前提下，按分配的投资限额进行设计，并且后期严格控制初步设计和施工图的不合理变更。

（2）采用优化设计。从多种方案中选择最佳方案。以各方案中的最优化理论为基础，以综合分析为手段，根据设计所追求的性能目标，建立目标指数，在满足给定的各种约束条件下，寻求最优的设计方案。我公司进行多方案的经济测算，协助设计单位对初步设计图进行优化，重点是外幕墙、电气配管材质优化、基坑支护方案的优化。

（3）优化实施方案及深化初步设计图纸，做到项目无缺漏。加强项目团队培训学习，踏勘现场了解工程布置、周边环境、施工条件、场内外运输等情况。聘请专家对设计方案进行评审，与可行性研究报告的批复文件、取得的规划初步设计方案的批复意见、与数据库做仔细对比分析。

（4）检查编制依据的时效性、准确性、适用性，定额、指标、工程量计算、取费标准是否正确。利用我公司业务平台定期对员工进行专业培训，在平台上及时更新发布最新的政策文件，及时宣贯。业务平台展示见图4。

（5）项目团队熟悉固定资产投资与财政投资范围，对比分析指标数据。

图4　业务平台展示图

（二）招投标阶段

我公司配合建设单位审核招标文件，重点是合同条款是否约定全面准确。同时确定造价控制的目标为概算额下浮20%。

（1）根据项目的总体进度安排，对招标策略、日程安排、合同结构及发包界面划分等提供方案建议，并与建设单位、招标代理单位反复沟通修订，直至通过各方审核。

（2）根据图纸文件、《建设工程工程量清单计价规范》GB 50500—2008、建设单位提供的技术资料，按照相关工程预算定额、工程量计算规则、施工费用计算规则、市场要素价格等情况编制工程量清单、招标控制价或标底及造价指标分析表。

（3）按施工图纸及图集计算钢筋及预埋件重量；提供完整和规范的工程量计算书，包括钢筋及预埋件重量计算书、汇总表。

（4）计算钢筋、混凝土等主材单方含量，对各分项单方造价、主材单方造价与市场常规价格及以往类似工程价格进行比较分析，对施工图相应设计内容的经济性提出意见和建议。

（5）审核、修改招标文件及合同文本，对涉及价款确定、价款调整的条款提出审核意见，包括但不限于合同计价方式、承包范围、款项支付、合同变更条件、违约赔偿、合同索赔、争议解决等条款。并就承包方式、承包范围、计价原则、计量方式等内容出具专项咨询意见。

（6）清标。对投标预算书进行核算，详尽分析各标书的报价，审核有无虚报、遗漏或算术错误等情况，提出专业建议并出具清标报告。

（三）施工阶段

（1）BIM技术的应用。本项目主体施工时间是2013—2014年，我公司充分利用BIM技术优化场地平面设计，解决管线排布复杂问题，精细化设备机房空间排布、设备及阀部件精细安装，对结构重点难点部位和节点提前可视化研究，并结合3D扫描仪对大堂装修深化设计，提高施工精度。虽然当时BIM技术还处于初期发展阶段，我公司前瞻性的应用了BIM技术，对施工图中各专业碰撞提出警示，避免工程返工，有利于加快施工进度、减少变更洽商的发生。同时利用BIM软件精、准、快的优势在建模后自动生成工程量，大幅提高了工作效率，并可有效地运用于项目后期的运维管理。运用BIM技术的管线排布展示图见图5，运用BIM技术的设备间管线排布展示图见6。

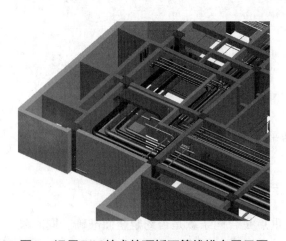 

图5　运用BIM技术的顶板下管线排布展示图　　图6　运用BIM技术的设备间管线排布展示图

（2）变更洽商审核。对发生的设计变更、洽商签证的造价进行及时测算，反映造价增减变化，如超过造价控制目标的90%则触发预警，协助建设单位随时掌握造价动态。

（3）驻场人员负责踏勘施工现场，对施工的隐蔽工程是否与图纸一致进行复核。

（4）风险处理：本项目施工期经历了APEC（亚太经合组织）2014年峰会，我公司指导施工单位、监理单位做好对现场停工情况的签认，利于后期索赔的妥善处理。

（四）结算阶段

在本项目全过程造价咨询过程中，我公司采用阶段结算、最终结算的分阶段结算审核方式。

（1）阶段结算是指在确定施工图终版后3个月内完成施工图重计量，相应的结算方式调整为"重计量结果+变更洽商+其他"。

（2）最终结算是指竣工验收后，对申报的项目结算进行全面审核，出具最终竣工结算报告，并协助建设单位编制决算报告，上报备审。

（五）财务审计

财务审计贯穿整个项目，财务审计的目的是为了规范基本建设财务行为，加强基本建设财务管理，提高财政资金使用效益，保障财政资金安全。有以下主要审计方向：

（1）是否按项目单独核算，按照规定将核算情况纳入单位账簿和财务报表。

（2）是否按照规定编制项目资金预算，根据批准的项目概（预）算做好核算管理，及时掌握建设进度，定期进行财产物资清查，做好核算资料档案管理。

（3）是否按照规定向项目主管部门报送基本建设财务报表和资料。

（4）是否及时办理工程价款结算，编报项目竣工财务决算，办理资产交付使用手续，是否专款专用。

（5）编制决算报告。主要内容为项目概况、批复文件、基本建设程序执行情况、基本建设管理制度执行情况、项目财务管理、会计核算及竣工决算报表情况、项目投资情况、决算与批复对比及差异原因。

三、咨询服务的措施

以我公司管理平台为依托，按照管理制度，明确咨询目标，制订工作原则与方法，确保达到造价控制目标。

（一）管理制度

1. 质量管理制度

一级审核：造价工程师负责本专业的业务实施和质量自检、互检。根据相关造价准则及合同，完善底稿，对所承担的咨询业务质量和进度负责。

二级审核：专业负责人负责本专业的技术协调、组织管理、质量管理工作。对本专业进行工作交底、统一技术条件、统一技术原则。对本专业成果进行二级审核，对成果直接负责。驻场人员的成果文件由驻场经理完成二级审核。

三级审核：项目负责人负责协调项目部与建设单位及相关方之间的工作事宜，协调项目驻场和后台支持人员的工作关系，负责各专业之间技术协调、组织管理、质量管理工作。对整体项目进行三级审核。

2. 进度管理制度

事先明确每项造价咨询服务的工作时限。线上及时汇报工作进度，积极反馈问题并及时解决处理。定期召开工作例会。

3. 应急制度

我公司专门委派3名造价人员组成造价业务突发事件应对小组，小组人员随时待命，保持24h手机开机，及时处理紧急工作任务，保证与各方的随时沟通。

4. 廉政制度

每名服务团队人员均签订《廉政责任书》。每半年召开一次廉政例会，对造价咨询工作廉政建设情况进行检查汇报。

5. 保密制度

每名服务团队人员均签订《保密责任书》。做好保密制度宣传，每半年召开一次保密制度学习。

6. 监督制度

由我公司的稽核部门负责对本项目团队人员日常工作的监督。稽核人员不定期对项目组人员的工作情况、成果质量进行抽查，发现问题及时通报并督促整改。

7. 档案制度

要求工程文件等材料齐全完整；按照各类档案内容进行整理、立卷；案卷标题简明确切，便于保管和日常查阅。

（二）工作原则

1. 总额不变原则

投资控制目标作为本项目咨询服务的核心，经批复的初步设计概算是投资控制的底线，确保在总概算内完成本项目建设。以投资控制目标为基础，分解到工程实施的各阶段，并在投资控制总目标之内各单项工程的造价控制目标留有余地。

2. 动态控制原则

在工程实施过程中实行投资的动态控制，确立计划、投入、检查、分析、调整等环节，找出偏差的原因，并根据分析的结论协助建设单位调整各单位工程的投资。如此周而复始，形成对投资控制目标的动态控制。

3. 预控原则

认真做好项目投资控制的事前分析工作，对可能影响项目投资的自然因素、政策因素进行研究，关注可能引起造价变化的因素，及时反馈给建设单位。并做出对造价影响分析、提出相应咨询意见，降低各种因素对投资控制的影响。

4. 贯穿原则

以总承包施工合同为投资控制基础，将投资控制贯穿于设计管理、招标管理、监理管理、采购管理、施工现场管理等环节中，确保投资控制目标的实现。

5. 投资预警原则

对出现影响使用功能或增加费用额度较大的变更，及时报告建设单位关注，并提供变更造价估算或审核意见，为其决策提供依据。

（三）工作方法及手段

建立统一化的工作方法。统一工程量计算底稿，有利于团队人员之间成果互查，有利于快速审核，提高工作效率与质量，也有利于缩短因人员变动导致重新熟悉资料的时间。

推广使用平台及软件。采用益联云平台、广联达图形算量与安装算量、清单计价软件、清标软件、BIM 5D等软件，有力保障了工作质量与效率。

四、针对本项目特点及难点的咨询服务实践

（一）设计阶段

（1）初步设计阶段。本项目为档案馆建设，单体建筑面积超过11万 m²，大跨度、高空间的特点，可用于对标项目与数据较少。我公司与设计单位深度沟通，建议加大初步设计图设计深度，便于合理确定目标成本。同时外聘专家踏勘现场，采用专家讨论会等方式进行多方案比选。

（2）施工图设计阶段。优化设计降低投资。

✎ 实例1：本项目优化设计降低投资

通风管道：本项目建筑室内采用南北动静分离设计理念，包括南侧办公区、档案展览区、会议交流区及北侧档案整理区、档案存储区，并且对各区域温湿度控制严格。由于本项目工期紧，通风空调管道充分利用BIM技术，提前场外预制、现场安装，这一举措降低造价约30万元。

防水：原设计地下平立面防水为耐根穿刺三元乙丙防水卷材，经我公司顾问专家建议优化为耐根穿刺SBS防水卷材，替换比材料降低造价约10万元。

~~~~~~

（二）招投标阶段

（1）工程承包方式的确定。经与建设单位、招标代理单位多次讨论，最终确定"施

工总承包+专业工程承包"平行发包的模式。建设单位对优质施工单位的选择性更多，有利于控制造价；但同时加大了合同管理难度。合约计划表见表2。

表2 合约规划表

序号	分类	项目名称	招标人	合同类型	招标方式
1	红线内工程	某档案馆建设工程工程项目建设工程施工合同	北京市某单位	固定单价合同	公开招标
2		某档案馆工程电梯专业工程采购与安装项目合同	施工总承包单位	固定单价合同	公开招标
3		某档案馆工程消防分包工程施工合同	施工总承包单位	固定单价合同	公开招标
4		幕墙专业分包合同	施工总承包单位	固定单价合同	公开招标
5		弱电专业分包合同	施工总承包单位	固定单价合同	公开招标
6		太阳能专业分包合同	施工总承包单位	固定单价合同	公开招标
7		某档案馆工程变配电分包工程施工合同	施工总承包单位	固定单价合同	公开招标
8		室外道路弱电	施工总承包单位	固定单价合同	公开招标
9		某档案馆园林绿化工程控制价	施工总承包单位	固定单价合同	公开招标
10		某档案馆工程组合式空调机组等设备采购合同	北京市某单位	固定单价合同	公开招标
11		某档案馆工程柴油发电机设备采购合同	北京市某单位	固定单价合同	公开招标
12		某档案馆工程变配电设备采购项目合同	北京市某单位	固定单价合同	公开招标
13		标识系统	北京市某单位	固定单价合同	公开招标
14		某档案馆工程档案库排架采购项目	北京市某单位	固定单价合同	公开招标
15		某档案馆精装修一标段工程合同	北京市某单位	固定单价合同	公开招标
16		某档案馆精装修二标段工程合同	北京市某单位	固定单价合同	公开招标
17		某档案馆精装修三标段工程合同	北京市某单位	固定单价合同	公开招标
18	红线外工程	红线外所有市政工程	北京市某单位	固定单价合同	公开招标

（2）招标文件审核。重点是审核工期、合同类型、风险约定、措施项目、结算方式及界面划分是否约定明晰。

实例2：招标文件审核

质量：招标文件（送审稿）专用条款中19.工程质量中无创优目标。用合同条款约束工程质量标准，我公司提出下述意见：增设19.2款创优目标，为了实现承包人对工程质量的承诺，承包人将实施严格的措施，并制订设计、采购和建设方面的质量计划，该质量计划经建设单位审核确认后承包人应予严格遵守。承包人就本工程质量奖项做出如下保证与承诺：竣工工程确保获得鲁班奖、北京市"结构长城杯"金奖、"竣工长城杯"金奖。承包人应为此制订科学合理的质量保证与质量控制方案，确保前述质量标准、质量奖项目标的实现。

综合单价：招标文件（送审稿）对合同文件约定的综合单价风险仅约定了调整范围、未约定调整方法，经我公司审核提出下述意见：

1．市场价格变化幅度确定的原则：

（1）施工期间，因人工价格、预拌混凝土、钢材、木材、水泥、沥青混凝土、电缆的价格波动影响合同价格时，以本市建设工程造价管理机构在开标前一个月发布的《北京工程造价信息》中的市场信息价格（以下简称造价信息价格）为基准价格；造价信息价格中有上、下限的，以下限为准；造价信息价格中没有的，按建设单位、承包人共同确认的市场价格为准。

（2）材料价格变化时，由发承包双方按下列规定调整合同价款：

承包人投标报价中材料单价低于基准单价。施工期间材料单价涨幅以基准单价为基础超过合同约定的风险幅度值，或材料单价跌幅以投标报价为基础超过合同约定的风险幅度值时，其超过部分按实调整。

承包人投标报价中材料单价高于基准单价。施工期间材料单价跌幅以基准单价为基础超过合同约定的风险幅度值，或材料单价涨幅以投标报价为基础超过合同约定的风险幅度值时，其超过部分按实调整。

承包人投标报价中材料单价等于基准单价。施工期间材料单价涨、跌幅以基准单价为基础超过合同约定的风险幅度值时，其超过部分按实调整。

2．第30.2款约定的各项合同风险范围之外合同价款的调整方法：

（1）材料价格的变化幅度小于或等于合同中约定的价格变化幅度时，不做调整；变化幅度大于合同中约定的价格变化幅度时，应当计算超过部分的价差，其价差由建设单位承担或受益。

（2）人工市场价格的变化幅度小于或等于合同中约定的价格变化幅度时，不做调整；变化幅度大于合同中约定的价格变化幅度时，应当计算价差，其价差全部由建设单位承担或受益。

（3）建设单位、承包人对施工期间暂估价、或新增的材料设备市场价格进行认价。承包人应当在合同规定的调整情况发生后14天内，将调整原因、金额以书面形式通知建设单位，建设单位确认调整金额后将其作为追加合同价款，与工程进度款同期支付；建设单位收到承包人通知后14天内未予确认也未提出异议的，视为已经同意该项调整。

（4）当合同规定的调整合同价款的调整情况发生后，承包人未在规定的时间内通知建设单位，或者未在规定的时间内提出调整报告，建设单位可以根据有关资料，决定是否调整和调整的金额，并书面通知承包人。

（5）工程量按调整期内完成的相应工程量计算。

（6）调整计算后的差价仅计取税金。

（7）在合同履行过程中，因非承包人原因引起的工程量增减，按实调整。

（8）因承包人原因导致工期延误的，按照约定的调整时间与方式，在原计划的竣工时间之后，合同价款调增的不予调整，合同价款调减的予以调整。

其他总价措施：招标文件（送审稿）对其他总价措施没有约定，经我公司审核建议"其他总价措施包干，结算不做调整"。

施工界面划分：我公司建议在招标文件（送审稿）的合同文本中明确施工界面的划分，为避免后期因界面不清发生施工扯皮现象，见下表。

施工界面划分表

工程名称	总包单位	专业分包单位
基坑工程	包括现场清理、地下管线探测、土方工程的设计与施工（场地平整、土方开挖、地下不明障碍物的清除、构筑物的清运、土方外运消纳及肥槽回填、房心回填、室外回填等全部回填）、基坑及边坡支护方案的设计、专家论证及施工（护坡桩、锚杆、钢腰梁、护坡桩钢筋制作及安装等）、降水设计、专家论证及施工等相关内容，以及所有必要的试验和检测	—
地基与基础工程	包括基础、基底处理、基础防水等全部基础工程	—
主体结构工程	包括招标图纸范围内全部主体结构工程、钢结构工程（含钢结构深化设计及防火涂料）、劲性钢（管）混凝土结构、（包括设备基础及室内外爬梯等）均纳入承包人自行施工范围	—
屋面工程	包括招标图纸范围内均纳入承包人自行施工范围，包括屋面找平层、保温层、隔气层和防水层、屋面装饰面层、种植屋面，以及屋面排水滤水等所有屋面工程	—
墙体工程	二次结构包括加气混凝土墙、轻集料混凝土砌块墙及其他砌筑隔墙工程，以及砌体墙体抹灰；外墙砌筑墙（幕墙处保温由外幕墙单位施工）	—
门窗工程	包括人防门、防火门、防火卷帘、除精装范围的所有内门窗的材料采购、安装等全部工作，以及所有门窗（含外门窗）洞口收口、封堵及后塞口工作等。不包括：幕墙及与幕墙相接的外门窗材料采购、安装工作	石材幕墙、玻璃幕墙、雨棚、采光井天窗、幕墙部分钢结构的供应及安装，以及幕墙范围内的变形缝、保温、嵌缝收口均由专业承包负责
室外工程	包括道路广场、绿化、室外设备管线及窨井、室外电气管线、泛光道路景观照明、市井接口、屋顶绿化铺装小品等工程	—
预留、预埋	为完成专业分包工程及独立分包工程所须配合之土建项目，包括但不限于以下内容： 所有于主体结构混凝土预留洞口和后开设洞口，及于二次结构上预留洞口；预埋件（其中幕墙工程的预埋件由幕墙专业分包提供）、预埋配管、预埋套管（包括穿外墙的刚性防水套管、穿楼板和墙体的一般套管、密闭套管等）；补洞、堵洞；二次灌浆等。	—
装修工程	按招标图纸中标明的及清单所列项目并结合工程规范和技术说明中规定的内容，包括但不限于以下内容： （1）工程总承包人负责普通装修（一次）的施工范围是：室内普通装修工程：地下室、人防、车库、档案库区、精装范围以外的办公区、公共走廊、办公室、各种功能用房、设备夹层、楼梯间、管道井、设备间、仓库等的全部普通装修工作。	—

工程名称	总包单位	专业分包单位
装修工程	（2）工程总承包人负责精装修（经二次设计）的施工范围是：①建筑外墙做至砌体抹灰面。如果需要做预埋件应在主体施工时配合分包施工；②精装修工程部位的楼面、地面做至结构层和部分做至水泥砂浆或混凝土湿作业面层，以门扇厚度一半处分界；③精装修工程部位的隔墙与墙面根据图纸实施完成，做至结构层和水泥砂浆或混凝土湿作业面层；④精装修工程部位的天棚做至结构层和水泥砂浆或混凝土湿作业面层；⑤精装修工程部位的门、窗、设备、管道等的塞口、收口：⑥精装修工程部位的设备基础、预留洞、预埋件、预埋管、堵洞、开洞、封洞等	—
给水排水	包括生活给水系统、中水给水系统、污水雨水等排水系统工程等全部给水排水工程。室内给水排水管道做至建筑物外1.5m处。连接屋面太阳能集热系统工程的管道做至出屋面0.5m处（需要连接处分别打压后共同组织，由监理工程师现场监督，并由本工程总承包人负责连接）	—
采暖工程	按招标图纸中标明的及清单所列项目并结合工程规范和技术说明中规定的内容。室内采暖管道做至换热机房内1m处（需要连接处分别打压后共同组织，由监理工程师现场监督，并由本工程总承包人负责连接）	—
电气工程	动力部分，图纸范围内： （1）中央配电室的低压柜安装开关及下口为界，下口以下部分均在本次招标范围，具体说明：配电室低压柜安装及电缆头制作压接在本次招标范围内。入出户管做到外墙1.5m处。 （2）普装区域动力：图纸所示全部内容 照明部分，图纸范围内： （1）普装区域：室内照明工程。包括一般照明、应急照明等系统的开关插座及灯具的安装、调试等图纸所示内容； （2）精装区域：电源送至所属照明箱、应急照明箱，供电与精装共用一个回路时，按规范要求预留接线盒。 涉及分包部分，图纸范围内：所有分包工程由总包单位负责提供电源并接线	变配电室内设备安装、调试由专业承包负责实施
安防系统、楼宇自控、信息发布系统、LED大屏幕、系统集成、会议系统、计算机网络等	图纸范围内的线槽安装、配管穿带线	弱电工程中安防系统、楼宇自控、信息发布系统、LED大屏幕、系统集成、会议系统、计算机网络等均由专业承包负责实施
综合布线系统	图纸范围内的线槽安装、配管穿带线	

工程名称	总包单位	专业分包单位
消防工程	图纸范围内的线槽安装、配管穿带线	消防工程中消火栓系统、消防喷淋系统、气体灭火系统、火灾报警系统、电气火灾监控系统及消防联动系统均由专业分包负责实施
太阳能	太阳能基础及预留预埋	太阳能集热系统工程由专业承包负责实施
电梯工程	电梯井道和机房的全部土建工程的施工；提供电梯门框用的调直和条屏的数据；提供用于填充、灌浆框缘、厅门框、地基和底坑的混凝土填料；提供机房内的提升吊钩、承重梁	电梯设备及安装由专业承包人负责

（3）工程量清单及招标控制价编制重点。

①工程量清单做到全面，不丢、不漏、不错项目。

②工程量清单要与总包、专业分包的界面划分一致。

③对于主要材料设备的品牌和档次直接关系到建筑的使用功能和效果，提请并协助建设单位给予确定。最高投标限价应考虑现场条件和合理的施工方案。

④重点关注清单项目特征是否完善、清单组价中定额套用是否正确、主材的定价是否按照招标文件推荐的3家以上品牌进行询价。

⑤通用材料价格多数在我公司数据库中选用，新型材料、设备价格由我公司采用慧讯网、建材网等进行多家比价后确定。

⑥团队人员熟悉对应专业设计规范等文件，对施工图进行审查校对，并在编制过程中定期反馈图纸疑问，避免后期发生变更洽商。

⑦按照我公司统一的工作模板编制工程量清单。团队人员具有预判索赔的经验，在编制说明、清单项目特征中进行相应的完善描述。

⑧组织专门的工程量清单与控制价沟通会议，与建设单位、设计单位保持信息畅通与需求的准确传达。

（4）清标工作。

①清标工作时间：在开标后且评审委员会开始评审之前进行，按照招标文件的要求对所有投标人的报价进行清标，将清标情况以文字形式呈现给专家评审委员会，由专家根据评标办法进行评审。

②清标工作主要内容：报价对招标文件实质性响应情况，工程量的一致性、项目特征一致性、错漏项分析，综合单价合理性分析，措施项目完整性和合理性分析，不可竞争性费用正确性分析，不平衡报价分析，暂列金额、暂估价正确性复核，算术性错误分析。

③清标实现的目标：确定中标人后，建设单位在与中标人签订合同之后，对中标人的报价进行分析，分析投标人的不平衡报价点和报价错误，防止投标人利用规则发起

变更牟利，为后续施工管理提供参考建议。

在本项目总承包施工单位的投标报价中，个别清单项有不平衡报价现象，表现为土建报价调高、机电价格降低。我公司发现后立即向建设单位发出联系单，做出风险提示。

（三）施工阶段

1. 动态成本控制

利用BIM 5D生成动态的造价台账，对发生的造价变更及时做出动态反映。严格控制施工单位利用变更洽商手段增加工程造价。在此阶段不仅对总投资进行总价控制，如发生分项内容超概情况及时发出预警。

在本项目中，幕墙专业分包工程的最高投标限价超过该分项概算额较多，我公司立即向建设单位提示超概情况，并建议设计单位合理优化设计，将其控制在分项概算额之内。

2. 制订各类台账

除了上述动态造价台账，利用BIM 5D技术建立合同台账、设计变更洽商签证台账、进度款支付台账等。实现了建设单位在手机端直观查看工程进度、造价变动与控制情况等。

3. 重计量

在招标后按照确定版的施工设计图，对工程量、综合单价、措施项目进行全面审核。我公司采用BIM软件，有效地提高了重计量的工作效率。

4. 审核进度款

我公司依据监理签认的形象进度、踏勘现场情况，运用BIM 5D软件对各专业进度款进行准确高效的审核。

5. 审核材料价格

对施工过程中因变更等原因新增的材料设备，使用我公司数据库中的价格信息；对于新材料、新设备，建议组织设计单位、施工单位、监理单位对厂家实地考察，了解生产与市场情况，有条件的可对其成本进行测算，为后期谈判做准备。

6. 做好隐蔽工程记录

由于隐蔽工程在项目竣工后无法进行勘验，是最难监督、最容易产生争议的部位。驻场咨询人员定期踏勘施工现场，了解具体的施工做法，且要做好记录。例如：重点关注施工图纸上没有详细标注的基础，水管、电管的型号、材质、品牌，防水、防潮层的做法等。对隐蔽工程现场核查，主要检查施工内容的真实性、准确性，如实物工程量、土石方成分及外运运距的确认等；审查隐蔽工程的计量资料是否真实、准确、完整。

7. 审查施工签证

现场签证易发生签章手续不齐全、与其他竣工资料存在矛盾等情况，比如竣工图标注尺寸与施工签证的内容不一致。本项目的地基范围内遗留的废旧厂房基础较多，原有人防工事及文物，地下情况复杂。我公司督促施工单位做好现场签证单，并要求如下：

（1）能绘图的由施工单位绘图，监理单位审核。图纸必须表明材质与尺寸等要素，达到准确计量的条件，并由施工单位与监理单位在附图上签认。

（2）如无法绘制图纸，则由建设单位、监理单位、施工单位、造价咨询单位共同进行现场实测，并拍照保存影像。签证单要详细记录实测数据，并由建设单位、监理单位、施工单位共同签认。

8. 风险处理

加强合同管理，防止自身发生违约；加强资料收集管理，按规定的手续与程序执行；积极应对索赔，并及时提出反索赔。审核索赔事项是否符合合同规定，是否履行相应程序，支撑资料是否齐全，索赔费用是否合理。对不可预见的风险索赔积极给出专业意见，正确分析和控制涉及人为、经济、自然灾害等诸多方面的风险因素；重点关注合同文件、建设条件、人工及材料设备价格、质量、进度、施工措施、自然灾害等风险因素。项目实施中适时地提供风险分析与风险评估服务，向建设单位提出风险回避、风险分散、风险转移的建议。协助建设单位降低风险导致的损失，并避免损失扩大。

（四）竣工验收阶段

依据施工合同约定与规范标准，认真细致地做好结算审核工作。

（1）制订结算计划；收集结算资料；在重计量与阶段结算成果的基础上，高效地开展竣工结算审核。

（2）审核是否具备办理竣工结算的条件。

（3）重点审核综合单价是否与投标预算中的相同清单项一致。

（4）全面审核工程量计算是否有误。

（5）审核设计变更、洽商签证的造价变化是否不引起合同价的调整。

（6）审核材料设备的认价资料是否齐全有效。

（7）审核各个措施项是否与施工方案相符、是否实际发生。

（8）对照施工合同的工期、质量、违约责任等，审核有无违约行为，落实违约处理情况。

（9）对于审核出现的分歧问题，及时与相关单位交换意见；最终促使各方对审核结果达成一致意见。

（五）工程决算编制

按照国家相关会计制度及财经政策要求对竣工决算进行编制，出具竣工决算报告，并保证其真实性、合法性。重点注意竣工决算的编制是否符合国家有关规定、往来账款是否真实、各项费用的计算是否准确、费用分摊是否合理、会计处理是否正确等。主要内容如下：

（1）通过对建设单位的会计凭证、账簿、报表，对所记录的财务收支的完整性、真实性、合规性进行确认，工程决算编制中最重的是对大额收支、收支手续不健全、依据不足，以及预算外超计划支出为重要关注点。

（2）对建设项目的概（预）算执行情况，通过对批准的建设项目投资规模、生产能力、设计标准、建设用地、建筑面积、主要设备、配套工程总概算与实际执行结果对照比较，确认超概算情况或节余投资情况及其原因，要求对每个单项工程的概算与实际投资支出进行比较，发现有单项工程投资支出与概算不符时，如记账串户、划分不清或有调剂使用等问题应于调整纠正。

（3）建筑安装工程支出，工程进度款是否严格按形象进度由监理单位签证后支付，预付款按进度比例扣回。各单项工程的竣工结算是否经过造价咨询机构的审核签认，手续是否完备，是否有建设单位、承包单位、咨询单位签章。与施工单位结算工程款时，是否将预付工程款、预付备料款、甲方供料款等扣回。是否按规定预留质量保证金。支付工程款必须有收款单位出具的由税务部门统一印制的发票。

（4）设备投资支出，通过对初步设计图纸中设备品种、规格、数量、单位与实际采购结果的对比，审核有无计划外采购和超数量、提高标准的问题，限额以上的设备是否进行了招投标。设备入库、保管、出库是否有管理制度，是否严格执行，有无盈亏、毁坏现象；采暖、通风、卫生、照明等投资支出是否按规定列入建筑安装工程支出。

（5）其他投资支出，通过对各种无形资产的概算对照，审核实际支出是否超概，项目、品种、数量是否控制在概算规模之内，支出凭证是否真实、合理、合规、合法。

Ⅳ 服务实践成效

一、经济效益

本项目系统复杂、专业众多、多单位交叉施工，在2013年开工时BIM技术尚处于初期发展阶段，我公司前瞻性的将BIM技术应用于造价咨询工作之中。

在施工方面，使用BIM软件建模构建各专业工程并优化，有效地避免了洞口与管线预留预埋不到位、机电多专业碰撞、设备机房设计不到位等情况，为各类管线综合、净空优化提供了技术支持。

在管理方面，协助建设单位提高参建单位相互配合度，降低协作成本，加快施工进度，创造了良好的经济效益。

在造价控制方面，避免因设计不到位等原因造成二次施工，直接节约了拆改费用；提高了计量工作效率，缩短了造价计算工作周期。

二、社会效益

某档案馆为大型单体建筑，呈现传统古典的三段式立面、中轴对称布局，恢宏大气，兼具陈列展览、教育培训、学术交流的功能，是一座承载古都历史、记录北京变迁、展示首都文化、集"档案安全保管基地、爱国主义教育基地、档案利用服务中心、政府信息公开查阅中心、电子文件管理中心"五位一体的大型现代化国家级综合性档案馆。为市民提供信息公开、文化交流的便利条件，提供开放、智慧、友好的文化活动场所。

本项目在建设过程中，我公司通过先进的BIM技术、精湛的专业技术、积极热忱的咨询服务，得到了参建各方的支持和信任，不仅锻炼了一支造价专业队伍，也向社会展示了工程造价咨询行业的重要性和专业能力。

三、经验启示

在项目前期尽可能加大初步设计深度，准确把握材料市场价格，能够为实现造价控制目标创造良好的开端，"限额设计＋对材料价格把握程度"是造价控制的基础。结合BIM技术的应用，不仅能够促进各参建单位的顺畅协作，还能更精、准、快的完成各项造价工作，降低造价失控风险，提高工作效率。

对于大型项目而言，建设单位、设计单位、施工单位如能统一应用BIM技术、统一平台接口，将缩短各参建方的时间投入，产生出比任何一方单独使用BIM高出几倍的经济效益。

🖰专家点评

本案例所述工程项目是在城市中心新建的大型公共建筑，单体建筑规模大，建设周期较长，具有鲜明特点和代表性，给项目投资的管理与控制工作带来一定的挑战。本案例作者在全过程造价咨询服务的内容、目标、思路、团队组织、工作模式与措施等多方面进行了详细的阐述，说明了对应不同建设阶段造价咨询起到的阶段性重要作用，运用企业数据库与BIM技术等先进的数字化手段，协助建设单位达成分阶段的投资控制目标。

本工程开工时国内BIM技术尚在推广阶段，本案例编写单位较早的在造价咨询实践中予以应用，推动了BIM技术在咨询行业中的发展，有助于示范和引领同行单位共同提高行业服务效率和数字化水平。

指导及点评专家：陈宝伟　北京中威正平工程造价咨询有限公司

数字化应用成果篇

某地铁工程建设管理数字化应用成果

编写单位：北京中昌工程咨询有限公司

编写人员：宿官忠、苏惠卿、沈春燚、李东海

I 项目概况

建设地点：某市。

建设规模：该地铁工程全线共21座车站、22个区间及车辆基地，全线长30km，车站总建筑规模约为33万 m^2（含车站配线区及物业开发部分）。

建设工期：本项目可行性研究报告于2016年11月30日获得某市发展和改革委员会批复，2019年12月16日开工建设，2023年11月21日通过项目工程验收，预计将于2024年3月通车运行。

项目总投资：总投资约200亿元。

承担角色：工程数字化咨询单位。

委托内容：

（1）BIM技术总体咨询管理，含标准编制、技术支持、协调各参建单位有序开展相关工作、组织技术交流及专家评审、配合奖项申报等日常管理工作。

（2）各阶段BIM应用管理，指以模型数据为核心，为设计阶段、施工阶段、运维阶段的数字化应用提供咨询、管理及指导工作。

（3）研发服务于BIM应用的数据集成与管理系统，并提供运行管理服务，该系统可实现与集团现有的项目管理系统、资产管理系统数据对接，为运营管理提供设施、设备基础数据，为智慧地铁和智慧工地提供数据支持。

（4）开展智能运维与BIM的对接研究等内容。

II 项目数字化应用实施背景

一、企业数字化转型需求

数字化转型是某市地铁企业高质量发展的重要战略，是某市地铁实现成为世界一流地铁，以及一流城市轨道投资建设运营商战略目标的重要途径。某市地铁的数字化转型愿景是通过数字化、智慧化促进业务转型升级，控本增效，把地铁建设成为"行业领

先、世界一流的数智地铁企业"。目前五大业务领域及职能管理转型基本完成，已全面向智慧化迈进，数字化技术应用及场景落地助推集团高质量发展，树立行业标杆、引领企业发展、创新产业生态、连接企业社会。

二、建设期项目管理效能提升需求

利用新一代信息技术，以业务标准化、流程优质化为前提，以工程项目全生命周期为核心，横跨项目管理各个阶段，从项目规划设计阶段，直至项目收尾验收、交付运营为止，全面提升工程质量、安全、进度、投资等方面的管理效能，推进线路建设有效引领和服务城市发展。

三、运营期运维管理提质增效需求

以建设期交付的运维BIM数据底座为基础，打通各运维管理系统之间的数据通道，打造智慧绿色地铁"某市模式"为目标，进一步提升服务品质，控本增效，推动某市地铁向更加安全、便捷、高效、绿色、经济的方向发展。

Ⅲ 数字化应用及具体做法

本项目工程数字化管理的总体思路是：以运营阶段设备设施维保和智慧运维管理的数据需求为导向，确定工程数字化交付标准和要求，然后从工程招标开始，对设计、施工、监理、供应商等参建单位提出数字化应用要求，在项目管理过程中按照数字化应用的要求，从设计到施工到竣工进行数据管理，同时将数字技术（BIM、大数据、人工智能、云计算等，其中BIM为核心技术）与项目管理深度融合，在开展项目管理各项业务时，同步验收和集成各类工程数据，并在竣工交付时按照运维管理的要求进行数据处理，实现可视化的清点、交付和验收，最终交付一个承载建设期工程基础数据和运维专用数据的数据底座系统，为运营期各项管理业务提供高质量工程数据和可视化的场景服务。

一、应用概况

（一）总体目标

阶段目标：建设期实现提高建设项目管理的阶段目标。
最终目标：实现竣工阶段工程实体与虚拟数字工程同时交付，并为运维管理提供可视化的工程数据。

（二）前期准备

依据工程数字化的总体目标，编制了工程数字化实施方案，用于指导项目全生命期数字化管理的实施，规范和管理工程数字化过程及各参建单位行为，保证项目工程数字化的落地实施。主要内容包括：项目概况、实施范围、实施内容、分工职责、实施流程、资源配置、应用要求、交付要求、保障措施等。

1. 标准的执行

在集团公司发布的建模标准、数据标准和管理标准的基础上，制订工程数字化实施细则和规定，用于规范各参建单位模型创建、数据管理和交付等成果质量。

2. 平台的建设

BIM数据集成与管理系统用于模型管理、数据管理及工程管理业务协同等，并与全过程造价管理系统、智慧工地管理系统进行数据对接，实现全要素的项目管理。运维BIM数据底座系统，能够承接建设期交付的工程数据，并为各智慧运维系统提供工程数据服务和可视化场景服务。

3. 合同条款约定

各参建单位招标开始前，在相关招标和合同文件中明确相应的数字化应用要求，为实施过程中的成果验收、考核考评等工作提供依据，主要包括团队人员配备、各阶段工作内容、软硬件设施配置、成果质量要求等。

（三）保障措施

1. 组织保障

建立以委托方为主导，工程数字化咨询单位提供咨询服务，勘察设计单位、施工单位、监理单位、供应商和运营单位等各参建方共同参与的管理组织体系（图1）。委托方承担组织管理的首要责任，负责统一领导、统筹协调、建立机构、明确分工、提出要求、监督执行和严格考评，以促进组织体系的高效运行。

加强各参建单位人才队伍的建设，本项目数字化应用过程中共进行了50多次的技术培训，包括基础知识、标准规定、建模软件、应用软件，以及BIM数据集成与管理系统的操作培训，并对针对重难点部分进行驻场的技术支持。

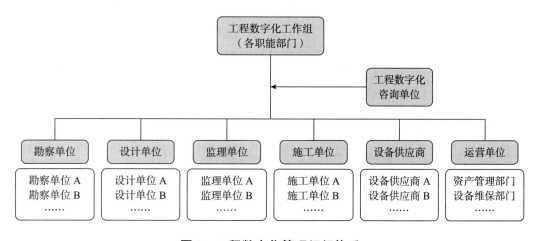

图1 工程数字化管理组织体系

2. 机制保障

在工程数字化实施过程中，采用了会审会签、定期例会和考核考评管理手段，有效保证了各参建单位交付成果质量和进度执行效果。

3. 资源保障

建立统一的建模样板和模型单元库，统一设备模型构件标准，统一工作和模型创建环境，保证模型几何精度、属性信息深度、参数信息符合标准要求和项目管理需求，避免各参建单位重复建模和模型不统一问题。

4. 数据安全保障

建立数据安全保障体系，采用管理与技术双管齐下的方式，打造安全数据环境。主要包括防火墙保护、磁盘备份、软件国产化、等保认证、保密协议等。

二、数字化应用点

本项目以BIM技术为抓手开展了工程数字化应用，并搭建BIM数据集成与管理系统，开展了基于BIM的正向设计，涵盖设计和施工阶段BIM应用等相关内容，在项目实施过程中，集成了项目全过程数据信息，形成企业级数字资产，为企业数字化转型积累数据。同时，对项目数据进行加工、交互，对运维BIM数据底座系统进行研究，以此取得可移交的数字成果，为资产管理、物资管理、设备维修、智慧运维等系统提供标准化、结构化、可视化的数据资源。

典型内容主要包括：三维设计方案比选、基于BIM的正向设计、三维风险源管控、三维技术交底、施工方案模拟、BIM云算量、最小维修单元模型创建、基于BIM的管道预制加工安装、基于BIM的砌筑孔洞预留、建设期BIM数据集成与管理、可视化资产移交管理、运维BIM工程数据底座研究等。

某市地铁由BIM技术应用试点逐步走向数字化应用的历程中，其有效实施承担着承前启后的作用，既是既有线路BIM技术应用的总结，也是对未来新建线路工程数字化应用的指导，是由传统BIM技术应用向数字化转型应用的转折点和试验田。本项目应用既包含传统BIM技术应用，也包含对传统BIM技术应用的改进和提升，更对地铁项目建设和运维迈向数字化、智慧化进行了创新型应用，应用亮点主要在以下五方面。

（一）正向设计

在BIM技术应用发展的20年间，先有图纸后有模型屡见不鲜是常规现象，而先有模型后有图纸却凤毛麟角，少之又少。随着BIM技术应用发展及深入应用，越来越多的同仁意识到基于模型的正向出图才能够较大程度地提升设计质量，同时也能够改善模型、图纸"两张皮"的现象。正向设计对传统设计流程、对设计人员、对管理者都是一项艰难的挑战，本项目通过合理的管控、新旧技术的有效结合、样板文件的制作、实时的宣贯与培训等多方面管理，完成了14个专业的正向设计工作。

（二）BIM云算量

此应用的出发点主要基于三个方面：第一，轨道交通工程为线性项目，体量大、工法多、专业多、结构复杂，市场上常规算量软件均不适用于轨道交通，导致轨道交通造价专业相关从业者，仍是基于手工扒图算量，效率低下，针对轨道交通的智能化算量软件是空缺的；第二，通过BIM技术应用我们已经创建了模型，那么基于模型如何直接出符合国家、地区、行业计算规则的工程量，是值得研究的方向；第三，造价咨询企业为了自身的发展及转型，积极拥抱数字化技术，主动利用现代信息技术，创新咨询服务模式和手段，提升企业竞争力，促进行业生产力。基于以上考虑，自主研发了CQC算量软件，解决了基于模型出量的问题，实现了无模型的模板、防水、保温、防腐、装饰等智能建模自动算量，提高了模型的复用率及其价值。本项目利用BIM云算量工具，对多个车站的手算工程量进行了复核，效果显著，为之后项目的大规模推广获取了经验、探索了路径。

（三）最小维修单元模型创建

从管理角度上来看，常规状态下工程建设期管理是粗放式的，资产管理、运维管理是精细化的，建设期数据管理组织架构与运维期数据管理组织架构也不尽相同。从时间维度上来看，建设期是短暂的，运维期是长久的，如何使建设期数据能够满足运维期管理需求，将模型数据价值最大化是值得深入研究的。从行业现状来看，建设和运维是分离的，很多企业想实现建设期向运维期数字化移交，但受限于技术壁垒和知识壁垒依然很难实现。本项目实施过程中，依据资产管理表对设备模型进行分解、依据运维管理需求补充完善数据信息，以此形成满足运维管理需求的竣工模型数据库，再对模型数据进行标准化处理，形成符合运维管理需要的数据架构，以最小维修单元模型作为数据的载体，承担着不可或缺的地位。本项目最小维修单元的设备模型数量达到约20 000个，做到应达尽达。通过最小维修单元模型创建的一小步，实现智能化运维管理的一大步。

（四）BIM数据集成与管理系统建设

轨道交通类型的项目存在参建单位多、人员多、沟通协调多等现象，如何保证数据有效共享、数据唯一是数字化管理工作的重中之重，本系统基于SpringCloud架构、采用集群方式部署并采用WebGL技术的可视化引擎实现模型轻量化等，利用了大数据、GIS、人工智能等技术实现了数据的继承、复用和流转。

（五）运维BIM数据底座软件研发

本系统研发意义主要涉及三个方面：第一，建设期形成的竣工模型数据库并不符合运维管理需求，以运维BIM数据底座软件为桥梁，对建设期数据进行清洗，使其满足运维管理需求；第二，本系统提供多个数据接口，达到与智慧运维系统（智慧车站、智慧机电、智慧供电、智慧通信、智慧信号、智慧车辆）的对接，实现数据互通、信息共享；第三，传统运维管理多数是基于表格来完成的，通过本系统可以为智慧化运维系统提供可视化场景，使运维管理更直观。

三、数字化具体做法

（一）三维设计方案比选

传统整体性设计方案比选通常借助sketchup、3Dmax等软件进行。项目实施过程中较小范围内的设计方案比选通常使用二维图纸或手绘的方式进行，此方式对决策者三维立体感有较高要求，随着BIM技术的发展，实施过程中已创建了三维模型，借助已有三维模型及有关即时渲染软件进行方案比选，既借助了模型可传递的性能，同时减少了模型重复创建，并提高了方案展现效果，本项目主要采用Revit本身，以及Revit与Lumion相结合的方式进行设计方案比选。

1. 准备工作

设计方案比选准备工作通常包含三项工作内容，具体内容如下：

（1）设计分析：对设计方案进行分析，明确方案比选的关键点，展现形式等。

（2）模型创建：基于模型创建软件，进行不同设计方案的创建。

（3）软件准备：针对方案比选的关键点，展现形式、实施时间要求选择合适的效果展示软件。

2. 技术路径

实现三维设计方案比选的技术路径见图2。

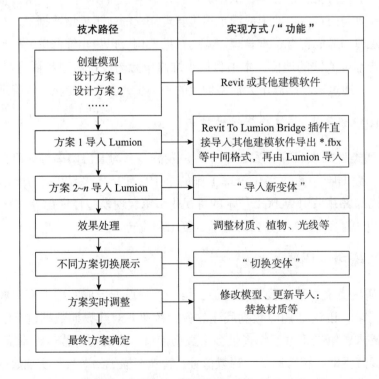

图2 实现三维设计方案比选的技术路径

（1）利用建模软件，创建各设计方案模型，比选范围内的模型可进行精细化模型创建，非比选范围内的模型可简化处理，提高模型创建效率。

（2）利用"Revit To Lumion Bridge"插件，将Revit模型推送至Lumion，可实现双模型实时联动效果（当采用其他软件进行模型创建时应导出 *.fbx 的格式文件，导入 Lumion）。

（3）其他设计方案导入 Lumion：操作同设计方案1。

（4）模型效果处理（图3）：Revit模型导入Lumion后，需要对其进行调整，调整内容包含材质、环境、天气等内容。

（a）赋予材质

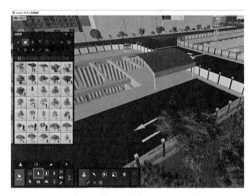
（b）种植绿化

图3　模型处理效果示意图

（5）不同方案对比展示：利用"切换变体"功能，切换展示不同设计方案。

（6）方案实时调整：直接修改模型构件，可在Lumion中浏览实时修改的效果，也可在Lumion中修改材质、颜色等内容，并查看方案效果。

3. 应用示例

本项目一期装配式车站由于其结构形式和结构养护的特殊性，需提前布置预埋槽道为后续专业预留位置。在制订预埋槽道方案过程中，结合装配式构件BIM模型，机电管线BIM模型，综合支吊架构件BIM模型，多重因素综合考虑，调整优化预埋槽道方案（图4），达到既满足后续专业需求，又符合装配式构件受力极限的可行性布置方案。

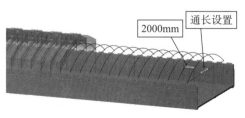
（a）方案比选前

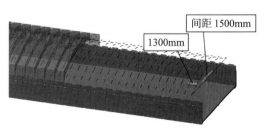
（b）方案比选后

图4　装配式车站预埋槽道方案比选

（二）基于BIM的正向设计

随着BIM技术应用的不断深入，各种概念也相继而出，正向设计的概念也是在BIM技术应用的大背景下产生的。通常情况下模型生成方式有两种：一是基于已有的设计图纸进行翻模，此种方式往往导致设计与模型应用不契合，设计阶段可规避的问题，压至后期才能解决，并未能将BIM应用价值最大化；二是基于建模软件直接进行三维设计、设计优化，并输出二维图纸，此方式也就是通常认为的"正向设计"。本项目机电安装专业正向设计应用效果显著。

1. 准备工作

为提高正向设计工作效率，设计工作开始前，应准备以下内容：

（1）设计任务书：明确设计范围、设计规则、工作分工等。

（2）项目级样板文件：将通用性规则内置于项目样板文件中，统一管理各项设计元素。

（3）模型构件库：创建、整理并汇总模型构件，形成模型构件库，设计师可从中调取模型进行设计，这种规范、统一的模型构件，可大幅提高动作效率。

（4）相关详图库：为正向设计提供标准化详图库，统一出图标准。

2. 技术路径

BIM正向设计主要采用Revit建模软件、协同设计软件（本项目采用协同大师、ProjectWise）、BIM数据集成与管理系统（自主研发）。Revit作为设计工具开展三维设计、设计优化、二维出图等工作；协同设计软件与Revit数据互通，基于互联网，按专业分配权限，开展实时三维协同；BIM数据集成与管理系统作为资源管理、业务流程管理软件，与Revit数据互通，可以在Revit中直接调取所需资源数据，并对出图计划、提资计划等业务进行管理。

3. 实施流程

正向设计整体性实施流程见图5。

1）创建项目样板

项目样板是模型数据一致性、准确性、完整性的基础条件，是统一建模标准的手段，样板文件创建包括以下内容：

（1）统一项目基点、项目轴网、项目标高、模型创建单位。

（2）项目浏览器视图架构分为模型创建、三维模型展示、各专业提资、模型出图四类。

（3）按专业设置过滤器，对各专业模型进行控制。

（4）设置出图线型、线宽、颜色、图层等。

（5）在样板文件中预设注释、字体、图框、设备构件族文件。

（6）设置各专业平面视图、出图视图、剖面视图、立面视图、三维视图等。

（7）对所有模型单元进行规范化命名，预设技术参数、系统名称等属性信息。

2）搭建协同工作环境

BIM协同设计是一种点与中心的信息交流模式，各参与方之间的信息交流具有唯

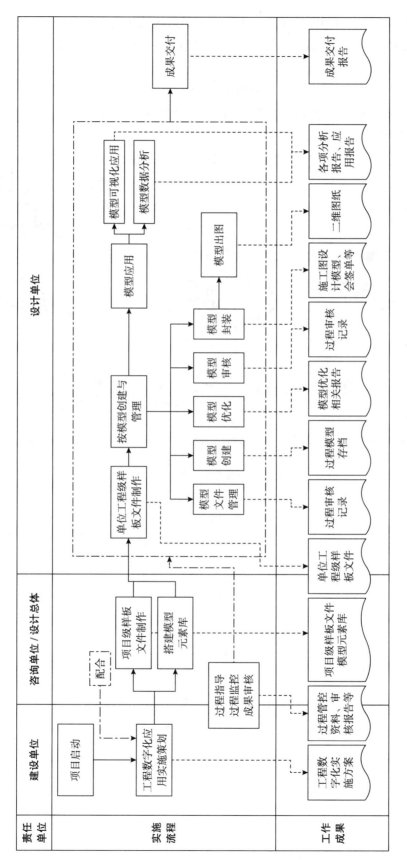

图5 正向设计整体性实施流程

295

一性与连续性，该信息沟通模式将来自不同方面的数据整合在一个平台上，使不同工作地点、不同专业的设计人员通过网络基于同一个BIM模型进行实时协同设计。

3）各专业模型创建

模型创建范围包含建筑模型、结构模型、地质模型、环境模型、机电模型等（图6），依据相关标准文件进行模型创建，确保模型几何数据及属性信息的正确性，本项目模型创建过程中常用软件见表1。

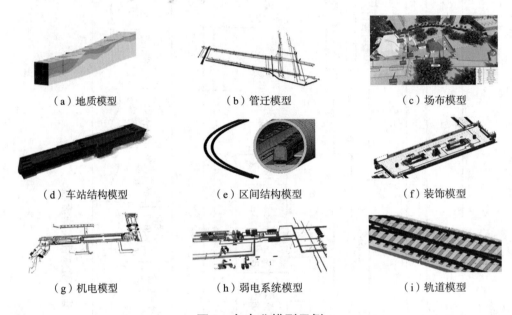

（a）地质模型　　　　　　　（b）管迁模型　　　　　　　（c）场布模型

（d）车站结构模型　　　　　（e）区间结构模型　　　　　（f）装饰模型

（g）机电模型　　　　　　　（h）弱电系统模型　　　　　（i）轨道模型

图6　各专业模型示例

表1　本项目模型创建过程中常用软件表

序号	软件名称	适用方向	备注
1	Revit	建筑、结构、机电等模型创建	—
2	Bentley	地质模型、轨道模型创建	—
3	晨曦软件	钢筋模型创建、切图	—
4	电缆建模软件	电缆模型创建	自主研发
5	区间建模软件	盾构管片智能化建模与编码	自主研发
6	ContextCapture	倾斜摄影模型创建	—
7	构件库管理插件	构件库管理、构件调取、权限设置等	自主研发
8	FPO（FamilyParameterOperation）	批量属性信息添加	自主研发
9	BIMone	属性信息添加	—

4）设计优化

基于已创建的三维模型，进行各专业碰撞检测与调整，对管线、设备进行综合排布，使管线、设备整体布局有序、合理、美观，规避局部区域可能出现的净高过低问题，最大程度提高和满足检修空间与操作空间，解决各专业之间冲突问题。本项目机电设计优化净高分析示例见图7。

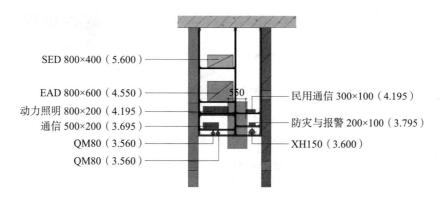

SED 800×400（5.600）

EAD 800×600（4.550）

550

民用通信 300×100（4.195）

动力照明 800×200（4.195）

通信 500×200（3.695）

防灾与报警 200×100（3.795）

QM80（3.560）

XH150（3.600）

QM80（3.560）

图7　本项目机电设计优化净高分析示例

5）补充和完善设计元素

管综模型调整完成后，对提资模型中的设计元素进行二次补充和完善，例如：开关、插座、烟感、温感、导线等，以满足出图需要的完整性、准确性。

6）设计成果校审

对车站、车辆段的管线路由、管线与装修的空间位置关系、设备区管线底部净空距离、复杂位置各专业管线净距和检修空间预留等重要节点位置进行审核，保障设计方案落地实施性。本项目设计成果审核内容表（部分）见表2。

表2　本项目设计成果审核内容表（部分）

序号	审　核　内　容
一	**通用性检查**
1	模型命名
2	模型文件架构
3	模型定位坐标信息
4	冗余数据清理
5	模型版本
6	数据格式
7	模型单元完整性
8	模型单元属性信息，以及属性的分类属性值、格式、单位描述、值域等
二	**建筑、结构、装修**
1	检查文件命名与图纸一致性

序号	审 核 内 容
2	检查标高与轴网
三	**机电、弱电、系统**
1	检查文件命名与图纸一致性
2	检查标高与轴网
3	检查模型的完整度,各类构件不遗漏,不重复
4	检查管综模型整体路由的合理性与可实施性
5	检查设计图纸剖面图与模型相应位置剖切图吻合
6	检查个系统颜色是否与专业色彩表一致
7	检查各专业管线不得斜穿墙体
8	检查各专业管件不得布设在墙体内
9	检查各专业管线不得遮挡门、窗
10	检查各专业管线模型与结构梁、顶板、站台门端门梁、柱和吊顶不得有碰撞
11	检查各专业管线之间不得有碰撞
12	检查公共区、走廊、有吊顶设备房间的管线满足净高要求

7)设计成果输出

正向设计以车站、车辆段为主,二维图纸和三维模型同为设计成果交付,基于模型输出平面图、剖面图(图8)、房间大样图、统计表等。

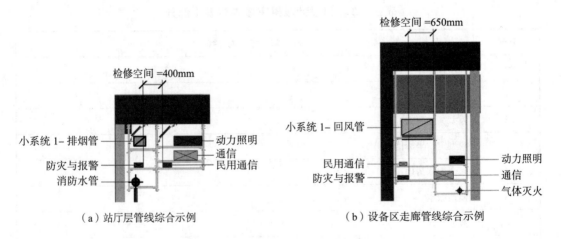

（a）站厅层管线综合示例　　　　　　（b）设备区走廊管线综合示例

图8　模型出图（局部节点示意）

4. 管理要点

（1）正向设计工作的切入点。

（2）正向设计工作与传统设计流程的契合程度。

（3）模型会审会签管理。

（4）样板文件制作的合理性、全面性和正确性。

（5）模型创建的正确性和完整性。

（6）二维图纸与模型的一致性检验。

5. 实施效果

本项目平面图出图效率提高30%，剖面图出图效率提高70%，构件空间关系精准，二、三维表达效果丰富、直观，对施工更具指导意义。管线综合模型在设计阶段通过集中办公的方式让施工单位总工、部长、专业技术人员提前介入，使得BIM的落地性也得到了有效保证；同时对给水排水管道出图表达形式进行创新优化，由传统的单线图调整成双线图，设计表达更加形象直观，对施工单位更具有指导意义。本项目一期已完成20座车站的正向设计出图工作。本项目基于BIM输出二维图示例见图9。

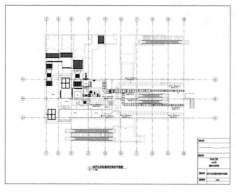 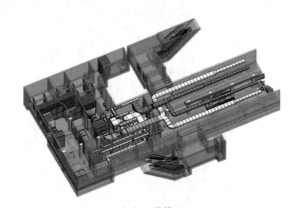

（a）基于模型输出的平面图　　　　　　　　　　（b）三维模型

图9　基于BIM输出二维图示例

（三）三维风险源管控

传统风险源管理通常是基于二维图纸、二维效果图进行，X、Y轴数据可控，却缺乏Z轴相关数据，而三维风险源管理则可弥补此空缺，既可对风险源进行多维度管理，也可模拟相关活动对风险源的影响，通常三维风险源管理类型主要包含动态管理和静态管理，动态风险源管理常借助于建模软件、倾斜摄影数据及BIM数据集成与管理系统进行管理；静态风险源管理常借助于建模软件、倾斜摄影数据、效果处理软件进行展示，项目实施过程中应依据具体需求选择合适的软件进行应用。

1. 准备工作

三维风险源管理准备工作通常包含3项工作内容，具体内容如下：

（1）风险源分析：收集相关资料，明确风险源类型、内容、点位等。

（2）风险源模型创建：借助建模软件创建风险源模型，并采用"参照""关联"等软件功能与工程主体模型产生联系。

（3）软件准备：明确风险源管理目的，确定呈现形式，以此为基础进行相关软件的选择。

2. 技术路径

项目实施过程中风险源管理实现技术路径众多，常用的技术路径包含BIM+GIS倾斜摄影、BIM+VR、BIM+Lumion+PS等，该项目采用多种方式结合的形式进行风险源管理。

（1）BIM+GIS是将工程主体模型、周边环境模型（可采用倾斜摄影技术创建，图10）、风险源补充模型上传至BIM数据集成与管理系统进行整合，通过BIM数据集成与管理系统项目概览模块、测量等功能进行风险源管理。

图10 本项目倾斜摄影模型效果展示

（2）BIM+VR是将BIM与VR技术相结合，用BIM模型快速准确地布置安全防护要点，标识施工自身风险源和环境风险源，通过VR身临其境的虚拟安全体验，对安全事故提前预警，提高管理人员及工人安全生产意识。降低安全风险，指导现场施工。

（3）BIM+Lumion+PS是通过Revit建模软件整合各类模型，基于Revit To Lumion Bridge插件实现Revit模型向Lumion的快速转换，借助Lumion附材质、摄像机、光照等功能进行模型渲染，寻找合适的角度输出相关风险源图片，利用PS软件标注功能，标注风险源类型、名称、距离等数据，形成二维图片。

3. 管理要点

（1）风险源模型正确性核查。

（2）风险源模型与主体工程模型空间关系核查。

（3）标注正确性核查。

4. 应用效果

利用BIM软件对车站和区间施工的自身风险源和环境风险源进行可视化标注和展

示，内容包括风险源的级别、风险源的处理措施等，并形成虚拟的风险源漫游模拟视频（图11），辅助现场施工管理。

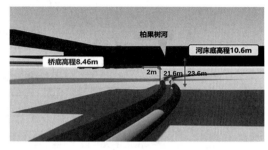

（a）车站三维风险源　　　　　　　　　　（b）区间三维风险源

图11　本项目三维风险源视频示例

（四）三维技术交底

传统技术交底工作以图纸+文字的形式呈现，在遇到复杂的交底流程和交底节点时，难以全方位清晰表述。利用BIM模型制作设计交底文件，可以直观展示设计和施工方案意图，降低了沟通成本，提高了交底效率。

交底形式可以有多种选择，如模型图片+文字描述交底、节点三维模型+文字标注交底、视频动画交底等。本项目实施过程中，根据具体交底内容，选择适合的方式制作交底文件。

1. 准备工作

为保证三维技术交底文件的顺利制作，需要准备以下内容：

（1）交底模型准备：准备交底内容相关模型，根据交底需求对模型进行深化，创建和收集辅助模型文件。

（2）交底资料准备：准备制作交底文件相关的资料，如图纸、方案、相关影像文件等，也可根据制作需要准备类似交底内容、交底形式的文件作为参考制作资料。

（3）制作软件准备：针对交底内容的类型选择适用的软件工具。

2. 实施流程

三维技术交底文件，以文档、图片、模型、动画等不同形式相互配合，开展技术交底工作。

交底文件的制作方式有不同的工具和流程，如：静态节点排布，可采用模型图片+文字描述进行交底（图12），使用截图软件和图片处理、文档处理软件制作；复杂的、静态图片无法清晰展示的节点，可采用节点三维模型+文字标注展示，使用建模软件和文档处理软件制作；需要对工艺复杂，流程较长方案进行交底时，常采用模型动画展示，使用动画制作软件、视频剪辑软件进行制作。

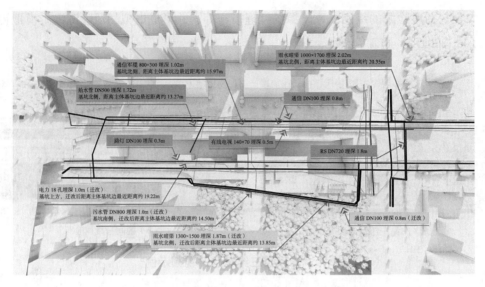

图12　模型图片+文字描述交底案例

以"节点三维模型+文字标注"的方式为例，制作技术路径见图13。

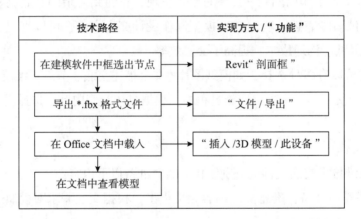

图13　"节点三维模型+文字标注"交底制作技术路径

（1）框选需要展示的模型节点（图14）。

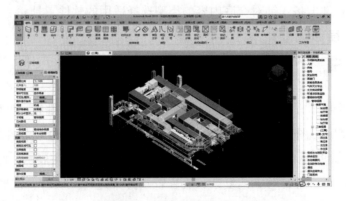

图14　框选模型节点

（2）导出 *.fbx格式文件（图15）。

图15　导出 *.fbx 文件

（3）载入Office（图16）。

图16　载入Office

（4）查看模型：在Office文档中查看模型，编辑文字描述内容（图17）。

图17　查看模型

注意事项：

（1）导入和查看三维模型的功能需使用Office 2016以上版本实现。

（2）本功能导出的中间格式模型如无特别处理，均为白模，不显示材质和颜色。

3. 应用效果

应用BIM技术开始可视化技术交底工作，可以让项目参与各方能直观理解交底的内容，有效传递相关信息，避免由于误解造成的沟通障碍和信息失真，提高交底工作的效率和质量，有助于增强各参与方之间的沟通，为施工目标的顺利实现提供保证。

（五）施工方案模拟

传统施工方案文件用文字、图纸阐述施工方案，遇到复杂节点难以清晰描述，有表达不到位甚至表达错误的可能，易造成理解偏差，无法正确指导施工作业。

施工方案模拟可以将抽象的施工流程、施工路径、关键节点、关键数据，以立体、多维、可视的形式在电脑中进行虚拟建造，验证方案可行性的同时，以视频动画的形式对方案进行呈现。方案展示直观明了，避免表达错漏，防止接收信息失真，规避由于对方案理解不到位为工程带来不良影响。

1. 准备工作

（1）方案准备：准备需要制作模拟的施工方案文件，进行提炼，明确展示的内容和重点。

（2）模型准备：准备模拟相关模型文件，根据模拟需求对模型文件进行深化，创建或收集辅助模型文件。

（3）参考资料收集：收集与施工模拟动画相关的参考资料，如图纸、现场影像资料、类似模拟视频等。

（4）制作软件选择：模拟视频制作软件很多，功能和适用性各有侧重，可根据项目实际情况选择适合的软件开展施工方案模拟动画制作工作。施工方案模拟制作常用软件见表3。

表3　施工方案模拟制作常用软件

序号	软件	主要适用动画类型
1	Navisworks	（1）进度模拟； （2）漫游； （3）碰撞检查
2	Enscape	（1）效果图； （2）漫游； （3）VR
3	Fuzor	（1）专业工程动画； （2）VR； （3）碰撞检查； （4）净高分析
4	BIM-FILM	专业工程动画
5	Lumion	（1）效果图漫游； （2）简单动画

2. 技术路径

施工方案模拟制作技术路径见图18。

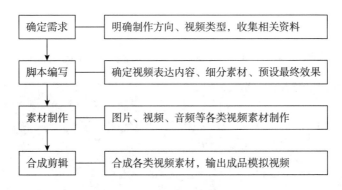

图18　施工方案模拟制作技术路径

不同动画制作软件有其自身的功能特点，动画制作流程略有不同，但总体制作技术路径相似。以BIM-FILM为例展示施工方案模拟动画制作技术路径：

1）模型导入

（1）自建模型导入：将自建模型导出中间格式，在BIM-FILM中导入（图19）。

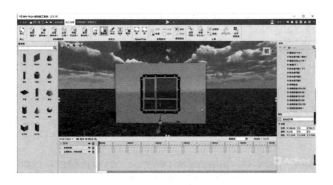

图19　自建模型导入

（2）软件模型库导入：充分利用BIM-FILM构件库中的构件进行导入应用，如临时房屋、脚手架、施工机械等（图20）。

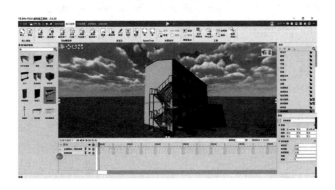

图20　软件模型库导入

2）环境布置

导入辅助环境模型，在软件中调整地形、布置植物，使项目环境更逼真和完整（图21）。

图21 环境布置

3）替换材质

当导入模型或库中模型的显示材质与实际项目应用材质不符时，可对其进行替换，使模型效果更接近项目实际，直观展现项目设计意图和材料应用情况。

4）动画编辑

（1）自定义动画编辑。根据动画制作需求调整库中的构件动作，自定义导入模型的动作，还原真实施工现场的设备、人员工作状态（图22）。

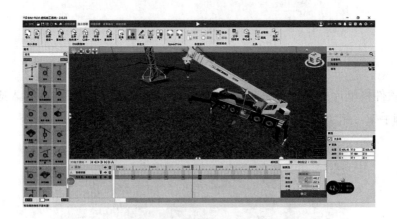

图22 自定义动画编辑

（2）4D进度动画编辑。根据进度计划，在BIM-FILM中编制4D进度模拟动画。动态展示项目进度计划施工流程，构件、工序、专业的先后顺序，并展示项目工作面、流水段的关联关系等（图23）。

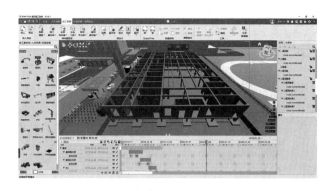

图23　4D进度动画编辑

5）效果布置

（1）根据现场情况，在模型相应位置放置音效效果构件，实现更逼真的听觉效果（图24）。

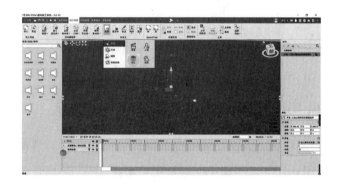

图24　音效布置

（2）为现场焊接工作布置现场焊接光效，展示工人真实施工场景（图25）。

图25　焊接光效布置

（3）在室内布置方向光、聚光灯光源、点光源，为室内模型提供接近真实的光感，还原现场视觉效果（图26）。

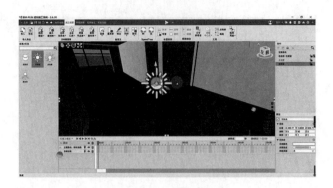

图26　室内光源布置

（4）在模型中添加标高、文字等标注，突出展示施工方案中需要体现的关键数据和内容（图27）。

图27　标注内容布置

6）合成输出

BIM-FILM可直接合成导出视频动画成果，如需实现更复杂的剪辑和更优质的视觉效果，可通过BIM-FILM导出工程动画后再由专业软件进行合成剪辑。

3. 管理要点

1）成本控制

施工方案模拟视频制作工作量较大，需投入较多人力、物力成本。制作施工方案模拟视频应根据制作目的，选择适合的软件、硬件和表现形式，达到降低工作量、提高工作效率、节约投入成本的目的。

2）脚本编写

脚本编写是施工方案模拟制作的依据和指导性文件，是施工方案模拟工作的重点。通过制作脚本，可控制视频制作效果、预估模拟视频制作时长、明确制作的画面内容和表现细节、掌握模拟视频制作工作量、总体把控制作工作进展情况。

4. 实施效果

对施工阶段较为复杂的施工工艺和施工方案利用BIM技术可视化的特点进行模拟，将施工过程中的难点、重点进行演示，能验证施工方案的可实施性和合理性，避免由于图纸和文字对方案描述的局限性造成理解偏差、提高沟通效率、加强施工方案的落地性，本项目共完成20个施组方案模拟。

（六）BIM云算量

轨道交通工程为线性项目，体量巨大，涉及工法多、专业多，异型设计复杂，市场上缺少专门为轨道交通工程研发的工程量计算软件，导致长期以来地铁项目完全依靠手工开展工程量计算工作，效率低下。基于自主研发的CQC工程量云计算软件，利用BIM模型直接生成符合我国造价规则的工程量（图28），解决了地铁工程量手工计算工作量大的问题，弥补了国内造价软件在轨道交通工程中的空白。

图28　工程量计算结果示意图

1. 准备工作

（1）设计模型文件：经过多方审核完成封装的模型用于工程量计算，获得的工程量作为多方认可的计量数据。

（2）合同工程量清单：作为造价工作开展的基础性文件，出具工程量数据进行核对和清单挂接工作。

（3）BIM模型算量软件：CQC软件为云端服务器＋用户端的操作形式，需先进行软件注册，保证网络畅通方可使用。

（4）计算规则：确定软件内置规则符合项目要求，如无当地计算规则，需在计算前进行手工调整。

2. 技术路径

以土建工程为例，使用CQC模型算量软件进行工程量计算技术路径如下：

1）模型封装

用于进行工程量计算的模型，需经过多方审核认可并封装。封装模型需与设计图纸保持一致，并保证模型构件创建规则符合建模要求，属性录入符合造价需求（图29）。

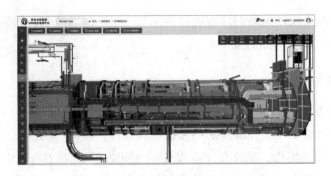

图29　封装模型

2）新建工程

在BIM数据集成与管理系统中新建项目文件夹，新建工程（图30），创建版本，同时选择相应计算规则（图31）。

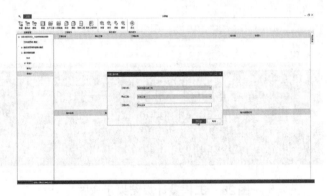

图30　新建工程

图31　选择计算规则

3）上传模型文件

选择审核签认过的模型上传至算量软件（图32），也可由BIM数据与集成管理系统推送至算量软件进行工程量计算工作。本项目常用的方式为后者，该方式可将工程量推送回BIM数据集成与管理系统与构件关联。

图32　本地模型上传

4）打开工程

待模型转换完成后（标准化识别后），打开工程（图33），根据工程量统计需要进行楼层组合（图34）。

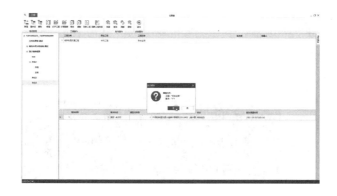

图33　打开工程

图34　组合楼层

5）补充算量

可在算量软件中布置模型中未创建的、需要计算工程量的项目（图35），如防水、模板、钢筋，也可添加手算工程量。

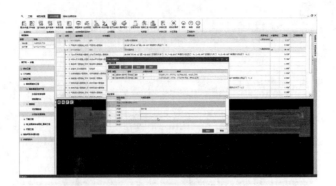

图35 补充布置防水

6）发起计算

可选择项目整体进行计算（图36），也可选择局部、个别构件发起计算，节省运算资源，提高计算速度。

图36 发起计算

7）清单挂接

导入项目招标工程量清单，核对招标工程量与模型计算工程量的差异，将模型工程量与相应招标工程量清单进行挂接（图37）。

图37 清单挂接

8）导出清单

可将核对过工程量的清单导出至本地，以Excel格式保存，交付给后续工作使用（图38）。

图38　导出清单

3. 管理要点

（1）模型版本：用于计算工程量的模型应为经多方签认的封装模型版本，以此种模式出具的工程量才能得到各方认可。

（2）模型构件完整性：各专业模型的创建内容需要完整，以保证工程量计算的准确性和完整性。

（3）模型信息完整性：模型相关信息的录入需要完整，确保软件可自动识别构件信息并以此为依据进行筛选和汇总，协助造价人员对工程量进行处理。

（4）避免使用体量模型：体量模型的信息无法被CQC软件正确识别，将导致工程量计算偏差，除非必要，尽可能避免使用体量工具创建模型。

4. 应用效果

利用自主研发的HGBIM算量引擎，可以转换为Revit、MS-ABD等主流模型数据，对模型元素进行100%正确识别。采用云计算、云服务软件架构，通过读取模型信息，对无模型的模板、防水、保温、防腐、装饰等实现智能建模自动算量。计算结果与人工计算相差万分之五，效率提高80%，避免人为干扰，透明、公正、高效。

通过CQC模型算量软件与BIM数据集成与管理系统的联动，直接将工程量与构件挂接，为BIM数据集成与管理系统使用工程量开展其他工作提供了数据基础。BIM数据集成与管理系统，依据进度管理数据按时间、专业、组织等不同层次统计工程量，充分发挥了模型数据的复用性，实现一模多用。

（七）最小维修单元模型创建

传统运营期的设备管理建立在设备技术资料管理的基础上，对设备的描述是平面的，无法表达设备状态的全貌，最小可维修单元模型（图39）的创建，可为设备运维管理工作提供可视化的模型和主要设备参数，同时与设备技术资料建立关联关系，在设备技术资料翔实的基础上，使设备外观、内部构造、设备及最小维修单元的空间位置均可在BIM数据集成与管理系统上直观查询，让管理人员无须深入现场即可掌握现场情况，在对设备在运营期的管理、保养、检修等工作中更为有的放矢。

1. 准备工作

（1）维修单元清单：分专业、分供应商编制最小可维修单元清单，明确模型单元创建范围。

（2）属性信息收集：明确模型单元中需要录入的设备属性信息项和属性值。

（3）设备资料收集：根据运营需求，指导设备供应商提交按要求提交的设备相关资料。

（4）建模标准编制：创建标准对最小模型单元文件的创建精度、录入属性的操作方式等提出明确要求。

（5）宣贯和培训：标准宣贯，确保各单位提交的最小维修单元符合入库要求。

2. 创建流程

构件模型创建流程见图40。

1）最小维修单元梳理

梳理模型单元最小颗粒度，分专业、分供应商编制最小可维修单元清单，明确模型单元创建范围，作为模型单元创建范围的依据。

2）设备资料收集

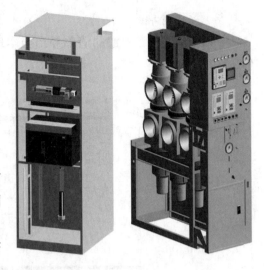

图39　设备最小维修单元模型

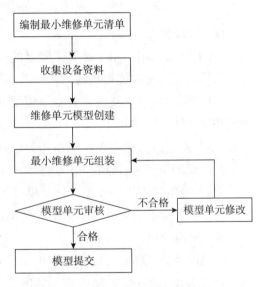

图40　构件模型创建流程

（1）设备属性信息收集。为了方便运营阶段直接利用模型单元文件开展设备管理工作，需将设备常用的属性信息录入模型中（表4），便于直接查询、调取和使用。协调运营公司和设备厂商对需要录入模型的属性信息条目进行确认，再由设备厂商提供具体参数值，作为模型属性录入的依据。

表4　最小维修单元清单+属性信息样表

序号	设备名称	族类别	技术参数（带单位）		型号	生产厂商	产地（国家）	层级1	族类别	技术参数（含单位）		型号	生产厂商	产地（国家）	层级2	族类别	技术参数（含单位）		型号	生产厂商	产地（国家）
			设计参数	特性参数						设计参数	特性参数						设计参数	特性参数			

314

（2）设备其他资料收集。根据运营单位需求，对设备相关资料的提交内容、格式等提出明确要求。设备其他材料明细见表5。其中，设备图纸、图片、技术规格书、BOM清单等资料作为模型单元建模的依据。

表5　设备其他材料明细样表

序号	文件	格式	备　注
1	技术规格书	pdf/doc	与合同中的技术要求相同
2	设备图纸	pdf/dwg	含供货设备相关图纸及材料表（一次方案图、设备安装图、二次原理图、二次接线图）
3	产品模型元素	建模软件格式	模型单元文件、最小模型单元文件
4	BOM清单	xls	BOM单
5	设备图片	pdf/jpg	铭牌图片，材质贴图
6	产品说明书	pdf/jpg	安装手册、操作手册、使用手册、维修手册等
7	质量证明文件	pdf/jpg/doc/xls	产品进场报验及设备调试、质量验收文件
8	售后服务书	pdf/doc	采购合同约定或同供应商格式及内容

3）模型单元创建

根据建模要求创建设备外观模型、最小维修单元模型，录入属性信息，模型组合（图41）。真实还原设备外观特征、内部构造。

图41　包含最小维修单元模型的设备模型

4）模型审核

模型审核工作是模型单元库创建工作的重要流程。为了保证模型审核工作的效率和质量，编制设备模型审查表（表6），规范了审核流程和内容，确保模型的准确性和质量，避免了潜在的错误和风险，提高模型的可信度和可维护性。

表6 设备模型审查表

供应商名称：

设备名称：

序号	审查要点		审查结果 （选择"√"或"×"）	备 注
1	技术资料	文件夹及文件命名规范性		
		资料完整性		
2	软件版本	Revit2019		
3	模型命名	族名称		
		族类型名称		
4	型号	核实正确性		
5	基点位置	包括平面位置及标高		
6	族类别			
7	尺寸	需与图纸一致		注意图纸比例是否正确
8	材质/颜色	需与实物图片一致		
9	属性信息	通用信息		属性项：必须有 属性值："必填项"必须填
		技术参数		
		构造尺寸		
10	共享参数	所有新添加参数均为"共享参数"		型号与供应商为软件自带属性
11	类型/实例	核对是否正确		
12	参数分组方式，参数类型，规程			
13	连接件	风管、水管、电气		
14	外观显著特征	接口		
		指示灯		
		logo、商标、散热孔等		
15	模型文字	尽量使用模型文字，不要使用模型线		
16	模型充满视图	隐藏尺寸标注、参照平面等，删除无关模型线等		
17	清除未使用项			

5）模型提交入库

将审核无误的模型提交至BIM数据集成与管理系统构件库（图42）管理模块，作为设备运营维护的基础数据。

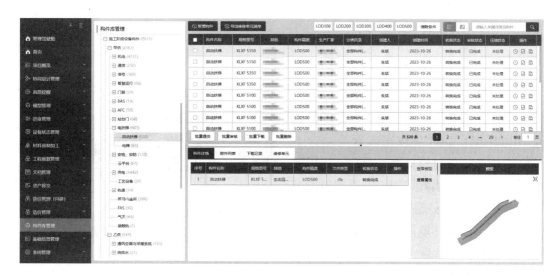

图42　构件库管理界面

3．管理要点

1）标准定制

模型单元创建标准对于模型库的创建至关重要。统一的标准可以规范流程，确保模型质量和稳定性，促进模型复用和共享，使模型库成为模型创建工作的有力支撑，同时为运营管理提供基础数据，为设备的可视化管理提供有效支持。

建模标准根据遇到的应用场景和工作阶段的不同需求及时调整，不断更新和完善，逐步形成支持项目全过程的，兼顾可行性、易用性的模型单元创建标准。

2）信息收集

模型单元创建的前提是信息收集工作，信息收集的完整性、准确性直接影响模型单元的创建质量。在地铁项目中，这一工作需调动不同区段、不同供应商进行配合，参建单位多，协调工作量大。实际实施过程中采用线上统一培训、线下集中办公、分供货方式落实、分专业专人跟踪等方式，强力推动工作进展，确保资料收集工作的及时性、完整性。

3）模型轻量化

降低模型的大小和复杂度，可以大幅减少软、硬件的负担，使得模型更易于处理、编辑和观察。在建模标准中完善了降低模型体量和面片数的模型创建要求，如：不创建不影响外观表达的圆角、不创建没有管理需求的内部构件、不创建非必要的孔洞等，从源头为模型轻量化打下基础。

4．应用效果

某地铁集团已在本项目完成覆盖全专业、全生命周期、全业务流程应用的模型元素库，全线2万多个设备最小维修单元模型，已经完成创建1.3万个。模型精度与实物一致，属性信息包含身份信息、设计信息、生产信息、特性参数、资产信息、维护信息等。为智慧运维奠定数据基础，为企业积累数据资产。

（八）基于BIM的管道预制加工安装

传统的管道施工采用现场切割焊的方式，污染环境，对工作人员的健康和安全存在隐患，同时施工质量也难以保证。机电BIM模型在设计单位完成管线综合工作，由施工单位对模型进行深化，利用深化模型（图43）出具可用于管道预制加工的料单和图纸，实现管道预制加工安装，可有效避免施工环境污染，保障工作人员健康，提升施工质量。

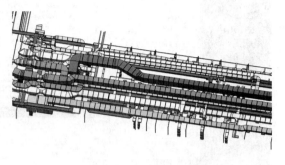

图43　安装深化模型

1. 准备工作

根据项目设计特点和施工现场情况，明确安装施工模型深化工作的流程、关键节点、深化标准，让模型深化工作有据可依。

2. 技术路径

基于BIM的管道预制加工安装技术路径见图44。

1）设计模型接收

用于预制管道安装的机电施工模型是在机电设计模型的基础上深化形成，施工单位需根据设计模型结合设计图纸，理解设计意图。

2）设备模型替换

将设计模型中的LOD300设备模型替换为与现场设备实体外形尺寸、特征等保持一致的LOD400设备模型（图45），检查替换后的设备对原设计方案有无影响，如有影响，需及时调整管线排布方案，当需要改变设计方案时，需及时联系设计单位决定是否需出具设计变更。

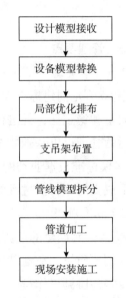

图44　基于BIM的管道预制加工安装技术路径

3）局部优化排布

根据现场施工条件、各专业施工要求等，可能需要对局部管线进行重新排列；根据替换后与实物一致的设备模型，对设备与管线接口进行深化设计和排布。

4）支吊架布置

根据安装施工模型管线设计方案，综合考虑管线走向、支吊架承载力、施工便捷性、成品美观性等对支吊架方案进行设计，布置支吊架模型。同时，根据支吊架设计方案对管线模型排布位置进行微调。

5）管线模型拆分

对管线模型进行打断，拆分长度和位置综合考虑下料要求、设计方案、施工便捷性等；同时对阀部件位置进行精调，满足管线打断节点位置要求，同时符合设计意图和

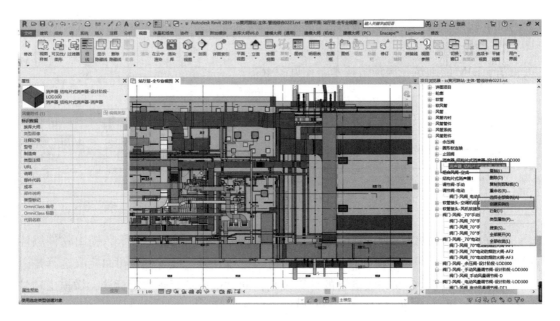

图45　设备模型替换

施工规范。

6）管道加工

利用深化模型出具各专业深化图纸、管道加工清单，加工厂根据加工清单制作管道管段，管段分专业、分材质、分规格进行编号，便于现场识别和安装。

7）现场安装施工

现场根据深化图纸选择对应的预制管段，优先采用地面组装、高空安装的施工方式，以降低施工难度，保证施工安全和质量。

选择管线连接节点、转角处、异形管件处等适合的位置留有活节，待其他位置施工安装完毕后，现场确定加工管段尺寸再进行加工和安装，规避模型与现场的误差累计。

3. 应用效果

本项目已完成全部车站的模型精度细化、支吊架模型创建，通过管道预制加工安装工作的实施加快了施工进度，降低施工难度，提高了管道加工精度，继而保证了施工质量。同时，为工人健康、环境保护等工作提供了有效的保障。

（九）基于BIM的砌筑孔洞预留

传统砌筑预留孔洞，受各专业提资时间、提资周期、提资版本等因素的影响，存在砌筑孔洞位置不符、砌筑孔洞与其他专业冲突等现象，为有效解决以上问题，本项目通过Revit建模软件提前将图纸中各专业模型进行整合，确认管线最终走向，并借助橄榄山软件，进行开洞处理，避免了传统工程项目中凭经验进行留设导致的预留预埋利用率差的问题，同时也避免了工程现场后期凿洞的现象。

1. 准备工作

（1）各专业模型：包含建筑专业（含二次结构）、结构专业、机电专业。

（2）软件准备：模型创建软件、快速开洞软件等。

2. 技术路径

基于BIM的砌筑孔洞预留技术路径见图46。

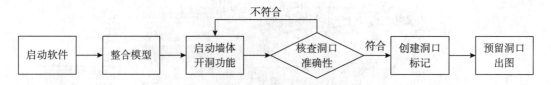

图46　基于BIM的砌筑孔洞预留技术路径

本项目中采用橄榄山软件中墙体开洞的功能进行洞口预设，基于橄榄山软件墙体开洞功能可以为模型中穿墙的水管、风管、桥架进行开洞，此软件也可自定义选择是否添加套管，及支持自定义修改套管的计算规则，同时也可对套管进行标注，橄榄山软件具备"智能开洞""刷新开洞位置""洞口标注"等功能。

（1）橄榄山软件是Revit的插件，在使用橄榄山软件时直接启动Revit软件即可在标题栏中找到相应的模块。

（2）通过Revit软件中"插入""连接Revit"功能将各专业模型进行整合，为墙体开洞提供基础。

（3）墙体开洞：基于软件自身功能可对本地文件或链接的文件进行开洞（图47），洞口尺寸可依据项目实际情况进行自定义设置，也可进行多管开洞等。

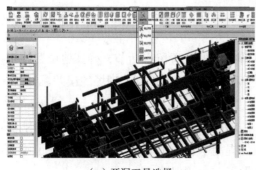

（a）开洞工具选择　　　　　　　　　　（b）开洞尺寸设置

图47　墙体开洞

（4）创建洞口标记（图48）：支持洞口、套管的标记，可自动识别管道类型。

（5）预留洞口出图，利用Revit自身功能进行二维图纸输出。

3. 管理要点

（1）应进行模型版本管理，确保开展此项工作所使用的各专业模型为最终版。

（2）孔洞预留规则应符合国家、企业等相关标准规范要求，并确保孔洞预留的合理性。

（3）孔洞预留过程中对模型进行审核，不合理处应反馈至相关专业进行优化调整。

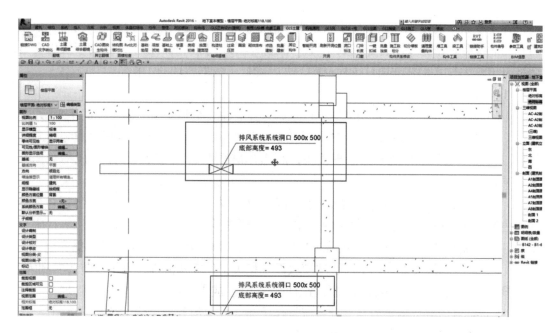

图48　创建洞口标记

4. 实施效果

通过施工深化模型导出砌筑预留孔洞图（图49），在墙体砌筑的同时进行墙体孔洞预留，避免了墙体后期二次开洞，同时也保证了墙体的质量和洞口的准确性。

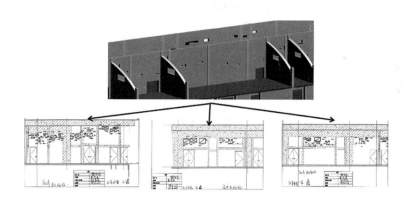

图49　预留孔洞模型出图

（十）建设期BIM数据集成与管理

传统的项目数据管理主要依赖人工输入，这种方式无法实现数据的实时交互，导致了信息孤岛。没有有效的载体来共享数据，使各个工作环节之间的信息不能复用，这些问题都制约了项目数据管理的效率和准确性。

通过BIM数据与管理系统的应用，集成了项目建设过程中不同业务模块产生的数据，随着项目管理的开展，数据在生成的同时即可存档，保证了数据的实时性和完整性。通过对数据的分析和筛选，可将相关数据实时共享给相关参建单位，避免了信息孤岛,提高了数据的复用性,避免了人工干预造成的数据延迟、丢失等现象。同时,根据内置的运维数据采集要求,存档数据可一键生成运维交付数据,以结构化的形式提交给运维单位,无须人工整理项目过程资料,大幅降低了数据整理的工作量。

1. 准备工作

(1)模型准备:模型为BIM数据产生的起点,也是数据集成管理工作的呈现形式。

(2)管理系统准备:搭建BIM数据集成与管理系统,作为BIM数据集成与管理的载体。根据项目需求配置相关管理模块,利用BIM数据集成与管理系统集成的数据开展各项管理工作。

(3)权限分配:为项目参建各单位创建组织;为不同岗位创建管理角色,并为不同角色配置相应权限,为参建单位的工作人员创建账号,账号权限与角色挂钩。权限分配使各单位能有序地使用BIM数据集成与管理系统开展工作,同时保证了数据安全。

(4)审核流程设置:为不同管理模块设置相关工作审核流程,审核环节落实到人,使审核工作自动流转,审核工作进展清晰可见,并生成审核记录,形成闭环管理。

(5)编制BIM数据集成与管理系统操作手册,并组织相关单位进行操作培训。

(6)制订BIM数据集成与管理系统管理办法,并组织相关单位进行培训。

2. 技术路径

BIM数据集成与管理系统通过各管理模块,实现对各项业务的管理和项目数据的集成。各业务模块之间实现了信息共享、数据复用。

1)模型管理

模型版本上传和审核操作流程见图50。

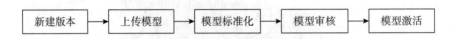

图50 模型版本上传和审核操作流程

通过BIM数据集成与管理系统对项目不同阶段、不同专业、不同版本的模型进行统一管理,管理内容包含版本管理、模型标准化管理(模型文件命名、模型单元命名、模型分类编码等)及模型审核管理,保证项目参建各方使用同一个模型、同样的数据开展项目管理工作(图51~图54)。

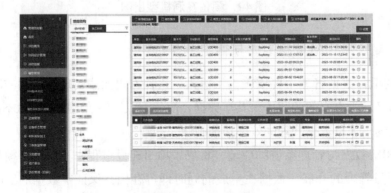

图51 版本管理界面

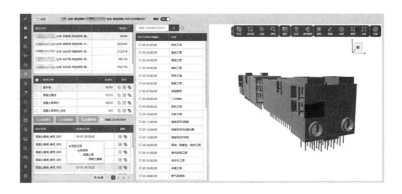

图52　模型标准化处理界面

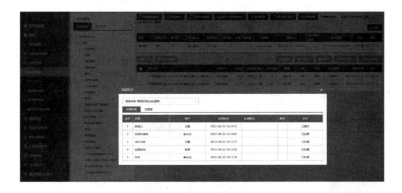

图53　模型审核过程记录

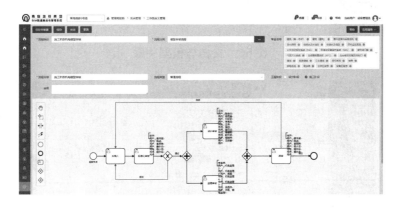

图54　内置审核流程

2）文档管理

对项目建设过程中形成的文档进行管理，文档产生的源头来自各个业务模块，BIM数据集成与管理系统根据内置规则对文档进行自动归集，随生成、随审核、随归档，保证项目全过程文档管理的完整性，在项目完成后根据内置规则将相应文档数据归入不同数据库，如档案移交数据库、竣工移交数据库、运维移交数据库等，无须人为汇总，大幅降低人工工作量。文档管理业务流程见图55。

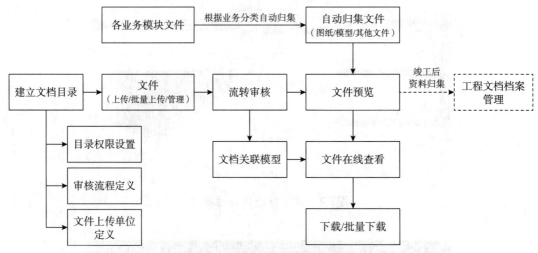

图55　文档管理业务流程

文档可与模型构件建立关联（图56、图57），实现模型、文档双向查询。设备相关文档通过与模型的关联关系，可自动整合成为项目资产数据库的内容。

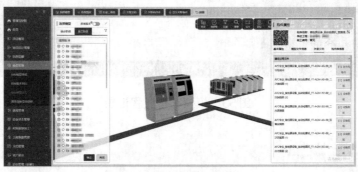

图56　文档与模型关联

图57　模型文档双向关联

3）进度管理

基于BIM模型的进度管理主要包含多维度的计划编制，结合模型的完工填报，可视化的模型+图表数据形象进度展示等功能。从计划的编制到进度数据的生成每个业务功能板块都将与BIM模型紧密结合，充分发挥BIM模型在进度管理中的一模多用、高复用性等特性。进度管理业务流程见图58。

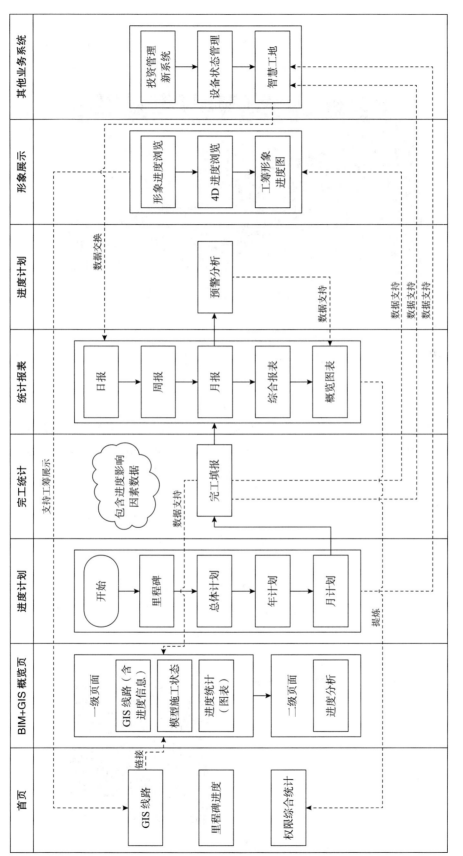

图58　进度管理业务流程

4）安全管理

智慧工地平台、BIM数据集成与管理系统打通，实现对现场人员进出场管理、现场监控设备的查询、现场机械设备的监控等，协助安全管理人员实时掌握现场情况（图59）。

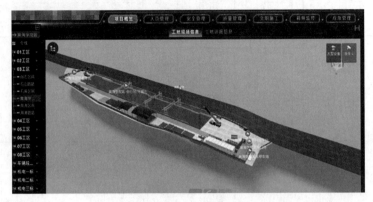

图59　打开智慧工地监控平台效果

BIM数据集成与管理系统接入风险源监控数据，在模型中标记风险源管控点，当数据变化超过临界值时，自动报警，推送异常数据给相关工作人员，作为进一步工作的指导依据。

5）数字化移交

利用BIM结构化的信息组织、管理和交互的可视化优势进行资产信息的采集、合并等操作，结合进度数据自动形成资产的预验收数据，运营单位可结合实际业务状态进行资产预验收。在工程竣工后，利用BIM数据集成与管理系统形成资产移交数据并向EAM系统和BIM数据底座进行移交。

通过模型所生成的资产采集表，资产名称、规格型号、生产厂家、保修描述、数量等数据来源于模型本身，而非在竣工阶段通过人工填表的方式收集资产数据，从而可大幅降低人工填表产生的错误率。

通过BIM方式进行资产移交时，利用BIM数据集成与管理系统生成资产采集表，终端显示BIM模型，BIM模型作为资产移交信息的载体（图60），可将资产采集表与工程实体建立指向关系，便于资产移交人员进行资产清点。

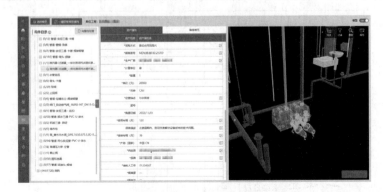

图60　模型中包含的资产信息示例

3. 应用效果

1）模型管理

BIM数据集成与管理系统可以实现对BIM模型的全面管理，包括模型版本控制、权限管理、模型审核、模型浏览、版本对比等，确保项目参建各方使用统一的、被多方认可的模型开展项目管理工作。

2）进度管理

利用BIM数据集成与管理系统开展进度管理，可实现多维度的进度分析，提升项目团队的沟通和协作效率。实时填报的进度数据和进度计划数据自动对比，自动生成进度分析，为项目决策的制订和风险管理提供依据。

3）数据共享

进度管理模块现场采集挂接至构件的实际进度信息，可共享给造价管理模块，结合BIM模型算量软件计算生成的同样挂接至构件的工程量数据，可一键生成月报量，工程量无须二次计算和人工流转，减少了工作量，提高了工作效率。

4）数据交付

各业务模块的文档、数据由BIM数据集成与管理系统进行审核流转，数据审核完毕即可根据内置规则归档，无须人工干预，保证了归档工作的及时性、完整性，竣工移交时，可一键生成移交数据库，大幅提高了归档工作效率。

4. 管理系统要求

（1）管理系统要能够接收不同来源、不同格式的BIM模型，并完整继承模型中承载的数据信息，形成一个统一、规范的模型文件，供项目参建各方使用。

（2）管理系统中的数据来源包括：载入模型数据、BIM数据集成与管理系统录入数据、其他软件推送数据等，管理系统应具备数据整合、处理能力，将分散的数据整合成为相关业务模块可应用的信息。

（3）管理系统应采用人工智能技术（AI）实现数据处理，项目全建设期的数据量庞大，参建单位众多，管理角色复杂，数据输入路径繁杂。通过使用AI技术，进行数据分析和筛选、数据清洗和处理、数据关联和分析、数据预测和决策，可以协助管理人员充分利用数字技术实现精细化、科学化、智能化的项目管理。

（4）管理系统通过对项目全过程资料的收集、整理和分析，形成结构化的项目数据用于数据交付，便于接收方对数据的应用。

（5）BIM数据集成与管理系统应开放接口，与既有系统对接（如与智慧工地监控平台对接；与造价管理平台对接等），最大化利用已有资源实现资源共享、数据互通。

（十一）可视化资产移交管理

传统资产移交通常是基于Excel表格进行，资产信息庞大，人工核对工作量大，错误率较高，资产管理不直观、信息延续性也无法保障，基于模型及人工智能技术能够在解决以上问题的基础上实现资产可视化管理、数据智能化管理。本项目资产移交管理采用自主研发的BIM数据集成与管理系统进行。

1. 工作准备

（1）确定运维资产管理需求。

（2）与运营部门核对资产移交清单。

（3）创建符合资产移交管理深度的模型。

2. 技术路线

本项目采用BIM数据集成与管理系统"资产管理"模块进行资产移交相关工作，已具备的功能包含：BIM构件关联资产分类、资产信息采集、BIM构件合并为资产、资产移交清单、资产清点、资产属性错误处理、问题资产处理跟踪、资产移交查询、基础数据，实施技术路线见图61。

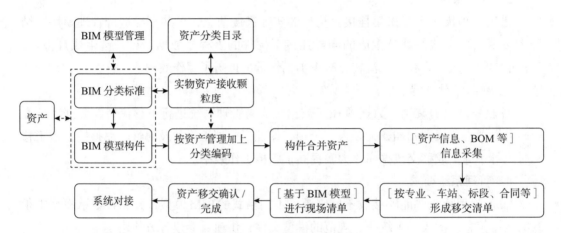

图61　资产移交技术路径

（1）BIM模型与资产分类、设备分类实现进行关联（图62）。

图62　BIM分类标准与资产接收颗粒度、资产分类目录关联

（2）BIM模型与BIM构件与资产分类的绑定，资产的合并，资产信息的采集，最终形成资产清单/台账和设备清单/台账（图63~图67）。

图63　BIM构件关联资产分类

图64　BIM构件合并为资产

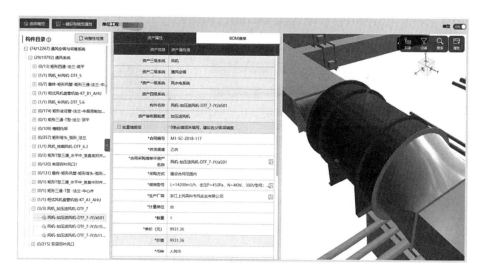

图65　资产信息采集

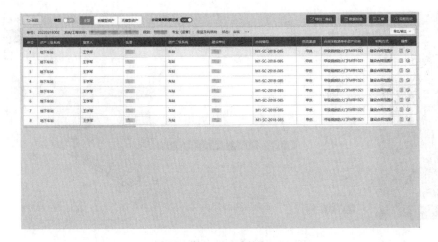

图66 资产台账

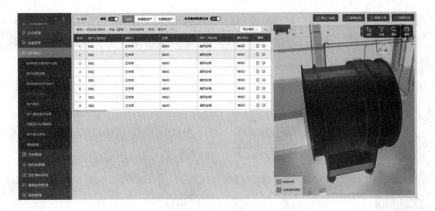

图67 设备台账

（3）对于设备类资产且有备件的设备，可通过BIM系统查看设备的BOM清单（图68）。

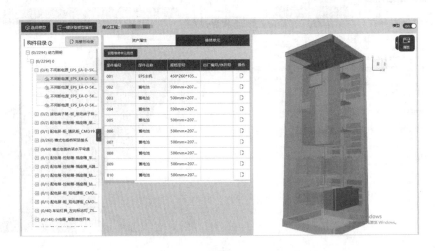

图68 设备BOM清单

（4）业务人员可根据业务需要按照单位工程、工程专业、运营专业等维度创建资产移交清单，可通过该清单可视化地查询、浏览设备的分布情况及相关信息（图69、图70）。

图69　按照单位工程、工程专业、运营专业等维度创建资产清单

图70　查看设备分布情况

（5）委托方创建移交工单，记录拟移交资产移交的时间、地点、参与人员等信息，提交至接收单位后，由接收单位进行移交资产信息的审核和清点（图71）。

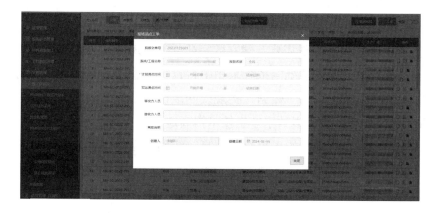

图71　发起移交工单

（6）运营业务人员根据移交工单进行清点，并可通过移动端查询移交进度、移交问题记录和整改、整改结果复核。

3. 管理要点

（1）运维人员提前介入：传统资产移交工作位于工程建设收尾阶段，移交清单周期长，现基于BIM技术开展资产移交工作，运营人员的提前介入尤为重要，应尽可能在设计阶段就提出运维管理需求，梳理资产管理所需数据、梳理资产移交清单、明确模型精细化程度等。

（2）设备供应商管理：一个车站资产条目可达成千上万条，模型颗粒度为最小维修单元，如信号专业中的DCS机柜，含15种部件、11种子部件，模型创建工作量大，应在供应商合同中明确模型创建范围及内容。

（3）资产管理数据：资产管理数据的产生有两种方式，一是在模型中录入，二是通过BIM数据管理系统录入数据，资产管理数据的正确性和完整性对数据采集、数据整理、数据生成至关重要，数据是资产管理的基础，项目前期应明确资产管理数据项，过程中可微调，不宜整体性调整。

（4）数据重组：建设期数据管理架构与后期资产管理架构不同，属性值相同，属性项却存在不相同的情况。在竣工模型基础上进行模型数据标准化处理，使建设期数据结构、属性项转化为符合资产管理需求的数据结构和属性项。

（十二）运维BIM数据底座研究

1. 研究目标

（1）系统性承接工程数字化建设成果，为智慧运维系统提供统一的设备设施工程数据服务；助力并驱动运营期各系统的业务解析与业务管理。

（2）以唯一码为线索建立各运维系统之间的工程数据共享与业务互通机制，实现设备设施全寿命期跨系统管理，打破系统相互隔离导致的运维管理瓶颈。

（3）为运维各业务系统提供业务场景可视化应用服务；以数字孪生技术提高地铁运营环境与设备设施监控、巡视工作效率。

2. 研究思路

根据资产全寿命周期管理需要，建立数字化标准。BIM数据底座系统依托标准对接建设期BIM数据集成管理系统。系统采用中台设计理念，为本项目运营期各管理业务系统、智慧运维系统提供BIM数据，实现线网级设备设施工程数据的统一管理；为各系统提供可视化场景服务，以数字孪生技术提高地铁运营环境与设备设施监控、巡视工作效率。实现全线网跨系统的工程数据共享，线网级智慧运维数据底座的系统性应用。系统应用服务架构见图72，系统与各管理业务系统、智慧运维系统应用服务关系见图73。

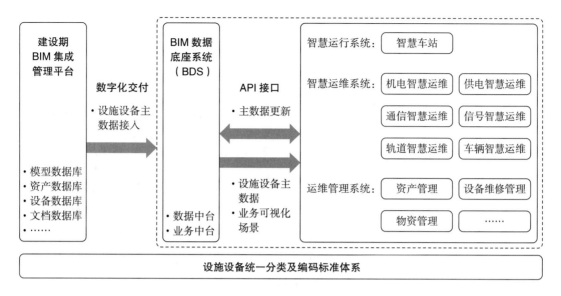

图72　系统应用服务架构

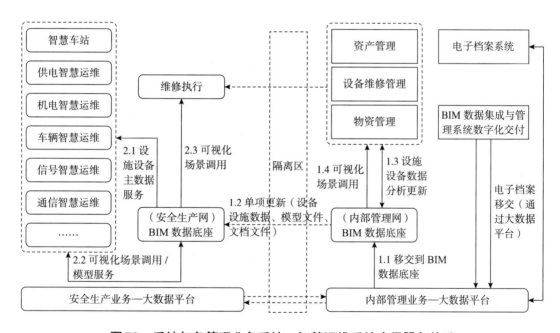

图73　系统与各管理业务系统、智慧运维系统应用服务关系

3. 研究内容及成果

1）一码到底的编码体系

建立一码到底编码体系，沿时间轴纵向支持设备设施从设计、采购、施工、交付、到运维的全生命期管理，所谓"一码到底"，是通过为设备设施赋予一个唯一而稳定的编码，结合编码体系中的其他编码，支持设备设施在其全寿命期内实现跨系统的各类业务与管理。以唯一码为主线，将建设期的BIM分类代码、运维期的资产分类代码、设备分类代码、物资分类代码、以及各系统独立使用的资产编码、物资编码、设备编码等

关联起来，构成一码到底编码体系，见图74。

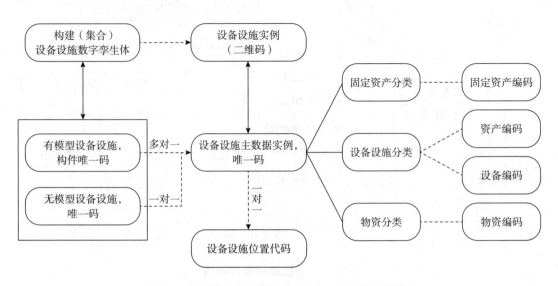

图74　通过唯一码将各分类码、编码进行联通

2）数据标准化

因建设期数据管理架构及深度与运维期管理不一致，项目建设前期对模型文件组织架构、层级划分、模型几何数据、模型非几何数据及设备模型单元颗粒度，提出明确的标准化要求，数字化移交过程中借助运维数据底座系统进行标准化处理，形成符合运维管理需求的轻量化、可视化模型。

3）模型轻量化

随着项目建设阶段的发展，对模型精细度的要求也会越来越高，但模型精细度过高对软硬件等系统要求也就越高，在本项目运维数据底座研究过程中发现模型面片数越多，软件内存占有率越高，导致系统运行卡顿、缓慢等现象。

在本次研究过程中模型轻量化主要采用两种方式，第一模型单元创建时减少不必要的圆角、导角、洞口、圆形构件等，第二LOD500模型储存于BIM数据集成与管理系统中，借助BIM数据集成与管理系统功能使其与LOD400（存放于模型中）模型产生关联关系，避免模型体量过大。

Ⅳ　数字化应用成效

以模型为载体将设计、采购、施工生产、项目管理、设备调试、试运行等各项信息集成形成数据集，以结构化的方式组织、管理和交互，作为工程建设产业与数字化融合的整个过程，工程数字化产生的影响深刻而长远。从可观察的实践经验来分析，主要包括直接产生的经济效益，以及间接产生的社会影响；从可预测的未来发展进行分析，包括数字化到智慧化的有效途径，以及全生命周期数据延续的启示。

一、应用成效

（一）经济效益分析

工程建设行业参与人数众多，技术领域广泛，价值周期冗长。随着建筑规模的扩大，生产方式的转变，人工成本的攀升，工程建设带来的浪费和低效越发隐秘且不可控。主要体现在2个方面：

（1）设计图纸中不可预知的错误和遗漏导致的额外费用，以及因频繁变更而导致的施工生产浪费，这一类问题随着项目进展而逐渐显现，但难以预测且不可控。

（2）项目管理、施工生产、竣工交付过程中不同组织、不同岗位、不同业务之间的信息孤岛导致沟通低效产生的成本，这一类问题隐秘而不易察觉，但贯穿建设全过程。

以BIM技术为核心的工程数字化应用产生的经济效益，随着模型数据的共享贯穿全生命周期，主要体现在以下4个方面：

（1）采用全专业三维模型开展方案可视、专业集成协同设计，提高设计质量，将施工规范、工艺标准、安装规程等需求与设计成果融合，优化设计成果，开展虚拟建造，从源头杜绝设计中的错误和遗漏。

（2）利用高精度模型开展精细化深加工，提高工业生产装配率，避免因设计变更和构造精度导致的材料浪费，减少现场用工，提升劳产率，降低现场的安全风险。

（3）基于虚拟建造，优化资源配置方案，保障资源与目标匹配，减少现场库存，降低库存成本，避免资金浪费。

（4）基于"BIM数据集成与管理系统"共享项目管理数据，开展跨阶段、跨组织、跨岗位、跨业务协同管理，实现全要素、全过程、全时空数据共享，减少因信息孤岛导致的沟通不畅、协调频繁等问题。

本项目工程数字化实践产生的经济效益主要包括以下7个方面：

（1）大幅减少因设计错误和遗漏导致的主观类设计变更、返工、拆改等浪费。

（2）利用三维模型输出二维图，避免重复绘制，平面出图效率提高60%，剖面图出图效率提高90%。

（3）结构预留洞、二次砌筑预留洞、预埋件95%预留准确，减少二次施工。

（4）风管、水管、桥架等构件实现工厂化预制加工、现场模块化安装，现场用工减少60%，避免90%不必要浪费。

（5）通过基于BIM的设计优化、虚拟施工管理，设备安装工程进度提高约10%。

（6）减少近90%因施工碰撞、资源错配、设计变更导致的施工组织协调会。

（7）工程数据随着项目管理过程中各业务的开展同步集成，避免同一数据的二次采集和竣工交付数据的再次整理，提高了数据的质量和利用率，降低了人工成本和时间成本。

（二）社会影响总结

本项目工程数字化实践，摸索出一套全生命周期数字化管理模式，遵循以终为始、数字孪生和系统管理的原则，将以BIM核心的数字技术与传统项目管理和运维管理深度融合，实现管理"双融合"，竣工时同时交付实体工程和虚拟数字工程，实现竣工"双交付"，并为运维管理提供高质量的、多维可视的工程数据。这种模式创新有利于统筹协调，有利于实现建设项目的一体化管理，为地铁集团建设项目的数字化建设管理提供宝贵经验，为行业的建设项目数字化转型树立样板工程。

二、经验启示

（一）数字化到智慧化的有效途径

住建部最早于2003年开始推进建筑业信息化发展，经过20年推广普及，信息技术和工程建设业务已紧密结合，经过数据、技术、经验的积累，正在逐步向数字化过渡。信息化记录数据，数字化汇聚、融合数据，通过对数据的清洗、筛选、统计、分析，形成对业务资源及过程的数字孪生。工程建设产业数字化最高效的技术手段是BIM，利用模型作为工程对象的数字孪生，汇集各项信息，融合多源异构数据，形成全生命周期数据集。智慧化作为信息化、数字化建设的最新阶段，数据融合是智慧化的基础，结合人工智能、大数据、云平台等技术，以深度学习、边缘计算等前沿技术的融入为特征，使行业向更自主、更高效的方向发展。

（二）全生命周期数据延续的启示

建筑工程不缺少数据，缺少的是对数据的连接、延续和二次利用。行业发展至今，越来越体会到，数据管理与应用在运维阶段资产管理方向的价值远高于在项目管理过程中的效果。如果将某事物视为资产，其在时间轴上将有很长的跨度，往往会引起长期关注；而作为一个建设项目，其建设周期是一定的，时间跨度是短暂的，意味着是在某一时候就会结束的事情。

对于管理周期更长的运营期而言，超过60%的运营和维护所需的信息是在建设期形成的，这些信息零碎地分散在技术资料和工程图纸中，信息获取困难，且不成体系，既缺乏数字化过程，也缺少相应的交付技术手段。长久以来，这些数据的缺失给运营维护和资产管理带来的影响被忽视，存在不可预估的隐性成本。

本项目突破性地完成竣工模型数据库交付标准，对于BIM如何开展竣工交付及交付数据包含的内容，开创性地研究出竣工模型数据库交付6项评价指标。

（1）模型交付格式，许多项目都是交付建模软件创建的模型，这对于运营而言属于无法使用的僵尸数据，只有采用BIM数据集成与管理系统，将模型轻量化，形成共享格式，并在建设期集成各种信息，与模型关联，才能形成完整的数据库进行交付，因此竣工模型数据库交付格式应为源格式和共享格式。

（2）模型包含元素，仅以管综为目标的BIM应用模型中包含的工程对象一般仅为50%~70%，缺乏重要的设备模型，无法满足竣工交付，经过研究和实践，工程对象应在90%以上，才能满足竣工交付和运维应用。本项目竣工模型数据库包含的模型元素，通风空调达到95%，给水排水达到92%，仅保温和区间管道无模型，动力照明、通信、信号等达到92%，仅电线电缆无模型，且同一工程对象的模型元素全线统一。

（3）模型精细度，设计阶段采用的设备模型，仅起到占位作用，模型几何尺寸为三维空间中于各方向上所占用的最大空间，因此不满足竣工模型精细度需求。本项目竣工模型数据库包含的设备模型，为供应商提供的精细化设备模型，几何精度满足国标规范要求。

（4）属性信息深度，行业内普遍认为，设计建模就是BIM，更有项目以设计模型作为竣工数据进行交付，但设计产生的工程信息不完整，缺少设备设施生产特性参数，无法作为竣工数据进行交付。如某风机设备，设计风量为每小时$1 \times 10^4 \mathrm{m}^3/\mathrm{h}$万立方，实际生产风量参数为$1.1 \times 10^4 \mathrm{m}^3/\mathrm{h}$，实际生产参数往往高于设计要求，在此情况下，设计参数和实际生产参数均应作为属性信息集成在模型中进行交付。本项目竣工模型数据库除设计信息外，还包含位置信息、身份信息、系统信息、生产信息、特性参数、资产信息、维护信息、技术资料，且建设期集成信息完整、准确、一致。

（5）模型拓扑结构：运营管理的标准与建设期不同，如果竣工交付的模型数据只有分部分项模型拓扑，则无法满足运营应用，所以竣工模型数据库应包含两套模型拓扑结构，一套用建设期标准，一套用运营期标准。本项目竣工模型数据库依据地铁集团运营管理标准对模型数据进行重组，使其模型拓扑结构完全匹配运营维保管理体系，并满足运营各专业、各班组数据需求。

（6）数据资源结构化：本项目竣工模型数据库包含了运营维护业务所需的资产管理、设备维护管理所需的数据资源。利用BIM结构化的信息组织、管理和交互的技术优势，将资产清单和设备明细清单与模型数据建立刚性联系，使管理对象可以通过可视化的方式被观察到，继而通过数据组织结构在管理业务中被应用到，从而改变传统的以表格和编码对管理对象进行抽象式表达导致的效率低下等问题，为开展BIM资产移交提供可靠的数据资源，从根源上满足重资产型企业对全生命周期资产管理的迫切需要。

本项目竣工模型数据库6项评价指标，将数字孪生建筑这一概念的内涵形象化、具体化、标准化，为建设项目基于BIM的全生命周期数字化管理树立了成功的典范。

专家点评

本项目以模型为载体，将各项信息集成形成数据集，以结构化的方式组织、管理和交互，从可观察的实践经验来分析，主要包括直接产生的经济效益，以及间接产生的社会影响；从可预测的未来发展进行分析，实现全要素、全过程、全时空数据共享，减少因信息孤岛导致的沟通不畅、协调频繁等问题。通过对数据的清洗、筛选、统计、分析，形成对业务资源及过程的数字孪生，汇集各项信息，融合多源异构数据，形成全生命周期数据集。

本项目工程的数字化实践，摸索出了一套全生命周期数字化管理的模式，将以BIM为核心的数字技术与传统项目管理和运维管理深度融合，并为运维管理提供高质量的、多维可视的工程数据。这种模式创新有利于统筹协调，有利于实现建设项目的一体化管理，为地铁项目的数字化建设管理提供了宝贵经验，为行业的建设项目数字化转型树立了样板工程。这种模式探索出一套满足运维管理要求的数字化交付标准，打通建设项目从设计、施工、验收、运维的数据通道，突破了建设项目全生命周期数字化应用与管理的瓶颈。

指导及点评专家：张立杰　中建一局集团装饰工程有限公司

某光伏工程基于BIM的现场监管信息化应用项目数字化成果案例

编写单位：青矩工程顾问有限公司
编写人员：胡定贵　许　浩　胡文超

I　项目概况

一、工程概况

工程名称：某30MWp光伏电站项目。

建设地点：江西省内某水库。

用地面积：本水库红线范围内用地面积为81.53hm²。

建设范围：光伏区包括11个2.5MWp光伏阵列，共安装89 320块335Wp多晶硅光伏组件，实际装机容量为29.9222MWp，用地面积为39.81hm²。送出线路，长度约8.4km。110kV升压站位于该水库的西南侧，升压站用地面积为0.8238hm²，围墙内占地面积为0.7152hm²。整个升压站区域内地势平坦，布置综合楼、电气楼、接地消弧成套装置、独立避雷针等。

二、总体目标

本项目为某光伏项目，以BIM技术为基础，以工程现场监管信息化为手段，配合业主进行整体信息化建设。

各阶段总体目标见表1。

表1　各阶段总体目标

项目阶段	阶　段　目　标
设计阶段	进行可视化审查与优化，发现设计问题，提升设计质量
	进行光伏区全年光照模拟，验证设计方案可行性
	通过BIM碰撞检测应用，减少错落碰缺问题，减少工程变更，节约工程成本
	GIS地图整合BIM模型，实现BIM+GIS地理环境复核

项目阶段	阶 段 目 标
施工阶段	基于BIM信息化管理平台，为各参建方提供可视化协同管理环境，提升沟通管理效率、强化建设单位现场监管力度，节约现场管理人员投入
	实现基于BIM信息化平台的项目管理，包括多方协同管理，质量管理、安全管理、进度管理、资料管理等
	通过智慧工地等手段，满足施工现场的业务管理、感知系统的集成和数据汇聚，推动本项目完成精细化、可视化、集成化的信息化建设
	为项目运营维护、验收、审计、技术改造等阶段提供数字信息化管理，同时，为远期发展目标建立数据支持

三、工作内容

本项目主要包括设计阶段及前期准备、施工阶段BIM实施阶段。我公司在设计阶段及前期准备阶段进行BIM全专业建模，配合设计单位完成设计优化工作，同时，部署项目管理平台并根据项目需求设置基础数据；施工阶段BIM实施阶段配合各方实现线上管理，包括资料管理、协同管理、质量管理、安全管理等。

各阶段具体工作内容见图1。

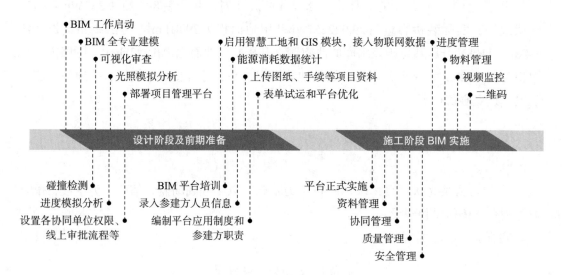

图1　各阶段具体工作内容

四、管理措施

为保证整体项目的管理实施过程的高效性及准确性，针对项目实施计划制订项目管理措施。

管理制度内容见表2。

表2 管理制度内容

序号	管理制度	内　　容
1	信息化管理平台制度	为加强信息化管理平台应用、方便管理人员协同办公，以减轻工作量、辅助管理工作顺利进行，制订信息化平台管理制度
2	工作周报、月报制度	为有效推进本项目信息化管理工作，加强对我公司日常工作的监督和控制，增强信息沟通与交流，提高解决问题的速度和质量，便于领导了解工作进展情况，本项目实行工作周报、月报制度
3	里程碑节点会议	在项目工作至里程碑节点时，将对项目实施的整体情况进行阶段性总结，对整体工作进行相关内容讨论和决议，并安排下一阶段的工作要求
4	工作协调会	在项目实施过程中根据BIM实施实际情况，由我公司组织召开，或者其他参建单位根据需求向我公司提交会议召开申请，以协调各方共同解决BIM工作问题为目标，召开BIM工作协调会议
5	工作成果多级审核	对BIM模型与工作成果进行三级质检检查，检查模型的图模一致性、合规性、规范性等；用以保证合理、合规的BIM技术应用，促进项目的顺利进展

五、关键技术

本项目针对项目各阶段特点及应用需求，明确关键应用技术内容，作为解决项目重难点的关键性突破点。

各阶段关键技术见表3。

表3 各阶段关键技术

项　目　阶　段	关　键　技　术
设计阶段	全专业BIM建模
	碰撞检测
	可视化审查与优化
	BIM+GIS综合应用
	光照模拟分析
	进度模拟分析
施工阶段	BIM模型轻量化技术
	BIM+物联网技术
	BIM+PM（项目管理）
	BIM+数字化加工

六、重难点及解决措施

根据项目整体需求及项目特点，剖析项目重点及难点，并制订对应的解决措施。

项目重点、难点及解决措施见表4。

表4　项目重点、难点及解决措施

序号	项目重难点	解决措施
1	传统二维设计存在缺陷，设计图纸质量无法保证	通过BIM技术应用进行可视化审查与优化、碰撞检测、光照模拟与进度分析等，提升设计质量，减少工程变更
2	建筑施工和安装施工交叉较多，场地占用、道路交通相互制约，缺少模拟手段，影响工期进度	
3	工程工期较短，工程量大，参与单位多，现场协同管理、信息化管理难度大	利用BIM信息化管理平台对各参建单位、现场质量、安全、进度等进行协调管理，合理安排人、材、机保证项目有序进行
4	项目为水上作业施工，现场缺少监管设备，建设单位管理难度大。管理者无法及时掌握现场实际情况	利用BIM+物联网技术、智慧工地等功能，进行现场检测与管理辅助建设单位进行监管

II　项目数字化应用实施背景

一、国内外能源开发应用现状分析

（一）国内外新能源开发的重要性

20世纪70年代的能源危机，使世界各国意识到新能源开发的重要性。全球能源转型背景下，推动能源向高效、清洁、多元化发展是大势所趋。2020年9月22日，中国国家主席习近平在国际气候峰会上郑重宣布，中国二氧化碳排放力争于2030年前达到峰值，2060年前实现碳中和。"碳达峰"和"碳中和"的宏伟目标是中国的重大战略决策，充分体现了中国的大国责任、大国担当。"双碳"目标的达成对促进生态文明建设、保障能源自给与高效安全、推动经济转型、引领气候变化、实现"第二个百年"奋斗目标具有重大意义。

零碳路径上，以光伏发电为代表的可再生能源将成为主导能源。世界各国政府都在支持和发展光伏产业，推广"平价上网"政策来推动光伏产业链的发展。《世界能源转型展望：1.5℃路径》指出，到2050年，可再生能源发电量占比将提升到90%，其中光伏和风电占比63%。全球光伏装机将超过14 000GW（相当于新建635个三峡电站）。而《全球光伏市场展望》则预计，到2025年，光伏累积并网发电规模将达到1 870GW，年均增长19.6%，较2020年增长约141.85%。此外，随着现代技术的发展，未来的能源系统必定是向清洁、低碳、高效、智能方向转型升级，构建多能互补的新型能源供应系统将具有重要的战略价值。

（二）国内光伏产业发展现状

太阳能是当今世界最具发展潜力的能源之一，是一种取之不尽、用之不竭的天然能源。中国将发展光伏产业作为21世纪可持续发展能源战略规划，这是发展循环经济模式的需要，也是建设和谐社会的具体体现。发展光伏产业对于促进节能减排、打造低碳环保生活具有积极的推动作用，也对推进太阳能利用及电力产业的发展具有极其重要的意义，有着显著的经济效益和社会效益。

此前，中国的光伏产业一直以出口为主，容易受到发达国家各种反倾销与贸易保护政策的影响而造成损失，因此将发展目标转向国内，转向广大的农村，定位"独立自主，自力更生"的光伏产业出路，是未来光伏产业发展的重要途径之一。中国幅员广阔，有着丰富的太阳能资源，同时也拥有广阔的农业用地——耕地面积约14.9亿亩；森林面积约17.3亿亩；草原面积约47.9亿亩；草山草坡约7.2亿亩；淡水水面面积约2.5亿亩；海水滩涂面积约2 997万亩；农业占地总面积约为90.0997亿亩，约占我国国土面积的62.57%，从以上数据可以看出，将光伏技术应用于农业领域，有着广阔的产业化前景，农业光伏无疑是光伏产业的新出路。我国政府也出台了一系列的政策对这种绿色、资源节约型的发展模式进行扶持，而且同其他的农业光伏模式相比，渔业光伏模式更有其特有的优势，由于水面环境温度小于地面环境温度，组件之间的距离比其他模式大，形成良好的日照、通风、降温环境，对于延长光伏寿命，提高发电效率较为有利。因此发展渔业光伏前景广阔，在带来经济效益的同时还带来了良好的生态环境效益及社会效益。

（三）光伏农业优势及意义

光伏农业是一种跨界合作项目，它将光伏电站开发投资与农业开发投资运营相结合。目前的光伏农业包括光伏农业大棚与渔光互补两种重要形式。其中，渔光互补是一种利用鱼塘水面或滩涂湿地，安装光伏组件进行发电的新型模式。在大片养殖水面上架设光伏组件进行发电，实现"上可发电、下可养鱼"的创新发展模式，具备三方面的优势：一是能够充分利用空间、节约土地资源；二是能够利用光伏电站调节养殖环境，提高单位鱼塘产量，实现增产增收；三是能够优化地区能源结构，改善生态环境，实现水产养殖和光伏产业领域共享。

大力发展渔光互补产业，能够充分利用水面资源，同时就地进行并网，提高电力供应。渔光互补模式充分利用水面资源，具有巨大发展空间。渔光互补模式的核心是发展生态农业，主体是水产养殖业，同时，以光伏发电系统为配套，同时具备生态、能源、社会多重收益，通过新技术的运用，起到推动科技进步、保护自然生态环境的作用。因此，进行渔光互补产业模式发展的研究，对于促进产业健康发展具有十分重要的意义，体现在以下3个方面：

（1）是有利于优化产业结构。目前，在国际上，我国面临着高端产业被欧美发达国家抢占制高点、传统市场受到发展中国家激烈竞争的双重压力；在国内市场，高投入、高排放、高消耗的粗放发展模式未改变，而劳动力等的生产要素价格持续上涨，同时面临资源和环境各方面的约束，需优化当前的产业结构及发展方式。渔业光伏正是在此背景下应运而生，创造性地结合第一产业、第二产业和第三产业，促进各产业协调发展，同时也不影响资源和环境。

（2）是有利于提高土地利用率和综合效益。渔光互补这种"类工业"化的道路缓解了农业用地和工业用地的矛盾，在满足城市工业化发展的同时又不占用农业用地，光伏发电用于改善水质、自动投料、维护鱼体健康等，实现生态系统的良性循环，余电出售丰富渔民和企业的收入形式，同时这种无公害的绿色养殖模式也提高了企业的生态环保效益，渔光互补模式在提高了土地利用。

（3）是能为渔光互补的推广提供理论依据。渔光模式的研究成果可以为该模式的推广应用提供理论依据和借鉴，为进一步改进和发展此种产业模式提供决策的理论和实践上的依据，从而更加有利于该模式的良性健康推广，优化产业结构，促进渔业经济全面、协调、可持续发展。

二、国内外BIM技术发展应用现状分析

（一）BIM技术的基本概述

建筑信息模型（Building Information Modeling），又称建筑信息模拟，简称BIM，是由充足信息构成以支持新产品开发管理，并可由计算机应用程序直接解释的建筑或建筑工程信息模型，即用数字技术支撑，对建筑环境进行全生命周期管理。它是建筑学、工程学及土木工程的新工具，由Autodesk公司在2002年率先提出。

BIM技术是一种应用于工程设计、建造、管理的数据化工具，通过对建筑的数据化、信息化模型整合，在项目策划、运行和维护的全生命周期过程中进行共享和传递，使工程技术人员对各种建筑信息作出正确理解和高效应对，为设计团队和包括建筑、运营单位在内的各方建设主体提供协同工作的基础，在提高生产效率、节约成本和缩短工期方面发挥重要作用。

真正的意义上的BIM技术包含的特点具体体现为：三维宣传展示、快速精准算量、明确计划、减少浪费、有效管控、虚拟施工、协同作业、碰撞检查、减少返工等。BIM技术的核心则在于三维模型的构建，以及依赖于其生成的庞大而详细的数据库，不仅包含了构件的基本信息，甚至可追踪至生命周期终结。

BIM技术与其他传统的建筑施工技术相比的优势，主要表现在以下3个方面：

（1）可视化，这是其首要特点。在BIM技术支撑下，建筑施工中的一切技术都是可见的，受到全程监控的，在三维模型的指引下，图纸上的设计跃然于纸面，所有施工过程和施工中产生的各项报表等都是可见的，甚至是各个环节的专业技术人员都能通过BIM技术实现实时的联动沟通，让整个项目的进行变得有章可循、有的放矢。

（2）协调性，整个建筑工程施工就是一个不断协调、不断调整的过程，BIM技术扭转了传统建筑工程施工的弊端，让整个工程协调高效，"步步为营"。

（3）模拟性，在BIM技术支撑下，一些模拟的过程被提上了议事日程，通过对施

工现场的模拟，各种可行性方案得到了一一验证，增强了施工方案的适用性和实用性。

（二）BIM技术的发展现状

BIM技术是以三维可视化为特征的建筑信息模型的信息集成和管理技术，是打破信息壁垒和连接技术的关键。它大幅提高了项目的协同和可预测性，协调各专业，提高设计精度、减少施工返工与浪费，并为运营维护管理做出优质决策提供依据。随着建筑行业信息化的高速发展，BIM的重要特性日益突出，现在BIM已被广泛应用于多个行业，如建筑和城市规划、电力系统建设、BIM与成本管理、运营维护管理等。

（三）BIM技术在信息化管理应用中的优势

BIM技术的主要优势就在于对工程的各项内容进行信息的存储与整合，进而进行信息化的管理。通过建立的可视化的三维模型，可以将工程项目从勘察设计，到现场施工，再到运营维护的所有阶段的项目所需信息集成到模型中，形成一个三维的可视化数据库。

随着计算机信息化技术水平的提高，相应的各类硬件科技水平也在不断地发展，国内市场上出现了很多基于BIM三维模型的轻量化管理平台，在这些平台上可以对项目全生命周期的信息进行集成，包括设计阶段的图纸与资料，进行可视化的设计与展示；施工过程中的质量、安全、进度、物料管理等，进行工地的环境、风向和噪声监测等；运营维护的所需的信息都可以集成到BIM管理平台中，通过BIM平台对项目全生命周期进行信息化的管理，便于管理者进行管理与决策。

Ⅲ 数字化应用及具体做法

一、应用概况

本项目利用BIM技术的可视化特性、信息集成与存储的优势，在项目的设计、施工阶段进行应用，实现了提升设计质量，减少工程变更次数，提升项目信息化管理水平，缩短建设工期和节省工程投资等目标。同时，部署BIM信息化管理平台，对项目建造过程的所有信息进行集成、监测与管理，为项目运营维护、验收、审计、技术改造等阶段提供数字信息化管理。

二、应用点

为改变光伏发电传统的设计、施工及管理现状，有效控制建造过程中的进度、质量、安全等风险点，提高建设管理水平与信息化水平，在项目设计、施工阶段应用BIM技术。各阶段具体应用点如下：

（一）设计阶段

1. 全专业 BIM 建模

项目前期，制订项目级 BIM 模型创建标准与交付标准。以施工图、设计图纸为依据，创建光伏工程全专业 BIM 模型，作为后期各阶段 BIM 应用的基础。

2. 碰撞检测

利用 BIM 平台的碰撞检测功能，实现建筑与结构、结构与暖通、机电安装，以及设备等不同专业图纸之间的碰撞，及时发现碰撞问题，并出具碰撞报告。为实现全专业模型零碰撞，设计管线深化奠定基础。

3. 可视化审查与优化

通过 BIM 可视化的特性，对图纸进行全面细致的可视化审查，有效避免了传统图纸会审存在的问题，减少变更和返工，提高审图效率，提升设计质量。

4. BIM+GIS 综合应用

通过调取该区域 GIS 数据，与 BIM 模型进行整合并验证，准确定位工程项目地点，模拟工程现场实际情况。

5. 施工方案优化

由于光伏区施工区有大量的光伏发电板、光伏支架、输电线路组件，且所有施工都在水面之上，因此物料的进场、放置与安装尤为重要。通过 BIM 技术对施工路线进行优化，为施工阶段提供可靠的施工方案，减少二次搬运等情况。

6. 光照模拟分析

利用 GIS 功能将项目 BIM 模型按实际地理位置进行放置，针对光伏区进行全年光照模拟分析，模拟不同的季节和时间，对比光伏组件的光照时间与光照强度，为光伏组件深化设计提供专业数据支持。

（二）施工阶段

1. 现场监管信息化平台

本项目应用全咨云平台，是本土化 BIM 轻量化系统，平台依托领先的本土化 BIM 轻量化技术，打造了现场协同、资料管理、物料跟踪、二维码应用、BIM 模型管理、安全管理、质量管理、计划管理、智慧工地等实用落地功能为主的智慧建造体系。同时包含 Web 端、PC 端、移动端，是一云多端实时协同为特点的创新型工程信息系统。

2. 协同管理

平台集中各参建方，基于信息化平台管理功能，实现基于三维模型的项目建设管理。解决"信息孤岛""应用孤岛""资源孤岛"三大问题，实现信息的协同、业务的协同和资源的协同。

3. 资料管理

平台集成工程资料、现场照片、产品设备资料等所有参建方数据资料。通过减少信息查找时间、避免重复劳动、促进协作与沟通，以及提供重要的数据支持，良好的资料管理提高了工程的效率和质量，从而节约了工程时间和人力资源。

4. 线上审批

利用平台的表单功能，根据项目审批需求，自定义表单及审批流程，实施过程中全程使用线上审批，为实现数字化管理提供必要条件。

5. 质量管理

通过平台移动端进行现场质量管理、施工指导、数据采集和问题反馈等，为项目信息化集成提供便利方式。

6. 安全管理

通过平台移动端进行现场安全管理、施工指导、数据采集和问题反馈等，为项目信息化集成提供便利方式。

7. 进度管理

利用管理平台进度管理功能，将施工时间（包括计划时间、实际时间）与模型一一关联，实现进度模拟与施工过程的可视化模拟，管理者随时随地、直观快速地将施工计划与实际进展进行对比，有效辅助管理者完成项目决策。

8. 物资管理

物料管理实现了全部甲供材的在线到货交接，建设单位可以清晰地了解设备型号、数量、时间、交接人，避免后续因交接问题产生纠纷。同时物料的跟踪与模型挂接，能够清楚地看到设备到货量及现场安装量，感受清晰直观。

9. 二维码应用

项目实施过程中，通过二维码可实现模型构件与现场构件、图纸资料、现场问题等的双向关联，及时准确、清晰、高效进行信息的采集与汇总，为日常项目管理及后期运维工作提供数字化支持。

10. 环境监测

由于项目位于水上，因此施工环境尤为重要。通过BIM协同管理平台的智慧工地模块，利用采购的环境监测设备进行现场的情况与环境监测，管理者通过平台就可快速了解现场的实时施工状况与环境情况，便于管理者及时做出决策，为项目的顺利进行提供了保障。

11. 视频监控

本项目通过标准协议，接入监控设备，针对不同设备，设置不同查看权限，并关联模型，实现模型设备一体化展示，将模型与监控数据挂接，进行数据抓取和定位，提高工作效率，及时发现和处理突发情况，实时掌握现场施工情况。

三、具体做法

（一）BIM模型创建及移交

本项目BIM模型应用贯穿项目全生命周期，因此要分阶段对BIM模型进行建立与完善，以实现各阶段不同可视化的模型需求。

1. 建模计划

建模过程中为有效地把控实施进度，编制满足各方需求的建模计划。建模人员根据建模计划按时间节点完成建模工作，负责人实时关注各阶段建模情况。

本项目建模计划见表5。

表5 本项目建模计划

序号	模 型	时间安排	是否按时提交
1	场地、场内道路模型	合同签订后立刻启动，2天内完成	√
2	光伏区模型	上述工作结束后5天完成	√
3	集、送出电线路及升压站模型	上述工作结束后5天完成	√
4	模型碰撞检查及完善模型	上述工作结束后2天完成	√

2. 建模流程

为保证BIM工作有序无误地进行，制订了合理的BIM工作流程。实施统一的工作流程，可以保证BIM模型、深化设计和现场施工三者之间能够合理、高效地衔接和实施。

建模流程见图2。

3. 质量审查

模型建立过程中，实施三审负责制，并针对制度配合打分制度，执行建模及质量审查工作，保证了各阶段BIM模型的准确性。三审负责制包括作业人员自检（一级）、专业负责人检查（二级）、项目负责人检查（三级）。

质量审查制度流程见图3。

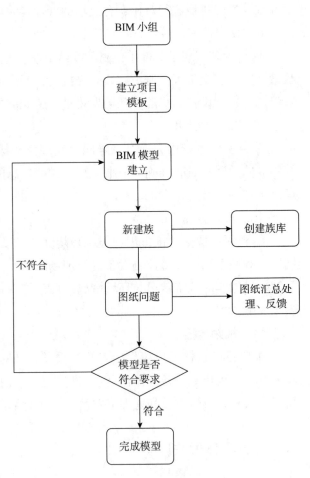

图2 建模流程

348

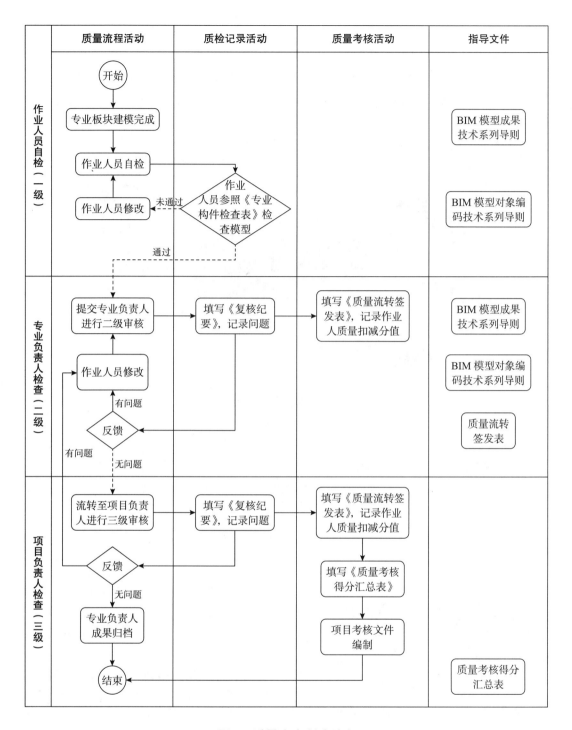

图3 质量审查制度流程

4. 建模方案

为保证模型创建过程的质量把控，根据通用建模规范标准并结合项目特点制订适用于本项目的建模方案。在模型设计过程中对二维图纸数据的准确性和专业间冲突问题进行验证，确保设计数据的准确性和二维、三维设计数据的一致性，确保BIM竣工图包含施工图中所有项目内容。

1）建立光伏场区BIM模型

根据设计单位提交的二维施工图纸和资料，结合施工单位现场实际施工数据，在规定时间内完成项目内各个子项各专业BIM模型设计，包括支架基础、支架、组件、逆变器、箱变等。

光伏场区BIM模型见图4。

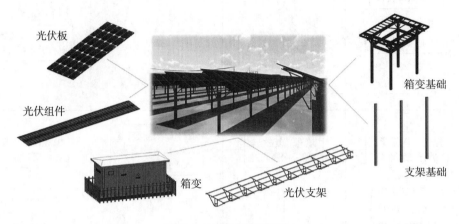

光伏板
光伏组件
箱变基础
支架基础
箱变
光伏支架

图4 光伏场区模型

2）建立集、送电线路及升压站BIM模型

为了避免杆塔间、线缆间的碰撞问题在建模时需观察杆塔间、线缆间的空间关系，并予以合理调整。在局部区域完成建模后，要及时使用碰撞检查功能，发现并消除碰撞。

升压站BIM模型见图5，集、送电线路BIM模型见图6。

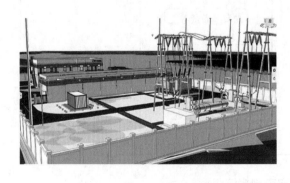

图5 升压站BIM模型　　　　**图6 集、送出线路BIM模型**

5. BIM运维模型移交

1）BIM运维模型的建立

BIM运维模型建立与归档阶段工作，包括竣工模型的构建、竣工验收资料录入关联，竣工模型验收交付等工作，为了保证BIM运维模型建立的规范性，以及后期运维模型的正常使用，本项目制订了BIM运维模型建立的流程，并严格遵循流程完成了此项工作。

2）BIM运维模型管理

本项目BIM运维模型的建立是竣工BIM模型为基础，结合运营单位的维护管理要求，通过录入资产编码等运维信息与数据，建立BIM运维模型并移交给业主。

各阶段数据录入范围见表6。

表6　各阶段数据录入范围

建设阶段	数据范围	数 据 资 料
设计阶段	设计信息	图纸
		变更单、技术核定单、签证单
施工阶段	施工信息	安装位置信息、隐蔽工程图片
	调试信息	测试报告
	验收信息	验收资料
	设备信息 （生产设备、公用设备、管路附件和终端设备）	设备名称、设备编号、设备分类、设备图号、规格型号、生产厂家、主体材质、外形尺寸、设备重量、制造日期、出厂编号、主要技术参数、电子随机资料、纸质随机资料、采购日期、采购合同号、安装公司、安装日期、验收日期
竣工阶段	设计信息	竣工图纸
运维阶段	运维信息	资产编码、空间管理资料、设备售后资料、维修计划、产品使用手册、设备维修记录

BIM运维模型交付成果见表7。

表7　BIM运维模型交付成果

序号	交付成果要求	文件格式	最终交付成果文件	成果文件截图
1	工程建设各阶段数据资料的项目整合模型	RVT	（1）设计阶段模型； （2）施工阶段模型； （3）竣工阶段模型； （4）运维阶段模型	渔光互补光伏工程-运维阶段模型.rvt 渔光互补光伏工程-施工阶段模型.rvt 渔光互补光伏工程-设计阶段模型.rvt 渔光互补光伏工程-竣工阶段模型.rvt
2	预设漫游路径的项目漫游展示模型	EXE	（1）漫游路径1； （2）漫游路径2； （3）漫游路径3	渔光互补光伏工程-漫游路径1.exe 渔光互补光伏工程-漫游路径2.exe 渔光互补光伏工程-漫游路径3.exe
3	项目竣工（运维）模型、资料清单	DOC	某光伏项目—竣工（运维）模型、资料清单	渔光互补光伏项目-竣工（运维）模型、资料清单.docx
4	项目竣工（运维）模型验收报告	DOC	某光伏项目—项目竣工（运维）模型验收报告	渔光互补光伏项目-项目竣工（运维）模型验收报告.docx
5	项目展示视频	AVI	某光伏项目展示视频	渔光互补光伏项目展示视频.avi
6	例会会议纪要	DOC	每次例会议纪要记录文件	BIM试点项目工作周报（第一周）0410.docx BIM试点项目工作周报（第五周）0509.docx BIM试点项目工作周报（第四周）0425.docx BIM试点项目工作周报（第十周）0612.docx

序号	交付成果要求	文件格式	最终交付成果文件	成果文件截图
7	管理制度	DOC	BIM试点项目BIM管理平台应用制度（第一版）	BIM试点项目BIM管理平台应用制度（第一版）
8	建模标准	DOC	BIM建模标准	BIM建模标准.docx
9	BIM族库	RVT	建模过程中使用的所有设备及部件族模型	📁 族库
10	BIM模型与运营管理系统进行信息集成提供扩展接口，支持WebService、DCOM和OPC三种集成方式（DWG、DWF、DXF、SAT、DGN、FBX、IFC、gbXML、ODBC数据库等格式）				

3）BIM运维模型归档

交付的竣工模型包含设计类信息和施工类信息，本项目是以竣工模型为载体，集成录入了设计类的信息（审查通过的施工图、变更图纸和变更单）和施工类的信息（现场核定单，监测信息，钢材、混凝土等材料检验报告，机电、设备、管线等检测报告，各分项的验收报告，其他施工过程控制相关信息）。

归档流程见图7。

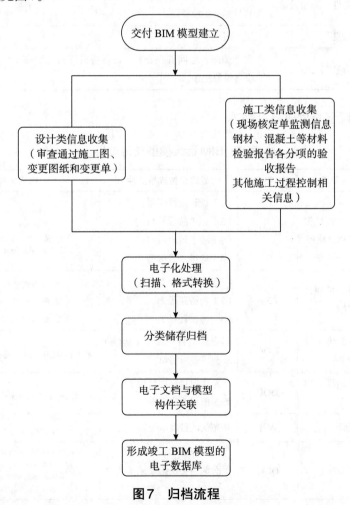

图7　归档流程

（二）碰撞检查

利用软件对三维模型进行碰撞检测，按照碰撞检测流程，对项目整体模型进行碰撞检测，碰撞检测范围包括光伏区、升压站、集、送出线路。碰撞专业包括建筑、结构、机电管线及站内设施设备等。

碰撞检查流程见图8。

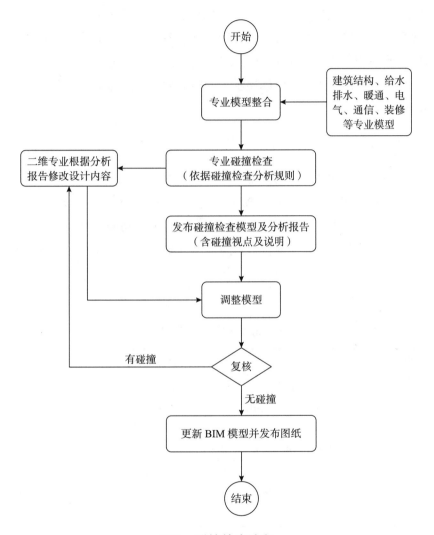

图8　碰撞检查流程

针对本项目的特点，在碰撞检测的实施过程中，检测人员需着重关注以下3方面内容：

（1）检测光伏区不同专业之间的不合理碰撞现象，也就是指在工程设计及施工的过程中，减少支架、组件、逆变器、箱变等设备之间存在排布不合理现象，这一内容在二维图纸中很难发现，因此，在工程项目设计的过程中，施工企业应该通过对二维施工图纸的设计，构建三维模型，实现对设备合理设计，避免不合理的现象。

（2）检测集、送电线路与升压站中出现的不合理碰撞，应该及时对这一现象进行调整，减少杆塔、线路与变配电设备间的碰撞。

（3）通过BIM技术的运用，对光伏区、场地和道路、集送电线路及升压站之间的不合理碰撞进行检测，也就是对机电设备电气线路等装置进行自动性的检测。

（三）可视化沟通与展示

本项目对BIM模型进行格式的转换，并将此模型上传至管理平台，在平台的测量点和施工现场对应测量点配置二维码，利用移动设备扫描该二维码，可通过移动设备在真实环境中看到虚拟的AR模型，本项目综合利用信息化管理平台、360°全景、漫游视频等多种方式，对项目完成情况整体展示，同时对项目难点部位及各方重点关注的位置进行着重展示。

（四）GIS数据集成

本项目为某光伏发电项目，光伏组件建设在水库之上，现场测绘工作难度大，施工难度大。利用GIS技术，整合BIM模型，进行项目位置复核，发现设计图纸位置与GIS地图实际位置出现偏差。利用BIM技术+GIS的定位功能，准确地定位工程地点，模拟工程现场实际情况。同时对光伏区进行光照模拟分析，模拟光伏组件的光照时间与光照强度，

GIS数据集成具体做法见表8。

表8　GIS数据集成具体做法

实施步骤	具 体 做 法
通过google地图抓取GIS数据	（1）打开BIGEMAP软件，在地图上选择范围； （2）手动输入经纬度范围，选择高程，进行下载； （3）下载完成后，打开GisDataConvert.exe软件，导入影像数据，导入高程后生成GIS功能所需的数据。继而生成GIS模型
GIS和BIM的整合	（1）通过BIM管理平台，选取模型位置，将GIS模型和BIM模型进行整合； （2）通过BIM管理平台应用，将BIM模型与GIS模型进行集成和优化，提升协调性和美观度

（五）BIM管理平台建设

施工阶段基于BIM技术的数字化技术应用主要是BIM信息化管理平台的应用，平台集成BIM模型、所有项目资料及现场的实施情况，从质量、安全、进度等角度对项目进行管理，方便管理者的决策与监督，极大地提高了项目的管理效率。

1. BIM模型轻量化

创建好的BIM模型，通过上传BIM管理平台进行无损轻量化处理。

2. BIM模型管理

本项目集成Revit、Navisworks的模型，整合了包括模型的浏览、漫游、剖切、搜索、定位等功能，实施过程中各参与方利用平台进行模型的沟通、标注等操作，自由浏览模型，应用于日常项目管理过程中。

3. 多参与方协同管理

在本项目以计算机技术服务器和数据库为支撑，以协同管理平台为手段，用协同管理理念，将工程项目实施的参与方（建设单位、设计单位、施工单位、监理单位、BIM咨询单位等），进行集中协同管理。

各参建方工作职责权限见表9。

表9 各参建方工作职责权限

序号	参建方	工 作 内 容
1	建设单位	了解全过程BIM可视化工作内容，基于BIM平台进行现场信息化监管
2	设计单位	（1）进行施工图设计； （2）根据BIM反馈结果进行图纸优化与更新
3	BIM单位 （我公司）	（1）建立BIM模型进行可视化应用，维护和完善竣工模型； （2）搭建平台及配套管理制度编制等，将可视化成果上传至BIM平台； （3）在平台整个实施为各方提供培训、技术支持
4	施工单位	（1）根据BIM单位上传的深化BIM模型、施工资料、工程动态，模型中录入进度信息、质量安全信息，进行线上审批的发起和回复； （2）基于BIM平台进行信息化施工管理，包括人员管理、质量、安全进度
5	监理单位	使用BIM平台，上传监理相关电子档案，审核施工单位上传数据准确性，进行线上审批的发起和回复
6	其他单位	（1）设备供应商应提供设备BIM模型； （2）录入自身产生的电子档案

利用平台的协同管理功能，记录工程问题、工程动态、监理单位管理及每日例会等，实现了项目的全程线上管控。

协同管理应用功能见表10。

表10 协同管理应用功能

模块功能	项 目 应 用
组织架构	平台将各参与方、各方人员进行集成，树状多层级设置成员列表，企业成员可通过平台迅速查找到各方成员
权限设置	平台控制项目参与的不同专业、不同参与方、不同层级人员对所有业务的权限状态，包括BIM模型、文档、表单、物料跟踪、任务、问题、检查、公告、联系单等，实现了基于BIM的多方协同管理
通讯录	平台中的通讯录由系统根据创建的用户信息自动生成，用户在通讯录中可调用项目所有联系人信息，用户也可自行设置通讯权限，开启通讯保密功能
任务管理	管理人员通过平台在线发布任务，通过任务管理功能对技术人员发布工程中的重大生产指令等，便于管理工作的留痕

模块功能	项 目 应 用
工程动态	现场负责人通过照片、视频等文件格式在平台实时记录工程相关动态,包括建设单位检查、演练活动等内容,同时对工程重大节点及重要事项进行记录
项目公告	项目管理人员通过平台在线发布项目公告,无须重复进行通知工作,且公告信息实时推送至手机端,实现信息及时共享,避免因接收不及时而发生延误事件

协同管理平台日常管理见图9。

图9　协同管理平台日常管理

4．多端使用

本项目平台同时满足电脑端、手机端、平板端、网页端操作,且各端数据统一、实时同步,保证工程人员随时随地查看、使用BIM模型,进行相关项目管理工作。

5．质量管理

施工建造期间质量管理是现场施工管理的重中之重,尤其是像隐蔽工程等重要节点,更需要进行严格的质量管理。在本项目中,利用BIM协同管理平台进行现场的质量信息化管理,所有的质量问题都是通过模型挂接,形成质量的问题留痕,并进行问题的追踪记录与文档。以此督促现场人员及时整改,管理人员无须亲临现场,通过平台可以及时掌握现场情况,把控问题解决的进度。

质量管理应用功能见表11。

表11　质量管理应用功能

模块功能	项 目 应 用
质量控制	实时记录所有工程质量相关问题,定位问题构件,设置处理优先级及截止日期,自定义责任人与处理人,实时把控所有质量问题的解决进度

模块功能	项目应用
质量留痕	通过质量文档独立存储工程质量相关的文件资料，对项目中重要质量文件设置独立文件夹，快速定位文件，简化文件查找工作
质量文档	通过质量文档独立存储工程质量相关的文件资料，对项目中重要质量文件设置独立文件夹，快速定位文件，简化文件查找工作
监理通知及回复	监理人员现场发现问题后，无须下达纸质通知，直接通过平台在线发布监理通知，施工单位整改后直接上传影像资料进行监理通知回复，在线完成审批工作
见证取样	平台具有轻量化特点，无论是施工现场人员还是管理人员都可通过各种端口进行项目管理工作，平台具有添加电子签名、电子印章等功能，可在线上进行见证取样工作，且在建设单位、监理单位的见证下进行流程审批，避免出现弄虚作假行为
旁站、平行检验	平台支持自定义表单模板、审批流程，支持线上旁站、平行检测等工作内容，审批完成后可批量导出，打印为纸质版进行存档
每日验收填报	平台支持线上验收，将验收情况以影像资料同步至管理平台，所有审批人员都可直接在线查看验收情况，简化实际验收流程，营造无纸化办公环境

协同管理平台质量管理见图10。

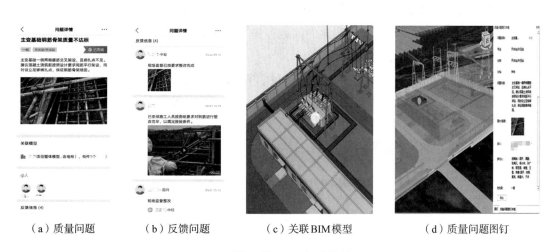

（a）质量问题　　　（b）反馈问题　　　（c）关联BIM模型　　　（d）质量问题图钉

图10　协同管理平台质量管理

6. 安全管理

安全生产管理是项目管理控制的重要指标，同时也是衡量项目管理水平的重要标志，本项目通过安全管理功能有效开展"施工现场安全管理监督检查，安全生产目标的制订与考核，安全管理体系的建立，预防事故发生的各项措施编制，工人安全教育培训"等工作，保证项目安全生产得到有效管控，确保项目安全生产目标顺利实现。

安全管理应用功能见表12。

表12 安全管理应用功能

模块功能	项 目 应 用
安全控制	通过平台实时记录工程安全相关问题,直接定位问题构件,并责任到人,问题完成闭环后可进行统计并导出;利用问题图钉可快速查看问题详情,直观展示问题的解决进度及数量
安全检查	平台安全留痕功能实时记录施工现场安全相关情况,对工程安全相关工作进行影像留痕,可用于记录现场例行检查、不定期检查等内容
安全文档	平台安全文档功能用于独立存储工程安全相关的文件资料,设置独立文件夹,用于保存需要留档的检查记录、整改文件等相关资料
安全专项方案检查	通过安全检查加强安全管控力度,平台将传统安全检查烦琐的打印、签字、填报等环节内置为在线审批模块,各参与方共同针对安全专项方案进行在线填报、审批、签字,加快审批流程,提升效率
双重预防机制	平台利用安全风险标注的方法和安全风险在线审批的模式,强化双重预防机制的效果,利用信息化方法加强安全管理,消除隐患,加强对安全风险源的把控力度

7. 进度管理

传统的项目管理过程中,进度计划编制基本是结合以往工程经验,利用甘特图、网络计划等技术进行编制。在开展进度计划编制时,很多问题在编制过程或项目实施的前期很难发现,或者会导致错过最佳调整时期。建筑现场的物料管理也偏向形式化,存在现场堆放杂乱,物料离散比较明显的问题。由于光伏发电项目的设备所占比重大,进行进度与物料管理显得尤为重要。

同时通过施工进度管理功能减少了进度管控沟通障碍和信息丢失情况,施工主体实现"先试后建",为工程参建主体提供有效的进度信息共享与协作环境,实现工程进度管理与资源管理的有机集成。

进度管理应用功能见表13。

表13 进度管理应用功能

模块功能	项 目 应 用
进度模拟	BIM模型与进度计划进行关联,直观展示施工全过程,通过设置生成模拟动画,辅助项目人员对进度计划进行调整和完善
进度监控	(1)BIM模型与实际施工进度相关联,动态查看施工进度,进行工程动态的实时监控、物料状态的实时追踪; (2)通过进行计划进度与实际进度的比对,辅助分析进度延误的关键因素,对工程滞后现象进行有效的预警及纠偏,帮助管理者随时使用不同端口查看施工现状,实时掌握工程进度
进度统计表	通过各参建单位录入的进度数据,平台展示计划完成比例柱状图,显示各标段的完成情况和总体完成情况

8. 成本管理

本项目利用BIM管理平台中成本管理模块进行项目全过程的成本在线管理、数据分析、可视化展示,提升成本管理信息化水平、数据分析水平,并通过和BIM模型结合提升可视化效果。

成本管理应用功能见表14。

表14　成本管理应用功能

模块功能	项 目 应 用
目标成本	对目标成本数据添加、调整，分解目标成本并将合同分解项与支付款项关联，对目标成本精准把控，将项目的开发风险降到最低
合约规划	按合约规划类型将信息录入平台，合约规划条目、金额发生变化时，及时进行新增或删除合约规划条目重新进行审批，同时平台保留调整信息
招标采购	显示招标计划开始时间与计划完成时间，设置流程关键节点，直观地展示招标采购的进度；将每个招标的中标金额与相对应的合约规划关联，对比中标金额和预期目标，及时进行偏差预警，有效控制项目成本
合同管理	合同管理模块导入Excel版合同清单，并将清单中数据与合同数据建立关联，以合同台账方式直观地展示项目的合同信息；每份合同与合约规划进行关联后，自动读取合约规划金额，实施过程中有效地帮助管理者把握合同范围
支付管理	在平台添加合同的支付信息，包括预付款支付、进度款支付、竣工结算及质保金支付，每项支付信息都与相应合同关联，实现了线上款项支付申请；此外对合同历次的支付信息进行数据统计及分析
竣工结算	对已完成竣工结算的合同通过平台添加竣工结算信息，并关联相应合同，上传竣工结算相关文件，直观地展示合同履行及付款情况
合同价款调整	项目发生变更洽商、增加补充协议、调整合同价款时，平台对合同金额进行补充、调整，并与目标成本最末级科目建立对应关系，将调整后的金额及时归到目标成本，有效控制项目成本

协同管理平台成本管理见图11。

图11　协同管理平台成本管理

9. 物资管理

在本次项目的实施过程中，对现场所有的光伏组件、输电线路组件进行物料的跟踪与记录，让管理者实时了解到每一个区域的组件到货与安装情况。极大地提高了现场的物料管理效率，同时对于每个构件进行资料的挂接，为后续物资的质量问题追溯提供档案资料，同时形成设备的运营档案库。

本项目物料管理主要对甲供材的到货进行验收移交，验收移交实施过程全部在线交接，设备型号、数量、时间、交接人等信息很清晰地平台中记录，避免了后续因交接问题产生纠纷。

协同管理平台物资管理应用见图12。

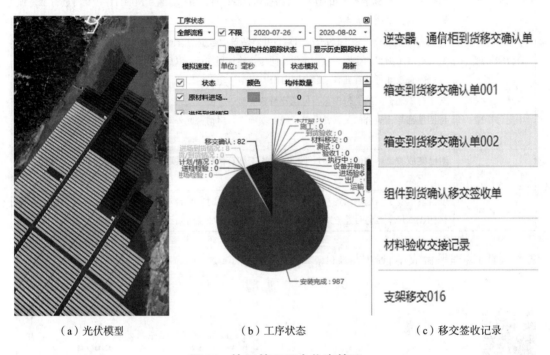

（a）光伏模型　　　　　　（b）工序状态　　　　　　（c）移交签收记录

图12　协同管理平台物资管理

10. 表单审批管理

本项目区别于以往的工程审批形式，现场管理所需要审批的文档，包括监理通知、处罚通知、会议纪要、工作联系单、材料移交等，均采用线上审批的方式。通过在BIM协同管理平台上内置本项目所需的审批表内容与流程，或者根据需求进行审批表内容与流程的自定义，在后续项目的审批中，各个单位负责人在线上进行审批，工作留痕，并形成工程审批资料电子档案库。极大地提高了文档的审批效率，提升了项目的审批与管理的信息化水平，并为后续的审批文档追溯留下信息化资料。

对于功能模块之外的审批事项，通过表单管理进行在线的填报和审批，同时表单的信息录入、审批流程根据项目需求进行配置。

表单审批管理应用功能见表15。

表15 表单审批管理应用功能

模块功能	项 目 应 用
表单管理	平台内置工程填报资料，将施工资料与三维模型挂接，进行线上事项的填报、审批、归档等工作，对审批过程中的表单模板自定义设置
流程管理	根据工程特点、实际所需，自定义审批流程、设置特定的审批人、标注必填项等，同时，支持多个审批人会签及或签模式，支持电子签名及印章

协同管理平台自定义审批流程见13。

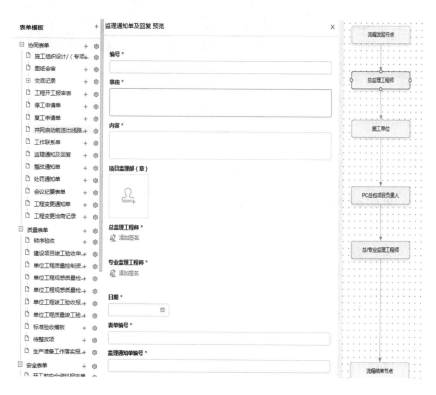

图13 协同管理平台自定义审批流程

11. 信息及资料管理

在项目的整个实施过程中，会产生巨大数量的工程资料。本项目利用BIM模型将各种工程资料数据进行融合，BIM模型中不仅包含图纸的几何信息与非几何信息，还可以挂接所有与模型构件相关的资料，并实时更新。同时将项目资料按照单位、按照部门在BIM协同管理平台统一管理存储，在平台中进行查看与分享，实现资料的集成管理与归档。

利用BIM技术进行资料管理，不仅将原本的资料信息化，还可以在一定程度上减少资料在时效与真实性的问题，确保管理人员查看资料的统一性、准确性。提高了资料管理效率，解决了项目中资料的数据处理问题，实现资料的精准管理，并可在竣工时形成竣工电子数据库，为后续运维提供数据支持。

协同管理平台资料管理见图14。

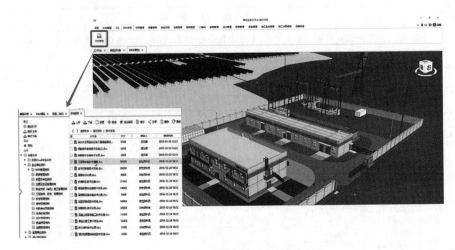

图14　协同管理平台资料管理

（六）智慧工地建设

项目所有的光伏组件均搭建于河流之上，给现场的施工作业与环境监测都造成了一定的困难，更加不利于管理者对现场的巡视与管理。通过BIM协同管理平台的智慧工地模块，利用采购的监控设备和环境监测设备进行现场的情况与环境监测，管理者通过平台就可快速了解现场的实时施工状况与环境情况，便于管理者及时做出决策，为项目的顺利进行提供了保障。

1. **监控管理**

监控管理是指对建筑工程施工过程中关键环节和关键参数实施监测和控制的过程。它主要通过监测和记录施工现场的各种数据和情况，及时发现问题，采取相应的措施，确保施工工作按照计划进行，传统工程的监控管理，一般布置在某个固定位置上，需要进行查看与调取时，只能去现场监控所在机房进行查看。

而本项目通过管理平台，对所有的监控设备通过标准协议接入，针对不同设备，设置不同查看权限，并关联模型，实现模型设备一体化展示。

现场监控见图15。

图15　现场监控

2. 人员管理

本项目结合二维码技术、智能安全帽GPS定位应用，对施工任务进行定时提醒、定时触发，实现了从任务下达、接收、完成确认、过程检查、完成验收、不符合整改、任务关闭整个PDCA（计划循环法）闭环管理，掌握进度及动态实际成本，并不断为企业人工消耗定额积累大数据。对劳务人员绩效管理、人员考勤、工资发放、违规管理和设置黑名单。同时支持数据统计、图表展示。

3. 监测数据管理

本项目实现了多类型数据可视化展示，通过预设报警值，智能通知提醒。通过不同颜色图钉，快速确认不同类型监测。模型与数据交互结合，快速查找相应数据。以可视化图表的形式为现场监测提供决策依据。

同时，通过监测设备，对本项目施工现场的气象参数、扬尘参数等进行监测与显示，对多种厂家的设备与系统平台的数据对接，实现了对建设工程扬尘监测设备采集到的$PM_{2.5}$、PM_{10}、TSP等扬尘数据，噪声数据、风速、风向、温度、湿度和大气压等数据进行展示，对以上数据进行分时段统计，对施工现场视频图形进行远程展示，实现了对工程施工现场扬尘污染等监控、监测的远程化、可视化。

4. 驾驶舱

本项目通过平台为项目设置总控台，利用效果图、模型、工艺动画、360°全景图等进行项目的可视化展示。提供项目数据汇总入口，对项目所有数据进行集成统计，自定义项目总控台展示内容，展示项目形象进度，快速掌握项目的整体进展。

5. 设备管理

设备管理是项目管理的核心业务之一，是以设备为研究对象，追求设备综合效率，应用一系列理论、方法，通过一系列技术、经济、组织措施，对设备的物质运动和价值运动进行全过程（从规划、设计、选型、购置、安装、验收、使用、保养、维修、改造、更新直至报废）的科学型管理。传统的项目设备管理，通过纸质文件进行信息的记录及留存，很容易出现文件丢失及破损。

而本项目在实施过程中通过管理平台对塔吊等设备运行实施管控，包含模型图钉、塔吊信息、使用记录、违规信息、报警系统等，有效地避免了传统项目设备管理的弊端。

6. 二维码设备管理

本项目将二维码粘贴至变压器等主要设备上，二维码信息中将厂家信息、检验报告，设

7. 车辆、地磅管理

对本项目进出车辆信息记录，包括车辆信息、车辆统计、重量统计、车辆自动开闸、车辆违停记录等。

Ⅳ　数字化应用成效

一、应用成效

（一）设计阶段

1. 全面审查设计图纸，提升设计质量

本项目对升压站模型进行碰撞检查，输出碰撞报告发现12处硬碰撞，均为不同专业机电管线相互碰撞情况，已组织业主、总包、各专业顾问、相关分包商通过协调大会协商解决碰撞问题，最终实现了合理布局且零碰撞。与传统模式相比，三维模型可视化审查更具备全面性，对所有处于碰撞状态的管道，都能够通过碰撞报告的形式逐一列出，无一遗漏。同时为各方碰撞问题协商提供可视化环境，减少沟通成本，提高问题解决效率。碰撞报告见图16。

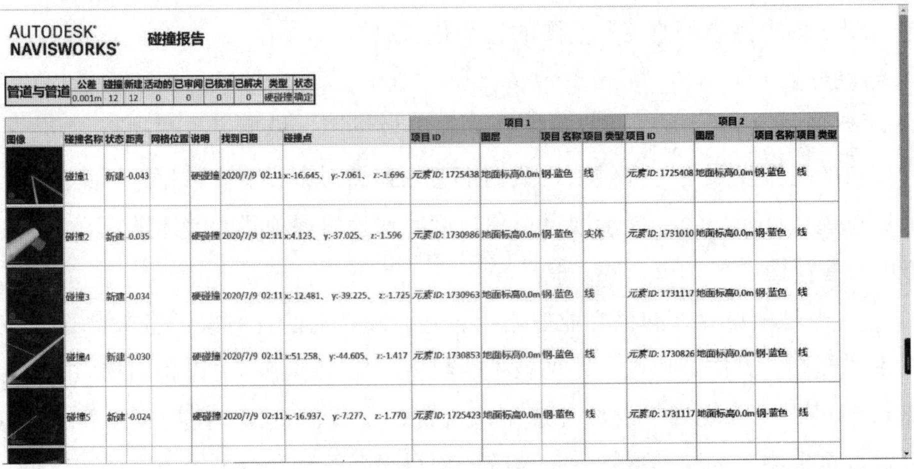

AUTODESK® NAVISWORKS®　碰撞报告

管道与管道	公差	碰撞	新建	活动的	已审阅	已核准	已解决	类型	状态
	0.001m	12	12	0	0	0	0	硬碰撞	确定

								项目1				项目2			
图像	碰撞名称	状态	距离	网格位置	说明	找到日期	碰撞点	项目ID	图层	项目名称	项目类型	项目ID	图层	项目名称	项目类型
	碰撞1	新建	-0.043		硬碰撞	2020/7/9 02:11	x:-16.645、y:-7.061、z:-1.696	元素ID: 1725438	地面标高0.0m	钢-蓝色	线	元素ID: 1725408	地面标高0.0m	钢-蓝色	线
	碰撞2	新建	-0.035		硬碰撞	2020/7/9 02:11	x:4.123、y:-37.025、z:-1.596	元素ID: 1730986	地面标高0.0m	钢-蓝色	实体	元素ID: 1731010	地面标高0.0m	钢-蓝色	线
	碰撞3	新建	-0.034		硬碰撞	2020/7/9 02:11	x:-12.481、y:-39.225、z:-1.725	元素ID: 1730963	地面标高0.0m	钢-蓝色	线	元素ID: 1731117	地面标高0.0m	钢-蓝色	线
	碰撞4	新建	-0.030		硬碰撞	2020/7/9 02:11	x:51.258、y:-44.605、z:-1.417	元素ID: 1730853	地面标高0.0m	钢-蓝色	线	元素ID: 1730826	地面标高0.0m	钢-蓝色	线
	碰撞5	新建	-0.024		硬碰撞	2020/7/9 02:11	x:-16.937、y:-7.277、z:-1.770	元素ID: 1725423	地面标高0.0m	钢-蓝色	线	元素ID: 1731117	地面标高0.0m	钢-蓝色	线

图16　碰撞报告

此外，通过对建筑结构专业三维模型进行图纸审查，发现两处设计问题：

（1）材料库建筑图纸为设备预留洞口处存在结构梁，设备无法按照预定洞口连接管线。通过可视化审查发现问题后，根据多方协商决定，修改原本洞口位置，变更设计方案。

（2）发现材料库建筑室外钢梯设计不合理，钢梯设计位于围墙外侧，站内安全会存在风险，且不便于工作人员使用，因此取消设计钢梯。

2. 设计可视化验证，辅助建设单位决策

设计阶段的工作是创造性劳动，需要将建设单位的建设意图通过设计文件具化并表现出来，其创造的过程是一个“无中生有”的过程，设计阶段通常是需要设计方多次修改，并反复与建设单位确认沟通的过程，大多数对于非建筑行业的建设单位来说，使

用二维图纸沟通是不直观，不明确的，易出现理解偏差的情况。

本项目设计阶段通过对设计内容可视化的搭建，利用三维模型与建设单位进行设计需求沟通，对设计内容复杂或者需要多方案比较的部位，输出方案进行可视化验证，充分发挥BIM模型的三维可视化特性，帮助管理人员快速了解设计意图、洞察施工细节，从而避免造成设计问题、施工风险。同时，进行可视化漫游，输出视频与全景，提供可视化沟通环境，辅助建设单位决策。协同管理平台可视化验证见图17。

图17　协同管理平台可视化验证

3. BIM+GIS综合验证，验证项目合理性

工程项目施工前会根据设计图纸的地理位置信息进行放线定位，本项目施工前利用BIM+GIS技术，对项目主要建筑物位置进行综合验证，发现光伏厂区图纸位置与升压站图纸位置偏差过大，不符合设计要求，及时进行了位置偏差纠正，避免了工程返工，节约工程成本，节省施工工期。同时利用GIS技术，准确定位项目位置，为项目光照模拟奠定技术基础。协同管理平台BIM+GIS验证见图18。

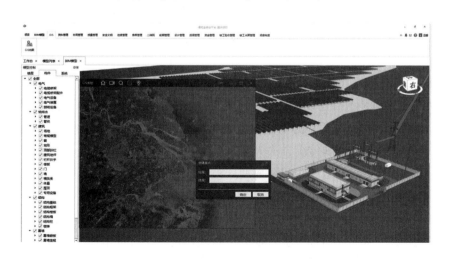

图18　协同管理平台BIM+GIS验证

4. 可视化模拟分析，提前规避实施问题

光伏区设计时需综合考虑日照条件、土地和建筑条件、安装和运输条件等因素。光伏区中光伏板排布是否合理，与上述日照条件有很大关系。一般日照条件数据是通过数字信息进行记录包括经纬度、日照条件、紫外线强度、光照时长等描述该地区日照条件，无法更直观地利用日照对光伏板排布是否合理进行判断，而本项目利用光照模拟分析，验证光伏区排布的合理性，查看光伏组件间是否存在相互遮挡的问题，提前规避设计问题，避免返工。

（二）施工阶段

1. 多方协同管理，消除信息孤岛效应

传统项目模式下，存在各方沟通难，信息传递不及时，项目成员难以有效协同，工作效率低下。本项目为解决实施过程中的信息断层的问题，以模型为载体录入信息数据，在一个又一个工程阶段中无损传递、累加。消除信息孤岛效应，减少因补全丢失信息而出现重复工作，从而提高信息的使用效率。协同管理平台模型构件属性见图19。

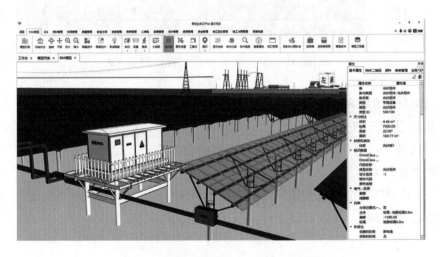

图19 协同管理平台模型构件属性

2. 施工进度模拟，辅助工程进度可视化管控

工程进度计划是项目建设和指导工程施工的重要技术经济文件，进度管理是质量、进度、投资三个建设管理环节的中心，直接影响到工期目标的实现和投资效益的发挥。建筑施工中进度计划表达的传统方法大多采用横道图和网络图计划，二维表达不是很直观，尤其是穿插施工时，当一些问题前期未被发现，而在施工阶段显露出来，就会使项目施工方陷入被动。

本项目借助施工进度模拟，对项目施工的关键节点进行方案模拟，重点关注总平布置、交通组织、流水穿插等，更直观、更精确地发现并提前解决施工过程中可能遇到的问题，为不同施工方案提供了可视化的沟通、分析、决策平台，有效地辅助管理者对

项目进度进行可视化管控。协同管理平台施工进度模拟见图20。

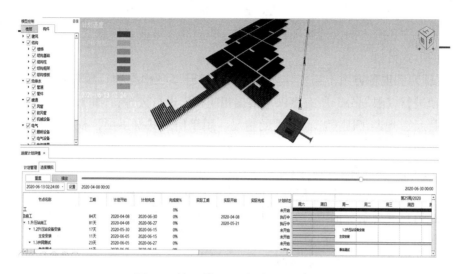

图20　协同管理平台施工进度模拟

3. 工程动态记录，形成项目管理日记

施工日志是在建筑工程整个施工阶段的施工组织管理、施工技术等有关施工活动和现场情况变化的真实的综合性记录。一般项目会指定专人使用纸质版施工日志手册进行记录，主要包括基本内容、工作内容、检验内容、检查内容及其他内容部分。纸质版记录不仅限制信息的传播范围，而且随着时间的推移会出现纸质版记录损坏或者丢失的情况。

本项目利用平台工程动态记录每天的施工状态，后期可随时追溯项目情况，同时，对工程问题出现位置、实际情况、处理时间，均有照片与影像记录，形成闭环管理。协同管理平台工程动态见图21。

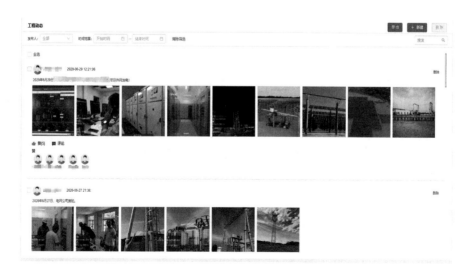

图21　协同管理平台工程动态

4. 权限分责明确，便于项目管理

利用信息化管理平台实施项目管理是数字化管理迈出的第一步，各参建方的工作内容、职责权限各有不同，传统项目各参建方的沟通决策或者信息资料的传递，一般以纸质文件的形式传递。

本项目为实现各方线上协同作业，针对非公开事项根据项目角色及职责，对线上处理的事项进行权限划分，所有事项均根据相应权限进行公开，同时，未处理完的事项系统会有提示，规避了因遗忘而漏项的情况。用于信息共享事项，权限设置全员公开，便于随时查阅，信息共享。

5. 项目管理信息化，提升问题处理效率

项目信息化管理的精髓是信息集成，其核心要素是数据平台的建设和数据的深度挖掘，通过信息管理系统把项目的计划、资源分配、实施、问题及风险、可交付成果等集合到同一个平台中，共享信息和资源，即时传递信息数据，有效地支撑项目管理者管控整个项目，以达到全程监控、及时发现并解决问题，提高项目质量，提高项目管理效率。协同管理平台文件管理见图22。

图22　协同管理平台文件管理

6. 施工过程可视化，提升沟通效率

本项目不仅集成了建筑物的完整信息，同时还提供了一个三维的交流环境。与传统模式下项目各方人员在现场从图纸堆中找到有效信息后再进行交流相比，效率大大提高。BIM管理平台逐渐成了一个便于施工现场各方交流的沟通平台，让项目各方人员方便地协调项目方案，论证项目的可行性，及时排除风险隐患，减少由此产生的变更，从而缩短施工时间，降低由于问题协调造成的成本增加，提高施工现场生产效率。协同管理平台模型视口见图23。

7. 模型应用便捷，拓展项目应用场景

BIM模型的使用场景一般分为室内场景和工地场景，室内场景包括在办公室、会议室中的模型应用，一般在管理例会、专项例会中进行应用。工地场景是在工地现场进行应用，一般在技术交底、施工复核等工作中进行应用。本项目适应上述所有场景的

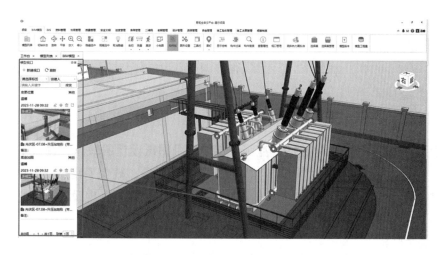

图23 协同管理平台模型视口

BIM模型应用，根据场景需要选择Web端、PC端、手机端。

同时，由于项目涉及面积大，光伏板数量多，模型用一般建模软件打开，会出现卡顿，不流畅等现象，BIM模型通过平台进行轻量化处理，保证日常办公流畅使用。

8. 智慧管控，节约工程成本

视频监控功能于2020年5月26日上线，为了满足BIM的使用，采购了2套监控设备。安排厂家提前安装两台设备，配合使用萤石云平台接入BIM平台，实现在线监控。监控设备在满足基本使用的同时，节省了近10万元设备采购费用。

（三）运维阶段

形成数字孪生体。为运维阶段提供了数字孪生宝贵数据，包含三维模型、CAD图纸、物料信息、使用说明、审批记录等，为智慧运维奠定基础。某电伏项目整体模型见图24。

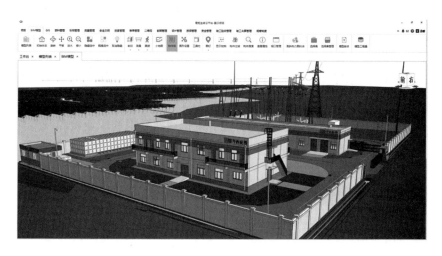

图24 某光伏项目整体模型

二、经验启示

（一）经验总结

1. 设计阶段

利用BIM技术的可视化特性，克服了传统二维图纸设计的缺点，进行了设计图纸的审查与优化，及时发现设计图纸问题，提升了设计质量、减少了设计变更；对工程实际情况进行模拟与分析，为管理者提供可视化沟通环境，及时发现设计合理之处，辅助管理与决策。

2. 施工阶段

结合BIM技术与数字化技术，改变了传统的项目管理方式，提升项目建设期间的问题处理效率；同时降低了建造过程中的管理成本，减少了项目风险；使得项目管理变得科学化、标准化与规范化。

3. 运维阶段

利用BIM的可视化与信息集成特性，使得项目信息共享，并将项目全生命周期的信息移交于运维阶段，为后续的运营维护形成了一个可视化的数据库，为企业实现信息化与数字化打下基础。

（二）问题分析

在项目的实施过程中，光伏发电实现基于BIM的数字化技术应用仍然存在一些问题。

1. 深化平台数据分析能力

虽然基于BIM的信息化管理解决了很多现场问题，极大地提高了光伏发电项目的施工信息化管理水平，但是在实施的过程中也存在一些弊端。光伏发电更注重于数据的收集与处理，平台虽然具备了数据收集功能，但管理深度与数据分析与处理的能力有待提升，需要继续针对光伏发电行业需求深度开发，让平台更适用于光伏发电行业数字化应用。

2. 缺乏信息化制度与意识

本项目是基于BIM的施工信息化管理实践，实施过程中由于缺乏完善的信息化管理制度和责任体系，导致项目信息化管理在施工过程中缺乏约束与制约，同时工程施工人员习惯于传统作业模式，缺乏信息化、数字化管理的意识和职业素养及专业技能，使信息化管理效果大打折扣。

3. 管理方式与信息化脱节

随着生产流程的改善，工艺技术的改进，信息化软件的研发，管理的技术手段也要与时俱进，在项目的实施过程中，各部门管理仍采用原有的方式，数据不流通，软件没能很好地应用在项目管理的整个进程中，信息化管理系统不能与管理方式很好地融合，导致效率降低，使软件系统失去了原有的价值。

（三）优化方向

1. 推行光伏行业BIM标准

本次光伏行业结合BIM技术有效地提高了各阶段实施效果，未来此类项目应用数量会逐步增长，为保证未来光伏行业结合BIM技术应用的标准性及规范性，需在现有的BIM标准的基础上推行新的适用于光伏行业的行业标准，为后期其他光伏项目应用提供可靠依据。

2. 优化升级管理系统功能

管理系统在本次项目实施中发挥了很大的作用，将项目各阶段实施过程及成果文件都集成在管理系统中，为多方协作提供实施平台，同时方便管理者进行决策与监督，极大地提高了项目的管理效率。但在使用过程中也发现了一些不适用于光伏项目的功能模块，后期会针对光伏项目的特点及需求优化升级现有信息化管理平台功能，丰富完善平台数据分析能力，以满足光伏项目建设需要。

专家点评

本案例展示了BIM技术在某光伏工程的应用。应用的主要内容包括设计阶段的全专业BIM建模、碰撞检测、可视化审查与优化，以及施工阶段的BIM模型管理、智慧工地建设等。这些技术的应用有效提升了设计质量，减少了工程变更次数，优化了施工方案，提高了项目信息化管理水平，缩短了建设工期，节省了工程投资。

本案例充分展示了BIM技术在光伏工程中的应用优势。通过全专业BIM建模，实现了设计阶段的可视化审查与优化，有效预防了设计上的问题，提高了设计质量。在施工阶段，BIM模型的应用提供了精准的施工指导，减少了现场的工程变更和返工。此外，通过智慧工地的建设，实现了施工现场的业务管理和数据汇聚，有效推动了信息化建设的精细化、可视化和集成化。整个项目的信息化管理平台，不仅为项目的运营维护和审计提供了数字化支持，也为后续可能发生的技术改造奠定了坚实的数据基础。

本案例在推动某光伏工程的信息化管理方面取得了一定成效，展示了BIM技术在提升工程质量、优化管理流程、节约成本和时间方面的巨大潜力。对于类似的工程项目，该案例提供了一个值得借鉴的优秀模板，尤其在促进工程建设领域的数字化转型方面具有示范意义。

指导及点评专家：许威燕　中瑞国际工程咨询（北京）有限公司

陈　静　北京求实工程管理有限公司

某文化传媒中心建设项目BIM技术应用

编写单位：北京求实工程管理有限公司

编写人员：胡　北　佟　坤　邹雪云　蒋炎青　罗　姗

I　项目概况

一、项目建设背景

公共文化设施建设不仅是公共文化服务体系建设的基础，更是城市发展和繁荣文化的核心所在。像文化馆、图书馆、会展中心和电视台等各类设施，它们不仅仅是城市文化形象和文化建设成果的展示窗口，更是广大民众接触、体验和享受文化的平台。这些设施不仅为民众提供了丰富多彩的文化活动，还为他们的精神生活提供了重要的支撑。

某市作为一个新设立的县级市，虽然近年来发展迅速，但现有的公共文化设施规模较小，标准不高，难以满足当地民众对文化的需求。为了改变这一现状，某文化传媒中心项目的建设显得尤为重要。该项目将为当地群众提供一个开展文化活动、传播优秀文化的平台，进一步丰富民众的精神生活，提高当地群众的文化素养和文化生活水平。

二、项目基本信息

项目名称：某文化传媒中心建设项目（图1）。

建设地点：新疆维吾尔自治区某市。

代建单位：北京求实工程管理有限公司。

规划总用地面积：44 183.36m²。

总建筑面积：27 230m²，其中地上建筑面积：19 730m²，包含：文化馆6 700m²、图书馆4 500m²、广播电视台及报社3 900m²、会展中心3 800m²、门卫室100m²，以及建筑柱廊下计容面积730m²。地下建筑面积：7 500m²。

建筑主要功能：文化馆、图书馆、会展中心、广播电视台及报社、地下车库。

建筑类别：多层民用公共建筑。

建筑高度：18.10m。

建筑设计使用年限：50年。

抗震设防烈度：7度。

地上建筑耐火等级二级，地下建筑耐火等级一级。

建筑结构形式：会展中心采用钢筋混凝土框架结构，其余采用钢筋混凝土框架剪力墙结构。

地基基础形式：筏板、条形、独立基础。

图1　某文化传媒中心设计效果图

三、项目相关方及人员组织架构

该项目建设单位为某市文广局。北京某指挥部委托我公司负责项目管理（代建）。

某设计研究院有限公司担任本项目工程设计；某工程监理有限公司担任本项目的工程监理；施工总承包单位为某建设有限公司。

项目相关实施人员及职责见图2，项目相关方组织架构见图3。

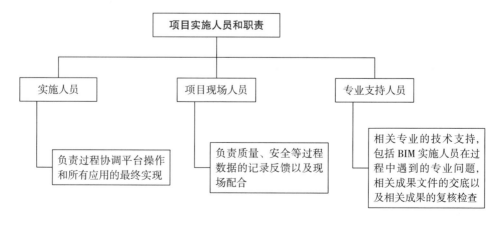

图2　项目相关实施人员及职责

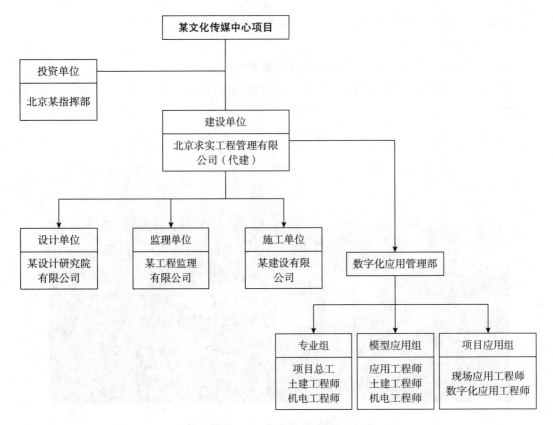

图3　项目相关方组织架构

Ⅱ　项目数字化应用实施背景

一、数字化的时代背景

建筑信息模型（Building Information Modeling，简称BIM）技术是一种基于数字化技术的建筑设计、施工和运营管理方法。它通过创建一个包含建筑物所有相关信息的三维模型，实现了建筑项目各阶段的信息共享和协同工作。BIM技术的应用背景是数字技术在建筑领域的广泛应用和发展。

随着科技的不断进步，数字技术已经渗透到建筑领域的各个方面。从设计、施工到运营管理，数字技术的应用都为建筑行业带来了巨大的变革。传统的建筑设计和施工过程往往依赖于纸质图纸和人工操作，存在着信息不对称、效率低下和错误率高等问题。而数字技术的应用可以有效地解决这些问题，提高建筑项目的效率和质量。

2016年发布《2016—2020年建筑业信息化发展纲要》，建筑信息模型（BIM）技术成为"十三五"规划建筑业重点推广的五大信息技术之首。2017年2月，国务院发布的《关于促进建筑业持续健康发展的意见》中提到加快推进建筑信息模型（BIM）技术在规划、勘察、设计、施工和运营维护全过程的集成应用。2019年国家发展改革委与住房城乡建设部联合发布《国家发展改革委住房城乡建设部关于推进全过程工程咨询服务发展的指导意见》指出，要建立全过程工程咨询服务管理体系。大力开发和利用建筑信息模型（BIM）、大数据、物联网等现代信息技术和资源，努力提高信息化管理与应用水平，为开展全过程工程咨询业务提供保障。2021年"十四五"规划第五篇"加快数字化发展 建设数字中国"中提到，迎接数字时代，激活数据要素潜能，推进网络强国建设，加快建设数字经济、数字社会、数字政府，以数字化转型整体驱动生产方式、生活方式和治理方式变革。

BIM技术的应用不仅可以提高建筑项目的效率和质量，还可以促进建筑行业的转型升级。通过BIM技术的应用，建筑企业可以实现设计、施工和运营管理的数字化、智能化和协同化，提高企业的竞争力和市场地位。同时，BIM技术的应用还可以推动建筑行业的绿色发展和可持续发展，降低建筑物的能耗和环境影响。

BIM技术作为数字技术在建筑项目中的重要应用之一，具有巨大的潜力和广阔的发展前景。在相关政策支持下，BIM技术在建筑领域的应用将得到进一步推广和发展。通过BIM技术的应用，建筑行业可以实现设计、施工和运营管理的数字化、智能化和协同化，提高建筑项目的效率和质量，推动建筑行业的可持续发展。

二、公司数字化转型发展历程

北京求实工程管理有限公司作为全过程、全业态、全地域的综合性工程咨询服务机构，多年来一直在数字化发展道路上不断探索提升。公司的数字化发展始于2002年，从最基本的企业网站、邮箱，工具化的造价管理系统，逐步发展到平台化的办公信息化、ERP系统，直至2019年打造的作业、管理与数据互通的生产力平台，开启了新一轮的企业数字化转型。

新的数字化管理平台由作业管理系统、数据分析应用系统、作业端和云存储组成。随着企业数字化转型的深入推进，企业全员各层已经认识到数字化转型在团队管理和业务工作中的重要作用，能够自发地去借助数字化手段帮助企业实现业务和运营方面的提升。

三、项目应用数字化的必要性

本项目地点位于某自治区，由于地理位置较为偏远，各参与方之间的沟通效率相对较低。这种情况导致现场施工的情况无法及时反馈给相关人员，这种信息的滞后性，加大了项目管理的难度，从而会影响项目的进度和质量。图纸答疑过程中，传统的二维图纸无法形象直观地反映出问题所在，导致施工过程中的变更较多，增加了施工的复杂性，可能导致项目的延期。此外，地下车库综合管线系统较多，且较为复杂，在平面及空间布置上易交叉冲突，增加了施工的难度。

通过数字化技术解决图纸问题，实现对设计方案的快速修改和优化，进而解决工地现场实际问题，减少现场签证和变更产生，实现对项目进度、成本、质量等关键指标的实时监控和分析，进一步提高施工质量、控制施工进度、节约工程造价，为项目管理提供有力支持。数字化技术还为业主提供基于数字化平台的项目施工文件管理，将竣工资料及相关设备资料录入建筑信息模型，以方便后续物业的维护管理。

Ⅲ 数字化应用及具体做法

一、应用概况

数字化管理平台为建设单位、咨询企业、设计和施工方提供了数字交互的窗口，动态全面地掌控工程项目在投资、设计、进度及质量等全方位信息。

利用数字化平台，在PC端应用，通过BIM统一数据接口，可以导入业界最常用的建模、进度、预算文件，进行数据关联、整合，然后将每个工程节点的动态成本与目标成本对比分析，根据合同及变更实行动态的成本跟踪管理；在Web端应用，基于BIM5D数据自动统计工程数据，模型直观定位，现场影像跟踪查看；针对动态成本控制、招标进度、合同签署情况、进度报量审核及支付、变更签证信息提供详尽的图表展示；在移动端应用，现场人员直接定位模型，采集并上传影像资料；最终实现三端一云协同管理。

二、数字化应用点

项目各阶段数字化技术应用点见表1。

表1 项目各阶段数字化技术应用点

项目阶段	应用点	应用目的
设计阶段	可视化模型；协同平台搭建；设计问题审查、预留孔洞及碰撞检查	信息共享、直观清晰；提升人员能力；减少过程中的设计变更
施工准备阶段	合约规划；招标管理；BIM算量	精细化管理；提高数据准确度
施工阶段	进度管理；进度款支付管理；成本管理；设计变更调整；质量安全应用；资料管理；建设单位看板；线上审批	精细化管理；信息共享、效率提升；流程标准化、过程留痕可追溯
竣工交付阶段	竣工模型移交；结算管理	数据积累分析；分析结算指标

（一）设计阶段

1. 可视化模型

BIM是数字化应用的基础，模型的质量直接影响后续应用的质量。根据项目结构形式及数字化应用的要求，建模内容包括土建、钢筋、机电、幕墙、钢结构等，使用软件包括Revit、Tekla、MagiCAD、广联达等。

利用数字化平台将BIM模型统一管理，多专业、多格式模型整合，随时查看某文化中心建设项目中BIM模型的积累情况。

2. 协同平台搭建

将各参建方参与人加入数字化管理平台，资料协同共享，现场施工相关资料，包括试验检测报告、设计变更、验收记录等基于数字化平台的协同管理，方便各参建单位及时查询与调取。

3. 设计问题审查、预留孔洞、碰撞检查

设计院交付施工图后，图纸中往往存在平立剖不一致问题，机电系统设计深度不足，往往发生碰、错、漏等情况。在施工之前，通过三维建模，进行各专业设计图纸审查，提前发现图纸问题，查找机电各专业之间，以及机电与建筑结构专业的冲突点，同时检查结构净高和机电管线综合优化后净高是否满足要求。及时发现可能存在的问题并在施工之前调整设计图纸，减少因设计图纸自身错误导致的工程变更、现场签证。

（二）施工准备阶段

1. 合约规划

在平台中通过目标成本与合约关联，实现目标成本的自动拆分，自动检查目标成本的漏拆或拆超情况，提升拆分准确率。

2. 招标管理

在招标过程中，平台实现对招标进度的管理，并能根据招标进展结合计划时间提供预警提示。

3. BIM算量

根据模型自动生成符合国家工程量清单计价规范标准的工程量清单及报表，为招投标、进度款支付、结算等提供工程量支撑，快速统计和查询各专业工程量，对材料计划、使用做精细化控制，避免材料浪费。

MagiCAD QS机电算量与传统算量对比分析，BIM中心将广联达MagiCAD机电算量，快速映射模型，输出清单工程量，与造价部工程量进行比对，总结模型量差及原因。

（三）施工阶段

1. 进度管理

把计划施工时间、实际施工时间与BIM模型相结合，四维施工模拟与P3（Primavera Project Planner）、Project对接、施工场地安排、分阶段分部位统计工程量作为施工采购依据、重点难点的施工工序四维模拟、重要施工机械的使用效率（如液压千斤顶，起重机）、机电深化加工（如管道吊支架，施工工坊，施工安装和维修空间）与BIM模型的结合，施工结算清单，及时发现施工进度偏差，优化工程进度计划。

2. 进度款支付管理

利用数字化平台报量审核模块，调取合同资金情况。利用手机端形象进度情况录

入，根据形象进度，实时回传报量审核模块，依据形象进度及模型，调取当月资金，并将送审文件导入，进行实际对比，并进行进度款的拨付。一键提交数据，Web端实时汇总分析数据，直观展示，业主一目了然。

3. 成本管理

利用平台进行多版本目标成本对比，分析偏差原因，调整指标数据，控制投资上限。动态成本是在某一时点项目已发生和待发生成本的合计，即预测项目结算成本，能够及时反映项目成本变动情况。施工过程中，需要将发生的变更、签证、索赔、图差、价差等费用及时登记到动态成本台账中，形成预计实际成本，进行成本的动态分析，保证预计实际成本控制在目标成本之内。

4. 设计变更管理

建造施工过程中，根据工程变更、现场实际情况，对BIM模型进行维护和调整，使其与现场实际施工保持一致。

利用数字化平台实现设计变更多方案管理，模型在线云对比，自动匹配合同清单，快速测算方案价格，提高变更合理性。

5. 质量安全管理

利用移动设备配合监理单位对现场质量安全进行管理控制。对现场施工质量、安全（包括临边防护、洞口）等问题进行统一可追溯管理。

6. 资料管理

在项目初期录入基础数据，各参与方数据实时上传，安全可靠实时共享，随时随地在线浏览，竣工自动归档，提高管理效率。

7. 建设单位看板管理

在协同方式下，给建设单位人员设置权限，让建设单位实时看到项目情况。在每期报告里直观展示项目概况与进度，当期报告范围内的动态成本变化及造价审核拨款情况，让建设单位及时掌握项目实际情况，随时随地可视化管理。

8. 线上审批管理

在项目实施过程中，所有审批流程均需要经过平台线上审批，进行线上审批留档，形成审核记录。在改变传统管理模式的同时，也形成线上数据库，为后期项目运维奠定数字化基础。

（四）竣工交付阶段

1. 竣工模型管理

更新完善BIM竣工模型，竣工模型在运营管理阶段的信息查询检索应用和解决方案。

2. 结算管理

基于数字化管理平台，将过程中的各类资料自动归档，在线管理资料，登记结算台账并分析结算指标。

三、具体做法

（一）前期准备工作

明确实施目标，制订项目实施方案，梳理出具体项目落地内容，根据落地内容做出相应准备，具体工作分解及前期资料准备见表2、表3。

表2　具体工作分解

分类	内容	具体工作	时间要求
模型建立	建立BIM模型	建立全专业BIM模型	图纸具备后20个工作日内完成
	模型复合	对模型进行分类检查复核，提出相关问题并进行更正	—
	进行模型集成	完成所有专业模型建模，将各专业模型导入数字化平台中	领先于实际施工进度
	模型浏览	学习三维浏览、切面、漫游、批注等功能，发现模型问题	—
预算信息录入	土建模型套清单及组价	根据企业定额、项目定额进行组价，作为预算成本管理的基础	领先于实际施工进度
	钢筋模型组价	根据企业定额、项目定额进行组价，作为预算成本管理的基础	
	机电模型套清单及组价	根据企业定额、项目定额进行组价，作为预算成本管理的基础	
工作界面及流水段划分	土建流水段划分	根据施工组织设计进行流水段划分	领先于实际施工进度
	录入土建流水段计划时间	录入各个流水段的计划时间	随着年、季、月计划更新
	机电流水段划分	根据施工组织设计进行流水段划分	
	录入机电流水段计划时间	录入各个流水段的计划时间	
资料录入及关联	图纸资料录入及模型关联	录入图纸信息并与模型关联	项目施工过程中随时录入
	质量资料录入及模型关联	录入过程中的质量检查资料并与模型关联	
	设备信息录入及模型关联	录入设备的合同、供应商、规格及其他交付所需信息	
进度信息录入	录入实际进度信息	录入各个流水段的计划时间	每周更新
	录入资源投入情况	录入各个流水段各工种的劳动力投入情况	每天记录，每周录入
技术应用	专项技术方案模拟优化	（1）通过5D技术模拟分析项目进度合理性；（2）为各项活动提供工程量，人、材、机资源预算量，校对工期及资源的合理性	项目策划阶段
	多专业碰撞检查及协调	定期进行碰撞检查，安排各个专业进行设计优化及修改	领先于实际施工进度每双周1次

分类	内容	具体工作	时间要求
技术应用	进度关联信息查询	按照工作面查询工程量，人、材、机资源预算量，甲方清单信息，分包单位及合同信息，关联图纸信息，对施工责任主体、范围、内容进行统一管理	—
商务应用	协助编制资金总计划	编制资金总计划	项目策划阶段
	协助编制劳动力总计划	编制劳动力总计划	
	协助编制物资总计划	编制物资总计划	
	期间实体预算成本	期间实体预算成本	每月
	进度报量	进度报量	
	产值统计	产值统计	
	分包工程量审核	分包工程量审核	
生产应用	物资工程量提取	物资工程量提取	施工过程中发生
	施工协调	施工协调	
	形象进度报告	形象进度报告	施工过程中发生，进度周例会
	工作面冲突分析	工作面冲突分析	
	节点资源投入记录	节点资源投入记录	施工过程中发生
	指导现场安装	指导现场安装	
项目总结	主要工种生产率分析	进行主要工种生产率分析	—

表3 前期资料准备

所属功能		数字化平台	项目资料
一级功能	二级功能		
项目资料	项目概况	项目效果图	渲染效果图
		进度跟踪	现场照片
	项目位置	根据工程区域和详细地址进行定位	项目具体地址
	机电系统设置	机电模型	项目各单体的机电BIM模型
数据导入	模型导入	实体模型：广联达BIM土建、钢筋模型	项目各单体的土建、钢筋BIM模型
		场地模型：广联达BIM施工现场布置	施工现场布置图
		其他模型：施工电梯、塔吊、吊车	
	资料管理	上传工程项目资料	各方资料
	预算导入	添加预算书	项目工程计价文件
模型视图	模型视图	（1）支持模型浏览、漫游、测量、剖切、钢筋三维等； （2）通过碰撞检测、漫游等手段快速发现问题，指导管线综合、净空优化等工作； （3）在线审图，在线批注问题，实时共享	—

所属功能		数字化平台	项目资料
一级功能	二级功能		
流水试图	流水段定义	划分流水段	划分流水区分图
全景浏览	进度计划	导入进度计划，实现计划与实际的进度对比	施工总进度计划
	施工模拟	利用模型与清单、进度计划的关联，实现可视化的5D动态模拟	结合进度计划、清单和模型做施工模拟
动态成本	目标成本	目标成本科目、类型、金额的录入	项目工程概算
	动态台账	通过成本科目的合同、变更金额实时汇总	—
	待发生台账	待发生的成本预测金额	—
合约规划	合约台账	合约规划选择目标成本中的成本科目，读取目标成本设定规划金额，控制之后的合同价或无合同费用	合约台账录入工程中的所有签署合同
	合约界面	根据合约规划的内容，确定每个合约的工作范围时，会出现不同合约之间存在相互交叉搭接的事项，合约界面主要就是为了确定类似事项的界限和归属	例如：总包单位因主体结构施工搭设的脚手架，在幕墙等其他专业承包单位施工时也会使用
招标管理	招标流程	通过对招标内容、招标进度、招标成果文件等进行管理，来指导整个项目的招标过程	招标计划、招标成果文件
合同管理	合同信息台账	合同集成各类信息，标准化管理，易于维护和查询	合同台账
		付款管理：在合同执行期间，按照付款条款的约定进行进度款的支付，达到停止支付节点时停止支付进度款	
	合同执行台账	合同执行情况实时更新，内置计算规则保证计算合同关联模型显示结果的准确性	
	合同支付台账	合同支付情况实时更新，内置计算规则保证计算合同关联模型显示结果的准确性	
	无合同费用	合同外台账，关联相对应的合约规划	
	合作单位	合作单位的维护	
变更管理	设计变更	结构化管理各类变更信息和附件，并根据变更内容直观呈现对应的模型实现变更的四方审核跟踪管理	设计变更，四方审核报告
	现场签证	结构化管理各类变更信息和附件，并根据变更内容直观呈现对应的模型实现签证的四方审核跟踪管理	现场签证，四方审核报告
	其他费用	关联相对应的合同及成本科目；确认金额；导入预算文件或手动输入；关联预算文件后，可查看变更的三维模型	其他费用，四方审核报告
价差管理	价差调整	通过对接材价助手，一键获取材料信息价，并且自动计算价差，且自动统计材料用量	预算书
计量支付	进度款支付	根据项目完成的形象进度进行中期进度款支付及审核。可以做到一键快速提量；直接对接计价软件；自动生成支付汇总表；自动对比送审、审核和合同金额，自动标识累计支付超额情况	每期进度款支付及审核文件
结算管理	结算书	结算数据与合同数据联动生成结算书	结算审核报告

（二）各阶段实施工作

1．设计阶段

1）可视化模型建立

建立全专业BIM模型，对模型进行分类检查复核，提出相关问题并进行更正，该流程见图4。编制Revit建模规范（建议书）见图5。

建模要保证交付物的准确性，建模要统一软件版本、项目基点坐标，根据总平面图中的绝对坐标系进行建模、统一单位与度量、统一命名规则，具体参见建模规范，严格按照国家及企业标准创建模型。为了限制文件大小，所有模型在提交时需清除未使用项，删除所有导入文件，和外部参照链接，同时模型中的所有视图必须经过整理，只保留需要的视图和视点。

相关建模软件及软件版本规定：结构、建筑BIM建模软件选用Autodesk Revit系列软件，统一采用Revit2016版本。

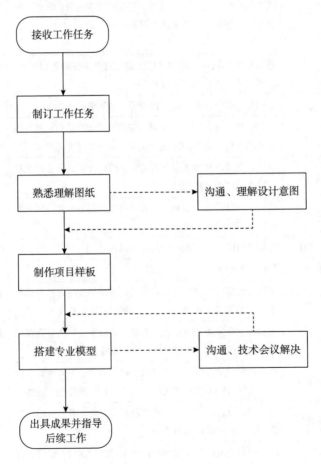

图4 建立全专业BIM模型流程

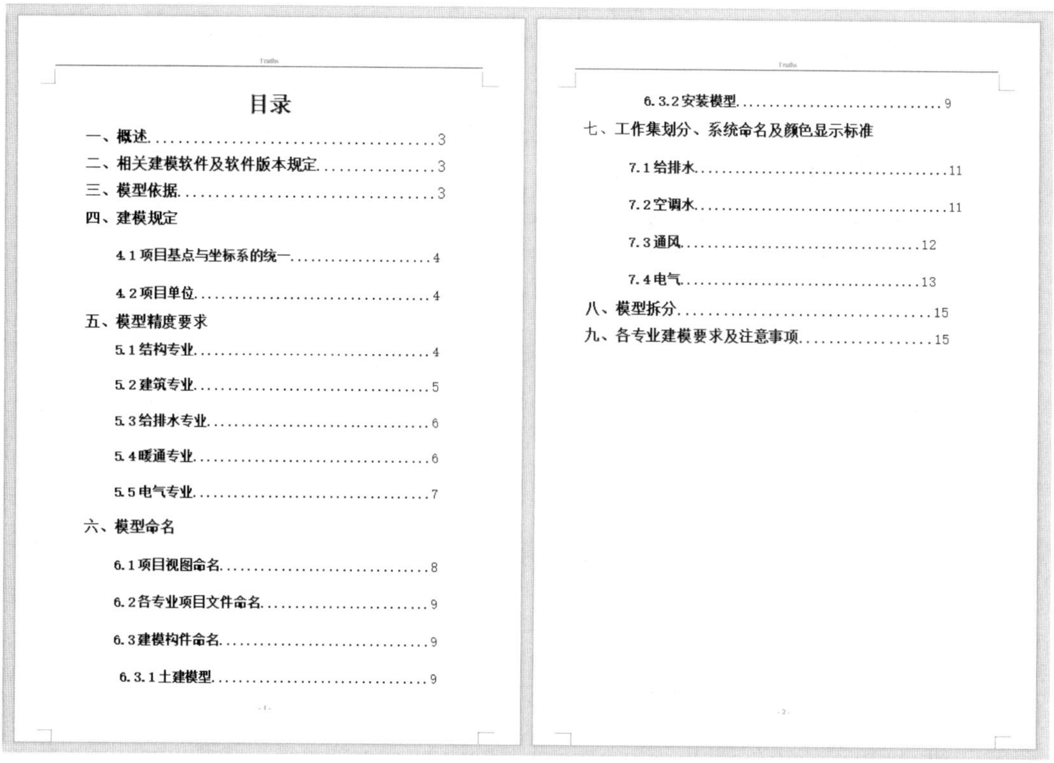

图5　Revit建模规范（建议书）

模型依据：

（1）建设单位提供的通过审查的有效图纸及设计说明。

（2）设计文件参照的国家规范和标准图集。

（3）项目当地规范和标准。

（4）设计变更单、变更图纸等变更文件。

（5）业主其他特定要求。

模型建立完成后的工作：

（1）根据建模标准核对是否有漏项。

（2）根据审核清单检查注意事项是否有错误。

（3）对审核过程中遇到的问题进行记录反馈提交疑问卷。

（4）对模型文件及疑问卷等文件进行分类归档作为模型审核过程文件。

模型复核流程见图6。最终模型成果，以广播电台单体为例，广播电台土建及各专业模型见图7。

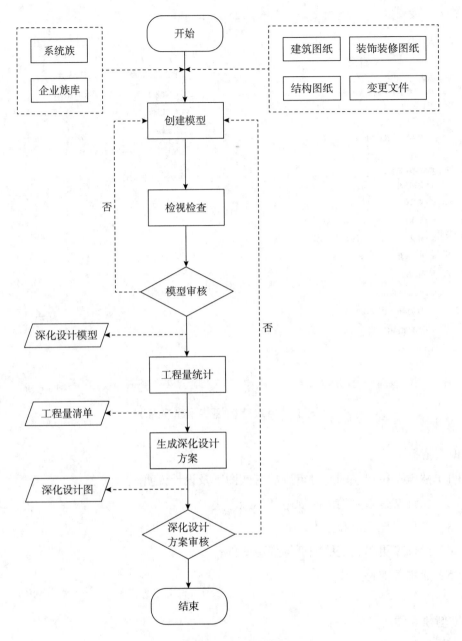

图6 模型复核流程

通过导入项目各个单体的广联达土建、钢筋、安装、Revit、MagiCAD、Tekla等模型生成的IGMS\E5D\IFC模型文件，运用模型整合功能将模型规整在对应实际施工现场的位置。模型导入要求见表4。

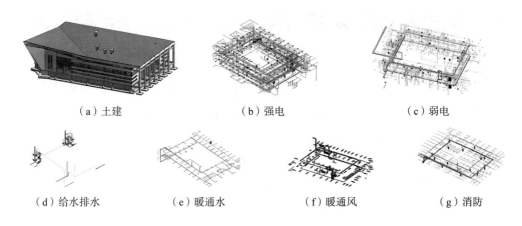

（a）土建   （b）强电   （c）弱电

（d）给水排水 （e）暖通水 （f）暖通风 （g）消防

图7　广播电台土建及各专业模型

表4　模型导入要求

导入模型	支持导入的建模软件	导入格式
实体模型	广联达BIM土建GCL	IGMS
	广联达BIM钢筋GGJ	IGMS
	Revit2016（机电）	E5D
场地模型	Revit2016（场地）	E5D
	广联达BIM施工现场布置软件V3.0	IGMS
其他模型	3DS-Max	3DS

2）协同平台搭建

搭建协同平台，将项目各参建方参与人加入平台，资料协同共享，过程留痕。通过云端服务器将数据线上传输，保证现场相关信息传输的及时性，如现场发生问题，及时通过移动端进行记录，发起任务多方沟通，提高沟通效率。移动端发起任务见图8，资料协同管理见图9。

3）设计问题审查

建筑、结构、设备等专业进行BIM图纸审查，重点审查内容如下：

建筑专业，全面核对已完成的建筑施工图，检查建筑总说明与细部构造详图做法是否存在冲突或标示不清；复核和确认消防防火分区，根据批准的消防审图意见进行梳理，包括防火防烟分区的划分、垂直和水平安全疏散通道、安全出口等；检查防火卷帘、疏散通道、安全出口的距离，以及建筑消防设施是否满足消防要求。

结构专业，审查梁、板、柱（标高、点位）图纸。审

图8　移动端发起任务

图9 资料协同管理

查是否存在框架结构建筑梁柱尺寸不一致，砖混结构墙厚不一致等问题。复核幕墙结构与室内出墙的消防排烟风口的结合及碰撞。

设备专业，检查是否遵循管线标高原则：风管、线槽、有压和无压管道均按管底标高表示，小管让大管，有压让无压，低压管道避让高压管道，考虑检修空间；冷水管道避让热水管道，考虑保温后管道外径变化情况；附件少的管道避让附件多的管道。

在进行BIM图纸审查的过程中，还需要关注各个专业之间的协调性和一致性，确保建筑、结构、设备等专业之间的图纸信息相互匹配，避免出现冲突和错误。利用BIM软件的协同功能，实时更新和共享各个专业的图纸信息，提高审查的效率和准确性。

4）碰撞检查、预留孔洞

在土建专业施工前，将土建模型和机电模型在Revit软件中，进行模型整合，根据整合后的模型，利用Navisworks软件和MagiCAD软件将模型进行碰撞检查，碰撞设置中，设定参与碰撞的对象类型，以及软碰撞间隙等内容。输出对应碰撞点碰撞报告，输出优化方案，返给设计和总包校核。

以上操作截图见图10~图14，碰撞报告节选见表5。

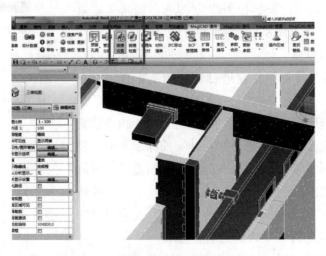

图10 碰撞检查—广播电台1

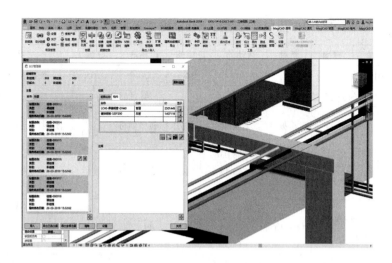

图11　碰撞检查—广播电台2

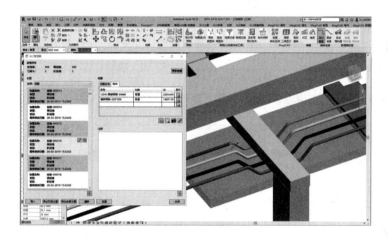

图12　碰撞检查优化后—广播电台

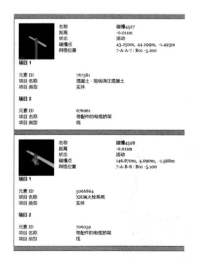

图13　Navisworks碰撞报告截图—地下车库

MagiCAD	MagiCAD 碰撞报告			
碰撞名称：	碰撞-000005		照片	审核意见
类型	状态	日期		
硬碰撞	新碰撞	2019-3-22 15:49:24		
对象名称	对象类型	对象ID		
L=1200mm	风管附件	2237684		
LCHR-无缝钢管-DN50	管道	2520978		
碰撞名称：	碰撞-000006		照片	审核意见
类型	状态	日期		
硬碰撞	新碰撞	2019-3-22 15:49:24		
对象名称	对象类型	对象ID		
FCU136	机械设备	2179912		
N-UPVC-DN20	管道	2517170		
碰撞名称：	碰撞-000007		照片	审核意见
类型	状态	日期		
硬碰撞	新碰撞	2019-3-22 15:49:24		
对象名称	对象类型	对象ID		
AHU-1A-M-KP	机械设备	1424946		
HWR-无缝钢管-DN50	管道	2503110		
碰撞名称：	碰撞-000008		照片	审核意见
类型	状态	日期		
硬碰撞	新碰撞	2019-3-22 15:49:24		
对象名称	对象类型	对象ID		
镀锌钢板-1000×630	风管	1331549		
除湿机再生段	常规模型	2028856		

图14　MagiCAD碰撞报告

表5　广播电台给水排水与弱电碰撞报告（节选）

给水排水与弱电	公差	碰撞	新建	活动的	已审阅	已核准	已解决	类型		状态
	0.010m	74	0	74	74	70	65	硬碰撞（保守）		确定
碰撞详情					项目1			项目2		
碰撞名称	距离	网格位置	说明	碰撞点	图层	项目名称	项目类型	图层	项目名称	项目类型
碰撞1	−0.036	7–A–B–1：B01–5.100	硬碰撞	x: 158.036 y: 14.612 z: −2.141	F1	给水系统	实体	筏板−5.1	带配件的电缆桥架	线
碰撞2	−0.118	7–A–A–8：B01–5.100	硬碰撞	x: 51.726 y: 38.135 z: −1.997	F1	给水管	实体	筏板−5.1	带配件的电缆桥架	线
碰撞2	−0.112	7–A–A–8：B01–5.100	硬碰撞	x: 51.879 y: 38.196 z: −1.900	F1	给水管	实体	筏板−5.1	带配件的电缆桥架	线
碰撞4	−0.078	7–A–A–8：B01–5.100	硬碰撞	x: 51.778 y: 39.443 z: −1.967	F1	给水管	实体	筏板−5.1	带配件的电缆桥架	线
碰撞5	−0.078	7–A–A–8：B01–5.100	硬碰撞	x: 51.772 y: 39.773 z: −1.995	F1	给水管	实体	筏板−5.1	带配件的电缆桥架	线
碰撞6	−0.078	7–A–A–8：B01–5.100	硬碰撞	x: 51.772 y: 38.566 z: −1.997	F1	给水管	实体	筏板−5.1	带配件的电缆桥架	线
碰撞7	−0.078	7–A–A–8：B01–5.100	硬碰撞	x: 51.771 y: 37.701 z: −2.000	F1	给水管	实体	筏板−5.1	带配件的电缆桥架	线
碰撞8	−0.077	7–A–B–11：B01–5.100	硬碰撞	x: 158.036 y: 15.313 z: −2.064	F1	给水系统	实体	筏板−5.1	带配件的电缆桥架	线

通过多专业综合BIM模型定位机电孔洞预留位置和尺寸，输出预留孔洞平面图及剖面图，提前做预留孔洞（图15），避免后期二次开孔。

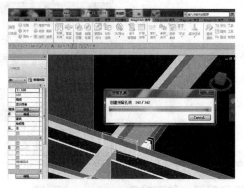

图15　预留孔洞—广播电台

2. 施工准备阶段

1）合约规划

合约规划选择目标成本中的成本科目，读取目标成本，合约规划中设定规划金额，控制之后的合同价或合同外费用。按照合约类别，以树形展示合约明细（图16），展示每种合约类别的明细表。

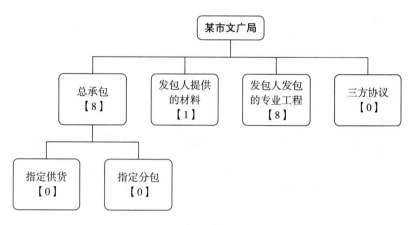

图16　合约类别树形图

根据目标成本（施工图版），划分合约项和合约规划金额，在平台中通过合约和目标成本的关联，建立两者关系，实现数据自动联动，提高工作效率。合约规划应用流程见图17，本项目合约规划见图18。

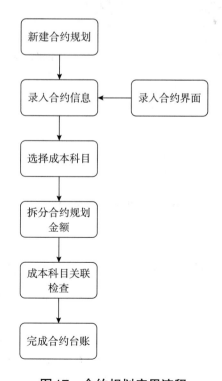

图17　合约规划应用流程

图18　本项目合约规划

2）招标管理

在招标过程中，平台实现对招标的过程步骤，对应时间和状态，包括招标内容、招标进度、招标成果文件等的管理，以柱状图、表格和环形图的形式，从不同维度展现招标管理的情况，同时支持按照招标的主流程进行过滤。本项目招标管理见图19。

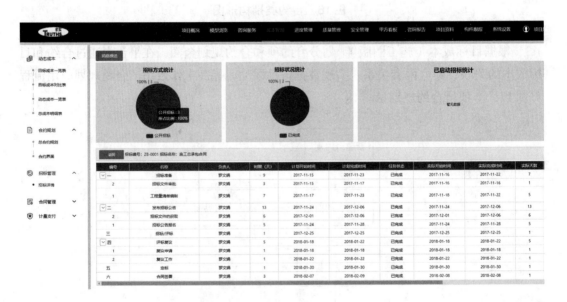

图19　本项目招标管理

3）BIM算量

选取某文化中心建设项目中的图书馆作为分析对象，基于Revit模型的MagiCAD QS机电工程量，所涉及机电工程专业有给水排水、暖通风、暖通水、消防、强电、弱电及智能化。

出量实施方案：

土建部分：Revit建模后通过广联达土建GFC插件导入图形算量软件中汇总计算后出量。土建可出量部分见表6，土建部分不可出量见表7。

表6 土建部分可出量

序　号	专　业	可出量构件
1	土建	垫层
2		独立基础
3		条形基础
4		筏板基础
5		设备基础
6		基础梁
7		框架柱
8		暗柱
9		混凝土墙
10		砌块墙
11		框架梁
12		连梁
13		过梁
14		板
15		压顶
16		散水
17		楼梯（含坡道、台阶）
18		幕墙

表7 土建部分不可出量

序号	专业	不可出量构件	备　注
1	土建	平整场地	
2		挖一般土方	
3		土（石）方回填	
4		余方弃置	GCL也不可出量
5		现浇构件钢筋	GCL也不可出量（需在GGJ中设置钢筋或者使用土建钢筋二合一的GTJ）
6		楼（地）面防水	
7		保温隔热墙面	
8		构造柱	
9		屋面	

装修部分：在Revit中完成主体模型后导入广联达图形算量中建立装修模型。装修部分可出量见表8，装修部分不可出量见表9。

表8 装修部分可出量

序 号	专 业	可出量构件
1	装修	门、窗

表9 装修部分不可出量

序 号	专 业	不可出量构件
1	装修	玻璃棉毡铝板网
2		墙面喷刷涂料
3		天棚喷刷涂料
4		踢脚
5		楼地面
6		墙面
7		天棚

机电部分：Revit和MagiCAD建模后，用MagiCAD QS插件进行机电出量。机电部分可出量见表10，机电部分不可出量见表11。

表10 机电部分可出量

序 号	专 业	可出量构件
1	设备	管道
2	设备	阀门
3	设备	管道附件
4	给水排水	卫生器具（水）
5	给水排水	仪表
6	暖通风	末端
7	设备	设备
8	设备	保温
9	电气	线管
10	电气	电器设备
11	电气	桥架线槽
12	电气	插接母线

表11 机电部分不可出量

序 号	专 业	不可出量构件
1	设备电气	布面刷油
2	设备电气	设备支架
3	设备电气	金属结构刷油

序　号	专　业	不可出量构件
4	给水排水和暖通水	套管
5	暖通风	风管漏光试验、漏风试验
6	暖通风	温度风量测定孔、风管检查孔
7	暖通风	通风工程检测调试
8	电气	防火控制装置调试
9	电气	送配电装置系统
10	电气	自动投入装置
11	电气	事故照明切换装置
12	电气	接地装置

　　BIM中心将Revit土建模型通过GFC插件快速导入广联达GCL2013算量软件，快速套取规则，输出工程量。与造价部建立模型进行比对，总结模型量差并分析原因。以某文化中心建设项目为例，借助广联达GFC土建插件、GCL、MagiCAD QS机电出量插件，根据图纸进行土建和机电，以及设备传统算量工程量与BIM工程量的对比，总结分析两种算量方式之间的量差并分析原因。

✎ 实例1:《机电算量对比报告》（节选）

　　▶ 案例名称：MagiCAD QS机电算量与传统算量对比分析。

　　▶ 选取分析对象：某文化中心建设项目——图书馆，基于Revit模型的MagiCAD QS机电工程量，所涉及机电工程专业有给水排水、暖通风、暖通水、消防、强电、弱电及智能化。

　　▶ 对比依据：以手算清单量和二维图纸为基准。

　　▶ 对比目的：通过该项目MagiCAD QS机电出量与传统算量对比分析，总结分析两种算量方式之间的量差及原因，为后续工程提供可行性方案。

　　▶ 结果分析：通过对两种算量方式进行分析，发现模型无误的情况下MagiCAD QS算量基本准确。部分偏差较大的子目，经核对检查，偏差是由于图纸设计不清、工程师识图有差别等问题造成的。

　　▶ 问题分析及解决方案：

一、模型问题

模型遗漏及错误问题：

1．给水排水专业中，给水立管顶端缺少自动排气阀。

2．暖通风专业中，2F中标高4.8m处的轴网C-4~C-5、C-E~C-F之间多出一个Y型三通，导致PQ-02多出一台，200×120矩形风管多出30.24m²。

3．管道保温中，管道定义保温类型及厚度有误，与设计说明不符。

4. 电气专业中，线管在定义构件类型类别时未区分管径及穿线根数，导致软件无法准确计算电线工程量。

解决方案（Revit建模建议）：

1. 严格按照图纸建模，不可缺项漏项，尤其注意水管立管顶端排气阀等末端易丢阀部件。

2. 暖通风专业，根据图纸对模型进行修改，详见图A、图B、图C。

3. 风管及水管保温建模时应按照设计说明定义，如给水排水专业，根据管道类型及尺寸定义隔热层厚度、类型。

4. 电气专业进行配管配线定义时，要注意管径及穿线根数与设计图纸保持一致。

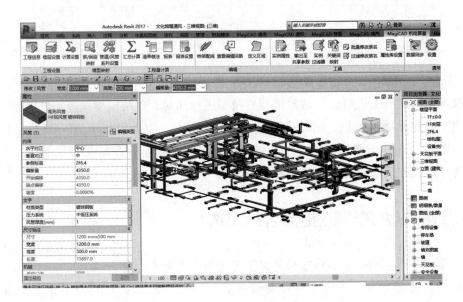

图A　文化馆通风系统模型

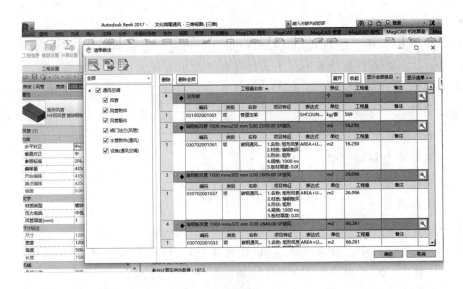

图B　套取清单规则

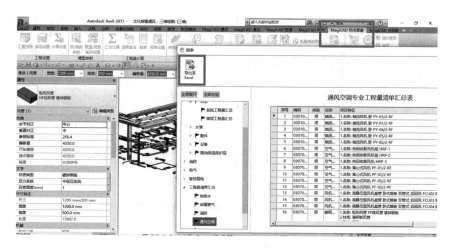

图C 导出清单工程量

3. 施工阶段

1) 进度管理

为了满足实际工程需要，进度计划与BIM模型的挂接，应细化到具体楼层、施工段及施工大类，通过自定义层级创建流水段，将现场施工管理全面覆盖（包含结构实体施工和配套工作），导入工程进度计划，任务项关联模型，利用BIM模型进行可视化模拟。

工程进度计划导入软件后，可以直接在软件内增加/删除计划项，修改计划（计划名称、计划时间、实际时间），提高计划调整的效率（图20）。

最终实现项目施工阶段性的模拟动画，进度计划与实际现场进度对比，可直观反映进度偏差情况（图21）。

合同管理添加预算文件，导入预算书，清单关联模型，模型关联进度，模型工程

图20 进度管理—总进度计划

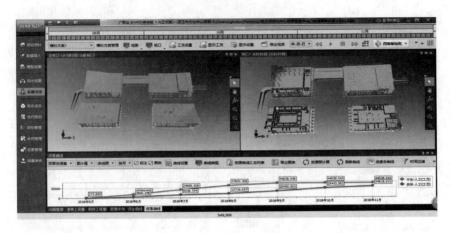

图21　施工模拟

量＝［当前构件量（再加四则运算）/清单的模型关联量］×清单工程量，按天选择，工程量均摊到每天，无模型工程量＝关联无模型清单，按天选择，工程量均摊到每天；措施费用：根据清单关联—总价措施关联里关联的清单及表达式计算；其他费用：读取清单关联—其他费用关联的金额。

根据施工进度计划关联模型与计划，通过虚拟施工识别进度计划冲突，输出资源/资金曲线。

2）进度款支付管理

对动态成本中"累计已发生成本"的变更、签证等部分进行跟踪管理。主要采用台账方式进行实时记录，以保证动态成本管理的时效性和准确性。

在合同下按照月度/季度/时间范围新建报量，报量的任务项来源于全景浏览的进度计划，报量明细中可查看本次报量的所有清单项及工程量的审定情况，可查看每期报量的审定金额、报审金额、审增减，以及累计支付金额（图22～图24）。

利用平台报量审核模块，调取合同资金情况。利用手机端形象进度情况录入，根

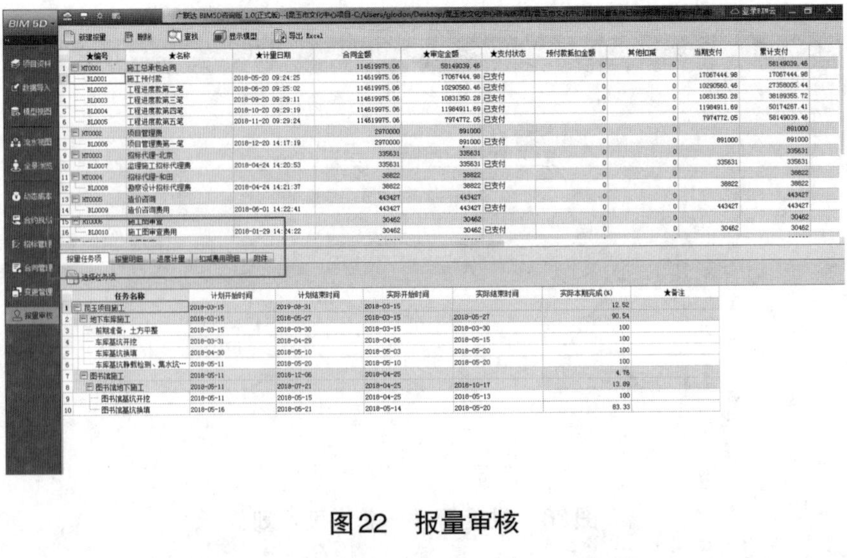

图22　报量审核

据形象进度，实时回传报量审核模块，依据形象进度及模型，调取当月资金，并将送审文件导入，进行实际对比，并进行进度款的拨付。

序号	合同编码	合同名称	合同金额（元）	审核金额（元）	应付金额（元）	实际支付比例(%)	合作单位
总计			133,554,858.73	131,717,846.23	119,373,829.16	89.38	
1	HT0002	项目管理费	2,970,000.00	2,227,500.00	2,227,500.00	75.00	北京求实工程管理有限公司
2	HT0012	可研编制费	245,200.00	0.00	0.00	0.00	中国航天建设集团有限公司
3	HT0003	招标代理-北京	335,631.00	335,631.00	335,631.00	100.00	北京柏利建设管理有限公司
4	HT0004	招标代理-和田	38,822.00	38,822.00	38,822.00	100.00	新疆生产建设兵团招标有限公司
5	HT0005	造价咨询合同	443,427.00	443,427.00	443,427.00	100.00	北京京城招建设工程咨询有限公司
6	HT0006	施工图审查	30,462.00	30,462.00	30,462.00	100.00	新疆维吾尔自治区建筑设计研究院
7	HT0013	施工图审查—补充协议	9,066.00	9,066.00	9,066.00	100.00	新疆维吾尔自治区建筑设计研究院
8	HT0007	工程勘察	342,000.00	342,000.00	342,000.00	100.00	新疆长江岩土工程勘察设计研究院有限公司
9	HT0008	设计合同	3,149,000.00	2,676,650.00	2,676,650.00	85.00	北京市建筑设计研究院有限公司
10	HT0001	施工合同	123,440,170.73	123,440,170.73	111,096,153.66	90.00	北京住总第四开发建设有限公司
11	HT0009	监理合同	1,977,600.00	1,680,960.00	1,680,960.00	85.00	北京方圆工程监理有限公司
12	HT0011	测绘合同	10,000.00	10,000.00	10,000.00	100.00	深圳市爱华勘测工程有限公司
13	HT0010	防雷检测合同	8,500.00	8,500.00	8,500.00	100.00	和田南天地防雷中心
14	HT0014	环评合同	18,000.00	18,000.00	18,000.00	100.00	新疆广清源环保技术有限公司
15	HT0015	消防检测合同	39,862.50	0.00	0.00	0.00	伊犁安源消防设施检测维护有限公司
16	HT0016	房产测绘及竣工测量	45,517.50	45,517.50	45,517.50	100.00	新疆文汇房地产评估测绘有限公司
17	HT0017	环评验收	47,000.00	47,000.00	47,000.00	100.00	和田恒达晨盛环保工程有限公司
18	HT0018	固定座椅	404,600.00	364,140.00	364,140.00	90.00	和田市新科艺电子科技发展有限公司

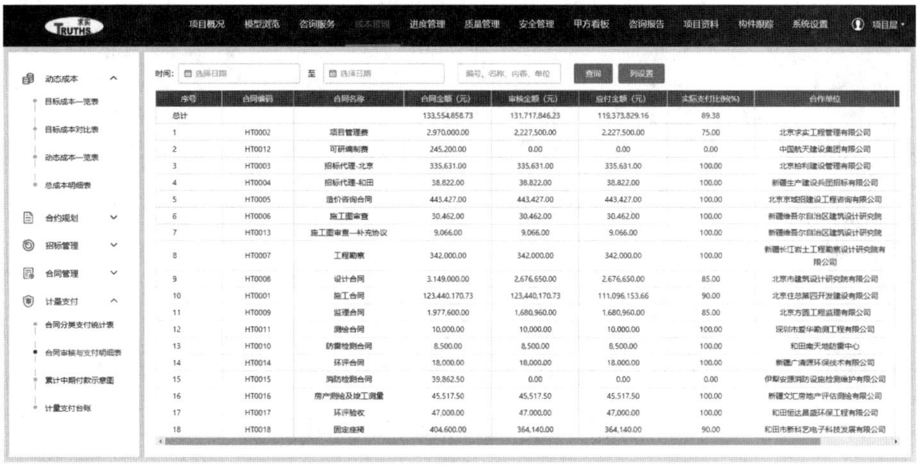

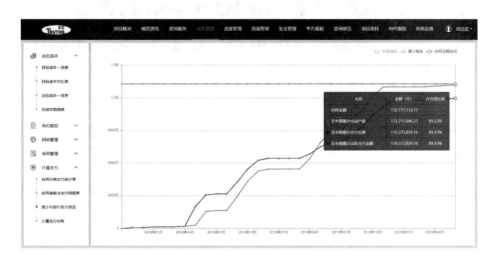

图23　审核与支付明细

图24　累积中期付款

3）成本管理

在“目标成本”模块完成相关数据的录入；在“合约规划/合同管理”模块完成合同和目标成本科目的关联；将过程中的变更、签证、索赔等与合同做好关联；平台内置计算关系，自动汇总对应科目的累计已发生成本、累计待发生成本、当前预计实际成本和当前预计超支或节余情况（图25~图27）。

通过“关联合同”，快速查看到本科目所关联的合同和无合同内容，通过“显示明细”展示科目拆分明细，含合同净值、补充协议金额、图差、价差、变更金额、签证金额、索赔金额、其他调整金额、预计变更金额、预计结算金额、实际结算金额，可清晰掌握动态成本中的每项数值。

图25　成本管理—动态成本预览

图26　成本管理—目标成本查询

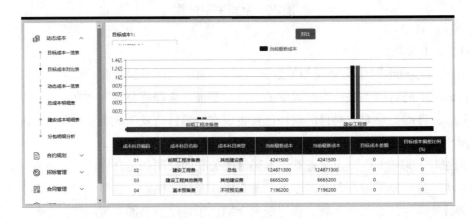

图27　成本管理—目标成本对比

4）变更签证管理

由施工方发起变更流程，会经过监理、咨询、建设单位等多方审批。Web发起流程，同时在服务器后端自动建立一条变更流程台账。流程发起后，登录PC端，通过"获取流程台账"的功能，获取含有流程的变更。在PC端可以对获取的含有流程的变更进行编辑。流程节点可对应选择节点标识——施工、监理、咨询、审计，对应节点的审批意见、时间自动填充至PC端四方审核（图28）。

图28　变更签证管理—设计变更台账

5）质量管理

在平台对质量问题的数据进行统计，在网页端呈现，网页会按照相册，自动汇总所有人的照片，现场工程师通过工程相册手机端直接拍照记录或上传已有影像资料至相册分类，无须二次整理。

"质量问题"相册文件夹默认对接质量管理模块，在PC端"工作分解"—"部位划分"中编辑，与模型关联，直观查看问题部位（图29）。

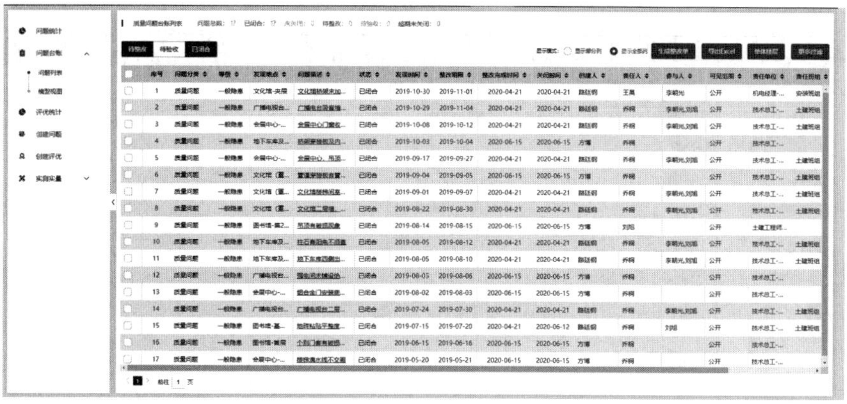

图29　质量管理—质量问题台账

6）安全管理

在平台对安全问题的数据进行统计，在网页端呈现，网页会按照相册，自动汇总所有人的照片点进相册后，如果照片较多，会按时间显示，现场工程师通过工程相册手机端直接拍照记录或上传已有影像资料至相册分类，无须二次整理。

"安全隐患"相册文件夹默认对接安全管理模块，在PC端"工作分解"—"部位划分"中编辑，与模型关联，直观查看问题部位。

通过查看业务数据中的安全管理，可以打开项目安全管理模型界面；模型中将显示安全管理平台中关联了模型的安全问题标记，点击标记可以快速筛选构件上所关联的安全问题，也可以点击安全问题快速定位其在模型中的位置（图30）。

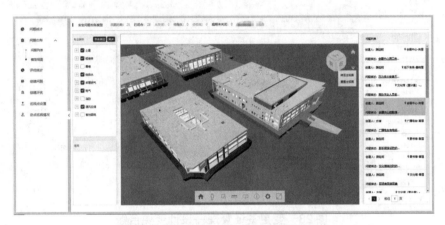

图30　安全管理—安全问题模型预览

7）资料管理

项目资料按照工程建造过程分为前期文件、报建类资料、概念设计阶段文件、勘察设计招标阶段资料、设计管理阶段文件、施工和监理招投标阶段文件、项目范围管理文件、项目合约造价管理文件、项目进度管理文件、项目质量管理文件、项目安全管理文件、项目沟通管理文件、结算审核阶段文件、后评估档案等，集合各参与方的所有工程资料，形成项目资料的电子资料库，结合过程中的管理资料进行数字化归档移交（图31）。

图31　资料管理—资料台账预览

8）建设单位看板

利用平台Web端，在协同方式下，给建设单位参与人设置权限，让建设单位实时看到项目情况。在每期报告里直观展示项目概况与进度，当期报告范围内的动态成本变化及造价审核拨款情况，让建设单位及时掌握项目实际情况，随时随地可视化管理（图32~图34）。

图32　建设单位看板—月报

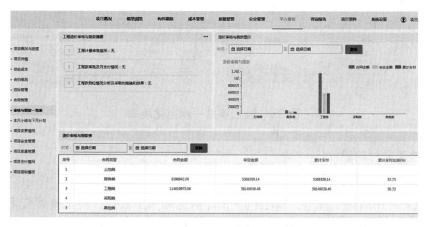

图33　建设单位看板—审核与拨款一览表

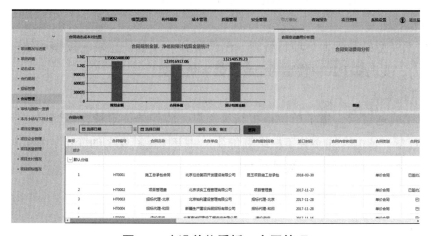

图34　建设单位看板—合同管理

9）线上审批

在项目实施过程中，所有审批流程，均需经平台线上审批。结合项目管理流程，进行线上审批留档。在改变传统管理模式的同时，实现管理规范化，固化流程制度，也形成线上数据库，为后期项目运维奠定数字化基础（图35）。

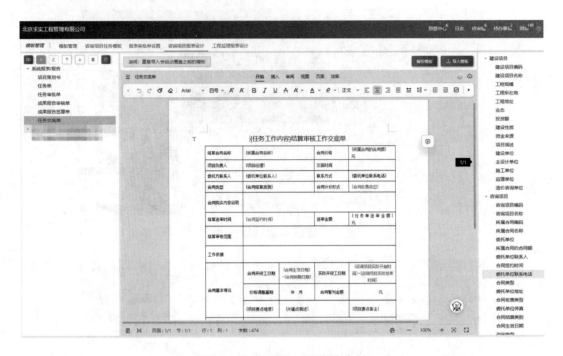

图35　线上审批—规范化表单

4. 竣工交付阶段

1）竣工模型移交

更新完善BIM竣工模型，模型包含设计信息和施工信息，竣工模型应附加的信息包含设计类信息（施工图、变更图纸和变更单）和施工类信息（现场核定单、监测信息、钢材、混凝土等材料检验报告、机电、设备、管线等检测报告、各分项的验收报告、其他施工相关信息）。

在竣工模型的基础上，项目资料、图像资料、设备信息等与模型相结合，利用协同管理平台，实现基于BIM模型的全要素数字化移交。

2）结算管理

四方验收通过后，施工单位申报结算资料，监理单位审核，咨询单位依据竣工图纸审核工程量，依据合同文件审核结算价款，并审核过程发生的变更、签证等费用，出具审核意见书，建设单位最终确认结算文件（图36）。

图36 竣工结算审核线上审批

IV 数字化应用成效

一、应用成效

(一)各阶段应用成效

1. 设计阶段

1)可视化模型

在任何一台电脑或手机上都可以查看模型,从多视角查看整合后的模型,可以在模型上进行测量标注;可以通过漫游、按自定义路线行走查看碰撞,更加直观地了解项目的空间布局(图37);存储视点、多维度查询清单量、工程量;快速查找定位图元查看属性自定义属性等。在模型中浏览漫游,可以直观地了解项目的设计方案。

图37 内部漫游视频—广播电台二层

2）协同平台搭建

传统模式下项目各参建方人员的管理难度大，沟通效率低，平台采用三端一云的架构，提升管理效率。移动端上传的资料，可以实时同步到云端，通过PC端进行查看，减少图片拷贝，PC端填写的数据，可以从移动端随时查看，实现移动办公，无须进行烦琐的文件传输和整理工作，不仅提高了工作效率，还减少了人为错误的可能性。同一份数据，可以多人操作，避免了因为数据不一致而导致的沟通和协调问题。同时，数据自动同步的功能也保证了数据的一致性和准确性，进一步提高了各参建方协同效率。

3）设计问题审查

结合BIM模型进行图纸设计问题审查，提前规避了机电与建筑结构专业之间、机电各专业之间的冲突点，有效减少了设计图纸自身错误或冲突导致的工程变更、现场签证。

同时在满足净高要求的前提下进行了管线综合优化，及时发现可能存在的问题并在施工之前调整设计。

此外，传统方式多采用电子邮件进行沟通交流，过程中多次的图纸答疑会导致版本混乱、信息不一致且沟通效率低，经常产生重复工作的情况。利用数字化平台协同功能能够明显提高沟通效率。

4）预留孔洞

以广播电台单体为例，通过MagiCAD软件，创建洞口342个，输出施工图（洞口平面图、剖面图），指导施工，确保了施工过程的准确性和高效性，避免二次返工，节省成本5万元，节省工期7天。

5）碰撞检查

以文化馆单体为例，经三维模型碰撞检查，共发现4 787个碰撞点（其中，硬碰撞3 862个，软碰撞925个），通过调整管线，进行综合管线排布，节省成本30万元、节省工期14天。

2. 施工准备阶段

1）合约规划

传统方式合约规划需手动拆分目标成本，工作量大且易错漏，合约规划的数据联动性较差，不利于目标成本的拆解及招标工作的开展。在数字化平台中通过目标成本和合约关联，实现目标成本的自动拆分，自动检查目标成本的漏拆或拆超情况，提升了拆分准确率。同时，在数字化平台中可统一查看和管理合约与科目的对应关系，在合同执行过程中，可将相关合同预结算金额实时更新统计至合约台账，能够明显提高管理效率。

2）招标管理

招标代理工作一般时间短、环节多且环环相扣，不同招标方式的工作流程及方法差别较大。数字化平台内置不同招标代理类型的业务流程和核心工作要点。对于本项目下不同的工作流程，可灵活设定开启工作的前提条件和审批规则。在招标代理项目进行时，每个项目会自动生成进度看板，建设单位可清晰了解代理项目的整体进展情况。

3）BIM算量

以手算清单量和二维图纸为基准，通过该项目MagiCAD QS机电算量与传统算量对比分析，发现模型无误的情况下MagiCAD QS算量基本准确。通过对比，除模型、软件和图纸问题土建主体结构及机电设备的误差在1.5%内。

通过进一步总结分析核对过程中遇到的具体问题和总结建模注意事项，形成《机电专业Revit建模规范建议稿》，为以后快速出量打下基础，进而提高算量效率及准确性，为后续工作提供了可行性方案。

实例2：《机电专业Revit建模规范建议稿》（节选）

一、关于模型建立

1.1　族类别创建：按照Revit分类要求，建立各专业模型时，选用的族与专业相同。如：

（1）风管绘制选择"风管"；水管绘制采用"管道"；电缆桥架绘制采用"电缆桥架"；电气线管绘制采用"线管"。

（2）合理使用Revit分类，定义族文件。如风管的三通件，族类别应为"风管管件"；蝶阀、截止阀等族类别应为"管道附件"。

1.2　系统创建：按图纸说明进行系统创建，并选择Revit对应专业的系统分类。若按不同系统提量，需对系统名称加以区分。

1.3　管径绘制：各管径绘制需与图纸相同，必须加以区分。

二、关于命名规则

2.1　管道、风管命名：建议按"材质"命名。

2.2　电气专业用线管族代表"管+线"时，建议命名为"线管规格+线缆规格"。

2.3　电气专业用线管族代替"电缆"时，建议族类型命名为"线缆规格"。

2.4　设备族类型名称命名：

（1）建议设备名以中文命名；

（2）名称包含：图例名称+设备型号（规格型号），如：多级离心式泵–1t，截止阀–DN25等属性。

---

3. 施工阶段

1）进度管理

通过数字化平台施工模拟模块，利用模型形象地展现项目的进展情况，施工模拟辅助管理方了解项目的施工方案、对施工方案进行审核确认。进度模型的更新，有利于管理方实时掌握现场的施工情况，辅助进行进度管理，让业主更好地掌控项目的进展，把控项目工期。

总进度计划与过程计划统一管理，相互印证；施工进度与产值进度协同管理；

BIM可视化查看施工进度；实现不同标段、不同期间的计划统一管理，全面掌握项目的整体情况；施工总进度与清单关联，以时间的维度查看项目的资金曲线、资源曲线，实现施工进度与产值进度的同步，统筹更加合理，资金资源计划有据可依。

2）进度款支付管理

计量支付台账每期需要手动更新，维护工作量大，已完产值和付款数据统计采用传统方式，不够直观。利用平台可自动统计数据台账，实时更新，提高数据统计效率，避免数据失误。通过累计中期付款示意图呈现本期和累计产值及付款金额，提升了数据统计的直观性、及时性。

3）成本管理

传统的项目管理过程中，成本指标通常采用Excel编制，因科目数据量大，需各专业工程师参与维护，耗时耗力，且数据查阅不便。基于数字化平台，动态成本通过科目关联合同，合同关联变更、签证、索赔、价差、结算等数据，实时更新，自动汇总计算，大幅提升工作效率。

将成本录入数字化平台，通过数据挂接实现，实时监控建安成本，以柱状图和表格的形式，直观展现目标成本和动态成本的对比，以及超支或节余情况。展现每个一级科目上期和本地动态成本的变化情况、总成本、建安成本、分包的科目明细表，展现变更、签证、其他费用的明细，实现信息化成本管理，辅助识别风险。

4）设计变更签证管理

利用平台将各个阶段的变更信息集中存储，方便项目团队成员随时查阅，确保变更信息的完整性和准确性，项目团队成员可以快速查看变更费用及相关附件。同时，平台自动计算变更后的预算总额，有助于更好地控制项目成本。平台根据变更数据自动生成图表，以直观的方式展示变更的原因、数量、金额等信息（图38）。有助于项目团队成员更好地理解变更情况，提高决策效率。同时，图表也方便项目经理向上级汇报项目进度和成本情况，提升沟通效果。

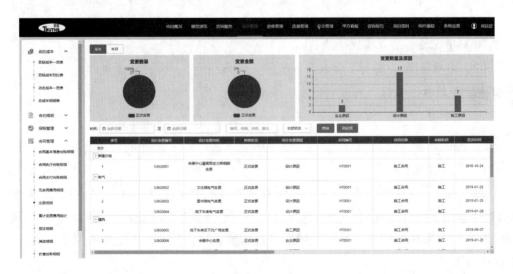

图38 变更明细

5）设计变更管理

设计变更多方案管理，模型在线云对比，自动匹配合同清单，快速对变更方案进行价格测算，辅助确定变更方案的合理性，变更方案永久存储，可以追溯变更方案确定的比对情况。同时，变更造价数据与模型关联，快速查看变更对应的模型，了解变更的实施范围。

6）质量安全管理

项目现场人员进行巡检，发现问题时，通过手机拍照、问题填报的方式提交给系统，生成线上整改单，并提醒相关负责人处理，确保整个流程形成处置闭环。从发现问题，到记录问题，再到解决问题，每一步都有明确的责任人和处理时间。这样不仅可以提高问题处理的效率，也可以确保问题得到及时和有效地解决。平台对问题能够进行分类统计和历史追溯，可以查看问题的处理过程和结果。节约了大量的沟通时间，现场质量问题减少5%。

7）资料管理

传统的项目资料多为纸质版及电子版，大型建设项目往往参建方众多，资料多且繁杂，各单位资料管理要求均不相同，容易造成项目资料难以统一规范化管理，过程中的资料遗漏丢失情况时有发生。利用数字化平台，结合项目进展，项目资料可以由各参建方自行上传至系统，减少资料的传阅次数，提高了沟通效率，避免丢失遗漏；同时，通过设置权限管理，不同参建方成员只能查看其权限下相关资料，进而保证了资料及信息安全。

同时，项目模型关联合同、设计变更、现场签证、项目资料、安全管理数据、质量管理数据等，多维度数据集中查看，项目全数据集中可视化呈现，实现无纸化办公，为项目管理带来了更多的便利和效益。

本项目最终归档的文件642个，按照项目进行阶段、不同参建方形成资料目录树，方便快速查找和管理。

8）建设单位看板

传统方式下，在定期给建设单位进行汇报时，通常采用Word或者PPT进行汇报，同时因汇报频次较高，进而影响工作效率。

利用数字化平台能够实时掌握项目总体进度情况、动态成本变化情况，以及造价审核与拨款情况、本月小结及下月计划。可以快速生成项目汇报材料，大幅缩短了数据收集时间，提高工作效率。

4. 竣工交付阶段

通过竣工模型数字化交付，形成本项目基于三维模型的可视化数据库，为后期运维提供价值。运维人员可以通过对比实际设备和模型的差异，快速定位问题并采取相应的措施。此外，数据库中的模型还可以用于项目规划和优化。通过对模型的分析，发现潜在的问题和改进空间，为项目的持续改进提供支持。

（二）数字化技术应用的价值分析

对于企业，基于云计算、大数据、物联网、移动互联网、人工智能、BIM信息集成等新技术助力企业数字化建设，提升了企业管理水平，实现企业对人（组织成长）、事（内部管理）、财（对外经营）的三层精细化管理，降低企业对项目经理等核心人才的依赖，降低核心人才的流失率。

建设项目数字化管理更加注重对施工过程中关键目标的控制，通过较强的控制措施、流程对施工过程进行有效管理。例如，在对工程造价进行管理的过程中，实现了工程造价的量化分解，同时能够对工程造价进行实时地控制，通过这两个方面，确保管理者能够全面掌控工程成本、产值及利润等方面的数据信息。建设项目数字化管理模式具有较强的管理目的性，能够降低管理者对管理的干扰，促进管理者决策水平的有效提高，满足业主需求，进而增加企业竞争力。

对于项目管理而言，项目数据实时可视化呈现，提高建设方对项目服务的满意度。全过程项目管理更灵活，组织、内容、权限、表单根据项目情况实现一项一策。实现"无纸化办公"，项目数据可视化，便于管理和追溯。项目各参建方更易协调，项目流程扭转节点清晰，咨询方只需上传下达，责任明确。

对于实施人员，成本数据通过智能台账管理，数据联动，预警提醒，不易出错。模型与计价、进度文件整合，实现变更方案的快速对比、进度款快速准确审批、价差快速调整，对合同执行情况了如指掌，同时，可以快速查找相关资料和依据，减少了无效工作，大幅提高了工作效率。

（三）社会价值分析

数字化技术的应用提高了工程计量的精度及对项目的实时管控能力；使得项目各参建方能够更高效地协同工作；对项目实施过程中的风险及时准确地进行预控；通过设计优化及对现场变更签证的管理，辅助成本控制，提高投资效益，节约社会资源。

进一步拓展了数字化技术的应用价值，实现了基建合规管理，动态管理、资源集成管理，以及便捷化管理，为投资人建设项目提供有价值的数字建筑资产，为其他类似项目提供经验数据。

二、经验启示

我公司作为代建方，运用数字化技术在项目的决策阶段、设计阶段、施工阶段、竣工阶段进行了全过程管理，并形成了相关技术路径和成果，积累了数字化项目管理经验。

同时，在实施过程中也遇到了一些问题，作为今后数字化技术应用参考借鉴。例如，在全过程造价应用中，BIM模型存在一定的局限性。在前期阶段，根据图纸进行建模并不有利于设计优化等应用。然而，目前想要依靠BIM技术进行正向设计时，由于三维设计需要设置较多的参数，效率必然会降低，成本也远高于传统设计模式。此外，当各专业模型在同一数字化平台应用时，需要进行不同软件格式之间的转换，过程中存在数据丢失的风险，因此还需加强数据之间的互通性。

为了实现造价数据的共享性，我公司也正在积极建立自己的企业数据库，为后续更多项目提供参考信息，使造价业务的数据得到最大限度的利用。

传统的工程造价由于行业分工主要关注建设期成本，而对整体工程造价影响巨大的决策和设计阶段却很少涉及。在整体行业都在逐步形成精细化管理的趋势下，这种这相对局限的模式已经不符合现有形势，积极地在前期和后期运用信息化技术对建筑成本进行精准预测和动态管理已经成为共识。而如何使用包括BIM在内的数字化技术使其在专业中发挥作用，形成可复制的模式和可落地的成果就显得尤为重要。建筑行业目前在技术、人力、模式上的发展处于瓶颈期，数字化和智能化的应用将极大推动行业的变革与发展。企业数智化转型升级需要在实践探索中发掘商业机会，形成可持续发展的盈利模式。

专家点评

作为项目的代建方，本案例的编制单位协调了各方资源，通过建立BIM模型，进行优化设计、碰撞检查等工作，提高了设计质量和效率，避免了各专业之间的冲突，较好地协调了设计方。在协同方面，项目运用了数字化平台，实现了信息的快速传递和高效沟通，通过数字化施工进度控制、成本控制、质量和安全管理，有效地协调了参建各方，为业主对项目的管控提供直观、有效的工具，确保了项目的顺利进行。

通过本案例我们还可以看到BIM技术在本项目的设计、施工、信息化平台建设等方面得到了全面深入的应用。在设计阶段使得设计方案更加精确、高效。在施工阶段，有效地提高了施工质量和效率，降低了成本和风险。在专业分工方面，通过对各个专业领域的数据进行整合和分析，使项目团队能够更好地了解项目的整体情况。在项目进度管理方面，通过对项目的各个阶段进行详细的规划和控制，确保了项目的质量和进度同时得到有效保障，展现了团队的高效协作和专业的水平。

综合来看，本案例较好地阐述了案例编制单位作为代建方协调各方资源并全面运用BIM技术，结构清晰，表达准确，值得学习和借鉴。

指导及点评专家：席作红　北京博睿丰工程咨询有限公司

BIM技术在造价咨询中的应用某安置房项目案例

编写单位：北京中诚正信工程咨询有限公司

编写人员：李正莲　张　春　王宇彪　刘　闻　杨三女

I　项目概况

一、项目介绍

项目位于北京市，设计效果图见图1，包含01#、02#地块，总用地面积为105 635.06m²。总建筑面积为185 465.36m²，其中地上建筑面积109 090m²，地下建筑面积76 375.36m²。建筑物结构形式均为钢筋混凝土剪力墙结构，抗震设防烈度8度。

本项目地上建筑包含10栋单体住宅楼、两栋产业用房、两栋配套用房和配套幼儿园，地下二层及三层为汽车车库，小区住宅

图1　项目设计效果图

配置太阳能热水系统与建筑一体化设计，达到保护环境、减少污染、节能，同时满足生活需求。

二、造价咨询工作任务

根据建设单位的委托，我们承担了项目施工阶段的造价咨询工作，主要涵盖了对总包、分包招标合规性审查、工程量清单及招标控制价编制；相关工程、材料、设备、暂估价、专业分包合同审核；工程洽商、工程变更及相关价款调整审核；进度款项支付审核；索赔与现场签证审核；竣工结算审核；配合阶段性专项审计和决算审计工作。

Ⅱ 项目数字化应用实施背景

一、项目的特点

本项目是城中村改造的政府福利工程。工程体量大，竣工一次性交付量大，社会关注度高。

居民的回迁时间已经确定，按期竣工面临诸多待解决的问题，工期压力大。合理安排关键线路上的工作时间是按时完工的保障。

项目投资规模较大，成本控制难度较高。

二、项目投资控制的难点

（1）工程量清单和控制价的编制工期紧张，采用增加编制人员数量的办法虽然能够缩短一些工作时长，但边际效益递减，因此，如何确保按期高质量地完成编制任务成了本项目的一个难点。

（2）图纸设计深度不够或设计不完善、专业之间配合不力等情况造成设计后期调整，使得工程造价编制工作不准确，导致造价前期控制作用减弱甚至缺失。

（3）暂估价材料的认价过程涉及建设单位的多个审批环节，导致流程耗时较长。这与施工工期的紧张状况之间存在一定的矛盾，客观上造成了材料认价的滞后，与现场实际进度脱节。这种情况使得事前控制难以实现。

（4）施工单位上报进度款，可以用于审核的时间较为紧张。常规审核方式只能对合同内的完成量进行审核，工程变更洽商只能估算，不利于成本控制，更达不到阶段性结算的要求，有支付风险。

三、项目采用BIM技术的优势

以BIM集成模型为载体，以数据的实时沟通与可追溯性为根本，为项目管理层解决投资控制难点问题和做出有效的决策提供了新的思路。BIM技术人员通过PC端来进行平台搭建与资料管理，现场管理人员使用手机端对现场数据进行实时采集上传，将施工过程中的施工进度、合约规划、合同管理、动态成本、进度报量审核、变更管理等信息集成到同一平台，利用BIM模型的形象直观、可计算分析的特性，帮助管理人员进行有效决策和精细管理，减少施工变更、控制项目成本、大幅提高了工作效率，更好地实现经济效益。

四、项目采用BIM技术预计实现的目标

借助BIM技术的可视化、动态化、系统性的特性，有效提升项目工程量计算的准

确度与效率，进一步完善资源计划管理水平，扭转传统设计变更、索赔管理、多算对比的落后状况，实现科学、规范、高效的动态投资控制。

Ⅲ　数字化应用及具体做法

一、应用概况

（一）项目BIM应用依据

项目BIM应用依据（表1），主要参照国家现有BIM标准，并结合北京市当地BIM标准整体实施执行。

表1　项目BIM应用依据

序号	应 用 依 据
1	《2011—2015年建筑业信息化发展纲要》
2	《关于征求关于推荐BIM技术在建筑领域应用的指导意见（征求意见稿）意见的函》
3	《关于推进建筑业发展和改革的若干意见》
4	《关于推进建筑信息模型应用的指导意见》
5	《国家有关BIM发展的指导性意见》
6	《北京市有关BIM发展的政策文件》
7	《建筑信息模型设计交付标准》GB/T 51301—2018
8	《建筑信息模型分类和编码标准》GB/T 51269—2017
9	《建筑工程信息模型存储标准》GB/T 51447—2021
10	北京市地方标准《民用建筑信息模型设计标准》DB11/1063—2014
11	《中国建筑信息化技术发展战略研究》
12	《中国建筑信息模型标准框架研究（CBIMS）》
13	《BIM项目实施计划指南》
14	《建筑信息模型应用统一标准》GB/T 51212—2016
15	《建筑信息模型施工应用标准》GB/T 51235—2017
16	《建筑工程设计信息模型制图标准》JGJ/T 448—2018
17	《民用建筑信息模型施工建模细度技术标准》
18	《城市工程管线综合规划规范》GB 50289—2016
19	《建筑节能工程施工质量验收标准》GB 50411—2019
20	《综合布线系统工程设计规范》GB 50311—2016
21	《建筑工程质量验收统一标准》GB 50300—2013
22	《通风与空调工程施工规范》GB 50738—2011
23	《人民防空工程施工及验收规范》GB 50134—2004
24	《建筑给水排水及采暖工程施工质量验收规范》GB 50242—2002
25	《通风与空调工程施工质量验收规范》GB 50243—2016

序号	应 用 依 据
26	《建筑排水塑料管道安装》10S406
27	《建筑给水复合金属管道安装》10SS411

（二）项目BIM应用实施整体流程

项目BIM应用实施整体流程见图2。

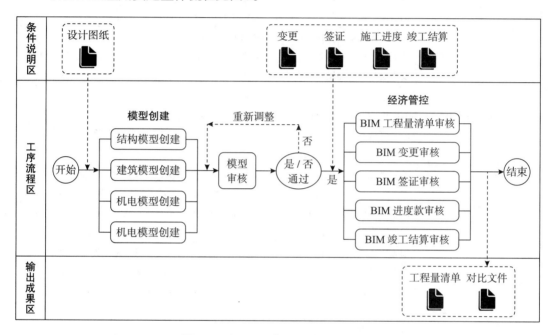

图2 项目BIM应用实施整体流程

（三）项目BIM团队组织架构及分工

为了确保项目的顺利进行并提高工作效率，一个高效BIM团队必须具备合理的组织架构（图3）和明确的分工（表2）。为此，我们根据项目的特性和BIM实施的要求，配备了具备深厚BIM知识及实践经验的项目负责人，以及具备相应专业资质、能够熟练运用BIM软件进行建模、分析、优化等工作的BIM工程师和资料管理员，确保了项目BIM应用得以顺畅、高质、高效地实施落地。

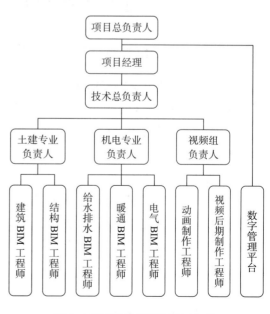

图3 项目BIM团队组织架构

表2　BIM工作组各岗位人员职责

序号	岗位	职　责	人数
1	BIM总负责人	对项目整体进度、实施质量、成果提交进行把控；平台维护管理	1
2	BIM项目经理	全面负责本工程BIM系统的建立、运用、管理，与建设单位BIM团队对接沟通，全面管理BIM系统运用情况；平台运营技术管理	1
3	BIM技术负责人	负责项目土建、机电各专业模型核查工作，确保多专业协同工作顺利进行	1
4	建筑BIM工程师	负责本工程建筑专业BIM建模、模型应用、深化设计等工作，主要为提供建筑完整的墙、门窗、楼梯、屋顶等建筑信息Revit模型，主要的平面、立面、剖面视图和门窗明细表，以及建筑平面视图三道尺寸标注，方便施工沟通	1~3
5	结构BIM工程师	对本工程结构（包括混凝土、钢结构）进行建模及深化设计，主要为提供完整的梁、柱、板等结构信息Revit模型，主要的平面、立面、剖面视图，以及平面视图主要尺寸标注	1~3
6	给水排水BIM工程师	对本工程给水排水、消防专业建立并运用BIM模型，管线综合深化设计、水泵等设备、管路的设计复核等工作，主要包括提供完整的给水排水管道、阀门及管道附件的Revit管网模型，主要的平面、立面、剖面视图和管道及配件明细表，以及平面视图主要尺寸标注	2~4
7	暖通BIM工程师	对本工程暖通专业建立并运用BIM模型，管线综合深化设计、空调设备、管路的设计复核等工作，主要包括提供完整的暖通管道、系统机柜等的Revit暖通管网模型，主要的平面、立面、剖面视图和管道及设备明细表，以及平面视图主要尺寸标注	2~4
8	电气BIM工程师	对本工程电气专业建立并运用BIM模型，管线综合深化设计、电气设备、线路的设计复核等工作，提供完整的电缆布线、电气室设备、桥架等的Revit电气信息模型，主要的平面、立面、剖面视图和设备明细表，以及平面视图主要尺寸标注	2~4
9	多媒体制作师	项目小组将设立一名专职的多媒体制作师，负责将已经完成的BIM模型成果，用多种软件进行展示，并负责规划指标的统一制作	2

（四）项目BIM应用软硬件配置

BIM应用相关的软硬件设施是项目BIM实施应用的基础和前提，对于项目的成功至关重要。这些软硬件设施不仅包括高性能的计算机和各种软件工具，还包括网络连接、数据存储和管理等基础设施。这些设施的完善程度直接关系到BIM实施应用的效率和效果。

1. 软件配置

在选择BIM应用软件时，我们从项目自身的业务需求出发，考虑软件的适用性和功能性。选择能够处理复杂模型和数据的软件；对于建筑项目，能够支持建筑设计、施工和管理的软件。还对产品的功能广度、深度和成熟度、数据承接性进行评估。综合考虑产品的功能、稳定性、可扩展性和数据承接能力。项目BIM应用软件选型见表3。

供应商的技术服务也是软件选型的重要考虑因素之一。要求供应商提供及时的技术支持和维护，以确保软件的正常运行和使用。

为确保数据在各类软件之间的兼容性和互操作性，对技术服务供应商采取以下措施：

（1）要求采用最新、最先进的技术，以防止出现任何不兼容的问题。

（2）要求提供全面的数据转换工具及方法，并协助将数据从一款软件迁移至另一款软件。

（3）要求提供数据安全和隐私保护措施，确保数据的安全性和保密性。

（4）要求提供全面的用户支持和培训，帮助用户更好地使用和维护软件。

（5）项目建模软件主要采用AutodeskRevit系列软件、Navisworks软件、Tekla软件等。其他BIM相关应用软件使用，在提交模型时，必须将模型转换格式以*.rvt格式提交，补充构件信息完整并保证该模型能够被Revit系列及NavisWorks软件正确读取。

表3　项目BIM应用软件选型表

软件类型	使用说明
	Revit：建筑、结构、机电、幕墙、装修等专业模型建立
	Naviswork：各专业模型集成，动画漫游、碰撞检测、数据文档管理等
	Lumion：高品质动画漫游渲染
	BIM 5D：数字项目管理平台
	Fuzor：安全检查、技术交底、碰撞检查、虚拟漫游、进度模拟、模型审阅
	AutoCAD：运用CAD对图纸进行编辑、整理
	3DMax：辅助仿真视频制作

2. 硬件配置

硬件的配置选择主要考虑两方面：一方面是考虑所使用的软件；一方面则是考虑

项目体量，项目BIM团队依据项目特点统一进行调配，确保项目BIM工作高效完成。项目硬件配置见表4。

表4　项目硬件配置表

名称	主要用途	主要配置参数要求
高性能服务器	BIM模型及文件储存与协同管理	服务器硬件配置（CPU/内存/硬盘/RAID）： 英特尔®至强®W5-3400 E5-2630V4×2/64G（16G×4）/4.8T（1.2TSAS×4）/raid10 操作系统：CentOS7.5 带宽：30M及以上（服务器独占带宽）
笔记本电脑	BIM模型浏览应用及移动办公	CPU：英特尔酷睿i7-8700　内存：32GB 硬盘：固态硬盘256GB SSD+机械硬盘1T 显卡：GTX1060独立显卡 显示器：15.6英寸1920×1080显示器 操作系统：Win10
台式机	BIM模型浏览应用及办公	CPU：英特尔酷睿i5-13600KF 内存：32GB 硬盘：固态硬盘512GB SSD+机械硬盘2T 显卡：独立显卡GTX4070TI 显示器：双24英寸1920×1080显示器 操作系统：Win10

二、数字化应用点

主要应用于模型创建和经济管控，各阶段数字化应用点见表5。

表5　各阶段数字化应用点

阶段	应用点	描述
模型创建	结构模型创建	BIM项目组建立涵盖建筑、结构、机电各专业的标准BIM模型。利用BIM模型检测各专业碰撞，实时调整
	建筑模型创建	
	机电模型创建	
	机电管线综合深化	
经济管控	BIM工程量统计	在项目的进行过程中，持续更新并维护BIM模型，确保模型与实际的施工进度和现场情况保持同步。任何工程变更、签证等变化均及时反映在模型中，并最终形成竣工模型
	BIM工程量清单审核	
	BIM变更审核	
	BIM签证审核	
	BIM进度款审核	
	BIM竣工结算	
	BIM模型的更新与维护	

三、具体做法

（一）BIM应用技术统一标准编制

在项目开始之初，我们制订了一套实施标准，让各参与方在同一套标准下工作，以确保项目的整体质量和数据的规范性。这套标准不仅涵盖了技术、流程、文档等方面，还特别强调了数据管理和沟通协作的重要性。通过遵循这套标准，我们能够确保项目的每个环节都得到充分地规范和指导，从而保证了项目的高质量、高效率和数据的一致性。

1. BIM模型统一标准

1）模型创建基本原则

（1）总则：模型创建符合国家标准及公司企业标准，不低于《施工BIM模型机电专业建模标准》QZDJJZ 106022—2022，《施工BIM模型结构专业建模标准》QZDJJZ 106021—2022。

（2）模型划分原则：

① 专业内部首先按照楼号进行模型拆分，对于联系比较紧密的楼栋合并为一个模型，联系不紧密的楼栋拆分为单独的模型。本项目BIM模型按照楼层、单体进行拆分，地下与商业分层拆分，办公、酒店单体拆分。

② 按专业分类划分：本项目模型按专业划分为：建筑、结构、机电、小市政、景观、幕墙。本项目模型在命名规则中使用各专业的代码作为模型命名的一个要素，各专业代码表见表6。

表6 各专业代码表

专　　业	代　　码	简　　写
建筑	AR	A
结构	ST	S
暖通	HV、ME、AC	H、M
给水排水	PL	P
电气	EL	E
智能化	IB	IB
总图	M	M
景观	L	L
室内	I	I
轴网	Grid	G

③ 按功能系统划分：机电专业内模型按系统类型进行划分，对于机电模型各系统命名时，按照各专业子系统代码进行命名。

④ 按工作要求划分：根据特定工作需求划分模型，如考虑机电管综工作的情况，

为了方便综合调整，将机电各专业管线模型整合为一个模型。

⑤按模型文件大小划分：单一模型文件最大不超过200M，以避免后续多个模型文件操作时硬件设备速度过慢（特殊情况时以满足项目建模要求为准）。

（3）模型整合原则：

①按专业整合：对应于每个专业，整合所有楼层、系统的模型，实现对单专业进行整体分析和研究。

②按水平或垂直方向整合：按层对各专业模型进行整合，实现对同层的各专业进行设计协调与分析；竖向模型如建筑外立面、幕墙照明等进行整合，实现区域协调分析。

③按整体整合：将项目各层、各专业的模型整合在一起，实现对项目整体进行综合分析。

（4）模型命名标准：

模型名称：【项目名称】+【－】+【楼栋编号】+【－】+【楼层】+【－】+【专业代码】

例如：GZXSAZF_1#_B1_A

　　　GZXSAZF_1#_B1_S

　　　GZXSAZF_1#_B1_MEP

（5）项目规定：

①项目以"共享坐标"方式进行全专业模型整合。

②项目约定以1/A轴为项目基点定位。

（6）项目单位：

①高程单位：m（米）；

②坐标单位：m（米）；

③长度单位：mm（毫米）；

④标高单位：m（米）；

⑤角度单位：°（度）；

⑥体积单位：m^3（立方米）；

⑦面积单位：m^2（平方米）。

（7）楼层标高命名：地上层编码以字母F开头加数字表达，地下层编码以字母B开头加数字表达，屋顶编码以RF表达，建筑物最高控制线以RF顶表达，夹层编码表示方法为楼层编码+M；在楼层编码最后加上标高值。建筑标高以A开头，采用上标头；结构标高以S开头，采用下标头；机电专业模型以建筑标高为基准，对应楼层标高编码见表7。

表7　对应楼层标高编码

专　　业	楼　　层	标高命名
建筑专业	地上一层	A_F1_标高数
	地上一层夹层	A_F1M_标高数
	地下一层	A_B01_标高数
	屋顶	A_RF_标高数

续表

专　业	楼　层	标高命名
结构专业	地上一层	S_F1_标高数
	地上一层夹层	S_F1M_标高数
	地下一层	S_B01_标高数
	屋顶	S_RF_标高数
机电专业	不单独建标高，以每层建筑标高为准	

注：建筑、结构专业建筑物最高控制线标高命名为：A/S_RF顶_标高数。

（8）视图及视图样板见图4~图6。

视图控制方式		
视图排序优先级	示例	
视图属性“文字”中调整	文字	
视图分类-父	视图分类-父	01查看视图
专业	视图分类-子	04三维视图
视图分类-子	专业	综合

图4　视图控制方式

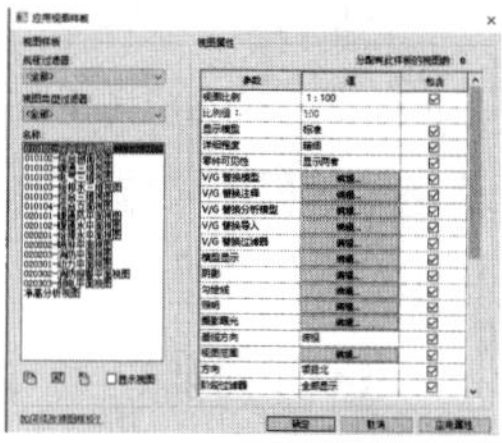

图5　视图样板

	视图分类-父	专业	视图分类-子		备注
视图	01查看视图	01综合	01平面视图	相应楼层平面	**1. 提交成果时应删除多余视图 2. 各专业视图中仅体现当前专业模型图元，需将其他专业模型图元隐藏（需通过过“过滤器”隐藏，不得使用右键“隐藏图元”隐藏）**
			02剖面视图	相应剖面	
			03三维视图	暖通	
				电气	
				给排水	
				综合	
			04立面	相应立面	
	02模型视图	01暖通	01暖通风平面图	相应楼层平面	
			02暖通水平面图	相应楼层平面	
		02给排水	01给排水平面图	相应楼层平面	
			02喷淋平面图	相应楼层平面	
			03消防平面图	相应楼层平面	
		03电气	01动力平面图	相应楼层平面	
			02消防报警平面图	相应楼层平面	
			03弱电平面图	相应楼层平面	

图6　视图划分

2. 模型的精度要求

（1）建筑：

主要建筑构件，如地面、楼板、楼板洞口、屋顶、非承重墙、壁柱、门窗、天窗、风口百叶、楼梯、电梯、自动扶梯、栏杆、中庭（及其上空）、夹层、平台、阳台、檐口、女儿墙、吊顶、雨篷、排水沟、台阶、坡道、散水明沟、建筑场地、房间名称、场地地形、道路、景观。

（2）结构：

正确反应平面（包括基础、基础梁、设备基础、基础底板、柱、承重墙、楼板、升降板、梁、楼板洞、墙洞、楼梯、结构缝、柱帽、集水坑、电梯基坑）、混凝土构件类型、混凝土强度等级和截面尺寸（包括基础、基础梁、设备基础、基础底板、梁、柱截面尺寸、支撑截面尺寸、板厚、墙厚、牛腿截面）；

（3）电气：

强弱电电缆桥架；强电设备（如变压器、配电柜、照明箱、动力箱等）；弱电设备（如消防控制盘、水泵控制箱等）。

（4）暖通：

通风防排烟系统等风管及管件（按设计正确反映管材材质、连接方式，如镀锌钢管、法兰连接）；冷媒管道、循环水管道和凝结水管道及管件等；设备包括空气处理机组、风机盘管、风机、热泵、冷却塔、循环水泵、热交换器、冷凝器和末端设备（如散热器、风口等）等；管道附件（如风阀、管道阀门（$DN \geq 25$）、计量设备等。

（5）给水排水：

给水、排水、中水、雨水、污废水、蒸汽和通气管道及管件；软管、管道附件如阀门、计量设备和过滤器等，各类水泵、锅炉、软水器、水箱、水罐、隔油器等设备，管道末端（如地漏、检查口、清扫口等）；管道的连接方式、管材、管道坡度等。

（6）消防：

消防管道及管件，管道末端（如喷淋头等），消火栓，消防泵，消防用阀门和消防水箱等。

（7）幕墙：

幕墙系统、竖梃、嵌板、幕墙分隔、外部造型、广告位、外墙涂料、外墙Logo等。

（8）小市政：

高低压电力系统管线及其附属构件（如电力井、配电柜、π 接箱等）。

弱电系统管线及其附属构件（如弱电井、手孔井等），末端点位及设备（如音响、摄像头、智慧灯杆、无线接入点等）。

室外给水、室外污水、室外雨水、室外消防、室外热力、室外燃气等管道及管件；附属构件（如检查井、阀门井、水表井、水泵接合器井、污水提升井、隔油池、蓄水池、雨水箅子等）；管道附件（如阀门、计量设备）；设备（如室外消火栓、水泵接合器、各类水泵等）。

（9）景观：

场地模型、地形地貌、植被、水体、铺地和景观小品。

高低压电力系统管线及其附属构件（如电力井等）。

弱电系统管线及其附属构件（如弱电井、手孔井等）。

室外给水、室外污水、室外雨水、室外消防、室外热力、室外燃气等管道及管件；附属构件（如检查井、阀门井、水表井、水泵接合器井、污水提升井、隔油池、蓄水池、雨水箅子等）。

2. BIM模型配色标准

1）建筑专业颜色规定

图纸已经明确的构件外观颜色按照图纸要求进行建模。

2）结构专业颜色规定

系统中已有材质按照Revit软件系统默认色彩。

3）暖通、给水排水、电气专业颜色规定

各专业系统颜色编号见表8~表11。

表8　暖通风系统颜色编号表

序　　号	系统名称	颜色编号（RGB）
1	排风	255，165，0
2	进风	0，255，255
3	新风	0，128，0
4	空调送风	255，255，0
5	回风	237，189，101
6	排烟	255，0，0
7	补风	195，230，255
8	加压	255，0，255
9	平时排风兼排烟	255，80，80
10	平时进风兼补风	0，191，255
11	事故排风	204，0，0
12	事故送风	0，120，0
13	平时兼事故排风	255，205，100
14	平时兼事故送风	0，205，180
15	人防排风	255，180，30
16	人防送风	0，255，0
17	排油烟	255，80，80
18	净化	128，64，0

表9　暖通水系统颜色编号表

序　　号	系统名称	颜色编号（RGB）
1	冷热水供水	0，128，255
2	冷热水回水	
3	冷水供水	0，0，255
4	冷水回水	
5	热水供水	0，255，255
6	热水回水	
7	空调机组供水	0，255，0
8	空调机组回水	
9	冷凝水	127，0，30
10	冷却水供水	102，204，255
11	冷却水回水	

序　　号	系统名称	颜色编号（RGB）
12	冷媒管	191，0，255
13	散热器采暖供水	200，200，0
14	散热器采暖回水	
15	地板采暖供水	255，255，0
16	地板采暖回水	

表10　给水排水系统颜色编号表

序　　号	系统名称	颜色编号（RGB）
1	室内消火栓	255，0，0
2	气体消防	255，0，0
3	消防水炮	255，0，0
4	自动喷水	255，0，255
5	消防转输给水管	255，128，0
6	中水	0，165，124
7	压力废水	255，191，0
8	压力污水	255，191，0
9	压力雨水	255，191，0
10	废水	255，191，127
11	污水	0，191，255
12	游泳池循环回水	191，0，255
13	游泳池循环给水	127，0，255
14	溢流管	255，128，255
15	热水回水	255，127，0
16	热水给水	255，127，0
17	厨房污水	0，191，255
18	给水	0，255，0
19	通气	0，127，255
20	雨水	255，255，0

表11　电气系统颜色编号表

序号	系统名称	颜色编号（RGB）
1	高压桥架	255，255，0
2	强电桥架（普通）	255，255，0
3	强电消防桥架	255，255，0
4	母线	255，255，0

序号	系统名称	颜色编号（RGB）
5	弱电桥架	0，0，255
6	综合布线桥架	0，153，255
7	有线电视桥架	0，204，255
8	安防桥架	0，255，255
9	广播桥架	102，153，255
10	建筑设备监控桥架	51，102，255
11	消防报警	255，0，0
12	消防联动	255，0，0

3. 各专业建模规定

各专业建模规定见表12。

表12 各专业建模规定

专业	构件	规　则
结构	整体规定	结构构件必须勾选"结构" ☑结构 ☑
	结构墙	结构墙按楼层分开建模，墙的标高为结构标高到结构标高
	结构柱	结构柱按楼层建模，柱的标高为结构标高到结构标高
	结构楼板	不同标高、不同板厚的楼板分开建模。楼板洞口采用"竖井或基于平面剪切洞口族"开洞，楼梯间也要开洞
	梁	降板区域的梁顶平板顶，升降板交接处的梁标高平高板顶，升降板的连接根据详图连接
	基础	基础板采用结构基础板建模 ▱ 结构基础楼板，条形基础采用基础梁建模，基础升降板的连接做法以详图为准
	基坑	集水坑、电梯基坑、扶梯基坑采用相应的族建模，确保基坑的尺寸正确
	排水沟	采用排水沟族进行放置
建筑	坡道	坡道采用坡道功能建模
	墙洞	墙洞采用窗洞族开洞，洞口尺寸和高度与图纸一致
	墙	墙分层建模，墙的底部标高为结构板顶，顶部标高为上部结构板底，升降板区域的墙标高随板
	门	门的类型以门窗表为准，类型名称以图纸命名为准，注意升降板区域门的标高是否正确
	窗	窗的类型以门窗表为准，类型名称以图纸命名为准，窗底标高需和图纸一致
	楼地面	楼地面的命名以做法表为准，需根据不同的材质分开建模　开洞采用"竖井"分开洞 建筑楼板不能勾"结构" ▱
	楼梯	楼梯梯段建筑面层和结构不分开建模，但结构梯段板厚度不同的梯段分开建模，确保梯段板的板厚与结构图一致，栏杆扶手的类型与图纸保持一致
	坡道	坡道建筑面层和结构分开建模，确保建筑面层厚度与图纸一致
	电梯	电梯按编号命名，电梯放在起始层，其他层只放电梯门
	屋顶	屋顶采用楼板功能建模，命名以做法表为准
	设备基础	设备基础采用楼板功能建模

专业	构件	规则
建筑	太阳能板	屋顶太阳能板采用相应的族放置
	玻璃隔断	玻璃隔断采用幕墙建模，分隔与图纸保持一致
	停车位	停车位需区分充电和普通车位，核查车位的布置是否合理。
	房间	房间边界线是建筑或结构墙的中心线，房间的高度为天花高度或净高规定高度，房间名称需和图纸保持一致，且属性值正确
	场地	根据场地竖向设计图进行场地模型创建，场地高程与图纸相符，道路、景观分隔与二维图纸一致
机电	风管	使用风管命令建模，选择相应尺寸、材质、系统类型。注意风管连接件及风管对齐方式：顶对齐、底对齐、中心对齐
	风管附件	添加附件时注意选择自适应族放置
	风口	放置风口时注意风口高度（固定高度或者风管上安装）
	水管	使用管道命令建模，选择相应管径、材质、系统类型，注意管道连接方式、坡度等
	水管附件	添加附件时注意选择自适应族放置
	末端设备	水管末端添加注意与建筑的相对关系，安装高度等
	机械设备	放置设备时注意结构基础位置，放置高度，相对应的设备尺寸、设备编号等相关参数的添加
	桥架	使用桥架命令绘制桥架，注意选择桥架尺寸、材质、类型、设备类型、对齐方式等
	强弱电箱柜	箱柜等设备放置需注意添加箱柜编号、安装高度、明装暗装等
	强弱电末端点位	放置末端点位时注意点位的安装高度，是否附着于楼板或天花板，明装暗装等
外立面	幕墙	幕墙的分格与幕墙图纸保持一致
其他		所有构件必须有材质，不同的材质必须采用不同的材质名称，且勾选使用渲染外观，且不同专业不同类型的材质要做严格区分，以专业代码进行命名如：A-保温，A-石材，S-混凝土等
		构件不能有重叠，不能出现重面
		装饰墙面不能勾选房间边界
		必须使用项目样板的族或项目族库的族，不能私自载入其他族 族和材质的添加由专业负责人统一添加
		材质路径 C:\Program Files (x86)\Common Files\Autodesk Shared\Materials\Textures

4. 模型相交扣减规定

Revit 土建模型构件相交存在以下两种情况：

（1）同类型构件相交，构件之间无间隙。

（2）不同类型构件相交，建模时注意构件优先级划分。以下为 Revit 土建模型构件优先级（表13）和相交扣减规则（表14、表15）。

表13 Revit土建模型构件优先级

构　　件	优先级
基础	1
结构柱	2
结构墙	3
结构梁	4
结构板	5
建筑墙	6
楼地面面层	7

表14 同类型构件相交

构件	错误（×）		正确（√）	
结构墙	存在间隙	相互重叠	无间隙	任意结构墙被扣减
结构梁	存在间隙	相互重叠	无间隙	截面一致时任意结构墙被扣减，截面不一致时小截面被扣减

表15 不同类型构件相交

构件	相交构件	错误（×）	正确（√）
结构墙	结构板	墙被板扣减	板被结构墙扣减
	结构柱	柱被墙扣减	墙被柱扣减
	结构梁（垂直于结构墙）	墙被梁扣减	梁被墙扣减
	结构梁（平行于结构墙）	梁被墙扣减	墙被梁扣减

构件	相交构件	错误（×）		正确（√）
结构墙	建筑墙	结构墙被建筑墙扣减		建筑墙被结构墙扣减
结构板	结构柱	柱被板扣减		板被柱扣减
	结构梁	梁被板扣减		板被梁扣减
	建筑墙	结构板被建筑墙扣减		墙被板扣减
结构柱	结构梁	柱子被梁扣减		梁被柱子扣减
	建筑墙	柱被墙扣减		墙被柱子扣减
结构梁	建筑墙（平行于结构梁）	重叠	墙扣减梁	墙被梁扣减
	建筑墙（垂直于结构梁）	重叠	墙扣减梁	墙被梁扣减

5. 项目成果及文件存档

设立专人负责管理文件资料，以确保资料管理工作的规范化和标准化。每周对资料进行监督和检查，确保资料达到标准化、制度化和规范化的要求。这种管理方式可以有效地确保资料的质量和完整性，提高资料的可查找性和可利用性。

为了更好地管理资料，按照已有的分类文件夹上传至相应的资料文件，这样可以方便地按照类别查找资料。文件名称符合项目的相应标准，不得随意命名，这样可以确保文件名的规范性和易用性。通过这种方式，可以有效地提高资料管理工作的效率和准确性，为公司的发展提供有力的支持。项目文件夹分类及命名见图7。

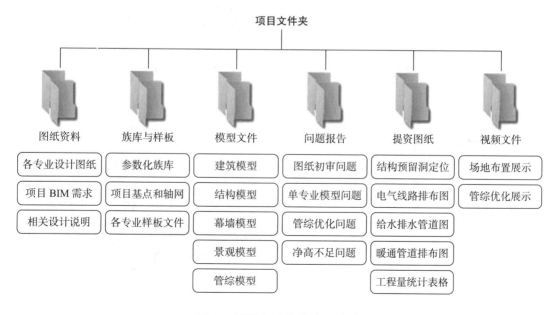

图7 项目文件夹分类及命名

（二）BIM模型创建

根据建设单位提供的项目施工图纸，BIM项目组建立涵盖建筑、结构、机电各专业的标准BIM模型。这些模型严格按照统一的标准要求进行构建，确保满足所有相关标准和规定。

建立模型时，项目组真实表达材质和完整性，高精度呈现外部和内部。针对复杂节点，建立详细模型以便更好地理解设计。在满足图纸要求的前提下，通过三维模型直观展示BIM成果，清晰准确地呈现地下管道、通风系统和其他复杂的建筑结构。对地面标识和构件进行准确建模，确保模型中的每个元素与实际建筑一致。BIM项目组深入解读和分析施工图纸，将所有细节融入模型中，包括建筑结构、机电设备安装、管道布局和装饰细节，以精细的模型形式呈现（图8~图13）。在模型中能够看到所有的施工细节，从而更好地理解项目的整体情况及要求。为使用人员提供全面、准确、可靠的BIM数据支持和解决方案，提高效率和质量，同时降低项目成本和风险。

图8　单体住宅建筑模型

图9　单体住宅结构模型

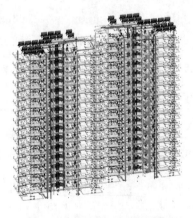

图10　单体住宅结构模型

图11　项目整体建筑模型

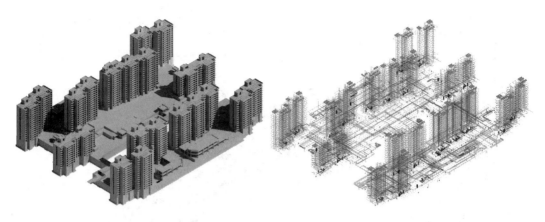

图12　项目整体结构模型　　　　图13　项目整体机电模型

（三）BIM机电管综优化调整

依据相关国标规范及地方规范，综合解决各专业工程技术管线布置及其碰撞问题，从全面出发，使各专业管线布置合理、经济，将机电管线布置在管线综合平面图上。根据各专业管线的介质、特点和不同的要求，合理安排各种管线敷设顺序。利用BIM模型（图14、图15）检测出各专业碰撞，实时调整。

1. 确定管线布置优化原则

（1）大管优先，因小管道造价低易安装，且大截面、大直径的管道，如空调通风管道、排水管道、排烟管道等占据的空间较大，在平面图中先做布置。

（2）临时管线避让长久管线。

（3）有压让无压是指有压管道和无压管道。无压管道，如生活污水、粪便污水排水管、雨排水管、冷凝水排水管都是靠重力排水，因此，水平管段必须保持一定的坡度，是顺利排水的必要和充分条件，所以在与有压管道交叉时，有压管道避让。

（4）金属管避让非金属管。因为金属管较容易弯曲、切割和连接。

（5）电气避热避水在热水管道上方及水管的垂直下方不宜布置电气线路。

（6）消防水管避让冷冻水管（同管径）。因为冷冻水管有保温，则有利于工艺和造价。

（7）低压管避让高压管。因为高压管造价高。

（8）强弱电分设。由于弱电线路如电信、有线电视、计算机网络等建筑智能线路易受强电线路电磁场的干扰，因此强电线路与弱电线路不应敷设在同一个电缆槽内，而且保留一定距离。

（9）附件少的管道避让附件多的管道，这样有利于施工和检修、更换管件。各种管线在同一处布置时，尽可能做到呈直线、互相平行、不交错，还要考虑预留出施工安装、维修更换的操作距离、设置支、柱、吊架的空间等。

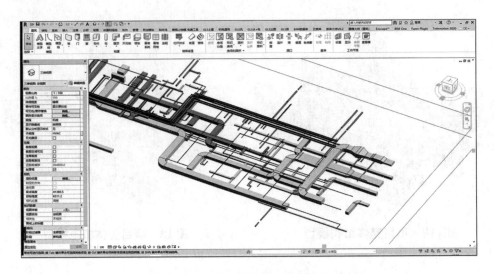

图14　机电模型三维视图

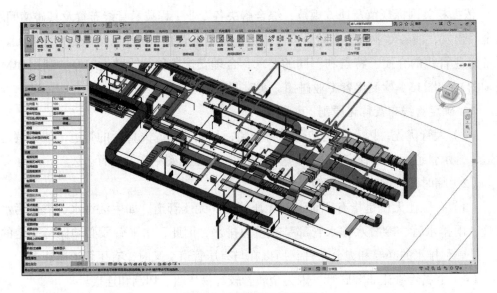

图15　主模型三维视图

2．综合管线的排布方法

（1）定位排水管（无压管）。排水管为无压管，不能上下翻转，要保持直线，满足坡度。将其起点（最高点）尽量贴梁底使其尽可能提高。沿坡度方向计算其沿程关键点的标高直至接入立管处。

（2）定位风管（大管）。因为各类暖通空调的风管尺寸比较大，要求具备较大的施工空间，所以接下来定位各类风管的位置。风管上方有排水管的，安装在排水管之下；风管上方没有排水管的，尽量贴梁底安装，以保证天花高度整体地提高。风管碰撞测试见图16。

（3）确定了无压管和大管的位置后，余下的就是各类有压水管，桥架等管道。此类管道一般可以翻转弯曲，路由布置较灵活。此外，在各类管道沿墙排列时注意以下方面：保温管靠里非保温管靠外；金属管道靠里非金属管道靠外；大管靠里小管靠外；

支管少、检修少的管道靠里，支管多、检修多的管道靠外。管道并排排列时注意管道之间的间距。一方面要保证同一高度上尽可能排列更多的管道，以节省层高；另一方面要保证管道之间留有检修的空间。管道距墙、柱及管道之间的净间距不小于100mm。管线优化布置后情况见图17。

图16　风管碰撞测试

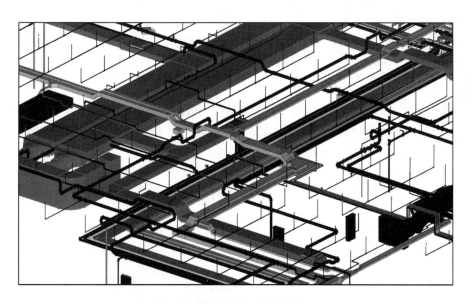

图17　管线优化布置后情况

（四）BIM模型工程量统计

在终版BIM模型的基础上，对各专业构件进行工程量的精确计算与统计。为项目成本管理提供客观、可靠的基础数据，以确保对项目成本的合理把控。

1. 工程量统计实施流程

工程量统计实施流程见图18。

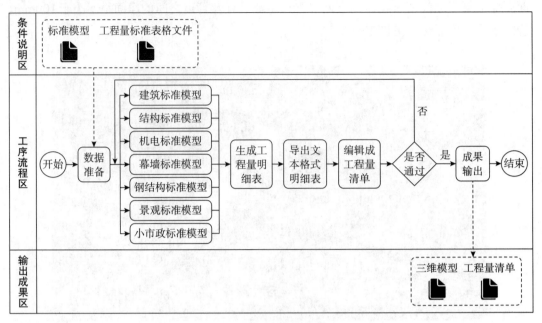

图18 工程量统计实施流程

2. 工程量统计实施

1）实施前准备

施工标准模型、工程量标准表格文件、工程量提取要求文件（例如：按施工流水段分层提取）

2）工程量统计

在Revit软件中打开各专业施工标准模型，利用明细表功能自动提取工程量明细，导出文本格式工程量明细表，将数据粘贴到工程量标准表格中编辑成初步成果。审核不符合要求返回模型中调整，符合要求输出成果。

3）成果输出

主要成果文件：终版三维模型（图19）、工程量清单（图20）。

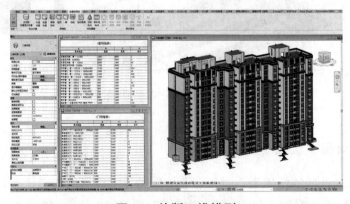

图19 终版三维模型

管道明细表			管道明细表			管件明细表	
系统类型	直径(φ)	长度（m）	系统类型	直径(φ)	长度（m）	族与类型	系统类型
F_废水系统	100 mm	37.00 m	F_废水系统	100 mm	109.41 m	三通_PVC:塑料管件_顺水三通	F_废水系统
J1_中区给水系统	50 mm	220.41 m	J1_中区给水系统	50 mm	441.31 m	变径-螺纹:标准	J1_中区给水系统
J1_中区给水系统	65 mm	1.55 m	J1_中区给水系统	65 mm	183.42 m	变径-螺纹:标准	J2_高区给水系统
J1_中区给水系统	100 mm	86.92 m	J1_中区给水系统	80 mm	12.47 m	变径-螺纹:标准	Z1_中区中水系统
J1_中区给水系统	150 mm	175.87 m	J1_中区给水系统	100 mm	157.72 m	变径-螺纹:标准	Z2_高区中水系统
J2_高区给水系统	50 mm	223.28 m	J2_高区给水系统	50 mm	328.61 m	变径-螺纹:标准	Z_中水系统
J2_高区给水系统	65 mm	1.47 m	J2_高区给水系统	65 mm	142.27 m	变径-螺纹:标准	ZP_自动喷淋系统
J2_高区给水系统	100 mm	265.77 m	J2_高区给水系统	80 mm	157.87 m	变径-螺纹:标准	ZYH_直饮回水系统
J_给水系统	32 mm	233.10 m	J2_高区给水系统	100 mm	12.93 m	变径-螺纹:标准	ZYJ_直饮给水系统
J_给水系统	50 mm	51.70 m	J_给水系统	32 mm	233.10 m	变径-螺纹:标准	ZYJG_高区直饮给水系统
T_通气系统	100 mm	7.40 m	J_给水系统	40 mm	53.95 m	变径-螺纹:标准	X_消防系统
W_污水系统	100 mm	11.10 m	J_给水系统	80 mm	120.96 m	变径-卡箍:标准	ZP_自动喷淋系统
X_消防系统	65 mm	251.30 m	T_通气系统	100 mm	138.05 m	变径-卡箍:标准	X_消防系统
X_消防系统	100 mm	330.45 m	W_污水系统	100 mm	26.60 m	变径_丝扣:玛钢件_变径	F_废水系统
X_消防系统	150 mm	678.25 m	X_消防系统	65 mm	303.80 m	变径三通-螺纹:标准	J1_中区给水系统
YF_压力废水系统	100 mm	150.93 m	X_消防系统	100 mm	835.51 m	变径三通-螺纹:标准	J2_高区给水系统
YW_压力污水系统	100 mm	7.40 m	X_消防系统	150 mm	974.15 m	变径三通-螺纹:标准	J_给水系统
Z1_中区中水系统	25 mm	95.99 m	YF_压力污水系统	100 mm	287.91 m	变径三通-螺纹:标准	Z1_中区中水系统
Z1_中区中水系统	32 mm	110.55 m	YW_压力污水系统	100 mm	26.60 m	变径三通-螺纹:标准	Z2_高区中水系统
Z1_中区中水系统	50 mm	204.69 m	Z1_中区中水系统	50 mm	479.45 m	变径三通-螺纹:标准	Z_中水系统
Z2_高区中水系统	50 mm	591.22 m	Z1_中区中水系统	65 mm	124.48 m	变径三通-螺纹:标准	ZYH_直饮回水系统
Z2_高区中水系统	65 mm	29.16 m	Z1_中区中水系统	80 mm	21.09 m	变径三通-螺纹:标准	ZYHG_高区直饮回水系统
Z2_高区中水系统	100 mm	488.41 m	Z1_中区中水系统	100 mm	156.93 m	变径三通-螺纹:标准	ZYJG_直饮给水系统
Z_中水系统	50 mm	234.24 m	Z2_高区中水系统	50 mm	358.61 m	变径三通-螺纹:标准	ZYJG_直饮给水系统
Z_中水系统	80 mm	41.48 m	Z2_高区中水系统	65 mm	22.86 m	变径三通_丝扣:玛钢件_变径三通	Z1_中区中水系统
ZP_自动喷淋系统	20 mm	74.37 m	Z2_高区中水系统	80 mm	45.87 m	变径三通-卡箍:沟槽件_变径三通	Z2_高区中水系统
ZP_自动喷淋系统	25 mm	2769.04 m	Z2_高区中水系统	100 mm	157.28 m	变径三通-卡箍:沟槽件_变径三通	Z_中水系统
ZP_自动喷淋系统	32 mm	1008.92 m	Z_中水系统	25 mm	176.18 m	变径三通-卡箍:沟槽件_变径三通	X_消防系统
ZP_自动喷淋系统	40 mm	662.29 m	Z_中水系统	32 mm	102.84 m	变径三通-卡箍:沟槽件_变径三通	Z1_中区中水系统
ZP_自动喷淋系统	50 mm	306.65 m	Z_中水系统	50 mm	312.26 m	变径三通-卡箍:沟槽件_变径三通	Z2_高区中水系统
ZP_自动喷淋系统	65 mm	179.76 m	Z_中水系统	65 mm	119.74 m	变径三通-卡箍:沟槽件_变径三通	ZP_自动喷淋系统
ZP_自动喷淋系统	80 mm	59.23 m	Z_中水系统	80 mm	78.10 m	变径三通-卡箍:沟槽件_变径三通	ZYJ_直饮给水系统
ZP_自动喷淋系统	100 mm	49.17 m	ZP_自动喷淋系统	15 mm	1.82 m	变径三通-卡箍:沟槽件_变径三通	ZYJ_直饮给水系统
ZP_自动喷淋系统	150 mm	1368.60 m					

图20　工程量清单

（五）基于BIM技术的工程量清单审核

将BIM模型工程清单输入到已编制完成的清单中进行图量与模型量的对比（图21），对工程量清单进行全面、准确、高效地审核。

分部分项工程和单价措施项目清单与计价表

工程名称：人防车库建筑工程　　　　　　　　　　　　　　　　　　　　　　第 1 页 共 1 页

序号	子目编码	子目名称	子目特征描述	计量单位	BIM工程量	工程量	金额（元）		
							综合单价	合价	其中 暂估价
8	010402001001	砌块墙	砌块墙 1、砌块品种、规格、强度等级：蒸压加气混凝土砌块 2、厚度：各种厚度 3、砂浆强度等级：详见设计并满足规范要求 4、其他：符合相关规范要求	m³	537.56	540.84			
15	010501001001	垫层	垫层 1、混凝土种类：商品混凝土 2、混凝土强度等级：C15	m³	3360.15	0.00			
	010501004002	筏板基础	筏板基础(含集水坑、柱墩、基础梁、坡道底板等) 1、混凝土种类：商品混凝土 2、混凝土强度等级：C35,抗渗等级≥P6	m³	25703.31				
31	010502001011	矩形柱	矩形柱 1、混凝土种类:商品混凝土 2、混凝土强度等级:C50	m³	1140.62	1004.60			
38	010503002004	矩形梁	矩形梁 1、混凝土种类:商品混凝土 2、混凝土强度等级:C35	m³	1394.32	0.00			
	010504001019	挡土墙	挡土墙 1、混凝土种类:商品混凝土 2、混凝土强度等级:C35,抗渗等级≥P6	m³	978.98				
	010504001024	直形墙	直形墙 1、混凝土种类:商品混凝土 2、混凝土强度等级:C35	m³	2098.91				

图21　工程量对比示例

（六）基于BIM技术的变更审核

按照变更的要求将模型进行调整更新（图22），自动计算变更的工程量（图23），并进一步的手动调整，再通过变更前后的模型对比（图24），更加清晰地了解变更的具体内容和影响范围。

通过变更前后模型之间的差异对比，来检查变更是否按照预期进行，以及变更对项目整体造价的影响。

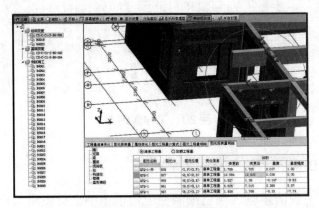

图22　按变更调整模型

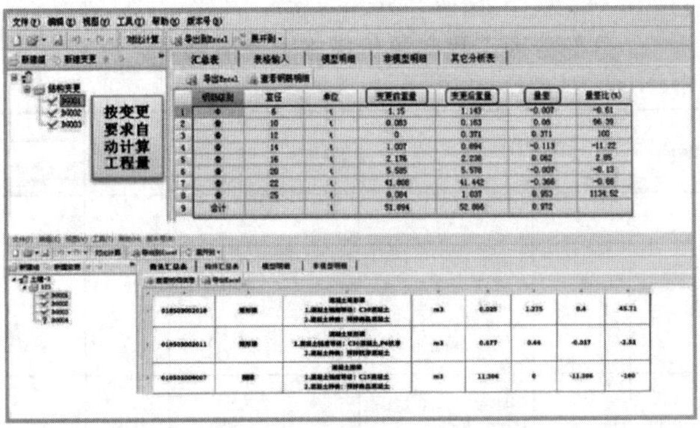

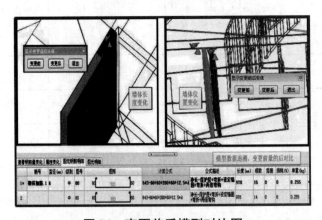

图23　自动计算工程量

図24　变更前后模型对比图

（七）基于BIM技术的签证索赔审核

在签证内容审核过程中，通过将模型与现场实际情况进行对比分析，更为精确地掌握实际偏差情况，从而确认签证内容的合理性。

在BIM 5D软件中，通过导入相关数据，将模型与现场实际情况进行高度匹配。一旦发现偏差，通过软件中的标注功能，明确指出问题所在，为签证内容审核提供有力支持。

通过软件内置的数据库，对签证内容进行全面、深入地分析。例如，根据实际偏差情况，对签证内容进行分类、整理和归纳，确保签证内容更加准确、完整。

在签证内容审核过程中，在软件协同的功能下邀请相关部门共同参与，共同探讨签证内容的合理性。通过多方协作，确保签证内容更加严谨、可靠。

（八）基于BIM技术的进度款审核

在项目启动阶段，我们将BIM造价模型与进度计划进行联动，形成5D的BIM模型，以便实时跟踪和监控项目的进展情况。同时，利用BIM模型的参数化特性，根据现场实际进度，对与模型相关的进度计划进行不断调整，真实反映实际施工进度，并确保实际施工进度与模拟进度保持一致。

在进行进度款审核时，利用BIM模型的可视化特性，将阶段进度模型与施工管理平台中的视频监控图像进行对比，确保工作部位范围准确。然后，利用BIM模型的对其工作部位精确计量，确保实际完成的工程量与进度款申报的工程量完全相符。最后，利用BIM的协同工作能力，我们邀请相关人员进行共同审核，以此减少审核步骤，节约审核时间。

（九）基于BIM技术的竣工结算

自项目之初，我们建立了一套BIM模型。模型不仅包含了建筑设计的一切信息，如几何形态、材料特性、机电系统等，而且还涵盖了施工过程的相关数据。在项目的进行过程中，持续更新并维护BIM模型，以确保其与实际的施工进度和现场情况保持同步。任何工程变更、签证的项目的变化都会被及时反映在模型中，并最终形成竣工模型。竣工模型不仅详细记录了项目的所有变化，而且经过多方审核，可确保数据的准确性。

在竣工结算阶段，我们先对BIM竣工模型进行多方审核，包括设计方、施工方、监理方和建设单位等，以确保所有信息准确无误。一旦审核通过并取得各方的确认，我们便能利用模型提取工程量，生成详细的工程清单。

这份清单作为竣工结算的依据，不仅提高了结算的效率和准确性，也避免了因数据不准确或理解歧义而引起的纠纷。

（十）BIM模型的更新与维护

在项目进行的过程中，BIM模型的创建和维护工作是非常重要的。随着项目的进展，BIM模型必须不断地进行更新和维护，以确保其准确性和完整性。

1. 更新维护的主要内容

在BIM算量模型创建完成后，随着项目的进展，我们不断地进行模型的更新和维护工作。这些工作包括：

（1）模型审查和修正。在模型创建完成后，我们对模型进行审查和修正，以确保模型的准确性和完整性。我们检查模型的几何形状、尺寸、材料属性等信息是否与实际情况一致。

（2）变更管理。在项目进行中，可能出现一些变更，例如设计变更、施工变更等。我们及时对模型进行更新，以确保模型与实际项目进展保持一致。

（3）版本控制。随着项目的进展，我们对模型进行版本控制，以确保不同阶段的数据能够得到有效的管理和更新。

（4）数据导入导出。在模型创建完成后，我们将模型数据导入到相应的软件中进行计算和分析，例如工程量计算、成本估算等。同时，我们还将模型数据导出到其他应用程序中，例如施工模拟软件、质量管理软件等。

2. 更新维护的注意事项

在BIM算量模型的更新和维护过程中，特别要注意以下几点：

（1）及时性。模型的更新和维护工作必须及时进行，以确保模型的准确性和完整性。

（2）准确性。模型的更新和维护工作必须准确无误地进行，避免出现错误或遗漏。

（3）标准化。模型的更新和维护工作必须遵循相应的标准规范，以确保不同阶段的数据能够得到有效的管理和更新。

（4）可追溯性。模型的更新和维护工作确保可追溯，以便于对历史数据进行查询和分析。

IV 数字化应用成效

一、应用成效

（一）BIM技术有效提升造价控制能力

1. 提高效率

BIM技术可以快速准确地计算出建筑物的工程量和成本信息，提高了造价工程师的工作效率。同时，基于BIM技术的平台可以方便地进行信息共享和协同工作，保证了项目周期。

2. 提高精度

BIM技术通过建立三维模型进行建筑设计和造价管理，避免了传统手动计算可能出现的误差。同时，基于BIM技术的平台可以实现实时更新和数据共享，提高了数据的精度和一致性。

3. 提高透明度

基于BIM技术的平台可以方便地进行信息共享和协同工作，提高了招投标的透明度和公正性。同时，BIM模型还可以对建筑材料进行跟踪管理，减少了材料浪费和成本超支的可能性。

4. 提高可预测性

通过BIM技术在施工阶段的应用可以提前预测出可能出现的问题和成本风险并采取相应的措施进行防范。同时，基于BIM技术的平台可以方便地进行数据分析和预测从而更好地把握项目未来成本的发展趋势。

（二）BIM技术精准解决造价成本控制难点

（1）检查模型中的遗漏项或管路系统。这一点在机电工程的清单审核中尤为重要。通过BIM模型的详细检查，确保清单的完整性和准确性，避免因遗漏项目而导致的潜在损失。

（2）BIM模型算量与预算工程量进行校核检查。能够发现并纠正清单中可能存在的错误工程量计算，对错算的工程量进行复核和提供基础依据。这不仅可以纠正清单中的错误，还可以为项目提供更准确的基础数据，确保项目的正确实施。

（3）基于准确的工程量计算，BIM模型算量还可以提供项目成本估算的基础数据。我们更精确地估算项目的成本，从而更好地规划和控制项目的投资。

（4）通过采用BIM技术实施统一的协同管理，各深化设计方得以显著降低沟通成本，并提高工作效率。借助BIM技术的三维可视化特性，能够创造更为有效的沟通条件。这种沟通方式，使各方能够更加清晰、直观地理解对方的设计思路和意图，从而避免因误解或沟通不畅导致的多次反复沟通。有助于加强各方的合作关系，促进信息的共享和传递，确保项目的顺利进行。

（三）BIM技术在本项目造价控制中实现的经济效益显著

在设计过程中专业之间的碰撞有时并不违反相关专业的规范，因此在传统的二维图设计当中，单一的专业校审很难发现问题。而通过BIM的三维校对，在设计过程当中隐藏的碰撞和冲突都能被及时发现。

我们应用BIM技术，通过碰撞检查，净高分析，管线综合等技术手段，解决了项目中存在的错、漏、碰等问题。同时通过净高分析和跨专业的整合、优化满足了设计的净高及全专业的整体功能要求，并形成了由建设单位和设计单位共同认可的最终成果。

运用BIM技术，大幅提高了我们审图的速度和精度，避免了后期可能的变更和返工。可量化的效益统计如下：

1. 土建专业经济效益计算

土建专业经济效益计算见表16。

表16 土建专业经济效益计算表

问题描述	数量/处	体积/m³	预估综合单价/元	费用合计/元
结构剪力柱平面与详图尺寸不一致	2 060	318		540 600
结构梁截面变化	20	1.84		3 128
空间区域划分不一致	50	37		62 900
门窗位置不一致	30	5		8 500
结构板洞位置偏差	35	2	1 700	3 400
结构墙预留洞变化	230	120		204 000
楼板及垫层厚度不一致	10	80		136 000
集水坑位置不一致	3	25		42 500
风井预留空间不足	20	4		6 800
合　　计				1 007 828
费用包含	材料增加或减少； 人工增加或减少； 工期节约时间； 模板及工器具； 安全文明及税金等； 混凝土结构拆改（如发生，费用另计）； 浇筑工、钢筋工等人工； 垃圾清运（如发生，费用另计）； 拆改及新砌筑周边墙体补砌（如发生，费用另计）；混凝土施工（包含：混凝土、钢筋、模具支护）			

2. 机电专业经济效益计算

机电专业经济效益计算见表17。

表17 机电专业经济效益计算表

问题描述	数量	预估综合单价/元	总费用合计/元
桥架改变路由	约1 260m	432	544 320
9#楼地下给水立管位置不一致	约650m	379.3	246 545
消火栓位置变化	12个	9 197.4	110 368.8
地库卷帘盒影响管道布置	3套	5 000	15 000
阀门、管件位置调整	70套	210	14 700
水井管道位置变化、立管排布改变	约3 600m	379.3	1 365 480
排水管出户位置改变	约1 750m	434.3	760 025
采暖立管管井排布变化	约1 500m	614.65	921 975
暖通风管、排烟管道路由变化	约200m	1 560	312 000

问题描述	数量	预估综合单价/元	总费用合计/元
供水管道路由变化	约2 300m	379.3	872 390
合　计			5 162 803.8
费用 包含	材料增加或减少； 人工增加或减少； 工期节约时间； 模板及工器具费用； 安全文明及税金等费 风管、排烟管等通风管道材料、阀门配件及支吊架； 给水排水管道、配件阀门及支吊架； 电气桥架、配件及支吊架； 脚手架、模板支护及其他工器具使用； 桥架（包含桥架、配管、配线及安全文明及税金）； 水管（包含复合管、支架、套管、阀部件、保温、保护层及安全文明及税金）； 风管及排烟（包含风管、阀部件、刷漆、脚手架及安全文明及税金）			

（四）BIM技术有效提升参建各方协同能力，实现项目整体降本增效

（1）BIM技术的应用，使各参建单位之协同工作能力显著提升，有效改善了各单位间沟通，避免了信息孤岛和重复工作，整体效率得以提高。建设单位满意度也因此得到大幅提高，更好地享受项目带来的成果和服务。

（2）BIM技术的应用，使项目部人员的综合能力、业务水平和工作效率得到大幅提高。提供更全面、精准的培训和支持，帮助项目部人员更好地掌握相关技能和知识，提高了他们的工作能力和效率。

（3）BIM技术的应用，使企业的数字化服务能力得到全面提升。提供更智能化、高效化、个性化的服务，帮助企业更好地满足客户需求，提高了企业的竞争力和市场占有率。

（4）BIM技术通过自动化和智能化处理，大幅减少人力成本，为企业节约大量资源。同时，数字化的应用也使得项目管理更加规范化、透明化，有效避免腐败和不正当行为的发生，提高了企业的廉洁度和公信力。

二、经验启示

（一）BIM技术赋能工程造价咨询服务

1. 提高工程量计算的效率

运用BIM的自动化算量方法将造价工程师从繁重的机械劳动中解放出来，节省更多的时间和精力用于更有价值的工作，如询价、评估风险，并可以利用节约的时间编制更精确的预算。

2．提高工程量计算的准确性

BIM模型是一种储存项目构件信息的数据库，可为造价人员提供编制所需的构件信息，极大地减少了根据图纸进行人工识别的工作量，同时降低了可能出现的错误，使数据更客观。

3．提高工程造价分析能力

在传统的工程环境下，造价分析是利用多算对比来发现、分析和纠正问题，以降低工程费用。多算对比通常涉及三个维度：时间、工序和空间。然而，如果仅从时间工程一个维度进行分析，可能会遗漏一些重要问题。BIM模型的丰富参数信息和多维度的业务信息可以为不同阶段和不同业务的成本分析、控制提供有力支持。

4．BIM实现了造价过程动态管理

（1）交易阶段：根据BIM模型可以编制准确的工程量清单，达到清单不漏项、工程量不出错的目标。投标人根据BIM模型获取正确的工程量、与招标文件的工程量清单比较，可以制订更好的招标策略。

（2）施工阶段：BIM模型记录了各种变更信息，并通过BIM模型记录了各个变更版本，为审批变更和计算变更工程量提供基础数据。结合施工进度数据，按施工进度提取工程量，为支付申请提供工程量数据。

（3）结算阶段：BIM模型已经与工程的实体一致。为结算提供了准确的结算工程量数据。

5．基于BIM的进度计量和支付

在传统的造价模式下，建筑信息都是基于2D-CAD图纸建立的工程进度、预算、变更基础数据，分在预算等不同管理人员手中，在进度款申请时难以形成数据的统一和对接，导致工程进度计量工作难以及时准确，工程进度款的申请和支付结算工作也较为烦琐，致使工作量加大而影响其他管理工作的时间投入。正因如此，当前的工程进度款估算粗略成为常态，最终导致超付，甲乙双方经常很多时间在进度款争议中，并因此增加项目管理风险。BIM技术的推广和应用在进度计量和支付方面为我们带来了便利。BIM 5D可以将时间与模型进行关联，根据所涉的时间段，如月度、季度，软件可以自动统计该时间段内容的工程量汇总，并形成进度造价文件为工程进度计量和支付工程款提供技术支持。

6．基于BIM的工程变更审核

利用BIM技术可以最大限度地减少设计变更，并在设计阶段、施工阶段等各个阶段，以及各参建方共同参与的情况下，进行多次三维碰撞检查和图纸审核，以尽可能从变更产生的源头减少变更。在图纸变更与模型关联后，如需修改构件界面或构件信息，系统可自动生成量表，也可手动调整。

7．基于BIM的签证索赔审核

在工程建设中，只有规范并加强现场签证的管理，采取事前控制的手段并提高现场签证的质量，才能有效地降低实施阶段的工程造价，保证建设单位的资金得以高效地利用，发挥最大的投资效益。对于签证内容的审核，可以利用在BIM 5D软件中实现模

型与现场实际情况进行对比分析，通过虚拟三维的模拟掌握实际偏差情况，从而确认签证内容的合理性。

8. 基于BIM的多算对比分析

造价管理中的多算对比对于及时发现问题并纠偏，降低工程费用至关重要。多算对比通常从时间、工序、空间三个维度进行分析对比，只分析一个维度可能发现不了问题。这就要求我们不仅能分析一个时间段的费用，还要能够将项目实际发生的成本拆分到每个工序中。又因为项目经常按施工段区域划分施工或分包，这又要求我们能够按空间区域或流水段统计、分析相关成本要素。从这三个维度进行统计及分析成本情况，要拆分、汇总大量实物消耗量和造价数据，仅靠造价人员人工计算是难以完成的。

9. BIM在工程竣工结算中的应用

结算工作中涉及的造价管理过程的资料体量极大，结算工作中往往由于单据的不完整造成不必要的工作量。传统的结算工作依靠手工或电子表格辅助，效率低费时多、数据修改不便。在甲乙双方对施工合同及现场签证等产生理解不一致，以及一些高估冒算的现象和工程造价人员业务水平参差不齐，以致结算"失真"。因此，通过使用BIM技术改进工程量计算方法和结算资料的完整和规范性，提高了结算质量，加快结算速度，减轻结算人员的工作量，增强审核、审定透明度。

（二）数字化应用前景广阔

数字化技术以其独特的优势，正在快速地改变我们的工作模式和商业模式。能够帮助我们更高效地完成任务，提供更深入的数据洞察，使我们更好地理解客户需求，优化业务流程，提高产品质量，并降低成本。

在如今这个高度竞争的商业环境中，企业需要具备快速应对市场变化和竞争挑战的能力。数字化技术有助于企业快速收集、处理和分析数据，提供实时的市场信息和趋势预测，使企业能够及时调整策略，适应市场变化。

同时，数字化技术也极大地提高了企业的生产力和工作效率。通过自动化和智能化的工具，企业能够快速完成大量烦琐的任务，减少人工错误，提高工作效率。此外，数字化技术还有助于企业优化工作流程，减少不必要的环节，进一步提高工作效率。

此外，数字化技术还为企业打开了新的合作机会。通过数字化的平台和工具，企业可以与全球各地的供应商、客户、政府部门和其他利益相关者建立紧密的联系。这种跨地域的协作和沟通可以带来更高效的业务运作和更好的商业成果。

更为重要的是，数字化技术改变了企业与客户的交互方式。通过收集和分析客户数据，企业可以深入了解客户的行为和偏好，提供更加个性化的产品和服务。这种以客户为中心的思维方式不仅能提高客户满意度和忠诚度，而且能帮助企业优化产品和服务，提高市场占有率和竞争力。

数字化技术为企业带来了无限的可能性和机会。通过应用数字化技术，企业可以提高工作效率和生产力，增强灵活性和适应性，促进协作和沟通，充分地了解和分析客户需求，从而取得更好的业务成果和发展。

该项目为安置房工程，建筑面积18万m²，涉及大量居民安置问题，工期不容延缓，造价需精准控制，在这种背景下，造价咨询单位选择应用BIM技术进行该项目投资控制工作，包括招标交易阶段、施工阶段及竣工结算，专业涵盖建筑、结构、暖通、给水排水、电气、智能化、总图、景观、室内及轴网，创建结构模型、建筑模型、机电模型、机电管线综合深化，通过BIM技术完成工程量统计、工程量清单审核、变更审核、签证审核、进度款审核、竣工结算等工作，以及进行BIM模型的更新与维护工作。

该项目应用BIM技术基本解决了造价成本控制的难点，包括检查模型中的遗漏项或管路系统、BIM模型算量与预算工程量进行校核检查、提供项目成本估算基础数据、通过采用BIM技术实施统一的协同管理等工作，显著提高了工作效率。

BIM技术在本项目造价控制中实现的经济效益显著，有效提升参建各方协同能力，实现项目整体降本增效；BIM技术赋能工程造价管理工作，在保证工期的前提下，基本实现了精准控制的目标，社会影响较好。

指导及点评专家：李永洁　北京市市政工程设计研究总院有限公司

某风电项目智慧建造数字化成果案例

编写单位：中建一局集团安装工程有限公司
编写人员：霍　晓　刘哲宏　汤春晗　韩健全

I　项目基本情况

一、项目概况

（一）项目简介

某风电项目位于内蒙古自治区，风电项目场址范围总体呈不规则多边形，场地总体上西北高东南低，场址南北宽约7.0~11.0km，东西长约35.7km，面积约322km²，地形起伏高差较大，场区大部分地区海拔高程在1050~1180m，相对高差小于200m，总体属平缓的波状高平原丘陵。

风电场安装60台单机容量为5.0MW的风电机组，风机轮毂中心高度108m，总装机容量为300.0MW。风电场内新建1座220kV升压站，规模为1×300MV·A+1×200MV·A，项目信息见表1。

表1　项目信息表

序号	项　目	内　　容
1	建筑功能	风力发电
2	建筑面积	220kV升压站3000m²；风场场址南北宽约7.0~11.0km，东西长约35.7km，面积约322km²
3	建筑层数	升压站三层
4	合同工期	458天
5	质量目标	满足国家、行业及公司施工验收规范、标准及质量检验评定标准、质量管理标准化制度的要求；创北京市优质安装工程、争创国家级质量奖项

（二）施工范围

（1）风力发电场工程、升压站工程及储能工程的建筑、安装施工。

（2）项目的永久供水、供电、网络、通信、安防工程等施工辅助工程的勘测、设计，设备、材料采购及工程施工。

（3）设备单体调试、系统调试、定值计算、启动试运、性能试验及验收。

（4）设备监造、工程检查及试验、工程验收、工程保险、质量缺陷修补和质保期服务，以及提供备品备件、专用工具、消耗品和相关技术资料。

（5）完成工程相关的合规性手续办理、工程验收、质监验收、电网验收、入网手续及电价批复等工作并承担相关协调费用（发包人负责的合同费用不在总承包范围内）。

（6）项目永久征地手续及费用由发包人负责，项目检修道路、集电线路、施工作业平台永久及临时征占草原手续及费用由发包人负责，承包人负责开工后临建设施及临时征占草原手续、补偿费、植被恢复费及协调费等（发包人负责的征地费用不在总承包范围内）。

（7）全部工程的地基处理方案的设计、试桩、材料采购、施工、检测。

（8）以上工程范围不包含集控中心工程、220kV送出线路工程及对侧间隔的扩建工程。

二、工程的特点与难点

（一）工程特点

（1）本项目为大型风电场工程，位于内蒙古自治区，风机位置如图1。

（2）安装60台单机容量为5.0MW风电机组，总装机容量300MW，风电机组塔架高度约105m，吊装机舱重约113t，风机叶轮直径长约185m，扫风面积达到3个足球场大，安装起吊最大高度约110m。

（3）风电项目场址范围总体呈不规则多边形，场地总体上西北高东南低，场址南北宽约7.0~11.0km，东西长约35.7km，面积约322km²，地形起伏较大。

（4）每年可为电网提供清洁电能85.22×10⁴MW/h，与燃煤电厂相比每年可减少二

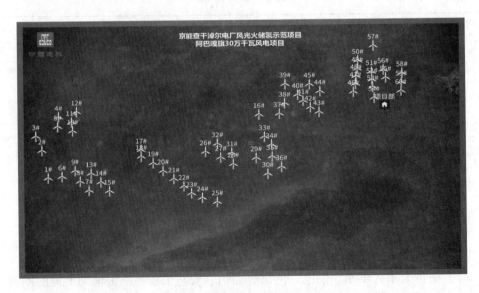

图1　项目风机位置图

氧化碳排放量约65.66万t，节能减排效果显著。

（二）工程难点

（1）风电场场地为牧场，场区面积大，风机点位分散，地形起伏较大，表层土为耕植土层，厚度0.3~1.2m不等，力学性能差，检修道路长90km，如何保证重载车辆通行是本工程的难点之一。

（2）建设工期约458天，有效施工期短，合同期内需要完成60台5.0MW风电机组及配套设施安装，1座200kV升压站，271km的35kV集电线路及90余km的场内道路，工程体量巨大，工期保障是本工程的重难点。

（3）风机基础钢筋设计复杂，锚栓安装精度要求高，单个基础钢筋用量达70余t。风机基础属于大体积混凝土浇筑施工，单个基础混凝土用量740m³，混凝土运输路线长，施工过程中混凝土浇筑、温控、抗裂措施方案是本工程的难点之一。

（4）本项目施工场地大，风电机组安装点位分散且机组安装位置高，施工安全风险大，分体式机舱吊装状态重约55t，传动链吊装状态重约75t，风轮吊装状态最大重115.5t，轮毂系统吊装状态重45t，顶段塔筒吊装状态重不大于50t，重型设备的吊装及施工全过程的安全保障工作是本项目的重难点。

（5）质量创优要求高，工程争创国家级质量奖项，对项目施工过程各维度管理提出更高要求。

II 项目数字化应用实施背景

一、项目数字化团队架构

为保障项目的数字化应用，在常规项目组织架构之外，具体岗位职责分工见表2。根据数字化应用需求，设立BIM小组、平台小组、硬件小组和过程实施团队，由项目经理牵头，设定专职人员进行数字化应用管理，数字化团队架构见图2。

表2　岗位职责分工表

岗位名称	职　　责
技术负责人	全面负责本项目BIM的管理工作，模型建立完善、深化设计、BIM运用协调分包管理，与业主、设计院、监理BIM团队对接沟通，全面管理BIM系统运用情况
BIM负责人	协助负责本项目BIM的管理工作，模型建立完善、深化设计、BIM运用协调分包管理，与业主、设计院、监理BIM团队对接沟通，全面管理BIM系统运用情况
质量总监	参与并配合，协助负责本项目BIM的管理工作，全面管理信息化检测及协同平台
安全总监	参与并配合BIM的管理工作，全面管理智慧化工地
技术部、商务部、质量部、安全部、机电部、物资部	参与并配合，协助负责本项目BIM的管理工作，模型建立完善、深化设计、BIM运用协调分包管理

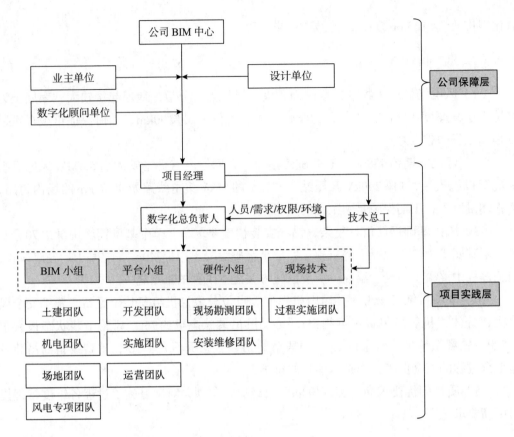

图2 数字化团队架构图

二、技术实施路径

从技术研究到方案制订，再到软硬件实施和开发，延续到全过程数据监测，设置了每个阶段主要实施内容和方向，技术实施路径见图3。

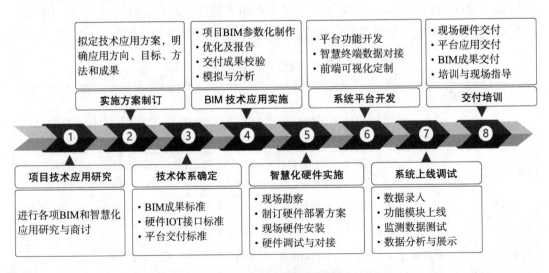

图3 技术实施路径图

三、实施环境

（一）软硬件配置

根据项目需求，软件分为 BIM 实施软件、可视化软件、平台类软件（图4），选用适配软件和数字化应用需求的硬件（表3）。

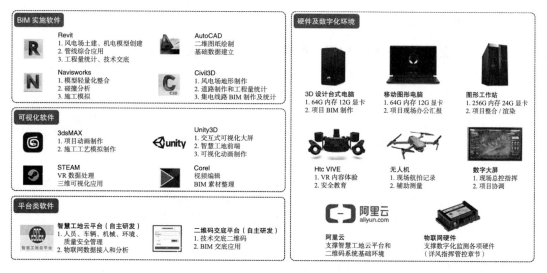

图4　软硬件配置示意图

表3　部分设备参数表

序号	设备/软件名称	型号	技术参数	单位	数量
1	BIM模型服务器	Dell (TM) Precision T7600 Chassis	英特尔®至强®处理器E5-2687W（8核，3.10GHz）； 32G DDR3 RDIMM Memory，1600MHz； 1TB 7200RPM 3.5′ SATA2 硬盘； 256GB SSD，三星固态硬盘； NVIDIA Quadro 4000［2 GB］； 双显示器/P2312H［23英寸宽屏LED背光液晶显示器］	台	2（其中1台为备份服务器）
2	BIM建模图形工作站	—	英特尔Core i7-2600（4核，3.40GHz）； 16G DDR3； NVIDIA GeForce GTX 550 Ti（GF116）； 128G SSD固态硬盘，500G SATA硬盘	台	10
3	BIM移动工作站	Dell M4800	英特尔®第4代酷睿i7处理器（8核，3.0GHz）；2×4GB 1600MHz DDR3LMemory，1600MHz； 1TB 7200RPM 3.5′ SATA2 硬盘； 256GB SSD，三星固态硬盘； 显示芯片：AMD FirePro M5100； 15.6英寸显示器； 鼠标，键盘	台	1

序号	设备/软件名称	型号	技术参数	单位	数量
4	BIM放样机器人	天宝	Trimble RTS771 BIM放样机器人	套	1
5	无人机	大疆	DJI Mavic 3	架	1

（二）BIM协作模式与工作流程

根据项目基础数据和BIM应用内容制订相应工作流程（图5）。

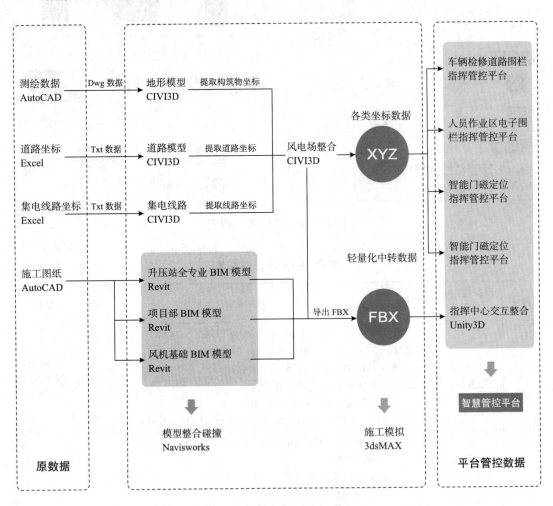

图5　BIM数据工作流程图

（三）智慧化管控平台架构

结合智慧工地管控模块，构建项目综合指挥中心，开展项目数据监测和项目管理，智慧化管控平台架构见图6。

图6 智慧化管控平台架构图

III 数字化应用及具体做法

一、应用概况

（一）需求与解决方案

结合本项目的重难点，针对实际应用需求进行分析并建立合理的解决方案（表4）。

表4 数字化应用与解决方案表

序号	需 求	解决方案
1	原地形复杂，如何保障运输	基于BIM+GIS的道路准确校核运输路径
	风机叶片等设备由于尺寸长度大，运输过程中需要保障合理的运输空间，如转弯半径、仰角要求等，避免运输损伤	在Civil3D建立准确的原始地形上建立道路模型，在三维中校核道路最小转弯半径和最小仰角检查和优化
2	线路敷设广，材料成本精准统计难	基于BIM+GIS的集电线路精准材料统计
	本项目集电线路敷设范围广，传统通过二维方式统计无法提考虑地形起伏因素，需要准确的根据现场状况统计集电线路敷设量，控制材料成本	在地形模型上根据集电线路的路径按照敷设规则（地面下700~1 000mm）建立集电线路模型，并统计出三维集电线路的准确净长度，为材料成本控制提供准确参考
3	作业区域广，实时管控困难	基于GIS+IOT的智慧管控
	本项目作业区域广东西向35km，南北向21km，路程90km，作业人员车辆分散，传统通过电话对讲等方式管控困难	通过安全帽定位、车辆定位设备，并结合精确的GIS作业区域设定（如人员作业范围、车辆路径界限等），精确获取"人机"实时作业点位，快速预警智慧管控

序号	需　　求	解决方案
4	作业环境多变,如何有效的安排施工	基于GIS+IOT的环境智慧管控
	本项目所在地环境风速多变,且因作业区域广,各风机作业区风速不定,传统依靠人现场判断工作量大,无法快速根据作业环境情况调整吊装计划	通过扬尘监测和风速监测,实时掌握现场各风机点位环境情况,每天可以快速获得所有点位的风速环境,实时动态优化风机吊装计划
5	风机施工严,如何保障风机基础和吊装作业质量安全	基于BIM+GIS+IOT的风机施工全过程应用
	现场环境条件多变,如何有效的保障风机基础施工、吊装施工作业质量、安全、进度	基于BIM的风机基础深化获得准确数据,利用实时混凝土监测控制基础施工质量;通过履带吊监测对风机吊装进行安全管控

(二)应用目标

1. 项目目标

创北京市优质安装工程、争创国家级质量奖项

2. 技术目标

1)基于BIM的施工深化应用

基于本项目的特点,针对风场检修道路、集电线路、综合楼等多项工程在施工图基础上进行深化和优化,为现场施工提供更准确、合理的数据和分析。

2)基于BIM的施工重难点指导

利用BIM的多专业协同特点,结合施工工艺进行各类工艺模拟,并结合二维码方式进行现场指导,提高现场施工质量。

3)平台化项目管控

搭建项目管控平台,实现多端(手机端、Web端等)协同,以及不同参建方的数据互通、资料互通、工作流程互通。

4)智慧化项目管控

通过各项无线智慧终端IOT设备(如人员定位、车辆定位、履带吊监测、风速环境监测、混凝土测温监测、扬尘监测、门磁监测等),结合BIM、GIS、平台和数据算法实现智能预警智慧决策管理。

二、数字化应用点

(一)应用点策划

BIM技术应用点策划见表5。

表5 BIM技术应用点策划表

应用阶段	序号	应用点内容	级别	评价标准
投标阶段	1	BIM技术投标方案、演示	I	响应招标文件的"BIM应用方案或演示"的相关章节编制技术标，进行投标方案演示
策划阶段	2	BIM实施方案	II	编制《BIM实施方案》，并经公司主管领导批准并备案。方案中应包含但不限于工程概况、重难点分析及解决方案、资源配置、应用目标、内容、标准、流程、实施计划及预估成果
	3	BIM培训	I	对实施团队分专业、分岗位进行培训，做到逢培必考。证明文件应包含培训签到表、照片及考试成绩单等
	4	项目级BIM模型样板文件	II	规范各专业样板文件的基础设置，应包括但不限于项目基点、单位、标高、轴网、线型、视图设置、材质等内容
	5	施工进度策划	I	根据模型，关联已排布的施工进度计划，制作4D虚拟施工模拟，在特定施工时间节点展示工程进度情况
	7	施工场地规划与布置	II	对项目部选址、工区选址、不同阶段材料堆放、加工场地、钢筋加工厂、交通组织、拌和站布置、梁厂布置、试验室等工程实际进度情况所涉及的施工场地，进行布置管理。
施工阶段	9	临建标识设置标准化	I	对办公区、施工区等进行标识分区布置，使其符合集团标准化
	10	施工工艺/工序模拟	I	结合工程施工需求，利用BIM技术进行三项以上复杂节点、关键部位的工艺/工序模拟演示（基础钢筋绑扎、风机安装、设备）
	11	关键节点爆炸图	I	建立关键或复杂节点部位精细BIM模型，生成BIM模型爆炸图，用于交底、协调、方案编制与方案论证等
	12	碰撞检测	I	建筑物与管线互相碰撞检测，并出具碰撞检测报告，进行优化
	13	可视化交底	I	利用BIM技术进行三项以上复杂节点、关键部位的三维可视化技术交底。交底的截图要清晰、信息准确，符合标准规范
	14	施工方案编制	II	利用BIM技术配合两项以上（包含两项）方案编制中的节点分析、计算、验算等
	15	施工方案对比与优化	II	利用BIM技术进行两项及以上施工方案进行方案比选，选择最优施工方案
	16	模架深化设计	I	利用BIM技术进行模板、脚手架及临时支撑体系深化设计、出图，组织相关方进行可视化交底并签字确认
	17	质量、安全管理	I	利用云建造等移动终端采集现场数据，建立质量缺陷、安全风险、文明施工等数据资料，形成可追溯记录
	18		I	对施工现场安全防护进行标准化布置，符合集团标准化
	19	钢筋施工指导	II	对复杂节点及关键部位进行排布优化、可视化交底、钢筋量统计、施工放样等全过程精细化管理
	20	移动终端	I	利用移动终端进行现场施工管理、可视化技术交底等
	21	土方平衡分析	II	建立施工场地地形或地质模型，对土方开挖和回填，挖方和填方进行分析，得到最优解决方案

应用阶段	序号	应用点内容	级别	评价标准
施工阶段	22	无人机应用（持证操作）	Ⅰ	无人机航拍技术用于施工现场监控，进度等
	23		Ⅱ	利用无人机对施工现场进行地理信息图像采集，对现场实体扫描并进行逆向三维建模，进行土方量概算
	24	地形地质水文信息	Ⅲ	把工程和地质水文信息相结合，分析对工程施工的影响
	25	现场监测数据	Ⅲ	基于BIM平台，现场检测信息与模型关联，监测信息自动预警
	26	机电深化设计	Ⅰ	利用BIM技术辅助基础设施项目机电深化设计、出图，组织相关方进行可视化交底并签字确认
	27		Ⅱ	机电二维、三维一体化深化设计，利用BIM软件直接导出二维深化设计图纸
竣工阶段	29	BIM模型维护	Ⅲ	阶段性整合各阶段模型，接收、录入与产生相关信息，更新和维护BIM竣工模型
运维阶段	29	BIM模型管理	Ⅲ	形成竣工交付BIM模型，对模型进行维护更新

（二）应用计划

本项目总工期458天，结合BIM应用点策划，制订了主要应用点的控制时间（表6）。

表6　BIM应用点里程碑时间控制表

序号	应用点名称	里程碑控制时间点
1	BIM模型深化设计及维护	2022.05—2022.11
2	图纸会审	2022.05—2022.06
3	可视化技术交底	2022.05—2022.06
4	施工工艺工序模拟	2022.05—2022.11
5	GPS/北斗定位	2022.05—2023.05
6	协同平台	2022.05—2023.05
7	大体积混凝土测温	2022.05—2022.08
8	标准养护试验室试块养护送检管理	2022.05—2023.05
9	智能化建造应用	2022.04—2023.06
10	BIM放样机器人	2022.05—2023.05
11	无人机倾斜摄影	2022.05—2023.05
12	三维扫描仪	2022.05—2023.05

三、具体做法

（一）施工临建设施规划与布置

BIM技术辅助可视化项目平面布置，对平面布置的合理性进行验证。施工场地规划模型和实体对比见图7。

图7 施工场地规划模型和实体对比

（二）施工工艺/工序模拟

利用BIM模型根据现场工艺完成施工工艺/工序模拟，提高建筑工程的质量与工作效率，可以作为现场作业指导，同时可作为验收的标准。本项目设备基础质量是把控重点，风机吊装是决定风机施工的关键，对风机基础的施工工艺流程（图8）和风机吊装过程（图9）完成工艺工序模拟，基于模拟更好地展示技术方案细节，完成现场交底。

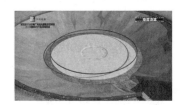

（a）基坑施工　　　　　　（b）预制件安装　　　　　　（c）钢筋绑扎

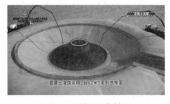

（d）混凝土浇筑　　　　　（e）土方回填　　　　　　（f）养护

图8 风机基础施工模拟

（a）吊装装备　　　　　　（b）塔筒吊装　　　　　　（c）机舱吊装

（d）叶轮组装　　　　　　（e）叶轮吊装　　　　　　（f）完成吊装

图9 风机吊装施工模拟

（三）风电施工运输和集电线路优化

本项目现状地形多变，如何实时调整和优化道路和集电线路。利用BIM技术在地形基础上进行检修道路和集电线路的制作，可以对平面路径、纵断进行各项分析和优化，基于模型快速提取数据，包括最终里程量、线路长度、土方等。

1. 施工检修道路优化

1）应用流程

本项目道路里程长，且需充分考虑保护所在地牧民草场、大型机械运输要求、路面窄、弯道多、道路起伏大等多种因素，因此采用BIM技术对全场道路进行参数化优化，检修道路优化流程见图10。

图10 检修道路优化流程

基于高程点，绘制地形模型，提前进行道路转弯和仰角的参数化校核。为满足风机叶片等大尺寸机械设备的运输，运输道路需要保障合理的运输空间，检修道路仰角需低于15°，根据筛查结果，完成道路路线的优化。道路弯道过多，极易发生安全事故，通过模型识别出检修道路转弯半径小于50m的区域并进行优化。导出检修道路路线报告、检修道路实际里程统计等（图11）。

2）应用成果

使得整个检修路线更贴近于现场地形，易于大型车辆的通行，避免了现场因道路运输条件的工期延误，也能对道路的里程获得更准确的预估，有利于项目对相关投入成本的测算。

2. 集电道路优化

本项目大跨度长线集电线路，局部的优化和调整都会对施工的工程量成本有很大的影响，集电线路成本占整个项目30%以上，线路需要在真实地形数据基础上的工程量计算，按照埋深规则进行三维敷设，获得准确的工程量数据，有效地辅助施工工程量成本控制。

1）应用流程

制订集电线路优化流程（图12）。通过建立三维地形模型，在模型基础上标定集电线路的关键坐标点，绘制参数化的路径，并在此基础上获得地形的原始断面，根据集电线路敷设方式距离地面700~1 000mm的范围进行纵断设定，同时可查看校核纵断坡度。

本项目多类明挖断面，需要适应单根电缆和多根线缆的不同形式，利用BIM和部件编程建立可变的参数断面（图13），满足不同类型要求。

（a）道路平面转弯半径校核

编号	类型	参数约束	长度	方向	起点桩号	终点桩号	转弯半径
1	直线	两点	290.820米	S18.439529W (d)	0+000.00米	0+290.82米	
2	曲线	半径	55.754米		0+290.82米	0+346.57米	50.000米
3	直线	两点	1044.431米	S45.450105E (d)	0+346.57米	1+391.01米	
4	曲线	半径	15.786米		1+391.01米	1+406.79米	50.000米
5	直线	两点	1486.311米	S27.361221E (d)	1+406.79米	2+893.10米	
6	曲线	半径	9.473米		2+893.10米	2+902.57米	50.000米
7	直线	两点	85.017米	S38.216302E (d)	2+902.57米	2+987.59米	
8	曲线	半径	14.226米		2+987.59米	3+001.82米	50.000米
9	直线	两点	1231.257米	S54.517851E (d)	3+001.82米	4+233.08米	
10	曲线	半径	7.710米		4+233.08米	4+240.79米	50.000米
11	直线	两点	378.021米	S63.353254E (d)	4+240.79米	4+618.81米	
12	曲线	半径	13.672米		4+618.81米	4+632.48米	50.000米
13	直线	两点	1320.444米	S79.019661E (d)	4+632.48米	5+952.92米	
14	曲线	半径	7.696米		5+952.92米	5+960.62米	50.000米
15	直线	两点	1412.771米	S87.838576E (d)	5+960.62米	7+373.39米	
16	曲线	半径	5.831米		7+373.39米	7+379.22米	50.000米
17	直线	两点	30.179米	N85.479290E (d)	7+379.22米	7+409.40米	
18	曲线	半径	9.061米		7+409.40米	7+418.46米	50.000米
19	直线	两点	4785.374米	N75.095905E (d)	7+418.46米	12+203.83米	
20	曲线	半径	0.044米		12+203.83米	12+203.88米	50.000米
21	直线	两点	5.447米	N75.045317E (d)	12+203.88米	12+209.33米	
22	曲线	半径	0.044米		12+209.33米	12+209.37米	50.000米
23	直线	两点	2.459米	N75.096054E (d)	12+209.37米	12+211.83米	
24	曲线	半径	3.270米		12+211.83米	12+215.10米	50.000米
25	直线	两点	130.562米	N64.650918E (d)	12+215.10米	12+345.66米	
26	曲线	半径	2.221米		12+345.66米	12+347.88米	17.937米
27	直线	两点	3365.851米	N57.555588E (d)	12+347.88米	15+713.73米	
28	曲线	半径	5.178米		15+713.73米	15+718.91米	17.937米
29	直线	两点	306.769米	N74.097106E (d)	15+718.91米	16+025.68米	
30	曲线	半径	0.715米		16+025.68米	16+026.39米	17.937米
31	直线	两点	1124.384米	N76.380051E (d)	16+026.39米	17+150.78米	
32	曲线	半径	0.084米		17+150.78米	17+150.86米	17.937米
33	直线	两点	6.311米	N76.647955E (d)	17+150.86米	17+157.17米	
34	曲线	半径	0.002米		17+157.17米	17+157.18米	17.937米
35	直线	两点	2032.277米	N76.653212E (d)	17+157.18米	19+189.45米	
36	曲线	半径	7.359米		19+189.45米	19+196.81米	17.937米
37	直线	两点	457.682米	S79.838106E (d)	19+196.81米	19+654.49米	
38	曲线	半径	2.758米		19+654.49米	19+657.25米	17.937米
39	直线	两点	320.198米	S88.649393E (d)	19+657.25米	19+977.45米	

（道路长度　道路纵角　转弯半径）

（b）道路纵断仰角校核

编号	变坡点桩号	变坡点高程	仰角	A（坡度变化）
1	0+000.00米	1110.88米		
2	0+017.50米	1110.44米	-3.54%	1.48%
3	0+028.26米	1110.33米	-1.25%	0.81%
4	0+036.41米	1110.31米	-3.06%	2.62%
5	0+077.82米	1109.13米	-5.95%	0.27%
6	0+095.57米	1108.58米	-6.95%	0.73%
7	0+149.04米	1106.53米	-8.67%	0.98%
8	0+152.87米	1106.34米	-11.69%	2.04%
9	0+155.81米	1106.14米	-11.65%	2.08%
10	0+209.88米	1103.55米	-8.12%	1.45%
11	0+218.11米	1103.28米	-6.48%	0.18%
12	0+249.45米	1102.29米	-3.98%	2.32%
13	0+270.81米	1102.11米	-1.97%	0.31%
14	0+290.82米	1101.89米	-2.28%	0.00%
15	0+292.81米	1101.86米	-2.28%	0.00%
16	0+294.80米	1101.84米	-2.27%	0.00%
17	0+296.79米	1101.82米	-2.26%	0.01%
18	0+298.79米	1101.79米	-2.25%	0.01%
19	0+300.78米	1101.77米	-2.23%	0.01%
20	0+302.77米	1101.75米	-2.21%	0.01%

（c）道路实际里程校核

道路名称	二维长度	三维长度
#1检修道路	1297.166	1297.235
#5检修道路	875.648	875.887
#7检修道路	686.168	686.257
#9检修道路	939.659	939.976
#10检修道路	679.639	679.783
#12检修道路	980.795	981.097
#13检修道路	765.929	766.202
#15检修道路	866.111	866.436
#27-30检修道路	4919.444	4919.869
#31检修道路	611.793	611.804
#32检修道路	649.856	649.881
#33检修道路	502.36	502.688
#34-36检修道路	2754.499	2755.413
#37检修道路	227.56	227.588
#38检修道路	980.827	981.033
#39-41检修道路	3065.824	3066.189
#43检修道路	477.659	477.682
#44-45检修道路	2207.065	2207.496
#46-50、57检修道路	6908.952	6911.556
#51-53检修道路	2528.486	2529.676
#55-56检修道路	2198.809	2199.78
#58-60检修道路	2777.189	2777.87
东区检修道路	10443.384	10444.168
进场道路	651.05	651.16
西区检修道路1	24447.28	24450.823
西区检修道路2	15287.627	15289.864

图11　道路参数化校核成果

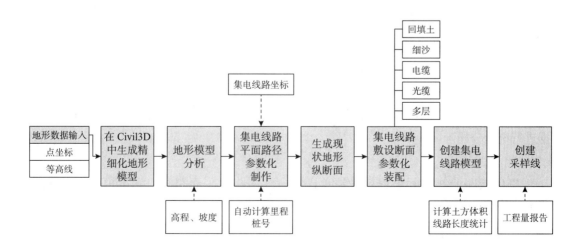

图12　集电线路优化流程

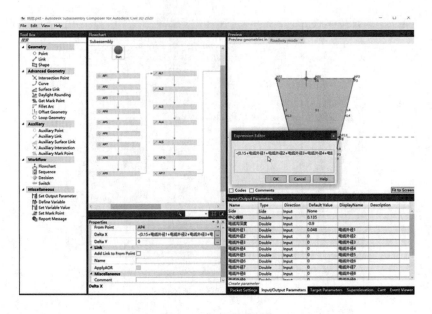

图13　参数化断面

通过集电线路平面路径、纵断面和敷设横断面形成集电线路的三维模型，同时可随时查看机电线路的实际长度数据，集电线路统计成果见图14。

集电线路统计表			
线路型号	风机范围	集电线路类型	模型净长度
		YJY23-3×300电缆线路	118326.778
		YJY23-3×240电缆线路	26703.256
		YJY23-3×150电缆线路	23184.558
		YJY23-3×70电缆线路	28399.032
		YJY23-3×50电缆线路	19158.392
A线	SY-55	YJY23-3×300电缆线路	2479.661
A线	55-56	YJY23-3×240电缆线路	757.012
A线	56-58	YJY23-3×150电缆线路	1472.752
A线	58-59	YJY23-3×70电缆线路	831.65
A线	59-60	YJY23-3×50电缆线路	814.088
B线	SY-54	YJY23-3×300电缆线路	1017.247
B线	54-53	YJY23-3×240电缆线路	976.224
B线	53-52	YJY23-3×150电缆线路	684.609
B线	52-51	YJY23-3×70电缆线路	771.893
B线	57-51	YJY23-3×50电缆线路	4215.176
F线	SY-10	YJY23-3×300电缆线路	25695.892
F线	10-11	YJY23-3×240电缆线路	781.783
F线	11-12	YJY23-3×150电缆线路	1011.981
F线	12-4	YJY23-3×70电缆线路	1544.192
F线	4-6	YJY23-3×50电缆线路	844.238
G线	SY-17	YJY23-3×300电缆线路	19749.288
G线	17-9	YJY23-3×240电缆线路	5263.958
G线	9-6	YJY23-3×150电缆线路	1170.933
G线	6-2	YJY23-3×70电缆线路	2908.509
G线	2-3	YJY23-3×50电缆线路	1415.304
H线	SY-32	YJY23-3×300电缆线路	13895.225
H线	32-18	YJY23-3×240电缆线路	5832.713
H线	18-13	YJY23-3×150电缆线路	3962.27
H线	13-6	YJY23-3×70电缆线路	976.665
H线	8-1	YJY23-3×50电缆线路	2792.72
I线	SY-33	YJY23-3×300电缆线路	10807.271
I线	33-26	YJY23-3×240电缆线路	4663.74
I线	26-19	YJY23-3×150电缆线路	4213.84

图14　集电线路统计成果

通过三维模型提取工程量，包括回填土工程量，细沙工程量，集电线路长度等数据进行统计分析。

2）应用成果

集电线路最终实际里程统计清单；集电线路路径平面路线、三维模型、纵断图；集电线路路径开挖土方量统计清单。

（四）关键节点爆炸图

通过建立精细化BIM模型，针对复杂节点进行爆炸图分析，突出节点内部结构，提升施工质量，如图15为雨棚做法节点，展现细节做法，材料要求等。

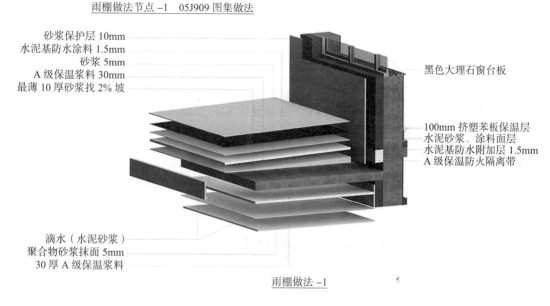

雨棚做法节点-1　05J909图集做法

砂浆保护层10mm
水泥基防水涂料1.5mm
砂浆5mm
A级保温浆料30mm
最薄10厚砂浆找2%坡

黑色大理石窗台板

100mm挤塑苯板保温层
水泥砂浆、涂料面层
水泥基防水附加层1.5mm
A级保温防火隔离带

滴水（水泥砂浆）
聚合物砂浆抹面5mm
30厚A级保温浆料

雨棚做法-1

图15　关键节点细部做法

（五）碰撞检测及优化

通过对各专业BIM模型整合进行碰撞检测和优化，分析各专业冲突协调问题。如图16为项目综合楼区域管线深化过程中产生的碰撞报告和图纸问题汇总。

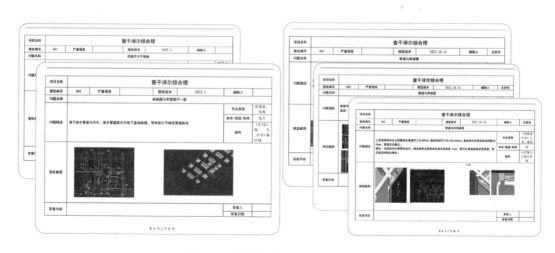

图16　碰撞报告和图纸问题示例

（六）可视化交底

通过三维模型辅助技术交底，实现交底内容的无损传递，提高施工效率，项目针对土建细部做法编制的可视化交底文件。可视化交底，一方面可给现场作业提供指导，同时可最终成为工程数字化交付的重要内容移交到业主。

（七）质量、安全管理

通过手机端进行各类质量安全问题填报，形成问题发起、通知整改、验收、复查闭环全流程管理，实时掌握施工现场各类问题，及时做出统计决策。

1. 风机基础的施工质量管控

通过对大体积混凝土预埋温控点，测温装置实时获取混凝土温度数据进行分析。通过对温度的阶段数据采集和分析，实时掌握大体积混凝土的浇筑和交付质量，并可对异常温差预警（图17）。

价值：传统人工测温60个风机点位需要累计600人次的测温作业，使用智能测温，减少约12万的人工投入。

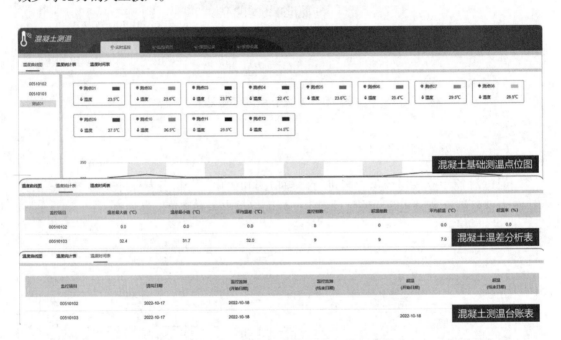

图17　混凝土基础测温监控

2. 风机吊装的施工安全管控

履带吊为现场风机吊装的重要施工机械，实时监测作业数据有效地进行安全管控，并对安全隐患进行排查预警。通过加装履带吊的监测传感装置，对履带吊各项作业数据进行实时监测和管理（图18）。

（a）履带吊　　　　　　　　（b）监测传感装置

图18　设备作业实时监控

（八）钢筋施工指导

1. 风机基础BIM深化流程

大体积混凝土浇筑施工过程中涉及的技术难点和施工难点众多，采用BIM技术建立三维参数化模型，以方便可进行钢筋量校核，同时配合施工工艺过程可进行可视化模拟，从而对整个施工过程进行指导管理，风机基础钢筋优化应用流程见图19。

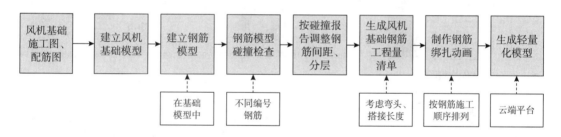

图19　风机基础钢筋优化应用流程

2. 应用成果

（1）风机基础三维模型（含钢筋模型和信息）。

（2）钢筋工程量统计清单、碰撞报告。

（3）钢筋绑扎三维交底（模拟动画）。

（4）轻量化模型查看（用于移动端进行实时查看，方便现场作业指导）。

对风机混凝土基础进行钢筋排布优化、可视化交底、钢筋量统计、施工放样等全过程精细化管理，钢筋施工全过程指导见图20。

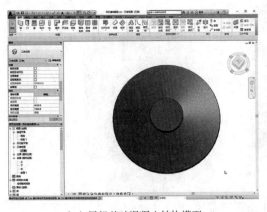
（a）风机基础混凝土结构模型

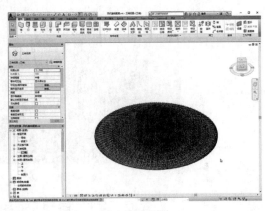
（b）钢筋模型

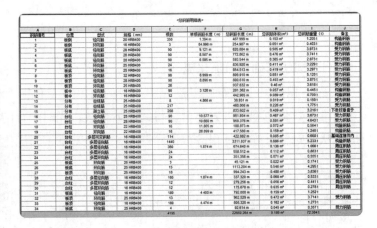

（c）钢筋碰撞报告

（d）钢筋量统计校核

（e）底筋绑扎

（f）多层可变钢筋绑扎

图20　钢筋施工全过程指导

（九）移动终端

通过移动端小程序实现现场实时数据查看、上报、审批等工作流程。如图21为项目基于移动端查看质量问题、特种设备监控、环境监测等过程资料。

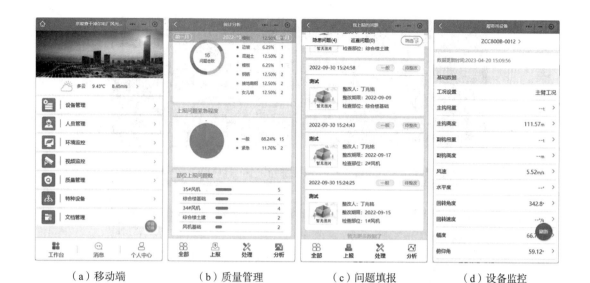

| （a）移动端 | （b）质量管理 | （c）问题填报 | （d）设备监控 |

图21　移动终端现场实时数据管理

（十）环境分析

项目所在区域开阔，风力自然环境变化迅速，通过部署扬尘监测设备和在各风机点部署风速检测仪，获取现场实施环境数据，同时设置环境标准预警机制。从而实施掌握现场环境数据及气象情况（图22）。

合理安排施工进度，同时有效地对环境进行管控和治理决策。通过平台实时更新吊装计划和实际进度，对进度进行比对，动态调整计划（图23）。现场根据风机点位精准风速监控调整吊装及时作业计划5次，规避了因此产生的无效作业部署。

图22　动态掌握现场实时环境数据

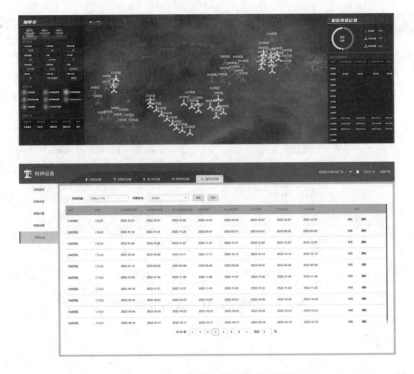

图23　风机吊装进度动态控制

（十一）土方平衡分析

根据土方开挖要求对风机点位进行基础开挖，并利用BIM技术对开挖进行平衡计算，最终获得最优的开挖高程（图24）。

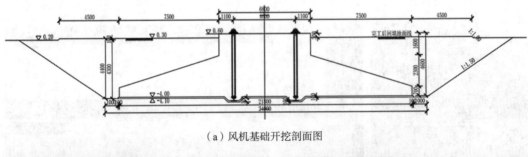

（a）风机基础开挖剖面图

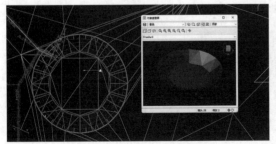

（b）风机基础参数化模型

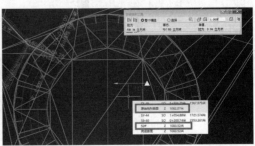

（c）土方开挖统计

图24　土方平衡后获得最优高程

（十二）无人机应用

本项目通过无人机应用技术对各施工板块的施工进度进行实时监测（图25）。影像资料收集为后期运维、移交打下坚实的基础。

（a）风机基础定位放线

（b）风机基础土方开挖

（c）风机基础钢筋绑扎

（d）风机基础混凝土浇筑

（e）主变设备安装

（f）储能设备安装

图25　施工过程无人机航拍记录

（十三）现场监测数据

项目基于智慧管控平台，建立了总控中心（图26），集成人员定位、车辆管理、门磁监测等多个监控管理模块，提升管控精细度。

图26　指挥总控中心

1. 人员定位实现大区域作业管控

通过智能安全帽GPS定位装置（图27），设置施工场地电子围栏，现场作业人员的作业区域、定位进行管理，精准管理10多个作业队，可实时管控作业人员的作业状态、范围、数量等，对超出作业范围进行预警，提高安全管控。

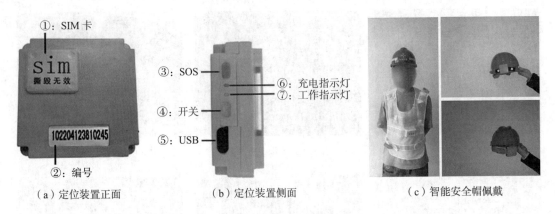

①：SIM卡
②：编号
③：SOS
④：开关
⑤：USB
⑥：充电指示灯
⑦：工作指示灯

（a）定位装置正面　　　　　（b）定位装置侧面　　　　　（c）智能安全帽佩戴

图27　人员定位管理

2. 车辆定位实现车道级管控规避作业风险

本项目涉及大量穿行牧场道路，道路无明显界限。安装部署亚米级车辆定位，确保实时获取车辆定位数据。平台通过建立车道级的电子道路围栏，对车辆定位数据实时分析预警，有效规避车辆偏航造成对当地牧民财产的损伤。

通过部署车辆亚米级定位装置，同时对风场道路设置电子围栏，进行车辆运输监控管理，可实时掌握工程车辆的作业位置和轨迹方便合理调度，同时对运输过程进行管理，避免侵入牧民草场。通过实时预警，及时制止了26次车道偏离，及时规避风险纠纷（图28）。

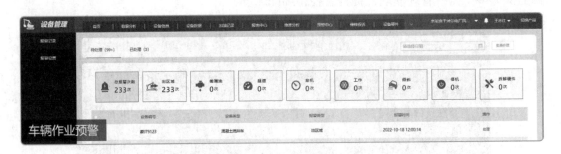

图28　车辆定位与管控

3. 风速实时监测实现风机吊装作业计划实时优化

通过部署扬尘监测设备和在各风机点部署风速检测仪，获取现场实时环境数据，同时设置环境标准预警机制。实时掌握现场环境数据，以及气象情况，合理安排施工进度，同时有效地对环境进行管控和治理决策（图29）。现场根据风机点位精准风速监控调整吊装及时作业计划5次，规避了因此产生的无效作业部署。

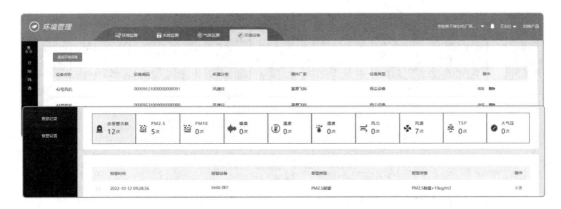

图29　环境信息监测与预警管理

4. 门磁监测实现现场资产保护

本项目涉及大量穿行牧场道路，需要有效的保护牧民财产。定制开发的智能门磁锁，监控门磁启闭状态。平台通过无线数据实时预警，确保门磁保持常闭，有效地降低对当地牧场的安全隐患（图30）。

图30　门磁监控预警

实时监控门磁开关，并自动进行预警。保护牧民财产，防止门未及时关闭造成牧民财产的损失。通过远程监测及时处理了28次通道门未关事件，规避了牧民资产损失。

（十四）机电深化设计

通过建立升压站的全专业BIM模型，进行多专业协同管综优化，完成机电管线的优化排布，指导现场合理有序地进行安装施工工作，以及预留预埋、材料统计、机房深化几个方面的应用，制订了BIM模型应用流程见图31。

基于模型的多专业机电深化设计，提高施工质量，减少返工和损耗，同时机电深化模型和现场同步，确保数字化移交到业主的模型有效性（图32）。

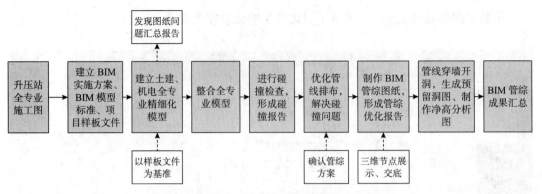

图31　BIM模型应用流程

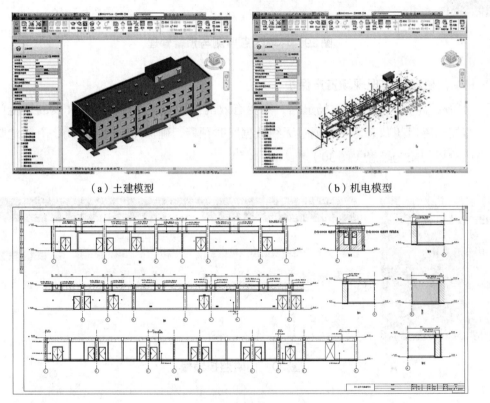

（a）土建模型　　　　　　　　　（b）机电模型

（c）预留洞图

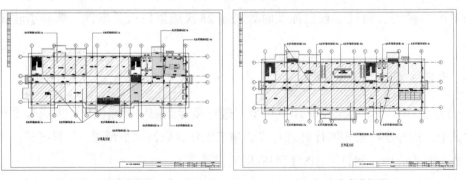

（d）1F净高分析图　　　　　　　　（e）2F净高分析图

图32　机电深化设计成果

（十五）BIM模型维护和管理

本项目基于BIM技术建立从施工到竣工的全部参数模型，根据应用点策划，完成了不同深度模型（表7）。

表7　模型成果深度应用表

模型名称	深　度	应　用
综合楼全专业	施工深化	管综优化、净高优化、管综出图、节点三维交底
风机基础+钢筋	施工深化、算量	钢筋算量优化、风机吊装模拟
场地布置	施工深化	场地布置可视化
风电场地形	施工图	GIS定位、轻量化
检修道路	施工深化、算量	检修道路优化和算量
集电线路	施工深化、算量	集电线路优化和算量

以BIM和GIS数据为核心，利用平台挂载建设全过程数据，包括人员信息、项目进度信息、质量安全信息等，通过保留全部过程监测数据，如混凝土监测、门磁监测等数据，移交内容与运维期价值见图33。

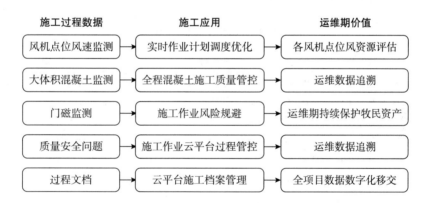

图33　移交内容与运维期价值

Ⅳ　数字化应用成效

一、应用成效

（一）经济效益

BIM技术的应用可以大幅提高企业的管理水平、工作效率和深化设计能力，做到提前控制、精细化管理，对各类图纸问题及施工问题提前发现，提前解决施工隐患，提高工程量统计的准确性。

1．集电线路优化

（1）根据实际地形情况制作的集电线路提取的工程量对项目现场的投入测算具有更好的参考价值。

（2）土方开发量的统计可为相关施工项的测算结算提供参考依据（表8）。

表8　BIM工程量实测比对数据

风机编号	线路类型	BIM工程量/m	实测工程量/m	误差率/%
54~53号	YJY23-3×240电缆线路	976.224	978	0.18
53~52号	YJY23-3×150电缆线路	684.609	686	0.20
52~51号	YJY23-3×70电缆线路	771.893	771	-0.12

2．节约材料，降低损耗

基于BIM技术的深化设计最大限度的优化设计，并在材料加工过程中精确下料，减少浪费，实现材料管理精细化。详尽的工艺模拟可以为项目施工作业人员提供标准化的作业指导和验收参考，现场钢筋原料12m/根，降低钢筋损耗，从计划4 169t钢筋，实际使用4 114t钢筋，降低了1.3%。

3．应用效益

各类应用效益分析见表9。

表9　应用效益分析表

类别	效能收益	应用效率	技术方法
BIM施工深化	利用BIM成果减少综合楼78处管线冲突，BIM风机基础钢筋优化了钢筋下料，降低损耗，节约近55t钢筋材料	BIM参数化模型可实时导出所需的工程数据，施工前进行工艺预演，为施工组织提供决策参考	利用BIM模型进行道路和集电线路的优化和工程量校核、风机基础工艺模拟、风机吊装工艺模拟、管线综合优化、场地布置等
车辆智慧管控	因车辆偏航引起的管控纠纷事件2起，同类项目一般平均50起事件	实时监控，完全改变传统依靠人工和车辆自我约束的方式，极大提升了管控效率	利用车辆定位技术和算法对现场作业车辆实时监控，规避车辆车道超限，实时进行车辆资源调度
智能门磁监控	因通道门未及时关闭导致牧民财产发生损失的事件1起，同类项目一般30起事件	实时监控，一旦发生未及时关闭通道门，30min内完成响应和处理	利用只能门锁对风电场检修道路门进行，避免通行过程中未及时关闭导致的牧民财产损失
混凝土测温	减少人工监测投入236人次共计费用7万元，因混凝土超温导致工程质量问题返工0起，同类项目一般至少1次	实时监测，系统智能分析超温状态，实时反馈到作业现场，减少人工监测	利用智能混凝土监测系统对大体积混凝土基础浇筑进行超温监控预警
特种设备监控	履带吊作业安全问题0起，同类项目一般1次	实时监测特种设备作业安全，对安全隐患做到提前预警	利用履带吊监测实时掌握设备作业数据，并进行安全预警分析
环境监控	通过环境预警及时调度保护设备材料2次，通过实时检测现场风速，控制现场何时具备吊装条件，缩短工期20天	实时掌握作业现场环境数据，发生环境预警可快速响应调整施工作业安排	大范围布置环境监测数据，掌握精准的风机点点位作业环境的风速监测，配合风速预警机制

（二）环境效益

环境监测预警：结合生产管理平台和信息化手段，对现场环境进行监测，对重点区域的扬尘、垃圾进行实时查看，确保现场文明施工落实。

（三）社会效益

通过BIM技术不仅可以在经营投标中获得更多的中标机会，同时在施工生产中的成本、进度和深化设计等方面获得更多的效益。特别是在承接类似工程中积累更大的优势。本项目实现全项目BIM数字化管控，并组织累计100多人次的现场观摩、技术交底和培训（图34）。通过统一数据标准，实现各参建方基于一套模型的协同管理，探索EPC+BIM的建设管理模式，形成示范效应，为后续类似工程提供实践经验。

（a）二维码技术交底

（b）安全VR体验室

（c）BIM培训

（d）BIM技术交底

（e）智慧管控平台培训

（f）现场观摩

图34　技术推广应用情况

二、经验启示

（一）应用经验总结

1. 可推广的BIM应用模式

基于风电项目的特点和难点，通过本次BIM的应用实践，探索和总结出一套针对性的应用模式，如检修道路和集电线路的优化等，具有很强的项目代表性，可以推广到同类项目。

2. 可复制的智慧管控方案

针对本项目施工阶段管控的难点，如利用人员定位进行大范围劳务管控，研发车辆定位预警来防止车辆侵入草场、通过门磁预警减少牧民财产损失。总结制订出一套标准的风电项目智慧管控方案。

3. 可落地的项目实践经验

此前国内尚未有同类项目实践案例，本项目在前期策划、开发实施过程中经历了很多困难，不断的探索、实施、优化和总结，积累了非常宝贵的实践经验，为未来同类项目应用实施提供了很好的实践基础。未来我们将逐步完善风电项目BIM应用体系，进一步提升智慧管控效能指标，积极推动BIM智慧化在新能源领域的应用，为国内工程高质量建设提供借鉴。

（二）未来工作计划

1. 技术优化

持续关注BIM和智慧建造技术的发展动态，及时引进新技术、新方法，提升施工企业的竞争力。

2. 应用拓展

挖掘BIM和智慧建造技术在更多领域的应用潜力，如绿色施工、智能作业机器人等，拓展市场空间。

3. 人才培养

加强人才培养力度，提高员工对BIM和智慧建造技术的掌握程度。通过定期培训、学术交流等方式，培养一批具备专业技能和创新精神的人才队伍。

4. 跨部门协作

鼓励设计、施工、运营等不同团队之间的密切合作，以实现项目的整体优化。

5. 客户参与

将业主和其他利益相关者纳入决策过程，确保他们了解和支持采用的技术。

🖱 专家点评

本案例为大型风电场项目，面积达322km²，地形复杂，宽广的作业区域为项目全面管理带来很大困难；项目需安装总计60台风电机组，单台风机起吊高度约110m，风机叶轮直径长约185m，大体量发电设备的运输、安装、调试运行都给项目的顺利完成带来很大挑战。

本案例实施了BIM、GIS、物联网和云等多项技术的整合。有效地保障风机基础施工、风机吊装施工作业质量、安全、进度。

通过BIM技术整合优化，获得准确的道路、集电线路、综合楼、升压站、项目部等多类别三维数据；通过管控平台及IOT监测数据，获得人员、车辆、环境点位、门磁等在三维GIS上的准确位置，做到大场地分散布局项目的精细化管理。

针对风电项目特点，本案例总结的应用方法，如道路边界、劳务作业边界监测数据的分析和预警，集电线路的参数化建模与优化，环境设备的监测，为同类工程应用提供了有效的实施路径。通过智能建造技术的推广和应用，提高了项目建筑施工的效率、质量和安全性，多方面获得了较好的收益。

指导及点评专家：叶双飞　北京华审金建国际工程项目管理有限公司
胡定贵　青矩工程顾问有限公司

优秀工程造价成果案例集

YOUXIU GONGCHENG ZAOJIA CHENGGUO ANLIJI

（2023年版）

下　册

北京市建设工程招标投标和造价管理协会　主编

中国计划出版社

·北京·

概算及投资估算编审成果篇

某大学科学博物馆及服务配套楼
概算审核咨询案例

编写单位：北京展创丰华工程项目管理有限公司
编写人员：张文锐　耿辉荣　刘彩霞　薛志捷　朱子艳

I　项目基本概况

某大学科学博物馆是一座综合类大学科学博物馆，作为该大学高校科学文化通识教育基地和科学史系的科研场所，旨在推动学科交叉和文理融合，面向公众传播科学文化。以科技文物和高科技互动展品相结合的展陈方式，再现人类科技史上伟大的科学发现和技术发明，再现该大学理工科在中国近现代科技史上的辉煌成就，成为促进科学传播、激励科技创新的该大学新景观。

一、项目概况

某大学科学博物馆及服务配套楼项目，由该大学负责建设，主要功能为科学文化通识教育基地、科学史系的科研用房、人防车库及服务配套用房；由北京某建筑设计有限公司负责建议书的编制，某勘察设计研究院有限公司负责勘察，概念设计单位为国外某设计公司，方案和施工图设计单位为中国某研究院有限公司；项目地点位于北京市海淀区。建设内容包括博物馆主体建筑、配套设施及周边室外硬化、绿化等。

项目结构类型钢筋混凝框架—剪力墙结构、抗震设防烈度8度、建筑耐火等级一级、设计使用年限50年、容积率0.61，投资估算64 539.64万元，资金来源拟采用学校自筹及捐赠。项目主要经济技术指标见表1。

表1　项目主要经济技术指标表

序　号	名　称	单　位	数　量	备　注
1	总用地面积	m²	10 673.82	—
2	占地面积	m²	2 648.43	—
3	总建筑面积	m²	37 000.28	地上6 460.00； 地下30 540.28； 其中人防15 682.82

序　号	名　称	单　位	数　量	备　注
4	绿地总面积	m²	2 308.37	—
5	建筑檐高	m	23.95	限高24m
6	建筑层数	层	地上5层	地下3层（含夹层）
7	停车泊位数	辆	400	小客车

二、项目特点及难点分析

（一）项目特点

（1）作为一个面向公众传播科学文化的博物馆建筑，整体埋深22.3m，地下面积占总建筑面积的82.54%，基坑支护及降水、通风空调、照明、弱电工程等都具有一定的特殊性，为工程施工和造价控制增加了难度。

（2）由于本项目地处地铁机车地下停靠场站附近，使地下基础和结构施工对地铁场站的保护措施费用增加，同时考虑到地铁震动对博物馆结构减震隔震及馆内文物保护的要求，造成减震隔震费用增加，此部分造价费用的评估难度较大。

（3）本项目地上建筑存在楼板不连续、连体结构等不规则项，地下室顶板开洞面积较大，顶板抗水平力的工况复杂，导致基础底板设计和主体结构设计复杂，增加了建模和工程量计算的难度。

（4）本项目是北京市重点建设工程项目，前期建设手续有一定的特殊性，本次概算评审范围纳入了前期建设手续的合规性审核。

（5）由于博物馆的特殊功能定位，本项目将建设内容、建设规模、功能需求、设计方案和图纸深度的审核纳入设计概算评审范围，超出一般初步设计概算审核的范畴。

（二）重点及难点分析

1. 前期建设手续的合规性审核

严格按基本建设程序办理相关手续，坚持先勘察、后设计、再施工的原则；在传统的初步设计概算审核业务中一般不包含前期建设手续的审核，对项目前期的办理流程和内容是审核难点之一。

2. 设计方案审核

本项目的难点是对设计方案的审核。设计方案是决定项目投资的基础条件，为了有效控制工程投资，应对初步设计方案是否全面合理、是否需要优化进行审核，通常情况下，初步设计方案审核一般不包括在初步设计概算审核范围内，一般造价咨询单位不具备设计方案评审能力，需要聘请外部相关专业的设计专家对初步设计方案进行评审，并通过评审会的形式，与原设计单位沟通后，达成一致意见，达成一致意见。

3. 设计概算审核

对设计方案的全面理解和合理调整是合理准确的审查初步设计概算的基础，根据项目选择的最优设计方案开展概算审查，能够起到事半功倍的效果。

由于建设单位提供的概算资料不完善、设备技术参数不完整、送审概算中整项暂估工程费用的编制依据不充分等，为概算评审的计算依据和询价增加了难度。

评审过程中，因工程地质勘察资料不具备，导致概算中地基处理、基坑支护、降排水等与后续的施工工艺和施工方案出入较大，影响专项工程费用的确定。

对于新技术、新工艺、新材料、新设备应用的处理难度较大，存在计价依据缺项和不适用等问题。

II 项目服务内容及组织模式

一、咨询服务内容

（一）服务范围

设计概算审核，包括但不限于前期建设手续审核，建设内容、建设规模、功能需求审核，设计方案、图纸深度审核，概算编制依据、编制内容审核，概算金额审核，以及与立项批复投资进行对比分析等。

（二）审核内容

建筑安装工程费、工程建设其他费、预备费。其中建筑安装工程费用包括：图纸范围内的结构工程、基坑支护及降水工程、基础处理、装内修工程、外装修工程、消防水工程、给水排水工程、空调工程、供暖工程、通风工程、变配电室工程、电气工程、消防电工程、弱电工程、电梯工程、抗震支架等。工程建设其他费用包括：环境影响评价费、项目建议书编制费、水影响评价报告编制费、勘察费、设计费、监理费、审计费、招标代理服务费、招投标交易服务费、城市基础设施建设费、环境保护税、全过程造价控制费、检测测量费、印花税、文物影响评价及勘探费、水影响施工期监理费、地铁安全性评估费等。

二、咨询服务组织模式

本项目采用项目负责人负责制，根据项目需求、工作内容和目标，组建项目部。由项目负责人全权负责项目的计划、组织、实施、控制和总结，对项目的进度、质量、成本等方面负责并承担相应的风险和责任。各专业负责人负责本专业（或小组）的具体工作落实。项目部设置管理审核组、概算审核组和设计专家组，每组设置一名专业负责人，专业负责人制订团队成员的职责和任务，指导团队成员按照计划执行工作，确保按时、按质完成。

本项目评审组织模式见图1。

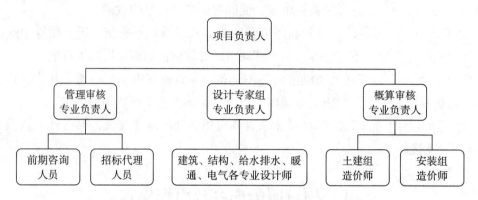

图1 本项目评审组织模式

三、咨询服务工作职责

（一）项目负责人

（1）全面主持项目部工作，协调各岗位分工，完善内部组织建设，有计划地安排项目部各项工作。

（2）负责落实建设单位下达的与本项目有关的一切任务、计划、指示，并向建设单位如实反映各种情况。

（3）组织编制概算审核工作计划，编写相关报告。

（4）组织设计方案评审、设计方案研讨、现场踏勘、审核成果汇报会议。

（5）参加审核过程中争议问题的讨论和解决。

（6）组织编写成果报告并审核。

（二）专业负责人

（1）协助项目负责人做好项目部的技术管理工作，在项目负责人的授权下主持解决本专业的问题解答。

（2）协助项目负责人落实建设单位下达的与本专业技术有关的一切任务、计划、指示。

（3）在项目负责人的领导下，拟定项目概算评审业务实施细则、核查资料使用、咨询原则、计价依据等，保证工作质量。

（4）负责本专业二级审核和签发本专业的成果文件，对成果文件负审核责任。

（三）造价工程师

（1）负责本专业的项目概算评审业务实施及其质量管理工作。

（2）指导和协调项目组成员的工作，动态掌握本专业项目概算评审的实施状况、协调并研究解决存在的问题。

（3）组织编制本专业咨询成果文件，包括成果文件说明和目录编写、检查，负责本专业一级审核和成果文件签发，对成果文件负审核责任。

（四）项目组审核成员

（1）负责贯彻执行国家、地方政府的方针、政策，国家的法律、法规，以及上级的有关要求，依据咨询业务要求，执行作业计划，遵守有关业务标准、原则，对所承担的咨询业务质量和进度负责。

（2）根据咨询实施方案要求，开展咨询工作，选用正确的咨询数据、计算方法、计算公式、计算程序，做到内容完整、计算准确、结果真实可靠。

（3）加强业务和专业知识学习，不断提高业务技能和工作效率；对实施的各项工作进行认真检查，做好咨询质量的自主控制。

（4）负责对市场进行调研、收集与咨询业务有关的信息；负责本职工作范围内的信息沟通和持续改进，完成的咨询成果符合规定要求，内容表述清晰规范。

（5）咨询成果经校审后，负责按校审意见修改。

（6）对在咨询工作中，发现有关重大问题，应及时向专业造价工程师反映。

（7）完成项目负责人交代的建设单位提出的其他相关咨询工作。

Ⅲ 咨询服务运作过程

一、咨询服务的理念及思路

（一）咨询服务理念

在从事造价咨询过程中，我们秉承"全局观、全过程、全心全意"的服务理念，为客户提供增值服务。

"全局观"是立足客户需求，从全局角度去考虑问题。

"全过程"是着眼于项目，瞻前顾后，用全程思维去做事情。

"全心全意"是要求参与项目的咨询人员，观照内心，诚意正心，靠真诚和专注去影响和感染参与项目人。

（二）咨询服务思路

通过组建适合的项目团队、合理的工作分解、优化的工作流程，有重点、有针对性地采取有效可行的措施、建立完善的履约跟踪、高效的沟通机制，从而保证造价咨询服务工作的高效完成。

（1）首先全面认识和理解项目的服务内容和工作需求，明确审核目的和要求。

（2）根据项目特点和具体情况，组织成立项目组并制订具体的计划和分工。

（3）收集相关信息和资料，由项目负责人接收建设单位的送审资料，同时办理资料交接手续，并根据具体分工，分配到审核人员手中。

（4）根据博物馆项目特点，组建博物馆设计领域的专家团队，进行设计方案审核、项目交底会、现场踏勘、问题答疑。

（5）审核人员依据补充资料、现场踏勘及会议交流等，进行详细的工程量计算、审核，并对送审概算的金额、数量、材料等逐一审核，编制概算审核明细，交造价工程师进行一级审核。

（6）造价工程师的一级审核，包括对概算内容、构成和范围进行审核，查看是否存在明显的错误和偏差，并及时反馈项目负责人。

（7）造价工程师复核后调整审核结果，并编写成果文件初稿，交与专业负责人进行二级复核，并根据二级复核意见修改成果文件初稿，形成成果文件二审稿，报专业负责人。

（8）专业负责人签认后，由项目负责人进行第三级复核；造价工程师根据三级复核意见修改二审稿，并与建设单位进行沟通，交换意见。

（9）与建设单位意见达成一致后，经项目负责人确认后调整成果文件，经再次与建设单位交换意见后，达成一致，出具正式成果文件。

（10）整理资料，进行归档。

二、咨询服务的目标及措施

（一）咨询服务目标

（1）前期建设手续管理评审：审核项目立项及批复手续是否完善，勘察、设计招采程序是否规范、严谨。

（2）设计方案评审：审核建设内容与项目可行性研究报告是否一致，设计深度是否符合初步设计规范要求。

（3）设计概算评审：提交工作成果误差率≤5%。

（4）在约定时间内完成审核。

（二）咨询服务的保证措施

为保证咨询服务目标的顺利实现，结合项目特点和以往工作经验，有针对性的制订相应措施，在进度和质量方面制订保证措施，首先从专业上进行分工，保证专业人干专业事，针对前期评审、方案评审和概算评审分别制订整体措施，项目负责人统筹三个专业组的工作交叉进行，从整体上保证时间和质量要求。

1. 前期评审的保证措施

加强专业评估：由前期咨询和招投标专业的工程师按照工程前期开发建设流程，对项目前期程序和成果进行复核，与建设单位办理前期手续的人员进行充分交流，并要求就具体问题进行解释和说明；由招投标专业工程师参与前期勘察设计等专业服务机构的招标采购审核，确保招采程序的规范、严谨，符合法定流程。

2. 方案评审的保证措施

（1）专业人员：为解决技术难题，聘请行业内设计专家参与审核，确保设计方案审核的专业性和准确性。本项目分别邀请了中国某规划设计研究总院有限公司、某大学建筑设计研究院有限公司的建筑、结构（含地基）、给水排水/暖通、电气、文物防灾/振动控制五个专业的五位专家参与了初步设计方案的审核。

（2）严格执行相关规定和规范：审查人员根据2022年新颁布实施的强制性规范结合本项目逐条对标进行审核，并与专家团队分专业进行复核，确保新规范在本项目的落地实施。

（3）工程建设方案确定原则：建设方案是工程建设项目设计的核心。本项目按照"科学博物馆"的定位原则，在多方面听取了博物馆领域的文物防灾/振动控制专家，建筑、结构、给水排水/暖通、电气等各专业领域专家的综合意见后，最终按照"功能优先、经济适用"的主要原则确定建设目标定位。

按设计方案划分为建筑、结构、电气、暖通、给水排水、绿化、节能、环保等专业。分专业对各个设计方案进行分析、比选和论证，确定其选用的技术标准、参数及采取的工程措施是否依据充分，是否合理可行，水、电、气等公共设施能否配套落实，组织初步设计方案评审会，根据专家出具的评审意见，与建设单位沟通后，要求设计院进行修正。

3. 初步设计概算评审的保证措施

（1）收集资料阶段：根据委托内容提供给建设单位一份完整清单，保证资料的全面和完善；设计概算报审前按照报审要求和深度与建设单位沟通，避免由于资料不全、技术参数深度不够等问题，使设计概算金额不准，同时也避免发生遗漏内容。

（2）概算编制审核阶段：基坑支护、降排水方案的确定是前提，按照建设单位提供的、由土护降专业公司出具的经专家论证的初步设计方案编制的设计概算，避免了设计概算与实际施工时的大幅偏差。

（3）概算评审阶段：针对计价依据缺项或不适用等问题，建议建设、编制、设计等相关单位进行论证补充，提交造价管理部门审批后作为计费依据。在评审阶段也可暂借用相近、相似的计价依据项目，且综合单价要符合同期的市场价格。

4. 进度保证措施

（1）根据项目特点，制订详细的时间计划，编制时间进度表，结合时间管理系统，有效控制项目的执行进度，并在咨询过程中严格执行，在整个项目实施过程中，项目负责人、专业负责人、造价工程师对项目实时监控，确保项目时间、进度计划的有效执行。

（2）建立有效的周报沟通机制，保证项目高效有序进行。制订项目周报制度，要求各专业小组每周将工作进度、工作中发现的重大问题，及时反馈给项目负责人或专业负责人，项目负责人将定期召开造价咨询沟通会，及时讨论和解决服务过程中发现的重大问题，及时向委托单位汇报沟通。

（3）加强数字化管理及后勤保证。加强项目组数字化管理水平，配备图形算量软件，对博物馆出入口的异型结构，采用BIM模型进行辅助算量，提高工作效率。对项目组提供全方向的后勤服务，配备专门的询价平台和常用供应商名单，确保各项材料设备的询价及时性和准确性。

（4）我公司采用自主研发的"展创丰华项目管理系统"，为项目组提供可视化进程管理平台，全过程记录、整理、汇总共享资料、保证资料的可追溯性和及时性。

（5）为避免信息丢失，将工程评审信息进行整理和汇编，通过微信工作群定期向项目组发布。

5. 质量保证措施

建立成果文件内审制度并严格执行，保证出具的成果文件准确、可靠。为保证本项目的评审工作的质量，我公司实行造价工程师初审、专业负责人复审、项目负责人终审的三级审核制。具体做法是：造价工程师、专业负责人进行本专业的审核，项目负责人进行全面审核。同时在审查过程中，还采用不同计价方式，进行对比审查法，以确保计算误差在控制范围之内，并采取以下质量保证措施。

（1）编制实施方案，统一进行交底。在项目咨询服务实施之前编制咨询服务实施方案，确定工作内容、工作方法、工作计划、人员分配、成果要求等内容，并组织全体专业人员进行交底，确保每个人充分理解自己的角色和工作职责，保证每个人在正确的时间，用正确的方法、做正确的事情，使团队合作和时间得到有效管理。

（2）任务分解。项目团队建立后，在项目负责人的组织下，在公司技术总工的支持下，按工作结构分解（WBS）工作任务，将工作任务和项目人员有机结合起来，责任落实到团队每个成员，界定彼此之间的工作界面和联系，使每一项工作可跟踪、可追溯、有人承担最终责任。

（3）建立过程控制制度。过程控制是对实施方案的落实、追踪和检查的必要环节，是计划循环法（PDCA）管理中不可或缺的重要内容。通过过程控制制度的建立和实施，在咨询服务过程中，对每个人的状态、时间点和阶段性成果进行核查，从而发现问题，及时调整，使项目团队始终处于正确的轨迹上，沿着正确的方向、按照正确地时间要求向前进展。

三、针对本项目特点及难点的咨询服务实践

（一）实施过程回顾

我公司于2022年10月11日领取该项目的纸质版资料，次日收到电子版资料。

2022年10月14日，由该大学审计室组织，在审计室103会议室组织了各专业设计方案报告及设计概算介绍，我公司邀请的设计评审专家根据设计院设计负责人的汇报资料，与设计院人员进行初次交流；审计室、基建处、设计院相关领导和负责人参加，会后我公司组织设计评审专家进行了拟建项目现场踏勘。

2022年10月21日，设计评审专家就设计文件提出各专业设计问题；2022年10月

31日，在基建规划处6层会议室进行了设计评审，就评审专家提出的设计问题进行沟通、交流和讨论。审计室、基建处、设计院相关领导和负责人出席会议。设计院于2022年11月8日完成设计评审专家的评审意见回复。

2022年11月2日，我公司完成项目前期建设管理评审和设计概算初审工作，2022年11月3—7日，与建设单位、编制单位针对审核问题进行核查，期间进行局部问题的沟通与核对，2022年11月9日展开与概算编制单位的核对工作，经审计室、基建处负责老师协调，根据设计院2022年11月14日的补充回复，最终于2022年11月22日，我公司完成本项目设计概算的最终审核结果，并与2022年11月29日提交了成果文件。

（二）实施进度评价

项目合同约定工期，自委托之日起50个工作日内，即2022年10月11日至2022年12月19日。本项目2022年11月29日完成全部工作，满足项目合同工期要求，并按计划提前完成。

（三）实施质量评价

项目前期准备工作较充足，实施方案、组建项目组及项目工期计划等工作提前完成，严格执行了质量保证措施、三级审核制度，实现了咨询成果的质量目标。

（四）项目实施总结

通过组织设计评审专家进行拟建项目现场踏勘；经我公司及设计专家评审，从前期项目开发建设管理、设计成果符合性、项目定位和功能定位、各类强制性标准的使用、设计概算合理性等多维度进行审核，前延概算评审工作，在设计阶段融入造价控制，采用优化设计使技术和经济紧密结合，通过技术比较，经济分析和效果评价，力求以最少的投入，创造最大的效益。本项目是造价咨询在概算阶段发挥作用的一次拓展和创新，总结了前期建设管理成败，实现了设计优化，达到了主动控制造价的目标。

（五）服务实践内容

合同签订后，项目负责人组织专业工程师认真阅读合同文件，仔细理解合同条款的准确含义，分析项目特点、难点和重点，配备与项目内容相符的人员，制订专门的实施计划，在评审工作中善于发现问题，并采取有效的方式方法予以解决，开展了以下6个方面的具体服务实践：

（1）收集校园内类似项目地下工程投资信息，用于对标科学博物馆项目的指标作为参考。经了解，近半年内本项目位置北侧，新建学生活动中心项目已经完成施工招标。学生活动中心地下三层、地上一层，建筑面积57 000m²，其中地下建筑面积56 000m²。因此该项目的地基处理、基坑支护、降水工程等设计方案、施工方案、造价信息，对科学博物馆项目具有非常大的参考价值。因此，项目团队通过调研，取得上述资料，并与科学博物馆项目进行差异分析，合理解决地勘资料和土护降设计施工方案不足的缺陷。

（2）外部设计专家团队对设计方案的审核和完善。建设单位要求对设计方案进行评审的初衷，是复核初步设计方案与可行性研究报告中设计方案的符合性与变化之处，但本项目评审组建的外部设计专家团队在建筑设计要求、文物抗震、展陈规划、地下结构减震隔震等超出一般公共建筑设计规范和标准等方面提出了很多建设性意见，实现了对设计方案的复审和完善，虽然增加了概算审核的成本，但在初步设计阶段意义重大。

（3）向建设单位提出由于拟建科学博物馆与附件地铁的相互影响，对概算造价的影响问题，并建议建设单位预留解决资金。针对本项目地处地铁机车地下停靠场站附近，如何降低地铁震动对博物馆及馆藏文物的影响，以及如何避免博物馆基础施工对地铁的影响等涉及金额较大的不确定性因素，督促建设单位与地铁公司的接洽，并经该大学内部组织专家论证，地下结构减隔震措施设计增加造价 1 000 万元。

（4）针对本项目地上建筑楼板不连续、连体结构不规则、地下室顶板开洞面积较大，基础底板设计和主体结构设计复杂，工程量计算困难，不利于现有算量模型的建立，通过为混凝土结构建立 BIM 模型，利用 BIM 模型工程量核对概算计算工程量，确保工程量计算相对准确。

（5）根据实际签订合同和市场行情确定工程建设其他费。工程建设其他费用包括：基础设施建设费等行政收费、建设单位管理费、前期咨询费、勘察设计费、招投标代理费等，对审查阶段已经签订合同的工程建设其他费用要求项目单位提供合同，并参照规定的取费标准进行审核，对于合同额高于费用标准的，要有合理理由进行说明。工程建设其他费用审核做到了全面，不漏项、不多计，客观合理。

（6）项目后评价：本项目在完成后及时进行了后评价工作。

Ⅳ 服务实践成效

一、服务效益

本项目采用的概算评审模式，将建设内容、建设规模、功能需求、设计方案和图纸深度的审核纳入概算评审范围，超出常规造价咨询业务范围，但其本质是结合技术与经济，在设计阶段控制造价的目标，实现了创造价值的增值服务目标。合理的人员配备，优化的工作流程，严格的质量控制程序，专家顾问和建设单位的大力支持，已完工程结算审核的参考等，是本项目投资控制在估算范围内的有力支撑，提升了资金使用效益。本项目评审工作获得了建设单位好评，该项目完成后，校方将项目成果报告作为学院建设模板要求校内 7 家造价咨询公司统一套用，评审内容和模式迅速被应用到该校的金融学院的建设中。

二、经验启示

设计方案是决定投资的基础条件，在对建筑工程进行造价概算审核时，必须加强对设计方案的审核；项目建设规模和内容，工程技术方案的选择等，是影响造价的主要因素。初步设计方案及概算是控制投资的重点，设计概算审核阶段应重视设计方案的审核并结合优化后的方案对设计概算进行调整，以保证建设项目投资的合理性，有效实现资源优化配置目标。由于本项目设计概算审核和技术审核是分开的，导致设计规模、内容与估算不一致，方案不是最优选择，造成设计概算与实际造价有出入。

在对建设工程进行概算管理的过程中，除去常规的量、价、费审核外，更要重点关注措施方案选择，如土方支护等对造价的影响等。

"先评估，后决策"的投资决策制度从1986年就已实行，随着投资体制改革的深入发展，对需要国家审批的投资建设项目的评估程序和方法更为科学和规范。初步设计阶段是确定建设标准、重大技术方案的主要阶段，初步设计概算的深度也将直接影响工程造价的控制程度，可见初步设计在整个项目生命周期中处于关键位置，因此各方需重视初步设计审查工作，不断建立、健全评审制度。

🖱专家点评

北京市某知名大学科学博物馆及服务配套楼是北京市重点建设工程项目，部分资料不完善，又紧邻地铁，有较高的防震隔声要求，整体埋深22.3m，地下面积占总建筑面积的82.54%，地下工程复杂，委托内容包括了项目前期建设手续合规性审核、初步设计方案审核、概算审核，超出了行业内建设项目概算审核服务的范围，可借鉴的数据较少，导致该项目的概算审核难度较大。

本案例咨询单位在概算审核开始前，根据建设单位的委托内容，认真分析了项目特点和难点，建立了专业齐全的项目组，组织模式清晰，工作职责明确，并确定了"全局观、全过程、全心全意"的理念和思路，从概算审核的角度出发，全面合理地考虑了建设项目全过程造价管控。

本案例咨询单位在该建设项目概算审核过程中，克服多种困难，针对项目的特点难点，采用了灵活合理有效的审核方式，借用外部设计专家、建设单位前期人员力量，参照附近已竣工建设项目的工程地质资料，确定土护降方案，并与地铁公司沟通，确定相关费用，针对计价依据缺失、定额不适用等问题，组织建设单位、概算编制单位、设计单位等相关单位编制补充定额，并得到造价管理部门批准。

该建设项目的概算审核具有较多的特点和难点，咨询单位在较短时间内，组织、计划、实施合理，进行了初步设计与可行性研究报告中相应功能的对比分析，审定概算与投资估算、审定概算与报审概算的对比分析，圆满完成了建设单位委托的概算审核任务，是一个典型的概算审核优秀案例，可供同仁参考。

指导及点评专家：陈　彪　信永中和工程管理有限公司

某博物馆初步设计概算评审案例

编写单位：北京价源技术有限公司

编写人员：周　翔　张　军　贺新梅　田文静　李炜烨

I　项目基本情况

一、项目概况

某博物馆建设项目位于北京城市副中心，为特大型博物馆，由主楼和观众共享大厅两部分组成。建设内容主要包括藏品库区、藏品技术区、陈列展览区、教育与服务区、业务与研究区、行政管理、附属保障用房及地下车库等。项目总建筑面积99 700m²，其中地上 62 000m²，地下 37 700m²。

主楼总建筑面积为82 493m²，其中地上建筑面积53 571m²，地下建筑面积28 922m²。地上三层，地下二层，建筑高度34.90m，结构形式采用钢筋混凝土框架隔震结构+钢结构屋盖，基础形式采用钻孔灌注桩+筏板基础。

观众共享大厅总建筑面积为17 207m²，其中地上建筑面积8 429m²，地下建筑面积8 778m²。地上二层，地下一层，建筑高度19.50m，结构形式采用地上钢排架结构+地下钢筋混凝土框架结构，基础形式采用钻孔灌注桩+筏板基础。

外墙装饰采用玻璃和石材幕墙等，同步实施室内装饰、给水排水、采暖通风、强弱电、消防、电梯、太阳能、燃气、室外工程等。本项目建设单位是某博物馆，初步设计及概算编制单位是某设计研究院有限公司，初步设计概算评审单位是北京价源技术有限公司。

二、项目特点及难点

某博物馆项目建设是贯彻落实中央对北京城市总体规划批复的重要举措，其核心目的在于加强贯彻北京市的城市功能，实现总体规划发展目标的同时展现北京市独有的深厚历史文化底蕴。将"都"与"城"切合，符合北京城市总体规划对于加强"四个中心"功能建设、抓实抓好文化中心建设的重要批复，有利于北京城市文化中心建设，对于首都历史文化名城的保护和传播具有积极作用。本项目建筑设计方案取意"运河之舟"，与城市绿心自然环境有机融合，展现大运河的历史文化，项目效果图见图1。

本项目在设计概算评审方面主要有以下难点：

（1）由于项目规模较大，建筑功能复合、标准高，方案评审是个难点。

图1 项目效果图

（2）由于本项目建筑体量大，评审时限短，质量控制是个难点。详细评审阶段，由于建筑体量较大，评审工作时间比较紧张，工程费审核人员较多，需对每个审核人员的审核原则进行统一，包括工程量计算规则、取费文件选取原则，造价信息选用原则等，保证审核后相同子目单价一致。

（3）由于该项目规模较大，因此评审期间时间紧、任务重，评审的计划安排是个难点。

（4）由于本项目为特大型综合类博物馆，因此与《博物馆建筑设计规范》JGJ 66—2015和《党政机关办公用房建设标准》（发改投资〔2014〕2674号）的符合性是个难点。

II 咨询服务内容及组织模式

一、咨询服务内容

初步设计概算审核，按照委托要求，我公司对修改后的初步设计方案及投资规模进行审核。重点对项目建设规模、建设内容及功能分配与可研报告批复的符合程度、设计方案是否经过了全面合理的优化、建筑法规及技术规范的满足程度、投资规模与可研报告批复的符合程度、投资构成的完整和准确程度等进行审核。

二、咨询服务组织模式

根据本项目情况，我公司成立项目审核组和专家评议组；选取经验丰富的注册造价工程师作为项目负责人，在审核组内部又成立三个小组，分别为土建审核组、安装审核组、工程建设其他费审核组。本项目咨询服务组织模式见图2。

三、咨询服务工作职责

（一）项目负责人职责

负责与项目单位取得联系，综合协调

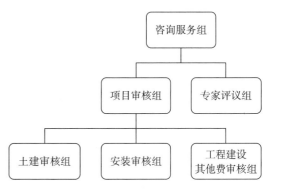

图2 本项目咨询服务组织模式

整个造价咨询工作；负责编制造价咨询报告；负责编制总体造价咨询方案，依据方案对各专业进行工作交底，组织具体实施，并对造价咨询工作的实施进行检查、监督。

（二）各审核组组长职责

负责本小组人员的工作安排和计划把控；各小组每天向组长汇报审核进度及审核中遇到问题，对各自小组进行工作交底，重点难点的把握，审核的详细计划；督促各时间节点的任务完成情况。

（三）专家评议组职责

解决各小组中内部无法消化的问题；可以由经验丰富的专家组进行讨论解决，给出最合理的解决方案。

Ⅲ　咨询服务的运作过程

一、咨询服务的理念及思路

实施建设项目的造价咨询制度是我国建筑市场趋向规范化、完善化的重要举措，是进行项目管理的重要环节。造价咨询工作涉及法律、合同、经济、技术等多方面的知识，通过造价咨询，能够保证建设资金使用的合法、合规。

初步设计及概算审核，根据委托任务要求，对所提供的项目初步设计及概算文件进行审核、论证，出具审核报告供政府行政部门作为项目投资决策的参考依据。

初步设计概算审核的思路：顺序合理、层次分明，主次划分、先主后次，先易后难、先简后繁，先小后大、先分后合。既有坚定的原则性（刚性），又要有适度的灵活性（柔性）。根据市场形成价格的导向，结合市场价格幅度差的情况，原则性与灵活性有机结合。

二、咨询服务的目标及措施

（一）咨询服务目标

（1）工程造价咨询服务工作依据、程序符合国家相关管理规定。

（2）工程造价咨询服务工作时限符合委托方要求。

（3）工程造价咨询服务结果符合项目实际需要，保证政府资金的合理使用及效率，项目建设过程中工程造价始终处于受控状态。

（二）咨询服务的措施

1. 质量保证措施

1）造价咨询准备阶段质量保证措施

造价咨询准备阶段是整个造价咨询工作的基础，在造价咨询业务的前期做好各项质量控制，不仅能从开始确保造价咨询质量，降低造价咨询风险，而且可以大幅节约具体造价咨询过程的时间和成本，提高造价咨询效率。加强造价咨询实施前的质量控制，主要措施有以下3个方面：

（1）准备与造价咨询项目相适宜的造价咨询组成员。

（2）把好审前调查关，确定造价咨询的重点领域。

（3）制订切实可行的造价咨询实施方案。

2）造价咨询实施过程中质量保证措施

造价咨询实施过程的质量控制是整个造价咨询过程质量保证的核心。加强对造价咨询实施过程的质量控制措施，对保证造价咨询质量，降低造价咨询总体风险，具有重大作用，主要措施有以下4个方面：

（1）落实项目造价咨询责任制。

（2）发现内部控制的重大薄弱环节，应扩大测试范围。

（3）规范造价咨询工作底稿的编制。

（4）严格执行复核程序。

3）造价咨询终结后质量保证措施

做好造价咨询终结后的工作，总结造价咨询经验，检验当前使用的造价咨询程序与方法，以及提升以后业务的造价咨询质量具有重要作用。加强造价咨询终结后的质量控制，主要措施有以下3个方面：

（1）及时总结造价咨询工作。

（2）建立造价咨询质量责任追究制度。

（3）加强造价咨询档案管理。

4）造价咨询方法质量控制保证措施

要提高工程造价咨询质量，除了认真审核工程量、定额套用及费率标准外，还要认真做好以下3个环节的工作：

（1）认真阅读初步设计文件，正确理解设计意图。

（2）认真审核材料价格，做好询价调研工作，也是提高造价咨询质量的一个重要环节。

（3）认真踏勘现场，及时掌握第一手资料。

5）公司内部重大咨询问题会审制度

（1）为了保证工程造价咨询成果的真实性、完整性、科学性，特制订本制度。

（2）对咨询项目中出现的重大咨询问题（如影响金额较大、复杂事项、重大分歧、有风险及对咨询结果有重大影响的问题等），必须实行公司内部会审（内部会审有质量控制流程单、会议两种形式）。

（3）重大咨询问题会审前，由承担咨询项目的项目负责人会同该项目的专业咨询人员提出专题，并准备会审必需的全部材料（项目涉及的审核记录、有关法规文件规定、数据引用、计算调整、计算过程和结果等），同时明确列出问题、详细分析和后果预计。

（4）重大咨询问题会审由项目负责人主持，组织相关人员参加，如果问题超出本专业知识，可酌情邀请其他专家参加会审。

（5）重大咨询问题会审采用的法律法规、标准规范、定额、计算方式、价格等必须正确、合理；咨询过程中形成的记录、会议纪要、取证等文件必须真实、充分和有效，结果表述必须清晰、完整、一致。

（6）会审过程中必须了解有关当事人对初步结果的分歧意见及其产生原因，对分歧意见进行负责的分析、判断和选择，从而形成客观、公正、严谨、清晰的结论。

（7）每次重大咨询问题会审的评估、分析和结论必须形成书面纪要，参会人员及有关责任人签字和签署意见，纳入存档范围。

（8）如发现有该执行本制度而未执行本制度的情况发生，公司将视情节轻重给予适当处罚。

2. 进度保障措施

（1）我公司将根据项目情况编制总体进度计划、阶段计划和日计划。总体计划是方向，用来控制总目标的实现；阶段计划是基础，用来控制分项目标的实现；日计划是关键，用来控制当日目标的实现。

（2）我公司进行目标分解责任到人。将工期目标横向分解，责任落实到部门，落实到每个人。实行奖惩制度，责任目标与经济挂钩。

（3）我公司将安排专人进行计划目标跟踪。对计划目标进行动态管理，根据委托人要求和计划具体执行情况，对目标计划随时进行调整，以确保整体目标的近期完成。

（4）我公司将安排专人与委托人保持联系，及时了解项目进展情况，并将委托人的要求逐一落实，尽力实现。

（5）我公司将配备充足、高素质、有敬业精神的咨询公司员开展造价咨询工作；并根据项目咨询工作的进展情况，在有必要的情况下增加造价咨询力量，确保造价咨询进度目标的实现。对于不合格的编制小组人员，我公司同意无条件撤换。

（6）我公司参与咨询项目的业务人员均配备较为先进的办公设施、算量软件、组价软件、办公软件等。参加人员均配备手提电脑，确保工作进度满足委托人的要求。

（7）视项目进展要求，我公司编制小组人员将加班加点，服从项目进度安排和委托方工作的统一调度安排。

（三）针对本项目特点及难点的咨询服务实践

本项目由主楼和观众共享大厅构成，主楼地上三层，地下二层，建筑高度34.9m，采用钢筋混凝土框架结构体系和隔震技术，大幅度提升了建筑的震性能。观众共享大厅主要功能为观众导览、配套服务、文创礼仪和社会教育等地上一层，地下一层，建筑高度19.5m，采用了与其外形统一的大跨度钢结构架体系。

本项目概算定额钢筋用量23 382t，咨询单位与施工单位审定钢筋用量28 745t，钢筋用量有偏大倾向。工程项目概算的钢筋用量一般是依据项目初步设计图纸中混凝土结构构件的截面尺寸，按照国家现行工程概算编制方法，基于不同结构构件混凝土体积套用定额计算钢筋含量，而定额为常规结构的平均指标，无法反映特殊、复杂项目的独特情况。尽管在项目概算的编制过程中考虑了项目的特殊性，对钢筋用量进行了必要的修正，但由于初步设计图纸与实际施工图纸深度的差异，加之本项目绝大多数结构构件为满足建筑空间的需要选择了配筋率较高的下限截面，因此会出现概算钢筋用量与实际施工图核算的钢筋用量存在明显差异。

我公司聘请某大学建筑设计研究院的专家对钢筋用量偏大的情况进行分析，专家认为：本项目的方案的确复杂，评审阶段建议优化过方案。在现有方案不变的前提下，钢筋用量必然大于常规建筑。具体原因如下：

（1）抗震设防因素：本项目主楼采用隔震设计，理论上地震作用会相应减小一度，但该建筑属于超大型博物馆，其设计使用年限为100年，考虑现行国家标准设计基准期为50年，小震地震作用放大系数调整为1.4倍，虽然采取隔震措施地震作用有所减小，但设计使用年限100年的建筑又将地震作用进行了放大，综合比较相应配筋量会折中。同时，由于建筑功能及外形需要，本项目为结构复杂程度超限的项目，在抗震设防方面采取了性能化设计，抗震性能指标为C，即需要同时满足中、大震的一些抗震性能指标，因此最终导致结构构件配筋率无法降低，这是不同于常规建筑配筋的主要原因。

（2）隔震功能因素：由于本项目主楼采用了隔震设计，需要增设隔震层以实现隔震功能。隔震层类似常规建筑的夹层，需布置一层相应的梁、板，而隔震层又不计入建筑面积，隔震层所增加的混凝土及钢筋用量会显著增加本工程按单位面积核算的混凝土和钢筋用量。此外，隔震建筑中最为关键的隔震支墩由于功能和计算需要截面巨大、配筋量大，还需满足罕遇、极罕遇地震的承载力设计要求，这又会导致隔震支墩尺寸和配筋量的进一步加大。

（3）地铁防振动因素：由于本项目毗邻地铁，依据相关振动咨询机构提供的振动咨询报告，为保证建筑不受地铁振动影响，需要加大建筑物基础底板的厚度要求A楼基础底板厚度不小于1 000mm，B楼基础底板厚度不小于1 500mm，上述基础底板厚度需求超出常规建筑较多，因此基础底板的防振动需求是导致本工程混凝土和钢筋用量明显增大的又一重要因素。

（4）结构超长因素：本项目属于典型的混凝土超长结构，超出规范规定不设变形缝最大间距限值较多，根据现行国家标准钢筋混凝土框架结构伸缩缝最大间距为55m（室内）、35m（露天）。本项目A楼平面长度约为280m，B楼平面长度约为180m，且因功能需求结构全长不设缝，远超常规结构的平面尺寸。为了降低温度应力、混凝土收缩、徐变带来的混凝土开裂风险，本项目未采用添加膨胀剂和抗裂纤维的辅助措施，而是通过配置抗裂钢筋和设置预应力钢筋作为超长混凝土结构抗裂措施，因此与常规工程相比，钢筋用量会明显增加。

（5）超高悬臂挡土墙因素：本项目建筑地下室周圈因功能需要布置了下沉庭院及隔震建筑必需的隔震沟，需要结构设置悬臂构件实现挡土和隔震功能，同时地下室为满足功能需求层高很高（7.2m，一般项目通常为4~5m，导致周围形成了超高、超长悬臂挡土墙（A楼悬壁高度约10.5m，总长度490m；B楼悬臂高度约8m，总长度225m），为解决高大悬管挡土墙的侧向支撑，全部悬臂墙均采用了扶壁式挡土墙，除了挡土墙高度过大和长度过长外，其扶壁墙的高度和间距密度也较大，因此与常规建筑相比，悬臂挡土墙的混凝土及钢筋用量的相应增加也是本工程混凝土和钢筋用量显著增加的又一重要因素。

（6）下沉庭院和抗浮措施因素：本项目抗浮设防水位较高（接近场地自然地面标高），抗浮稳定和抗浮承载力问题都比较突出，因此抗浮措施的工程代价相比一般工程要大。特别是B楼全楼层数少，还是大跨空间，结构抗浮压重明显不足，因此B楼设计的工程桩中抗拔桩明显多于抗压桩，比较抗拔桩和抗压桩两种桩型虽然桩径一样，但抗拔桩的配筋量显著高于抗压桩，约为抗压桩配筋量的4倍，这也是本工程钢筋用量增加的主要因素之一。

A楼层数较多，虽不涉及整体抗浮稳定的问题，但是A楼主体建筑周边三面都是大空间下沉庭院，其面积为6 447m²，B楼下沉庭院面积为1 285m²。上述下沉庭院均涉及局部抗浮问题，不但要设置厚度较大下沉庭院结构底板，而且要增设较为密集的抗拔桩进行抗浮，抗拔桩的增多显著增加了本工程的钢筋用量同时为下沉庭院增设的结构底板又进一步增加了本工程混凝土和钢筋的用量。需要强调的是，由于下沉庭院不计入建筑面积，因此下沉庭院增设的结构构件和抗拔桩使得本工程按单位面积核算的混凝土和钢筋用量更大。

（7）特殊抗震措施因素：本项目A楼为隔震建筑，B楼为非隔震建筑，A、B楼均为复杂程度超限的高层建筑，其中A楼由于博物馆展示空间的需要，三层以上混凝土结构屋面不连续，为协调屋顶连续钢结构屋面需要采取特殊的结构措施保证结构安全；B楼由于功能需要地下室顶板无法满足嵌固端的设置要求，需要将抗震分析的嵌固端下移至地下室底板，故A、B楼均会增大结构构件和相应用钢量。上述A、B楼因抗震设计需要增加的抗震措施也是造成本项目混凝土和钢筋用量增多的原因之一。

Ⅳ　服务实践成效

一、服务效益

本项目初步设计概算的评审完整反映了设计范围内工程项目建设全过程所需的全部费用，在评审过程中实现了以下实践成效：

（一）初步设计方案评审效益

本项目经过对比分析，该项目初步设计建设内容与可研批复基本一致，部分初步设计建设规模与可研批复存在差异，差异如下：

（1）总建筑面积和可研批复保持一致，局部面积进行了调整。主要变化为：

①主楼地上建筑面积增加991.52m²，是因为博物馆对温湿度控制要求较高，空调

机组较多，还需要为展柜空调的机组预留安装空间，深化设计过程中发现主楼地上2层、3层空调机房面积预留不足，因此增加了一些局部夹层作为空调机房，导致主楼地上建筑面积增加。

②主楼地下建筑面积增加521.91m²，是因为深化设计过程中，应电气专业和电力公司的要求，主楼地下一层1#、2#变配电室下方均增加了电缆夹层，按规范需计算一半面积，约382m²。另外，主楼地下一层南侧4个出入口外侧的有柱门廊，按规范需计算一半面积，约140m²，可研阶段漏计。

③共享大厅地上建筑面积减少991.52m²，有三个原因：第一，可研阶段将共享大厅室外挑檐下方的空间定义为建筑雨篷，计算了一半的面积（约480m²），后经进一步研究，并与测绘所深入沟通后，认为该挑檐距地面高度达15~25m，按照《建筑工程建筑面积计算规范》GB/T 50353—2013第3.0.27条，这种超高挑檐形成的檐下空间是不需要计算面积的，所以在初设阶段减掉了这部分面积。第二，可研阶段共享大厅北侧用房的室内屋面计算了建筑面积（约340m²），后经进一步研究，并与测绘所深入沟通后，认为该区域是"房中房"结构的屋顶，且属于不可上人、不具有使用功能的区域，此种空间不计算建筑面积（图3），所以在初设阶段也减掉了这部分面积。第三，为了控制总建筑面积，将共享大厅二层报告厅屋顶的可上人区域缩小约170m²。

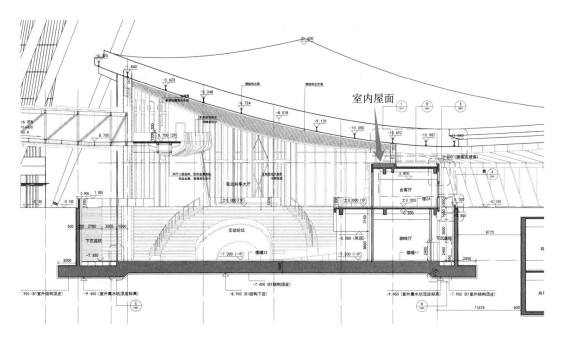

图3　共享大厅剖面图（局部）

④共享大厅地下建筑面积减少521.91m²，是因为共享大厅地下一层北侧用于消防逃生的下沉庭院，由于形状过于狭长，在可研阶段计算建筑面积时误以为是一条室内疏散走廊，计算了建筑面积。实际上这是一个露天下沉庭院，不应该计算建筑面积。初设阶段予以修正，使得共享大厅地下建筑面积有所缩小。

（2）可研批复太阳能光伏玻璃面积4 912.17m²，初设审定654.68m²，主要变化原因：一是太阳能是重要的绿色节能技术措施，也是本项目的设计亮点之一，但考虑到光伏玻璃比普通玻璃价格较高，一次性投入较大，为了控制造价，节约成本，对该部分进行了优化设计，减少了光伏玻璃的面积。二是根据设计单位中标的建筑设计方案，本项目主楼屋顶除四个三角形采光缝之外均为金黄色，但在深化设计中发现光伏玻璃不适合做成金黄色，因为如果用施加彩釉的方式做成金黄色，将会大幅降低发光效率，得不偿失。故对此方案进行了调整，把光伏玻璃集中到4个三角形采光缝处。

（3）可研批复主楼钢屋盖下PTFE（聚四氟乙烯）膜结构吊顶面积16 347.84m²，初设审定为铝合金金属网吊顶，面积10 785.19m²。主要变化原因：一是主楼顶部侧面设有消防排烟窗，PTPE膜结构是不透气的，利用吊顶内空间无法排烟，因此吊顶材料必须选择烟气可透过的材料，所以将PTFE膜改为金属网。二是可研阶段面积为估算，将整个金属屋面下方均计算了吊顶面积，初设阶段根据初设图纸，扣除展厅上方空间的面积，因此吊顶面积减少。

（4）可研批复屋顶绿化面积6 333m²，初设审定5 006m²，主要变化原因是可研阶段屋顶绿化面积为屋面的全面积，初设阶段面积包括了绿化和铺装，但扣除了屋面排水沟所占面积。

（5）内装修方案较可研阶段不同，主要变化原因为：

①共享大厅首层大空间及地下部分地面由于磨混凝土调整为星耀灰石材、A级复合木地板，是因为从视觉效果上看，干磨混凝土简约冷峻，有一种"工业美学"的味道，更适合于现代美术馆等空间，而石材古朴沧桑，更适合于诠释博物馆的历史文化内涵；从造价上看，干磨混凝土价格高于石材；从施工工艺上看，干磨混凝土工艺较为复杂，需要大量的现场湿作业，施工难度较大，工期较长，不适合在本项目中大量使用。因此将干磨混凝土调整为以石材为主，并根据室内效果辅以木地板。

②在满足使用需求并节省投资情况下，将共享大厅地下部分A级木饰面吸声板、微孔A级木饰面吸声吊顶调整为铝格栅木纹转印，根据整体空间效果的需要，局部采用仿铜不锈钢、仿铜不锈钢表面蚀刻图案。

③主楼与共享大厅之间的连桥吊顶由A级PTFE透光膜调整为拉板金属网，是因为经过市场调查，PTFE透光膜做不到A级防火要求，所以改为拉板金属网。

④应消防要求，主楼展厅外公共休息区吊顶由PTPE遮阳吸声膜调整为拉板金属网。

⑤根据展陈需求，将主楼封闭式展厅墙面由成品阻燃吸声织物软包（木质穿孔吸声板）或混凝土挂板、保温材料（无机改性石墨不燃保温板）调整为仿瓷涂料。

⑥文物保护和修复中心，吊顶由穿孔石膏板改为铝合金条板，是因为修复区长期处于潮湿环境，石膏板容易受潮，所以改为铝合金条板；墙面取消了防X射线辐射墙面，是因为经过与项目单位沟通，购买修复设备时自带防辐射设施，墙面不需要做成防辐射墙面；地面由防水防酸环氧磨石和环氧自流平调整为聚丙烯酸酯乳液水泥砂浆，是因为环氧磨石成本高、施工复杂，环氧自流平达不到A级防火要求。

⑦卫生间、内部餐厅、厨房等吊顶由石膏板调整为铝合金条板，是因为有水房间湿气较重，石膏板吊顶容易发霉，故改为现在普遍使用的铝合金条板。

⑧母婴室吊顶由穿孔石膏板调整为铝合金条板，是因为母婴室位置大部分临近卫生间，故吊顶采用与卫生间相同的材料；墙面由成品阻燃吸声织物软包调整为涂料，是因为织物软包容易被污染，不易清洁，故改为涂料。

（6）可研批复观众共享大厅屋面结构形式为钢木组合张弦梁，初设阶段为船形空间钢桁架结构，钢结构用量增加907t。主要原因有以下5点：

①张弦梁结构的受力特点与下凹式屋面造型的匹配度不够高，结构体系整体效率偏低，钢拉索会对木梁产生很大的压弯效应和徐变效应，经计算，须使用双层拉索的新型结构才能解决，且梁端节点须改用钢节点，会导致成本增加和施工难度加大。

②木梁的防火是依靠加大截面实现的，其在燃烧时表面产生碳化层，起到隔热作用，从而阻止其继续燃烧，但一旦过火之后，木构件无法恢复原貌，也很难局部更换。

③由于观众共享大厅跨度较大，每榀胶合木梁整体长度约为45~54m，在现有的加工、运输条件下，需要将木梁分为2~3段现场拼接、整体吊装，而木梁的等强度拼装技术尚不成熟，难以保证质量。

④根据现行国家标准，本项目所需木材须采自SZ1级别树种，强度等级须达到TCT40，经调研，只有进口木材才能满足上述要求，而在当前国际形势下，木材进口周期长，报关手续复杂，不确定性因素多，无法保障工期。

⑤因为本项目跨度较大，造型较不规则，使用木结构，成本较高。综上所述，木结构方案尽管在技术上可以实现，但在投资、工期方面的代价很大，且部分技术还不够成熟。加之本项目是北京市重点工程，又是百年建筑，容不得试验和冒险，因此将钢木组合结构改为钢结构。

（7）主楼钢结构屋盖增加430t，主要原因是初设阶段依据钢结构深化图纸，增加了交叉支撑。

（8）可研阶段基础方案采用的桩长为36m，初设阶段桩长33m，主要变化原因为初步设计优化，桩基础采用后注浆技术，抗拔及抗压承载力都有所提高，因此适当缩短了桩长，以便节省投资；主楼筏板厚度由1 500mm调整为1 000mm，是因为主楼已经采用了隔震技术，经过与减隔震设计单位沟通并经专家论证，筏板厚度不需要加厚即可满足减振的要求。

（9）隔震层层高由2m调整为2.1m，是因为可研阶段考虑了100mm厚地面做法，层高未把地面做法厚度计入，初设阶段考虑到隔震层属于非人员活动空间，没有必要做建筑面层，故取消了地面做法，隔震层高度由2m变为2.1m。

（10）可研批复浮筑楼板面积14 316m²，初设审定9 361.37m²，主要变化原因为可研阶段面积为估算，将库房和文物保护与修复中心范围内的辅助空间也计入了面积，实际上这些空间不需要隔振，没必要使用浮筑楼板，因此在初设阶段予以扣除，故浮筑楼板面积减少。

（11）可研批复隔震沟深9.2m，初设审定8.9m，主要变化原因为初设阶段设计优化，适当降低了隔震沟深度。较可研批复增加了隔震盖板和临柱钢箱，主要原因是为保证地震来临时隔震结构和大地之间有一定的位移，也为防止人员坠落到隔震沟内起到安全措施。

（12）给水系统，因空调考虑加湿功能增加空调机房供水；因实验室部分文物维修期间需要吹扫增加气动吹扫系统；因初设阶段细化方案，增加母婴室、接待室、文保工作室、分析实验室等的给水及排水系统。

（13）中水系统，可研批复市政引入管为$DN150$mm，初设审定为$DN200$mm，主要原因为初设阶段重新复核用水量，管道改为$DN200$mm。

（14）热水系统，可研批复热水采用下行上给，初设审定为上行下给，主要原因为便于用水水流流畅，解决上层压力太大问题改为上行下给。为方便厨房清洗用水增加厨房热水系统。

（15）取消直饮水系统，主要原因为初设阶段为节约成本，由于饮用水系统满足需求，不再单独设置直饮水系统。

（16）污废水系统，为便于空调机房冷凝水外排增加空调机房污废水系统、为便于管井内设备维修时废水排除增加管井内排水系统、为便于排除污水坑发酵的沼气增加通气管。

（17）雨水排水系统，雨水利用由整个园区统一考虑，本系统未设置雨水调节池。

（18）大空间智能主动灭火系统，可研批复设置位置为高度超过18m区域，初设审定设置位置为高度超过18m区域和铝合金金属网作为顶棚的净空高度大于6m的空间，主要原因是铝合金金属网顶棚无法设置自动喷水灭火系统喷头，故改为大空间智能主动灭火系统。

（19）气体灭火系统。中控室及通信主机房可研批复采用气体灭火系统，初设审定为高压细水雾系统，主要变化原因为细水雾吸收热量后迅速被气化，对弱电设备保护特别有效。

（20）灭火器配置。配电室可研批复为磷酸铵盐手提式干粉灭火器，初设审定为二氧化碳灭火器，主要原因为二氧化碳灭火器更适合扑灭A类火灾及电器类火灾。

（21）地面辐射供暖系统。可研批复敷设面积10 000m^2，初设阶段依据细化后的图纸重新复核，敷设面积为15 310.22m^2。

（22）文物对温度湿度有一定要求，故增加实验室和展柜恒温恒湿空调系统。

（23）照明系统。为后期隔震层内设备提供检修照明，增加隔震层的照明系统；因初设阶段细化图纸，增加实验室工艺配电机照明系统。

（24）因隔震层有用电设备、管线等存在火灾风险，增加隔震层消防报警系统。为保护地下坡道的火灾安全，增加地下一层坡道消防报警系统。为更好保护机房的设备弱电、中控等机房设置高压细水雾系统，这些区域需要感烟感温两种探测器及配套的管线。

（25）燃气工程。生活用气可研阶段为暂估，初设阶段由于用餐人数增加，并且为了考虑不可预计时用餐人数，同时考虑用气设备可能发生故障提前预留，造成用气设备增多，所以用气需求增加。

（26）可研批复电梯43部，初设审定39部。主要变化原因是初设阶段优化图纸，在满足需求情况下，为考虑经济，取消了若干电梯。

（27）可研批复机动车道采用沥青混凝土做法，广场采用广场砖面层，扑救场地采用透水砖做法，停车场采用植草砖做法；初设审定铺设沥青混凝土车行路（含停车场）7 218m²，透水砖车行路（含扑救场地、广场）4 986m²，透水砖人行路186m²，花岗岩车行路（含扑救场地、广场）14 736m²，青石板碎拼园路352m²。主要变化原因：

①主楼南侧的广场采用了透水砖面层，主要目的是为了加强雨水下渗能力，满足海绵城市建设的要求。

②主楼和共享大厅之间的扑救场地位于水街内，所以采用了花岗岩面层，是因为水街的铺装要体现运河码头的意向。

③停车场原方案为植草砖，主要目的是希望建成生态停车场，增加绿地率。但植草砖的缺点是地面平整度差，车行、人行的舒适度较差。后经核算，本项目绿地率已经满足规划要求，没有必须依靠停车场植草砖提高绿地率，故将停车场植草砖改为沥青混凝土面层。

④厅北侧人防疏散路常年不走游客，为节约投资优化方案，将花岗岩路面调整为青石板碎拼园路352m²。

（28）室外景观可研阶段为综合描述，初设阶段在可研基础上进行深化。其中地面绿化面积可研批复为39 690m²，初设阶段为38 451m²，主要原因是初设阶段扣除了出地面的风井、楼梯间等建筑物所占的面积。

（29）可研阶段室外景观微地形所用现场土方按土壤改良考虑，初设阶段考虑直接外购种植土的方式，满足植物生长的需求。

（30）可研批复景观挡土墙长度210m，初设审定212m，主要原因为初设阶段优化设计。

（31）可研批复在水街两端设2座可折叠伸缩的跨河桥，初设审定为在水街上设置8座跨河桥。主要原因是可研阶段跨河桥数量也为8座，包括2座可折叠伸缩的跨河桥，因规划部门的要求，市民可24h穿越水街，另因消防部门的要求，消防车能通过跨河桥，因此将可折叠伸缩桥改为与其他桥相同的钢筋混凝土结构。

（32）可研批复在入口附近设置1组高度为5m的钢制海报架，初设阶段改为3.8m高，主要变化原因为初设阶段深化设计，3.8m高即可满足张贴巨幅展览海报的功能需求。

（33）可研批复铺设下凹绿地7 240m²、植草沟225m²、雨水湿地2 205m²，初设审定铺设下凹绿地7.159m²、溢流雨水口8座、铺设 DN200mmHDPE（高密度聚乙烯）双壁波纹管261m。主要原因是由于博物馆南侧后勤区域的地上停车空间、员工室外休憩活动空间、地上文物入口空间的优化调整，更改了雨水径流汇水方式。

（二）初步设计概算评审效益

本项目初步设计概算审核情况如下：审定总投资为181 275.90万元，其中工程费

167 043.73万元，工程建设其他费8 952.29万元，预备费5 279.88万元。投资较申报投资182 424.26万元核减1 148.36万元，核减比率为0.63%。较可研批复投资173 307.41万元核增7 968.49万元，核增比率4.60%。

二、经验启示

初步设计概算是建设项目投资管控的最高限额和后续很多工作的依据文件、基础资料，我公司通过对该项目的概算评审，总结出如下经验：

（1）要求初设编制单位编制的初步设计概算必须随同需要评审的初步设计方案、初步设计图纸同时编制，经设计单位内部审核后同步上报。

（2）在评审初设概算前应对项目前期手续有充分的了解，包括已经批准的工程规模、投资规模、项目功能和工期等。还要了解工程所在地的环境情况和施工条件，掌握当地技术、材料及劳动力的市场价格。同时还应查找搜集类似工程的造价信息作为参考资料。

（3）初审概算评审工程量的计算要准确、完整。工程量对造价有至关重要的影响，准确的工程量才能成为工程造价可靠的参考和依据。因此要求评审人员在计算工程量之前，要熟悉各单项工程的具体情况，保证概算能真实完整地反映初步设计概算图纸内容。

（4）初审概算评审定额套用要正确、规范。要严格遵照相关规定与要求进行定额套用。定额套用和换算过程中，要分析建设内容与定额的适用性，通过定额说明、设计图纸和一般施工方案的对比，选用合适的定额。如果定额内容与图纸不符时要及时对定额进行调整；当项目选用的材料与定额不同时，要进行材料替换；定额内容与图纸相比有工序不足的情况，要以定额内容为基础进行补充。

（5）初审概算评审设备与材料价格要合理。设备材料费用在工程造价中占的比例较大，对工程造价准确性产生直接影响。设备材料来源应尽量多途径，在询价时注意材料规格和型号。在确定材料设备价格的时候，不能一味地以低价为标准，要在满足质量和需求的基础上选择合理的价格。

（6）对于规模较大，建筑功能复合、标准高的项目，要合理的安排人员和进度控制的时间节点。对于不能把控的技术难点，聘请专家进行论证，已达到技术可行，经济合理的目的。

专家点评

某博物馆建设项目是贯彻落实中央对北京城市总体规划批复的重要举措，是构建现代公共文化服务体系，推进首都精神文明建设，提升文化软实力和国际影响力的重要项目。承载如此重要使命，所以该项目功能复杂、规模大、定位高，从可行性研究到方案设计、深化设计各个环节都需要深入研究。

本案例的作者抓住了本次评审任务的核心难点，即技术复杂，且技术难点对造价影响巨大。因此借助行业专家力量，在结构体系和抗震方面，深入分析减震隔震、地铁防震动、超高悬臂挡墙、下沉庭院抗浮等对工程造价影响巨大的因素，以期达到技术经济相匹配的效果。

同时，本案例不惜花费大量精力，详细比对可研方案和设计方案的内容，找出两阶段的差异之处，深究变化原因，并以此为基础，核查概算与估算的偏差并判定其合理性，可以说，体现了设计阶段造价管理的巨大价值，彰显了技术经济相结合的服务效益，为行业内偏重实施阶段管控、忽略前期阶段预控的现象上了生动一课。

最后，作者站在审核单位角度，对概算编制单位提出了如何做好设计概算要求和建议，对设计概算评审的要点和方法进行了总结，略显不足的是对技术方案评审的经验挖掘的还不够深入，但对同类项目概算评审已经具有了较高的参考价值。

指导及点评专家：张文锐　北京展创丰华工程项目管理有限公司

北京市突发地质灾害隐患治理项目
预算评审咨询案例

编写单位：中瑞华建工程项目管理（北京）有限公司

编写人员：许威燕　刘少达　高文斌　彭　军　李凌飞

I　项目的基本情况

一、项目概况

（一）项目背景

以新时代中国特色社会主义思想为指导，全面贯彻党的二十大精神，深入贯彻落实习近平总书记关于防灾减灾救灾重要论述精神，坚持人民至上、生命至上的工作理念，围绕首都"四个中心"和"四个服务"战略定位要求，以"不死人、少伤人、少损失"为总目标，以"两个坚持、三个转变"为根本，充分依靠科技创新、管理创新和信息化，完善制度机制和防灾模式，增强风险意识，加强地质灾害风险源头管控，建立科学高效的地质灾害风险管控体系，全面提升地质灾害防治能力，为提升城市安全保障能力、加快建设世界一流和谐宜居之都奠定坚实基础。

落实北京市政府专题会议精神，按照北京市规划和自然资源委员会《关于开展突发地质灾害隐患治理工作的函》（京规自函〔2021〕2669号）及《关于印发〈北京市突发地质灾害隐患治理实施方案〉的通知》（京规自发〔2022〕16号）的要求，为减少突发地质灾害对人民群众生命财产造成的损失，对全市突发地质灾害隐患开展治理工作。

（二）对地质灾害的理解

根据2003年11月19日国务院颁发的《地质灾害防治条例》（中华人民共和国国务院令第394号）规定，地质灾害，通常指由于地质作用引起的人民生命财产损失的灾害。地质灾害可划分为30多种类型。由降雨、融雪、地震等因素诱发的称为自然地质灾害，由工程开挖、堆载、爆破、弃土等引发的称为人为地质灾害。常见的地质灾害主要指危害人民生命和财产安全的崩塌、滑坡、泥石流、地面塌陷、地裂缝、地面沉降6种与地质作用有关的灾害。

（三）北京市及密云区地质灾害的现状

北京是发生地质灾害较多、较严重的城市之一。受地形地质条件复杂、断裂构造发育、降水时空分布不均匀等自然条件，以及人类活动的影响，北京地区突发地质灾害具有灾害频发、灾种多、群发性强的特点，主要的地质灾害有崩塌、滑坡、泥石流、不稳定斜坡和地面塌陷等。

北京地处我国北方，冬季气温低，存在冰冻期，除了强降雨导致的地质灾害之外，每年冬季的雨雪冰冻期，也易引发地质灾害。一方面冰冻和融化使岩土体热胀冷缩，易引起开裂形成崩塌；另一方面由于冰雪融化后，水渗入岩土体内容易引起滑坡。因此，处于山区地质隐患点也需注意防范雨雪冰冻引发的地质灾害，同时关注长周期、受降雨冰冻影响大的已治理隐患点的复活。

北京市现有16个区中，有10个区位于山区或半山区，截至2020年底，全市共查明地质灾害隐患点4 964处，密云区行政区域内1 086处，占比21.88%。

密云区作为首都最重要的水源地，存在地质隐患1 086处，其中居民点434处、道路474处、景区85处、矿山及水库4处、其他89处。涉及行政村116个，威胁户数2 786户，威胁人数7 091人。涉及隐患点类型包括崩塌、滑坡、泥石流、不稳定斜坡四种类型，安全隐患突出。密云区相关地质灾害隐患点历史照片见图1。

图1　密云区相关地质灾害隐患点历史照片

（四）北京市地质灾害治理的基本手段

北京市地质灾害治理项目结合了北京的地域特殊性，体现了"以人为本、因地制宜、突出重点、追求实效"的指导思想。

治理项目应根据致灾地质体对危害对象造成或可能造成的灾害程度及工程投资等，确定地质灾害治理项目工程等级，分为一级、二级、三级。实施过程分为可行性研究、工程勘察、工程设计、工程施工、工程监理、竣工验收、维护和销账等阶段。

北京市针对崩塌、滑坡、泥石流、不稳定斜坡的地质灾害，其相应的治理原则和治理手段如下：

1. 崩塌

崩塌治理工程设计应根据崩塌类型、规模、范围、崩塌体的大小和崩塌方向、水的活动规律等因素，针对其危害程度采取相应措施，进行综合治理。分散危岩及崩塌危岩体加固的高度范围，可根据上部危岩的稳定性要求和下部危岩及危岩崩塌体的最大影响范围，经综合分析后确定。

主要工程措施有：清除、拦挡、围护、支撑及嵌补、锚固及注浆、挂网喷射混凝土和排水等，可根据实际情况进行组合选择。在植被发育良好的区域不应采用大面积挂网喷混凝土或混凝土注浆的加固措施；受大气降水或地下水影响，易产生崩塌或二次崩塌的陡斜坡，应采取截排地下水的措施。

2. 滑坡

滑坡治理工程设计根据滑坡规模、影响范围内的地质环境条件、气象条件、地面主要裂缝位置、裂缝群分布范围、裂缝的力学特征、地面坡度和滑坡前缘地形条件、稳定性分析评价成果等要素，综合分析其发展趋势和危害程度采取相应措施，进行综合治理。

主要工程措施有：抗滑桩、抗滑挡墙、预应力锚索（杆）、格构、削方减载、截排水沟、注浆加固等，可根据实际情况进行组合选择。

3. 泥石流

泥石流治理工程设计应以流域为单元采用生物工程措施与结构工程措施相结合的综合治理方案。根据泥石流活动的时、空特点，采用不同的防治工程，以减轻或化解泥石流的成灾因素。形成区通过水系拦挡的结构、界面材料、周边植被调整为主，流通区以水系的水砂疏导、停淤拦挡结构为主；堆积区视地形条件增大搬运能力，汇入大河段应调整水系界面结构与界面材料，以加大排砂能力，对于规模与势能大的泥石流采取沟、槽、桥的交互避让或防冲措施。

4. 不稳定斜坡

按照不稳定斜坡的形成机理，参照崩塌或滑坡进行治理工程设计。

（五）咨询服务方式

本项目咨询机构依据法律、法规及相关文件、资料，围绕资金合理和人民安全对北京市某委员会北京市突发地质灾害隐患治理项目的预算管理的各个环节进行客观、公正的评审，并出具预算评审报告。保证项目预算编制的合法性、真实性、完整性和准确性，提高财政资金的使用效益。避免招标清单漏项，提高招标清单和招标控制价的准确性，从源头上控制建设项目资金，方便建设项目管理，有利于工程结算。

本项目采取全面审核法，按照施工图的要求，结合现行定额、通用施工方案、计划的承包合同或协议，以及有关造价计算的规定和文件等，全面审核工程数量、定额套用及各项费用计取，可为委托单位提供具备实操性的有效工程预算。

（六）咨询依据

（1）《关于修订〈北京市市级项目支出预算管理办法〉的通知》（京财预〔2012〕2278号）。

（2）《关于印发〈北京市财政投资项目评审操作规程〉（试行）的通知》（京财经二〔2003〕1229号）。

（3）《关于加强财政投资评审工作管理的意见》（京财预〔2014〕2158号）。

（4）《北京市废弃矿山生态环境修复治理项目定额》（2018）。

（5）《北京市威胁居民点地质灾害隐患治理项目定额》（2018）。

（6）《北京市建设工程计价依据——预算定额》（2012）。

（7）国家主管部门及北京市有关部门颁布的标准。

（8）其他相关法规、规定、行业标准。

（七）项目单位信息

委托单位：北京市某委员会。

实施单位：密云区分局。

勘察、设计、预算编制单位：某工程勘察设计研究院有限责任公司等20家单位。

预算评审单位：中瑞华建工程项目管理（北京）有限公司。

二、项目特点及难点

（一）预算控制难度大

密云区地势较为起伏，主要由山地、丘陵、平原组成。自然资源丰富，以水资源和森林资源为主，区域内大小河流300多条，森林覆盖率40%，另有煤矿、铁矿等矿产资源，河道与沟谷较多，根据治理区区域内泥石流的发育特征、固体物源分布情况进行治理，村民生活区与部分丘陵、半山区重叠，存在民用建房导致的垮塌、滑坡。而每年8月是密云区的汛期，此次地质灾害相关的所有工作需在汛期之前治理完毕，整体工期紧张。

此次涉及地质灾害隐患点共计178个，威胁人数541人，与密云区主要隐患类型一致，涉及区域为居民点、公路路侧、景区、水系及山区沟壑，隐患点中重点关注一、二级泥石流，中度崩塌等。

同时对于隐患点冰冻后的复活情况进行沟通及预算建议。其中复活及新增隐患点3个，威胁人数154人，为泥石流2处与崩塌1处。

密云区地质灾害隐患点分布广泛、数量众多，以泥石流、不稳定斜坡为主。每个点的治理都是在时间紧、任务重、环境艰苦的条件下实施。预算评审既要考虑施工单位的实际投入，同时也要兼顾项目概算资金，预算控制难度大。

（二）协调工作量大

密云区水资源丰富，保护区众多，针对地质灾难点的管理、治理，涉及宣传、财政、建设、规划、国土资源、交通、水利、林业、新农办、供电等有关部门单位和附近乡镇、村、民企等组织，对于治理的标准和要求需要沟通与复核确认。由于地质灾害隐患点多且分散，承担勘察设计预算编制的单位多达20家，导致上报方案及预算的真实性审查，沟通协调工作量大。

（三）定额体系专业性强

根据委托方的要求，项目实施依据的主要定额文件为《北京市威胁居民点地质灾害隐患治理项目定额》（2018）、《北京市废弃矿山生态环境修复项目定额》（2018），这两本定额设立子目偏重于地质灾害治理及废弃矿山修复内容，专业性极强。

本次治理工程涉及隐患类型多、隐患点位多，地灾治理定额和环境修复定额的子目只能部分覆盖工程内容，部分项目无法直接套用。定额参考项需要根据工艺、难度等方面进行调整，或者参照《北京市建设工程计价依据——预算定额》（2012）进行合理修正。

（四）治理条件复杂

治理工程个数多、规模不一且涉及专业类型多，山区、丘陵地形、水系丰沛等复杂的地理条件，使得施工条件较为复杂，具体施工的内容不确定性因素较多，实施中遇到各种困难多，预留资金估算难，导致估（概）算金额不准，相应预算的金额也需要逐一调研市场价格，总体治理预算评审难度大。

II 咨询服务的内容及组织模式

一、咨询服务内容

为配合做好北京市某委员会突发地质灾害隐患治理，咨询服务的内容主要针对项目治理部门提供的勘察设计预算资金计划，采用"量价审核"的方式进行投资评审，从而为合理使用财政资金提供技术把控，切实发挥预算职能作用。具体情况如下：

（1）为北京市某委员会出具《突发地质灾害隐患治理项目预算评审报告》，评审项目数量预计49个，实施地点为北京市密云区。单个项目完成时间自委托单位下达评审任务之日起10个工作日内完成，复杂项目协商确定。

（2）对照项目申报单位的申报资料，审核项目预算支出的合理性，确定购买设备、材料的必要性并核实其购买数量、价格、规格是否合理，确定调研、考察、会议、培训的必要性并核实天数、标准、人数是否合理，确定劳务支出的必要性并核实工作时间、工作量、支出标准是否合理，确定对外委托业务费的必要性并核实委托内容、价格、数量是否合理，对确认要支出的费用进行市场询价，确认标准及数量出具评审意见。

（3）预算评审数据记录、分类及统计，评审材料审核、整理、分类、存档。

（4）根据工作需求委托的其他预算评审工作。

二、咨询服务组织模式

（一）公司架构

公司架构分为平台支持与直属业务两个板块，其中平台支持板块为质量控制部、市场部、综合管理部，为专业支持、品质控制进行支持与管理，并对公司内部资源进行整合，高质、高效支持业务部门开展咨询工作。相关业务执行分为总部直属业务部与分支机构。公司架构见图2。

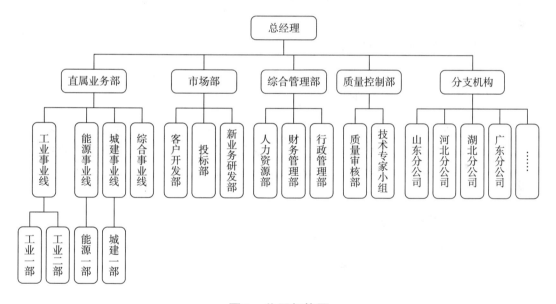

图2　公司架构图

（二）项目组架构

项目组由项目负责人牵头，设置综合管理组、造价咨询组、现场服务组三个专项小组。综合管理组由精通工程技术、造价专业及沟通能力较强的专家组成。主要负责特殊工艺方案审核，对地灾定额不适用子项定价原则审定，对施工方上报物料清单进行审核，复杂问题对外沟通协调等工作；造价咨询组主要负责对上报预算详细评审，主要工作包括工程量复核，预算价格审核，二类费用审核等基本审核工作；现场服务组主要负责外勤及内业工作，负责现场踏勘，测量现场审核工作。服务项目具有点多、面广、现场环境复杂等特殊条件，现场服务组在整个预算评审过程中发挥了积极作用。现场服务组同时要统筹内业工作，送审资料的收集、登记、存档、归还工作也是现场服务组的工作。项目组架构见图3。

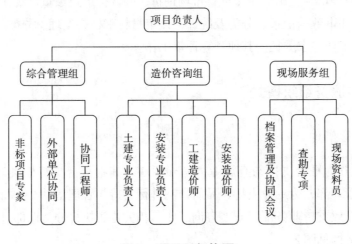

图3　项目组架构图

三、咨询服务的工作职责

（一）项目负责人的管理职责

项目负责人是本项目实施的组织者，对外负责接收任务，组织沟通协调；对内组织团队，任务分工。同时要把控项目进度、质量及风险。项目负责人是成果质量的第一审核责任人，直接负责对成果文件的质量，对送审资料的完整性、真实性，计量计价的准确性，逻辑性进行审核把关。

1. 审核送审资料的完整性

项目服务内容包括前期成本测算、施工图预算编制。每项具体的咨询业务，对送审资料都应按成熟的模版体系报审，以工程结算审核为例，提交内容应有文件、提交时间、接收意见，要求送审资料清单必须包含以下内容：

（1）项目相关的法律法规、规章制度、行业政策、行业标准、技术规范。

（2）项目相关的预算管理制度、预算标准和资金管理办法。

（3）项目立项依据和背景资料（包括相关文件、领导批示等）。

（4）项目申报书、可行性报告、事前绩效评估报告（新增项目）、绩效目标申报表、专家论证意见、有关部门的批准文件或证明材料。

（5）项目实施方案（工程类含设计施工图）。

（6）项目预算及各组成部分费用明细、测算过程及测算依据。

（7）涉及材料购置的项目，应列明材料购置清单（品名、规格型号、设备参数、数量、单价、选装件等）。

（8）按规定需要的其他相关资料。

（9）项目负责人在对项目资料的完整性复核时，根据公司既有清单模版，结合项目个性化要求，对项目资料是否报送齐备进行审核，并提出修改意见。

2. 审核送审资料的真实性

项目负责人对送审资料真实性、符合性进行审查，重点关注：签字盖章手续是否完整，签字人员是否是合同约定的法定履职人员，签字笔迹是否存在明显代签，笔迹是否存在明显可疑，不同文件对施工期间的事实披露是否一致等。项目负责人需要对项目上报资料的真实性从多个角度去审核，发现问题及时向建设单位反馈，提示合规风险。

3. 审核计量计价的合理性

项目负责人对各个专业的成果质量进行检查，首先要检查工作底稿留存是否符合公司内控要求，工作底稿的形式是否便于后续查证及核对工作，对造价占比较高，或者工艺复杂的项目的底稿进行抽查核算。

4. 审核咨询结果的合理性

项目负责人根据自身专业经验，对项目各个阶段咨询成果文件的合理性进行审核。充分利用造价指标，行业价格水平对成果质量进行审核。

5. 成果文件汇总，编制最终报告

涉及复杂的、多专业协同的工作任务，项目负责人负责对各专业成果文件进行整理汇总，编制最终报告。例如，施工图预算的编制，在各专业汇总各自预算文件，编制说明及计算底稿后，项目负责人需要汇总整体文件，包括但不限于编制说明、报告、预算书、综合单价分析表等，确保整个文件原则、逻辑、结构合理一致。

（二）公司部门经理的管理职责

公司部门经理负责项目业务成果文件的二审工作。项目负责人定期向部门负责人汇报项目进展。公司部门负责人对项目的管理职责包括：

1. 人力资源协调

在一些工作量比较集中的情况下，需要部门负责人从其他项目借调人力，参与到本项目中。例如，施工图预算的编制，建设单位要求工期比较紧急，原有项目组成员数量不足以支撑紧急任务，协调其他人员共同完成。

2. 成果文件的质量二审

部门经理主要从服务合同、服务内容、客户的质量要求，以及企业的质量内控要求等角度，对项目负责人提交成果文件进行二次审核。首先，质量文件要满足咨询服务合同的范围及质量标准。服务合同要求的关注点是否落实，内容是否完整，成果文件组成是否满足客户需求，满足公司内控管理的要求。其次，结合自身业务专业水平，对成果文件中造价占比较高、复杂度较高部分进行抽查审核。

3. 组织成果文件内部评审

针对重点、难点项目及特别复杂的项目，部门负责人组织内部技术专家，在关键节点对过程成果文件进行评审，并及时向项目组反馈评审意见，监督项目组落实整改意见。

4. 对项目组进行考评

部门负责人对项目组业务完成情况进行考核。同时根据客户的反馈评价意见,对项目组进行督导,及时更换不符合客户要求的项目负责人。

（三）公司总审师职责

公司总审师是公司成果文件终审负责人。项目需要盖章的业务成果文件,由部门负责人交项目成果文件提交公司总审师进行最终质量审核。公司总审师主要审核的要点包括:

（1）送审资料及内部审核流程的完整性。既要审核项目送审资料的完整性、真实性,同时也要对一级审核和二级审核的内容进行抽查审核。

（2）对文字报告类成果文件书写质量,组织逻辑进行审核,确保报告成果符合客户需求。

（3）根据公司质量的质量通病负面清单,审核报告是否存在负面清单的常见问题,督促项目及时改进。

（4）结合公司数据库的历史数据,对单价水平,指标水平偏离较大的项目提出修改意见,并要求项目进行合理解释。

（四）综合管理组职责

综合管理组是本项目地质灾害治理相关专业核心,由平台抽调的地质灾害治理相关专家(非标项目方向)、预算定额规范负责人、协同实施工程专家为主,目标从服务经验到规范定额,再到实际执行的全面匹配,最终达到精准控制投资的目的。

（五）造价咨询组职责

造价咨询组是本项目造价咨询服务的专业核心,由造价负责人带领造价师组成。

造价负责人精通造价咨询业务,有较强的沟通能力,是服务团队的骨干力量,具体负责造价工作整体的实施,攻克关键问题,就确认预算定额标准及思路,带领项目组按质按期完成工作。负责小组内业务进度把控、质量审核,负责预算报告编制。

造价负责人的工作职责包括以下内容:

（1）参与预算编制,并充分掌握、领会。

（2）跟进咨询服务合同的签订与履行。

（3）接受项目总负责人指派的工作任务,并制订人力资源、软件、硬件需求,向项目总负责人申报。

（4）分析具体项目重难点、风险点,并制订对策,确保服务质量、进度,以及保密、廉政措施的落地。

（5）编制具体项目实施方案,向项目负责人申报。

（6）组织项目服务团队按照实施方案开展工程业务工作。

（7）负责项目组内部分工,监控业务执行,汇总业务成果。

（8）参与重大事项讨论，并提出初步意见。

（9）负责业务成果二级复核，并向项目总负责人申报。

（10）协助项目总负责人组织服务团队培训和内部分享会，提供案例与素材。

（11）向委托单位提交成果文件，负责咨询服务费用的申请。

（12）完成项目总负责人交办的其他工作。

（六）现场服务组的管理职责

由对各板块进行协同及阶段性总结的负责人、查勘专项负责人、项目资料员组成，对于项目执行过程中进行及时、必要、高效的沟通与协同。受限于抢在汛期前完成整体治理的倒推节点，对特殊项第一时间进行计划安排，本次服务实施了49个小项目，需根据进度及计划督促团队执行。因地质灾害治理类项目中地勘工作尤为重要，设置查勘相关工作人员，以满足造价相关的前期协同工作。资料员对于项目所有阶段性、成果性、总结性资料进行签认、存档，做好资料留存及保密工作。

Ⅲ　咨询服务的运作过程

一、本项目咨询服务思路

本项目所有资金来源于政府预算，咨询服务首先要确保国家资金使用高效、合规。项目的咨询服务要围绕国有资金的使用要求来开展，服务思路如下：

（1）要确保审核结果是合理的，既要确保审核费用能够正常覆盖项目的合理成本支出，同时也要注意节省投资，避免浪费。在评审过程中，要结合相关主管部门发布的指导性文件的要求，例如，《北京市威胁居民点地质灾害隐患治理项目定额》（2018），《北京市废弃矿山生态环境修复治理项目定额》（2018），《北京市建设工程计价依据——预算定额》（2012）的消耗量、单价及取费水平。

（2）提高国有资金的使用效率，减少闲置成本。施工方上报预算后要及时审核出结果，确保项目推动高效，资金使用高效，减少资金闲置成本。

（3）评审过程要合规。咨询服务的过程合规是结果合理的必要条件，尤其对于国有资金投资的项目，项目一旦启动，就必须绷紧合规这根弦。参与项目的服务团队人员资质要符合招标要求；工作底稿、过程文件、成果文件要符合规范要求；对外沟通交流要注意自身职业素养，严格遵守咨询服务的行业自律要求。

二、咨询服务的目标及措施

（一）本项目咨询服务目标

本项目预算评审的目标就是对北京市密云区49个地质灾害评审预算进行客观公正

的评价。勘察设计单位完成勘察设计成果后，上报预算编制文件，我们根据咨询服务依据，对上报预算金额的真实性、完整性，合理性进行评审。

（二）本项目咨询服务的保障措施

1. 团队保障

本项目区别于任何传统造价咨询服务内容，可借鉴行业数据量偏少。在人员团队的组建上，首先，我们优先筛选专业基本功强，前期类咨询服务经验丰富，有数据分析能力的团队成员；其次，我们安排部分外聘专家参与项目综合管理组工作，确保预算评审质量。在特殊情况下，可以启用公司层面后备团队作为力量补充。

2. 质量保障

（1）注重团队的培训。项目启动后，由项目负责人先期带队完成一个预算评审，梳理预算评审过程中所遇到的困难，剖析困难解决的思路和细节，总结经验。组织整个项目实施团队对本项目进行针对性复盘、培训。形成针对本项目特点的咨询范式。

（2）重视对成果文件的复核。公司平台对成果文件有三级质量复核的要求。团队内部更要强化成果互查，审核的机制。复核制度不只是挂在墙上，要落到项目上。对于项目复核后仍然存在低级错误的情况零容忍，对相关责任人及复核人员进行考核，采取扣减项目奖金等措施予以惩戒。

（3）强化数据对标意识。每个常用的综合单价，每一个指标都要形成对标意识。综合单价要在不同定额体系中进行对比。地灾治理定额价格要对照《北京市建设工程计价依据——预算定额》（2012）水平，思考差异背后的定价逻辑。同类型的治理项目，要关注二类费用标准、造价指标的差异。

3. 进度保障

（1）建立备用团队。对于团队的组建要充分考虑特殊情况下的人员能够及时补充。公司按照公司业务人员数量的10%建立公用的备用团队，备用团队人选也是按照专业人员的素质要求优选。当项目送审节奏过快，人力跟不上时即从公司备用团队中抽调人员参与项目。抽调前由项目负责人对具体人员资格进行评估并征询委托方认可。

（2）建立弹性考核机制。根据咨询服务类项目业务的特点，公司也建立匹配的考核机制。在项目送审工作量增加的时候，员工可以根据项目需要进行加班，报备人力资源部；项目送审工作量减少，员工可以轮换调休。

（3）注重项目送审资料的初审工作，提升工作效率，减少业务层面不必要的反复工作。项目启动后，建立完善的资料接收清单。资料清单的建立要经过综合组专家评估，送审资料数量、质量能够满足对国有资金类项目的评审需求。送审单位在送审资料时，需按照资料清单要求一次性完整报送资料清单目录内所有资料。

4. 后勤保障

做好项目的后勤保障，包括但不限于工作必需的软硬件，如工作电脑、软件、加密锁、硬盘、测距仪等。由于本项目地点都集中在山区，公司为现场服务团队配置必要的劳动保护用品，如雨鞋、雨衣、手套、防晒驱蚊产品等。

三、针对本项目难点应对的咨询服务实践

（一）计价依据文件的选用

项目为灾害隐患治理工程，其特殊的施工方法、施工技术和施工成本等使得一般工程预算定额在本项目中无法完全适用，为此北京市财政评审中心及北京市国土资源局编制出台了《北京市废弃矿山生态环境修复治理项目定额》（2018）。该定额在2018年编制并实施，凭借其全面性、针对性、规范性、科学性提高了财政资金的配置效率，对北京市威胁居民点地质灾害隐患治理项目工作的顺利实施起到指导作用。

随着时间的推移，地质灾害治理的施工技术、方法更加先进和多样化，以及政策、物价变化，使得治理项目所涉及的工作内容，在《北京市废弃矿山生态环境修复治理项目定额》（2018）中没有完全相对应的预算子目。对于这类工作内容，我们依据《建设工程工程量清单计价规范》GB 50500—2013、《北京市建设工程计价依据——预算定额》（2012）及其他有关文件进行组价，并结合实际情况和市场行情进行比对，对有代表性的项目进行反复测算，确定合理的调整幅度，保证项目预算的合规性、合理性。

通过本项目实践，我们认为依据《北京市废弃矿山生态环境修复治理项目定额》（2018）开展预算评审基本符合市场水平。对于《北京市废弃矿山生态环境修复治理项目定额》（2018）缺项的子目，可以借鉴《北京市建设工程计价依据——预算定额》（2012），本次评审共采用《北京市建设工程计价依据——预算定额》（2012）子目7条。

（二）工程费用的评审实践

本项目需对地质灾害治理项目施工治理手段有一定了解，相关治理手段一般包括危石清理、削坡、土石方挖运（清理不稳定物源）、钢筋混凝土或浆砌石拦挡坝工程、浆砌及干切石挡墙、钢筋混凝土或浆砌石排导槽工程、钢筋混凝土或浆砌石排水沟、防护网等工作内容。个别项目有清理河道、护坡等治理、锚杆加固等治理措施。将总结的经验与本项目的情况结合后，《北京市废弃矿山生态环境修复治理项目定额》（2018）中治理施工费用具体审核重点内容如下：

1. 危石清理、削坡、土石方挖运等削方减载

由于地质灾害隐患治理项目的特殊性，项目中所涉及的土石方种类较多，尤其是石方，需要清理的泥石流冲刷形成的混合物。所以区分石方状态是否需要破碎，采取怎样的破碎方式，如何清理运输，是审核中的重点和难点。

由于人工实施和机械实施的单价差距较大，在审核中一定要根据地质勘察报告和设计报告，结合现场的照片等有关资料，区分石方、土方的状态，是松散状态、风化状态、坚硬状态，现场是坡面还是平地，坡面的斜度大还是斜度小，机械设备是否能够进入现场施工，是否必须采用人工挖运清理等具体情况进行区分，严格审核，分类区别列项，防止高套、错套定额。

土石方运输应注意相应挖运的土石方运输时是否区分清楚是土方，还是石方，还是渣土等类型。应重点审查现场土石方平衡的情况，是否有多余土石方需要外运，以及外运运距等情况，均应根据勘察设计报告及现场实际情况进行确定。

2. 浆砌石、干切石挡墙、支撑墩（柱）等砌石类及排水相关工程

重点关注基础开挖后的余方是否计算在土石方平衡中，脚手架费用是否计取，有无重复计算。对于石方的主材费用要结合现场实际情况综合考虑，很多项目现场有需要处理的石方，这些石方作为主材经过挑选是可以使用的，所以在预算评审时要注意查阅有关资料，确定现场的石材是否可以再利用，以节约项目的资金投入。但是，并非现场所有石方均可使用，如风化后的石方、资产归属有争议的石材等是不可作为主材使用。

3. 钢筋混凝土挡墙、拦挡坝、排导槽、停淤场、渡槽等钢筋混凝土类工程

重点关注钢筋混凝土模板及支撑项目。根据拟定的施工组织设计中的施工方法，分别套用组合钢模板、复合木模板，以及钢支撑、木支撑等相应的定额子目。

4. 注浆加固

加固范围，土体岩体的孔隙率、填充情况、浆液损失等相关数据需要从设计报告、设计图纸、勘察报告中一一提取，有些数值可能在设计方案中提供的不够全面，需要审核人员与勘察设计单位人员进行充分沟通，根据实际情况及过往经验给定，如孔隙率可选值范围为0.6~0.8，浆液损耗系数范围为1.1~1.3，等等。

5. 抗滑桩

是否按照预制桩、灌注桩等类型不同的抗滑桩单独区分列项。预制桩贯入深度是否按照设计深度计算，不得计算桩头尺寸。打桩机不得单独计算大型设备进出场费用。不同尺寸类型的桩是否单独列项，不能出现尺寸小的桩套用尺寸大的桩的定额。预制桩运输费已含在桩体主材费用中，不得单独计算等。

6. 柔性、主被动防护网、锚杆

防护网锚杆所需的钻孔是否在预算单独列项，如单独列项应予以删除。钻孔工作内容及费用是包括在锚杆定额中的，不能单独列项。

防护网一般用于防护落石，起防护作用。使用性质不同其价格不同。应在审核时注意其使用性质，防止因名称变化错列清单项目。

7. 治理施工措施类费用

由于地质灾害隐患治理工程的特殊性，其措施项目的设置也不同于正常工程。例如，进行柔性主动防护网作业时，很多项目受斜坡的高度和倾斜度限制，只能采用人工作业，可能需要搭设脚手架以确保人员安全。如何确定是否需要搭设脚手架和搭设脚手架的高度和排数，就需要通过查阅勘察和设计文件，用于确认施工地点斜坡的高度和倾斜度，以便确定脚手架搭设方法，才可计量与计价。由这些特殊情况引起的措施费用有些是施工前可以预见的，有些是不能预见的。地质灾害隐患治理工程措施性费用的设置是否符合项目的实际情况，其工作内容是否与预算中其他的工作内容相冲突或重复，需要结合项目的实际情况和预算标准进行仔细审核，防止漏项或重复列项。

（三）二类费用评审实践

1. 工程建设其他费评审

地质灾害隐患治理工程的工程建设其他费主要有地质勘察费、工程设计费、招标代理费、项目监理费、专家评审费、委托管理费、结算审核费、决算审计费等。其评审依据国家有关文件、规定及标准进行，计算其送审金额是否在国家规定的标准和范围内。

2. 勘察设计费评审

工程建设其他费中，占比最大的为勘察设计费，对本项目尤为重要。评审过程中应重点关注：

检查勘察设计资料依据是否充分；检查是否遵循"安全适用、技术先进、经济合理"的设计原则，有无超标准设计现象；成果文件是否符合约定。

地质勘察费是工程建设其他费评审的重点难点，涉及采取的勘查技术方案、勘查手段是否与项目自身性质相匹配，形成的成果文件是否齐全，与费用计算标准是否一致等。尤其对于中国地质调查局《地质调查项目预算标准（2010年试用）》和《工程勘察设计收费标准（2002年修订本）》中没有列出的地质调查工作新技术、新方法、新工艺，应合理进行市场询价、定价，不得超出标准要求和市场行情等。

（四）成本数据分析

本项目非标准建设类别项目，根据我单位对49个项目的预算审定的情况总结，将其分为两类，并梳理成本项占比情况，为后续的地质灾害治理提供参考。

1. 泥石流类型项目成本

泥石流项目累计13个，根据最终审定的报告梳理实际占比情况，对成本密集区进行统计分析，为后续泥石流类型项目成本估算提供参考。泥石流类型项目预算分析见表1。

表1 泥石流类型项目预算分析

成本板块	成本细项	统计结论			参考范围（密集区域）		
		占总治理额	占成本板块	成本板块占总治理额	占总治理额	占成本板块	成本板块占总治理额
一 前期费用	地勘	8.20%	68.8%	11.92%	6%~10%	60%~70%	12%~14%
	工程设计	3.22%	27.0%		3.07%~3.33%	23%~35%	
	招标代理	0.50%	4.2%		0.45%~0.56%	3.23%~5.10%	
二 治理工程施工费	治理施工	84.71%	100%	84.71%	80%~86.67%	100%	80%~86.67%
三 监督与管理费	监理	2.56%	76.2%	3.36%	2.50%~2.65%	73%~78.86%	3.23%
	业主管理	0.80%	23.8%		0.75%~0.85%	21.6%~25.74%	3.57%

注：1. 涂色区域为针对泥石流类型项目，各成本细项占总治理金额比例参考值。

　　2. 统计逻辑为加权数据之间占比情况。

2. 不稳定斜坡、崩塌、滑坡成本

不稳定斜坡、崩塌、滑坡类型项目累计评审36个，通过对36个评审项目的数据复盘，并对成本占比进行密集区域统计，为不稳定斜坡、崩塌、滑坡类型后续项目成本估算提供参考。

本次服务的此类项目数量较多，且总治理费用跨度较大，其中影响成本的因素较多，工程治理成本占比较泥石流治理高。不稳定斜坡、崩塌、滑坡类型预算分析见表2。

表2 不稳定斜坡、崩塌、滑坡类型预算分析

成本板块	成本细项	实际统计			参考范围（密集区域）		
		占总治理额	占成本板块	成本板块占总治理额	占总治理额	占成本板块	成本板块占总治理额
一 前期费用	地勘	5.26%	58.2%	9.04%	3%~8%	45%~70%	9%~14%
	工程设计	3.28%	36.3%		3.01%~3.81%	25%~51%	
	招标代理	0.50%	5.5%		0.50%~0.65%	4%~7%	
二 治理工程施工费	治理施工	86.04%	100%	86.04%	80%~90%	100%	80%~90%
三 监督与管理费	监理	2.57%	61.6%	4.17%	2.30%~2.91%	60%~77%	3.7%~5.1%
	业主管理	1.60%	38.4%		1%~2.3%	23%~41%	

注：1. 涂色区域为针对不稳定斜坡、崩塌、滑坡类型项目，各成本细项占总治理金额比例参考值。

2. 统计逻辑为加权数据之间占比情况。

Ⅳ 服务实践成效

北京市密云区49个地质灾害治理项目的预算送审金额41 835.9万元，最终评审审定为36 848.8万元，节约财政投资4 987.1万元。

一、服务成效

（一）有效的控制投资，为国有资金的使用保驾护航

预算评审工作的实施，有效控制项目投资，确保国有资金项目安全落地；项目的落地保护了密云区的水资源、土资源、旅游资源，改善相应区域的生态环境，保护居民生命健康安全，保障正常生活、生产，促进居民稳定和区域经济发展。

（二）为地质灾害类项目成本体系化建设沉淀数据

通过对49个项目的相关数据，为未来的治理成本管理工作做好成本数据积累，同时对于地质灾害治理成本标准化、体系化，以及对定额体系修编完善提供第一手资料。

二、经验启示

（一）计价体系有待完善

地质灾害预算评审主要以地灾治理定额和矿山修复定额作为计价依据。由于其专业性极强，建筑行业通用的计价软件尚无对应定额库支持，材料单价及政策性费用的调整（如税率调整）相对烦琐，整个计价体系有待完善。

（二）服务类费用投资占比偏低

对地质灾害预算评审的前期费用占比进行统计分析，泥石流类项目服务类费用（包括地勘、设计、招标代理、监理、业主管理等）占总投资的15.29%，不稳定斜坡、崩塌、滑坡类型服务类型费用占总投资13.96%。地质灾害治理类型项目具有点多、面广、现场条件复杂、面对的风险因素较多、治理成果意义重大的特点。在项目实施前需要对项目进行全面的风险评估，在项目实施过程中，要对实施过程中隐蔽工程、特殊情况进行见证处理；咨询服务机构也需要外聘行业专家参与服务团队。建议后续类似项目概算中应适当提高服务类费用占比，合理设置招标控制价。

🖐专家点评

受地形地质条件复杂、断裂构造发育、降水时空分布不均匀等自然条件，以及人类活动的影响，北京地区突发地质灾害具有灾害频发、灾种多、群发性强的特点，主要的地质灾害有崩塌、滑坡、泥石流、不稳定斜坡和地面塌陷等。

本案例预算评审主要依据《北京市威胁居民点地质灾害隐患治理项目定额》（2018），该定额由于专业针对性极强，不能覆盖全部工作内容。

本案例预算评审单位中瑞华建工程项目管理（北京）有限公司根据实际工作内容，借用《北京市建设工程计价依据—预算定额》（2012）完成了49个项目的预算评审工作，提高了工作效率及评审价格的准确程度。评审单位对项目投资构成进行了初步分析，对同类项目具有一定的借鉴指导作用。

指导及点评专家：刘宝华　北京中威正平工程造价咨询有限公司

某中学（雄安校区）项目初步设计概算审核咨询成果案例

编写单位：北京京园诚得信工程管理有限公司

编写人员：徐 钊 刘颖欣 刘国强 郝琴娜 段明乐

I 项目基本情况

一、项目概况

（一）工程概况

某中学（雄安校区）位于河北雄安新区启动区西北片某地块内，建设内容包括综合楼、初中部、实验楼、高中部、连廊五栋单体建筑及校大门、室外运动场地、红线内市政配套管网及地下人防等。该项目是北京市人民政府积极推进京津冀协同发展、严格贯彻并落实《关于共同推进河北雄安新区规划建设战略合作协议》建设工作任务的重要举措；是"十三五"期间北京市政府支持雄安建设的重点公共服务建设中第一批民生保障工程。在取得项目建议书（代可行性研究报告）的批复后，北京市某委员会根据政府投资管理条例相关要求，委托咨询机构对该建设项目的初步设计概算进行评审。

（二）建筑规模及结构形式

该中学规划建设36班级完全中学，可容纳1 350名学生。规划用地面积56 560m²，总建筑面积42 615m²，其中地上37 597m²，地下5 018m²，建筑高度在24m及以下；工程主体结构采用钢筋混凝土框架剪力墙结构，设计使用年限为50年，满足《绿色建筑评价标准》GB/T 50378—2019三星级评价标准。工程初步设计效果图，见图1。

图1 初步设计效果图

（三）计划开竣工时间

2019年9月20日正式开工，2022年7月竣工验收。

（四）项目总投资及资金来源

依据河北雄安新区管理委员会某局批复的项目建议书（代可行性研究报告）估算总投资35 936.63万元，资金来源为北京市市财政资金。

项目概算核定总投资39 059.27万元，较可研批复总投资增加3 122.64万元，增幅率8.69%。

（五）项目相关单位

委托单位：北京市××委员会、××国际有限公司。
设计单位：北京市××建筑设计研究院有限公司。
建设单位：北京市××设计研究院有限公司。
咨询机构：北京京园诚得信工程管理有限公司。

二、项目特点及难点

该项目位于河北雄安新区，项目建设资金来源于北京市市财政资金，属于异地建设。同时该项目作为北京市政府支援雄安新区的"三校一院"交钥匙项目之一，与一般教育类社会公共服务设施建设项目相比，具有高定位、高建设标准的特点。

本项目咨询服务工作主要难点主要体现在以下3个方面：

（1）建筑功能分配变化大。核查验算本项目概算申报建筑规模和初设的建筑规模不相符，发现该项目平面建筑总规模超规划核准总面积指标。

（2）投资控制。本项目投资额度较大，投资控制要求高，项目资料不完善等情况，增加了该项目建设前期实现投资管控的难度。

（3）范围广，评审时间紧迫。本项目初步设计概算审核工作内容还包含了初步设计方案评审、开办费的审核，超出了行业一般概算审核的范畴。

Ⅱ　咨询服务内容及组织模式

一、咨询服务内容

咨询服务包括项目技术方案审查和概算审核，并协助有关单位完成对初步设计概算的审批。具体的服务内容如下：

（一）初步设计技术方案审查

（1）建设规模与内容。将初步设计阶段与可研批复阶段的建设内容及规模进行对比审核，检验项目建设规模及用地面积，地上、地下总建筑面积等指标与可研批复建设内容是否一致。

（2）技术方案审核。审核该项目总平面设计、建筑设计、装修设计、结构设计、给水排水设计、暖通设计、电力设计、弱电设计、电梯工程、室外工程、节能环保设计、校园文化建设及教学设备与家具购置等初步设计方案的合理性、功能性、完整性及经济适用性。

（二）初步设计概算审查

（1）项目前期相关手续审核。对该项目建设前期建设单位应取得的相关手续合法性、完整性进行审核。

（2）建设条件审核。对该项目建设用地的主要技术指标和市政基础设施是否齐备进行审核。

（3）初步设计概算审核。对该项目的工程建设费用、工程建设其他费用、预备费、临时变配电系统费用、教学设备购置费等费用进行审核，核查初步设计概算费用构成的完整性和准确性。

（4）投资分析比较。将审核投资与可研批复投资的工程建设费用、工程建设其他费、预备费、临时变配电系统、开办费等进行对比核查，分析变化因素。

二、咨询服务组织模式

根据委托评审要求和项目特点，确定该项目评审的组织架构形式。京园公司委派部门经理担任项目经理，是项目策划和执行的总负责人，组织开展该项目初步设计概算评审服务的相关咨询工作；外聘专家组承担该项目技术方案审查相关工作；概算审查组由本公司专业人员构成，承担该项目初步设计概算审核相关工作，并协助有关单位完成对初步设计概算的审批。根据评审组工作需要，在审查组内配置一名项目助理，负责统筹把控整体的工作事务流程。京园公司总工办给予技术支持，具体组织架构形式见图2。

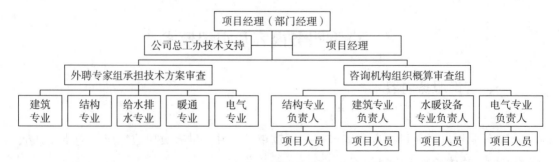

图2 项目组织架构图

三、咨询服务工作职责

根据委托的咨询服务内容，确定该项目咨询服务的工作职责由两方面组成，完成初步设计技术方案审查及概算审查。项目经理负责与评审工作相关的事务统筹及协调工作。

（一）技术专家组成员及工作职责

因评审时间的紧迫性，经委托单位同意，该项目的初步设计技术方案审查工作由可研阶段的技术评审专家负责。技术专家组成员分别由建筑、结构、给水排水、暖通、电气及经济等六大类专业人员组成。

技术专家组具体的工作职责有以下3个方面：

（1）负责核查项目建设方案的合理性，并核查其是否达到初步设计的深度要求。

（2）核查项目建设方案与设计规范、技术标准等的满足程度。

（3）技术专家需与建设单位、设计单位详细沟通，对项目建设方案发表初步评审意见，并对修改后的初步设计方案再次进行评审，形成最终评审意见。

（二）概算审核组成员及工作职责

根据评审工作的要求，概算审核组的工作职责主要包括初步设计申报资料有效性、规范性审核；建设规模及标准、工程量、设备规格、数量、配置、计价及工程建设其他费审核；建设规模的对比分析，投资对比分析，出具评审报告及资料整理存档等。由此确定，该项目概算审核组主要由一名项目经理，一名项目助理和若干建筑结构、水暖设备、电气三大类的专业负责人、审核人及项目参与人员组成。

1. 项目经理

项目经理由从业12年且具备注册咨询师资格的部门经理兼任，负责该项目内外的总体协调沟通；审批工作计划，上报公司管理层和委托方；合理调配项目组成员，并对评审工作进度和咨询成果质量进行监督和把控。

2. 项目助理

项目助理由从业10年的高级工程师担任，负责完善项目组内部组织建设及项目评审统筹工作，安排各项具体工作事务；收集整理资料，编制工作计划上报项目经理，审核工程建设其他费用；对建设内容、建设规模对比分析，并编制评审报告上报项目经理复核，征求委托单位、建设单位意见；监督各专业负责人的工作进度和质量，配合有关单位完成项目审批等相关工作。

3. 专业工程造价审核人员

按照建筑结构、水暖设备及电气三大类，分别确定专业负责人员及审核人员。主要负责专业投资预审，编制评审会所需要的专业预审函；对工程量的准确性，定额和指标的套用，人、材、机价格及取费标准的合理性进行审核；梳理相应专业的技术方案变化情况，分析其对投资变化影响程度；协助配合项目经理、项目助理完成评审报告的编制等。

Ⅲ 咨询服务的运作过程

一、咨询服务的理念及思路

（一）咨询服务理念

本项目是实现北京市市级资金异地建设目标的工程，其评审咨询服务不仅要论证投资需求与建设必要性的关联度、匹配度，还要将北京市政府投资管理办法运用到该项目的评审过程中，科学地判断该项目初步设计方案的规范性、合理性及经济适用性。通过概算审查核准概算投资，在满足项目建设需求的情况下，做到工程费分配合理，整体可控，做好初步设计阶段的投资管控工作，对施工图限额设计起到有效指导作用，降低决算超概算的风险，确保实现投资价值。

（二）咨询服务工作思路

根据该项目评审咨询服务的工作内容要求，以及其高定位、送审投资超限、评审周期短等特点，结合项目体量及实际情况制订审核工作思路。

首先，经委托方同意，评审组延续使用可研阶段评审的技术专家团队，大幅缩短了专家审阅资料时间。专家组熟悉项目前期的审核情况，快速明确了设计方案的审查重点，防止建设方扩大建设规模、发生超可行性批复内容的现象，并核查技术设计的规范适用性、合理性，确定设计优化方向，协助概算审核组完成概算投资控制。

其次，概算审核组在保证对项目概算全面审查的情况下，选择建设项目中工程量大、单价高及对投资有较大影响的单位工程、分部分项工程进行重点审查，重点分析增加项目投资的必要性，杜绝出现漏项，故意降低投资的情况发生，同时充分考虑各项费用的合理性，以保证概算总投资切合实际。

最后，通过设计方案评审、概算审查，确保建设项目投资在初步设计阶段得到合理管控，形成初步设计概算评审报告。

二、咨询服务的目标及措施

（一）评审目标

（1）审查设计概算编制依据的合法性、时效性、适用性。

（2）审查建设规模和标准是否符合原批准可行性研究报告的立项文件标准。

（3）核查初步设计图纸的完整性和初步设计方案的合理性。

（4）针对本项目送审概算总投资超出可研批复总投资估算15%的情况，需在初设评审阶段进行投资管控，保障概算投资客观性和合理性。

（二）评审工作措施

根据本项目评审咨询服务的工作内容要求及其特点，结合项目实际情况，初步设计概算审核按三个阶段的分解目标，组织制订相应的工作措施：

1. 评审前期

收集资料，完成资料预审，出具补充资料清单，补充完善资料并提交初步设计概算评审工作方案是项目评审前期的主要工作目标。

（1）尽快收集相关资料。自接受委托评审工作当日起，根据本项目特性，项目经理第一时间与建设单位取得联系，开始收集资料的相关工作，制订评审工作方案，并向委托方提交。

（2）迅速组建评审组。本项目因投资规模较大、评审周期短，配置一名项目助理协助项目经理完成工作统筹事务。项目助理根据项目要求和特点，选择具有政府投资评审工作经验的人员，完成技术方案专家评审组及概算审核组的组建工作。

（3）及时完成资料预审与反馈。将收集的资料及时下发评审组，完成资料预审，出具预审意见，形成补充资料清单，反馈至建设方。要求建设方按照补充资料清单内容，于次日以电子邮件形式补充完善相关资料。评审组将资料完备性、概算深度等初步核查情况反馈委托方。

（4）按计划完成工作交底。针对该项目重难点，概算审核组内部进行工作交底，确定该项目审查范围，强调审核原则及评审注意事项。

2. 评审阶段

评审组组织项目现场踏勘及召开评审会议，根据专家出具的评审意见修改完善初步设计方案，组织开展概算审核是该阶段的核心工作。

1）技术审查组的工作目标及措施

（1）防止扩大建设规模。安排建筑专家根据现行建筑面积计算规则，核查、验算初设申报建筑面积与规划核准面积的一致性，确保无超规建设内容。

（2）审核初步设计与设计规范标准的符合性。根据基本建设程序要求，初设图纸是施工图审查的基础条件，因项目建设属地化管理制度暂未明确，要求专家组综合考虑国家标准与北京市地方标准上限要求，提出设计方案与标准规范符合程度的修改意见。

（3）提出合理的方案优化建议。针对该项目申报概算严重超可研批复投资估算的情况，要求技术专家评审组重点关注该初步设计方案的适用性与经济性，结合以往实际经验进行综合评审，提出设计方案优化建议。

（4）建设方案必要性的确认。要求技术专家组结合项目高定位、高标准的特点和项目受益群众的使用需求，对设计方案中不充分的配置提出了优化建议。

2）概算审查组工作目标及措施

（1）工程费合理性审核。复核计算主要项目形成的工程量，对漏报、多项的工程量按设计图示进行必要的调整。因申报的初步设计图纸存在不完善的内容，项目组借助公司指标库中的同类工程造价数据指标进行合理性判断。对项目措施费及使用的材料、设备价格进行审核，检查概算定额子目使用和费用定额取费标准的正确性、合理性及合规性。

（2）工程建设其他费的审核。按照现行法律法规，报建报批手续的行业收费规定及属地政策要求，逐项审核具体费率或计取标准是否按国家、行业或有关部门的规定计算，是否存在随意列项、交叉列项和漏项等情况，最终以审核确定的工程费为基数逐一计算工程建设其他费用中的各项费用。

（3）开办费审核。该项目作为高质量建设工程，以"交钥匙"作为交付标准，对教学设备购置费投资额是否满足开办需求进行核查。

（4）预备费标准核查。一般项目在初设阶段按照建安工程费、设备及工器具购置费、其他费用之和的3%~5%计取。

3. 评审后期

将评审阶段完成的初步设计概算审核结果反馈至建设单位，完成评审报告的编制工作。

（1）初步设计概算初审意见及反馈。项目助理将各专业投资审核结果汇总，并提交至项目经理和京园公司，公司内审后反馈至建设单位，进一步完成与建设单位疑义问题的解释、核对、调整等工作。

（2）评审报告的编制。整理汇总各类核查意见，完成建设规模、建设方案及投资的比较分析，最终形成评审报告成果。

（三）咨询服务质量管理措施

1. 严格执行业务规范体系

项目组在评审过程中，严格执行我公司已建立的业务规范体系、业务操作指引等文件，例如，《质量手册》《造价咨询服务工作指引—评审篇、概算编制与审核篇》等内容，各业务规范体系文件中均明确了项目接收、发放、编制、复核、成果文件的打印装订发送及后期跟踪服务等项目实施阶段的各级职责和关注要点。规范的操作程序更进一步提高了该项目组的业务管理水平，保证了该评审业务的质量和效果。

2. 运用成熟的数据造价指标库

在项目评审过程中，充分利用京园公司集数十年造价经验建立的数据指标库、材料设备价格库，以及"智慧造价"平台，针对项目建设前期技术参数不足的情况，通过查阅、参考数据库内的同类建设工程各类指标、价格水平，有效完成初步设计阶段的概算投资额控制。

3. 履行内审制度

为确保咨询服务目标准确、高效地完成，本项目概算质量内审把控要点及措施如下：

（1）严格监督概算审查程序的执行情况。根据项目概算工作方案所列明的关键节点和工作要求，公司管理层以例会形式听取项目经理汇报，掌握项目评审组织情况及工作进度，并及时予以指导协调。

（2）加强审查概算文件编制深度。因评审周期短，在项目评审过程中，评审组对概算编制说明的详尽程度和深度是否符合相关规定加强了核查；对初设概算与可研批复的编制范围及具体内容的不一致性，提前进行内部沟通，提醒各专业人员关注工程内容有无重复计算或漏算情况。

（3）加强对概算投资核查的内审工作。严格落实多级审核制度，再次对各种定额、指标、价格、取费标准等按照项目小组的组内互审、项目经理复审、公司总工办复审的形式进行层级审核。所有的复核流程，均在办公管理平台上按程序完成审核。

（4）加强对技术经济对比分析的逻辑关系审核。关注规模变化、技术方案变化与投资变化的逻辑关系及合理性。确保核定概算的建设内容、方案及投资三者之间的符合性。

（5）加强评审报告的审核。检查报告编制内容与咨询服务要求的匹配度；检查各章节所述内容的完整性；校正存在的格式问题，核查数据准确度并对装订前的打印成果完整性做最终检查。按照公司流程要求，咨询业务内部审核使用企业电子化办公平台实现，为了短时间内完成评审工作任务，公司管理层要求各级复核人员平行作业，节约了评审工作的内部流程反复的消耗时间。

（6）执行《总工办终稿审核标准》制度。为了提高公司业务管理水平，工作指引中明确了成果文件出具需执行"总工办终稿审核制"，管理办法中明确总工办终稿审核实施阶段的职责，"出具的任何最终成果、资料、文件，均需总工办审核确认，总工办分专业进行专业审核及终稿审核，并对项目整体成果进行监控"。该制度是咨询服务重要的管理措施。

三、针对本项目特点及难点的咨询服务实践

评审组在收到本项目申报的概算资料后，立即从可研立项着手，详细核查了项目前期取得的审批文件，包括规划条件及补充函、项目立项报告、设计方案审查意见函等；通过现场踏勘核查大市政配套设施条件，核实小市政实施范围的各项手续，审核了所有初步设计文件、概算编制文件及相关资料。核查发现项目存在申报资料不完善、设计深度不足、建设规模分配变化大且成因复杂、技术参数不完整、概算编制深度不够等情况，增加了该项目建设前期实现投资管控的难度，同时增加了评审组在规定时间内高质量完成该建设项目概算评审工作的难度。

评审组在整个评审阶段就发现的技术问题、经济问题及可能发生的投资管理风险等问题，与建设单位进行了充分交流，针对有关问题的解决方案达成一致意见。按照相关规定及要求，建设单位修改并完善初步设计概算内容。该项目评审组完成概算核查工作，具体针对本项目特点及难点的咨询服务实践如下：

（一）技术方案问题及解决方案

1. 建筑功能分配变化大

评审组中建筑专家按照《建筑工程建筑面积计算规范》GB/T 50353—2013和《雄安新区建筑面积计算规则（试行）》，结合本项目建筑平面图纸核查验算其建筑面积，通过核算发现该项目平面建筑总规模超规划核准总面积指标，概算申报建筑规模与初设

建筑图纸不符；通过与可研批复单体建筑功能分配的对比，发现综合楼、初中部、实验楼、高中部、连廊五栋单体建筑的功能分配变化较大；其他专业设计方案的变化均也由此产生，该问题对概算总投资的影响举足轻重。

设计单位详细阐述了初设阶段调整单体建筑物面积的原因：主要是为满足《绿色建筑评价标准》GB/T 50378—2019三星评价标准。该标准中规定"围护结构热工性能提高20%"，需增加外墙保温厚度，增加了部分建筑面积；该标准规定"控制室内主要空气污染物的浓度"，故深化初步设计方案，综合楼、初中部、实验楼、高中部增设新风系统，每层建筑规模增设新风等设备机房。为确保控规指标中总面积不变且满足30%绿化率的要求，只能减少建筑基底面积，在不影响使用功能的前提下，适当减少室外连廊的面积。建设单位就此问题做出了补充说明，涉及属地政策、行业规范及GB/T 50378—2019的评定，虽然GB/T 50378—2019正式颁布时间与项目初设手续下达的时效性不匹配，但已通过了属地规划部门的设计方案审查。

经过对资料的多次梳理和反复交流，评审组认为建筑图所示的传达室属于超规建设内容，可采用不计算面积的订制成品实现功能，同时节约投资。对因建设标准执行绿色三星级要求引起的功能分配及其他专业的深化设计予以认可。

2. 强化图纸设计深度

各技术审查专家在评审会中均指出设计图纸不齐全、技术参数不完整、专业设计工程地勘资料、基坑支护、降排水方案不完善等问题导致投资核算依据缺乏，要求设计人员加强经济意识，强化图纸设计深度，对各专业缺少的图纸进行及时补充。

3. 优化方案及建设内容

针对本项目属地专项规划及相关的属地化管理制度均暂未正式批复的情况，专家组就建设方案给出优化建议如下：

（1）给水排水专家提出"生活用水量统计表"中"教学、实验楼取40L/（学生·日）"及"快餐厅、职工及学生食堂取25L/（人·餐）"设计标准偏高，可分别按照《民用建筑节水设计标准》GB 50555—2010中对应的"15~35L/（学生·日）"及"15~20L/（人·餐）"进行修改。

（2）电气专家指出无线对讲系统在中小学设置用途不大，造价太高，建议采用内部通话系统。

（3）结构专家明确指出风雨操场层高9.6m，采用钢梁结构，在施工过程会发生较高的吊装措施费且经济性较差，建议采用钢网架或者钢桁架结构。

（4）经济专家指出大型机械进出场费包含于措施费中，概算不再单独计列，优化投资。

（二）经济审查风险及处理办法

初步设计概算评审组对主要投资控制点进行风险分析，形成了处理意见。

（1）钢筋含量认定。根据概算审核原则，评审组不认可概算申报书中对定额钢筋含量的调整。设计单位提出可在设计说明中补充并明确本项目钢筋的平方米含量作为概算评审依据。

评审组认为：初步设计阶段未能提供钢筋布置图，若按照设计单位提供的钢筋含量进行调整，不符合限额设计要求，作为评审依据缺乏充分性，不符合概算评审的原则。同时不利于投资控制，极易增加资金在工程实施阶段的使用风险。最后决定执行概算定额的钢筋含量。

（2）窗户新国标对投资的影响。门窗一般占墙体的20%，散热量是墙体的5~6倍，占建筑物全部热损失的40%以上。本项目断桥铝合金保温节能窗要满足绿建三星级评价要求，其隔热性能k值平均增加50%，气密性需达到6级，申报材料达到1 800元/m²。这类门窗的生产厂家少、材料询价困难，评审按照普通断桥铝合金门窗价格800~900元/m²计入概算造价，建议通过招投标实现价格优化。

评审组认为：《绿色建筑评价标准》GB/T 50378—2019执行日期计划为2019年8月1日，而该建设项目评审期及开工日期都将早于执行日期，且该标准征求意见稿还在修改中，因此执行GB/T 50378—2019对外窗隔声要求而选用的高标准高价格外窗依据不充分，且存在不确定性，可能导致决算金额会大幅节约；虽然该项目节能要求高，且建设标准已经通过属地规划部门认可，设计单位也补充提供GB/T 50378—2019意见稿，以及相应的厂家报价参考，但是，尚未正式颁布的国家标准不能作为初步设计的依据，经核实并询价后，评审组根据实际需求计入概算投资，降低决算阶段的超概风险。

（3）由设计单位针对不同专业补充了方案说明、平面图、标准图集、系统图，项目组根据补充资料重新核算工程量及造价；由于在没有提供详图的情况下，仅根据方案说明、平面图、图集计算工程量，可能会产生一定的误差，同时，由于建设方在规定时限内未按协商方案报送补充资料，评审组报公司管理层同意，参考公司数据库内的造价指标核算，并与可研批复投资的符合度进行分析比较，若符合可研批复投资，按照送审造价暂列，但其风险是可能导致竣工决算投资与批复概算存在较大的差异。

（4）由于时限问题，燃气、电梯、室外生物化学废水处理系统等专业工程，设计单位无法按时间节点补充详图，在多次沟通后，设计单位在设计图纸中提供材料做法表、工程量料表或补充厂家提供的设备清单及报价明细。

评审组认为：工程量无法准确核实，可能导致其施工图阶段工程量与概算工程量会有较大偏差；另外，建设方在规定时限内未按协商方案报送相关资料，评审组通过公司数据库内的造价指标，核算与可研批复投资的符合度，若符合可研批复投资，按照送审造价暂列，可能导致决算金额超批复概算或大幅节约的风险。

（5）因属地大市政不齐备，增加临时供电部分，评审组通过必要性认证，决定由建设单位补充临时供电的协议、图纸及报价等相关资料，依据收到的图纸及供电部分编制的投资，按照送审投资计列，并计入室外工程费用。但因未按照河北省定额编制，其投资准确度可能存在偏差。

（6）内装修标准与可研批复标准相比变化很大，且装修标准较高。评审组建议采用可研批复装修标准，但因项目定位、绿色建筑等级要求及使用功能、补充资料时效问题影响，建设单位、设计单位不同意修改。经协调，由设计补充方案变化原因后，评审组按照设计标准计入概算，但其风险是超过了可研批复标准。

（7）评审组通过技术方案优化及校核概算投资，实现了初步设计阶段的造价投资管控，取得了一定的成效。主要有：

①核减超规模建设的房屋投资26万元。

②通过专家提出的设计优化建议核减投资680万元。

③通过工程量的核减，减少投资403万元。

④钢筋含量执行概算定额核减投资375万元。

⑤核减重复计算的大型机械一次安装拆除及场外运输费320万元。

⑥通过调研市场价格水平，外窗、教学器材、设备及办公桌椅等核减投资224万元。

⑦通过对工程建设其他费的逐项重新计算，共核减投资248万元。

建设单位申报概算总投资为41 335.29万元，评审组审定概算总投资39 059.27万元。审减2 276.02万元，审减率5.51%。

评审后的概算总投资额符合投资增加的比例要求，获得了建设单位认可和委托单位的好评，完成了初步设计阶段概算控制目标。

（三）评审流程时间有效节约

由于项目委托方要求的评审周期极短，评审组通过客观分析评审前期、评审阶段及评审后期各环节所必需的时间周期，优先选择压缩经济审核阶段，咨询公司内部的质量管理所需时间。基于京园公司先进的电子化办公平台，充分实现了标准化的作业流程，各专业内部资源共享，各级审查及进度监控管理同步线上操作，减少了多人多次反复线下传递浪费的时间和精力，提高效率的同时也保证了成果文件的准确性。

（四）高效通过联合审查

初步设计概算评审过程中，评审组梳理了造成该项目规模分配变化、设计深化标准高的原因是项目定位及属地政策、标准等客观因素；通过技术方案优化，配合经济审查，在确保资金满足建设需求的前提下，科学合理地将总投资额控制在允许超出可研估算投资额比例以内。评审组对评审过程中发现的问题与建设单位达成一致的解决办法。本项目在初步设计评审阶段发现了大市政配套建设进度的协调问题，建议建设单位主动与属地对接进度安排。建设单位承诺将严格按照批复的规模建设实施该项目，并对评审组出具的投资意见表示认可，在建设期做好相应的投资管控，杜绝项目竣工决算超概算的风险。高效通过联合审查会后，评审组提交正式咨询成果，协助主管处室完成最终批复的下达。

Ⅳ　服务实践成效

一、服务效益

初步设计是在项目可行性研究的基础上进行设计深化，其概算是针对项目工程初步设计方案，将可研阶段的估算投资额进行数据量化及细化，使项目总投资额更加精准、可靠。

在本项目咨询服务过程中，项目申报概算总额严重超出原批复投资的主要原因是受到国家、地方政策及初设深化设计调整等多方面因素的影响，该项目可研批复总投资估算无法满足项目定位及建设要求。此情况多发生于项目竣工决算阶段，而本次项目咨询服务通过初步设计概算评审分析预见该项目存在此类问题，是再决策概算投资与建设标准适配度的最佳时期。

本项目初步设计概算评审通过充分的技术审查论证、设计优化和严谨的概算投资核查，对偏离投资水平的内容进行了必要的调整，完成了申报投资总额5.5%的核减率。同时考虑到属地同期还有北京市政府支持建设的幼儿园、小学及医院等项目，投资体量大，属地市场大宗材料价格上浮成为客观因素。为降低项目决算超概风险，评审组将预备费执行5%的上限标准，核准后的概算投资超原可研批复估算总额的8.69%，将投资额增量有效控制在政府投资管理许可的增幅比例内。满足建设需求的同时避免了项目重新审批立项的风险，为施工图限额设计及工程建设期的资金管理打下基础。

二、经验启示

规范的咨询程序、专业的团队人员配置、合理的咨询工作方法、配合健全有序的管控措施，以及委托方的大力支持等各种有利因素，使该项目委托咨询服务工作保质、保量地圆满完成。

（一）审核程序的严格执行是工作效率保证的基础

咨询服务工作严格执行政府投资评审的工作程序，保证审核效率。评审组通过组织现场踏勘和评审会，对项目存在问题进行积极的讨论，强调评审原则，提出风险分析、寻求解决方案。建设单位加强了对初设资料申报完整性的认识，设计人员加强了经济意识，整体实现了有效资料的补充。该项目各关联单位在开展评审工作中，积极配合解决争议，最终达成一致意见，完成评审工作，通过政府主管部门的审查，直至手续的下达。

（二）专业合理的配置团队是业务质量的保障

本项目延续使用可研评审阶段的技术专家团队，在资料预审阶段，及时发现各建筑单体功能分配的变化，有针对性地提出规模变化是影响设计方案、增加工程投资的重要因素。确定变化成因的合理性是项目审查的重点方向，对审查时间的节约起到了关键性作用。

我公司为项目配置概算审查团队做到新、老员工相结合、各专业造价师齐全。在公司领导高度关注下，由部门管理者担任项目经理，总工办提供造价技术支持，为咨询质量保驾护航。资深的土建、机电等造价投资审核人员运用过硬的专业知识和丰富的审计经验，在初设申报资料深度有限的情况下完成了核查工作，实现了投资管控目标。

（三）健全有序管理制度促进业务开展及质量保证

京园公司完善的业务规范体系、成熟的数据造价指标库，配合严谨的内部质量复核制度是业务质量控制的有效措施。先进的电子化办公平台解决了评审工作的内部流程反复的时间消耗问题。项目评审组与总工办的联动办公，在应对项目审查期极短的情况下，有效保证了业务质量、促进咨询服务进度的显著提升。

专家点评

该案例属于北京市政府支持河北雄安新区的重点建设项目，以"交钥匙的方式"建设一所高配置、教育高水平的中学作为教育体系的示范及引领代表，具有重要的政治意义。

案例作者认真总结了该项目的特点、难点，明确了政府投资项目概算评审的理念和思路，为解决该项目评审时间紧、任务重、评审质量要求高的困难，阐明了项目组在该项目评审过程中采取的行之有效的解决方案，得到建设方的认可，通过了政府投资联审会，获得了委托人的好评。

该项目是典型的北京市政府投资项目，且异地建设，与北京市一般教育类社会公共服务设施建设项目相比，存在定位高、建设标准高的特点，且建设单位也由北京市选定外派，没有使用方参与，评审组集公司的专业骨干力量，外聘设计专家，进行精心组织，合理安排时间，所有评审人员平行联动高效，充分利用公司的数据指标库、材料设备价格库、"智慧造价"平台，既坚持政府投资项目评审原则，又合情合理地解决了实际问题，取得了良好的效果，获得了委托方的好评。可供同行参考借鉴。

指导及点评专家：陈　彪　信永中和工程管理有限公司

招标代理成果篇

某行政办公楼项目工程总承包
招标代理成果案例

编写单位：北京京城招建设工程咨询有限公司

编写人员：唐晓红　白　云　魏晋宁　付　玉　王春梅

I　项目基本情况

一、项目概况

项目名称：某行政办公楼项目。

建设单位（委托人）：某管理办公室。

项目建设地点：某区。

项目规模：本项目建筑面积约18万 m^2，其中地上建筑面积约10万 m^2，地下建筑面积约8万 m^2。

项目投资金额：约13亿元。

项目资金来源：政府投资。

二、项目特点及难点

（一）采取工程总承包建设模式

2016—2019年期间，住房城乡建设部出台《关于进一步推进工程总承包发展的若干意见》及《房屋建筑和市政基础设施项目工程总承包管理办法》等相关文件。建设单位积极响应国家政策，在本项目试点应用工程总承包建设模式。

本项目于2020年开展招标工作，当时北京市采用工程总承包模式的项目相对较少，如何保证工程总承包招标的顺利进行，有效控制合同风险，是本项目招标投标工作的工作重点和难点。

（二）实施创新举措

为确保本项目的高质量建设目标，加快工程进度，节约投资，提高管理效率，建设单位在总结以往项目建设经验的基础上，要求在本项目建设过程中采取建筑师负责制、工程设计监理、驻厂监造、BIM评审等一系列创新举措。为保证创新措施在项目实施过程中效果，需要在工程总承包招标的相应环节中将创新举措进行逐一落实。

Ⅱ 咨询服务内容及组织模式

一、咨询服务内容

根据本项目咨询服务合同的约定，我们为本项目的工程总承包招标提供招标代理服务。具体咨询服务内容包括：

（1）完成招标代理服务的前期策划工作。

（2）对所涉及的市场行情或供应状况进行分析。

（3）对招标采购管控模式、制度体系进行梳理。

（4）编制招标工作方案。

（5）编制相关招标文件及合同文件。

（6）组织招标工作，办理有关公示公告备案登记手续。

（7）协助处理招标过程中的投诉、异议。

（8）依据招标文件评标评审规定核对评标评审结果。

（9）负责合同履行跟踪，对招标工作的实施进行后评价，并出具相关报告。

（10）协助委托人进行合同谈判、草拟并协助签订合同并进行合同交底。

（11）审查与委托人有关的招标文件，并根据相关法律法规及项目本身特点及需求，针对合理性、适用性、严谨性等提出书面意见。

（12）收集整理招标管理及招标工作档案，并形成电子档案，按时移交招标成果文件等。

二、咨询服务组织模式

根据咨询服务合同的约定，结合本项目工程总承包招标的特点，我们组织合约、招标、工程造价、项目管理等方面的专业人员组建项目服务团队。考虑到本项目特点和重要性，项目服务团队成员由各部门各专业中经验丰富、业务熟练、政治敏锐性高的人员担任。

项目服务团队执行项目经理负责制。项目经理下设招标代理工作团队和工程造价配合团队。招标代理服务团队由项目招标代理负责人、合约负责人、合约工程师、招标负责人及招标工程师组成。因为建设单位同时委托我们为本项目提供全过程造价咨询服务，故工程造价配合团队由本项目的全过程造价咨询服务团队负责。工程造价配合团队由项目造价咨询负责人、各专业造价负责人及各专业造价工程师组成。

公司的各业务职能部门按照公司管理体系要求对项目咨询服务团队中专业工程师的具体操作过程和成果文件进行全过程指导、监督及把关，为本项目提供强有力的技术支持保障、质量监控保障和进度控制保障。

项目服务团队组织架构见图1。

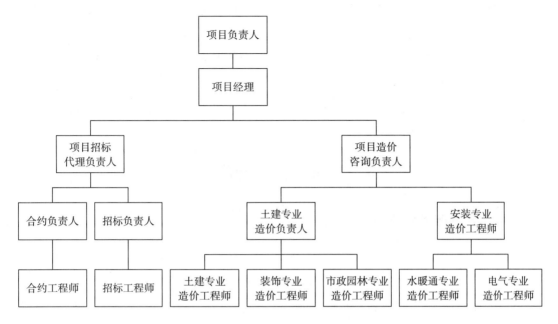

图1 项目服务项目团队组织架构图

三、咨询服务工作职责

项目服务团队的各岗位工作职责分别为:

(1)项目负责人:从公司层面对本项目进行招标代理和工程造价咨询的全面管理,并通过对公司资源的调配与协调,满足本项目咨询工作的顺利进行。

(2)项目经理:带领项目团队负责本项目咨询合同的实施、咨询目标的实现、信息管理及组织协调工作等。包括协调各岗位分工,完善内部组织建设,有计划地安排项目服务团队的各项工作等。

(3)项目招标代理负责人:负责本项目招标代理的技术管理工作、与行政监管部门的沟通协调工作。审查和审核招标代理工作成果文件。针对合约和招标过程中的风险控制等难点方面的问题,提出解决方案;必要时组织相关顾问专家进行专业研讨和指导;以确保招标代理工作的顺利进行。

(4)合约负责人:对合约规划、资格预审文件、招标文件、合同等合约文件进行业务指导,对合约工程师提供的成果文件进行审核。

(5)合约工程师:根据项目经理下达的工作计划与实施指令进行工作,负责项目合约策划、资格预审文件、招标文件、合同条款、合同交底等合约方面文件的编写。

(6)招标负责人:对招标程序办理提供技术指导,对招标流程资料进行审核,对招标工程师提供的成果文件进行审核。

(7)招标工程师:根据项目经理下达的工作计划与实施指令进行工作,负责项目招标程序的办理和招标流程资料的编制。

（8）项目造价咨询负责人：负责项目造价方面的技术管理工作，审查和审核各专业造价负责人提交的审核成果文件，针对工程造价的风险控制等难点方面的问题，提出解决方案；必要时组织相关顾问专家进行专业研讨和指导；以确保咨询工作的顺利进行。

（9）专业造价负责人：对本专业造价工程师的过程工作提供指导，对本专业造价工程师提供的成果文件进行专业审核。

（10）造价工程师：根据项目经理下达的工作计划与实施指令进行工作，负责本专业的造价咨询文件的编制。

Ⅲ　咨询服务的运作过程

一、咨询服务的理念及思路

（一）咨询服务理念

我们始终强调以客户至上的服务理念；坚持"诚实信用、合法高效、精确严谨"的质量方针。

诚实信用即全面理解委托人的目的，精心策划，谨慎实施，信守承诺。

合法高效即保证行为及成果的合法性、追求效率，力求项目目标的全面实现。

精确严谨即提高技术含量，追求计算成果文件的科学精准和文字成果文件的完善缜密。

（二）咨询服务思路

我们认为在招标代理工作中应当遵循以下原则：

（1）合法原则。要保证招标代理服务的每一个程序环节和所有文件资料，其形式及内容都必须符合法律、法规的规定，符合行政监管部门的管理要求。

（2）适用原则。通过对项目的充分研究，包括了解委托人招标思路、对本项目重点、难点问题进行分析等。并结合以往的招标代理服务经验，向招标人推荐有效、适用的招标方案，编写适用的合约文件等，以确保项目招标目标的全面实现。

（3）对招标人有利原则。在合法的前提下贯彻对"招标人有利"的原则。在招标过程中充分发挥招标代理机构的专业优势，最大限度缩短周期，提高投资效益。在具体的工作中，特别是在招标文件等合约文件编制的过程中，充分维护委托人的利益。

二、咨询服务的目标及措施

（一）咨询服务的目标

本项目工程总承包招标的目标是：

（1）通过招标，形成一份责权利清晰且具备可执行力的合同，最大限度地规避委托人风险，为项目的顺利实施提供保障。

（2）在公开、公平、公正、诚实信用的原则下，为委托人选择优秀且最适合本项目的承包单位。

（3）在委托人要求的合理期限内，优质高效地完成招标工作。

（二）招标代理服务的质量和进度保障措施

1. 对本项目进行充分的研究和分析，确定工作的重点难点

每个项目都具有其特殊性，而招标代理工作只有围绕项目本身的特点来确定工作的重点和难点，才能提供真正适合项目本身的优质、高效的专业化服务。

2. 对合约文件和招标程序中的风险点进行梳理分析

在招标开始前对每个环节、每个关键点逐一进行梳理。必须保证服务过程中的每一步骤、每一个环节、每一个关键点都遵守现行法律法规的规定。以公平、公正、公开、择优为原则，建立健全监督机制，避免服务过程中可能出现的腐败、欺诈、暗箱操作等，并在合法的前提下，保护委托人的利益，有效规避委托人的履约风险。通过梳理相关环节，可以在工作中预先控制风险，从而确保招标成功、造价控制合理。

3. 编制详细可行的招标工作方案，并持续更新改进

在招标工作开始前，通过对项目的细致研究，市场调研，充分的风险预判，编制详细适用的工作方案，以指导招标工作的开展。招标工作开始后，要根据实际情况对工作方案进行动态调整。

在招标工作方案中编制进度计划，并在工作中认真执行，有效控制项目目标的实现。确定公告、文件发售、开标、评标等节点为关键节点，对关键节点的时间进行重点关注。

在招标工作方案中对本项目各阶段有可能出现的突发事件，制订应急预案。以避免在突发事件时措手不及，尽可能地减少突发事件对招标工作的影响。

4. 规范工作流程和工作标准

公司的技术管理体系中包括招标代理标准工作手册、合约文件模版等规范性工作指导文件。项目服务团队必须严格按照公司规定的工作流程和工作标准提供招标代理服务。公司有运行良好的项目管理系统，并制订有合约文件和招标程序文件的审核要点。专业工程师和审核人须严格执行公司的审核制度，在项目管理系统中完成审核流程后，成果文件方可提交委托人。通过严格的审核，能够确保招标程序和文件的准确性、严谨性与适用性。

5. 与委托人密切配合

与委托人的密切沟通，可以让我们更加准确地了解项目情况和委托人的需求和想法，有助于我们制订有针对性的招标工作方案，能够让我们为委托人提供的策划和建议更加有效。有效的沟通有利于高效、全面的实现招标目标。

6. 恪守职业道德、廉洁自律

要求每一名参与本项目的员工，恪守职业道德、廉洁自律。确保不与利益相关方

进行非正常接触；不与利益相关方达成私下协议；不以任何形式向利益相关方索要或收受回扣等好处费；不接受利益相关方的礼金和贵重物品。

三、针对本项目特点及难点的咨询服务实践

（一）充分开展工程总承包模式的调研和研讨工作

建设单位拟在本项目采用工程总承包承包模式时，北京采取工程总承包模式的项目还很少，可借鉴的管理经验少、市场不确定因素多。在合法的前提下，通过市场调研、技术交流、专家研讨等方式借鉴先进经验，了解市场情况，学习工程总承包的管理经验，分析工程总承包模式的履约风险，从而确定工程总承包招标的关键要素。

（二）选择并编写适用的文本

考虑到工程总承包资格预审文件和招标文件没有成熟的文件版本，我们首先进行了对应基础文本的编制。

1. 资格预审文件基础文本

国家及北京市未发布过工程总承包资格预审文件的标准文本。我们选择以北京市住房和城乡建设委员会发布的《北京市房屋建筑和市政工程施工招标资格预审文件标准文件（2017版）》作为基础，结合工程总承包的特点编制资格预审文件基础文本。

2. 招标文件基础文本

调研北京市为数不多的工程总承包项目，招标文件大多为招标人根据自己的需求进行编写，没有固定的文本。考虑到本项目为政府投资工程，根据《关于印发简明标准施工招标文件和标准设计施工总承包招标文件的通知》（发改法规〔2011〕3018号）要求，我们选择了《中华人民共和国标准设计施工总承包招标文件（2012年版）》（以下简称《标准文件》）作为基础，进行招标文件基础文本的编制。

（1）《标准文件》是在2012年发布的，发布后陆续出台了多项政策文件，需要在文本中对《标准文件》中的不适用条款进行修正，对需要增加的规定进行补充。

（2）《标准文件》是针对全国适用的文本，需要在文本中落实北京市的相关管理规定。

（3）本项目招标准备时间较为充分，在招标文件编制的过程中，陆续出台了《政府投资条例》《保障农民工工资支付条例》等多项新的政策文件，需要在编制的过程中随时关注新文件的出台，并根据政策变化对文本进行完善。

基础文本的编制为本项目及后续工程总承包项目合约文件的编写打下了良好的基础，有利于合约文件的规范化和标准化。

（三）合理确定投标人资格条件

相较于传统的施工总承包招标，工程总承包的承包范围涉及设计与施工，投标人的资格条件更加复杂。尤其是要重点关注联合体投标、信誉要求、财务状况、项目负责人、设计负责人和施工负责人等因素。

如在本项目招标准备阶段，对于参与本项目前期项目建议书、可行性研究报告、初步设计文件编制单位及其评估单位是否可以参与本项目的投标，存在争议。

在本项目招标工作推进过程中，住建部发布了《房屋建筑和市政基础设施项目工程总承包管理办法》（建市规〔2019〕12号）。该文件的出台，对本项目的招标起到了及时雨的作用，关于资格方面的很多困惑也迎刃而解。文件中对于工程总承包单位的资格条件进行了明确的要求，同时对于参与项目前期项目建议书、可行性研究报告、初步设计文件编制单位及其评估单位是否可以参与项目工程总承包招标的投标进行了规定。

建设单位结合上述文件，经过多次讨论，最终确定了本项目投标人的资格要求为：

（1）同时具有与工程规模相适应的工程设计资质和施工资质，或者由具有相应资质的设计单位和施工单位组成联合体。

（2）本项目公开前期相关资料，参与本项目前期项目建议书、可行性研究报告、初步设计文件编制单位及其评估单位可以参与本项目的投标。

（四）探索建筑师负责制

本项目招标准备开始时间为2019年。当时北京市还没有开始推行建筑师负责制。建设单位具有前瞻性的制订了建筑师负责制暂行办法，该暂行办法要求责任建筑师及其团队不仅对设计相关技术、造价、进度、质量、安全等进行重点管控，而且需要复核重要技术方案、管控重点工序、配合重要材料设备驻厂监造、统筹建设过程BIM模型、审核施工预算、复核款项支付、配合竣工移交等管理工作，从而实现责任建筑师及其团队全过程参与工程管理，充分发挥建筑师的技术优势和指导作用，提高工程的管理水平。针对建设单位的管理思路，我们在招标文件中进行了落实：

（1）在投标人资格条件中对建筑师资格进行约定。

（2）在合同条款和发包人要求中对建筑师的责任和义务进行明确。

（3）在评标办法中将建筑师负责制及保证措施设置为评分因素。

（五）根据项目特点，选择设计工作的切入点

因本项目设计方案招标为行政监管部门组织实施，本项目工程总承包启动招标时，针对设计工作的切入点，承包范围中"设计＋施工"的组合方式可以有两种选择：第一种方式，初步设计图＋施工图＋施工；第二种方式，施工图＋施工。

本项目经过多轮讨论，最终确定工程总承包的承包范围采用第二种组合方式实施。这种方式的优点是委托人可以通过对初步设计进行更好的控制，有利于全面实现委托人的设计功能需求。

（六）做好"设计＋施工"的深度融合，避免"两张皮"

工程总承包模式的最大优势就是将设计和施工紧密联系，通过发挥各自专业所长，最终达到建设单位与承包人共赢的结果。

为更好地实现设计与施工的深度融合，在编制招标文件时，在评标办法的承包人

实施方案的评审中设置了"承包人建议书与承包人实施方案的响应性及延续性"的评分因素，并在投标报价评审时将设计报价与施工报价共同进行评审打分。

（七）确保实现项目的高质量建设目标

1. 明确项目质量要求及奖项要求

对工程总承包项目提出质量要求时，既要考虑整个项目的质量要求，又要考虑设计与施工质量要求的差异。考虑到本项目的重要性，经过多轮的市场调研，并进行专家论证后，确定本项目的质量要求及奖项要求为：

（1）设计质量要求：施工图设计文件及深度应满足《建筑工程设计文件编制深度规定》（2016版）的要求并通过施工图设计文件审查机构审查。在满足规定的基础上，设计深度尚应符合各类专项审查和工程所在地的相关要求。施工图设计文件，应满足设备材料采购、非标准设备制作和施工的需要。施工图设计文件中选用的建筑材料、建筑构配件和设备，应当注明规格、性能等技术指标，其质量要求必须符合国家规定的标准。

（2）施工质量要求：合格。

（3）特殊质量要求：按照《绿色建筑评价标准》GB/T 50378—2019进行施工管理，严格落实绿色建筑三星设计要求。

（4）建设单位质量要求：满足建设单位的制定的工程质量管理规定的相关要求。

（5）质量奖项目标：争取获得"结构长城杯""竣工长城杯""鲁班奖"等奖项。

2. 实行工程设计监理

以往的监理工作主要是针对施工展开。考虑到本项目为工程总承包，在监理单位的工作范围内增加了对工程设计的监理。通过对设计过程及设计文件进行专业监理，对设计人员配备与管理、设计成果文件编制的深度、质量、设计进度及限额设计的执行情况等进行审核并提出专业建议，突出抓好建筑功能、结构体系、功能系统等的合理性和适用性，以及设计图纸图面表达的正确性、闭合性和可实施性，从而实现提高空间利用率、改善使用功能、节约工程投资、提升观感质量等目标。

3. 对重要材料和工程设备实行驻厂监造管理模式

为确保实现高质量建设目标，对本项目的重要材料和工程设备实行驻厂监造管理模式，通过延伸监管范围，保证重要材料和工程设备的质量和生产进度。驻厂监造由建设单位统筹协调，根据工程需要组织设计单位、监理单位、施工单位及行业专家对监造品的生产情况进行监督检查。监理单位作为监造工作的主体，对监造工作质量负责。设计单位和施工单位配合监理单位进行驻厂建造。驻厂监造应综合考虑工程需求、材料和工程设备特点、成本费用等因素，采取驻厂、抽查、联合检查等多种监造方式，对预拌混凝土、装配式混凝土结构性部品部件、钢结构构件、外墙石材、部分机电等材料设备的生产质量和供应实施监督检查，进行精细化管理。确定合理的工期。

（八）工期的合理设置

工期的合理设置一直是招标工作的重中之重，传统的施工总承包工期可依据工期定额计算实现，但作为工程总承包并没有相关工期定额参考使用。为了合理设置工期，建设单位组织召开了专家论证会。专家依据《全国建筑设计周期定额》（2016版）、《北京市建设工程工期定额》（2018版）等，对本项目的资料数据进行分析，通过工序的合理搭接达到工期优化目的，最终确定了本项目的合理工期。

（九）落实建设工程成本控制措施

1. 设定投资控制总体目标

按项目初步设计概算中批复投资或协助拟定项目工程总投资，并以此确定项目的总投资目标。

要求工程总承包单位在完成施工图审查后的规定时限内提交施工图预算，对主要项目造价指标汇总并与概算批复数据进行对比分析。在保证整体项目造价可控的前提下，力求各分项造价控制在批复概算范围之内。

2. 限额设计

在保证质量及合同约定条件的前提下，要求工程总承包单位应按设计限额进行设计，控制设计变更成本。工程总承包单位在开展各项工作过程中必须始终坚持限额设计原则，所提交的各类设计成果均不得突破项目经批准的对应的初步设计概算。

3. 选择适用的合同价格形式

依据相关文件规定，工程总承包可以采用固定单价形式也可采用固定总价形式。

考虑到施工图设计由承包人完成，为了充分调动承包人的积极性，达到双赢目的，也为了回归工程总承包的设计风险和收益应由承包人承担的本质，本项目选择采用固定总价合同形式。

4. 工程造价动态控制

项目实施过程中采取动态造价管控，一经发现造价指标超出概算批复金额，立刻启动纠偏，对设计图纸及报价进行重新优化调整，并由造价咨询单位复核；若优化调整后，经复核仍无法保证该项造价可控，及时在签约合同总价范围内对未实施项目造价进行再平衡，从而确保项目总造价可控。

5. 明确变更计价原则，规避不平衡报价

为避免不平衡报价情况发生，招标文件编制时采用合同价格仅作为合同约定的支付和价格调整的参考资料，不作为变更的计价依据。变更发生时，按照合同中约定的估价原则确定变更的综合单价。变更金额为施工图与强审图变更部位的金额之差。

合同还对设计变更范围、采购变更范围、施工变更范围进行了明确的界定。

6. 设置合理的支付条款

本项目通过以下支付条款的设置，既规避了超付风险，又满足了农民工工资支付要求。

（1）分别明确设计费和工程费的支付节点。

（2）人工费采用按月支付的方式，与保障农民工工资支付条例的要求相匹配，支付至农民工工资专用账户。

（3）工程总承包单位对设计费及建安费按节点进行拆分，编制支付分解表。

（4）设置止付点。当付款达到约定比例时，暂停支付工程进度款。完成竣工结算后，支付至竣工结算合同总价的100%。但为保障农民工工资的支付，人工费用支付不受暂停工程进度款支付的影响，按月足额支付。

（十）引入BIM电子招投标

以往施工招标项目通常采用的是技术标、商务标和信用标相结合的评审体系。本项目希望在招投标阶段将BIM（建筑信息模型）技术与传统电子招投标方式相结合，实现信用标、BIM标、技术标、经济标的"四标合一"。利用BIM技术直观可视的特点，从总体评价、深化设计、施工模拟、成本管理、专项方案等方面，动态模拟施工技术，使投标人技术方案的优缺点一目了然，进而选择技术方案成熟的企业，推动工程招投标质量提升。

本项目为工程总承包，且为推动BIM评审的招标试点项目，如何实现BIM的评审成为难题。在对BIM评审进行深入研究后，我们制订了相应的解决方案：

（1）在招标文件中明确BIM投标文件的编制要求、设置BIM评审因素。考虑到投标人编制整个项目完整的BIM成果文件难以实现，投标质量无法得到保障。在招标文件中明确投标人仅需提供关键楼层、关键部位、关键节点的BIM成果文件。

（2）与行政监管部门及交易中心就招投标交易平台需求、BIM评标专家的能力等进行沟通、协调。通过多轮高效沟通，最终得到了行政监管部门和交易中心的大力支持，帮助解决了BIM评审的场地、评审设备、评审专家等问题，确保了本项目BIM评审的顺利进行。

（十一）加大与监管部门沟通力度

依据《北京市人民政府办公厅关于市政府有关部门实施招标投标活动行政监督有关问题的通知》（京政办函〔2002〕90号）要求，按照监管部门职能划分，本项目的工程总承包发包工作需要在市规自委及市住建委两委的共同监管下完成。

（1）为保证项目的顺利进行，提前与相关行政监管部门进行多次沟通，了解两委对工程总承包招标的监管要求和程序交叉点。

（2）编制资格预审文件、招标文件时，兼顾两委的监管要求。

（3）招标过程中积极与行政监管部门进行沟通，确保两委监管同步。

IV 服务实践成效

一、服务效益

（一）为建设单位后期推行工程总承包模式打好基础

本项目招标文件的高质量编制为本项目的成功实施提供了有力保障。本项目招标文件为建设单位后期推行工程总承包提供了招标文件基础模板，有助于提高后续项目工程总承包招标文件的编制质量和效率。

工程总承包招标阶段普遍存在的问题、挑战和解决方案也是丰富的实践经验，对于后续项目的开展可提供有效的指导和改进方向，有利于工程总承包模式推动和发展。

（二）确保了项目的高质量建设

本项目从2020年9月开工至今，各项工作顺利推进，创新举措得到了有效实施。虽然本项目尚未竣工，但已先后荣获北京市结构长城杯金奖、中国钢结构金奖、第三届工程建设行业BIM大赛一等成果（建筑工程综合应用奖）、第十一届全国BIM大赛综合组一等奖及北京首个智慧工地技术应用AAA项目等多个奖项。

二、经验启示

（一）工程总承包招标时，发包人要求一定要明确、清晰、完整

工程总承包涵盖了设计、采购、施工、试运行（竣工验收）等全过程，与单个施工阶段的总承包相比，工程总承包在项目范围、建设规模、建设标准、功能需求、投资限额、工程质量和工程进度等方面均有不同的要求。如在项目发包人要求不明确的情况下采用工程总承包形式进行招标，对项目投资的管控将存在巨大风险。所以在工程总承包的前期准备工作中，要对发包人要求进行详细的调研和梳理，并在招标文件中对发包人要求进行明确、清晰、完整的描述与界定。

（二）提高投标质量，为项目实施打好基础

1. 提供项目资料和建设单位的管理要求，提高投标质量

投标人对项目需求了解的越清晰，投标的准确和针对性越强。为了能够让投标人充分了解项目建设需求和建设单位对建设项目管理的要求，本项目工程总承包招标时除随招标文件提供项目前期相关批准文件、项目地勘报告、项目初步设计文件及设计概算文件外，还同时提供了招标人的相关管理制度，以便于投标人更加清晰准确的理解合同义务。

2. 充分考虑投标时间与投标质量之间的关系，设置合理的投标文件编制要求

考虑到工程总承包招标，投标文件编制复杂，且本项目的建筑规模较大，如要求投标人在有限的投标时间内完成完整的承包人建议书编制工作时间较为紧张，且投标质量不易保障。而承包人建议书又是评价投标人投标质量的重要依据。在与建设单位及行政监管部门沟通后，在招标文件中将承包人建议书划分为投标阶段建议书和实施阶段建议书。实施阶段的承包人建议书应符合《建筑工程设计文件编制深度规定》（2016版）、发包人要求及满足合同约定；投标阶段的承包人建议书的编制进行相应精简，重点体现关键楼层、关键部位、关键节点。

通过上述要求，既减轻了投标人的投标工作压力，又保证了招标工作质量。

（三）组织合同交底，有利于合同双方对合同的正确理解

本项目工程总承包合同签订后，为更好推动工程总承包的实施，分别组织对建设单位相关部门和承包人进行不同内容和不同深度的合同交底工作。

1. 对建设单位进行合同交底

对建设单位的合同交底是将合同重点条款对相关部门的工作职责进行对应。就这些条款应当关注的问题进行交底，提醒相关部门予以重视。合同交底条款与关注部门关系示意表见表1。

表1 合同交底条款与关注部门关系示意表

条款号	合同条款	主要关注部门
2	发包人义务	项目部、安全管理部、设计部、合同预算部、财务部、审计部
15	变更	项目部、合同预算部、财务部、审计部

2. 对承包人进行合同交底

对承包人的合同交底是通过梳理合同主要条款的相关要求，强化承包人履约意识。对承包人的合同交底，讲解内容更加深入细化。工程款支付节点示意图见图2。

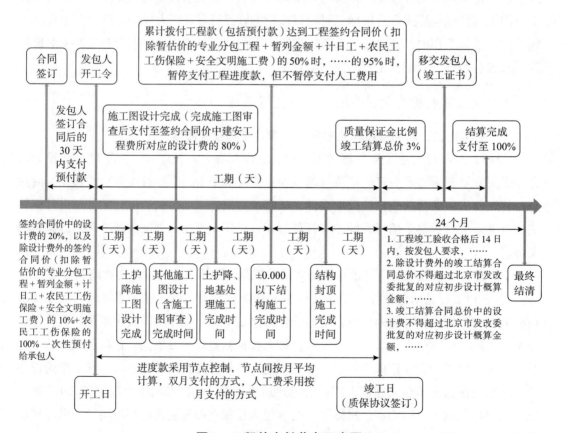

图2 工程款支付节点示意图

542

（四）提供顾问式咨询服务

我们始终坚持为委托人提供顾问式咨询服务的理念。我们不仅是为委托人提供简单的咨询服务，而是要充分发挥我们的专业优势，做好委托人的顾问。不仅在项目咨询过程中以实现目标为导向，帮助委托人做好项目策划等工作，解决项目的实际问题；还协助委托人对其招标采购管控模式、制度体系等进行梳理和完善。

只有向委托人提供顾问式服务，才能真正体现咨询的价值。

专家点评

本案例为政府投资项目，属较早响应国家政策、采用工程总承包模式招标发包的北京市重点工程建设项目。项目投资额大，工程复杂、建设单位管理要求高。

本案例对项目的特点和难点分析到位，在招标过程中明确招标咨询目标、实施措施严密得当，在充分调研和研讨的基础上选用并编写了适宜的资格预审文件和招标文件基础文本，合理确定投标人资格条件，并将建筑师负责制、工程设计监理、驻厂监造、BIM评审等一系列创新举措内容逐一落实到招标咨询的相应环节中。

本案例招标文件的高质量编制为项目的成功实施提供了有力保障。案例项目到目前为止，已先后荣获北京市结构长城杯金奖、中国钢结构金奖、第三届工程建设行业BIM大赛一等成果（建筑工程综合应用奖）、第十一届全国BIM大赛综合组一等奖、北京首个智慧工地技术应用AAA项目等多个奖项。

本案例积累的丰富的工程总承包招标实践经验对于今后开展工程总承包模式招标具有有效的指导和示范作用，有助于推动工程总承包模式的广泛应用和发展。

指导及点评专家：李　凤　北京科技园拍卖招标有限公司

某老旧小区综合整治工程
投资+施工总承包+运营一体化招标代理成果案例

编写单位：中建精诚工程咨询有限公司

编写人员：张　弘　钮维儒　富　瑶　邓玉明　姚光奕

I　项目基本情况

一、项目概况

项目名称：某老旧小区综合整治工程（投资+施工总承包+运营一体化）。

建设单位：某街道办事处。

项目规模：总建筑面积9万多m²，其中住宅小区1的改造建筑面积为3万多m²、住宅小区2的改造建筑面积为6万多m²。

项目地点：某街道住宅小区1和住宅小区2。

项目内容：两个住宅小区施工图纸中所包含的建筑装饰装修、建筑屋面、给水排水、建筑电气、室外工程等进行施工，同时引入社会资本对社区内外低效或闲置配套空间的改扩建和对社区广场的功能性提升（包含但不限于增加停车位及便民服务设施）进行不超过500万元的投资并负责后期运营管理。

资金来源：财政资金90%+社会资本投资10%。

投资金额：5 000万元。

建设周期：2021年11月20日至2022年9月30日。

二、项目特点及难点

（一）项目现状

住宅小区1建设于20世纪80年代，是某事业单位的原家属宿舍。社区内共10栋楼，建筑面积为3.6万m²，现有居民总计520户。住宅小区2为商品房，建设于20世纪末，共15栋楼、800户、6.5万m²。目前两个小区现况基础设施老旧，现状物业服务品质一般，无法及时响应社区应急维修需求，存在较大的提升空间。另外，由于本项目交通区位优良，临近产业科技创业园区等科创产业核心，聚集大量科技创新人才，对于居住品质、生活环境要求较高。

（二）项目实施背景

《中华人民共和国国民经济和社会发展第十四个五年规划和2035年远景目标纲要》提出全面提升城市品质，要求加快转变城市发展方式，统筹城市规划建设管理，实施城市更新行动，推动城市空间结构优化和品质提升。在此大背景下，当地政府计划结合两个住宅小区基础现状，周边配套空间，大力开展居民生活建设补短板行动，细化完善城市基本公共服务设施、便民商业服务设施、市政配套基础设施、公共活动空间建设内容和形式，社区长效治理，提升居住社区建设质量、服务水平和管理能力，增强人民群众获得感、幸福感、安全感。

（三）项目实施政策环境

按照项目所在地主管部门出台的《关于引入社会资本参与老旧小区改造的意见》及《关于优化和完善老旧小区综合整治项目招投标工作的通知》等文件精神，为构建政府与居民、社会力量合理共担改造资金的工作机制，逐步形成居民出一点、企业投一点、产权单位筹一点、补建设施收益一点、政府支持一点等"多个一点"资金分担方式，建立共同参与改造、共同治理社区、共同享受成果的老旧小区改造良性循环新机制。同时，在老旧小区综合整治工作中，鼓励采用"投资＋施工总承包＋运营"的创新型组织实施模式。

街道积极落实市、区有关文件精神，拟将纳入2021年综合整治任务的住宅小区1单项上下水改造、住宅小区2节能综合改造及多层楼房改造整治项目（共25栋楼9万多m^2），采取引入社会资本参与的形式进行综合改造。将综合整治工程的施工和社区内闲置低效空间的经营权打包，吸引社会资本投资并进行长效运营。切实构建"谁投资、谁建设、谁运营、谁维护、谁受益"的发展机制，真正实现老旧小区综合整治建管一体，形成投资、建设、运营的闭环管理模式和长效管理机制，以满足老旧小区综合整治项目多元化组织实施和居民的多样化、舒适化需要。

（四）招标模式的确定

为加快综合整治项目准备工作的有序推进，确保当年年底前实现开工，街道向区政府提交了本项目实施方案，经区政府批准，确定本项目采用"投资＋施工＋运营"的一体化招标模式。

（五）项目难点

本项目确定采用"投资＋施工＋运营"的一体化招标模式，但这种针对老旧小区改造的"投资＋施工＋运营"的一体化招标模式，既不同于常规房建或市政改造工程的施工招标，也不同于我们常规理解的基础设施和公用事业的特许经营（BOT）模式的招标，本项目只是总投资10%范围内项目采用"投资＋施工＋运营"管理模式，而其余90%则仍然采用的是传统施工承包模式。因此，本项目在招标组织实施的过程中，在重点考虑传统施工承包模式的基础上，应当合理增加"投资＋施工＋运营"模式下的相关内容，包括在资格预审条件的设置、招标文件内容的编制、评标办法的设定，以及合同条款的编制中，在原施工承包的基础上增加相应的与"投资＋运营"相关的内容，从而最终实现本项目采用"投资＋施工＋运营"的一体化招标模式的最佳结果。

Ⅱ 咨询服务内容及组织模式

一、咨询服务内容

按照委托人的要求，本项目的咨询服务内容是为某街道2021—2023年度老旧小区改造工程建设项目，提供招标代理服务及招标所需的工程量清单和最高投标限价编制的造价咨询服务工作。

二、咨询服务组织模式

按照合同约定，针对本项目招标代理服务及造价咨询服务的要求，我们组建了本项目的招标代理服务团队，提出了保证组织运转所需的人力资源配备和团队建设方案。

根据本项目的特殊性，公司确定由主管招标代理业务的副总经理担任本项目负责人，优选公司在招标代理服务、改造项目工程量清单和最高投标限价编制领域有一定经验的精干人员组成了本项目的招标代理服务及造价咨询项目组织机构。

（一）咨询服务组织机构

本项目咨询服务组织机构采用项目负责人制。项目负责人依托公司各业务技术部门的技术支持系统对本项目咨询服务项目部的工程招标代理和造价咨询服务工作提供保障，同时按照公司质量三级审核程序对各项目部专业工程师的具体组织实施过程进行全程跟踪监督把关。项目负责人在本项目上对公司负全责。

本项目的咨询服务组织机构管理和质量控制流程见图1。

（二）组织机构设置方针

根据项目招标人的要求，公司派出以项目负责人为责任人的专门机构组织实施项目的工程招标代理和造价咨询服务工作。项目管理组织机构的设置满足委托合同及本项目的基本情况、国家相关的规定的要求，同时体现效率、精干、务实的组织形式。组织结构设置也能切实保证项目的招标代理服务和造价咨询服务管理目标的高效实现。

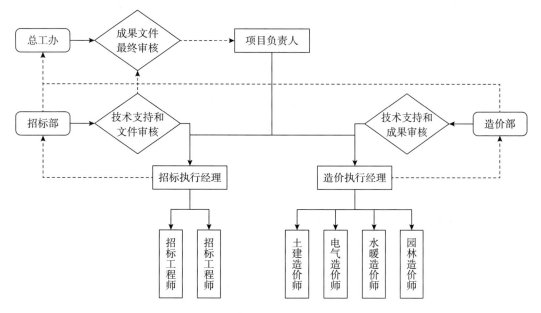

注：图中虚线表示上报和反馈问题。

图1　组织机构管理和质量控制流程图

三、咨询服务工作职责

（一）组织机构职责

按照委托合同的约定，以及委托人的具体要求，在项目招标代理服务的全过程中，我们应当承担的工作职责是：

（1）鉴于本项目的特殊性，需针对本项目全面细致做好招标工作具体实施方案，确保招标工作合法、合规的同时，切实保证招标项目的招标质量。

（2）在招标代理服务工作中，要自始至终全面体现"公开、公平、公正和择优"的原则，全面体现"阳光工程"。

（3）在招标全过程中，建立有效的监督机制，做到事先有依据，事后有证据，确保不出现任何腐败、欺诈、不公平交易等违法违规现象。

（4）在招标的全过程中，所有人员必须做到"廉洁自律、知法守法、公平公正"，切实加强自身队伍的廉洁教育，使每一位工作人员明确认识到，本项目不容许出现任何贪赃枉法、徇私舞弊的行为，确保团队的廉洁高效。

（5）具体实施过程中，保证在各个时点上与招标人保持有效的沟通，充分理解项目实施要求和特点，并将这些特点及要求有效地贯彻到招标过程文件中，并确保符合法律、法规要求。

（6）紧紧围绕招标人对招标时限的具体要求，确保招标代理服务工作严格按计划执行，并将本项目中标人确定时限作为招投标工作的重点。

（7）工程量清单和最高投标限价的编制符合清单计价规范及项目所在地相关文件的规定且全面、准确，最高投标限价能真实反映市场价格水平。

（8）招投标的最终目的是缔结有效合同，因此我们的根本职责是通过对本项目招标工作有效合理的策划，确保最终为招标人公平公正地选择一家最适宜承担本项目的中标人，并通过招标文件和中标人提交的投标文件，为招标人和中标人缔结一份能够切实有效履行的中标合同。

（二）各岗位职责

1. 项目负责人

全面主持工程招标代理和造价咨询的项目管理部工作，协调各岗位分工，完善内部组织建设，有计划地安排项目管理部的各项工作；负责落实委托人下达的与本项目有关的一切任务、计划、指示，并向委托人如实反映各种情况；协调与建设工程有关的政府部门、资源部门、设计、管理公司的关系；负责项目的合同实施、工程招标代理服务管理目标的实现、信息管理及组织协调工作；全面掌握相关项目信息和招标文件政策资料，指导部门各小组按照规定的工作流程开展业务；对项目质量和进度进行全面审核和把控。

2. 招标执行经理

负责与委托人进行全面对接和沟通协调，充分了解委托人对本项目招标代理服务的要求，并及时将相关要求通知相关专业工程师，以保证所有项目团队成员清楚了解委托人的要求，从而能将相关要求融会贯通于招标过程的相关文件中；接收委托人转交的本项目的全部资料及文件，充分掌握本项目相关的所有政策性文件，并根据项目机构中各专业分工，及时将相关资料及文件转交专业工程师，并将掌握的与本项目相关的政府性文件通知到各专业工程师，确保项目团队成员工作效率；及时与行政主管部门沟通项目过程文件，并及时将沟通意见汇报委托人及项目团队全体成员；负责制订项目的具体实施计划，并协调监督各团队成员切实按计划落实各项工作任务。

3. 造价执行经理

负责组织造价组成员实施本项目的工程量清单和最高投标限价的编制工作，确保造价成果文件编制完成时间和质量满足招标项目需求；及时将造价编制过程中发现的问题与委托人进行沟通，并将沟通结果通知招标执行经理；负责对造价组成员编制的详细招标范围说明进行审核和统稿后交招标执行经理；对招标执行经理编制的招标文件进行审核，并发表专业修改建议，并及时将最终定稿的招标文件通知造价编制各成员，并对与工程量清单及最高投标限价编制相关的重要内容向团队成员进行重点说明；组织造价咨询各专业工程师出具工程量清单、最高投标限价成果文件，及时对招标过程中的答疑问题进行书面解答。

4. 招标工程师

按照本项目委托合同的约定内容，全面实施合同中约定的招标代理服务工作；协助项目执行经理完成项目招标策划，并提供合约管理咨询；办理招投标过程中需要办理的相应手续；编制资格预审文件和招标文件；组织招投标过程中会议：资格预审评审会、勘察现场、答疑会、开标会和评标会；负责整理归类招投标过程中发生的所有工程招标代理档案资料；协助委托人与中标单位进行合同商务谈判，以及合同的签订。

5. 造价工程师

根据图纸细化招标范围，并将细化的招标范围报造价执行经理确认后交由招标执行经理纳入招标文件；按照专业分工编制各自范围内的工程量清单及最高投标限价；对招标文件进行全面审核并出具审核意见；组织对投标报价进行清标工作（若需要）；收集并了解相关项目信息和相关施工材料的价格信息；对中标合同清单进行分析整理工作。

III 咨询服务的运作过程

一、咨询服务的理念及思路

公司的经营方针为"守约、保质、高效、共赢"，服务宗旨为"求实、公正、准确、快捷"，使命为"用创造性的智力劳动成就客户，服务社会"，愿景为"做客户信赖、员工满意、有影响力的国际品牌咨询企业"，核心价值观为"以人为本、专业精准、诚信守约、为社会创造价值"。具体到本项目，我们的服务理念是：

（1）本项目的招标代理服务工作将遵循"公开、公平、公正"的基本原则予以全面实施。

（2）在不违反有关法律、法规和条例的前提下，公正、规范和有序的完成招标代理工作，择优确定最适宜的中标人，最大限度地保障招标人的利益，并接受建设行政主管部门的监督。

（3）全面认真考察全过程的建设流程，考虑工程实施过程中的各种因素和限制条件，周密、详尽的制订工程招标计划，为本项目招标代理工作的顺利实施奠定坚实的基础。

具体服务思路是，切实做到：

（1）编制详细的招标实施方案，经与委托人充分沟通确认后予以执行。

（2）资格预审文件、招标文件符合法律法规及行政监督部门的相关规定，同时针对本项目的特殊性，确保最终为委托人通过招投标程序签订一份能够全面实现本项目招标目的的合同。

（3）细化招投标过程中的每一个环节，做好相应的预案，确保合法、合规且高效实施。

（4）工作人员执行工作流程严密，记录真实、客观和准确，没有发生职业道德过错或工作过失。

（5）整个招标过程的资料、档案完整、齐备和符合规定要求。

二、咨询服务的目标及措施

（一）咨询服务目标

根据本项目的特殊性及委托人的具体要求，我们在编制本项目的实施方案时，确定本项目的咨询服务目标是：确保在委托人要求的期限内，优质高效的完成本项目的招标及配套造价咨询工作，并通过公开、公平、公正的合法招投标程序，为委托人择优选择一家最适宜承担本项目的中标人，并最终由双方按照招标文件和中标文件缔结一份能够确保双方职责权利并能有效履行的合同，从而最终实现委托人的招标目的——为当地居民造福。

（二）服务保障措施

1. 进度保障措施

本项目的招标工作期限是本项目的委托人最为关注的一个要素。为确保本项目招标工作进度的顺利实施，我们从以下几点容易导致招标计划延迟的几个风控环节入手，最大限度地避免招标进度受影响，最大限度地保障委托人和项目利益。

1）与委托人的有效沟通

招标代理单位与委托人的沟通在招标代理服务过程中至关重要。因为只有通过紧密沟通，我们才能充分了解委托人对拟招标项目的管理目标、技术和质量要求，以及希望投标人具备的基本资格能力，从而通过我们的招标策划，最终实现委托人对拟招标项目的管理目标。

2）制订切实可行的招标组织实施计划

招投标工作是建设项目实施过程中的一个重要环节，委托人期望确定中标人的期限，就是委托人为实现项目总体进度计划的一个关键节点计划，因此招标环节进度计划的贯彻和执行对于整个建设项目具有重要的意义。我们通过编制合理周密、详细的招标项目组织实施进度计划，将项目招标过程中必要的法定招标时间和各环节可能需要的时间进行充分的考虑，制订出符合项目实际情况的、合理可行的进度计划，并采取可靠的保证措施，保证招标项目的顺利进行。

3）项目进度动态监测

针对本项目，我们制订的招标工作计划细化到每个具体流程的工作内容和时间节点，并在执行过程中及时向委托人汇报进展，便于委托人把控整个招标进度，并将实际情况与计划进行对比分析，必要时采取有效措施，及时调整招标进度。

4）充分考虑不利因素的影响

分析招标活动可能发生延误的影响因素，及早提出应对措施。如由于项目特殊，需入场登记时特殊办理的事项、最新政策调整等，当招标活动发生非我方因素的延误时，第一时间与委托人进行沟通后，通过对后续进度计划的合理调整以修正计划的偏离。

2. 质量保证措施

招标代理服务的质量控制目标是确保招标程序的合法合规性，资格预审文件、招标文件编制的全面、详细和合理合规性，评标过程的公正合理性。基于此，我们的保证措施是：

1）全面细致，流程科学

根据不同的招标项目特点，结合国家发改委、住建部和项目所在地的有关规定，我公司制订了全面细致，科学合理的各项代理业务工作运行程序、工作手册和服务规范标准，确保项目运行规范、高效，针对本项目，团队成员严格按照公司颁布的《招标代理服务工作执行标准手册》《工程量清单及最高投标限价编制标准手册》《咨询工作服务规范》执行，确保招标全流程的程序合法合规和严谨性。

2）组织保障，客户至上

建立有效运转的项目工作组织体系，是开展招标代理服务工作的重要保证。对于每一个项目，公司均根据项目具体情况和委托人具体要求，确定项目负责人，组建招标工作组。总经理为公司咨询工作质量第一责任人，对公司的咨询工作质量全面负责，项目负责人为项目质量第一责任人，对所承担的项目质量全面负责，各职能部门对各部门职责范围内项目质量全面负责，项目组成员对各自承担的项目范围内质量负直接责任。同时公司有严格的质保体系和质量三级审核制度，确保按时、保质向招标人提交工作方案及相应文件。

3）恪守咨询服务的职业道德规范

确保拟派主要服务人员全部按工作需要到位，并保证所有工作人员在为本项目提供工程招标代理服务的全过程中严格恪守职业道德和执业自律准则，廉洁执业、遵纪守法，不与任何潜在投标人发生任何往来。所派人员严守合同行事，决不越权代理，并确保按公正、独立、自主、科学的原则开展招标代理服务工作，积极主动、勤勉尽职，为委托人依法维权，公正地维护委托人利益。

4）切实保证招标项目的专业技术性

建设工程项目的招标代理，实际是一个选择合格的中标人与委托人缔结履约合同的过程。为确保合同有效履行，需要我们对本项目的施工承包、投资、运营有充分的认识，并且充分了解本项目的合同履行过程中每一个环节的重点及难点，并通过编制的招标文件和工程量清单明示予投标人，通过合理的评标办法引导投标人编制有利于本项目合同履行的投标文件。因此，我们在招标代理服务过程中，充分把握本项目的"投资＋施工＋运营"的技术特性，以及本项目维修改造工程的施工承包特点，编制了全面合理的招标文件。

三、针对本项目特点及难点的咨询服务实践

（一）关于招投标组织实施形式

鉴于本项目的特殊性，现有的全流程电子化招标无法满足本项目的招标需求，经与项目所在地招标投标管理办公室沟通，确定本项目在项目所在地建设工程交易信息网

发布招标公告并采用非电子化纸质招投标方式进行，并同步将所有相关招标投标过程资料上传项目所在地工程建设公共资源交易平台备案，接受监管部门和社会监督。

（二）关于拟采用的示范文本

本项目虽然采用的是"投资＋施工＋运营"的一体化管理模式，但本项目中占比90%的政府投资部分仍然是传统的施工承包模式，基于此，我们确定本项目采用项目所在地《房屋建筑和市政工程施工招标资格预审文件标准文本》和项目所在地《房屋建筑和市政工程施工招标文件标准文本》，但在此基础上分别补充投资和运营的资格条件、评标内容，并重点通过补充"投资＋运营"的合同条款和管理内容来保证本招标项目的顺利实施。

（三）关于投标申请人的资格条件

本项目的主要工作内容是施工承包，部分采用的"投资＋施工＋运营"的内容也包括施工，故对于投标人资格的设定，首先必须保证投标人具备相应的施工承包能力。根据本项目的施工承包内容和建设项目规模，我们确定本项目的投标人应当是具有房屋建筑工程施工总承包二级及以上资质。

另外，因本项目部分采用"投资＋施工＋运营"的组织形式，因此，需要保证投标人对招标范围内的采用"投资＋施工＋运营"的"社区内外低效或闲置配套空间的改扩建和对社区广场的功能性提升（包含但不限于增加停车位及便民服务设施）"的工作内容具有相应的运营管理经验，即应当要求投标人具有相应的同类型项目的运营管理业绩，从而保证项目竣工后，中标人能够有效组织相应的运营管理工作。

同时，投标人还应当具有一定的投资能力，故设置合理的财务考核指标也是本项目的关键。本项目的社会资本投资金额仅占本项目的10%，故对于具有房屋建筑工程施工总承包二级及以上资质的投标人来说，上述资质要求的相应财务能力即能够满足本项目投资的考核要求。

因同时具有施工总承包资质和运营管理经验的投标申请人较少，为保证本招标项目的充分有效竞争，本项目应当允许投标申请人以强强联合的方式，组成联合体参加本项目的资格预审工作。

为了保证中标人项目运营阶段的运营能力，在资格预审评审打分标准中，除对项目施工管理机构进行评审打分外，还要求申请人同时设置运营管理机构，并对运营管理机构进行评审打分。

除上述特殊要求外，其余均按照常规施工总承包的资格要求设定相应的资格预审条件，但同时满足《关于优化和完善老旧小区综合整治项目招投标工作的通知》。

（四）关于投标报价形式及内容

鉴于本项目的特殊组织形式，本项目的报价应当区分财政资金部分和社会投资部分而分别设定合理的报价形式。

财政资金部分仍然采用的是传统施工总承包管理模式，故该部分仍然要求投标人按照招标人给定的工程量清单，并结合招标施工图纸、技术标准和要求，按照招标文件规定的工程量清单报价形式进行报价。

社会投资部分的报价，需要结合中标人的运营综合能力进行设定，故需要考虑两部分的内容：一是社会投资部分的工程总造价，即投标人需要投入的资金总额；二是社会投资部分的年度运营收入效益值，根据该两项数值最终确定社会投资部分可由中标人运营管理的期限，即运营年限＝社会投资总额/年度运营收入效益值。

考虑到招标阶段，需向所有投标人明示本项目需要投入的资金，以便投标人结合自身能力确定是否有兴趣和有能力参加本项目的投标；同时，因该部分工程内容即为工程竣工验收后由中标人组织运营的工程内容，为保证运营效益，中标人有可能会根据自身的运营管理经验变更调整现有的设计方案，故该部分最终投资金额需最终竣工验收时方能最终确定。基于此，经与委托人充分讨论后，委托人确定由我公司按照提升部分的设计图纸，按照建设工程最高投标限价编制的相关要求编制确定了社会投资部分的最高投标限价，并以此作为投标人的最低投资金额。投标人在投标阶段需按照招标文件的要求对政府投资部分进行工程量清单报价，而对社会投资部分仅需提交相应承诺书，承诺最终的投资不少于该部分最高投标限价的总金额即可。

另外，对于社会投资部分的年度运营收入效益值，因涉及实际运营产生的实际收益，需在运营过程中根据实际情况确定，故在招标文件中虽然要求投标人根据经验报出相应的参考数据，但并未将该项报价纳入评标因素中。

（五）关于技术文件的内容

要求投标人编制的投标技术文件除施工组织设计外，同时要求投标人另行提交，针对招标范围内的采用"投资＋施工＋运营"的"社区内外低效或闲置配套空间的改扩建和对社区广场的功能性提升（包含但不限于增加停车位及便民服务设施）"的运营管理方案，并且明确投标人在编制投标施工组织设计时，应当重点从施工部署和施工方案等角度将综合整治和公区改造统筹考虑，确保一次施工完成，按照规定验收流程进行统一竣工验收。

（六）关于评标办法

1. 关于投标报价的评审

投标报价仅考虑财政资金部分报价评审，仍然按照项目所在地建设工程的常规投标总价的评审方式进行评审，即以有效的投标总价（扣减投标报价中包括的不可竞争费）的平均值计算确定基准价，然后计算出投标报价扣减不可竞争费后与基准价的差值偏差率，按照招标文件确定的偏差率相应分值确定各投标人的投标报价分值。

2. 关于技术标的评审

技术标部分评审，除施工组织设计外，增加了运营管理服务方案的评审打分要求及标准，以保证中标人有相应的运营管理能力。

（七）关于合同条款

因本项目是在项目所在地《房屋建筑和市政工程施工招标文件标准文本》的基础上编制的，为保证标准文本的完整性，且无论是财政资金部分还是社会投资部分，对于施工期间的施工责权利都是一致的，不同的仅仅是社会投资部分需要特别明确合同双方的投资和运营的权责义务，特别是投资注入方式、融资要求、运营期限、运营方式、回报方式、移交等与投资和运营相关的条款内容，基于此，委托人最终确定在上述标准文本施工合同条款的基础上，另行单独补充增加投资运营部分的合同条款内容，并对重要内容约定如下：

1. 项目运作方式

本项目采用投资、施工、运营一体化方式运作，即由发包人授予承包人相应范围内的经营权；在授权期限内由承包人负责项目设施的投资、施工、运营管理及维护；承包人对本项目投资资金不少于合同约定的金额；运营期满后，承包人将经营性空间资产无偿移交给发包人或发包人指定机构。

2. 投资管理要求

为确保承包人投资部分资金，在合同里约定发承包双方建立共管账户。合同签订后，承包人应当将投资款汇入账户中，每次按合同约定支出前将付款申请报发包人审核，双方共同实施付款。提升类施工完成后，根据计量和审计结果复核承包人应当投入的资金，若因现场部分工程无法实施或图纸变更等原因导致投资金额变化，由发包人按照承包人投标时投报的年度运营收入效益值调整应授予的运营年限。

3. 发包人提供的外部条件

发包人协调承包人与相关行业主管部门、社区居民、物业公司在项目运营管理中做好相关工作，保障项目的运营安全和顺畅；发包人按相关规划协调项目周边路网及其他运输渠道与本项目实现顺利对接；发包人提供水源、电源，由相关部门提供必要的协助与支持。

4. 投资额最终确认

承包人投资部分的投资金额的最终确认，采用常规"投资＋施工＋运营"项目的投资金额确认方式，即依据施工图、签证与变更资料、现场计量资料等，由承包人提交结算申请材料，报发包人审核确认，但最终投资额以财政审定的结算金额为准。

5. 回报方式

由发包人授予承包人小区内便民服务空间的经营权，承包人自行运营获取上述空间的运营收入。

6. 运营期限

本项目运营期不得超过20年，从项目开始进入运营期计算，至项目移交之日止。实际以承包人提报的年度运营收入效益值计算运营年限为准。

7. 运营内容

由发包人授予承包人社区库房、保安值班室、新增非固定服务设施、街区配套用房和街区停车空间的经营权。承包人自行运营获取上述空间运营收入，运营内容须在发包人的监督和指导下围绕社区食堂、便民理发、便民维修、便民菜站、生鲜熟食、公益空间和停车管理开展。

8. 运营收益

运营期间，发包人授予承包人可经营性项目的运营收入由承包人自行承担经营风险，自负盈亏。

9. 融资质押

承包人可以为本项目融资目的，将其在本项目合同项下的各项权益（如政府资金的预期收益权、保险受益权及可经营性项目的经营权）之上设置抵押、质押或以其他方式设置担保权益。

10. 直接介入条款

当项目出现重大经营或财务风险，威胁或侵害公共利益时，发包人或债权人可依据直接介入，代位行使承包人的权利，要求承包人改善管理、增加投入、临时接管项目或指定政府方/实施主体认可的合格机构接管项目。在直接介入条款约定期限内，触发直接介入的重大风险解除的，发包人或债权人应停止介入。

11. 再融资

出于本项目建设投资、项目设施运营维护，以及大规模重置更新或改造之需要，在征得发包人书面同意的前提下，承包人有权依法通过贷款方式进行再融资。发包人应协助和支持承包人进行再融资。

12. 项目移交前过渡期

本合同约定运营期满前12个月为项目移交前过渡期。

13. 合作期满移交

承包人按照项目合同投资运管部分条款约定的机制、流程和资产范围，将满足移交要求的全部项目设施、资产的经营权和技术法律文件等无偿移交给发包人或其指定机构或原产权单位，且需确保移交的项目设施不得存在任何抵押、质押等担保权益或产权约束，也不得存在任何种类和性质的索赔权。

14. 合作提前终止

1）发包人违约而导致项目提前终止

当出现发包人违约事件时，应先谨慎考虑这些事件是否处于发包人能够控制的范围内并且属于发包人应当承担的风险。如果发生发包人违约事件，并且发包人在一定期限内未能补救的，承包人可根据合同约定主张提前终止合作。此时，发包人要承担承包人投资部分回购的义务，并需要给予承包人适当的预期收益补偿。

2）承包人违约导致项目提前终止

承包人违约事件是指发生承包人没有履行或者没有完整履行其在本项目合作协议下应当承担的义务，并且承包人未能在规定的期限内对该违约进行补救，发包人可根据合同约定主张终止合作。此时，发包人不负有承包人投资部分回购的义务，发包人收回资产及合同权益。

3）发包人选择终止

发包人在合作期限内任意时间可主张终止项目合作协议。由于一体化项目涉及公共产品或服务供给，关系居民公共利益，因此发包人享有在特定情形下（如项目所提供的公共产品或服务已经不合适或者不再被需要，或者会影响公共安全和公共利益）单方面决定终止项目合作的权利。此时，发包人要承担承包人投资部分回购的义务，并需要给予承包人预期收益的补偿。

4）自然不可抗力事件而导致项目提前终止

发生不可抗力事件的状态持续或累计达到一定期限，任何一方均可主张提前终止合作。由于自然不可抗力属于双方均无过错的事件，因此对于自然不可抗力导致的项目提前终止，由双方共同承担。

15. 补偿设置

若投资运营合同提前终止，按照以下方式确认补偿：承包人违约，运营期终止时，终止补偿金为 $0.9 \times A$；发包人违约，运营期终止时，终止补偿金为 $1.1 \times A$；法律变更，运营期终止时，终止补偿金为 A；不可抗力运营期终止时，双方协商。其中 A 为承包人尚未收回的投资金额。

16. 运营考核

发包人和居民共同对承包人的运营服务实施监管，要求其在合作期限内不得随意改变运营业态、细减业态面积、降低运管标准等。定期或不定期进行居民满意度调研。承包人应当在合理期限内，对居民提出的重点问题进行整改，在期限内若整改不到位，发包人有权采取停业、罚款等措施督促承包人予以纠正。

Ⅳ 服务实践成效

一、服务效益

本项目老旧小区改造实施中施工招标采用公开招标方式，招标代理机构依据市住建委等部门出台的《关于引入社会资本参与老旧小区改造的意见》《关于优化和完善老旧小区综合整治项目招投标工作的通知》等文件精神，结合本项目实施内容及面临的问题，在与建设单位、设计单位、项目管理单位及招标监督部门等各方多次的沟通协调，确保本项目施工招标工作依法依规开展，为此种新类型的老旧小区改造项目招标工作的合法有序开展提供了政策依据，为招标人依法合规开展老旧小区招标工作，落实老旧小区综合整治项目招标人首要责任提供了正确的政策咨询意见。

本项目为项目所在区首个采用"投资+施工+运营"的一体化招标模式老旧小区改造试点项目，本项目招投标工作的顺利完成，为本区及本市具有类似情况的老旧小区改造项目招标模式提供了参考和借鉴，也可作为招标代理行业较新颖业务类型的交流案例。

二、经验启示

招标投标方式在内的任何采购形式，其核心均在于订立合同，合同是一切采购活动的终极目的。基于此，当我们招标代理机构承接到任一未有实施经验的新类型项目时，只要切实把握好上述招标的核心，并从以下4个方面予以保证，就能保证招标项目的最终质量：

（1）确保招标程序全程合法合规、公平公正，切实有效保证投标人的公平合理竞争。这就要求参与项目的项目团队人员具有高度的责任感和职业素养，全面理解招投标法律法规对每一个招标环节的具体要求和行政监督部门的有关规定，并将相关要求和规定融汇于资格预审文件和招标文件中，从而贯通于整个招标过程。以使招投标过程的所有参与人员（招标人、投标人和评标委员会）也能够充分认识和了解，从而保证项目有效实施。

（2）根据项目特点并结合市场调研情况，合理确定投标人的资格条件。在不违反相关法律法规的条件下，根据市场调研情况或以往经验，按照适当择优的原则确定资格审查条件，在保证通过资格预审的投标人均具有承接项目的资格和能力的前提下，再保证项目在招标过程中能够充分竞争。

（3）为保证项目高效，兼顾项目实施过程中的各方职责及便利，尽可能采用市场已熟悉的示范文本为模板基础，再根据项目特点予以补充完善，并对补充完善的内容予以重点提醒。

（4）保证合同条款的全面合理性，从而保证最终通过招标文件和中标投标文件签订的合同能够有效履行。

专家点评

本案例为老旧小区综合整治项目，采用"投资＋施工总承包＋运营"的创新型组织实施模式。针对老旧小区改造的这种招标模式，有别于常规的施工招标，也有别于常规的基础设施和公用事业的特许经营（BOT）模式的招标，案例只是总投资10%范围内项目采用"投资＋施工＋运营"管理模式，其余仍然采用的是传统施工承包模式。所以案例选择在施工总承包招标成熟文本的基础上，补充投资和运营的资格条件、投标报价要求、技术文件内容、评标等内容，并重点通过补充"投资＋运营"的合同条款和管理内容来保证本项目的顺利实施。

本案例对项目的特点和难点分析准确、全面，咨询服务目标明确，服务保障措施有力。案例根据项目特点并结合市场调研情况，合理确定投标人的资格条件；注重合同条款的全面合理性，从而保证最终通过招标文件和中标投标文件缔结的合同能够有效履行。

本案例的招标投标活动的顺利完成，为具有类似情况的老旧小区改造项目招标模式提供了参考和借鉴，也可作为招标代理行业较新颖业务类型的交流案例。

指导及点评专家：唐晓红　北京京城招建设工程咨询有限公司

某园区更新改造项目招标代理成果案例

编写单位：北京中建源建筑工程管理有限公司

编写人员：李艳美　曲　晶　王兴刚　喻露露

I　项目基本情况

一、项目概况

项目名称：某园区更新改造项目。

建设单位：某生物工程有限公司。

项目建设地点：北京市通州区。

项目规模：建筑面积约38 000m²，其中地上约26 000m²，地下约12 000m²。

项目投资金额：约47 000万元。

项目资金来源：自筹资金。

项目实施背景：项目地块位于北京市通州区，总占地面积约18 800m²，建设单位为实现企业自有存量用地盘活转型，促进周边产业服务配套设施完善，拟在原地块进行更新建设。

项目定位：项目更新改造后以中高端品牌酒店、客房及休闲商业为主。服务于项目周边的商务配套，为项目周边企业国际交流、商务往来的高端人士提供商旅服务，同时提供中高端餐饮休闲服务。

二、项目特点及难点

本项目是自主转型升级建设配套服务的项目，是建筑业数字化转型示范，全流程实行数字化的项目。

结合转型试点内容，本项目采用建筑师负责制下的EPC（工程总承包）招标，一次性确定设计、施工团队，组建一体协同的项目团队有机整体，创造性提出"投资估算下浮+限额设计"的造价控制策略。通过组织管理模式创新，保障项目全周期高效推进，实现关键需求与核心能力的有效匹配。

II 咨询服务内容及组织模式

一、咨询服务内容

（1）咨询服务范围为EPC招标代理服务。

（2）工作内容包括编制招标计划，资格预审文件编制并提交建设单位审核，发布招标公告，资格预审文件备案及发售，资格预审专家抽取，组织资格审查，资格预审结果整理、备案，招标文件编制并提交建设单位审核，招标文件备案及发售，组织答疑及现场踏勘（如有时），评标专家抽取，组织开标，组织评标，评标资料整理，中标候选人公示，中标结果公示，中标通知书备案及发放。

（3）建设单位提供为完成招标工作的相关咨询服务。

（4）招投标活动结束后向建设单位招投标全部档案资料。

二、咨询服务组织模式

根据建设单位安排委托项目的情况，我公司统筹人员安排，派出项目组团队完成委托工作。项目的总负责人由熟悉相关业务的公司副总经理担任，项目负责人、项目主管由业务部门经理担任，项目经办人由相关业务部门服务经验丰富的工作人员担任，同时配备助理进行项目资料的及时整理、归档等工作。

对项目组成员根据专业的要求进行合理配置。根据项目的需要配备了公司造价部的相关专业工程师参与本项目，便于在项目服务过程中与建设单位造价部门或咨询公司进行有效、专业沟通；工程监理招标时配置熟悉监理行业的工程师参与其中；同时利用公司自有评标专家库的资源作为技术支撑，聘请与招标相关行业的专家，对招标过程中可能遇到的风险进行全方位的预判、分析，就服务过程中遇到的实际问题进行咨询、解答，以确保招标工作的专业性、可实施性及招标工作顺利开展。

三、咨询服务工作职责

好的团队除了需要丰富的工作经验、良好的工作氛围和多年磨炼的工作默契外，也需要明确的分工和良好的沟通配合，为此，我们针对本次项目团队设定了清晰的岗位职责。

（一）项目总负责人岗位职责

确定招标代理项目组人员的职责和分工。

审核项目负责人编写项目实施方案，配合项目负责人进行内部管理和配合项目负责人完成外部沟通、协调工作。

（二）项目负责人（项目主管）岗位职责及工作要求

（1）把控项目组内项目的工作节点，推进项目整体招标工作。

工作要求：主持编写项目的实施方案，报项目总负责人审核；组织日例会（或采取其他形式）了解项目进展及遇到的问题，确保在建设单位、公司领导或项目总负责人了解项目情况时可以及时回复，禁止与项目脱钩。在项目总负责人配合下进行项目组内部管理和负责项目的外部沟通、协调。

（2）准确定义、把握项目的招标方式、工作流程、专家抽取方式，方可启动招标工作。

工作要求：要求在每个项目启动前，与项目总负责人进行实施方案确定，核实招标方式、工作流程（如时限、工作细节的要求）、重点关注节点、风险预判及解决措施后等再行启动招标工作，禁止在未做沟通的情况下启动招标。

（3）要求经办人做到招标过程资料（含表格、文件等）在未进行互审或二级审核的情况下严禁报出。

工作要求：与建设单位沟通时，结合项目实际需要预留出合理的工作时间，要求经办人按要求完成审核后方可报出招标过程资料（含表格、文件等）。

（4）要求经办人编制资格预审文件、招标文件自行审核后报送项目负责人进行二次审核、定稿。

工作要求：审核本项目所有资格预审文件、招标文件。

（5）要求经办人在招标档案资料移交前完成项目组要求的审核、签字流程，禁止未经审核、签字移交招标档案资料。

工作要求：审核本项目组内所有项目的招标档案资料并签字。

（三）项目经办人岗位职责及工作要求

（1）熟知自己负责的每个项目各工作节点，积极、快速推进项目进展，不因自身原因或工作不力造成项目停滞。

工作要求：对进展了然于胸，及时与项目负责人进行沟通、汇报，确保对项目情况及细节清晰、明了。

（2）在项目招标工作启动前，主动与项目负责人沟通，核实招标方式、工作流程、专家抽取方式等，明确了解项目需求后再行启动招标工作。

工作要求：项目启动前与项目负责人进行细致沟通，核实招标方式、工作流程（如时限、工作细节的要求）、过程中主要注意或关注的问题，避免出现擅自启动工作的情况。

（3）按项目组要求完成项目自行编制或助理编制的招标过程资料、文件的互审或二级审核工作。

工作要求：按照项目负责人要求时限，完成招标过程资料、文件的编制及互审工作，或项目助理编制的招标过程资料、文件的二级审核工作。

（4）按要求将项目资格预审文件、招标文件，报送项目负责人进行二次审核、定稿。

工作要求：按要求将项目的资格预审文件、招标文件后报送项目负责人审核、签字后再行报送建设单位或监管部门。

（5）按项目组要求在招标项目完成后，及时进行招标资料的归档，招标档案资料移交前，将招标档案资料报送项目负责人进行审核、签字后，再行移交。

工作要求：按项目组要求在招标项目完成后，及时进行招标资料的归档并完成互审或二审（适用招标助理整理档案资料时），招标档案准备移交前报送项目进二次审核、签字后移交。

（6）严格按《招标代理工作规范》执行招标工作。

工作要求：严格按公司《招标代理工作规范》完成项目招标工作。

（四）项目助理岗位职责及工作要求

（1）熟知协助项目的工作节点，积极、快速跟进项目，主动与项目经办人进行沟通、反馈，不因自身原因或工作不力造成项目停滞。

工作要求：对每天了解所协助项目的招标工作进展情况，遇到不清楚或不明白的随时向项目负责人进行请教，对项目多思考、勤动手，接到项目经办人交办的任务时复述一遍进行确认。

（2）按要求将项目负责人或经办人安排编制、整理归档的招标过程资料、文件报项目经办人审核。

工作要求：按要求将项目自行编制、整理归档的招标过程资料、文件及时报送项目经办人审核。

（3）严格按公司《招标代理工作规范》配合项目经办人执行招标工作。

工作要求：严格按公司《招标代理工作规范》配合项目经办人完成招标工作。

Ⅳ 咨询服务的运作过程

一、咨询服务的理念及思路

（一）对于项目招标工作的认识

招投标阶段的工作是建设项目从计划筹备阶段到实施落地的关键环节，也是项目建设过程中重要的承上启下的环节，而招标代理机构则在招标过程中发挥着极为重要的作用，其主要体现以下几个方面：

1. 招投标工作的政策性极强

招投标工作是一项政策性极强的工作。招投标领域涉及的法律、法规、规章和规范性文件众多。现阶段国家大力加强对国有资金投资领域的招标投标管理，各种新的规定、要求和制度不断出台。因此，目前在开展招标代理工作之时单纯实现招标采购标的的代理活动往往已不能满足建设单位对招标代理业务的要求，如何能够在符合现有政策规定的前提下，选择合适的招标方案、确定合理的招标程序、拟定适当的招标条件和评标办法，并通过"公开、公平、公正"的方式选择与拟招标项目最为契合的承包单位、服务单位，并且确保招标工作程序经得起审计审查才是招标代理机构的重点工作。因此，必须做到在符合政策法规的要求的前提下为建设单位提供优质、高效的服务。

2. 招标是最终选定承包单位、供应商或服务单位主要方式

根据目前国家相关规定，达到依法招标限额的项目应采用招标方式选定承包单位、供应商或服务单位。招标代理机构要通过组织招标工作，协助建设单位筛选出符合建设单位要求、真正契合项目需求的承包单位、服务单位，而现实中任何两个项目都不可能完全一致，因此招标代理机构必须针对不同项目编制有针对性的工作方案，确定既有原则又可灵活执行的工作方法，才能实现招标工作的最终圆满完成。

3. 招标的过程也是合同形成的过程

招标工作最终的成果是形成"合同文件"，而合同文件（包括合同价格）对项目从开工到竣工验收、竣工结算乃至决算，起着决定性的作用，因此在招标阶段合同条款的合理制订、合同体系的合理建立及合同标段的合理划分也就变得至关重要。

（二）本次项目的工作理念及思路

招标采购是实现项目合约良好履行和施工顺畅管理的坚实基础，招标采购程序的合法、合规和严谨性，是招标采购工程的基本要求。本项目招标工作严格执行国家及北京市的相关管理规定，招标投标全过程在行业监管部门的监督下、在有形建筑市场内开展。

（1）招标工作启动前，就项目情况、已具备的批复条件等与行业监管部门进行充分沟通，为项目招标工作启动后的顺利开展，奠定良好的基础。

（2）为提高招标工作的效率，招标过程中涉及的资格预审文件、招标文件的编制工作，在招标工作启动前提前开展，并在上述文件成稿并通过建设单位内部审核后，发行业监管部门提前征求意见。

（3）因涉及市规自委、区住建委两委共同监管，故在资格预审文件、招标文件编制时要同时考虑两委的监管要求，严格执行两委有关规定，并对相关要求进行融合。对于重要条件的设置，结合项目特点主动积极地与监管部门进行沟通。

①结合拟招标项目实际情况，合理设定对潜在投标人的资格条件要求，并结合项目实际需求设定评审因素。

②招标文件编制时，在建设单位需求、合同文件中就融入建设单位对于本项目全新的建设管理要求，设置关于建筑师负责制、数字化建设、限额设计、过程结算等具体要求，并提前与监管部门进行充分沟通达成共识，从而保证招标工作的顺利推进及最终签署的合同文件合理、可行。

③提前与监管部门沟通本项目资格预审评审委员会、评标委员会的成员组成及人数、专业构成等情况。

（4）招标工作开展过程中对于工程总承包项目的特点及与常规项目的不同，提前梳理、预判招标过程中的可能出现的问题及需要注意的事项，保障招标工作各工作节点顺利实施。

①资格预审公告发布时，因涉及多个发布媒介系统的信息填报工作，故需提前完成系统填报，并预留1个工作日左右的公告发布时间，发布当日安排两组人员进行操作，注意资格预审公告在多个发布媒介的内容及时间的一致性。

②考虑到工程总承包项目投标文件编制工作量大，结合工程总承包项目的建设体量、要求投标人编制的投标文件内容等因素，合理设定本项目的投标文件编制时间。

③由于目前工程总承包项目潜在投标人多为以联合体形式参与投标，资格预审申请文件及投标文件均为纸质化递交，资料较多，故在资格预审申请文件、投标文件递交时，需要做好递交文件的接收、记录、存放等工作。

④资格预审评审、评标时，因本项目涉及两委共同监管，故需要提前进行沟通，明确专家抽取系统、评审和评标的场所，并注意与场所管理部门提前进行联系预留评审场地，安排充足的评审时间。

二、咨询服务的目标及措施

（一）咨询服务目标

严格根据《中华人民共和国招标投标法》《中华人民共和国招投标实施条例》及北京市和行业的相关规定，通过公开招标，实行公平准入和公平竞争，并按照简明、公正、透明的程序和组织方式，选择最优的服务单位。

（1）保证招标过程在"公开、公平、公正、诚实信用"的原则之下进行，防止不正当行为发生。本项目招标工作全流程在监管部门的监管下开展。

（2）招标程序应当简明和可操作，招标过程应公平和透明，促进竞争性，确保招标的各项目标得以最大限度地实现，并应充分结合招标项目的特点，制订简单明了、切实可行的招标工作程序。

（3）制订合理的招标工作计划，在报经建设单位审核、确认后，作为招标工作的时间指导，在项目执行过程中，将其作为最终时间看待，力争所有工作在计划时间之内完成，做到工作时间有余量，有的放矢的开展招标工作。

（4）对于整个招标过程，招标代理机构将严格、忠实地进行记录，尤其是开评标过程及过程中形成的文件、资料必须形成书面报告，移交建设单位。

（5）接受监管部门和建设单位相关部门的审查和质疑，积极配合进行答复和有关书面证据的采集与提供。

（二）服务保障措施

1. 时间保障

提前规划，保障招标工作周期与项目实施进度的完美匹配。不因招标工作滞后对项目的整体进展造成影响。接到建设单位的委托后，积极进行前期沟通，了解建设单位的招标工作时间要求，编制有针对性的工作计划，尽量匹配建设单位的工作周期要求。

2. 招标工作的高效及准确性保障

保证招标工作按照招标工作计划高效、稳定、有序进行，招标过程涉及的文件针对项目需要进行有针对性的编制，以确保招标工作的顺利推进，及通过招标能够真正地确定符合建设单位要求及满足项目实施需求的优质中标人。

3. 招标程序合规性的保障

合理规划项目招标工作计划，做到依据基本建设流程进行项目的招投标工作，遵循先建筑师负责制+工程总承包（初步设计+施工图设计+施工总承包）、工程监理，后专业分（承）包的招标顺序，做到程序合理、不倒置。

4. 招标归档资料严谨性的保障

在招标工作完成后，将安排资料专管人员及时进行归档资料的整理工作，资料整理后，按照公司的资料审核制度进行三级审核，即项目经办人初审、项目负责人复审、项目总负责人终审，杜绝出现资料内容填写不完整、错漏等现象的发生。

三、针对本项目特点及难点的咨询服务实践

招标采购的核心在于订立合同，招标文件中的合同文本是建设单位和承包单位为完成拟建工程，明确相互权利、义务和责任关系的法律文件，是对整个工程的实施起到总控制、总保障的纲领性文件。结合本项目的特点在招标文件合同中建立了针对性的体系。

（一）关于合同价格体系的建立

本项目合同内容包括设计、招标采购管理、合同管理、工程施工、材料及设备采购、联调联试、竣工验收、竣工备案，直至交付使用并在保修期内维修其任何缺陷和质量问题等全过程的建筑师负责下的EPC。

（1）为更好地实现建筑师负责制，本项目要求对设计费及建筑师统筹协调管理费进行单独报价。

（2）施工图设计文件确定后，应及时进行施工图计量，形成重计量计量价格清单，双方应在施工图设计完成一个月内确定重计量计量价格清单。施工图计量工作完成双方达成一致后此部分合约金额直接计入结算总价不做调整，并作为工程进度款支付的依据。

（3）承包单位应严格执行限额设计要求，以保障计量价格清单不超过签约合同价格，如计量清单超过签约合同价格时，承包单位应及时对施工图设计文件进行优化，优化后的图纸按相关规定通过相关政府主管部门批准和行业主管部门认可的施工图审查单位审查，并保证优化后的施工图设计文件符合建设单位使用功能、建设标准等要求，满足签约合同价格的要求。

（4）重计量计量价格清单应按投标的计量价格清单及招标文件中约定的计量方式、计价原则进行组价。

（5）本项目采用总价合同形式。总价合同可以提前确定项目的总成本，有助于确定项目的预算和资金需求。除了合同约定的引起价格调整的情形外，任何因素导致的变更，均视同承包单位在投标报价时已充分考虑其风险，所发生的费用的增减均包含在合同总价内，不得调整合同价。

引起价格调整的情形主要包括：

①因执行基准日期之后新颁布的法律、标准、规范引起的施工变更。

②政府职能部门在正式审批批复过程中产生的施工变更。

③政府职能部门提出的新的功能变化，引起的施工变更。

④因建设单位改变建设单位要求中的"建设规模、建设标准、功能要求"引起的施工变更。

⑤方案设计发生重大变化引起的施工图纸设计变更。

⑥合同约定的不可抗力。

（6）新增项目计量价格清单及变更洽商在原合同价款没有适用及类似清单时，新增项目计量价格清单及变更洽商的确定方法为：投标计量价格清单中没有适用也没有类似于新增或变更洽商项目的，应由承包单位根据变更工程资料、计量规则，通过市场调查等取得有合法依据的市场价格提出新增或变更项目的单价，并报建设单位确认后调整。

（7）为确保项目工期，且合理有效地利用资金，本项目采用过程结算。过程结算审核应重点关注以下内容：

①各过程结算的界面划分，避免重复或漏算的现象。

②变更洽商是否符合合同约定的变更事项。要把设计变更单、现场签证单作为审核的重点，要认真仔细地分析其客观真实性。要认真分析是否属于合同约定的变更事项，要挤掉结算中的水分，防止工程造价虚增，切实降低工程成本。

③送审资料要完整齐全、现场签证表述清晰、相关资料手续齐全有效等。

（二）关于建筑师负责制体系的建立

责任建筑师为设计团队的总负责人，并负责组建设计团队，接受建设单位委托，代表建设单位对项目建设过程和建筑产品的总体质量和品质进行监督，对建筑师负责制的实施情况负总责。

（1）工程设计。负责项目的相关设计审查；落实建筑师团队的技术协调和质量管理；履行设计总包管理职责，统筹管理各专业设计和专项设计；并对设计成果文件进行审核签认。

（2）招标采购。协助建设单位在招标采购计划确认、招标采购文件编制、招标采购答疑、审定专业分包人、重要材料设备供应商的招标采购合同文本、合同谈判签署等阶段提供技术方面的支持和成本控制建议。

（3）合同管理。在施工阶段负责进行承包合同的管理服务，对承包单位中的施工方、专业分包人、重要材料设备供应商等履行监督职责，通过检查、签证、验收、指令、确认付款等方式，对施工进度、质量、成本进行总体控制、优化和协调。

为充分发挥责任建筑师负责制优势，建设单位授权责任建筑师就本合同项下所涉项目服务范围，作为建设单位的委托代理和专业顾问，代为履行法律、法规、规章及相关协议约定等有关规定和约定赋予的审核权、审定权，即在委托服务范围内，责任建筑师有权对项目实施过程中所涉设计、采购、施工、安装，以及成本、质量、工期、进度款支付、验收等重点领域和关键环节的具体实施履行全过程指导、监督、协调、管理，本合同中约定责任建筑师的签字认可作为建设单位签字认可的前置必备条件。建设单位应向其他参建各方及建设单位自己的工作人员、代表说明此项授权并通过合同或补充协议的方式予以明确。

（三）关于数字化建设体系的建立

本项目为进行数字化建设的首批核心试点项目之一，按照建筑业数字化转型升级试点工作要求，为实现数字化建设的落实，招标时设置了具体要求，即：

（1）设计阶段。开展数字化深度设计，采用BIM（建筑信息模型）正向设计，构建全周期虚拟巡游机制；对标绿建三星标准，探索低碳与BIM设计结合应用。根据建设单位需求完成全部初步设计深度BIM建筑信息模型后，提交"多规合一"审查，获主管部门批复确认后，项目进入虚拟建设阶段。

（2）虚拟建设阶段。在获得主管部门批复确认后的初步设计BIM建筑信息模型的基础上进行深化，完成结构与机电深度设计、构配件与设备选型、多专业协同管理工作。

（3）施工阶段。利用BIM+项目管理+物联网技术，搭建并应用项目级智慧工地管理平台；实施智能建造，通过多维度、全要素仿真模拟，指导施工组织设计，将虚拟建造过程反向映射至现实世界，打造数字建筑的物理孪生体。

（4）竣工阶段。基于不断深化的BIM，探索数字产品移交，对接数字模型运维管理，实现数字化信息衔接。

（四）关于限额设计体系的建立

在保证质量及本合同约定条件的前提下，施工图设计、深化设计、设计变更和工程洽商等环节，严格执行各项限额设计和优化设计的技术措施，确保工程设计概算和施工图预算不突破投资限额指标。为实现成本控制，落实限额设计原则，在合同中约定限额设计工作要求如下：

（1）承包单位在开展各项工作过程中必须始终坚持限额设计原则，所提交的各类设计成果均不得突破本项目签约合同价对应金额（暂估价除外）。

（2）本项目采用工程总承包模式，本合同范围内的所有设计成果文件都由承包单位负责提供。分包的设计成果文件须满足限额设计，本合同承包单位向建设单位承担全部责任。

（3）如因承包单位自身原因导致计量价格清单超出签约合同价的（暂估价除外），承包单位应承担超额部分的全部赔偿责任；因建设单位原因提出功能需求改变，承包单位有义务组织开展必要的设计优化及经济论证工作。

（4）承包单位超过限额设计要求的，承包单位应负责设计优化，如因承包单位优化设计工作不到位造成本项目投资增加的，承包单位承担费用，并承担由此对建设单位造成的损失。

（5）因承包单位自身原因导致未达到限额设计要求的（暂估价除外），或因建筑设计不合格造成投资超出签约合同价的，承包单位和设计负责人负有直接责任，视为重大违约，按照设计费的20%向建设单位支付违约金，并赔偿由此对建设单位造成的损失。

（五）关于节点工期体系的建立

本项目对整体工期进行节点分解，通过节点管控实现整体进度，在招标文件中设定了节点工期要求。工期节点设置为：土护降设计完成时间，其他施工图设计完成时间，土护降、地基处理施工完成时间，±0.00以下结构施工完成时间（以基础底板具备开始施工条件的日期起算），结构封顶施工完成时间，计划竣工日期。

（六）关于过程结算体系的建立

依据国家及北京市推行"过程结算"的相关文件精神，制订本项目"过程结算"要求。

过程结算节点按照施工进度节点设置为：±0.00以下结构工程完成，主体结构工程完成，装饰装修（含室外装饰工程及室内除建设单位发包部分精装修外的其他装饰装修工程）及安装工程完成，室外工程完成。

各节点工程施工完成并经监理人、建设单位组织验收合格后，可开展过程结算。

Ⅳ　服务实践成效

一、服务效益

（一）效率

本次招标工作大幅度提升了项目前期工作的效率。

（1）本项目采用建筑师负责制下的EPC模式，面向社会公开招标。具备资质的单位或联合体根据公开发布的招标方案及前期方案模型，完成BIM深化，编制造价概算清单，以数字化成果作为投标文件参与竞标。建设单位选定最终项目团队后，同步将中标模型提交"多规合一"审查，获主管部门批复确认后，项目即可进入虚拟建设阶段。

（2）项目团队在中标模型基础上进行深化，完成结构与机电深度设计、构配件与设备选型、多专业协同管理等工作。随后，在CIM城市级虚拟空间内开展全方位、多角度、全要素仿真校验。一方面，比对标准规范数据库开展模型智能化审查，自动识别潜在的技术违规点位；另一方面，通过虚拟仿真技术，充分论证各类自然条件下结构安全、室内环境、建筑能耗、碳排放等使用性能指标，全面考察建筑物与周边环境的相互作用影响，动态模拟典型智慧运营场景。最后，在设计内容全部确定后，对建造施工过程进行仿真模拟，包括工序模拟、工艺工法仿真推演、工程量与材料清单精准测算等，形成数字化施工组织设计方案。

（3）在完成全部建模及仿真论证工作后，建设主管部门牵头组织相关单位对虚拟建设成果进行联审，联审通过后即刻办理了本项目的全部行政审批和许可手续。

（二）创新

针对本项目特点及建设单位的需求和创新管理理念，我公司在招标代理过程中的一下做法和创新，这也为我们积累了宝贵的经验。

1. 招标启动工作

根据目前招投标监管管理部门的要求，本项目EPC招标工作由市规自委、区住建委两委共同进行监管。招标工作启动前，我公司就项目情况、已具备的条件等情况与两委监管部门进行了充分的沟通，为项目招标工作启动后的顺利开展，奠定良好的基础。

2. 招标文件编制工作

招标文件是招标工作的核心，招标文件的编制需要贴合项目需求进行，并反复推敲。结合本项目采用建筑师负责制下的EPC招标特点，在进行招标文件编制时，对于项目投资控制、使用需求、建设标准、技术需求等进行深度、细度要求，并根据项目整体成本的管控，结合合同条款的设置，考虑"可放、可收"的原则和尺度，通过合同条款设置充分促进工程总承包设计方与施工方的深度融合，主动发挥各方优势，使之全力投入项目建设中，是实现工程总承包建设模式成功的重要途径。招标文件在发出征求监管部门意见前，应提前与监管部门进行要点说明和主动沟通，能有效提高了文件审核效率，使招标文件中设置的各要求在本项目中得以体现和应用。

3. 投标阶段创新

结合本项目BIM正向设计的特点，本项目要求投标文件采用纸质形式递交与电子形式（光盘及U盘）递交相结合。投标文件分为商务文件、报价文件、实施方案、承包单位建议书四部分，其中承包人建议书成果内容"承包人建议书之模型文件"及"承包人建议书之评审文件"采用电子形式，要求设计成果文件在建设单位提供的方案设计图设计模型的基础上，通过增加或细化模型元素等方式进行创建，通过BIM软件编制并导出IFC格式的初步设计深度的BIM文件和二维视图文件，并以"MP4格式视频文件"及"二维图电子文件"方式提交电子形式的投标文件。大幅减少了因工程总承包承包人建议书内容复杂而造成的纸质文件过多的情况。

4. 评标工作创新

基于电子形式投标，评审阶段承包单位建议书部分（即设计成果文件部分）以"MP4格式视频文件"及"二维图电子文件"为主要评审内容，评审时通过视频文件的多媒体＋动画的呈现方式，根据视频讲解内容了解BIM讲解数字化建设的相关应用，并结合二维图形式的电子图纸，对各专业图纸的主要经济技术指标进行评审。这对评审时的软硬件设施有一定的技术要求，我公司主动与开评标场所管理部门沟通协调，并得到了开评标场所管理部门大力支持，确保了电子化评审的实施。通过电子形式评审，避免了因设计成果内容复杂而造成的大量纸质图纸评审难度高、工作量大的难题，提高了评审工作的效率。

二、经验启示

（一）工程总承包相较于传统施工总承包的优势

1. 合同关系简单清晰建设单位协调工作量减少

传统承包方式中，工程项目的设计、施工、监理往往由不同的参与者承担，建设单位通常要与所有项目建设参与者签署单独的合同，合同谈判、合同管理工作量大，并且复杂的合同关系让不同的工作界面在同时开展工作的情况下，需要建设单位花费更大的精力来组织协调工作。如发包与设计、设计与施工、施工与采购，以及不同承包商之间的工作界面等。

相较之下，工程总承包模式中，建设单位只与工程总承包单位签订一个合同，合同关系简化，协调量减少。在承包单位承担设计和施工全部责任的合同模式中，可以大幅降低承包单位提出变更、索赔的机会。

2. 有利于控制项目成本

本项目采用的是固定总价合同，这就保证建设单位能够在项目建设初期明确整个项目的最终成本。总价合同模式也会激发承包单位在设计管理和施工管理上对于成本的严格控制，精细化施工。传统承包模式中，设计方案的经济性与设计人员没有直接利益关系，而偏保守的方案对设计人员来说更省事、需要承担的责任更小，从而导致项目在设计环节就已经对成本造成较大浪费。而在工程总承包模式下，设计、施工均由总承包单位负责，由于合同总价是固定的，总承包单位就必须优化设计，从而获取利润空间。

工程总承包模式驱动总承包单位在合理范围内去优化设计，从源头降低工程造价，在项目施工过程中严格成本控制，从直接与间接方面都降低和控制了项目建设成本。

3. 减轻了建设单位对工程安全、质量责任的压力

根据工程总承包合同的精神，工程安全、质量责任主要由总承包单位承担，建设单位只提出工程项目建设的目标，在工程竣工验收时严格把关，对建设过程的具体细节不过多参与，因此建设单位对工程质量、安全问题的责任较小。工程总承包合同相当于给建设单位筑起了一道防火墙，承包单位承担了设计、采购、施工的全部责任。

4. 提高了项目实施的效率

工程总承包项目前期，承包人在项目投标阶段，即进行施工图设计时充分了解建设单位对于项目的使用需求及建设要求，考虑设计和施工的衔接问题，制订合理的施工方案和进度计划。所以在项目施工过程中，承包单位不用花费更多的时间去理解设计意图，只需在已定的设计方向上提前做好材料、设备的采购计划，大刀阔斧地开展施工工作，加速了项目建造过程中各个环节的速度，相比较传统模式提高了项目实施的效率。

（二）本项目积累的成功经验及推广应用

（1）为实现数字化建设的落实，本项目采用了BIM技术应用和BIM管理应用全过程运维管理。首先通过BIM建筑信息模型技术开展正向设计，各阶段设计在BIM建筑信息模型的基础上进行深化。同时搭建基于BIM的管理平台，通过局域网共享，对文件管理、工程进度模拟、模型算量、施工组织模拟等文件进行协同管理，有效增强项目管理的信息化水平，提高管理效率，保证工程高效顺利地进行。

（2）结合本项目建设单位的超前管理思路和创新要求，本项目采用过程结算方式，结合项目特点设置了过程结算节点，在项目实施过程中按照过程结算工作计划，在各过程结算节点工程施工完成并经监理人、建设单位组织验收合格后，开展过程结算。结算过程贯穿建设工程实施过程，可提高建设单位对项目投资的控制，有利于企业实现精细化管理。也能有效减少施工单位的资金压力，提高其盈利水平，调动其积极性。

在本项目实施过程中，我公司积累了成功的管理经验和做法，将以本项目招标管理为标杆，把先进的管理经验沿用到公司其他服务项目中，形成企业内部先进、可行的招标服务模式。同时，在我公司的其他项目中向业主推荐本项目的创新应用，对于非常规项目，依据项目特点有针对性地进行调研分析，编制适用的招标工作方案，保障招标工作更加高效、精准、顺利地实施。

专家点评

本案例是对园区更新改造项目工程总承包（EPC）结合建筑师负责制进行招标。

EPC模式可以克服设计和施工分离产生的相互制约和脱节造成的矛盾，建筑师负责制通过发挥建筑师的主导作用，便于在施工中正确贯彻设计意图，从而达到设计和施工的协调统一。

本案例结合工程总承包和建筑师负责制融合模式招标实践，对招标项目的特点、难点进行了分析，介绍了这种创新模式招标的实际做法及工作要点，包括：咨询服务组织模式、职责划分，以及合同体系的建立、建筑师负责制体系的建立、数字化建设体系的建立、限额设计体系的建立、节点工期体系的建立、过程结算体系的建立等。总结了项目招标取得的社会效益及经验启示，包括：建设单位协调工作量减少、有利于控制项目成本、减轻建设单位对工程安全质量责任的压力、提高项目实施的效率等。该项目的成功实施证明工程总承包融合建筑师负责制是可行的，且取得明显的效益，可以作为供建设单位选择的一种建设组织模式。

本案例为EPC结合建筑师负责制模式招标积累了成功的管理经验和做法，为这种创新模式的推广打下良好基础，对类似招标项目具有一定的借鉴和参考意义。

指导及点评专家：岳　岭　北京京咨工程项目管理有限公司

某大厦改造项目全过程工程咨询
（建筑师负责制）招标代理成果案例

编写单位：北京京咨工程项目管理有限公司

编写人员：岳　岭　张忠原　管建强　张伟峰

I　项目基本情况

一、项目概况

项目名称：某大厦改造项目。

建设单位：某创业服务中心有限公司。

项目规模：项目总建筑面积14 682.96m^2，其中大厦A座建筑面积6 320.46m^2、大厦C座建筑面积8 362.50m^2。

投资金额：建筑安装投资金额约3 500万元。

资金来源：国有企业自筹资金。

项目计划实施周期：从开始设计至施工竣工验收，计划实施周期为12个月。

项目实施背景：本项目所在产业园位于北京市朝阳区，园区内现有A、B、C、D四座办公大厦。其中，大厦A座楼栋外立面陈旧，节能效能落后，大厅装饰陈旧，大厦C座经过近30年的使用，已出现一系列因楼体老化严重产生的问题，诸如楼内墙壁破损、外墙渗水脱落等，经过反复修补仍未能得到根本解决，存在安全隐患。同时由于建筑原始的设计及建成年代较早，设计理念相对比较落后，办公环境及硬件的更新程度较低，已无法达到大部分科技型企业的使用需求。为防止因楼体老化造成人身及财产损失，同时为进一步提升园区的整体形象和改善使用功能，需要进行改造。

项目实施目的：针对上述存在的问题，通过对园区内相关建筑设施进行整体翻新改造，完善园区硬件设施配套，改善办公环境，提升建筑形象，消除安全隐患。满足入园科技型企业的需求，吸引更多优质的数字科技企业和团队入园创业。

项目改造内容：本项目建设内容包括所在产业园大厦A座的外立面、C座的外立面和内部的装修改造。

二、项目特点及难点

（一）建设单位咨询服务需求

本项目建设单位作为一家科技企业孵化器运营主体，在工程建设方面缺少专业技术管理人员，工程建设管理经验不足。因此，需要委托一家综合实力强的咨询单位，组建项目管理及综合服务团队，提供跨阶段、跨专业、一体化、综合性的咨询服务，即实行项目管理及专业服务交钥匙工程，对建设单位全面负责，高效率、高质量完成项目建设任务。

（二）咨询服务内容及组织模式

建设工程管理是高度复杂、专业性很强的工作，需要熟悉工程项目建设全过程的专业团队负责管理实施。根据建设单位人员现状、项目规模和特点，结合北京市优化营商环境政策，以及全过程工程咨询和建筑师负责制模式的特点，确定将本项目设计、项目管理、工程监理、造价咨询、招标代理五项内容打包为一个咨询标段，委托给一家信誉可靠、综合能力强的咨询服务单位（或联合体）实施。咨询组织实施方式采用全过程工程咨询+建筑师负责制组织管理模式。

（三）全过程工程咨询（建筑师负责制）咨询模式的特点

全过程工程咨询（建筑师负责制）模式是将全过程工程咨询和建筑师负责制两种咨询服务模式进行融合，由设计单位牵头、建筑师主导实施全过程工程咨询各项服务内容的服务模式。这种服务模式综合了两种咨询组织模式的特点，是对现行工程建设管理组织模式的创新。建筑师团队在提供设计总承包的同时，还要统筹整个项目的前期策划、工程进度、工程质量、项目成本等。这种咨询模式既解决建设单位工程管理经验缺乏、工程管理人员不足的问题，又提高了项目管理整体运行的协调性和工作效率，能够帮助建设单位全面实现项目的工期目标、质量目标、安全目标和成本控制目标。

（四）全过程工程咨询和建筑师负责制融合模式招标的特殊性及难点

（1）全过程工程咨询和建筑师负责制融合模式属于优化营商环境的创新型建设管理组织形式。由于之前北京市没有进行过此类招标，没有现成的经验可供借鉴，招标代理工作需要理顺和解决政策运用、招标组织、招标程序等管理方面的问题，克服在招标文件和服务技术标准编写、咨询服务费确定、评标标准，以及咨询服务合同编制等技术方面的难点，在符合现行法律法规要求和控制风险的基础上进行探索创新。

（2）多个监管部门共同监管，需要多方协调。目前，北京市设计招标由北京市规划和自然资源委员会勘察设计管理处（以下简称"勘办"）负责监管，监理招标由北京市住房和城乡建设委员会和各区招标投标管理部门（以下简称"标办"）负责监管。同时，为了推进北京市建筑师负责制的实施，有关部门组建建筑师负责制工作专班（以下简称"工作专班")和北京市工程设计行业咨询委员会(以下简称"行咨委"),对建筑师负责制项目进行全程跟踪指导和评估,开展试点项目推荐确定、合同审核、政策解释、品质管控等工作。在进行全过程工程咨询(建筑师负责制)招标时需要和上述部门密切沟通和协调。

Ⅱ 咨询服务内容及组织模式

一、咨询服务内容

接受建设单位委托,我公司为建设单位提供本项目全过程工程咨询(建筑师负责制)招标代理服务。招标代理服务主要内容包括:招标策划、编制招标方案、发布招标计划、编制招标文件、发布招标公告、组织开标、协助建设单位组建评标委员会、评标、协助确定中标人等,直至中标通知书备案、协助建设单位与中标人签署合同文件。同时负责各监管部门的协调,招投标相关法律法规及业务知识方面的咨询服务工作,确保招标投标工作依法合规。

二、咨询服务组织模式

根据项目委托内容,我公司组建了招标代理工作小组。考虑到全过程工程咨询(建筑师负责制)组织模式招标的创新性,招标代理工作小组由公司总经理亲自牵头负责招标项目的组织、协调和保障,由公司技术负责人担任项目负责人,招标部经理担任招标程序经办负责人,招标部副经理和专职招标人员担任招标经办人,组成强有力的招标小组。同时配备后台辅助工作人员,安排专业造价工程师提供造价方面的技术支持,保证招标项目在依法合规基础上高效率、高质量完成。

三、咨询服务工作职责

招标代理工作小组各岗位职责见表1。

表1 招标代理工作小组岗位职责表

序号	招标小组成员	咨询服务职责
1	牵头人	负责项目总体监督和协调。对于重大和关键事项助力项目负责人协调好建设单位及各政府部门的工作,理顺关系,召集阶段性会议,听取项目进度及问题反馈,督促招标进度,协调解决纲领性问题
2	项目负责人	负责项目招标全面工作。负责起草和签订招标代理合同编制招标方案,确定招标文件及合同版本,对招标文件及过程性文件进行审核;负责建设单位的协调及各政府部门协调工作,组织各种会议,编制汇报材料(或PPT),反馈和解决招标过程中的问题;对有关政策进行宣贯和把握,听取各管理部门意见,有效推进招标工作,控制招标投标工作的合法性、合规性

序号	招标小组成员	咨询服务职责
3	招标程序经办负责人	负责项目招标手续的办理直至建设单位与中标人合同签订完成。负责起草招标计划、招标公告、招标文件等重要招标过程性文件；负责招标系统录入信息和资料的把关，负责招标程序的合法性，同时符合各管理部门规定；及时向建设单位提供各阶段招标过程性文件，征求意见、反馈问题，及时向建设单位提示各阶段应准备的资料和需要办理的事项；负责正常招标工作的协调和问题的处理，配合项目负责人做好建设单位和各政府部门的协调工作；负责建设单位日常招标政策的解读和咨询服务工作；配合项目负责人工作汇报；负责招标部其他人员的工作安排
4	招标经办人	协助招标程序经办负责人办理招标手续直至建设单位与中标人合同签订完成。配合招标程序经办负责人起草招标过程性文件，协助招标程序经办负责人处理招标程序中的事项和问题；负责问题的上传下达和文件的传递工作，对招标程序经办负责人的招标工作添遗补缺、弥补漏洞；负责搜集招标信息和资料，负责招标系统录入信息和资料，负责对过程性表格的审核；参加有关招标的各种会议，贯彻分配的各项任务；对移交的整套招标资料进行审核把关
5	后台助理	协助招标程序经办负责人和招标经办人完成后台工作。协助招标经办人完成招标系统录入信息和资料；负责对过程性表格的制作；协助招标经办人完成文件的传递；负责招标过程性文件的打印、装订、发放和递送；处理来电咨询，向经办负责人反馈问题；负责全套招标资料的搜集、整理、移交和归档

Ⅲ 咨询服务运作过程

一、咨询服务理念及思路

（一）服务理念

我们的服务理念是以客户为中心，为客户提供高效、专业的招标代理服务。在招标过程中，充分了解客户的需求，制订合理的招标方案，并严格按照法律法规和北京市相关政策规定进行操作，确保招标过程的依法合规和公平公正。同时，运用已有的工作经验和专业知识，为客户提供全方位的咨询和指导，帮助客户解决在招标过程中可能遇到的问题，为客户选择到满意的咨询单位为中标人，从而为项目的顺利实施提供保障。

（1）诚信、守法。在招标代理工作中，必须遵守法律法规，诚实守信，严格执行招标程序规定，不得有任何舞弊行为。只有通过诚信合法的招标代理工作，才能保障投标人的合法权益，确保招标结果的公正和合理性。

（2）专业、严谨。招标代理人员应具备丰富的专业知识和严谨的工作态度，熟悉招标流程和相关政策规定，能够针对全过程工程咨询和建筑师负责制的特点编制符合招标人要求的招标文件，确保招标工作的准确性和可靠性。只有具备较高专业素养的招标代理人员，才能够为招标工作提供有力的支持和保障。

（3）公平、公正。在招标代理工作中，严格遵守公平原则，不偏袒任何一方，不带有任何歧视性，确保每个投标人都能够在公平的竞争环境中参与投标。才能够赢得各方的信任和尊重，确保招标结果的合法性和公正性。

（4）具有责任意识。作为招标代理工作人员，肩负着项目前期招标的重任，必须强化责任意识，对招标工作尽心尽责，严谨细致地做好每一个文件和每一步流程，才能保障招标工作的顺利完成，确保项目按计划实施。

（二）工作思路

（1）详细了解客户的需求和项目背景，进行充分的准备工作。在准备阶段，需要对招标项目进行全面的了解和分析，包括项目的背景、服务需求、预算等方面。同时，还需要收集相关的信息和资料，以便为招标工作提供支持。只有深入了解客户的需求和项目情况，才能更好地为客户制订具有针对性的招标实施方案。在这一阶段，还需要与政府相关部门和人员进行沟通和协调，以确保招标工作的顺利进行。

（2）制订合理的招标策略，对项目招标进行规划和设计。在制订招标策略时，需要考虑客户的需求、市场竞争情况、项目特点等因素对招标的影响。在规划阶段，需要确定招标的范围和内容，制订符合客户需求的招标方案和时间表；同时，还需要确定招标的方式和标准，以确保招标工作的公正性和合理性。在实施阶段，需要根据项目的实际情况和需求，编制详细的招标文件，合理设定投标人资格要求、主要合同条件等，以便能够吸引优质的潜在投标人参与投标。

（3）进行有效的组织和实施。在组织阶段，需要对招标工作进行全面的安排和部署，包括人员的分工和任务的分配，合理安排招标工作的时间和资源，制订详细的招标工作计划和方案，组织实施招标工作，监督和检查招标过程，确保项目按时按质完成。同时，还需要具备风险管理意识，这样才能够及时发现和解决各种风险和问题，确保项目的顺利实施。

（4）与相关方建立良好的沟通和合作。在招标代理工作中，需要与建设单位、招投标监管部门、工作专班、行咨委、投标人和其他相关方进行有效的沟通和协调，确保信息的及时准确传递，在招标过程中与各方进行有效的沟通，处理各种问题，保证按计划完成招标工作。

（5）对招标项目进行全面的跟踪和评估。在跟踪阶段，需要对中标人的履约情况进行监督和检查。同时，还需要与中标人进行有效的沟通和协调，以解决项目中出现的问题和困难。在评估阶段，需要对整个招标工作进行总结和评价，以便为今后的工作提供经验和借鉴。

二、咨询服务的目标及措施

招标代理工作的首要目标是帮助招标人顺利完成招标过程，为招标人选择到最合适的中标人作为实施项目的咨询单位。其次，通过招标代理机构的专业服务，为招标人节省时间和精力，降低招标失败风险和招标成本，提高效益。

为实现上述目标采取的措施包括：

（1）对招标投标市场进行深入的分析和研究。招标投标市场是一个竞争激烈的市场，了解市场的动态和趋势对于成功完成招标工作至关重要。要了解相关行业市场竞争情况，特别是北京市及其他省市已经完成的采用全过程工程咨询和建筑师负责制模式的有关项目情况及承包商情况，包括潜在投标人的数量、实力、资源、经验等，供招标人参考借鉴。

（2）组建高水平服务团队。招标代理工作人员凭借丰富的招标经验和专业的知识，对招标过程中的各个环节进行把控，包括招标文件的准备、招标公告的发布、投标人的资格审查、投标文件的评审等。通过专业的招标代理工作，确保招标人在合法合规的前提下顺利完成招标活动。

（3）遵循相关法律法规和招标规范，规范招标操作行为，确保招标程序的公开、公平、公正。只有全面掌握相关法律法规和政策，才能在招标代理工作中做出准确的判断和决策，确保招标的合法合规。在招标工作开始前，我们对国家和北京市招投标政策特别是全过程工程咨询和建筑师负责制方面的规定、北京市《建筑师负责制工程建设项目建筑师服务招标示范文本》进行了研究。

（4）重视技术方案评估。技术方案评估是确定中标人的重要环节，科学设定评审因素和分值权重，组织专家重点对投标人的技术方案进行评估，包括技术先进性、可行性、可靠性等方面。为了确保技术方案评估的公正性和准确性，我们将对评估过程进行监督和记录，确保评估结果的客观性和公正性。

（5）协调处理招标过程中的问题。在招标过程中及时解决和处理各种问题，对投标人提出的问题和异议进行合理协调和处理，在出现争议时提供专业的法律咨询和支持，协助招标人解决争议问题，确保招标工作顺利进行。

三、针对本项目特点及难点的服务实践

（一）选派综合能力强的人员组成服务团队，满足本项目多专业知识交叉的业务需求

全过程工程咨询和建筑师负责制融合招标的特点之一是其专业性和复杂性强，需要涉及多个专业领域的知识和技能。招标代理人员需要具有较强的招标项目管理能力，具备全面的专业知识和丰富的实践经验，能够全面了解项目的需求，并且熟悉各个专业领域的工作和特点，我公司充分发挥在工程造价、招标代理、项目管理方面的技术优势和专业人才优势，选派专业水平较高、综合能力强的人员组成招标代理工作小组，从而确保招标工作的顺利进行。

（二）结合本项目特点编制有针对性的招标方案

接受建设单位委托任务之后，首先深入研究全过程工程咨询和建筑师负责制的有关政策和规定，在总结以往全过程工程咨询和建筑师负责制项目招标经验的基础上，为建设单位编制全过程工程咨询（建筑师负责制）项目招标实施方案，明确招标项目内容和工作任务，确定招标完成时间，制订招标时间计划。

（三）招标工作启动前与建设单位充分交流沟通

在项目招标工作开始前，通过PPT演示，为建设单位分析各种招标方式的优缺点，并就全过程工程咨询（建筑师负责制）的含义和特点，招标创新的意义，招标前置条件、建设单位需提供的资料、建设单位需要进行"三重一大"决策的要求、发布招标计划的规定、招标双平台情况、多行业监管情况、应设定的招标条件、评标办法、主要合同内容及创新招标所面临的问题、预计的招标难点和解决方案等内容向建设单位做详细汇报，使建设单位对于本项目招标有清晰的了解和认识，作为建设单位决策的依据。

（四）选择适用的招标文件文本

招标文件是招标过程中最重要的文件之一，不仅规定潜在投标人参加投标的各项要求，还要明确服务要求、合同格式、投标文件格式和评审标准等。本项目招标文件采用北京市工程勘察设计协会和工作专班发布的《建筑师负责制工程建设项目建筑师服务招标示范文本》编制。招标文件的主线是以设计单位为牵头人（联合体投标时）、建筑师为项目负责人的全过程工程咨询。在招标文件的相关章节中对建筑师团队的服务范围和内容做出具体规定，详细说明咨询服务的具体工作内容、服务标准、服务适用的标准规范、对咨询成果的审查程序等。通过合理规范设置对责任建筑师及其团队的投标资格条件、投标报价方式、评标办法、合同条款、投标文件格式等，引导建设单位合法合规、科学合理确定优秀的责任建筑师及其团队作为中标人。

（五）合理确定投标人及咨询团队的资格要求

1. 对投标人的资质要求

由于国家对工程设计、工程监理有行业准入资质要求，因此投标人须同时具有建筑行业（建筑工程）甲级（含）以上设计资质和房屋建筑工程专业监理乙级（含）以上资质。工程建设项目招标代理机构资格和工程造价咨询企业资质已取消，不做资质要求。项目管理可以由具有相应资质的设计和监理单位承担。

2. 对项目总负责人（责任建筑师）及团队要求

咨询服务团队是全过程工程咨询服务的核心力量，需要具备丰富的专业知识和经验，能够提供全面、专业的咨询服务。投标人应当根据本项目咨询服务的内容，选派具有相应执业资格和管理能力的专业人员担任总咨询师和各专业负责人，配备满足咨询服务需要的专业技术管理人员。

结合本项目实际情况，项目总负责人（责任建筑师）及团队应符合以下条件：

（1）项目总负责人（责任建筑师）：投标人拟派项目总负责人须具备国家一级注册建筑师证书，同时具备相关专业高级工程师职称。

（2）设计负责人：设计负责人须具备国家一级注册建筑师证书，同时须具备相关专业高级工程师职称。

（3）监理负责人：投标人拟派总监理工程师须具备注册监理工程师证书，注册专业为房屋建筑工程。

（4）项目总负责人与设计负责人、监理负责人不得相互兼任。

（5）投标人应同时配备满足需要的项目管理、造价咨询和招标代理工作人员。

3. 关于联合体投标

由于投标人需同时具有工程设计资质和工程监理资质，故本项目接受联合体投标。同时考虑到本项目采用建筑师负责制，故要求投标人的联合体协议中须明确设计单位为牵头人。

4. 业绩要求

考虑到全过程工程咨询和建筑师负责制推广时间不是很长，具有全过程工程咨询和建筑师负责制咨询经验和业绩的潜在投标人数量不是很多，本项目要求潜在投标人只要在近五年内具有建筑工程设计业绩和房屋建筑工程监理业绩即可参与投标。

（六）结合市场实际情况，确定咨询服务费报价

全过程工程咨询服务费应结合服务范围、工作内容、总投资、项目规模、建筑类型、复杂程度等，按照责权利对等、优质优价的原则确定。

本项目要求投标人以目前国内通用的收费标准为依据，适度参考市场行情进行报价。结合北京市《建筑师负责制工程建设项目建筑师服务收费指导意见》，投标人按各专项服务（招标代理、工程设计、工程监理、造价咨询等）分别计费，累加后再加上建设项目管理费计算投标报价。参考计费依据包括：《工程勘察设计收费管理规定》（计价格〔2002〕10号）、《建设工程监理与相关服务收费管理规定》（发改价格〔2007〕670号）、《北京市建设工程造价咨询服务参考费用》（京价协〔2015〕011号）、《招标代理服务收费管理暂行办法》（计价格〔2002〕1980号）、《国家发展改革委关于降低部分建设项目收费标准规范收费行为等有关问题的通知》（发改价格〔2011〕534号）、财政部《关于印发〈基本建设项目建设成本管理规定〉的通知》（财建〔2016〕504号）等。根据上述计费标准、合同约定的具体工作内容和咨询人在投标时的报价承诺确定签约合同价。

为鼓励建筑师团队加大投入，提升项目价值，增加建设单位的投资回报，在评标时不以投标报价最低作为选择中标人的主要因素，在评标办法中投标报价评分所占权重不宜过大。

（七）编制严谨且有可操作性的咨询服务合同

本项目咨询服务合同采用北京市工程勘察设计协会和工作专班发布的《建筑师负

责制工程建设项目建筑师服务合同示范文本》编制。合同编制的重点内容如下：

（1）明确建筑师的责任、权利和义务。依据现行建筑法确定的五方责任主体的责权框架，由建设单位对建设工程质量负首要责任。建筑师团队作为建设单位委托的授权代理，向建设单位负责并及时汇报工作。在全过程工程咨询（建筑师负责制）合同中除了约定委托人的义务外，特别需要明确建筑师的具体职责和权利，包括设计、协调、管理等方面的职责，以及与各方沟通的权利。这有助于确保建筑师能够充分发挥其专业能力和经验为项目的成功实施提供有力保障。如果职责和权利不明确，可能会导致建筑师在项目中无法充分发挥作用，或者出现越权、缺位等问题。在编写合同时，应充分考虑各方的利益和风险，确保各方在合同中的地位平等，避免出现不公平或歧视性的条款。

本项目由咨询单位负责提供设计、项目管理、工程监理、造价咨询、招标代理等多项咨询服务，合同中清晰约定各项服务的具体内容、界面划分、工作要求、考核标准。建筑师根据合同约定的咨询范围和内容提供全过程工程咨询服务，承担相应法定责任和合同义务。在委托服务范围内，对项目实施过程中所涉设计、施工、监理、招标采购、安装，以及成本、质量、工期、进度款支付、竣工、验收等重点领域和关键环节的具体实施履行全过程咨询、指导、监督职责。因建筑师失误造成的经济损失，由建筑师所在单位按照合同约定承担赔偿责任后有权向签字盖章的建筑师及其团队成员进行追偿。

在约定建筑师义务的同时相应授予建筑师一定的权力。授权建筑师与建设单位共同发布指令、认可工程、签证付款，确保工程质量和建设单位的利益；负责施工和材料设备的采购、招标文件和合同的编制、组织评标，参与评标委员会的组建、中标单位的确定等组织工作；对不满足技术标准的材料设备具有技术上的否决权。通过对建筑师的授权，为充分发挥建筑师的主导作用提供依据和保障。

（2）明确项目的目标和要求。合同中明确项目的目标和要求，包括项目的设计风格、质量标准、时间安排等方面的要求。同时，还需要对项目的目标和要求进行详细的说明和解释，说明服务要求和标准、对服务成果的交付和审查程序等，以避免出现误解或争议。

（3）服务费用和支付。依据招标文件和投标文件签订合同，签约合同价包括合同总价和各分项服务的价格。为保障委托人和建筑师双方的权益，需要明确约定每笔款项的支付条件、金额和时间，避免后期出现争议。合理的价款支付方式可以激励建筑师更加认真地履行职责，按时完成工作，并保证工作质量。

结合本项目实际情况和特点，本咨询合同采用以下支付方案：

①为激励建筑师更好地协调资源、优化工作安排，合同签订后14日内，委托人向建筑师支付签约合同价款的10%作为预付款。

②在设计阶段和招采阶段，根据阶段性成果和任务完成情况来支付款项，通过将支付价款与阶段性成果和目标挂钩，确保建筑师按照约定的进度和质量标准提供服务，委托人可以在一定程度上控制项目的进展和风险。如果建筑师无法按时完成阶段性任务，委托人可以暂停支付款项，从而减少自身的损失。本项目在方案设计完成、施工图

设计完成、施工招标完成等节点，各项咨询服务成果取得委托人认可后，支付对应工作内容相当比例的价款。

③在施工阶段，由于咨询服务具有连续性，且服务周期较长，采用按时间节点支付，即将剩余咨询服务费按施工工期平均支付，每三个月支付一次。项目竣工验收合格后进行咨询费用结算。

（4）服务变更和服务费用调整。咨询服务费用合同总价一般不予调整，当发生的服务变更可能影响其他部分的咨询服务、服务进度计划和服务期限或增加咨询人工作量的，则应当按服务变更引起的咨询费用变化对合同价格进行调整。

属于服务变更的情形包括：

①因非建筑师原因导致项目的内容、规模、功能、条件、投资额发生变化。

②委托人提供的资料，以及根据本合同应提供的设备、设施和人员发生变化。

③委托人改变咨询服务的范围、内容、方式。

④委托人改变咨询服务的履行顺序和服务期限。

⑤基准日期后，因项目所在地及提供咨询服务所在地的法律法规发生变动、强制性技术标准的颁布和修改而引起服务费用和（或）服务期限的改变。

⑥委托人或委托人的承包商、供应商、其他咨询方等使咨询服务受到障碍或延长的。

⑦合同中约定的其他服务变更情形。

（5）关于保险。根据北京市建筑师负责制有关政策，在工程建设项目取得规划综合实施方案批复后应当与保险公司书面签订建筑师职业责任保险（项目制）保险合同，保障范围与合同规定的建筑师的责任范围保持一致。相关保险费用含在咨询服务合同价款中。如建筑师未根据合同约定购买上述保险，委托人可代为购买上述保险，产生的保险费用从服务费用中扣除。

（6）在合同中约定违约责任和违约费用的计算方法。委托人违约的，应承担因其违约给建筑师增加的费用和（或）因服务期限延长等造成的损失，并支付建筑师合理的利润。建筑师违约的，应根据合同约定承担因其违约给委托人增加的费用和（或）因服务期限延误等造成的损失。

（八）根据服务内容，设置有针对性的评标因素和标准

对于咨询服务类招标，更看重的是技术水平，应重点考察投标人是否具有类似工作经验和是否具备承担本项目的能力。

（1）经验与业绩。投标人的经验与业绩是评估其咨询服务能力的重要指标。评标过程中，通过投标人过去的咨询项目、服务质量、客户反馈等评估投标人的咨询经验，并应能够提供成功的案例，证明其咨询服务的质量和效果。由于全过程工程咨询和建筑师负责制推行时间不长，本项目未要求投标人必须具有全过程工程咨询和建筑师负责制的咨询业绩，只要具备各单项咨询的业绩即可参与投标，但另外增加的业绩可以作为能力证明适当加分。

（2）分析投标人的技术方案和实施计划。评标过程中，需要对投标人提交的方案

和实施计划进行深入分析。需要评估方案的可行性、创新性、实施难度和效果等方面的信息。同时，还要对投标人的实施计划进行评估，包括时间安排、资源投入、风险管理等方面的信息。本项目咨询内容包括设计、监理、造价、招标代理、项目管理等多项内容，对投标人的能力要求较高，需要对服务方案的全面性、协调性和建筑师的统筹管理能力进行重点评审。

（3）投标人的咨询团队。咨询服务类招标评标中，投标人的咨询团队的评审非常重要，评审内容包括团队的构成、成员的资质、经验能力、教育背景、职业经历、取得职业/执业证书、专业认证等。

（九）双平台发布招标信息，多部门之间的协调

本项目招标流程由于涉及设计招标和监理招标，需要在勘办和标办两个部门办理招标手续，需要在北京市公共资源交易服务平台下的不同招标分平台（勘办的北京市公共资源综合交易平台，标办的北京工程建设交易信息网）填报、上传招标信息。为了满足不同平台的不同管理要求，同时又要保证发布招标信息的一致性，需要和勘办、标办及平台管理人员进行协调处理。招标文件编制完成后分别征求工作专班、行咨委、勘办和标办的意见，经沟通意见一致后定稿发布。

Ⅳ 服务实践成效

一、服务效益

本项目通过采用全过程工程咨询（建筑师负责制）模式招标，为建设单位选定了具有综合实力的联合体咨询人。中标的咨询单位委派了管理和实践经验较为丰富的建筑师作为总负责人对项目总体负责，委派了设计经验丰富的建筑师负责设计专项工作，委派了管理和实践经验较为丰富的总监理工程师负责监理专项工作。项目管理团队密切配合、协同管理，全过程工程咨询和建筑师负责制管理工作落实的比较到位，项目进展顺利。

（1）整合了设计、监理、造价、招标代理、项目管理等业务内容，通过将其打包为一个标段进行招标，减少招标次数和时间周期，比将多个单项咨询内容分别招标节省大量的时间和管理成本，同时简化合同关系，有利于解决设计、监理、造价、招标代理之间的责任界面划分问题。

（2）建筑师团队为项目提供全面的管理咨询服务，包括项目组织、管理、经济、技术等方面的咨询，通过全过程跟踪参与项目建设的各个阶段，及时发现项目实施过程的问题，优化设计方案，从源头控制设计质量、工程造价、项目质量进度，从而提高项目的管理水平和效益。通过提高项目的管理水平，降低项目的管理成本和风险，提高项目的管理效率和质量。

（3）赋予建筑师一定的权力，同时也加大了建筑师的责任，建筑师的责任意识增强，保证了工程质量。通过发挥建筑师的主导作用，保证了在项目实施过程中充分贯彻和落实设计意图和设计方案。建筑师在设计方案时就要考虑到施工的可行性和效率性，有效减少施工过程中的问题和纠纷。同时建筑师作为设计方案的主要负责人，承担对设计方案的全面把关和监督责任，通过建筑师的专业设计和管理，有效提高工程建设质量。

（4）作为采用建筑师负责制试点项目，根据北京市优化环境营商环境政策和《北京市建筑师负责制试点指导意见》等文件精神，在项目审批阶段通过优化审批程序，缩短审批时限，为建设单位节省了时间，从而提高工作效率和资金效益。

（5）减少了建设单位的日常管理工作和专业管理人员的投入。建设单位人员在配置上减少了专业管理人员数量，从而解决了专业管理人员不足的问题，同时减小了合同管理和工作协调难度。

（6）通过采用全过程工程咨询（建筑师负责制）组织模式，总体上在保证工程质量的前提下缩短了项目建设实施周期，提高了工作效率，节省了资金成本，得到招标人的满意评价。

（7）北京市建筑师负责制工作专班和北京市工程勘察设计协会评价本项目"是把全过程工程咨询和建筑师负责制融合为一体的创新型招标项目。为顺利在两委（即北京市规自委和北京市住建委）平台上完成招标流程奠定了良好基础，对全过程工程咨询和建筑师负责制相融合的招标方式做了有益尝试，积累了宝贵经验。"

二、经验启示

通过本项目的招标实践，可以得到以下经验启示：

（1）在建设单位没有专业管理人员、缺乏工程管理经验的情况下，把多项咨询服务内容打包委托给一家综合实力强的咨询单位（或联合体）提供全过程咨询服务，是具有可行性和可操作性的。有经验的建筑师能够解决各项工程咨询服务工作责任分离、信息流通不畅、管理相互脱节的问题，通过强化责任，有利于提高整体工作效率。

（2）全过程工程咨询和建筑师负责制是近年来国家鼓励试行的创新型组织模式，改变了传统上提供单一服务内容的模式，这不仅要求各咨询（设计）单位创新、整合提供咨询的方式，同时对招标代理工作也提出了更高的要求，需要招标代理机构与时俱进转变工作思路，在招标代理工作中积极探索、创新，努力适应社会发展的新要求，满足招标人的多样性需求。新的咨询组织模式涉及多个专业的知识和经验，特别是在招标文件编制、多专业服务要求和技术标准整合、合同主体权利义务的划分等方面，需要招标代理人员具备丰富的专业知识和经验。因此，招标代理机构应该加强人才培养，提高员工的专业素养和综合能力。同时注重团队的协作能力和创新意识，通过团队合作和经验分享，不断提升团队整体的服务水平和竞争力。

（3）加强与招标投标监管部门和招标人的沟通非常重要。新的咨询组织模式招标政策性强，同时，涉及多个监管部门之间的协调。由于全过程工程咨询和建筑师负责制推行时间不长，国家和各地不断出台新的政策规定，通过沟通协调，可以准确理解各项规定和最新的政策，还可以了解各部门监管的标准和要求，为监管部门之间的协调提供建议和帮助，从而保证招标工作的顺利进行。同时，加强与招标人的沟通和合作，及时了解招标人需求和意见，在国家政策规定方面提供咨询服务或培训，不断改进服务内容和方式，为招标人决策和项目的实施提供技术支持，提升招标人对招标代理服务工作的满意度。

👆专家点评

本案例是全过程工程咨询（建筑师负责制）招标代理成果案例。2020年6月8日，住建部复函同意北京市开展建筑师负责制试点，并在复函中要求"通过建筑师负责制试点工作，充分发挥建筑师及其团队的技术优势和主导作用，提升工程建设品质和价值，优化营商环境，促进建筑行业转型升级和城市建设绿色高质量发展。"

本案例中涉及的全过程工程咨询（建筑师负责制）模式是把全过程工程咨询和建筑师负责制两种咨询服务模式融合在一起，由设计单位牵头、建筑师主导实施全过程工程咨询各项服务内容的服务模式。相较于传统招标项目的模式，对于招标代理人员的业务水平及综合素质都有较高的要求，要准确把握发包人的需求，制订有针对性的服务方案，选择适合的招标策略，拟定恰当的合同条款，对于各方的责任、权利和义务要有明确的约束，避免项目建设过程中可能出现的履约风险。

通过全过程工程咨询（建筑师负责制）招标服务，本案例能够发挥建筑师负责制的优势，打破工程建设各环节间的"条块分割"，是对建筑师负责制的有效探索，有一定的借鉴意义。

指导及点评专家：张月玲　北京筑标建设工程咨询有限公司

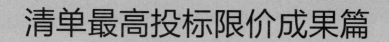

清单最高投标限价成果篇

某群体性公共建筑工程量清单及
最高投标限价编制咨询成果案例

编写单位：北京北卫旭博工程咨询有限公司

编写人员：罗旭影　李　艳　吴　建　陈卓芳　杨伟东

I　项目基本情况

一、项目概况

本项目位于北京市某区某镇，项目用地分为西北、东北、西南、东南4个地块，总规划用地面积约22.7万 m²，总建筑面积约47万 m²。

本次案例分享其中一个地块，其建筑面积12.2万 m²，其中地上面积4.7万 m²，地下面积7.5万 m²，设计概算中建筑安装工程费约114 522万元，最高投标限价编制金额为99 635万元，涉及众多单体，主要为图书馆、报告厅、多功能教室楼、学员宿舍、地下车库及食堂等，本项目鸟瞰图见图1，本项目总平面图见图2。

结构形式：图书馆、报告厅、多功能教室楼为钢框架—屈曲约束支撑结构体系，学员宿舍为钢框架—防屈曲钢板墙结构体系，地下采用钢筋混凝土框架—剪力墙结构。

地基基础形式：采用桩筏基础，局部独立柱基。

建筑类别：图书馆、报告厅、多功能教室楼为多层民用建筑，学员宿舍为二类高层民用建筑。

图1　本项目鸟瞰图

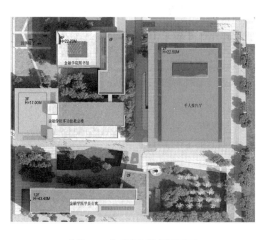

图2　本项目总平面图

建筑耐火等级：地上二级，地下一级。

抗震设防烈度：8度。

地下室防水等级：一级；屋面防水等级：I级。

绿色建筑设计标准：本工程项目整体达到国家绿色建筑三星级，且全园实现低碳校园，其中：报告厅为零碳示范建筑。

招标范围：施工图纸范围内的地基与基础（不含已经实施的土方、护坡、降水工程部分，但含基底以上预留土方及相应部分的护坡工程）、主体结构、建筑装饰装修、屋面、建筑给水排水及采暖、通风与空调、建筑电气、智能建筑、建筑节能、电梯及室外工程等全部工程。

二、项目特点及难点

（一）项目特点

（1）本项目共有4个地块，地下部分互相贯通，地上部分共分4个标段进行招标，各标段采取施工总承包模式，土护降工程前期已单独发包施工。

（2）4个地块共包含20多个功能不同的单体建筑，且各建筑的地下室连为一体，总长度约370m，总宽度约360m，每个地块的地下室的尺度也超过150m，为超长地下室结构。

（3）各单体建筑因功能不同，外立面做法及精装修做法不尽相同。

（4）建设单位项目部聘请了专业的项目管理团队，审计部门聘请了专业的造价咨询公司进行全过程跟踪审计。工程量清单及最高投标限价的成果，先由公司内部进行三级复核，再报建设单位、项目管理单位、全过程跟踪审计单位审核确认后方可定稿。

（二）项目难点

（1）界面的划分。土护降工程为前期单独发包施工，与各标段总包单位的施工界面划分是重点，也是难点。

（2）时间紧，任务重，克服图纸缺陷。本项目要求工程量清单初稿在收到相应设计文件后的20个日历天内完成上报，最高投标限价初稿在工程量清单初稿完成后的5个日历天内完成上报。本项目图纸深度严重不足，编制过程中，既要在规定的时间内完成工程量清单及最高投标限价编制工作，同时要配合设计单位完成图纸深化、概算审核，配合审计单位完成工程量清单及最高投标限价的审核工作。

（3）各标段的编制标准统一。4个地块共划分为4个标段进行招标，4个标段的工程量清单及最高投标限价编制单位不同，编制进度要求相同，如何保证4个标段的工程量清单及最高投标限价编制标准统一，是编制工作和复核工作的重点，也是难点。

（4）工程量清单组和最高投标限价组同步开展，交叉完成，二级复核和三级复核同步开展，交叉完成。

（5）最大化实现投资控制。最高投标限价超出设计概算金额，提出优化方案实现。

II 咨询服务内容及组织模式

一、咨询服务内容

本项目咨询服务内容主要包括：

（1）工程量清单编制、最高投标限价编制，配合招标人及审计单位做好工程量清单及最高投标限价的审核，为招标人确定最高投标限价提供相应依据。

（2）配合招标人编制招标文件，协助招标人完成招标答疑回复。

（3）配合招标人完成各地块间施工界面划分及专业暂估工程与总承包工程界面划分。

（4）完成最高投标限价与概算明细分单体分专业的对比分析；局部设计方案优化的比选。

（5）按照招标人要求组织清标工作，对投标文件（商务标）进行分析，查找存在的问题并提出解决办法，协助招标人进行商务谈判，直至签订施工合同等。

二、咨询服务组织模式

为了做好造价咨询服务工作，根据我公司与委托单位签订的造价咨询合同约定，考虑到项目单体建筑多，功能各不相同，时间紧，外部审核环节多等特点，本项目由公司主管领导作为项目负责人，技术总工负责组织协调技术部做好三级复核，每个单体建筑为一组，设置清单编制小组和最高投标限价小组，各小组中设土建专业、安装专业、市政专业等全专业造价人员若干，项目组人员架构图见图3。

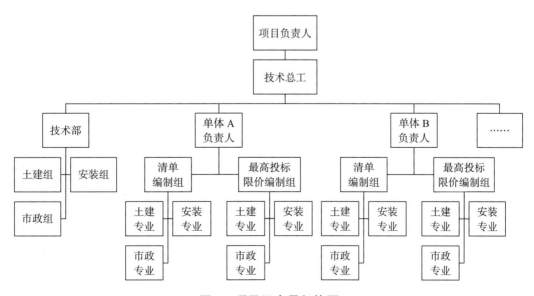

图3 项目组人员架构图

三、咨询服务工作职责

公司实行项目负责制，由项目负责人全面负责该项目的统筹协调、组织管理工作，并对该项目的质量负全责。

（一）项目负责人

（1）编制咨询服务实施方案。

（2）组建项目组。

（3）负责项目咨询服务的组织实施、进度控制、内部协调和咨询服务质量管理工作，对项目组人员的执业行为进行管理。

（4）监督指导项目组成员按咨询服务实施方案开展各项工作，保证咨询成果技术的可靠性、数据的准确性、结论的科学性。

（5）向委托单位汇报成果。

（二）技术总工

（1）审定项目负责人制订的咨询服务实施方案。

（2）审定项目咨询服务的成果文件。

（3）对项目技术重点、难点给予技术指导与支持。

（三）单体负责人

（1）负责监督、指导、检查工程量清单编制组和最高投标限价编制组成员按咨询服务实施方案开展各项工作。

（2）组织控制价编制组成员对材料、设备价格进行询价。

（3）组织工程量清单编制组成员计算工程量、编制工程量清单，对成果进行二级复核。

（四）工程量清单编制人员

（1）负责工程量清单的编制和复核，确保工程量计算正确，项目特征描述的准确。

（2）对各专业的界面划分，给出合理化建议。

（五）最高投标限价编制人员

（1）负责最高投标限价的编制和复核，确保定额套用正确，取费合理。

（2）协助建设单位确定其参考品牌、档次等，负责对材料、设备进行市场询价。

（3）负责结合项目实际情况，参考对标项目施工方案，合理考虑项目措施费。

（4）对最高投标限价进行指标分析，对投标报价进行分析。

III 咨询服务的运作过程

一、咨询服务的理念及思路

（一）工程量清单及最高投标限价编制的理念是实现合理、科学、公正和可持续的工程建设目标

在编制过程中，体现以下理念：

（1）合理性：工程量清单及最高投标限价编制要坚持科学合理原则，通过精确测量和计算，确保每一项工程量都能准确反映实际情况。同时，在控制价编制中，要合理考虑成本、质量、安全等因素，确保最高投标限价的合理性和可操作性。

（2）公正性：工程量清单及最高投标限价编制应坚持公开、公平、公正的原则，将权责分明，遵循市场规律和法律法规，确保竞标者在公正的条件下进行竞标，实现供需双方的公正合作。不得以任何不正当手段阻碍正常竞争。

（3）可持续性：工程量清单及最高投标限价编制要以可持续发展为导向，考虑节约资源、保护环境、推动绿色低碳建设的要求。在编制过程中，应充分考虑环境影响评估和资源的合理利用，推动可持续发展的目标实现。

（4）透明性：工程量清单及最高投标限价编制要注重信息的透明度，确保相关数据、计算依据、程序和操作规范公开透明。招标人及竞标者应在信息对称的基础上进行招标活动，提高公开度和信息的可追溯性。

（5）特色化：工程量清单及最高投标限价编制要根据不同类型、规模和特点的工程项目，制订专门的编制方案和技术要求。

（二）工程量清单及最高投标限价编制是一个系统性的工作，需要遵循一定的思路和方法

在编制过程中，遵循以下思路：

（1）全面了解项目要求：首先要对项目的性质、规模、施工内容、工期等进行全面了解，理解项目的具体要求和目标。同时，也要研究相关的设计文件、规范和合同文件，确保对项目的理解准确。

（2）深入测算工程量：根据项目特点和设计文件，进行详细的工程量测算。涉及各个工程项目的数量、尺寸、材料、工艺等方面的计量和核算，需要使用适当的测量仪器和方法，确保测算的准确性。

（3）准确计算工程成本：根据工程量清单和把握到的相关信息，进行工程成本的计算。包括材料成本、人工费用、设备租赁费用、管理费用等方面的成本核算。同时，要考虑到项目的特殊要求和市场行情，确保成本计算的准确性和合理性。

（4）制订最高投标限价：根据工程量清单、成本计算结果及相关的市场行情，制订合理的最高投标限价。考虑到项目的成本、质量、安全等要素，确定费率、计价办法和建设工期等控制因素，确保控制价的科学性、准确性和公平性。

（5）与实际情况相协调：在编制工程量清单及最高投标限价的过程中，要充分考虑项目的实际情况和可行性。如市场行情的波动、材料的供应情况、工期的要求等，以及政策法规和技术标准的要求，使编制方案与实际情况相协调，提高方案的可操作性。

（6）审核和调整：完成工程量清单及最高投标限价的编制后，进行内部审核和调整，确保清单的准确性和合规性。需要核实计算的准确性，审查清单的完整性和规范性，并及时进行必要的调整和修正。

二、咨询服务的目标及措施

工程项目的建设周期长、参建单位多、工序繁杂，过程中会存在诸多不可控因素。工程量清单及最高投标限价编制是为项目前期准备提供保证，是保障项目建设的顺利实施而进行的重要环节之一，是工程投资控制的有效手段，为控制投资提供保障，为结算审核提供依据。工程量清单及最高投标限价如果出现问题，有可能对整个项目造成难以挽回的损失。

（一）咨询服务的目标

（1）从项目全生命周期角度提供服务，而不仅仅是从工程量清单及最高投标限价编制的阶段性角度提供局部服务。

（2）为建设单位有效控制投资成本，结合现行政策及项目实际情况，合理地进行资金规划，确保项目总投资不超概算金额，为竣工结算审计提供便利。

（3）保证工程量清单及最高投标限价编制的准确性、可靠性、可行性。合理判断工程特点和市场行情的影响，确保最高投标限价满足现行法律法规政策的前提下，符合行业现行标准，符合市场行情。

（4）确保工作进度。

（二）咨询服务的措施

（1）建立完善的工作制度，明确工作纪律，规范工作流程。

（2）明确任务分工及工作流程，明确每项工作的负责人、复核人、编制人，确保每个环节均有要求、有落实、有检查、有复核。

（3）制订详细的工作实施计划，明确项目组每位成员每天的工作任务，每天下午5点召开工作进度碰头会，及时协调多单体、多专业、多人员的项目编制节奏，保证步调一致，确保当天计划当天完成，当天检查并分析偏差及原因，24h内完成纠偏；当天任务最迟次日完成二级复核，并将审核问题公示至项目组工作群，逐级落实，确保总目标的完成。图纸变化调整工作进度表见表1。

表1　图纸变化调整工作进度表

序号	专业	地块	楼栋名称	对比人员	差异	调整需要日历天	备注	12月1日		12月2日		12月3日		…	
								计划完成	实际完成	计划完成	实际完成	计划完成	实际完成		
1	结构	6002	主楼地上	徐××	（1）核心筒位置房间布局发生变化；（2）门窗发生变化；（3）部分钢梁位置及尺寸有调整；（4）钢柱全部有变化	5天		修改柱	已完成	梁修改完成	已完成	板修改完成	已完成		
2	结构	6002	教学楼地上	边××	（1）核心筒位置房间布局发生变化；（2）门窗发生变化；（3）钢梁位置及尺寸有调整；（4）钢柱全部有变化	5天		修改柱	已完成	梁修改完成	已完成	板修改完成	已完成		
3	结构	6002	地下	杨××	（1）桩基础数量及位置发生变化；（2）桩承台尺寸全部调整；（3）内墙厚度及位置发生变化；（4）部分柱尺寸发生变化；（5）部分结构顶板厚度发生变化；（6）部分梁的尺寸发生变化	10天		修改桩、承台	已完成	修改梁完成	已完成	修改板	已完成		
…															

（4）执行三级复核制。打破传统的三级复核流程，根据编制进度进行随编随审，如地下部分土建工程算量模型按照基础、墙柱、梁板的顺序进行，只要完成一个类型的构件就流转到二级审核和三级复核，当天审核问题当天填写《复核问题及回复记录表》（表2），记录单体名称、专业、编制人员、二级审核问题、二级审核意见是否修改、三级审核问题、三级审核意见是否修改等。

（5）进行指标分析。完成最高投标限价编制后，用类似工程已完最高投标限价的单方造价指标检查衡量拟建项目的单方指标，对指标过高过低的项目进行重点检查，以保证最高投标限价成果的准确性。

表 2　复核问题及回复记录表

序号	地块	单体	专业	二级复核问题	编制人/负责人是否修改	三级复核问题	编制人/负责人是否修改
1	6002	教学楼	建筑结构	所有单位工程中工程量是0的项删除，垂直运输费漏项	陈×× 已调整	主要建筑材料和强度等级 混凝土强度等级 本工程采用的混凝土强度如下所示： 类型／部位／等级： 基础：垫层 C20；底板 C30；桩基 C35 地下室：框架柱、剪力墙 C40~C50；外墙 C30；框架梁、模版 C30；楼梯 C30 地上：楼板 C30 其他：构造柱（GZ）、过梁（GL）混凝土强度等级C25；基础及外墙防水混凝土抗渗等级P6~P8；纯地下室顶板混凝土抗渗等级P6；人防顶板混凝土抗渗等级P6；屋面、混凝土水箱，消防水池混凝土抗渗等级P6	陈×× 已调整
2	6002	教学楼	整体	安全文明施工费执行绿色标准。冬雨季施工费加进去	黄×× 已调整	专业暂估中没有室外工程；固定座椅按要求放入清单；冰池和设备，项管要求放入清单；室外水景处理设备并入景观暂估；消防水池，没有电梯	黄×× 已调整
3	6002	地下	桩基础	注浆管埋设及后压浆特征未描述地未套定额	李×× 已调整	注浆管埋设及后压浆定额未套全	李×× 已调整
4	6002	报告厅	通风	核实一下风管的保温是像塑保温还是玻璃岩棉保温	赵×× 已调整 杨×× 已调整	风机盘管送风口增设过滤网，风机盘管送回风管采用软管与风口连接	赵×× 已调整 杨×× 已调整

（三）针对本项目特点及难点的咨询服务实践

1. 施工界面的划分

1）施工界面划分时，不应仅靠图纸和经验，还应实地考察

本项目土护降工程前期已施工，需要划分土护降工程与本次招标的总包工程的界面尤为重要。为此，我公司进行实地考察，针对目前土护降工程的施工进度及最终施工范围与项目现场负责人进行面对面沟通。

考察中了解到：土护降工程施工中，为了使基底土方免受扰动，因此把土护降阶段的基坑底部预留保护土层厚度进行了调整，由300mm调整为1500mm，此部分内容在总包招标图纸及招标文件中均未提及，我公司负责人第一时间将土护降工程甩项事宜，向建设单位、项目管理单位汇报，并建议将土护降工程甩项部分一并纳入本次总包单位的招标范围内，进一步明确土护降与总包的界面划分。

得到建设单位同意后，编制人员依据以上信息在总包清单中增加挖土方及挖桩间土的清单项，避免了清单漏项及施工中增项的风险，此项金额约220万元。

2）施工界面划分，从施工、工期、投资等多维度分析后确定

本项目四个地块分四个标段进行总包招标，四个地块的地上建筑及地下部分均通过连廊连接为一体，各连廊分别计入哪个地块，图纸中没有准确标注。编制中，一是考虑施工便利性、结构整体性；二是建设工期；三是连廊的装修风格；四是对概算明细进行分析，分析各地块投资分别包含哪些连廊，尽可能使最高投标限价口径与概算口径一致，方便后期进行投资分析。如果不能保证一致，则最高投标限价中连廊单独列项计取费用。最终从用地红线及变形缝等部位对四个标段总包招标范围进行明确的界面划分，作为招标文件的组成部分。

本标段界面如下：包括东南地块内地上建筑金融学院图书馆、金融学院多功能教室楼、金融学院学员宿舍、千人报告厅共4栋单体建筑。地下建筑共3层，门房2处，独立汽车坡道2处；北侧与东北地块之间地上架空连廊变形缝以内面积及地下通道用地红线以内的面积；西侧与西南地块之间地下通道用地红线以内部分的面积。以上合计建筑面积121 228.7m²，其中地上46 891.8m²（含6004地块地上建筑面积47 059.7m²，扣除已计入II标段连廊167.9m²），地下74 336.9m²（含地红线外下通道935m²）。

三处地上架空连廊与各标段主体建筑之间连接部位分别设置变形缝，架空连廊及四个标段主体建筑均采用钢结构，分别自成体系。

地下连通通道采用明挖法施工，与四个标段地下主体建筑之间设置后浇带，地下通道及各标段地下室均采用钢筋混凝土结构。

2. 优化设计方案，实现投资控制

初稿编制完成后，发现各单体地上钢结构部分最高投标限价均超出设计概算对应金额的15%~20%，总金额约1 070万元。公司技术总工组织召开内部讨论会，邀请钢结构方面的设计专家参会，大家集思广益，最终结合其他类似项目经验，提出如果使用高强度钢柱及钢梁，可以使钢构件截面变小，从而节约钢材用量。最终经设计院优化钢结

构图纸，将使用Q345GJ-C、Q390-C、Q355-C的钢材代替普通Q355-B、Q235-B等材料，各单体钢结构单方含量降低约10%~15%不等，从而使钢结构部分的最高投标限价控制在概算投资内，钢结构方案优化指标对比表见表3。

表3　钢结构方案优化指标对比表

类　　别	钢材类别	地上建筑面积/m²	全费用单价/ （元/t）	单方含量/ （kg/m²）	钢结构造价/ 万元	节约投资/ 万元
原始方案	Q235–B	47 059.00	9 259.50	233.96	10 461.33	1 068.82
	Q355–B		9 744.00			
优化后方案	Q345GJ–C		9 561.00	202.65	9 392.51	
	Q390–C		10 057.50			
	Q355–C		9 928.50			

3. 统一清单项设置，统一项目特征描述，统一材料设备参考品牌及价格

本项目共四个地块，分四个标段，由二家造价咨询单位分别编制工程量清单和最高投标限价，为了方便建设单位后期统筹管理，弥补因招标图纸不够完善导致清单漏项的缺陷，要求不同标段，不同编制单位，统一清单项设置，统一项目特征描述，统一材料设备参考品牌及价格。

（1）四个标段的工程量清单及最高投标限价编制初稿完成，由项目负责人牵头，项目组的单体负责人及各专业负责人一起在建设单位会议室组织碰头会，各单体、各专业、逐项清单子目进行审议。

重点关注相同清单子目而项目特征描述不一致的；没有做法或做法不详；材料设备的材质、规格型号不详；无法统一的清单子目等。项目负责人进行整理和归类，从避免清单漏项、后期发生索赔等角度提出建议，向建设单位、项目管理单位汇报，图纸相关内容发设计单位确认，最终多方研究后确定调整原则。

（2）在一般常规项目的工程建安成本中，材料总费用所占比重较大，达到60%~70%。针对项目的主要材料、设备，北京市工程造价信息已有的，执行造价信息中当期的价格，造价信息中没有的，配合建设单位给出相应的参考品牌，各标段统一参考品牌后，分别对其进行市场询价后形成询价录单（表4），向建设单位、项目管理单位汇报后，最终确定统一价格计入最高投标限价内。针对暂不确定具体参考品牌或品牌及型号对价格影响较大的材料设备或不确定具体材质、规格、型号的材料设备，参照概算单价统一按材料设备估价计入。

表4　主要材料询价记录单

材料 名称	标段1询价				标段2询价				…	所有 标段 平均价	录入控 制价中 单价
	品牌1 单价	品牌2 单价	品牌3 单价	平均价	品牌1 单价	品牌2 单价	品牌3 单价	平均价	…		
主材1	××	××	××	××	××	××	××	××	…	××	××
…											

4. 暂估价和暂列金额的合理确定

暂估价包括材料和工程设备暂估价、专业工程暂估价，是必然会发生的暂估价。暂列金额是指招标人在工程量清单中暂定并包括在合同价款中的一笔款项，用于施工合同签订时尚未确定或者不可预见的所需材料、设备、服务的采购，施工中可能发生的工程变更、合同约定调整因素出现时的工程价款调整，以及发生的索赔、现场签证确认等的费用，工程结算时，暂列金额应予以全部扣减，根据工程实际发生项目增加费用。

《中华人民共和国招标投标法实施条例》第二十九条"以暂估价形式包括在总承包范围内的工程、货物和服务，属于依法必须进行招标的项目范围且达到国家规定规模标准的，应当依法进行招标"。

《建设工程工程量清单计价规范》GB 50500—2013第9.9.4条"发包人在招标工程量清单中给定暂估价的专业工程，依法必须招标的，应当由发承包双方依法组织招标选择专业分包人，并接受有管辖权的建设工程招标投标管理机构的监督"。第9.9.4条第1款"除合同另有约定外，承包人不参与投标的专业工程分包招标，应由承包人作为招标人，但招标文件评标工作、评标结果应报送发包人批准。与组织招标工作有关的费用应当被认为已经包括在承包人的签约合同价（投标总报价）中"。

依据《北京市住房和城乡建设委员会关于进一步规范北京市房屋建筑和市政基础设施工程施工发包承包活动的通知》（京建发〔2011〕130号文），招标文件中暂估价和暂列金额的合计金额占合同金额的比例不得超过30%。专业工程暂估在进行招标时，工程量清单中不得再设置材料和工程设备暂估价。

综上所述，暂估价是一把双刃剑，如何设置是建设单位投资控制的关键因素之一。编制中要结合建设单位管理制度、项目实际情况等从优选择暂估价明细。暂估价设施过多，施工中认质认价、二次招标工作量较大，任何一个环节时间滞后都有可能影响工期。不设置暂估价，投标单位容易根据图纸及工程量清单等相关信息进行不平衡报价，导致最终结算超投资现象发生。

本项目中是将红线内小市政工程、外立面工程、精装修工程、电梯工程、泛光照明工程、标识工程、弱电工程、智能建造设为专业工程暂估；将配电箱、配电柜设置为材料、工程设备暂估价。在此特别提醒，工程量清单中专业工程暂估价表中各项专业暂估的工作内容，是判断总包单位、分包单位施工界面的依据，是后期二次招标时编制招标范围及工程量清单和最高投标限价的依据，描述要尽可能准确详细。专业暂估工程见表5。

表5　专业暂估工程

序号	项目名称	工 程 内 容
1	红线内小市政	包含室外设备管线、室外电气、化粪池、蓄水池及其全部附属配套工程的全部工作内容
2	外立面工程	包含但不限于陶板幕墙、中空Low-E玻璃幕墙、铝板幕墙、花岗岩幕墙、U形玻璃幕墙、外门外窗、金属屋面及光伏屋面、下沉庭院外幕墙工程及外墙外保温等全部工作内容

序号	项目名称	工　程　内　容
3	精装修工程	包含精装修范围内装饰工程、门窗工程、固定家具、灯具、开关面板及洁具安装工程等全部工作内容
4	电梯工程	包含直梯、扶梯等所有电梯的供应、安装、调试等全部内容
5	泛光照明工程	包含外立面泛光照明管线敷设、灯具及各种设备安装调试等全部内容
6	标识工程	包含各类标识的供应、安装、调试等全部内容
7	弱电工程	包含各弱电系统除预留预埋以外的管线敷设、各类设备安装调试等全部内容
8	智慧建造	包含各单体智慧建造的全部内容

5. 指标分析

在工程量清单及最高投标限价编制阶段，通过分析类似项目的工程指标，和本项目的实际情况进行详细对标，得出本工程造价指标的范围值，可以进一步提高最高投标限价的准确性，同时可以完整的反映整个项目的投资分布比例，将工程造价控制的工作提前，真正意义上做到了事前控制。

本项目在最高投标限价初稿完成后，启动指标分析。将本项目的最高投标限价与概算金额对比，将最高投标限价与对标项目的最高投标限价对比。除了对比各专业的单方造价指标，还对材料进行指标分析，如概算中的钢结构、混凝土总量、单方指标分别与最高投标限价中的钢结构、混凝土总量、单方指标对比；对标项目的钢结构、混凝土单方指标、钢筋含量分别与最高投标限价中的钢结构、混凝土单方指标、钢筋含量对比等（表6~表11）。

表6　混凝土总量、单方指标分析

序号	名称	建筑面积/m²	混凝土总量/m³		混凝土单方指标/（m³/m²）	
			最高投标限价	概算	最高投标限价	概算
1	图书馆	7 785	1 359	1 541	0.17	0.20
2	多功能教室楼	8 811	1 422	1 846	0.16	0.21
3	学员公寓	21 367	3 124	3 209	0.15	0.15
4	报告厅	9 096	553	1 110	0.06	0.12
5	地下室	73 401	56 528	88 403	0.77	1.20

表7　钢结构总量、单方指标分析

序号	名称	建筑面积/m²	钢结构总量/t		钢结构单方指标/（kg/m²）	
			最高投标限价	概算	最高投标限价	概算
1	图书馆	7 785	1 581	1 644.13	203.08	211.19
2	多功能教室楼	8 811	1 543	1 731.85	175.12	196.55

序号	名称	建筑面积/m²	钢结构总量/t		钢结构单方指标/（kg/m²）	
			最高投标限价	概算	最高投标限价	概算
3	学员公寓	21 367	3 323	3 707.58	155.52	173.52
4	报告厅	9 096	2 452.95	2 615	269.67	287.49
5	地下室	73 401	1 107	1 302.89	15.08	17.75

表8　钢筋总量、单方指标分析

序号	名称	建筑面积/m²	钢筋总量/t		钢筋单方指标/（kg/m²）	
			最高投标限价	概算	最高投标限价	概算
1	图书馆	7 785	98	152.80	12.59	19.63
2	多功能教室楼	8 811	99	160.10	11.24	18.17
3	学员公寓	21 367	214	320.82	10.02	15.01
4	报告厅	9 096	47	108.99	5.17	11.98
5	地下室	73 401	11 681	12 242.86	159.14	166.79

表9　混凝土单方指标对标分析

序　号	名　称	混凝土单方指标/（m³/m²）		
		对标项目1	本项目	对标项目2
1	图书馆	0.16	0.17	0.21
2	多功能教室楼	0.14	0.16	0.20
3	学员公寓	0.13	0.15	0.17
4	报告厅	0.06	0.06	0.12
5	地下室	0.76	0.77	1.20

表10　钢结构单方指标对标分析

序　号	名　称	钢结构单方指标/（kg/m²）		
		对标项目1	本项目	对标项目2
1	图书馆	195.40	203.08	215.80
2	多功能教室楼	176.55	175.12	199.41
3	学员公寓	149.87	155.52	155.53
4	报告厅	260.19	269.67	270.05
5	地下室	12.36	15.08	16.55

表11　钢筋单方指标对标分析

序　号	名　称	钢筋单方指标/（kg/m²）		
		对标项目1	本项目	对标项目2
1	图书馆	12.89	12.59	20.00
2	多功能教室楼	11.04	11.24	25.68
3	学员公寓	9.77	10.02	16.07
4	报告厅	4.66	5.17	10.80
5	地下室	148.72	159.14	173.12

6. 商务部分报价分析

为了对投标文件商务部分报价有进一步的了解，提早发现投标报价中是否存在不平衡报价，为施工中投资控制做好基础工作。本项目中，我们从符合性、算术性错误的复核；不平衡报价的分析；错项、漏项、多项的核查；综合单价、取费标准合理性分析；投标报价的合理性和全面性分析等方面进行分析，与最高投标限价进行对比，从中发现：

（1）部分清单子目的定额存在低套现象。

（2）部分清单子目中项目特征描述以"套"为单位计价，但投标报价中未按项目特征描述描述及招标图套用全部定额子目，存在丢项现象。

（3）部分清单项的定额含量偏高。

（4）部分清单子目的材料价格偏低。

综上所述，通过对总包商务部分报价分析，提醒建设单位，施工过程中，所有的变更洽商、材料的选型封样、施工方案的确认等，均参考总包商务部分报价分析报告，进行费用预估后进行决策。

Ⅳ　服务实践成效

一、服务效益

（一）总包单位与分包单位间工作界面的优化

为明确总包、分包之间的工作内容、前后衔接关系，避免施工过程中发生质量、进度、付款等扯皮现象发生，结合工程量清单及最高投标限价编制中遇到问题及丰富的实践经验，优化了部分专业的工作界面。如总包单位与精装修单位（专业工程暂估）的施工界面划分如下：

1. 地面

总包单位土建施工至地面找平层以下，不含找平层；地暖区域土建施工至地暖保护层。

总包单位卫生间施工到防水保护层；茶水间、母婴室等施工到防水保护层。

除上述总包单位施工内容外，其余精装修部分施工内容均由精装修单位负责施工。

2. 墙面

条板、砌筑墙，总包单位施工到抹灰层，找平、刮腻子及面层均由精装修单位负责施工。

墙面一次防水由总包单位完成，精装修部分墙面找平后的二次防水由精装修单位负责施工。

干挂饰面的墙面、砌筑墙、条板墙，总包单位施工至抹灰层。

除上述总包施工内容外，精装修范围内施工内容均由精装修单位负责施工。

3. 天棚

精装修施工范围内的天棚吊顶灯具安装均由精装修单位施工到位。

4. 卫生洁具

精装修施工范围内的卫生洁具及五金件均由精装修单位施工到位。

5. 灯具及开关面板

精装修施工范围内的灯具及接线等均由精装修单位施工到位。

6. 固定家具

精装修施工范围内的固定家具均由精装修单位施工到位。

（二）协助建设单位确定材料和设备的参考品牌

（三）提供商务标的报价分析报告

通过对商务标的报价进行分析，发现 N 个清单项的定额子目套取错误，N 个清单项存在不平衡报价现象，N 项清单项的定额含量不合理。

（四）突破传统的工作模式，突破传统的服务周期

本项目最高投标限价编制金额为 99 635 万元，正常工程量清单及最高投标限价编制周期约 45 工作日，本项目仅用了 25 天完成了初稿，45 日历天完成了编制工作。

（五）为建设单位投资控制打基础

本项目概算金额为 114 522 万元，最高投标限价编制金额为 99 635 万元，较概算金额低 13%。

（六）得到建设单位的好评

本咨询成果得到建设单位评价为满意，截至目前也未收到施工单位对咨询成果缺漏项、价格偏差不合理等方面的不良反馈。

实例：本项目工程造价咨询企业信用评价客户社会评价意见表

工程造价咨询企业信用评价客户社会评价意见表

以下由被访对象填写：

请您对北京北卫旭博工程咨询有限公司（工程造价咨询企业）

在 ▓▓▓▓▓▓▓▓▓▓▓▓▓▓▓▓▓ 项目▓▓▓▓·▓▓▓·▓▓▓▓▓ 工程造价咨询服务工作中以下几方

面情况进行评价（在"□"中打"✓"）

评价内容	内容说明
成果质量评价 ☑满意　□一般　□不满意	成果质量的合法性、合理性、准确性、公平性
专业水平评价 ☑满意　□一般　□不满意	咨询人员技术水平、服务态度情况
履约情况评价 ☑满意　□一般　□不满意	质量保证、投资控制、服务深度等合同条款履约程度
收费合理性评价 ☑满意　□一般　□不满意	符合政府相关规定

被访对象公章：

二、经验启示

（1）前期准备工作对于确保工程量清单及最高投标限价的编制质量具有至关重要的作用。

（2）公司领导重视，对项目的质量、进度提供有力支撑。

（3）合理的工作计划和任务分工是工作进度的基本保障。

（4）主动工作优于被动工作。

编制初期图纸不完善，我公司及建设单位分别派驻项目负责人到设计院现场办公，一是督促设计院出图进度并第一时间解决编制过程中的图纸疑问，保证编制进度与图纸进度同步，不影响整体编制进度。二是提高工作效率，有问题现场直接解决并传递回公司。

（5）将商务部分报价分析运用至整个施工过程中，使其在投资控制、施工管理、合同管理等环节中发挥最大作用。

①准确理解设计图纸是编制工程量清单及最高投标限价的首要任务。

②编制综合单价的组价时应考虑相关施工工序及施工现场实际情况。

③选用合理施工方案计算措施费用。尤其是以"项"为单位总价计算的措施费，应综合考虑拟建工程的常规施工组织方案及相关规范与施工验收规范等，通常按照正常

施工的条件下首先大致形成适用可行的施工组织设计概况，在此基础上应有明确的计算思路和依据，分别计算相应专业措施费用，并应在最高投标限价中详细阐明编制说明。

👆专家点评

　　本案例为群体性公共建筑工程量清单及最高投标限价的咨询成果案例，本次案例分享其中一个地块，建筑面积12.2万 m^2，设计概算中建筑安装工程费约114 522万元，最高投标限价编制金额为99 635万元，绿色建筑设计标准，且全园实现低碳校园。招标范围：施工图纸范围内的地基与基础、主体结构、建筑装饰装修、屋面、建筑给水排水及采暖、通风与空调、建筑电气、智能建筑、建筑节能、电梯及室外工程等全部工程。

　　本案例作者通过对项目特点和难点的分析，考虑到项目单体建筑多，功能各不相同，时间紧，外部审核环节多等特点，制订工作方案，成立工作小组，制订服务工作职责，利用该单位的咨询服务的理念及思路，实现合理、科学、公正和可持续的工程建设目标。

　　在编制过程中，本案例作者通过全面了解项目要求、深入测算工程量、准确计算工程成本、制订最高投标限价、与实际情况相协调、审核和调整等方法圆满完成工程量清单及最高投标限价的编制，体现了该公司合理性、公正性、可持续性、透明性、特色化等服务工作理念，案例编制完成后进行了细致的指标分析和商务报价分析，得到建设单位好评，值得同行学习和借鉴。

指导及点评专家：刘学华　中建一局集团安装工程有限公司

某总部园项目工程量清单及最高投标限价造价成果案例

编写单位：北京京咨工程项目管理有限公司
编写人员：岳　岭　张　垒　管建强　陈远嵘　张淑婷

I　项目基本情况

一、项目概况

某总部园项目（图1）位于北京市某临空经济区礼贤片区核心区，本项目由静嘉中路把用地分成两个地块，南北两区。西侧比邻广运大街，东侧比邻来远西街，北侧为街坊路，南侧为静嘉南路。

本项目南区地块（DX12-0105-6009地块）拟建一座总部办公楼（1#楼）、一个招商接待展示中心（3#楼）、三座商务办公楼（2#楼、4#楼、5#楼）及地块围绕中央景观绿地及下沉广场的配套商业。本次最高投标限价案例仅以南区地块为例，南区建筑总面积为146 853.31m²，主要结构类型为框架剪力墙结构。南区地块分为两个标段，其中东段最高投标限价约4.22亿元，西段最高投标限价约5.92亿元。南区单体建筑面积汇总见表1。

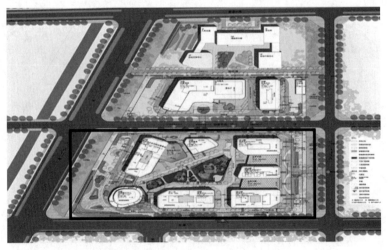

注：粗实线方框内为南区。

图1　某总部园项目总图

表1 南区单体建筑面积汇总表

编号	名称		结构类型	基础形式	抗震设防烈度	建筑面积/m²	层数		建筑高度/m	备注
							地上	地下		
1	1#楼		裙楼为框架结构/主楼为框架剪力墙	筏板+下柱墩形式；纯地下车库及共享中庭、多层塔楼等抗浮不足区域采用抗浮锚杆作为抗浮措施	8度	20 619.63	11	2	50	主裙楼地上设结构缝
2	2#楼		框架剪力墙			2 470.89	3	2	19.5	——
3	3#楼		框架剪力墙			3 495.82	4	2	23.9	——
4	4#楼		框架剪力墙			20 072.3	11	2	50	——
5	5#楼		框架剪力墙/钢结构			46 110.64	10	2	46.8	5#-A、5#-B、5#-C地上为三栋独立高层塔楼，2个共享中庭覆盖楼座1~6层范围
	其中	5#-A	框架剪力墙			15 117.76	10	2	46.8	——
		5#-B	框架剪力墙			10 631.45	10	2	46.8	——
		5#-C	框架剪力墙			18 426.19	10	2	46.8	——
		通高共享中庭	单层通高钢框架，屋面为箱型钢梁组成的斜交网格			1 935.24	1	2	——	
6	S1#室外连廊		钢结构			204.23	——	——		
7	S2#室外电梯		钢结构			19.84	——	——		
8	1#地下室		框架剪力墙			53 563.09		2		人防面积：12 428.43m²

二、项目特点及难点

本项目为北京市"3个100"重点工程，作为北京市国际消费中心城市重点建设项目和某社区首发启动项目，将打造成为因地制宜、健康舒适的绿色园区。

该项目最高投标限价编制时间紧、任务重，且涉及与北区设计标准的统一性、最高投标限价成果的一致性、两个标段之间的一致性、精装修界面的拆分及专业工程较多等难点，对本次工程量清单及最高投标限价的编制工作提出了更高的要求。

II 咨询服务内容及组织模式

一、咨询服务内容

本项目咨询合同为全过程造价咨询服务，本案例仅就工程量清单及最高投标限价编制的主要服务内容进行阐述：

（一）编制工程量清单

（1）根据设计图纸和相关规范要求，编制详细的工程量清单，包括分部分项工程量清单、措施项目清单和其他项目清单等。

（2）对工程量清单进行逐项审核，确保清单内容完整、准确，符合图纸及实际施工工艺。

（3）为招标人及投标人提供清单答疑服务，对招标人及投标人提出的问题进行解答，确保招标文件的准确性和完整性。

（二）编制最高投标限价

（1）根据工程量清单和相关计价依据，结合市场行情和招标文件要求，编制合理的最高投标限价。

（2）对最高投标限价进行全面审核，确保其符合法律法规、行业标准和图纸要求。

（3）根据招标人确定的材料、设备品牌档次，进行询价并与招标人沟通确定相关价格。

（三）其他咨询服务

（1）根据工程实际情况，提供有关施工工艺、材料设备、质量安全标准等方面的建议。结合其他类似项目经验，提出图纸优化方案及成本控制方案。

（2）结合招标人需求，配合制订合约规划及目标成本，为项目成本管理建言献策。

（3）协助招标人制订合理的合同条款和协议内容，确保合同的有效性和可执行性。

二、咨询服务工作职责

（一）项目组织管理架构

项目组织管理架构见图2。

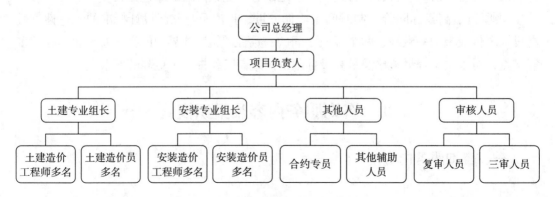

图2　项目组织管理架构

（二）项目人员工作职责

各部分项目人员工作职责见图3~图6。

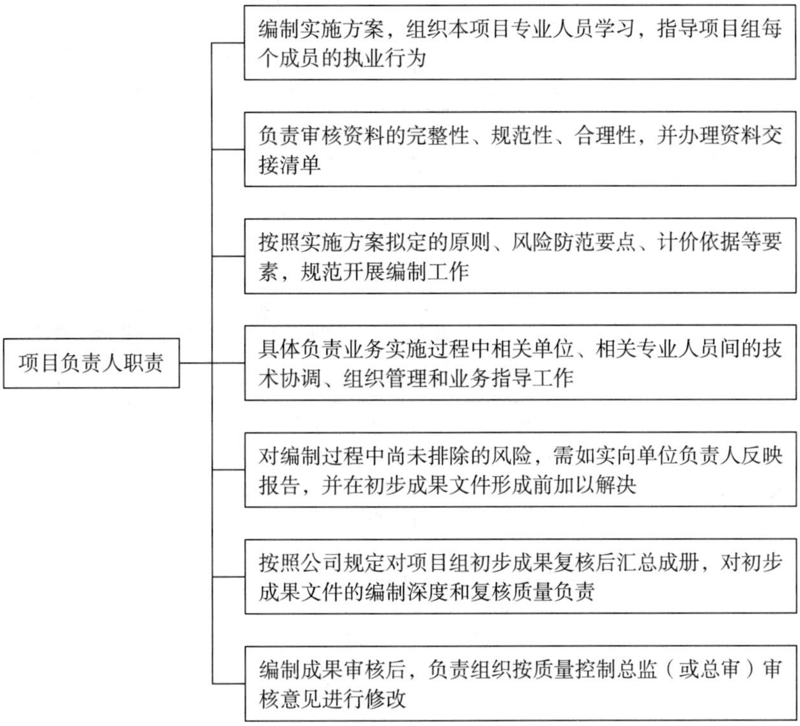

项目负责人职责
- 编制实施方案，组织本项目专业人员学习，指导项目组每个成员的执业行为
- 负责审核资料的完整性、规范性、合理性，并办理资料交接清单
- 按照实施方案拟定的原则、风险防范要点、计价依据等要素，规范开展编制工作
- 具体负责业务实施过程中相关单位、相关专业人员间的技术协调、组织管理和业务指导工作
- 对编制过程中尚未排除的风险，需如实向单位负责人反映报告，并在初步成果文件形成前加以解决
- 按照公司规定对项目组初步成果复核后汇总成册，对初步成果文件的编制深度和复核质量负责
- 编制成果审核后，负责组织按质量控制总监（或总审）审核意见进行修改

图3　项目负责人职责

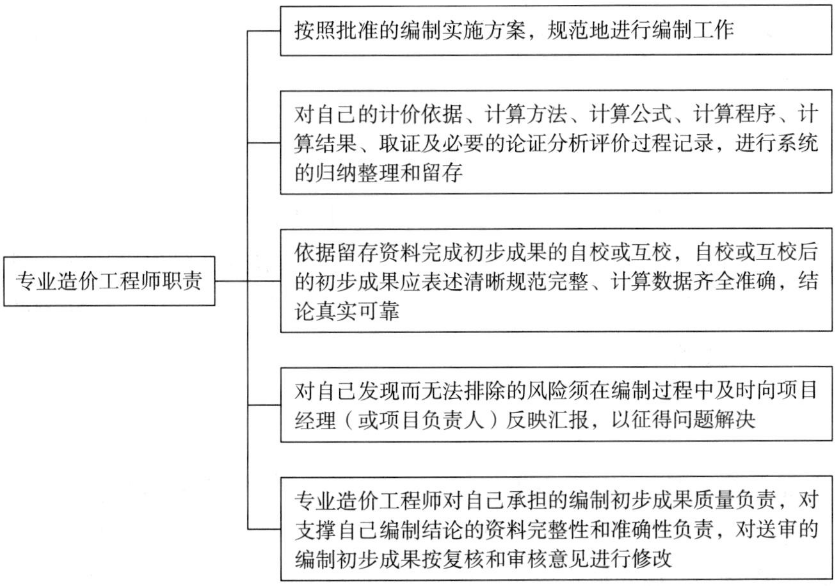

专业造价工程师职责
- 按照批准的编制实施方案，规范地进行编制工作
- 对自己的计价依据、计算方法、计算公式、计算程序、计算结果、取证及必要的论证分析评价过程记录，进行系统的归纳整理和留存
- 依据留存资料完成初步成果的自校或互校，自校或互校后的初步成果应表述清晰规范完整、计算数据齐全准确，结论真实可靠
- 对自己发现而无法排除的风险须在编制过程中及时向项目经理（或项目负责人）反映汇报，以征得问题解决
- 专业造价工程师对自己承担的编制初步成果质量负责，对支撑自己编制结论的资料完整性和准确性负责，对送审的编制初步成果按复核和审核意见进行修改

图4　专业造价工程师职责

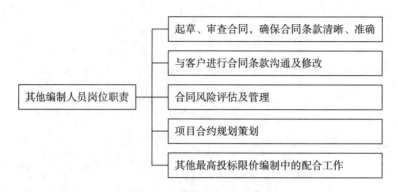

图 5　其他编制人员岗位职责

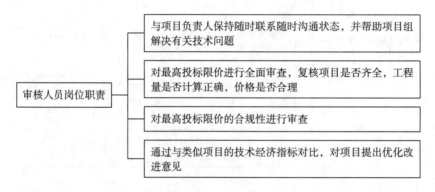

图 6　审核人员岗位职责

Ⅲ　咨询服务的运作过程

一、咨询服务的理念及思路

（一）最高投标限价编制

最高投标限价是招标过程中重要的环节，其编制的合理性和准确性直接影响到招标结果的质量和项目的投资控制。因此，我公司坚持精准编制的原则，根据招标文件、工程量清单、市场行情等信息，结合项目特点、施工条件等因素，进行详细的计算和分析，确保最高投标限价的编制科学、合理、准确。

（二）市场行情掌握

市场行情的掌握是最高投标限价编制的重要依据。我公司密切关注市场动态，对人工、材料、设备等价格进行定期调查和分析，了解市场价格的变化趋势，为最高投标限价的编制提供及时、准确的信息支持。同时，我公司还根据市场行情的变化，在提交成果文件之前对最高投标限价进行适时调整和优化，保证与投标报价期间的市场价相吻合。

（三）清单细节把握

最高投标限价的编制需要对工程量清单进行深入理解和把握。我公司重视每一个清单细节，对清单中的每一项工作内容、工程量、计量单位等进行仔细核对和计算，确保最高投标限价的编制不漏项、不偏项，符合清单的实际需求。同时，我公司还根据清单细节的要求，对最高投标限价进行合理分解和分配，确保各项费用的合理性和合规性。

（四）风险合理分担

在最高投标限价的编制过程中，需要考虑各种风险因素，并合理分担风险。通过深入研究和分析，确定风险合理的分担方式和应对措施。在招标文件中明确风险分担的范围和责任，确保招标的公正、公平和合理性。同时，根据项目的实际情况，对风险进行分类和评估，为业主决策提供科学依据。

（五）兼顾各方利益

最高投标限价的编制需要兼顾各方利益。充分考虑业主的投资效益和施工单位的合理利润，确保其编制既符合业主的投资要求，又能够激发施工单位的积极性。同时，还注重与业主、设计单位、监理单位等各方的沟通和协调，充分听取各方面的意见和建议，确保最高投标限价的编制能够兼顾各方的利益和需求。

总之，最高投标限价理念及思路是以精准编制为基础，市场行情掌握为依据，清单细节把握为重点，风险合理分担为原则，兼顾各方利益为目标。我公司将始终坚持这些原则和方法，为业主提供高质量的最高投标限价编制服务，实现项目的投资控制和效益最大化。

二、咨询服务的目标及措施

咨询服务的目标见图7，咨询服务的措施见图8。

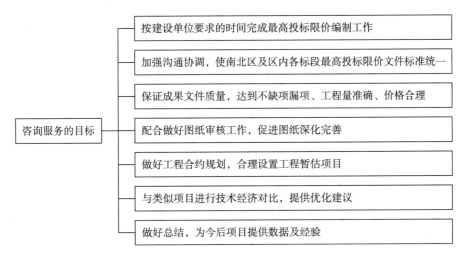

图7　咨询服务目标

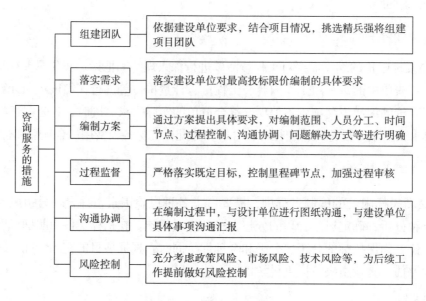

图8 咨询服务措施

三、针对本项目特点及难点的咨询服务实践

（一）本项目特点

本项目将建设以航空眼（临空区标志性招商展示中心）为核心，包含共享中庭、下沉广场和屋顶花园等一系列设计感与生态理念兼备的绿色建筑，使得建筑体量与周边环境相协调，形成垂叠聚落、绿色环保的智汇聚落，打造富有临空文化特色、兼具科技感与未来感的现代化多功能园区。不仅如此，园区还鼓励清洁能源使用，采用地源热泵供热、快速充电桩充电等方式，充分提高可再生能源利用率。根据设计方案，本项目将采用节地、节能、节水、节材及环保的绿色建筑材料、技术与设备，充分展示低碳、生态、智慧等先进理念，从设计源头打造舒适、高效、健康、环保的商务建筑。项目建成后，所有建筑都将达到绿建二星标准，其中部分建筑则将达到绿色建筑三星级、WELL金标准及LEED铂金标准。

2023年9月4日，在国家会议中心召开的2023中国国际服务贸易交易会——中国商业地产服务创新发展论坛上，本项目获得"最佳商业地产智慧楼宇示范案例"。

（二）本项目难点的解决

1. 编制时间紧、任务重

本项目是临空区内首个采用'带方案上市'供地模式的项目，建设主体只需依据项目供地阶段'多规合一'协议平台意见，对设计方案适当优化，即可开展规划许可等程序。这种带方案上市的供地模式，可以实现拿地后尽快开工。所以在项目下达后，我公司就根据建设单位指令，根据开工时间倒排工作计划，编制符合本项目实际情况的合约规划，一切工作都要保证工程按期开工，通过各方的最终努力，完成招标人的既定目标。

2. 现场土方处理

项目位于北京市某国际机场临空经济区礼贤片区的核心区。根据当地政府对区容区貌及环境保护的相关规定，施工现场不允许堆放土方，故项目开挖出的所有土方均无法现场堆放用于回填，那么本项目的回填土需要外购，势必会增加项目的投资，故项目的土方工程将会是造价控制的难点。根据本公司类似项目经验加之与建设单位的多次沟通，联系临空经济区其他在施项目，多次走访调研，最终确定利用建设单位在临空经济区的地域优势，联系项目附近的田家营土场管理单位，利用本项目挖掘出的土方置换土场内回填土的办法，解决土方外购成本增加的问题。经过对土方工程优化，节约成本约315万元。土方置换成本节约分析见表2。

表2 土方置换成本节约分析表

| 序号 | 子目名称 | 项目特征 | 单位 | 工程量 | 外购土方方案 | | 土场置换方案 | | 节省造价/元 |
					综合单价/元	合计/元	综合单价/元	合计/元	
1	土方回填	（1）密实度要求：分层夯实，每层厚度不大于250mm，压实系数不小于0.94；（2）部位：肥槽；（3）填方材料品种：2∶8灰土；（4）土方来源：建设单位提供；（5）运距：自行考虑	m³	8 599.76	176.63	1 518 958	143.03	1 230 006	288 952
2	土方回填	（1）密实度要求：分层夯实，每层厚度不大于250mm，压实系数不小于0.94；（2）部位：肥槽；（3）填方材料品种：素土；（4）土方来源：建设单位提供；（5）运距：自行考虑	m³	22 849.73	101.58	2 321 076	59.58	1 361 387	959 689
3	土方回填	（1）部位：车库顶板回填土；（2）填料种类：素土回填；（3）应分层夯实，压实系数不小于0.94；（4）土方来源：建设单位提供；（5）运距：自行考虑	m³	19 630.99	70.54	1 384 692	28.54	560 190	824 502
4	土方回填	（1）密实度要求：大于95%；（2）填方材料品种：素土回填；（3）土方来源：建设单位提供；（4）运距：自行考虑	m³	25 642.28	65.4	1 677 005	23.4	600 029	1 076 976
	小计					6 901 731		3 751 613	3 150 118

3. 标段划分

本项目南区地块（DX12-0105-6009地块）拟划分成2个标段，在5#楼西侧Y轴至G轴区段，33轴东侧3 450mm位置，G轴至A轴区段32轴东侧2 400mm位置。也就是说一栋地下车库需要由2家施工单位共同完成。土建工程可以在沉降缝处分割，装修工程及与其相关的通风工程、给水排水工程、电气工程、消防工程不可能在沉降缝处完全分割，在满足相关设计规范的前提下既要方便设计、方便施工、又便于计价，不易产生歧义。

经过与建设单位的成本部、工程部、前期部、设计单位共同商量，以及征求某区标办的意见，编制完成《6009地块东西段施工界限划分方案》。在方案中明确划分方案主要按土建、机电两个专业内容进行划分。其中土建专业施工内容按4个分部：地基与基础、主体结构、建筑装饰装修、建筑屋面；20个子分部：有支护土方、地基基础、基坑支护、地下水控制、地下防水、地下混凝土结构、砌体结构、建筑地面、抹灰、门窗、吊顶、轻质隔墙、饰面板、饰面砖、幕墙、涂饰、细部、基层保护、保温隔热、防水与密封。机电专业施工内容按10个子分部：套管预留、防雷接地、电气预留预埋、桥架、电线电缆、照明系统、柴发系统、给水排水，以及消防系统、暖通系统，并且配置相应的图纸和必要的文字说明。

4. 咨询单位成果文件的统一

本项目由2家咨询单位分别担任北区地块（DX12-0105-6006地块）和南区地块（DX12-0105-6009地块）的造价咨询工作，这就要求2家咨询单位编制的最高投标限价无论在取费标准、清单项目设置、定额套取，以及材料设备价格的设定等都应有一致性，做到发挥2家咨询公司各自的优势，共同进退。

为避免在编制最高投标限价的过程中出现分歧，实施周例会制度，周例会中主要商讨的内容如下：

（1）互相通报各自的进展状况。

（2）在计算工程量的过程中发现的问题。

（3）明确工程量清单模板编制单位和编制进度及修改情况。

（4）明确工程量清单的审核单位及审核的进度。

（5）对材料设备询价单进行技术调整。

（6）遇到争议问题与建设单位讨论。

经过6轮的周例会研讨，形成统一标准的最高投标限价，最后双方交换编制完成的最高投标限价进行互审，互审完成的成果文件作为最终的最高投标限价。

5. 设计标准的统一

本项目虽然都是由某设计研究院有限公司负责设计，北区地块（DX12-0105-6006地块）和南区地块（DX12-0105-6009地块）是由不同的设计团队来设计完成的，这就致使2个地块的设计图纸存在某些偏差，例如：电缆的防火等级、给中水管道的材质等出现不一致的情况；在编制最高投标限价的过程中，因工程量清单模板的项目特征描述与图纸不符，最终发现此问题；由我公司负责组织2家咨询公司人员逐项进行核对，对发现的问题第一时间向建设单位汇报，并且组织设计单位召开现场会议，对发现的问题逐项梳理，明确具体设计要求，修改相关清单项目特征，同时要求设计单位修改设计图纸，为日后施工清除障碍。某总部园设计南北区差异见表3。

表3　某总部园设计南北区差异

专　业		南　区	北　区
施工做法	通风空调	风机盘管全部为两管制	风机盘管6#楼、2#地下室为两管制，7#楼酒店为四管制
使用材料材质选用	给水排水	人防给水管道材质：钢塑复合管，螺纹连接	人防给水管道材质及连接方式：PSP钢塑复合管，电磁感应双热熔连接
		各楼地上重力排水管道材质：PVC-U排水管	各楼地上采用PVC-U排水管（不含7#酒店）
		给水、中水阀门：管径大于*DN*50采用不锈钢闸阀	给水、中水、热水阀门：管径大于*DN*50采用蝶阀
		给水排水管道保护层材质：2道防火布	给水排水管道保护层材质：1层玻璃丝布
		无要求	给水排水管道刷防火涂料
	消防水	消火栓管道采用双向型蝶阀	明杆闸阀或带自锁装置蝶阀
		管道保护层材质：2道防火布	管道保护层材质：1层玻璃丝布
	电气	图纸说明中未提及SC管为焊接钢管或是镀锌钢管，甲方提供的配置标准中写明，在潮湿环境、室外环境中采用镀锌钢管，其他部位使用金属电线管即可，因此各楼及地下车库图纸中标明SC的照明、动力回路均按焊接钢管考虑	依据设计答疑回复，图中标明SC管的照明、动力管路使用镀锌钢管
		配电箱内无电度表、消防模块	配电箱内有电度表、消防模块
		电线电缆B1级	电线电缆A级
	建筑	1#、4#水晶之眼处后为断桥铝合金窗，窗后为防火卷帘	6#楼为加胶安全玻璃

6. 专业设计与主体结构部分内容缺漏

本项目采用招标图纸招标，幕墙专业设计图纸已经具备，为加强对招标图纸的理解，我公司要求建设单位组织设计单位召开标前的各个专业图纸交底，在交底的过程中，发现结构专业设计与幕墙专业设计存在不吻合的位置，幕墙专业的水晶之眼（TP6+1.14pvb+TP6（双银Low-E）+12Ar+TP6+1.14pvb+TP6中空钢化夹胶超白玻璃及穿孔铝板组成的像眼睛一样的玻璃幕墙）与混凝土主体连接处缺少必要的钢架连接，幕墙图纸仅有支撑超白玻璃、穿孔铝板的钢制龙骨，主体支撑龙骨仅为示意，而在结构图纸上未对此部分设计；经过与主体设计单位及专业幕墙设计单位沟通，双方均未考虑此部分内容，属于漏项部分；经过研讨，设计图纸存在内容缺漏的问题，经补充相关空腹弧形钢梁图纸后，计入本次最高投标限价中，涉及金额300多万；有效地避免了后期认价，追加工程投资额。

7. 精装修工程范围划分

本项目1#、3#楼设定为建设单位自用，需要装修到位，满足建设单位的日常办公使用要求，2#、4#、5#楼设定为出售或出租，仅需要装饰公共部位即可；但因目前项目装修档次、功能布局等尚未确定，装修部分的深化图纸尚无法提供；将装饰装修工程施工设置为精装修专业工程暂估价。鉴于目前项目的成本压力，提出如下三点建议：

（1）将一些设备用房、楼梯间、合用前室等功能房间由总包单位一次施工到位，其他体现档次或布局不明确的房间设置在精装修的专业工程暂估价中。

（2）鉴于日后精装修专业分包单位进场后，大型垂直运输设备几乎已经退场的实际情况，地面垫层等湿作业项目还是由总包单位实施；

（3）为避免电梯轿厢与电梯厅石材存在较大色差，电梯内装由精装修专业分包实施，但是需要电梯厂家在设置电梯配重时，预留装饰及施工荷载；最终建设单位均采用以上建议，责成设计单位在平面布置图中以斜线标注出精装修专业分包的施工范围，并且辅以文字说明。

由咨询公司整理以上意见，在招标文件中体现，以告知各潜在投标人，避免工程实施时发生纠纷。

8. 专业工程较多

本项目是集办公、酒店、休闲商业配套、展览展示为一体的大型商业综合体，相关配套专业涉及较多，存在大量二次招标，例如：专业工程分包（精装修工程、泛光照明工程、变配电工程、弱电智能化工程、地源热泵设备安装工程、制冷站系统设备安装工程、换热站系统设备安装工程等专业工程暂估价）、建设单位直接发包（园林绿化工程、标志标线工程等）。为保证本项目的顺利实施，避免应招未招的现象发生，我公司专门组织各个专业人员，编制合约规划，采取相关措施保证工程顺利实施。

Ⅳ　服务实践成效

一、服务效益

（一）成本优化

通过最高投标限价编制服务，帮助客户实现成本的有效控制。专业团队通过精确的工程量计算和合理的价格评估，为客户提供最合理的最高投标限价。在保障工程质量的同时，致力于为客户合理降造，提高经济效益。

（二）质量保障

最高投标限价不仅关注价格，更重视质量。始终坚持高标准、严要求的质量标准，对每一项工程进行严格的审核和把关。专业团队凭借丰富的经验和专业知识，确保每一个工程项目的质量和合规性，为客户提供可靠的成果保障。

（三）过程透明

始终坚持过程透明的原则，为客户提供清晰、详尽的工程量清单和最高投标限价。客户可以清楚地了解每个项目的具体内容和费用，从而更好地进行决策和监督。这种透明度不仅增强了客户的信心，还为我公司赢得了客户的信任和好评。

（四）决策支持

最高投标限价为客户提供强有力的决策支持。通过对市场行情的深入了解和精准分析，我公司为客户提供具有前瞻性和可靠性的价格评估。这使得客户能够在决策过程中做出更加明智的选择，提高决策效率。

（五）风险降低

最高投标限价具有风险降低作用。通过精确的工程量计算和合理的价格评估，能够有效地预测和避免潜在的风险。此外，还为客户提供了一系列风险管理和应对措施，以帮助客户降低风险并确保项目的顺利进行。

二、经验启示

（一）制订详细的编制计划

在招标前，应该制订详细的编制计划，尤其是同一个项目划分多个标段，参与方是多家咨询公司、多家设计单位的情况，需要参与方联合制订出详细的编制计划，其中应包含常规的各项费用，如人工、材料、设备及相关的取费标准等，还应确定项目的牵头人、模板的编制人、最高投标限价的审核人等。

（二）通过类似项目进行对标

通过与类似项目的主要技术指标、经济指标进行分析对比，并结合市场价格指数波动数据，对最高投标限价初步成果进行整体的校对和分析，是成果文件审核的主要方法之一，也是对项目提出优化建议的方法之一。本项目以某项目作为对标项目见表4。

（三）可以利用类似经验编制清单

编制最高投标限价的依据除了常规的相关规范、图纸、图集验收规范等，也要参考相类似项目的数据或结算经验（类似工程造价指标分析表见表5）。招标图纸中没有反应出来的内容，但是在施工中可能会发生的清单项目，可以参考相类似的工程经验或施工（竣工）图纸，并结合招标工程及参考资料根据工程人员经验计入招标工程量清单中，其工程数量应根据经验填写，同时应避免发生投标单位的不平衡报价，例如：幕墙工程中的后置埋件、消防水池的蓄水实验等。

表4 对标项目对比表

序号	工程及费用名称	单位	某项目			总部园项目						某项目与总部园差异	
			数量	投资/万元	单价/元	数量	单价/元	第一标段/万元	第二标段/万元	第三标段/万元	投资/万元	单价差/元	单方差异/%
一	工程费用	m²	94 060	81 035	8 615	202 838	7 488	47 667	60 983	43 239	151 890	1 127	13.08
(一)	主体工程费		94 060	64 494	6 857	202 838	5 956	35 671	46 496	38 654	120 820	900	13.13
1	土护降	m²	94 060	4 239	451	202 838	441	2 878	3 644	2 431	8 953	9	2.05
2	建筑结构工程	m²	94 060	25 909	2 755	202 838	2 377	13 482	19 840	14 901	48 223	377	13.69
3	装修工程（普通）	m²	94 060	2 638	280	202 838	225	1 225	1 839	1 504	4 567	55	19.72
4	装修工程（精装）	m²	14 357	3 329	2 319	23 303	1 408	660	1 200	1 420	3 280	911	39.29
5	外立面装修工程（含幕墙）	m²	51 714	10 038	1 941	130 173	1 409	4 679	6 824	6 834	18 337	532	27.43
6	机电专业	m²	94 060	18 342	1 950	202 838	1 847	12 747	13 148	11 564	37 460	103	5.29
(二)	其他	m²	94 060	6 128	652	202 838	513	2 897	4 968	2 535	10 399	139	21.31
1	室外工程	m²	94 060	2 243	239	202 838	159	982	1 368	875	3 224	80	33.35
2	变配电工程	m²	94 060	2 003	213	202 838	168	855	1 700	860	3 415	45	20.96
3	绿化工程	m²	94 060	1 881	200	202 838	185	1 060	1 900	800	3 760	15	7.32
(三)	室内精装修工程	m²	23 600	6 555	2 777	46 300	2 942	6 900	6 720	0	13 620	−164	−5.91
1	1#楼（ZBY）/4#楼（HQC）	m²	20 500	4 100	2 000	20 500	1 902	—	3 900	—	3 900	98	4.88
2	7#楼（ZBY）/6#楼（HQC）	m²	3 100	2 455	7 919	22 100	3 122	6 900	—	—	6 900	4 797	60.57
(四)	暂列金额	m²	94 060	3 859	410	202 838	348	2 200	2 800	2 050	7 050	63	15.28

表5 类似工程造价指标分析表

工程名称：某项目　　　　　　　　　　　　　　　　　　　　建筑面积：40 434.45m²

项目类别	项目名称	单位	工程量	单方指标	备注
建筑工程	人工工日	工日	160 997.56	3.98	不含挖土方
	挖土方	m³	279 358.60	6.91	
	回填土方	m³	41 373.40	1.02	肥槽
	砌块	m³	1 088.55	0.03	
	钢筋	t	6 406.71	0.158	
	混凝土	m³	47 089.36	1.16	
	钢筋接头	个	66 377.00	1.64	
	模板	m²	99 939.18	2.47	
	防水	m²	31 467.80	0.78	地下
	顶板防水	m²	14 327.58	0.35	
	人防门	m²	588.175	0.01	
	门	m²	1 139.89	0.03	防火门及卷帘门
	窗	m²	130.20	0.00	百叶窗
装饰工程	人工工日	工日	26 441.31	0.65	
	楼地面	m²	38 617.85	0.96	
	内墙面	m²	38 588.20	0.95	
	天棚	m²	42 788.95	1.06	
	吊顶	m²	2 706.72	0.07	

（四）编制说明

在编制说明中除了常规的工程概况、编制依据等内容，还要说明编制招标工程量清单时的一些特殊说明的内容，例如：土方工程的计算方法是按照清单计价规范还是相关定额计价规范；工程量计算规则说明内的补充工程量计算规则；施工单位需要注意的事项（例如，钢筋的综合单价中是包含钢筋施工损耗及措施钢筋的）。

（五）现场踏勘

在收到招标图纸并熟悉图纸后，除编制最高投标限价编制计划外，还应进行现场踏勘；编制最高投标限价不是一个闭门造车的过程，而是应该充分了解施工现场、周围的配套设施及建设单位的意图，充分体现在招标文件及最高投标限价中，例如勘察现场是否存在障碍物、是否有高压线需要挪移，现场实际地坪是否需要回填土等。

（六）专业设计图纸与主体是否吻合

一般情况主体设计和各专业设计不是一家设计院或一个设计团队完成，势必会存在不交圈或重复的现象发生。而在编制最高投标限价时因涉及多个专业、多位造价人员，这就要求项目负责人需要深入了解施工图纸，尤其是在各专业交接处，是否存在缺漏或重复的内容，第一时间与设计单位、建设单位沟通，充分了解设计范围及建设单位的意图，充分体现在最高投标限价中。

（七）测算钢筋含量

根据2021年《北京市建设工程计价依据——预算消耗量标准》的规定：钢筋的损耗和马凳（钢筋或型钢）、支撑、定位钢筋等措施钢筋用量综合在钢筋的消耗量中考虑。根据本项目施工图纸及以往同类项目的经验，计算出地上建筑每平方米约发生措施钢筋2kg，地下建筑每平方米约发生措施钢筋6kg，综合每吨钢筋约发生措施钢筋在4%以内，再考虑一般项目钢筋损耗约2%，钢筋的损耗及措施钢筋应在约6%以内；钢筋含量的测算工作赢得了建设单位的好评，取得了建设单位的信任。

专家点评

本案例列入北京市"3个100"重点工程，作为北京市国际消费中心城市重点建设项目和某社区首发启动项目，其集办公、酒店、休闲商业配套、展览展示为一体，总建筑面积为146 853.31m²，最高投标限价约10.14亿。其采用节地、节能、节水、节材及环保的绿色建筑材料、技术与设备，充分展示低碳、生态、智慧等先进理念，旨在打造成为因地制宜、健康舒适的绿色园区。

作为临空区内首个采用'带方案上市'供地模式的项目，本案例团队在编制时间紧、任务重的情况下，倒排工作计划，编制合约规划；与建设单位多次沟通，解决项目中诸多难点，包括现场土方处理、标段划分界限、设计标准不统一、图纸遗漏、精装修工程范围界定等，在编制说明及招标文件中尽可能对施工范围、界面划分，以及容易引起纠纷的内容做详细说明，做好事前控制，主动控制，有效避免后期投资追加。

在最高投标限价编制过程中，本案例团队制订详细的编制计划，对标实际项目主要技术、经济指标，并参考类似工程指标编制清单，进一步确保其准确性、合理性。同时，结合2021年《北京市建设工程计价依据——预算消耗量标准》，进行钢筋含量测算，综合考量钢筋损耗率，赢得建设单位的好评，对该标准的应用推广具有示范作用。

指导及点评专家：张卫华　北京城市学院

某项目工程量清单及最高投标限价咨询成果案例

编写单位：北京泛华国金工程咨询有限公司

编写人员：许巧英　程　龙　李秀果　张小敬　焦荷青

I　项目基本情况

一、项目概况

本项目地处中关村科技园核心区，建筑使用性质为科研设计用房，整体呈南北长、东西窄的不规则四边形。在总体布局上将主体建筑沿南北向集约布置在用地东侧，西侧为城市和自然腾挪出开放空间，项目效果图见图1。工程占地面积约59 271m²，建筑面积254 836m²，其中：地上建筑面积约150 000m²，地下建筑面积约104 836m²，分两个地块共三栋主体建筑（N1楼、S1楼、S2楼），N1楼总建筑面积69 668m²，其中：地上建筑面积35 218m²，地下建筑面积34 450m²；S1、S2楼总建筑面积185 128.5m²，其中：地上建筑面积114 781.5m²，地下建筑面积70 386m²。项目施工现场平面图见图2。三栋楼地下均为三层，首层和地下一层为配套商业，二层以上为写字楼，地下二、三层为车库和人防，配套商业面积约为22 500m²，地下机动车停车位1 163辆。主楼结构形式为钢结构，地下结构形式为钢筋混凝土。作为北京市"3个100"市重点工程之一，项目按三星级绿色建筑标准＋美国/LEED金级认证进行建设，全面建成后将成为海淀区生态创新环境的绿色建筑新地标，并打造成具有全球影响力的"国际科创港"、国际一流绿色科创园区，进一步服务辖区科技创新企业。

由于本项目尚在建设过程中，我公司仅以土护降工程和施工总承包工程的最高投标限价为例，探讨、交流编制本项目土护降工程和施工总承包工程量清单及最高投标限价的

图1　项目效果图

咨询服务实践经验及取得的成效。

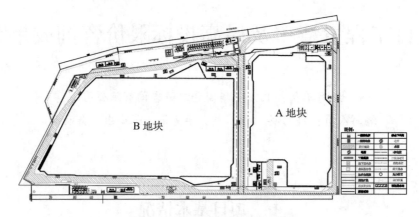

图2　项目施工现场平面图

二、项目特点及难点

（一）项目特点

1. 土护降工程量清单及最高投标限价

土护降工程招标范围包括土方、基坑支护、降水工程。基坑支护采用钢筋混凝土灌注桩支挡形式，降水工程采用止水帷幕桩及疏干井形式，基坑深度16.37~17.17m，基坑周长约1 100m，土方量约65万 m³（A地块基槽开挖东西长约175m，南北长约110m，B地块基槽开挖东西长约155m，南北长约255m。）。基坑较深，土方量大。

2. 施工总承包工程量清单及最高投标限价

本项目建筑使用性质为科研设计用房，建筑结构形式为地下钢筋混凝土框架剪力墙，地上钢结构，施工总承包工程招标范围包括地基与基础（不包括场地平整、基坑土方开挖、基坑支护、降排水工程）、主体结构、建筑装饰装修（含幕墙工程）、屋面、建筑给水排水及采暖、建筑电气、智能建筑、通风与空调、建筑节能、电梯，以及红线内市政工程等全部内容的施工和BIM技术应用及服务工作。

（二）项目难点

1. 土护降工程量清单及最高投标限价

土护降工程的基坑深、土方量大、工期长、施工条件复杂，多为露天作业，受气候、水文、地质等影响较大，难以确定的因素较多。对于准确编制土护降工程量清单及最高投标限价具有较大的难度，需要对土方临时堆放场地及外运处置进行方案的论证及弃土场运输路线的策划。

2. 施工总承包工程量清单及最高投标限价

本项目依据十三部委和北京市住建委提出的加强智能化建筑进行数字化管理的要求，发包人依据广联达BIM5C（2.0版）搭建BIM数据管理平台，采用BIM应用技术进行施工全过程管理，绿色建筑标准为"绿建三星"和"美国LEED金级"认证，施工现场安全生产标准化管理目标等级为绿色安全工地。

施工界面交叉多，建设标准要求高，这些因素都增加了编制最高投标限价中相关材料价格、设备价格、措施费等合理计价的难度。

II 咨询服务内容及组织模式

一、咨询服务内容

招投标阶段的咨询服务内容为负责编制招标采购计划，报建设单位确定后组织实施；结合建设单位要求和相关文件及工程具体情况，协助建设单位确定勘察、设计、监理、施工总承包、施工分包、设备材料的招标方案；负责招标文件、招标工程量清单和最高投标限价的编制工作，并向建设单位汇报；协助建设单位进行评标、定标工作，并提出合理化建议；协助建设单位对勘察、设计、监理、施工承包人、材料设备供货商等进行合同谈判，并签订合同及补充协议；协助建设单位确定甲供材料、设备，编制采购清单（包括数量、采购计划安排、估算金额等）。

二、咨询服务组织模式

我公司根据本项目工程量清单和最高投标限价编制咨询服务工作内容、服务期限及项目特点，抽调经验丰富、长期从事办公类建筑工程建设项目造价管理的骨干人员，组建高效精干的项目造价咨询部，项目造价咨询部组织结构图见图3。

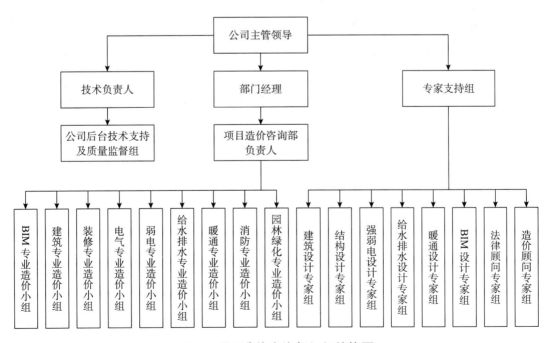

图3 项目造价咨询部组织结构图

我公司主管领导负责造价咨询部与全过程项目管理部、我公司各职能部门之间的协调管理工作；部门经理负责对部门咨询业务专业人员的岗位职责、业务质量的控制程序、方法、手段等进行管理；项目负责人负责项目造价咨询部的全面组织协调、参加现场会议、与建设单位及各参建单位进行直接沟通，组织驻场人员的工作安排，全权处理现场问题；技术负责人负责技术监督工作及质量控制，组织技术中心各专业工程师对项目造价咨询部的过程文件及成果文件进行审核，组织支持项目造价咨询部需要援助的全部咨询服务工作。

三、咨询服务工作职责

参与造价咨询业务的专业人员可分为项目负责人（一级造价工程师担任）、专业负责人（一级造价工程师担任）、专业技术人员三个层次；为保证造价咨询成果文件的质量，所有造价咨询成果文件在签发前应经过审核程序，成果文件涉及计量或计算工作的，还应在审核前实施校核程序。项目造价咨询部及成果文件质量控制人员岗位职责见表1。

表1　项目造价咨询部及成果文件质量控制人员岗位职责

工作岗位		工作职责
造价咨询业务专业人员	项目负责人	（1）在我公司主管领导的领导下，负责项目造价咨询部造价咨询业务中各子项、各专业间的技术协调、组织管理、质量管理工作。 （2）主持处理咨询服务合同约定的咨询人造价咨询义务项下的全部事宜。 （3）根据造价咨询服务实施方案，有权对项目造价咨询部各专业交底工作进行调整或修改，并负责统一咨询业务的技术条件，统一技术经济分析原则。 （4）动态掌握项目造价咨询部业务实施状况，负责审查及确定各专业界面，协调各子项、各专业进度及技术关系，研究解决存在的问题。 （5）综合编写项目造价咨询部成果文件的总说明、总目录，审核相关成果文件最终稿，并按规定签发最终成果文件
	专业负责人	（1）负责本专业的咨询业务实施和质量管理工作，指导和协调专业造价人员的工作。 （2）在项目负责人的领导下，组织本专业造价人员拟定造价咨询服务实施方案，核查资料使用、咨询原则、计价依据、计算公式、软件使用等是否正确。 （3）负责本专业工程量清单及最高投标限价的编制工作。 （4）动态掌握本专业造价咨询业务实施状况，协调并研究解决存在的问题。 （5）组织编制本专业的咨询成果文件，编写本专业的咨询说明和目录，检查咨询成果是否符合规定，负责审核和签发本专业的咨询成果文件
	专业造价技术人员	（1）依据造价咨询服务实施方案的要求，执行作业计划，遵守有关造价咨询业务的标准与原则，对所承担的造价咨询业务质量和进度负责。 （2）根据造价咨询服务实施方案的要求，展开本职咨询工作，选用正确的咨询数据、计算方法、计算公式、计算程序，做到内容完整、计算准确、结果真实可靠。 （3）对实施的各项工作进行认真自校，做好咨询质量的自主控制。咨询成果经校审后，负责按校审意见修改。 （4）完成的咨询成果符合规定要求，内容表述清晰规范

工作岗位		工作职责
成果文件质量控制人员	一级审核人员	（1）项目负责人作为一级审核人，应对造价咨询部成员在造价咨询服务过程形成的工作底稿逐项进行详细复核，做出必要的复核记录并签名。对复核中发现的问题及处理意见予以明确反映，并督促有关人员及时修改和完善。 （2）编制的造价咨询服务实施方案或计划是否得到实施，并针对实际情况进行必要的修改和补充。 （3）收集的招标文件、施工图纸、勘察（测量）报告等有关资料是否齐全。 （4）是否按操作要求对现场实施了勘察、对图纸不明确的项目是否与设计人员沟通，且有必要的记录。 （5）是否按工程项目（如土建、装饰、水、电、暖或修缮、市政、园林等等）分别编制工程量计算书，计算书的编制日期、编制人、工程项目名称是否记录清楚。 （6）所依据的有关基本建设相关法律、法规和政策是否合理，所执行的定额是否准确，是否符合合同约定。 （7）工程量清单及最高投标限价内容是否与招标范围相一致，计价是否考虑到项目的特殊条件及市场竞争状态
	二级审核人员	（1）部门经理作为二级审核人，应对一级审核人复核过的工作底稿和草拟的工程造价咨询报告进行重点复核，同时也是对一级复核的监督。 （2）审核造价咨询实施方案及计划的制定是否切合实际，是否得到有效实施，其修改和补充的内容是否合理。 （3）重要的法律、法规和政策依据是否准确，实施的编制范围是否与招标文件要求的范围和内容相符。 （4）所执行的定额是否适当且符合有关计价规范及定额的要求，是否符合招标文件要求。 （5）所采用的编制方法是否适当，选择的计价依据是否可靠。 （6）对实际编制过程中发现的重大问题是否进行提报并经有关领导批准，对有关重大问题的处理是否恰当并在报告中予以说明。 （7）拟定的工程造价咨询报告及相关说明初稿的内容是否符合有关规定
	三级审核人员	（1）技术中心专业审核工程师作为三级审核人，应对二级审核过的工作底稿进行分析性复核和重点抽查，同时也是对一级、二级审核的再监督。 （2）拟定的造价咨询报告、编制结果及相关说明的内容是否切合实际情况且符合有关规定。 （3）工程量计算书及各种与造价咨询相关的资料是否完整且符合规定的质量要求。 （4）依据的有关法律、法规和政策是否正确。 （5）计价依据是否可靠，对重大问题及相关事项的处理是否适当。 （6）执行的定额及费用标准是否符合有关规定，取费费率及工程类别的取定是否合理，是否符合招标文件要求。 （7）在已形成编制成果初稿的前提下，对可能影响投标报价结果有关事项的说明是否充分

III 咨询服务的运作过程

一、咨询服务的理念及思路

根据咨询服务合同的约定，我公司为建设单位提供本项目施工建设的管理、招标代理、施工阶段全过程造价咨询和法律咨询的管理咨询服务。我公司在建设单位的全力支持下，借鉴国际先进建设工程项目管理理念的同时，结合我国法律、法规及国内现有的建设工程造价咨询和项目管理经验，尝试运用"法律+造价"的全过程工程咨询新模式为建设单位提供项目管理咨询服务。对工程项目建设过程中可能出现的风险做到提前预判，针对政策、市场、工程变更风险因素及其他客观风险因素，运用"法律+造价"的模式在该项目建设的不同阶段、不同环节对价格风险进行动态管控。通过提供"法律+造价"并结合BIM及信息化等先进科学的管理理念融入工程量清单和最高投标限价编制服务工作中。

编制人员要根据项目实际情况并结合拟定的施工方案，以及施工要求进行工程量清单的编制，工程量清单应与投标人须知、专用合同条款、通用合同条款、设计图纸、技术标准和要求等招标文件组成内容保持口径一致，确保工程量清单编制完整性和准确性的同时，还要避免编制漏项现象的发生。最高投标限价组价严格按照住建部《工程造价改革工作方案》，取消最高投标限价按定额计价的规定的精神，人、材、机含量参照2012年《北京市建设工程计价依据——预算定额》消耗量水平，并根据市场调研结果及相关文件规定进行调整。最高投标限价编制完成后，可采用与同类（或类似）工程数据对照的方式，检查各主要分部分项、措施项目的费用水平。进行质优高效的工程量清单和最高投标限价编制服务工作，在规避风险的同时，降低项目成本，提高项目经济效益，实现投资收益最大化。

二、咨询服务的目标及措施

（一）工程量清单及最高投标限价编制的咨询服务目标

工程量清单作为招标文件的重要组成部分，同时也是参与投标的单位进行标书编制和公平竞争的参考基础。因此，工程量清单项目特征内容必须明确、合规、公正。

依据咨询服务合同的约定，在编制工程量清单及最高投标限价时要全面了解工程的相关资料，工程量清单及最高投标限价编制人员进行现场踏勘，为计算工程量做好前期准备工作，准确地编制工程量清单及最高投标限价，协助建设单位通过招投标达到选取优质施工单位的目的，避免不平衡报价现象出现和后期的变更及索赔的产生，确保建设项目工期目标、质量目标和投资目标的顺利实现。

（二）工程量清单及最高投标限价编制的咨询服务措施

1. 工程量清单及最高投标限价编制质量控制措施

以项目工程量清单及最高投标限价编制的质量控制为核心，以我公司的全面质量控制为基础，以外部的监督检查为补充，建立一整套较为完善的内部管理制度和质量控制体系。

（1）项目签约制度。每承接一项造价咨询业务，必须签订业务约定书，并在委托书中明确咨询时间、范围、完成工作时间等基本事项。

（2）委派人员制度。总工程师根据委托项目实际情况和工程量清单及最高投标限价编制时间要求，协调熟悉委托项目的各专业造价人员组成项目造价咨询部的支援团队，由项目负责人统筹安排编制任务，按时完成工程量清单及最高投标限价编制工作。

（3）编制、审核方案制度。明确由项目负责人组织编写工程量清单及最高投标限价编制方案，组织方案的分析、讨论，并逐级上报审核，使工作的组织具有项目针对性，集中力量解决重点、难点问题。

（4）指导和复核制度。项目负责人和各专业负责人全程指导项目造价咨询部业务人员工作，对如何履行程序、收集相关资料信息、完善工作底稿进行督导；项目负责人和各专业负责人现场审核业务人员工作底稿，保证质量；项目负责人复核签字后报我公司技术中心进行独立审核，项目造价咨询部根据我公司技术中心意见修改后报我公司主管领导审核签发。

（5）沟通制度。项目造价咨询部业务人员之间随时进行内部沟通，项目造价咨询部定期召开现场讨论会，加强相互配合，互通信息，分工协作；项目负责人与建设单位随时进行沟通。

（6）技术措施。我公司《员工执业手册》对全面质量控制、造价咨询质量控制、业务管理、风险控制、各类业务操作指南，以及造价咨询程序和方法、工作底稿的编制等诸方面进行了全面翔实的阐述和规定，确保执业人员规范执业；采用分层、分环节质量控制法、关键点质量控制法、三级复核等多项技术措施，确保编制成果的质量。

①分层质量控制措施：项目造价咨询部各级别成员根据各自职责对本层次业务质量进行控制，高级别人员对下一级别层次的工作质量进行检查和督导，并及时提出改进意见，做到发现问题及时解决。

②分环节质量控制措施：对项目的不同环节采用"节节"审核法。根据每个业务环节的质量控制内容和目标责任，对各环节的质量进行控制，对每一环节完工后，需由专业负责人审核无误后再进入到下一个环节。

③关键点质量控制措施：每一个项目实施过程中都会有一些对结果和质量产生重大影响的关键点，控制了这些关键点，则能基本保证该项目编制成果的整体质量，并大幅提高工作效率。

④三级复核措施：造价咨询部业务人员对工作底稿进行自查的基础上，各专业负责人对本专业工作底稿进行复核，项目负责人复核各专业结果，并重点复核关键点工作

底稿，草拟报告初稿，报部门经理复核后送我公司技术中心进行三级复核，我公司技术中心对项目实施独立复核后，送部门经理审核签发。

（7）硬件支持。造价咨询部业务人员均配备了笔记本电脑和工程量计算、钢筋计算、清单计价等软件，为优质高效完成工程量清单及最高投标限价编制业务提供了有力支撑。

（8）信息资源支持措施。我公司在长期各类造价咨询业务实践中，收集整理了大量的各类材料价格等资料，并在此基础上建立了各类基础数据信息库，为工程量清单及最高投标限价编制提供了强有力的信息支持。在长期的业务实践中，我公司与众多关联协作单位建立了持久稳定的合作关系，并建有外聘专家库，在工作中遇有特殊问题可向专家进行咨询，确保了工程量清单及最高投标限价编制质量。

2. 工程量清单及最高投标限价编制进度控制措施

（1）进度控制的组织保障措施。项目的参与者有建设单位、各设计单位、工程监理、工程造价咨询单位、招标代理单位、各类器材供货（安装）单位、各工程承包单位，以及政府有关管理、服务机构和其他社会潜在的产品及服务提供单位等，只有参与者之间保持密切有序的协作和配合，才能使工程各预期目标顺利实现。

（2）进度控制的人员保障措施。成立的项目造价咨询部，其中设项目土建专业负责人、项目安装专业负责人，下设土建、安装、装修、BIM、园林等项目组。足够的专业技术人员、成熟的项目团队、丰富的大型工程造价咨询工作经验，足以满足建设单位同时委托若干项目造价咨询业务。

三、针对本项目特点及难点的咨询服务实践

（一）土护降工程最高投标限价编制

本次土护降工程招标范围为土方、基坑支护和降水工程，基坑深度16.37~17.17m，土方量约65万m³。

1. 编制依据

依据本项目《岩土工程勘察报告》、基坑支护工程施工图纸、土护降工程招标文件、《建设工程工程量清单计价规范》GB 50500—2013、《房屋建筑与装饰工程工程量计算规范》GB 50854—2013、2012年《北京市建设工程计价依据——预算定额》《北京市建设工程造价信息》及市场价格、《土护降工程安全文明施工措施方案》《项目土护降工程弃土处置方案》和相关规范、标准图集及技术资料等编制土护降工程工程量清单及最高投标限价。

2. 编制原则

最高投标限价编制的内容、依据、要求、表格格式等应执行《建设工程工程量清单计价规范》GB 50500—2013的有关规定；施工机械设备的选型应根据工程特点和施工条件，按照经济实用、先进高效的原则确定；对于特殊的措施费用依据专家论证后的

方案进行合理确定。

3. 编制程序

熟悉编制需求与范围；熟悉工程图纸及有关设计文件；熟悉与建设工程项目有关的标准、规范、技术资料；熟悉已经拟订的招标文件、补充资料及答疑纪要等；熟悉施工现场情况、工程特点；描述分部分项工程量特征，计算分部分项工程量，编制分部分项工程量清单；编制土护降工程措施项目清单；市场调研主要材料、机械等计价要素的信息价和市场价，依据招标文件确定其价格；进行分部分项工程量清单计价；研读及分析土护降工程安全文明施工措施方案及弃土处置专家论证方案；进行措施项目工程量清单计价；进行其他项目、规费项目、税金项目清单计价；工程造价成果文件汇总、分析、审核；成果文件签认、盖章；提交成果文件。

4. 编制实施

土护降工程的分部分项工程量清单较少，项目特征依据图纸及相关规范进行准确描述，计价合理性是土护降工程最高投标限价编制的重点和难点。

对于定额中人工工日含量偏高的子目，按照市场调研用工量调整人工工日含量，人工单价按照编制期《北京市建设工程造价信息》建筑工程人工单价的平均价计入；材料费按照编制期《北京市建设工程造价信息》价格计入，由于最高投标限价编制依据2012年预算定额，定额的编制时间较早，随着建筑材料的更新换代、新材料和新工艺的出现，现在部分辅材已集成或者已不使用，对于此类材料采取调整含量或者取消的方法，而实际发生且定额中未包含的材料，按照市场调研实际情况综合测算的含量计入；机械费按照目前市场常用的车型和设备调整定额价格，例如，预算定额中自卸汽车是按12t/台编制，经过市场调研了解到市场上通常使用的自卸汽车是15t/台，最高投标限价根据市场调研常用车型和市场上台班使用情况进行调整；旋挖钻机台班含量也是按照市场调研实际情况测算出每工产量进行调整后计入最高投标限价。另外，通过对现场踏勘，编制了有针对性的《土护降工程安全文明施工措施方案》和《××项目土护降工程弃土处置方案》。弃土处置方案对土护降工程产生的杂填土、粉质黏土的土方量、消纳处置方式和地点都进行了详细论述。保证了最高投标限价的准确性和合理性。

（二）施工总承包工程量清单及最高投标限价编制

本项目最高投标限价编制范围依据本工程招标文件范围，包括地基与基础（不包括场地平整、基坑土方开挖、基坑支护、降排水）、主体结构、建筑幕墙装饰装修（含幕墙工程）、屋面、建筑给水排水及采暖、建筑电气、智能建筑、通风与空调、建筑节能、电梯，以及红线内市政工程等招标参考图纸所示全部内容和BIM技术应用及服务工作。需二次招标的专业分包工程为智能建筑工程、电梯工程、建筑幕墙工程、燃气工程、红线内市政工程、室内精装修工程、建筑机电安装工程、城市及道路照明工程。

1. 编制依据

项目土护降工程施工图；项目招标参考图纸；项目招标参考图纸答疑；项目施工

招标文件；招标工程量清单；《建设工程工程量清单计价规范》GB 50500—2013和配套的工程量计算规范（GB 50854—2013~GB 50862—2013）；2012年《北京市建设工程计价依据——预算定额》及相关文件；《北京市建设工程造价信息》；市场询价记录；相关规范、标准图集及技术资料。

2. 编制原则

最高投标限价编制的内容、依据、要求、表格格式等应执行《建设工程工程量清单计价规范》GB 50500—2013的有关规定。

3. 编制程序

熟悉编制需求与范围；熟悉工程图纸及有关设计文件；熟悉与建设工程项目有关的标准、规范、技术资料；熟悉已经拟订的招标文件、补充资料及答疑纪要等；熟悉施工现场情况、工程特点；拟订或参考常规的施工组织设计或施工方案；描述分部分项工程量特征，编制分部分项工程量清单；编制常规措施项目清单；成立询价小组，对工程量清单涉及的人工、材料、设备及机械等计价要素的信息价和市场价进行市场调研，依据招标文件确定其价格；进行分部分项工程量清单计价；按照"绿建三星"及绿色安全工地标准进行措施项目工程量清单计价；进行其他项目、规费项目、税金项目清单计价；工程造价成果文件汇总、分析、审核；成果文件签认、盖章；提交成果文件。

4. 编制实施

（1）工程量清单编制。在熟悉相关法规、合同、招标文件等资料的基础上，详细阅读熟悉工程招标图纸，掌握工程量清单编制的范围及包括的所有内容；根据收集、熟悉的资料再深入分析，核实拟招标工程项目的概况，核实拥有资料的完整性和准确性；各专业人员根据交底清单全面开展清单工程量的计算及工程量清单子目的编制工作；由于图纸设计深度不同，需要指定专人做好沟通往来记录，沟通往来记录应包含往来电子文件记录、电话指令记录、纸质文件记录。图纸需标明具体内容，如图纸为多版次还需在备注中标明此次更改内容。

（2）成立询价小组。由于本项目绿色建筑标准为"绿建三星"和"美国LEED金级"认证，施工现场安全生产标准化管理目标等级为绿色安全工地，因此，用于项目的材料、设备需要达到"绿建三星"的标准。我公司专门成立询价小组，采用我公司内部（泛华智慧云）设备材料价格库、慧讯网询价平台、广材网和广材助手询价平台、人工询价多种询价方式对需要询价的材料、设备进行市场价格调研。

（3）最高投标限价编制。人、材、机含量参考2012年《北京市建设工程计价依据——预算定额》并结合市场调研同类施工工艺进行调整计算；人工工日市场价格按编制期《北京市建设工程造价信息》专业工程人工单价的平均价计入；材料费参照编制期《北京市建设工程造价信息》价格计入，对于造价信息中与市场调研价格偏差较大的材料、设备，以及造价信息中没有的材料、设备均按市场调研价格计入；暂估价材料及工程设备价格依据招标文件《材料和工程设备暂估价表》相应单价计入；机械费按编制期《北京市建设工程造价信息》市场调研价格计入。

IV 服务实践成效

一、服务效益

（一）土护降工程最高投标限价经济效益分析

经过对土方运输单位调研、杂填土和粉质黏土弃土场运输路线规划，协助建设单位编制本项目土护降工程弃土处置方案，合理确定最高投标限价的人工、机械等价格，为建设单位降低项目成本的同时也有利于建设单位通过招标选择优质的施工单位。

我们通过选取近年来完成的北京地区两个项目基坑支护工程作为案例，对比分析影响基坑支护造价的因素，为本项目基坑支护方案的造价测算提供参考。选取的基坑支护工程案例造价指标仅为基坑支护结构造价指标，不包含基坑内土石方的挖运、支护结构的拆除和地下水控制措施，且不包括试验桩、检测试验和基坑监测等费用，案例项目采用的计价定额为2012年《北京市建设工程计价依据——预算定额》。这三个项目深基坑支护方案的共同特点是均采用了较常见的护坡桩、锚杆联合支护为主，项目基坑深度均在10~20m之间，对比时均以支护面积（即需要支护的基坑底边长度乘以基坑深度）作为计算基数对基坑支护的造价进行分析。

（1）各项目基坑方案主要特征信息对比表，见表2。

表2 各项目基坑方案主要特征信息对比表

序号	名称	单位	项目一	本项目	项目三
一	支护主要特征信息				
1	基坑深度	m	11~16	16~17	19~20
2	基坑支护面积	m²	10 359.38	21 656.91	11 560.49
3	桩长	m	4.5~20.5	12~23.5	25~34
4	桩径	m	0.8	0.8	0.8，1
二	支护工程量含量				
1	土方工程量	m³/m²	19.25	30.43	17.39
2	护坡桩	m/m²	0.64	0.85	1.58
3	钢筋笼	t/m²	0.038	0.058	0.114
4	锚杆	m/m²	2.15	2.815	2.51
5	钢筋	t/m²	0.0019	0.0029	0.0051
6	冠梁	m³/m²	0.036	0.034	0.076

注：基坑支护面积为护坡基坑底边长度乘以基坑深度。

（2）各项目基坑支护综合单价对比表，见表3。

表3 各项目基坑支护综合单价对比表

项目	基坑深度/m	综合单价指标/（元/m²）	费用指标/（元/m²）				费用占比/%			
			人工费	材料费	机械费	综合费用	人工费	材料费	机械费	综合费用
项目一	11~16	2 150.60	428.02	912.09	173.77	636.71	19.90	42.41	8.08	29.61
本项目	16.37~17.17	2 075.73	411.71	905.61	176	582.41	19.83	43.63	8.48	28.06
项目三	19.37~19.87	4 076.41	638.44	1 912.36	353.89	1 171.72	14.66	46.91	8.68	28.74

注：以上不含基坑土方开挖回填费用。

同一项目可以有几种不同的基坑支护备选方案，对不同的支护方案进行比选，造价是方案比选的一个重点，本项目由造价工程师根据备选基坑支护方案测算出相应的基坑支护造价，为建设单位进行方案比选提供参考。建设单位需要在兼顾施工、安全、工期多种因素的前提下，根据备选基坑支护方案进行造价比选。影响基坑支护造价的因素主要有基坑深度、基坑支护方案、基准期人、材、机市场价格、项目所在地政策文件等，综合考虑结合项目需求及项目所在地的周边环境、地下水位、项目投资额、交通情况、施工难易程度、所在地政策文件等其他影响因素，在此基础上为建设单位测算出更经济、更合理的基坑支护最高投标限价，产生了良好的经济与社会效益。

（二）施工总承包工程量清单及最高投标限价

该项目规模大、总投资大，施工总承包工程量清单及最高投标限价编制的重点工作是算量和计价。利用设计院提供的Revit的BIM设计模型进行复模，按照工程量清单计算规则对模型进行微调，将Revit文件转成GFC的格式后导入到广联达GCL/广联达GTJ的软件里面实现算量。通过实践证明，与传统的算量模式相比，利用BIM设计模型进行算量是可行的，准确的。

通过法律顾问给出的招标文件和合同条款的法律意见和市场调研结果编制最高投标限价，确保最高投标限价的合理性和准确性，根据类似建设项目的数据分析，协助建设单位合理确定专业暂估工程的暂估价格，为施工阶段投资管控做好基础工作。

我们通过对比北京地区类似项目施工总承包工程最高投标限价的指标分析，确保本项目最高投标限价编制和专业暂估工程的暂估价格设置的合理性和准确性。类似项目最高投标限价对标分析见表4。

表4 类似项目最高投标限价对标分析

序号	名称	项目A	本项目
一	项目主要特征信息		
1	总建筑面积/m²	89 000	250 000
其中	地上建筑面积/m²	53 000	150 000
	地下建筑面积/m²	36 000	100 000

序号	名称	项目A	本项目
2	工程类别	办公及商业建筑	科研设计建筑
3	建筑层数	地下4层，西楼地上13层，建筑高度57.2m，中楼11层，建筑高度50m，东楼11层，建筑高度47.9m	地下3层，其中N1楼，地上12层，建筑高度56m；S1楼，地上16层，建筑高度75m；S2楼，地上13层，建筑高度63.5m
4	结构形式	地下钢筋混凝土框架结构，地上钢框架—支撑结构	地下钢筋混凝土框架剪力墙，地上钢结构
5	最高投标限价编制期	2021年8月	2022年1月
二	结构指标		
1	混凝土指标/（m³/m²）	0.31	0.51
2	钢筋指标/（kg/m²）	74	88
3	钢结构指标/（kg/m²）	191	158
三	单方造价/（元/m²）		
1	建筑工程	2 010	2 100
2	普装工程	430	360
3	钢结构工程	1 990	1 900
4	给水排水工程	120	110
5	动力照明工程	410	380
6	幕墙工程（专业暂估）	680	690
7	电梯工程（专业暂估）	100	168
8	建筑智能化工程（专业暂估）	200	180

通过与类似项目进行数据对比分析，从项目的工程类别、结构形式、建筑高度、招标范围、编制期市场价格水平等方面进行详细论证分析，充分考虑了项目环境因素与技术、经济影响，以物有所值为原则确定最高投标限价，确保本项目最高投标限价的质量，为施工过程中承发包良好履约奠定基础。

（三）最高投标限价与中标价格对比

最高投标限价与中标价格对比表见表5。

表5　最高投标限价与中标价格对比表

单位：亿元

类　　型	最高投标限价	中标价格
土护降工程	1.2796	1.2782
总承包工程	17.8789	17.8509

二、经验启示

本项目尝试按照《工程造价改革工作方案》(建办标〔2020〕38号)的指导思想，协助建设单位根据工程造价数据库、造价指标指数和市场价格信息等编制和确定工程量清单及最高投标限价，按照现行招标投标有关规定，在满足设计要求和保证工程质量前提下，充分发挥市场竞争机制，提高投资效益。既降低了建设成本、进行优质高效的成本管控，也编制出合理的最高投标限价，为建设单位择优选择施工单位创造了条件。

👆专家点评

本案例是贯彻落实《住房和城乡建设部办公厅关于印发工程造价改革工作方案的通知》(建办标〔2020〕38号)文件精神的具体实践，全过程借鉴国际先进工程项目管理理念，结合国内法律法规及造价咨询管理经验，创新出符合项目特点的"法律+造价"全过程造价管理模式。在工程量清单和最高投标限价编制工作过程中有以下几个方面的亮点：一是实现利用设计院BIM设计模型进行算量，改进了以往传统的工程计量工作方法。二是实现最高投标限价不按定额计价，利用市场调研结果及单位价格数据库形成计价依据。三是通过案例比对引导建设单位合理确定最高投标限价，在满足设计要求和保证工程质量前提下，充分发挥市场竞争机制，提高投资效益。四是在整体工作过程中实现了法律专业为传统造价专业的赋能，帮助造价咨询人员在编制形成合同价格的过程中有效、主动规避风险，实现工程造价专业的目标，又使工程造价形成过程合法合规。

总之，本案例是编制单位适应工程造价市场发展，重视并加强对工程造价数据的累积，通过灵活的措施运用大数据、人工智能等信息化技术手段，累积自身的工程造价数据，根据项目数据、实际工作经验和企业管理水平形成自己的造价指标指数和成本管控方法的良好实践。

指导及点评专家：平　均　北京维公工程项目管理有限公司

某体育场升级改造项目工程量清单及最高投标限价编制咨询成果案例

编写单位：北京双圆工程咨询监理有限公司
编写人员：齐艳超　邓俊敏　杨　野　关迎春　张丽娜

I　项目基本情况

一、项目概况

（一）总况

工程名称：某体育场升级改造项目（图1）。

建设地点：××市××区。

工程规模：总建筑面积70 523m²，地上4层，地下3层，建筑高度23.6m，项目鸟瞰图见图1。

建筑类别：多层公共建筑。

工程投资总额：约5.85亿元。

结构形式：地上为钢框架—中心支撑结构及框架结构，地下为钢结构及框架结构

基础形式：抗浮锚杆、筏板基础及独立基础，CFG桩地基处理。

项目定位：区级大型综合公益性体育设施，满足体育学校训练、举办各类赛事、市民进行日常健身的需要。

图1　项目鸟瞰图

633

（二）项目建设内容

本项目主要功能包括"三馆、一场、一中心"，即乙级3000座体育馆和丙级500座游泳馆，冰上运动馆，体育场，全民健身中心。本项目设置地下停车位1000个。同时配套建设道路、绿化、市政管网等室外工程。

具体内容包括地基与基础、主体结构、建筑装饰装修、建筑屋面、建筑给水排水与供暖、通风与空调、建筑电气、建筑智能化、建筑节能、电梯及室外工程等分部工程。

（三）参建方信息

建设单位：某体育局。
勘察单位：某工程建设有限责任公司。
设计单位：某大学建筑设计研究院。
项目管理单位：某房地产开发有限责任公司。
招标代理及造价咨询单位：北京双圆工程咨询监理有限公司。

二、项目特点及难点

原体育场建于20世纪80年代初，场内设施已不满足全民健身需求，部分器材存在安全隐患，需要进行整体升级改造。

本次升级改造定位为区级、大型、综合性、公益性体育设施项目，具有场馆功能多、标准高、系统多、专业性强等特点。同时本项目也存在现场条件受限、超目标成本后协助优化设计、界面划分不清、专业设备询价难等难点。

（一）项目场馆功能多、标准高

本项目是一个集比赛、展会、演艺、训练、全民健身等多功能转换模式的体育馆。

（1）游泳馆：容纳500个座位，8条标准泳道，能满足当地游泳赛事、集训需求，以及日常民众游泳，配有专业的媒体工作区。

（2）专业的冰上运动馆，滑冰场能够根据需求进行多功能转换，非正式比赛时，可转换为足球场地（42.0m×25.0m），也可以转换为篮球运动场地。

（3）体育馆包括专业的乒乓球馆、羽毛球馆、篮球馆、网球馆、武术馆、瑜伽馆、室外足球场、室外田径赛场等专业设施场所，满足举办各种区级赛事活动及群众全民健身的需求。

（4）5G场景体育体验区，进行"5G+VR"的赛事直播、模拟"AlphaGo"进行人机互动、对战和电子竞技。

（二）项目系统多、专业性强

为积极响应国家低碳节能、加大发展绿色建筑的号召，本项目按照绿建三星标准建设，在节能、节水、节地、节材及室内环境质量监测系统上都有比较高的要求，配备了各项资源处理再利用设施及先进智能的控制系统。

（1）能量循环高智能的制冰场：冰上运动馆选用低温带余热回收装置的乙二醇制冰主机，在制冰的同时，完全可解决冰车房融冰池融冰用热及冰场地下防冻加热的热量需求。冰场采用专业的智能控制系统，可实现冰面在不同使用功能、不同工况下迅速转换，提高冰场运营节能性，降低成本支出。

（2）恒温恒湿高配置的游泳池：游泳馆内顶棚选用亲水性防雾涂料，达到防雾的目的；配置专用型具有热回收功能的除湿热泵机组，在除湿的过程中回收空气中的热量用来辅助泳池水进行加热；泳池水的远程监测设备可随时查看水温及循环泵等设备状态，保证泳池设备运行安全的同时可降低能耗。

（3）低噪绿色的健身环境：注重设备选用低噪产品并在系统中增加降噪设施，全民健身活动用房顶棚、墙壁及门窗做吸声处理，确保相互不干扰；利用太阳能等可再生资源，利用自然光的同时坚持贯彻"绿色照明"的原则。

（4）能耗监管自动调节的高效系统：通风、空调、水泵、照明、电梯等均设置自动监控系统，便于能耗统计分析及管理。合理优化供暖、通风与空调系统，按照房间的朝向，对系统进行分区控制合理选配，采用变频技术降低系统的能耗。

（三）场地条件受限

本项目场地原有建筑为羽毛球馆，目前已部分拆除，400m跑道体育场目前为操场、篮球场，场地地形平坦。难点在于场地内西侧有一栋6层建筑（110指挥中心），需保证其在施工期间正常使用，并且施工场地空间有限，给施工组织、材料机械进出场及安全文明施工带来较大困难。

（四）超目标成本后协助优化设计

本项目属于政府投资项目，坚决不能出现"三超"现象。本项目根据施工图完成最高投标限价初稿后发现最高投标限价已经超出目标成本。为了有效控制成本，提出了成本优化建议并协助设计单位进行设计优化。

（五）合理划分标段

为加快工程建设进度，尽早投入使用，本工程划分为两个标段。通过对项目的分析，本项目主要包含北侧体育馆和南侧体育场，两部分通过地下一层室外下沉庭院连接，其余位置均不连通，北侧体育馆和南侧体育场使用功能各自独立，从建筑上看具备划分为两个标段的客观条件。但从机电及室外等各专业管线上都是连通的，为了避免施工过程中因施工界面不清出现互相推诿的现象，对两个标段各专业施工范围进行了合理划分。

（六）专业设备询价难度大

本项目有体育设施特有的冰场专用的乙二醇制冰设备、磨冰车、冰车房内的融冰池、冰层盘管、冰场的智能控制、带回收装置的除湿系统、游泳泵房内各种消毒设备等专业设备,这些设备生产厂家少,询价难度大。

Ⅱ 咨询服务内容及组织模式

一、咨询服务内容

（一）咨询服务的主要内容

（1）编制工程量清单、最高投标限价。
（2）造价指标分析,协助优化设计。
（3）协助完成招标答疑。

（二）咨询服务基本工作流程

咨询服务基本工作流程图见图2。

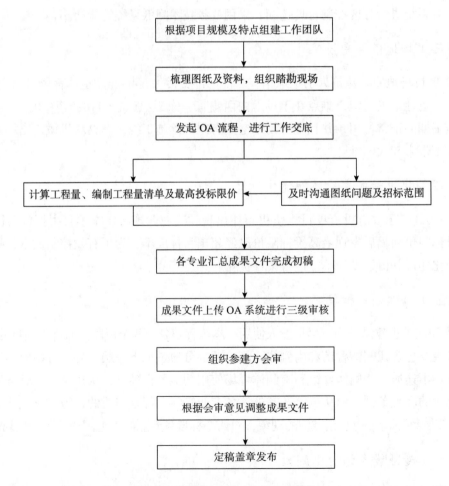

图2 咨询服务基本工作流程图

二、咨询服务组织模式

根据本项目的特性及规模，为确保实现咨询服务目标，我公司安排造价咨询业务主管领导担任本项目公司审核人，安排近几年承担过类似工作具有全过程造价咨询和合同管理经验的部门领导担任本项目负责人，并配置足够数量造价咨询经验丰富的造价工程师组成咨询服务团队。咨询服务组织采用按专业划分的"直线制"模式。组织架构图见图3。

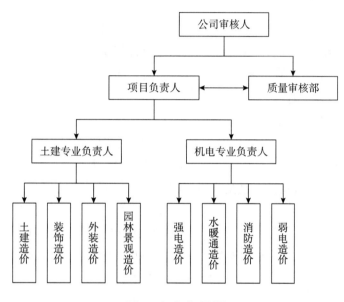

图3　组织架构图

三、咨询服务工作职责

（一）公司审核人

根据工作程序，公司审核人对最终成果文件进行检查。具体如下：

（1）检查是否按流程完成公司三级审核，各级审核问题是否均已解决。

（2）对质量审核部提交的待定事项给出处理意见，项目负责人是否按要求补充、完善了相关成果文件。

（3）审核成果文件是否符合咨询合同要求，与建设单位要求的编制时间、编制范围及其他要求是否符合。

（二）质量审核部

（1）检查成果文件与招标文件、答疑文件内容的一致性。

（2）复核工程量。对工程量大、造价高、重要的或容易错误的清单项目工程量进行抽查，抽查数量不少于20%；对各工程量之间逻辑关系的合理性进行复核、判断。

（3）清单项目划分是否合理、列项是否齐全，清单描述是否完整、计价原则、材料价格、取费程序是否正确，措施费列项考虑是否全面、完整。

（4）进行指标分析，审核各专业单方造价合理性。

（5）对项目负责人提交的待定事项给出处理建议，并要求其补充、完善成果文件。

（6）审核成果文件中编制说明、编制范围及内容是否与工程量清单具体内容一致。

（7）审查成果文件中特殊设备、材料等大宗材料价格询价的程序、结果是否合理。

（三）项目负责人

根据工作程序及工作规划，依据职责分工，负责项目日常的管理工作。具体如下：

（1）编制工作交底内容并向造价工程师进行详细交底。

（2）负责工程量清单及最高投标限价编制过程中各子项、各专业间的技术协调、组织管理、质量管理工作。

（3）执行本项目实施方案，并负责统一技术条件，统一技术经济分析原则。

（4）动态掌握工程量清单及最高投标限价编制实施状况，负责审查各专业界面，协调各子项各专业进度及技术关系，研究解决存在的问题。

（5）综合编写工程量清单及最高投标限价的总说明、总目录，审核相关成果文件。

（6）审核成果文件依据是否充分合理；编制说明、编制范围及内容描述是否清晰、与工程量清单具体内容是否一致；对各专业之间的界面划分，是否存在重叠或遗漏内容；指标分析结果是否符合项目特点，对工程量清单中项目的完整性进行核查，是否存在应特殊考虑的情况；成果文件格式是否符合项目要求。

（7）参加与本项目招标过程相关的例会及专题讨论会。

（四）专业负责人

（1）组织安排造价工程师完成工程量清单及最高投标限价的编制工作。

（2）与造价工程师沟通工程量清单及最高投标限价编制过程中疑难问题。

（3）督促检查造价工程师完成工作的进展情况。

（4）协助项目负责人与建设单位及设计单位等参建方进行沟通。

（5）负责项目本专业的工程量清单及最高投标限价成果的审核。

（五）造价工程师

（1）熟悉招标图纸、工程概况及工作交底。

（2）按照分工计算工程量、编制工程量清单及最高投标限价。

（3）及时与专业负责人、项目负责人沟通编制过程中的图纸疑问。

（4）自查成果文件的编制说明、编制范围及内容、计价模式等是否与招标文件、工作交底一致。

（5）与本专业其他造价工程师互查互审成果文件。

Ⅲ　咨询服务的运作过程

一、咨询服务的理念及思路

严格执行国家、行业和项目所在市相关要求及企业作业指导书，按业务流程有序、合规地编制工程量清单和最高投标限价，并在编制过程中积极与建设单位及设计单位沟通、分析图纸问题、提供优化成本意见、提供招标界面划分意见，确保最高投标限价在目标成本内，配合建设单位圆满完成招标工作。

工程量清单和最高投标限价是招标阶段的重要成果文件，也是施工过程和结算造价控制的依据，编制人员需要具备全过程造价管理的实践经验，充分预判后期争议纠纷点，能够找出工程量清单及最高投标限价中可能给后期成本管控带来风险的风险点，并给出合理解决方法，做到事前控制。

二、咨询服务的目标及措施

（一）咨询服务的目标

100%履行本项目合同规定的各项责任和义务；维护本项目建设单位的合法权益；严格按照咨询工作程序，使工作处于受控状态。

质量标准：成果文件应符合《建设工程造价咨询规范》GB/T 51095—2015、《建设工程工程量清单计价规范》GB 50500—2013、《建设工程造价咨询成果文件质量标准》CECA/GC7—2012及其他国家、行业和项目所在市相关标准、规范、规定等，工程量计算准确，列项齐全，最高投标限价应具有客观性，符合市场价格水平。

保证成果文件质量的同时，严格按照建设单位要求的时间，完成各阶段成果文件的编制，并最终确保招标顺利按时完成，为实现项目整体进度计划提供保障。

本项目虽然为工程量清单及最高投标限价编制工作，但我们按全过程造价咨询的服务要求，全面充分考虑实施全过程的风险因素，便于项目全过程造价管理，有效控制造价。

（二）咨询服务措施

严格执行国家、行业和项目所在市相关标准、规范、规定及北京双圆工程咨询监理有限公司企业标准《建设工程工程量清单及最高投标限价编制作业指导书》SYQB-ZXZD-2021-003，高效优质完成咨询服务。

本项目咨询服务应用智能化办公系统，采用公司于2014年自主开发并应用的《造价咨询OA系统》。OA系统首先进行任务发起，建立咨询任务，录入编制人员，上传工作交底及相关工作附件。每位参与工作的造价工程师进入页面操作，下载相关资料开展工作。工作完成后上传成果文件，逐级进行审核，审核结论有审核通过、审核不通过需要整改等。根据审核人员的审核意见，相关造价工程师复核修订成果文件。最终所有审核流程完成，盖章出具最终成果文件及报告。

1. **准备阶段工作**

（1）合同签订：与建设单位进行合同洽谈签订后，交由公司存档备案。

（2）资料接收：接收图纸、相关资料（表1），并做好相关记录。接收资料后组织相关人员梳理并熟悉资料，审查资料的完整性及可行性。

表1　体育场升级改造项目资料接收表

序号	资　　　料
1	招标文件：《体育场升级改造建设工程一标段施工招标招标文件》《体育场升级改造建设工程二标段施工招标招标文件》
2	招标图纸：《地基处理及支护降水招标图纸》《一标段（体育馆地上＋地下部分）招标图纸》《二标段（地下车库部分）招标图纸》《幕墙工程招标图纸》《小市政招标图纸》
3	标段划分说明《体育局标段划分说明（体育场升级改造建设工程总包招标）》
4	《总包招标范围（体育场升级改造建设工程总包招标）》

（3）现场踏勘：根据已接收的资料对项目情况进行初步了解后，组织相关人员现场踏勘（图4）。通过现场踏勘了解到很多重要信息：体育场升级改造用地南北长360m，东西长86~120m，北窄南宽。体育场原有场地为400m标准运动场和110指挥中心等，整体场区可建设用地为平整地面，南北高差1m以内。场地西侧的110指挥中心为一栋6层建筑，有工作人员或到访办事群众日常活动，故此建筑周围应着重考虑安全文明措施，保证其功能正常使用。现场场地施工空间有限，无土方存放场地，因此土方开挖后需全数外运消纳。

图4　踏勘现状图

（4）整理问题：现场踏勘结束后，根据已接收资料及现场踏勘情况，整理图纸问题、现场问题及招标范围问题，并以书面形式提交建设单位及设计单位答复。

（5）工作交底：项目负责人根据已接收资料、现场踏勘情况及建设单位对于相关问题的答复编写工作交底（表2），由公司审核人对工作交底审批后，上传公司OA系统，相关人员下载并梳理资料。

表2 体育场升级改造项目工作交底

工作交底	
工程名称：体育场升级改造建设工程总包招标	编号：SYZX-×××m-01
建设单位：××市体育局	
交底日期：××××年××月××日	
工作内容：体育场升级改造建设工程总包招标工程量清单及最高投标限价编制	
（一）工程概况 （二）编制依据 （三）工作计划 （四）工作内容 （五）工作要求 （六）设计单位联系方式	

（6）项目负责人召开工作启动会议，根据咨询合同及工作交底，安排部署具体工作的分工及实施，明确工作原则，将招标文件及工作交底中的内容进行详细交底，做好业务实质性开展的工作准备。

2. 编制实施阶段

（1）工作启动会议结束后，正式进入工程量清单及最高投标限价编制的实施阶段，项目负责人及专业负责人细化梳理招标范围、界面划分，造价工程师同步开展算量工作，遇到问题及时将意见汇总到项目负责人统一对外沟通。

（2）由于前期图纸深化程度不够，并且建设单位对于专业暂估不明确，用大量的时间进行图纸的梳理及具体招标范围的讨论，并就需要补充的图纸持续与建设单位、项目管理单位及设计单位保持沟通。将沟通确认的问题以邮件、书面形式体现，邮件形式能有效保留过程中补充的资料（表3）。

表3 体育场升级改造项目需补充图纸汇总（节选）

序号	工程名称	需补充图纸内容
1	给水排水工程	（1）请补充公共卫生间详细大样图，影响给水排水支管核算工程量； （2）中水污水处理设备需由专业厂家提供深化图纸，该系统为专业暂估项
2	消防工程	（1）请补充配电所的电气火灾监控平面图； （2）区域火灾显示器根据系统图应该是每层都有，现在平面图中只有个别楼导通，请完善平面图
3	通风空调工程	请补充制冷机房图纸（系统图＋平面图），恒温恒湿水管无平面图，只有系统图，无法计量
4	强电工程	深化变配电图纸，明确配电所桥架规格型号及排布路由
5	弱电工程	请补充弱电深化后的图纸
6	电梯工程	需由专业厂家提供深化图纸，该系统为专业暂估项
7	泳池水处理系统	（1）请补充泳池泵房详细的平面图（有明确标高），此部分仅有系统图及设备表，无法核算管道量； （2）请补充泳池接至泵房的管道路由详图
8	制冰系统	该系统需由专业厂家提供深化图纸，该系统为专业暂估项（清单已根据现在系统图及机房暂估了工程量）

（3）我公司工作开展模式是由1名土建造价工程师、2名机电造价工程师编制工程量清单，其他造价工程师建模计算工程量。这样的工作模式能有效节省工作时间，建模计量完成的同时，工程量清单初稿也编制完成，计量造价工程师在工程量清单中填写工程量，有疑问及时与编制工程量清单造价工程师进行沟通，增补工程量清单，同时对有已列工程量清单而未计量的项目进行反查，双向检查，以保证工程量清单不漏项不重项。

（4）造价工程师进行工程量清单及最高投标限价编制工作，完成各专业工程初步成果文件后进行自检及互检，对检查出的问题进行成果文件的修改、调整。完成后的成果文件上传公司OA系统，启动审核流程。OA流程简图见图5。

办公网>咨询业务>正文	
区体育场升级改造建设工程总包招标清单及控制价	
工程名称： 区体育场升级改造建设工程	**任务编号：** SYZX-5017
完成情况： 任务进行中	**委托内容：** □招标，☑清单，☑控制价
发件人：	**提交日期：** 2021/1/18
合同情况： 有招标合同	**咨询合同：**

（a）交底内容概述

执行流程人员：

姓名	分类	审核	说明意见	审核结果	本人确认
	审核小组		具体见审核意见	审核完成	签认
	审核小组		详见审核意见	审核完成	签认
	项目负责人		同意	审核完成	签认
	专业审核人		补充制冰系统报价及编制说明	审核完成	签认
	专业审核人		同意	审核完成	签认

（b）执行流程人员

指令附件：（发布人上传，必须上传合同或招标文件）
·招标文件（2021.12.30）.zip　2021/12/30
·图纸问题回复-2（　区体育场升级改造建设工程）.zip　2021/1/19
·图纸问题回复-1（　区体育场升级改造建设工程）.zip　2021/1/19

审核附件：（审核小组、部门负责人上传）
·二次审核意见hl-　体育馆升级改造控制价汇总分析
2021.12.30.xls　2021/12/30
·二次审核意见hl-　体育场升级改造总包清单控制价
2021.12.30.docx　2021/12/30
·　区体育场升级改造建设工程总包工程清单控制价
审核意见 - .docx　2021/12/30

（c）指令附件及审核附件

过程成果附件：（执行人、项目负责人、审核人过程中上传）
·（终版）　区体育场升级改造建设工程招标控制价
2021.12.30.zip　2021/12/30　改变分类目录
·2.二标段总包招标控制价编制说明（　区体育场升级改造建设工程）2021.12.26.doc
2021/12/27　改变分类目录
·1.一标段总包招标控制价编制说明（　区体育场升级改造建设工程）2021.12.26.doc
2021/12/27　改变分类目录

最终成果附件：（任务完成项目负责人及审核人上传，必须上传EXCEL版成果文件、成果文件扫描件等）
·　区体育场升级改造建设工程招标控制价2021.12.30（编制说明调整）.zip EXCEL版最终成果
2021/12/30

（d）过程成果附件及最终成果附件

图5　OA流程简图

（5）专业负责人根据OA审核流程进行专业审核（一级审核）。专业负责人检查编制范围是否正确，是否有计算错误、是否有丢、漏等错误、技术指标及经济指标是否合理，经专业负责人审核并修改后，提交给项目负责人汇总。主要造价工程量指标分析有：钢筋含量指标、混凝土含量指标、钢结构含量指标、砌块含量指标、装修含量指标、幕墙含量指标、电气配管配线含量指标、电缆安装含量指标、给水排水管道含量指标、通风管道含量指标等经济指标分析。体育场升级改造项目工程量含量指标表（节选）见表4。

表4　体育场升级改造项目工程量含量指标表（节选）

序号	名称	主体—钢筋指标		主体—混凝土指标		主体—钢结构指标	
		总量/kg	单方/（kg/m²）	总量/m³	单方/（m²/m²）	总量/t	单方/（t/m²）
一	一标段	1 696 437	59.62	22 170	0.78	5 646	0.2
二	二标段	3 428 482	78.88	31 881	0.73	802	0.02
三	合计	5 124 919	71.26	54 050	0.75	6 447	0.09

（6）项目负责人进行汇总、分析、审核成果文件内容及主要指标分析，并提出审核意见（二级审核）。造价工程师对审核意见修改后，完成工程量清单及最高投标限价初稿，并作为过程成果文件上传OA系统，提交质量审核部。

项目负责人在审核项目整体指标时，发现两个标段单方经济指标偏差较大，进行了范围及内容拆分对比（表5），经分析一标段指标偏高的原因如下，偏差在合理范围内。

①土建工程：一标段地下3层，地上4层，二标段地下2层，地上无实体建筑，为室外足球场、室外田径赛场。

②机电工程：制冷机房、换热站、中水处理站、消防泵房、游泳池水处理中心、太阳能热水泵房、配电室等主要核心设备机房在一标段地下范围；二标段各系统只有末端使用设备及冰场的设施。

表5　两个标段经济指标对比表

序号	名称	一标段		二标段	
		项目造价/元	单方造价/（元/m²）	项目造价/元	单方造价/（元/m²）
1	土建	179 166 163.70	6 473.49	173 230 256.40	3 985.35
2	水暖通	32 564 921.67	1 176.61	19 714 937.82	453.56
3	电气	24 811 049.82	896.45	11 268 657.73	259.25
4	其他项目	31 924 185.80	1 153.46	15 034 996.44	345.90
5	合计	268 466 320.99	9 700.02	219 248 848.39	5 044.06

（7）质量审核部开展审核工作（三级审核），审核主要指标是否合理、工程量清单及最高投标限价有无重大缺陷、重大问题处理是否妥当、成果文件编制是否符合要求，

将审核意见在OA系统上反馈到项目负责人。

（8）项目负责人与造价工程师根据审核意见对工程量清单及最高投标限价进行修改、调整，由项目负责人重新汇总，回复审核意见后，将成果文件上传OA系统。

3. 结束阶段工作

（1）公司审核人对项目负责人提交的经质量审核部审核完成的成果文件进行最终审核，项目负责人组织修改调整，完成OA审批。

（2）经公司审核人审批后的成果文件提交建设单位，组织线下会议向建设单位、项目管理单位进行招标工程量清单及最高投标限价汇报，并记录会议中各方沟通统一确定需要修订的内容。

（3）根据汇报会提出的意见调整后再次提交建设单位，建设单位无异议后，项目负责人将最终招标工程量清单及最高投标限价成果文件上传至OA系统。

（4）项目负责人组织造价工程师进行招标工程量清单及最高投标限价成果文件的归档及组卷。

编制结束后由项目负责人组织造价工程师对成果文件整体分析并总结，做好记录。项目负责人负责成果文件资料（包括书面版及电子版）、图纸等依据资料收集整理与移交，同时项目负责人组织造价工程师做好本项目工程量清单各项指标的统计工作。项目负责人进行汇总，并将统计分析移交资料管理员，由资料管理员负责台账的填写，建立、上传相应信息档案。

（三）针对本项目特点及难点的咨询服务实践

1. 功能多、专业性强

本项目功能多，属于大型公共建筑，特别是机电安装专业。在招标阶段根据图纸深度及建设单位合约规划，部分专业系统需要按暂估价计入最高投标限价中。通过充分了解市场并参考我公司编制完成的厦门市某体育馆项目及甘肃省某体育场项目，分析各系统单方造价指标，例如智能弱电系统单方$150\sim180$元$/m^2$，体育专用设施系统单方$10\sim15$元$/m^2$，合理确定暂估价，确保造价可控及质量、性能符合预期，完成本项目专业暂估价表（表6）。

表6 专业工程暂估价表（节选）

单位：万元

序号	专业工程	暂估金额	
		一标段	二标段
1	泳池处理工程	3 210 000	—
2	智能弱电系统	4 600 000	6 800 000
3	体育专用设施系统	380 000	580 000
4	停车场管理系统	90 000	140 000
5	抗震支架工程	790 000	1 210 000

2. 场地条件受限

由于现场施工场地受限,在工程量清单编制过程中,措施项目清单需要充分考虑场地条件及有针对性的施工方案。我们充分利用我公司资源优势,邀请我公司监理部门有丰富实践经验又有深厚理论基础的专业技术人员,作为公司咨询服务的技术支持,编制了针对现场条件的施工方案,向建设单位及项目管理单位汇报沟通后,将该部分施工方案费用包含在最高投标限价中,如在总价措施列项中增加"场外租地(用于大宗材料堆场及加工区)、场外加工、场外运输吊装等费用"措施清单。

3. 超出目标成本后协助开展优化设计

根据首次接收图纸资料,初版最高投标限价金额为5.33亿元,超出目标成本很多,我们反复审核评审后,向项目管理单位提交了初版成果文件。

项目管理单位上报建设单位,建设单位要求按照目标成本控制,协助设计单位进行优化。

在优化的过程中,对占比较大的设备、材料进行多档次多品牌询价,力求在保证建设单位功能需求的同时节约成本,在各设备材料品牌组合搭配方案上给建设单位提供最直接有力的参考依据(表7)。比如制冷、制冰机房、游泳泵房、换热站、中水处理泵房内主要设备及配电箱主元器件选用合资品牌,其他常规设备及主材选用国产优质品牌。

表7 体育场升级改造项目设计优化表(节选)

序号	产品名称	优化前设计品牌	建议优化调整品牌
1	配电箱	ABB、西门子、施耐德	(1)高低压柜的断路器、接触器、热继电器、变频器等主要元器件选用合资品牌; (2)箱体、电表、变压器等选用国产品牌,正泰、北元、德力西
2	水泵(变频)	格兰富、赛莱默、KSB、威乐	(1)制冷机房变频泵采用合资品牌; (2)其他泵采用上海凯泉、上海熊猫、上海东方
3	风机盘管	约克、开利、特灵、麦克维尔	格瑞德、亚太、盾安
4	静态平衡阀	TA,丹佛斯,ICV	上海冠龙、武汉大禹、上海五阀
5	水阀	西门子、霍尼韦尔、江森、BELIMO	(1)电动阀类采用合资品牌; (2)其他阀件均采用国产优质品牌:上海冠龙、武汉大禹、上海五阀

经过多轮的优化测算,并根据优化后的图纸重新详细计算工程量及价格复核,终稿的最高投标限价金额为4.88亿元,将最高投标限价控制在目标成本内。

4. 标段划分

划分标段的优点是不同的施工单位同时施工,可以投入足够的人力物力财力,为工期的缩短提供了保证,并且对各标段的工程质量、施工进度、组织管理水平和协调组织能力等有一个直观的比较,有利于提高项目管理效率。

划分标段同时也会造成建设单位和项目管理单位管理工作量的增大,并且由于现场有多个独立的施工企业同时作业会增加临时生产生活设施、材料堆场,容易造成现场场地使用交叉干扰，为保证工程进度需要克服这些困难。

一标段主要功能房间为综合体育中心，含体育馆、游泳馆、全民健身中心。二标段主要功能房间为地下停车场，冰上运动馆。二标段面积比一标段大一倍，但二标段的施工内容相对一标段会简单很多，所以不会影响整体的工期。

在编制过程中，建设单位提供的《体育场升级改造建设工程标段划分情况说明》，其中描述的划分原则（图6）仅描述划分的大致原则，不具备施工及工程量计量的条件，并且在施工阶段会发生因施工界面不清互相推诿的现象。为避免这种情况发生，我公司项目负责人与招标专业负责人深度沟通，建议在标段划分情况说明中，标注一条明确的标段划分线，标注出具体起点轴线号至终点轴线号，且相应的墙体算至哪个标段，均都予以明确，标段划分的计量就按照合理的施工界面切分的方式进行。根据我公司对图纸的理解及梳理，拟出标段划分线及界面（图7），详细规划标段划分，报建设单位及项目管理单位，最终采纳了我公司提供的标段划分的建议。

鉴于类似标段划分项目结算中，经常会遇到以下问题成为结算争议点，项目负责人与招标专业负责人沟通，把以下内容明确在招标文件中，我公司编制最高投标限价时，将此部分费用考虑含在相应主体的综合单价中。

（1）在实际施工过程中，土建专业先施工的单位负责按施工规范甩出钢筋，后施工单位负责接茬处理维护施工缝，费用均含在相应的清单综合单价内。

（2）机电专业所有管线由一标段工程量计至出墙外1m，二标段施工单位负责所有专业管线的接头工作。

（3）在机电调试、试运行时两个标段必须相互积极配合，并在招标文件合同条款中对两标段有明确约束性的条款。

（4）遇有其他交叉情况，优先原则是先施工单位按规范预留足够的备用量，后施工单位负责维护标段接茬处收尾相关技术措施。

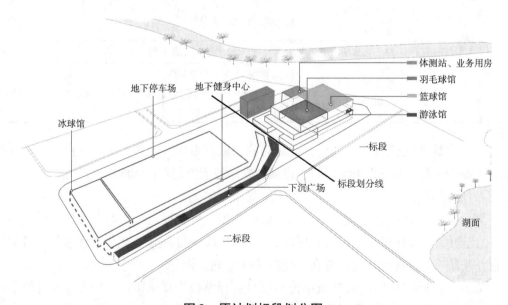

图6 原计划标段划分图

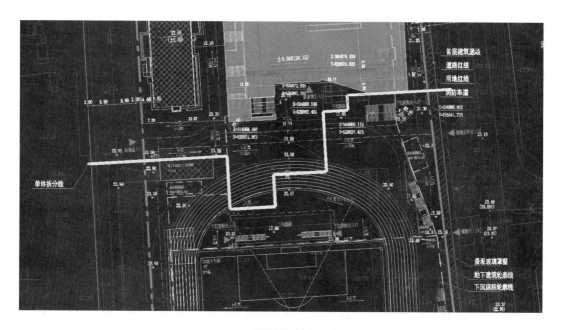

图7　确认标段划分图

5. 专业设备主材多，询价难度大

由于本项目很多设备和材料比较特殊，为了保证最高投标限价更接近市场价，我们编制时按照建设单位要求的品牌档次邀请三家以上单位报价，且要求报价单位提供有效的盖章报价单同时附上设备图片，以保证价格有据可依，且所询设备同设计要求一致。如报价单位对同一设备或材料报价出现偏离度较大的情况，我们还会继续增加1到2家询价单位，以保证材料设备价格更加准确合理。三方询价对比表（节选）见表8。

表8　三方询价对比表（节选）

单位：元

序号	名称	单位	数量	使用单价	询　价					
					供应单价	品牌	供应单价	品牌	供应单价	品牌
1	1#太阳能循环泵	台	1	2 800	2 800	新界	3 945.00	南方特泵	3 164.00	皇明
					江苏××发展有限公司		广西××设备有限公司		××股份有限公司	
2	泳池补热板换循环泵	台	1	2 379	2 382.00	南方特泵	2 800.00	凯泉	2 379.00	威乐
					南方××有限公司北京办事处		北京××科技发展公司		北京××商贸有限公司	
3	泳池过滤砂缸	台	5	4 276	4 905.00	威浪仕	4 560.00	爱克	4 276.00	MINDER
					厦门××工程有限公司		杭州××有限公司		××设备制造（广州）有限公司	
4	自洁消毒器	台	2	4 000	4 470	利欧	4 000.00	冠宇	4 000.00	南方特泵
					云南××有限公司		河北××股份有限公司		南方××有限公司成都办事处	

同时，由于本项目专业性强，为了保证最高投标限价更加符合市场价，在研究图纸，查阅相关资料的同时，我们还调动公司各监理项目部的资源优势，实地考察调研了我公司参建的两个冰球场馆，以及2022年冬奥会高山高速滑雪场项目。对冰场专用的乙二醇制冰设备、磨冰车、冰车房内的融冰池、冰层盘管、冰场的智能控制、除湿系统有了更为直观的认知，并调研了相关设备的市场价格，更好地保证了最高投标限价的准确性。

IV　服务实践成效

一、服务效益

在本次招标工程量清单及最高投标限价的编制过程中，我公司安排经验丰富的造价工程师，组织强有力的服务团队，建立完善的工作流程及审核制度，在规定时间内配合建设单位顺利完成总包招标，保证了招标计划和项目进度计划，最终圆满完成了本次招标工作并获得了建设单位的认可。

（1）本项目最高投标限价为4.88亿元，项目管理单位委托第三方对最高投标限价进行审核，一标段偏差率为+0.2%，二标段偏差率为−0.1%。我公司完成的工程量清单及最高投标限价成果文件编制准确、符合市场行情。

（2）在工程量清单及投标限价编制过程中，提前发现超目标成本风险，预警建设单位及项目管理单位，配合建设单位开展优化设计，把风险消灭在招标前期，防止风险进一步扩大。

（3）考虑项目施工过程中经常遇到的索赔纠纷问题及全过程的风险因素，尽量将工程施工阶段预测会发生的措施费项目、零星工程、拆改工程等，全部考虑在清单内容中，减少后续施工阶段出现变更洽商无计价依据的风险。完成的成果文件在全过程管理阶段能够使用方便，为项目过程管理创造条件，为最终竣工结算阶段奠定良好的基础。

二、经验启示

（1）本项目系统多、专业性强，对特殊的设备和材料，不能只采取传统的电话、微信、邮件等询价方式，可以调研相关项目，并实地进行考察相关项目或生产厂家厂商等，这样能获取到符合市场行情的材料设备价格，保证最高投标限价合理性。

（2）工程量清单及最高投标限价的编制工作需要有实践经验的造价工程师组成的团队，精诚合作，共同努力才能编制出一份高质量的成果文件，其中最重要的是项目负责人、专业负责人等需要有高度的责任心。

（3）工程量清单及最高投标限价编制工作还应具备良好的沟通能力和表达能力，加强与建设单位、设计单位的沟通，充分了解设计意图，了解建设单位需求，力求将图纸内容在工程量清单中充分体现，提高最高投标限价的准确性，为整个工程的投资控制提供更准确的依据，降低工程结算时工程价款的不确定性。

专家点评

本案例为大型综合公益性体育设施，包括400m跑道体育场改造及体育馆、游泳馆、冰上运动馆、全民健身中心新建工程，设有高智能制冰场及恒温恒湿游泳池，项目系统配置高，专业设备多，存在招标阶段超目标成本、场地条件特殊、标段划分不清晰等特点和难点。

本案例团队在工程量清单及最高投标限价编制过程中，实地踏勘现场，综合考虑现场平面布置、土方弃置、场外加工和现有建筑保护等因素，利用公司监理技术人员优势，组织编制常规方案，完整准确计算措施费用；在招标阶段发现投资超目标成本情况，配合建设单位和设计单位进行设计优化工作，提出了合理的解决方案，把超投资风险消灭在招标前期；对项目管理单位的标段划分方案，考虑结构整体性、施工工艺和投资管控风险等因素，提出合理化建议并得到采纳，且在最高投标限价中包含了施工缝、交叉施工配合等相关费用；结合以往全过程造价咨询服务经验，充分考虑后期投资管控风险，提示投标单位合理计算风险费用，为后期解决争议纠纷提供依据；对于本项目非常规专业设备询价难的特点，在坚持常规询价的基础上，专门进行实地调研、现场询价，保证了主要材料设备价格的准确性。

综上所述，本案例在时间紧、标段多，面临前期设计优化的进度压力下，最终按期完成工程量清单及最高投标限价编制工作，而且成果编制质量高，审计偏差率低，赢得了建设单位的认可。本案例团队在招标阶段进行投资纠偏、合理考虑风险、提出标段划分方案等全过程管理思想及主动控制意识，值得借鉴和推广。

指导及点评专家：郭冬鑫　北京佳益工程咨询有限公司

某医院建设工程工程量清单及最高投标限价咨询成果案例

编写单位：北京筑标建设工程咨询有限公司

编写人员：付 欣 张月玲 殷 霞 周 宇 单东伟

I 项目基本情况

一、项目概况

本医院建设工程是一项重要的公共建设项目，旨在提供一流的医疗设施和环境以满足社会公众的健康需求。项目效果图见图1。

项目总建筑面积198 432m²（其中地上建筑面积110 174.54m²，地下建筑面积88 257.5m²），按照三甲综合医院设计建设，设置床位1 000张，内设41个科室和各类不同手术室37间。本项目主要包括基坑支护降水工程、地基处理工程、建筑及装饰工程、给

图1 项目效果图

水排水工程、消防工程、通风空调工程、动力工程、热力工程、变配电工程、配电照明工程、弱电工程、电梯工程等及室外工程包括给水排水管网、室外泛光照明、室外弱电、道路绿化等，以及同步实施的热力、天然气、电力等红线外市政工程。

医疗综合楼建筑面积197 192m²，地上12层、地下3层，其中地上建筑面积110 115m²，地下建筑面积87 077m²，建筑高度51.1m。综合楼地上采用钢结构，地下一层采用钢结构（东侧局部采用钢筋混凝土结构）、地下二层及地下三层采用钢筋混凝土结构，基础采用平板式筏板基础。

锅炉房建筑面积350m²，为埋地设置、地下1层建筑。结构采用钢筋混凝土地下结构，基础采用筏形基础。

污水处理站建筑面积830m²，为埋地设置、地下2层建筑。结构采用钢筋混凝土地

下结构，基础采用箱形基础。

液氧站建筑面积60m²，单层建筑，建筑高度5.4m。结构采用钢筋混凝土框架结构，基础采用柱下独立基础。

二、项目特点及难点

医院是最具复杂性的公共建筑之一，其工程量清单复杂庞大，最高投标限价编制准确的难度高，建设成本高，成本控制难。

（1）本项目建筑规模庞大，专业系统复杂。如医疗用房暖通系统，不同功能房间设置不同的空调系统：医技、诊室、病房、办公等处是风机盘管加新风排风系统；门诊大厅、住院大厅、急诊大厅、餐厅等处是低速单风道全空气系统；医技区CT、DR、检验中心、变配电室、UPS间、弱电竖井等有大发热量设备的房间和消防控制中心设计为多联机空调系统；MRI、PET-CT、信息中心设置双压缩机模块化恒温恒湿空调系统和机房专用空调；电梯机房设计为分体空调机组降温。结构专业的复杂性表现在：医疗用房及设备用房多，功能复杂，活荷载大；医疗用房降板、降梁多，回填垫层厚、自重大；医疗用房机电系统复杂，楼板、地下室外墙、人防墙、剪力墙等预留洞口多；屋面设备及基础多。上述复杂性决定了计算工程量难度大，工程量清单很难做到内容全面准确，易出现的问题包括列项有遗漏、描述不准确、工程量计算不准确、界面划分不清等情况。

（2）组价难度大。本医院功能多，科室多，很多科室的建设都有自己的验收规范和特点，造成设计的复杂性需要多专业配合。例如：防护、净化、实验室、核医学、污水处理、物流、弱电智能化、医疗气体等多专业配合才能实现各科室功能。本项目专项设计多、专业性强，专项设计与各专业设计（建筑、结构、给水排水、暖通、电气、弱电、动力等）交叉多，导致很难做出科学合理的最高投标限价。

（3）投资压力大。本项目要求严格控制投资。经批准的建设项目设计总概算的投资额，是本工程建设投资的最高限额。在工程建设过程中，未经规定程序批准，均不能突破这一限额，以确保国家固定资产投资计划的严格执行和有效控制。但在实际工作中，常常存在着投资失控、造价超概算的现象，不仅给国家带来了经济损失，也直接影响了工程建设期，使工程建设因投资不够而中断，造成了"骑虎难下"的局面。

（4）图纸不完善。由于工程规模大、专项设计复杂、专业系统复杂、设计时间有限等原因，图纸总会存在一些问题，给工程量清单的编制工作增大了难度。

Ⅱ　咨询服务内容及组织模式

一、咨询服务内容

（1）工程量清单编制。

（2）最高投标限价编制。

（3）提出设计图纸的优化建议及不完善之处。

（4）制订项目合约规划。

（5）拟订合同文本，协助合同谈判。

（6）编制项目资金使用计划。

二、咨询服务组织模式

人员架构图见图2。这种组织模式保证了我公司能够为项目提供全面、专业和高效的咨询服务，并且可以积极应对项目中可能出现的各种复杂问题。

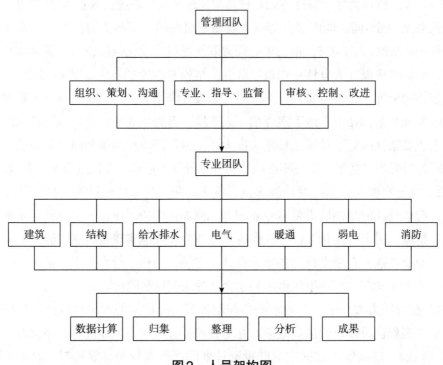

图2　人员架构图

三、咨询服务工作职责

为了最大化地为本项目提供优质咨询服务，我公司明确了每个咨询服务成员的工作职责，并强调了协同合作的重要性。

项目管理团队负责项目全局的管理与协调工作，包括项目的策划、组织、与建设单位沟通、指导、监督、审核、控制和改进等；专业团队由建筑专业、结构专业、给水排水专业、电气专业、暖通专业等多个专业领域的造价人员组成。每名造价人员均具有丰富的实践经验和专业技术背景，均能够以科学、严谨的态度完成各项服务任务。其专业领域的服务任务包括专业咨询、数据计算、数据收集、数据管理、成果汇报等。

Ⅲ　咨询服务的运作过程

一、咨询服务的理念及思路

我公司的咨询服务理念根基于"精准、全面、人性化"的价值观，在满足建设单位需求的前提下，为项目创造最大的价值为我公司追求的目标。

（一）突破传统编制工程量清单的工作内容

我公司不但完成了计算工程量及组价的工作，并且为建设单位提供设计优化建议，同时逐条指出图纸待完善的内容。

项目投资中约70%的成本影响因素在设计阶段确定，设计图纸的精细化、专业化水平、材料的选择、结构的形式直接决定了项目的成本情况，如果设计图纸精细化、专业化的水平不足，图纸存在很多错漏碰缺的问题，即便是过程管理非常严格、结算时工程量计算非常准确，也无法弥补图纸缺陷带来的对成本的影响，投资超概必成定局。限额设计是控制好投资的最重要的手段，控制好投资要从设计的初始阶段抓起。

（二）注重细节与质量

我公司非常注重项目的细节，并把质量视为工作的生命。我公司相信，只有做好每一个环节，才能确保最终的成果质量。对于本医院工程项目，我公司在咨询服务工作中，一直秉承细节和质量至上的理念。

（三）不断学习与创新

在我公司工作的过程中，我公司始终持续学习和创新。每个项目的完成，都是我们学习和提升的过程，我公司从项目中吸取经验，找出问题，并根据新的信息和变化，创新咨询服务的方法和手段，以提高我公司的工作效率和服务质量。

（四）人本思维

我公司强调人本思维，围绕建设单位的需求进行工作，充分尊重和理解建设单位的立场和观点。

（五）诚信与公正

我公司坚持诚信与公正的原则，在我公司的服务过程中，保证公开、公平、公正地进行，不恶意压低最高投标限价，不高于市场合理价，以赢得建设单位的信任和尊重。诚信和公正不仅是开展工作的要求，而且是我公司长期生存和发展的重要基础。

在这一理念指引下，我公司制订了一整套咨询服务的工作模式和流程。这既包括了坚定不移地为建设单位立场思考，也包括了不断吸取和借鉴国内外先进的造价管理经验和技术。总的来说，我公司的咨询服务理念和思路是：提供全维度的服务，同时坚持质量、精度和细节，不断学习和创新，始终保持诚信与公正，以此赢得建设单位的满意和信任。我们将一如既往地沿用和发扬这一理念，为建设单位提供最好的服务。

　　秉承上述服务理念，我公司在编制清单最高投标限价时按照如下流程开展工作（图3）。

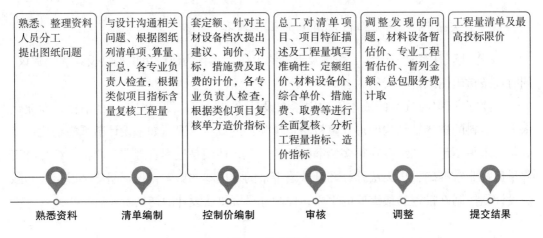

图3　编制流程

二、咨询服务的目标及措施

（一）实现良好的经济效益、确保投资在批复概算范围内

　　我公司的目标是通过详细的工程造价咨询服务，帮助建设单位实现最优的经济效益，确保投资不超概算。

　　为了实现这一目标，我公司采取了以下措施：

　　（1）对项目进行深入和全面的研究分析，准确计算工程量、对各种技术指标、经济指标做出详细的对比分析，提出优化建议，以确保工程量清单及最高投标限价的准确性。

　　（2）制订翔实科学的合约规划，以掌握和控制工程的造价动态。

　　（3）拟定科学合理的合同条款，避免出现争议条款及霸王条款。

　　（4）在编制清单的过程中，我公司对设计图纸进行检查，以确保工程设计的经济合理性，并且协助设计图纸深度达到施工要求。

　　（5）我公司积累了众多材料设备，尤其是医疗类建筑特有的设备的价格，形成了价格库（图4）。确保最高投标限价准确合理，无限贴近市场价，进而确保工程质量达到建设单位要求。

名称	规格型号	单位	数量	雅士	天加
				不含税市场价	不含税市场价
净化空调循环机组(医用) KJ-310(百级手术室)	风量10000m3/h,新风量1100m3/h,机外静压700Pa、配电功率7.5KW,电压380V,冷28KW,热26KW,电再热12KW,加湿量12kg/h,风机效率>60%,风机变频,自带设备控制电、减震等	台	1	126512	44497
净化空调循环机组(医用) KJ-311	风量4700m3/h,新风量1800m3/h,机外静压700Pa、配电功率4.0KW,电压380V,冷14KW,热20KW,电再热6KW,加湿量18kg/h,风机变频,自带设备控制电、减震等	台	1	113337	31869

名称	规格型号	单位	数量	北京华仪泰兴工程科技有限公司	北京康伟兴业医疗科技有限公司	北京联华创赛设备安装工程有限公司
				含税单价	含税单价	含税单价
油环式真空泵	Q=300m3/h,N=5.5KW(包含设备基础支架)	台	3	52000	58800	56000
医用真空罐	V=3m3,Φ=1.2m,H=3m(包含设备基础支架)	台	2	18000	16600	18600
一氧化碳浓度报警器	可就地报警也可选传至楼宇自控系统	套	1	8800	9600	11000
氧化亚氮汇流排	10瓶*10瓶,全自动切换,配远程报警器,配电加热器,带二级减压阀一用一备,整压式切换,带压力传感器,带压力显示	套	1	198000	188000	190000
氮气汇流排	5瓶*5瓶,全自动切换,配远程报警器,配电加热器,带二级减压阀一用一备,带压力传感器,带就地报警器及远传功能	套	1	188000	183000	185000
压缩空气过滤器 S级	Q=2.5m3/min,过滤精度<0.01μm,残余油份≤0.01mg/m3(包含设备基础支架)	套	2	4000	3800	4500
无油空压机(内置冷冻式干燥机、0.25m3储气罐)	Q=1.6m3/min,P=0.8MPa,N=11kW(包含设备基础支架)	台	2	156800	149800	162000
无油空压机	Q=6.5m3/min,P=0.8MPa,N=45kW(包含设备基础支架)	台	2	398000	423000	450000
气体阀门箱	三气一体	个	10	15000	15300	14800
气体阀门箱	七气一体	个	2	35000	35800	34500
气环真空泵(自带集污罐)	Q=250m3/h,N=2.2kW,P=-170mbar(包含设备基础支架)	台	2	68000	58800	63000
流量传感器		台	58	3800	3500	3200
集污罐	V=0.5m3,Φ=0.8m,H=1m(包含设备基础支架)	个	2	6000	6300	5800

序号	设备工艺名称	设备类型	型号及规格	单位	数量	备注	北京丰霍源水务科技有限公司	北京禹辉净化技术有限公司	四维阳光(蓝源)	北京凯博威给水设备有限公司
							含税单价	含税单价	含税单价	含税单价
1	机械格栅	回转式	B=500mm,栅条间隙3mm,渠宽600mm,安装角度70°,排渣高度600mm,配套供栅渣小车	台	1		155000	162750	68000	135534
2	集水池提升泵	潜污泵	Q=105m³/h,H=10m,N=5.5kW,铸铁	台	4	2用2备,含耦合、不锈钢管导轨	11800	12390	16900	14602
3	调节池搅拌机	潜水搅拌机	转速960r/min,叶轮直径320mm,N=4.0kW	台	1	含不锈钢导轨	43500	45675	27800	48456
4	调节池提升泵	干式不堵塞泵	Q=52.5m³/h,H=10m,N=3.7kW	台	4	2用2备,含耦合、不锈钢管导轨	13400	14070	13900	16311
5	水解酸化池布水装置		专有设备,非标定制	组	2		159400	167370	48000	170233
6	水解酸化池填料		专有设备,非标定制	组	2		253200	265860	243200	289825
7	水解酸化池填料支架		专有设备,非标定制	组	2		13992	14690	46700	19943
8	水解酸化池排泥系统		专有设备,非标定制	组	2		150312	157820	48000	160527
9	水解酸化池出水堰		专有设备,非标定制,含挡渣板	组	2		39432	41400	26900	58112
10	水解酸化池排泥泵	干式不堵塞泵	Q=52.5m³/h,H=10m,N=3.7kW	台	4	2用2备,含耦合、不锈钢管导轨	13400	14070	13900	16311

图4 价格库截图

（二）实现精准的时间控制

我公司的目标是从编制工程量清单及最高投标限价的角度保证项目按照既定的工期完成。

为了协助建设单位实现这一目标，我公司采取了以下措施：

（1）投入充足的人力，保证编制清单及最高投标限价如期完成。

（2）促使总包招标图纸与专业分包设计同步出图。及时地编制总包项下专业分包及建设单位单独招标工程的工程量清单及最高投标限价，尽量提早完成招标进场，促使各个分包单位与总包单位提早进行配合，避免出现各种施工组织矛盾造成的拆改拖累工期。如果总包招标完成之后很久再设计专业分包的图纸，必然对原总包图纸进行修改，产生变更，增加投资，拖延工期。如：净化区域，净化空调的专业设计团队须同步给总包的设计提资料，确保设备基础及管道的预留洞准确。一般风管开洞都是600/800的大洞，如果专业设计的位置和数量与总包图纸预留的不同，就要进行结构的复核、修改、加固，增加投资，拖延工期。同样，电气专业，专业设计团队须同步给总包的设计提供预留电量的资料，如果预留的不够，则会增加配电箱、桥架、电缆等，造成投资的增加；如果预留的偏大，会造成投资的浪费，并拖延工期。

三、针对本项目特点及难点的咨询服务实践

针对本医院工程项目的特点及存在的难点，我公司结合自身专业知识和项目经验，制订了全方位、个性化的咨询服务实践方案。

针对项目的庞大规模和复杂性，我公司制订了具有前瞻性和灵活性的造价工作计划，并采用先进的项目管理软件进行管控和实施。我公司密切关注建筑工程造价市场的行情变化，并运用我公司在量价方面的专业知识和经验，实现精细化的工程量计算和合理的工程价款调研，为项目的预算和决策提供准确的依据。

（一）配备充足、经验丰富的造价专业人员

本项目规模大、专业系统复杂，但需确保最优的成果质量，为应对上述难点，我公司配备了建筑、结构、给水排水、暖通、电气、弱电、动力、市政造价专业人员共20名，管理人员5名。

（二）全面熟悉整理资料

（1）组织项目团队所有成员完整地、全面地掌握项目情况，针对设计施工图纸，不仅仅局限于图纸的图形部分，还要包括图纸说明。由于设计图纸有把本专业需要的信息放在了其他专业图纸进行表达的情况，所以要求工程师不但要熟悉本专业内容，还要了解其他专业的基本情况，各专业工程师在一起共同交流，这样做的目的就是避免了信息的遗漏。

（2）拟定的招标文件等。

（3）有针对性地阅读技术规范，为优秀完成编制工作打好基础。

（三）抓重点控质量

为保证工程量清单和最高投标限价编制质量，我公司把握住了编制重点（图5）。

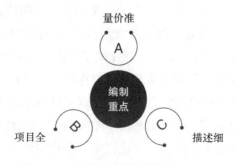

图5 编制重点

1. 工程量清单项目全面

（1）工程内容决定了该清单项的工作范围。我公司认真了解工程内容，避免了重复列项或漏项。

（2）清单的合并、拆分。根据工程情况，可以选择适当的合并或拆分，以方便结算。

（3）工作界面划分。在编制工程量清单前期，我公司组织设计单位、建设单位开专题会讨论清单范围并形成会议纪要，编制过程中严格执行。

①依据工作界面的范围编制工程量清单。

如果由于清单范围编制错误，总包单位采取了不平衡报价，建设单位需要额外支付由于不平衡报价造成的增加费用。因此，我们严格按照工作界面划分的范围编制清单，避免了因为不平衡报价给建设单位带来的损失。

②土建及安装各专业图纸中出现非本专业项目，及时与相关专业人员沟通，确定计量计价人员，避免重复或漏项。

③在出具正式的成果文件之前，需根据界面划分对清单进行复核。比对招标文件界面划分的说明，做到工作范围不丢落、不矛盾。严格与界面划分保持一致。并且依据概算文件检查清单，工作范围与概算文件一致，才能保证清单编制的范围准确。

（4）检查很重要。我公司根据列好的清单项和图纸进行对应，覆盖的实体就在图纸上挑勾，如果发现遗漏，立即查阅清单规范进行核对，将确属遗漏的部分立即进行补充。

（5）要有总结。对于清单列项，我公司在三级复核中检查出遗漏的项目，都及时进行总结，并把遗漏项目放入容易漏项的检查表中，可以大幅度提高准确率。

2. 工程量清单的特征描述做到细致准确

我公司造价人员熟悉施工工艺，将完成工序的全部步骤及参数描述完整，同时视项目具体情况决定清单描述得详细程度及描述的方式。

（1）图纸中没有体现，但在图纸编制说明中有相关内容表述，应在项目特征中予以体现。如：设计图纸中关于吊顶说明为"本工程吊顶内超过1.5m时需采取反支撑的措施，管道过多时需采取转换层等相关措施"，如果工程量清单项目特征未描述此内容，且反支撑或转换层未单独列项，但在施工过程中，确实有需设置反支撑的情况，那么施工单位会要进行索赔，增加反支撑费用。

（2）如果参照标准图集，则应清楚写出引用的图集号，并列出图集的详细内容，以方便后期核对及结算。

（3）图纸上有相应做法的，需要在清单项目特征中对该种做法的图纸出处进行说明。如：机电设备安装时需要配套的减震装置和电控箱，不同设备品牌的配置不尽相同，招标阶段不能确定具体品牌及配置时，需要在设备清单的项目特征中增加"包含配套减震装置、电控箱等安装设备所需一切配件"，使设备清单的项目特征更加全面、准确，避免后期因项目特征描述不准确而发生施工单位索赔的情况。

（4）安装专业的给水排水清单，其清单项目特点是：除管径不同外，其余全部一样。建议在最前面列一标题把清单共性描述在一起，后面再分别列项仅标注管径。这样描述的特点就是，看起来非常直观和清晰。

3. 量价准

1）清单工程量准确

（1）重要的数量复核检查：一般工程算量都由若干人分工协作，因此可以在完成算量后进行交叉检查，分别去核对对方算量中主要的工程量，如果差异较多，再进行详细核对。

（2）指标检查：工程量之间都会有一定的逻辑关系，存在一定的指数范围，可以利用这些指数范围来核对计算结果是否有偏差，如果超出范围，需要进行仔细核对。

2）价格合理准确

工程量清单计价模式下，最高投标限价在整个招投标阶段的作用不可忽视。由投标报价到评标、定标及最终合同价的确定，整个过程都处于最高投标限价的限制下。最高投标限价的重要性可想而知。确定合理的最高投标限价是整个建筑项目开展的良好开端，为最终投资不超概算奠定坚实的基础。

（1）全面准确的组价。严格按照特征描述所体现的组价原则计价，招标文件要求投标人考虑的各种因素包括风险费用，在最高投标限价中也进行了体现，避免最高投标限价与招标文件及工程量清单相脱节。

（2）正确选用材料设备价格，计算综合单价。《建设工程工程量清单计价规范》GB 50500—2013规定，最高投标限价的编制依据包括"工程造价管理机构发布的工程造价信息，工程造价信息没有发布的按市场价。"因此编制最高投标限价时材料价格应采用造价管理机构发布的指导价格。

本项目特有的系统及设备的价格，例如：精密空调、净化空调、恒温恒湿空调、防辐射区域的特殊工艺做法（防辐射电动门窗、洞口的密闭做法）、口腔综合治疗台（压缩空气、净水源、污水排放、负压抽吸、负压控制信号线、电源线等管线）、弱电系统中（信息发布及排队叫号系统、医护对讲系统、ICU探视系统、一体化数字手术室系统、室内定位及导航系统）的设备等的造价要做充分调研，慎重定价。一定要多做调查研究，并且积累多家医院的项目经验，针对各种医疗专用系统及设备价格总结形成价格库。同时进行价格的横向对比分析，确保价格符合市场行情。

（3）选用合理施工方案计算措施费用。我公司依据积累的大量施工经验及施工方案，结合本项目特点计算措施费用。措施项目费用按有关规定完整计取，避免人为漏项、缺项。在编制最高投标限价时，结合本项目特点按照正常施工条件下大致适用可行的施工方案，分别计算各项措施费用，并在最高投标限价编制说明中详细阐明。

（4）写好工程量清单及最高投标限价的编制说明。本项目的工程量清单及最高投标限价的编制说明除了明确工程概况、编制范围、编制依据外，对设计不明确，不详细的地方做重点说明。比如：设计矛盾的问题及设计不明确的问题，是如何考虑计算的。

（5）严格落实三级复核程序。工程量清单及最高投标限价的编制要经历编制、校对、审核等流程，我公司在工作过程中严格落实工程量清单及最高投标限价编制的三级复核工作。本项目三级复核程序流程表见图6。

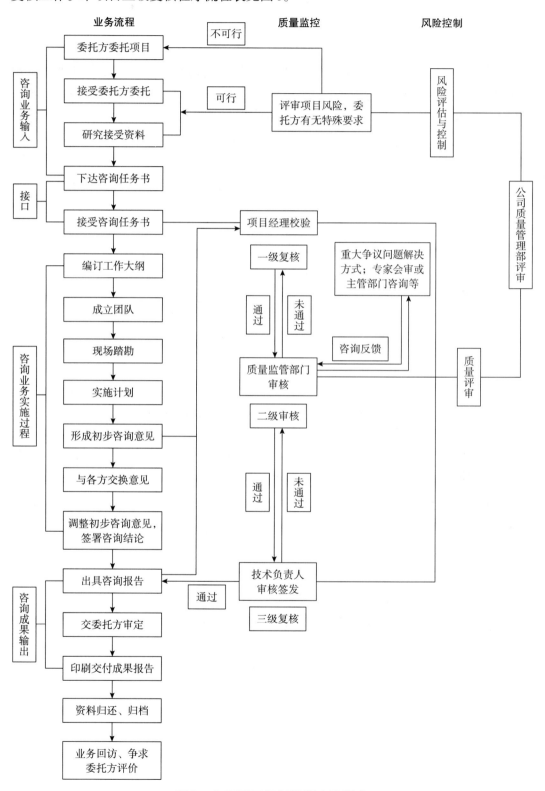

图6　本项目三级复核程序流程表

工程量清单及最高投标限价是招标文件的一个重要组成部分，是投标报价的基础，我公司编制人员熟悉、精通规范和图纸内容，认真分析项目构成和各项影响因素，提供了高质量、高水平的工程量清单及最高投标限价。

4. 根据对标资料反向推动设计优化

设计工作对工程投资是否可控起着决定性的作用。如果图纸没有进行必要的合理的优化，那么说控制投资就是空谈。分析出技术指标及经济指标与以往大数据进行对比，从而对设计进行优化，进而达到控制投资的目的。

投资控制、设计图纸、清单最高投标限价关系图见图7。

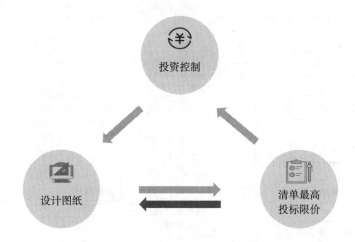

图7　投资控制、设计图纸、清单最高投标限价关系图

我公司在以往编制清单的工作过程中，积累了大量的经济及技术指标。为确保投资在批复的概算范围内，实现经济效益最大化，将本项目的指标数据与数据库的指标进行对标，从中发现可以优化的内容。向设计单位提出优化建议，从而达到控制投资的目的。

我公司对主要项目指标进行了对比优化：

1）结构优化

结构指标对比、优化见表1。

地下室混凝土一项，本项目初稿的单方含量为1.03m³/m²，对比类似项目，该项的单方含量为0.83m³/m²。并且，我公司列出差异的原因，包括板、外墙的详细参数对比情况，方便我公司内部检查质量。经过分析及复算，出现单方指标的差异并非是我公司的计算错误造成的，因此，将这种情况与设计单位和建设单位沟通，协助设计单位进行优化设计。

表 1 结构指标对比、优化

序号	名称	本项目初稿					类似项目				
		建筑面积/m²	单方含量	单位	总价/元	备注	对标项目含量	按对标项目含量调整后工程量	按对标项目含量调整后总价/元	优化金额/元	备注
1	地下室钢筋	87 077.47	140.49	kg/m²	94 588 451.68	钢筋差距主要为混凝土的差异	135.16	11 769.39t	90 998 064.55	-3 590 387.13	(1)外墙为400mm厚;(2)B3层人防板厚300、250mm,其他厚200mm;(3)B2层板厚200mm、250mm;(4)B1层板厚大部分为120mm、20%现浇部分250mm
2	地下室混凝土	87 077.47	1.03	m³/m²	74 746 617.26	(1)外墙为600、500mm厚;(2)B3层人防板厚410、250mm,其他厚210mm;(3)B2层板厚210、180mm;(4)B1层板厚60%为130mm,40%为现浇混凝土板300、180、150mm	0.83	72 274.31m³	60 206 519.81	-14 540 097.45	
3	地下室模板	87 077.47	2.61	m²/m²	21 793 568.40	模板差距主要为混凝土的差异	2.100	182 855.95m²	17 554 171.09	-4 239 397.31	
4	钢结构	132 944.71	138.52	kg/m²	168 188 781.58	(1)钢柱:本项目地下一层层高为6m,根据节点地下一层下叉1.5m,钢柱总长为7.5m,多数钢柱截面尺寸为600×600mm;(2)钢梁截面尺寸相对较大,例如H1 300×300×20×28、1 000×300×18×28、H750×300×16×28	121.56	16 160.76t	147 596 219.24	-20 592 562.34	(1)钢柱:类似项目地下一层层高为5m,根据节点地下一层下插1m,钢柱总长6m,多数钢柱截面尺寸为500×500mm;(2)钢梁截面尺寸相对较小,例如H600×250×18×26、H950×250×20×22、H750×300×300×22

2）电气专业优化

（1）配电箱优化。配电箱的成本金额超过类似项目很多，配电箱具有专业性强的特点，我公司组织专业工程师对配置情况进行对比分析，将差异概括如下：

①设计参数过高。例如，断路器采用电子脱扣单元，可优化为热磁脱扣器，节省一半的费用。

②新产品新技术。例如，智慧配电。在北京医院里没有应用，价格不透明，投资紧张的情况下建议取消。

③容量设计偏大。例如，UPS。

④可以满足技术参数的品牌不多，价格不可控。

经过我公司大量细致的工作，配电箱一项优化金额达到1 000多万元。

（2）电缆优化。原设计为燃烧A级隔离型超级阻燃ZG-A-1kV铜芯电力电缆，优化为无卤低烟B1级阻燃WDZB1-1kV铜芯电力电缆。节约投资1 900万元。电气专业对比表格见表2。

表2　电气专业对比表格

序号	名称	本项目单方含量	类似项目单方含量	优化金额/万元	备注
1	配电箱	—	—	1 040	参数过高、新产品、容量过大，后附详细介绍
2	照明灯具	0.39个/m²	0.081个/m²、0.083个/m²	3 120	高3~5倍
3	开关	0.06个/m²	0.0225个/m²、0.0417个/m²		
4	插座	0.15个/m²	0.0857个/m²、0.1345个/m²	75	比平均值高40%
5	配管	1.5915m/m²	1.2481m/m²、1.3206m/m²	265	比平均值高30%
6	电线	8.2191m/m²	3.5178m/m²、3.6020m/m²	380	高2~3倍
7	防雷接地	30.5元/m²	13元/m²、10元/m²	350	设计烦琐、规格偏大
8	电缆桥架	NFMC耐腐复合模压型（彩钢）电缆桥架、高强度晶须改性塑料防腐桥架	热浸镀锌桥架	135	新材料、价格高
9	电缆	燃烧A级隔离型超级阻燃ZG-A-1kV铜芯	无卤低烟B1级阻燃WDZB1-1kV铜芯	1 900	参数过高

3）消防专业优化

（1）喷淋管道保温优化。喷淋管道保温做法及厚度不分管道位置，按同一种较保守的做法设计。我公司建议按管道所处位置不同细化保温做法，节约投资。

（2）喷淋系统的末端试水系统优化。喷淋系统的末端试水系统原设计全部是电动末端试水阀，若将末端试水位置在人员方便操作的地方改为手动阀，仅保留部分人员不好操作的位置为电动阀，阀门单价降低、并可减少电控系统管线工程量，单方造价约减少2.3元/m²，节约造价45万元。

（3）气体灭火优化。气体灭火原设计的是管网式IG541系统（高压系统），单方造价35元/m²；优化后设计的是管网式七氟丙烷系统＋无管网七氟丙烷系统＋火探管系统（中低压），单方造价15.3元/m²，节约投资370万元。

4）外墙保温优化

幕墙的外墙保温岩棉，原设计参数为140kg/m³，优化后为100kg/m³，节约投资147万元。经过细致全面的对比分析，由我公司找出来的差异配合设计单位优化的金额达到1亿元以上，为项目节约了大量资金，为最终项目投资不超概算奠定了坚实的基础。

5. 有意识地从成本控制角度推动设计单位完善图纸

在设计单位设计招标图时，由于各种原因，会有考虑疏忽的地方，基于这种情况，我公司帮助建设单位把关，除了推动优化设计架构，还促进图纸质量的提高，尽量避免错漏碰的问题发生，以达到更好地控制投资的目的。图纸问题见图8。

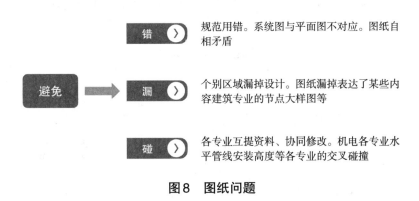

图8　图纸问题

1）错

（1）规范用错：最新国家标准《建筑与市政工程防水通用规范》GB 55030—2022要求，建筑外墙应根据工程防水等级，设置防水层。防水等级为一级的框架填充或砌体结构外墙，应设置2道及以上防水层。防水等级为二级的框架填充或砌体结构外墙，应设置1道及以上防水层。当采用2道防水时，应设置1道防水砂浆及1道防水涂料或其他防水涂料。而对于外墙防水，原来是没有设计规范要求的，仅有地下和屋面的防水规范：《地下工程防水技术规范》GB 50108—2008、《屋面工程技术规范》GB 50345—2012。如果用错规范，在图纸中会缺失外墙防水的要求，结算时会增加投资。

（2）系统图与平面图不对应、图纸自相矛盾：电缆规格和配电箱开关型号不匹配等造成算量不准确。

2）漏

图纸缺少表达的内容：节点大样图等。例如钢结构，根据经验，深化图之后随着节点的补充，工程量一定会增加，招标工程量适当取个保险系数，避免日后增加投资。问题提早暴露，有利于总包内部各专业平衡及将来各专业分包的投资决策。

3）碰

（1）各专业互提资料（图9），以电气专业和各专业的碰撞关系为例，其中电气专业要为结构专业提荷载及预留套管资料。这样结构专业才不会出现设计的基础过小，将来增加投资，也不会盲目加大基础浪费投资的情况。如果不提交预留套管资料，那么施工过程中会增加开洞的费用，增加投资。

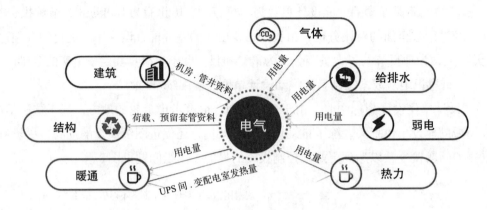

图9　互提资料

（2）机电各专业水平管线安装高度等各专业的交叉碰撞：如果不进行管道汇总，各专业的水平管线安装高度出现了矛盾，发现的不及时，会产生拆改的费用。

在我公司编制清单最高投标限价的过程中，我公司提出了大量的工作联系单。在这些联系单中（图10），针对设计错漏碰的问题，我公司提醒了设计自审自查。

设计单位重视的是规范和强审要求。而我公司是从算量的角度要求图纸必须表达出细节的做法、规格、型号。我公司在设计单位出图之前，提出我们自己编写的《图纸深度要求》（图11），让设计图纸一步到位，避免出现后补的情况，提高准确度，提高工作效率，控制投资。

图10　联系单及回复

综上所述，清单及最高投标限价编制人员必须努力提高自己的专业知识水平，严格执行清单规范及建设行政部门颁发的计价依据和有关规定，对影响造价的各种因素充分了解，注意编制中可能出现的问题，保证编制的工程量清单和最高投标限价准确、合理，使最高投标限价真正发挥其应有的积极作用。

```
                         图纸深度要求
一、土建工程
1.结构工程
（1）设计说明：明确各种混凝土构件的混凝土标号、抗渗等级及其他添加剂要求（如
   有），抗震等级、钢筋连接方式、回填土要求；钢结构各种构件的牌号、质量等级、
   防腐涂料、防火涂料要求；二次结构圈梁、过梁、构造柱等构造要求；其余结
   构细部节点要求，例如板洞、墙洞加筋、设备基础构造、混凝土板、墙中拉筋
   构造形式、基础底板封边构造要求等。
（2）平面图：
①基础底板平面图、配筋图：需明确底板的标高、厚度、配筋，各区域不一致时，
用不同图例填充标识；需提供设备基础平面布置图。
②结构梁板平面图、配筋图：需明确标高、梁规格尺寸、配筋形式、原位标注配筋；
板厚度、配筋，板配筋图中板厚与模板图保持一致。
③墙柱平面布置图：需明确地下室外墙、人防墙、普通混凝土内墙、柱的标高、
规格尺寸、配筋形式，若有柱表、墙表，表格中规格尺寸与平面布置图保持一致。
④钢结构平面图：需明确各构件标高，钢梁钢柱截面表，楼承板材料表、配筋表等。
（3）节点大样图：
……
```

图11　图纸深度要求（节选）

Ⅳ　服务实践成效

一、服务效益

通过我公司的全方位建设工程咨询服务工作，本医院项目在各方面都取得了明显的成效。

（1）在经济效益方面，我公司帮助医院有效控制了工程造价。翔实的预算计划，科学的预算控制，精细的工程量计算和合理的设计图纸优化建议等措施帮助建设单位有效管理和节约了工程资源，配合设计单位优化的金额达到1亿元。另外我公司成功调研了大量设备准确的采购价格，进一步降低了项目造价。而且由于我公司的专业造价服务，重计量的金额与合同金额的差异仅仅为0.24%，从根本上保证了结算金额可控。最终使得建设单位的投资控制在了批复概算之内，达到了既定目标。

（2）从成本角度确保了工程质量，而高质量的工程为社会带来了极高的价值。医院作为一个综合性的医疗健康服务的中心，我公司的高质量服务确保了其能够更好地为公众服务。

（3）时间效益：从编制工程量清单及最高投标限价的角度保证项目按照既定的工期完成。这不仅节省了大量的工程时间，也防止了由于工程延期造成的投资增加。

（4）高质量服务产生的社会效益：我公司的专业咨询服务，确保了建设单位在投资、质量、工期方面完成了既定目标，为日后其他同类项目提供了宝贵的可以借鉴的参

考资料，起到了很好的模范示范作用。

总的来说，我公司的服务不仅为建设单位带来了可观的经济效益，更产生了深远的社会效益，这也充分证明了我公司的专业造价咨询服务的价值和意义。

二、经验提示

根据我公司在本医院工程项目中的实践，我公司总结出以下几点经验提示：

（1）不断完善积累指标数据：要做到工程量计算准确，除了通常的大数复算、交叉计算的措施外，要拥有技术指标数据库，沉淀大量的同类型医院的技术指标，例如：强电专业线缆每平方米含量，消防专业喷淋头每平方米含量等，通过对比同类型的技术指标，保证工程量的准确性。

（2）完善更新价格库：要做到材料设备价格准确，需具备材料设备价格库。除了积累公用建筑的普通材料设备价格以外，同时积累大量的医院特有设备的价格，如净化空调、医疗气体终端设备的价格。通过横向对比，从根本上避免出现计入价格不准确的现象。

（3）造价咨询单位需要与设计单位工作联动：只凭借设计单位外加限额设计的要求是不能确保投资不超概算的。设计师关心的更多的是规范和强审，但是设计师对经济指标并不敏感。如果工程量清单及最高投标限价编制单位，仅仅按图算量，不了解钢结构的合理指标、不了解机电各专业各系统的造价的合理指标，当编制出来的最高投标限价超过概算的时候提不出来解决办法，不能及时与设计工作形成联动并提出管控建议，那就无法招标，影响项目建设。因此，需要造价咨询单位与设计单位、建设单位紧密配合、随时联动，促使项目在设计阶段起到控制投资的作用，才能真正达到控制投资的目标。

以上经验提示是我公司从本医院项目中总结而来，我公司希望能为同类项目的工程量清单及最高投标限价编制抛砖引玉，共同提升。

🖱️ 专家点评

本案例是三甲综合医院类项目，总建筑面积19.8万 m²，其中地下建筑面积8.8万 m²，设置床位1 000张。本案例项目具有专业多、专业性强、专业系统复杂，部分资料不完善，成果质量要求高并须严控投资等特点。因此导致项目工程量清单及最高投标限价编制难度大。

本案例作者针对该项目的特点、难点，秉承为建设单位提供全维度服务，坚持质量、精度和细节，保持诚信与公正的理念，制订了合理的咨询服务实践方案。为实现严控投资目标，本案例公司集公司骨干力量组建了管理团队和专业团队，管理团队与设计单位、建设单位充分高效联动，专业团队充分利用公司的数据指标库、材料设备价格库、同类项目经验，向设计单位提出了多项优化建议并配合设计单位对设计图纸进行了优化，优化金额达1亿元。为保证项目按期完成，案例团队积极促使总包招标图纸与专业分包设计同步出图。项目成果文件高质量完成，项目重计量金额与合同金额差异仅为0.24%，工程按期竣工。案例服务实践为同类项目的成果文件编制开拓了思路，案例经验具有较好的推广性，对同类项目的成果文件编制有一定的参考作用。

指导及点评专家：刘哲宏　中建一局集团安装工程有限公司

结（决）算编审成果篇

某园区建设项目工程竣工决算审核实践

编写单位：北京天宏九丰工程造价咨询有限公司
编写人员：邢文静　古　毅　冯勤男　陈淑华　白凤英

I　项目基本情况

一、项目概况

（一）项目建设背景

某园区建设项目作为"高精尖"产业中战略性新兴产业类新建项目，被列入所在城市2016年重点工程计划，是该市高技术产业经济发展的新亮点。某园区远景图，见图1。

图1　某园区远景图

（二）项目规模及内容

本项目主要建设内容包括科研区、宿舍区、中试孵化区三部分。其中科研区包括科研实验区、综合服务与学术交流区、食堂等；宿舍区主要包括满足研究生居住的宿舍楼、满足客座访问学者住宿的宿舍楼等；中试及产业孵化区主要包括中试用房、产业孵化用房及相关配套用房。

本项目用地规模44 700m²，总建筑面积107 878m²。其中地上总建筑面积80 424m²，地下总建筑面积27 454m²。结构形式为钢筋混凝土框架结构。实际工期约33个月，于2016年12月开始施工，2019年8月完成竣工验收。

（三）项目总投资及分项投资规模

本项目政府部门批复初步设计概算总投资64 255万元。其中工程费57 157.50万元，工程建设其他费5 226.85万元，预备费1 871.53万元。

北京天宏九丰工程造价咨询有限公司（以下简称我公司）受本项目所在地发展与改革委员会的委托（以下简称委托人），对某投资有限公司（以下简称建设单位）建设的本项目做工程决算审核工作。送审决算总投资为68 643.54万元，审定决算总投资为63 678.04万元，审减金额为4 965.50万元，比批复初步设计概算总投资节约金额为576.96万元。

二、项目特点及难点

（一）超概数据分析工作量大

由于本项目为房屋建设项目，而且超概金额及比例较高，导致各专业数据分析工作量大。政府部门批复初步设计概算总投资64 255万元，送审决算总投资68 643.54万元，超出概算批复金额4 388.54万元，超出比例6.83%。根据委托单位要求，需审核初步设计概算投资的执行情况，即对超投资原因进行重点分析。对超投资原因需从客观和主观两方面进行分析论证：对于受不可抗力，如物价上涨、新政策出台等因素造成的，可以归类到客观因素；对于项目新增功能、提高建设标准、扩大建设范围等因素造成的，归类到主观因素。根据实际建设内容，结合上述主、客观因素，再分析增减变化情况。据此，我公司对审定决算内容及规模与初步设计概算批复对比。审定决算内及规模与初步设计概算批复对比表（节选），见表1。

表1 审定决算内容及规模与初步设计概算批复对比表（节选）

项目			初步设计批复发改×××号	工程实际实施规模及内容	对比结果	不一致原因分析
（二）装修工程	科研楼	顶棚	（1）进、排风机房、水泵房、纯水机房、工艺冷却水机房、空压机房、动力机房、空调机房采用矿棉吸声板顶棚。 （2）前室、电梯厅、管理用房、物业管理用房、休息室、值班室、走道、茶水间、办公室、中控室、准备室、更衣室、换鞋间、电源间、海浪模拟实验室、图书室、计算中心、研究部管理室、研究室、讨论室、所（副）长室、财务室、会客室、业务用房、辅助用房、会议室、洽谈室、打印室、茶歇室、物理测试实验室、微纳生物测试实验室、蓝色能源实验室、贵金属间、剧毒药品间、废料收集间、设备仪器室、化学试验实验室采用矿棉板顶棚。 （3）地下一层汽车库采用喷超细无机纤维保温顶棚。 （4）大厅、成果展厅采用铝方板顶棚。 （5）学术会议室采用金属格栅吸声板顶棚。 （6）卫生间、保洁间采用铝条板顶棚。 （7）贵宾室采用纸面石膏板造型顶棚。 （8）首层实验区、缓冲间、设备更衣间、	（1）进、排风机房、水泵房、纯水机房、工艺冷却水机房、空压机房、动力机房、空调机房采用矿棉声板顶棚。 （2）前室、电梯厅、管理用房、物业管理用房、值班室、休息室、走道、电气值班室、茶水间、办公室、中控室、准备室、更衣室、换鞋间、废弃物间、库房、物流缓冲间、走廊（非洁净区）、电源间、办公室、更衣室、样品准备室、电气间、药品库、特殊药品库、学术活动室、图书室、研究组研究室、所长室、副所长室、微机室、会客室、秘书室、业务用房、辅助用房、会议室、洽谈室、打印室、物理实验室、微纳生物测试实验室、贵金属室、楼宇控制室、茶歇室、茶室、剧毒药品间、废料收集间、设备仪器室、化学实验室、特殊化学实验室、（生物）物理实验室、生物公共平台实验室、天平室、高温室、仪器分析室、消防控制室、库房采用矿棉板顶棚。 （3）地下一层汽车库采用喷超细无机纤维保温顶棚。 （4）大厅、成果陈列厅、休息厅走廊、电梯厅（1层）采用灰色铝方通顶棚+顶棚内部油灰色涂料。 （5）学术报告厅采用玻璃纤维吸音板顶棚+顶棚内部玻璃纤维吸音板顶棚+涂料油灰色涂料。 （6）卫生间、保洁间、生物实验室污水处理机房采用铝条板顶棚。	不一致	（1）大厅、成果展厅初设批复为铝方通顶棚+顶棚内部油灰色涂料，实际实施均为灰色铝方通顶棚+顶棚内部油灰色涂料，原因：该部位管道较多，检修维护频率高，铝方板顶棚材料使用中反复拆卸易变形。调整为对管线、设备检修更为方便的灰色铝方通顶棚+灰色涂料。 （2）学术报告厅初设批复为金属格栅式吸声板顶棚，实际采用玻璃纤维吸音板顶棚+顶棚内部玻璃灰色涂料，原因：实际实施细化方案调整为吸音效果更优的材质。 （3）海浪模拟实验室初设批复为矿棉板顶棚，实际实施为铝合金方板顶棚，原因：此房间因环境比较潮湿，实际实施调整为防潮性更优的铝合金方板顶棚+涂料顶棚。 （4）休息走廊1层公共部分、电梯厅1层公共部分初设批复为矿棉板顶棚，实际实施为灰色铝方通顶棚+顶棚，原因：该部位管道较多，检修维护频率高，铝方板顶棚材料使用中反复拆卸易变形，设备检修更为方便的灰色铝方通顶棚+灰色涂料。

673

项目			初步设计批复某复改××号	工程实际实施规模及内容	对比结果	不一致原因分析
（二）装修工程	科研楼	顶棚	缓冲区、走廊、灰区、闸间、污物通道、洁具间、洗衣间、湿法蚀刻区、清洗室、电磁表征区、暗室、光学表征区、办公室、值班室、气瓶间、库房、制备间、干法蚀刻区、光刻准备间、微纳加工工间、moved间、PLD间、材料加工间、样品储存间、备用间、库房、固体实验废弃物间、测试间、仪器测试间、加工工间、摩擦层准备间、电极准备、P3实验室、垫料饲料储存放间、接收检疫室、洁净室采用成品金属壁板顶棚。 （9）光刻间、黄光清洗区、电子束曝光间、激光直写采用成品金属壁板顶棚、下设金属穿孔板顶棚。 （10）其他房间均采用涂料顶棚，其中地下一层顶棚均设保温层	（7）贵宾室采用纸面石膏板造型顶棚。 （8）实验部分A/B区的物流通间、材料料制备间、灰区、干法蚀刻区、湿法蚀刻清洗间、moved、PLP材料加工间、微纳加工工测试间、备用间、干级走廊、样品制备、光学表征区、电磁表征区、预留电镜室、操作间、走廊、散热间、电镜室、参观走廊、一更、洁具间、二更、洗衣间、更衣间、洁具间、走廊、洁净走廊、样品准备、电极准备、摩擦层准备、加工工间、集成间、样品储存间、仪器测试间、测试间、净化光学实验室、清洗间、洁净存放、小鼠饲养室、兔子饲养室、污物廊、暂存间、综合实验室、闸间、洁净更衣、垫料饲料储存放间、接收检疫室、配液间、淋浴间、准备间、高性能实验室、万级实验室采用成品金属壁板顶棚。 （9）光刻准备区、黄光清洗区、预留百级间、光刻间、激光直写间、电子束曝光间、激光束曝光间、激光直写采用专用顶棚T-BAR+成品金属壁板顶棚。 （10）海浪模拟实验室采用铝合金方板顶棚+涂料顶棚。 （11）1层卫生间采用轻钢龙骨水泥纤维板顶棚。 （12）其他房间均采用涂料顶棚。	不一致	（5）1层卫生间初设批复为铝条板型顶棚、实际实施为轻钢龙骨水泥纤维板顶棚，原因：因此1生卫生间紧邻洁净区，为减少灰尘对洁净区域影响，调整为整体封板无缝式轻钢龙骨水泥纤维板顶棚

（二）投资审核难度高

1. 专业工程分包合同数量多且金额占比高

因本项目建设时间紧，很多专业工程在总包单位招标时设计图纸深度不够，故幕墙、防微震、纯水系统、工艺循环冷却水系统、废水处理系统、电梯、厨房通风、气体工程、燃气工程、柴油发电机组及配套设施等共21部分单项工程采用专业工程暂估价，审核时需对应不同的分包合同条款及中标清单审核每个专业工程的分包造价。专业分包合同涉及金额10 673.95万元，占工程费金额比例为16.38%。

2. 需要询价的材料设备暂估价多

总包单位招标时机电设备中的配电箱、新风机组、组合式空调机组、恒温恒湿空调、冷水机组、水泵、各类电动阀等均采用材料设备暂估单价形式，审核时需逐项询价，并需要与项目建设单位、监理单位签认的价格确认单进行对比。材料设备暂估价涉及金额约3 096万元，占工程费金额比例约为5.12%。

3. 采用较多非常规设备及新材料

本项目是和实验室相关功能的配套设施，装饰、机电工程部分采用了比较多的非常规设备、材料。如因实验产生有毒、有害气体，排风系统需设置特殊气体处理装置设备；为保障实验进行，设置了纯水系统、气体系统等；电气工程采用了新型NGA耐火电缆；暖通工程采用了高压微雾加湿等。因上述材料属新型材料，市场上并不常见，给询价工作带来很大困难。

4. 总包单位合同人、材、机调整价差的工作量大

本项目于2016年12月开工，2019年8月竣工验收，合同签订的人、材、机价差调整基期为2016年9月，依据施工期每月完成工程量按月进行人、材、机价差调整，需分建筑、装饰、给水排水、通风空调等不同专业；科研楼、中试楼等不同楼栋分别调整价差。建筑工程价差调整时间区间为2017年1月至2018年4月；装饰工程价差调整时间区间为2018年1月至2019年7月；给水排水及通风空调工程价差调整时间区间为2017年8月至2019年7月。涉及金额为1 782.47万元。

（三）建筑单体多，计量难度大

1. 建筑单体多，形式复杂

本项目为建设园区，分为科研区、宿舍区、中试孵化区；涉及科研楼、中试楼、宿舍楼、食堂、气体站等多栋不同功能建筑，科研楼主要功能又分为实验、综合服务与学术交流区，其中实验区除包含普通功能房间办公室、实验室、报告厅等，还包含特殊实验用房。如蓝色能源与环境实验室、海浪模拟实验区、设计计算中心（万级洁净区）、材料制造、加工、测试及封装区、特殊配套用房、微纳中心（微纳中心实验室含有万级净化实验区、千级实验净化区及百级实验净化区等）。由于以上功能房间的建筑大样节点繁多、装饰构造做法种类众多，为了得到准确数据，需要投入大量时间和人力进行建模工作，从而增加了建模算量的工作量。

2. 变更签证数量多

本项目总包单位合同涉及变更签证总数量为278份，其中土建装饰146份、电气工程75份、给水排水工程32份、消防工程25份。因科研楼、中试楼、食堂的装饰区域改变了设计，需分别计算此区域的施工图原做法与变更后做法的精装修工程量，并进行增减，从而加大了工作量。本项目变更签证内容共涉及投资1 898.97万元。

（四）审核时间要求短

本项目委托任务为决算评审，项目委托开始时间为2022年4月25日，合同约定审核总时间为3个月（包括收集资料、审核、与委托单位沟通核对、内部复核及整理报告）。由于项目设计较一般公建项目复杂且涉及建筑楼栋数量较多，计量工作量大，计价工作复杂，按委托要求时间完成具有一定挑战性。

（五）疫情封控影响

由于评审时间正处于新冠疫情期间，办公场所随时都有被封控的可能，人员出行也受到诸多因素的限制，造成了项目建设资料交接时间延长，审核人员不能随时查阅纸版资料，现场踏勘时间受疫情影响多次更改。出具初审结果后，相关单位无法及时面对面沟通，只能通过线上沟通，具有一定局限性，且工作效率大打折扣。

Ⅱ　咨询服务内容及组织模式

一、咨询服务内容

本项目委托内容为竣工决算审核。委托单位委托的工作内容为：

（1）重点审核项目实际完成建设内容与批复建设内容、标准的符合程度，并对出现的差异进行分析、评价。

（2）审查初步设计概算的执行情况，对工程费、二类费的实际发生额，对照取费标准、相关合同、洽商、凭证等进行审核，对超投资原因进行重点分析。

（3）对项目是否履行审批手续，是否办理竣工验收，在工程实施中招投标工作情况等结合基本建设管理相关规定、工程财务管理规定的执行情况进行审核。对代建单位、监理单位的职责履行情况进行说明。

（4）报送工程整体决算报告，要综合、全面地反映竣工项目建设成果和财务情况。

我公司对工程结算及决算的真实性、合法性、合规性、及时性、有效性、效益性进行全面审核，具体为通过对该工程立项及前期费用审核、工程招投标审核、合同审核、工程监理审核、建设项目竣工决算审核等，促进各单位加强工程审核监督，科学、合理地使用建设投资，实现加强工程造价控制的目的，真实、准确地确定工程建设各项费用，使建设工程的规范化程度、专业化管理制度更加完善，以确保工程建设资金使用的准确性、适用性、合规性，从而达到工程建设项目投资在使用工程中发挥效益最大化目的。

二、咨询服务组织模式

接到委托任务之后，根据项目特点，审核时间要求等，我公司组建了由项目负责人、项目专业审核人员、财务审核人员构成的项目决算审核组。配备的审核人员多为具有丰富造价经验的一级注册造价师，比例高达60%以上。项目组采用专业人员初步审核、项目负责人复核、专家技术咨询组总体审核、多级复核程序进行质量管理控制，确保高质量、高效率地完成服务，并明确各级审核人员的审核职责，明确分工，责任到人。本项目咨询服务组织模式见图2。

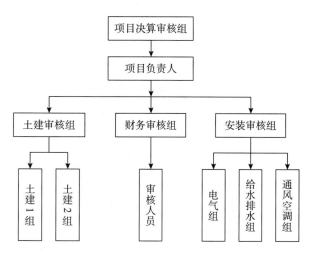

图2　本项目咨询服务组织模式

三、咨询服务工作职责

本项目决算审核工作，主要依据前期批复文件、招投标资料、相关合同、设计变更、现场签证等资料，审核组对上报的结算资料的合规性、真实性、准确性、概算执行情况、结算建设内容范围与实际实施建设内容范围及批复建设内容范围一致性等进行审核。

我公司在对本项目进行全面审核后，出具了工程决算审核报告初稿。经委托单位审核通过后，完成最终成果文件审核报告并将资料分类整理归档，至此，圆满完成了委托单位委托我公司对本项目的决算审核工作。

Ⅲ　咨询服务的运作过程

一、咨询服务的理念及思路

（一）咨询服务的理念

坚持合法、独立、客观、公正和诚实信用的原则，用专业的技术和知识，依据委托单位提出的决算审核要求及重点，为委托单位提供高质量、高效率的咨询服务，并达到节约政府建设投资的目的。

（二）咨询服务的思路

本项目委托单位要求审核时间为2022年4月25日至2022年7月20日（包含收集资料，与总包单位、建设单位沟通核对时间，与初步设计概算批复投资差异原因分析，整理报告时间），时间紧、任务重，且需克服疫情封控对本项目审核工作的影响，对项目的审核组织工作是一个很大的挑战。针对本项目的咨询特点及难点，我公司采用了以下思路开展工作。

1. 收集项目相关资料

为保障项目决算评审工作按计划开展，需尽快收集项目图纸、合同、工程结算资料及财务凭证等相关资料并进行分类整理。由于本项目涉及分包数量多，为便于查阅，便按不同专业分包对其招投标文件、合同、结算资料整体进行编号，通过编制资料目录、分类整理等方式，达到节约查询时间之目的。

2. 组建项目审核组，编制审核方案

针对本项目的复杂性、审核时间要求的紧迫性、疫情影响的不确定性及结合我公司对出具咨询成果的质量要求，为保证本项目审核的顺利进行，特别选派了经验丰富的项目经理，在本项目的审核人员配备上也特别提高了一级注册造价师及经验丰富的审核人员所占比例。

根据委托方的审核任务要求及项目专业、规模等特点，在编制审核方案时，我公司主管领导亲自参与其中，和审核组成员共同探讨，并根据专家团队意见修改后，提交了符合本项目要求的、委托单位满意的工作方案。

3. 确定审核原则

依据委托单位审核要求，在对本项目初步设计概算批复原则及范围进行细致了解的基础上，除确定工程量计算、费率计取、清单单价组价及措施费计价等工程结算审核原则，还依据本项目的初步设计概算审核报告，对是否为固定资产投资不支持内容、超批复标准内容、超概算批复金额内容进行重点审核分析。

4. 确定审核方法

我公司对本项目的决算审核工作采用全面审核方法，即在项目建设单位委托的全过程造价咨询单位出具工程结算审核报告基础上，根据施工合同及补充协议、招标投标文件、会议纪要、竣工图纸、变更签证等资料，对项目建设的工程量、单价、取费、人工材料调差等进行全面审核。

5. 审核组人员内部沟通及与外部沟通

审核过程中，项目负责人定期组织审核组人员召开沟通会，以便了解各专业审核人员工作进展情况，并与工作计划进行比对，查找问题原因及改进措施，做到及时发现、处理、消化问题。同时各专业审核人员就本项目出现的特殊情况及同一工作内容在不同专业之间重复计取等问题进行交流、沟通，确定处理原则，保证处理问题原则的一致性，为委托任务按时完成提供保障。

对于评审中遇到的问题，也随时与项目委托单位保持沟通，以便相关问题及时得到解决。

6. 踏勘现场

审核组还召集所有参与审核人员对现场进行勘验，核实实际完成建设情况是否与竣工资料一致，对重点设备进行现场盘点，包括核实参数、数量是否与竣工图纸一致等情况；对整理资料中有疑问的区域、专业、部位等进行重点勘核。

二、咨询服务的目标及措施

（一）咨询服务的目标

本项目决算审核的目标主要包括审核工程结算是否满足合同的约定；实际完成的投资额的真实性、合法性，以及检查是否存在虚列工程、套取资金、弄虚作假、高估冒算的行为；项目资金的来源、支出及结余等财务情况；建设项目审批手续是否完备、资金使用的合理合法性、合同管理（变更、执行等）是否规范、概算执行情况、内部控制、招投标等是否符合相关法律法规等。

（二）咨询服务的措施

1. 做好工作前期准备

审核组首先与委托单位进行充分沟通，通过了解项目情况，对工作内容有关要求、双方的权利、义务等有较为清楚的界定。同时了解项目情况也有利于制订适合咨询服务项目的时间计划、人员配备、审核方式、审核原则等。

做好资料的收集整理工作，如招投标文件、施工合同、施工图纸、会议纪要、图纸会审、设计变更、工程洽商、认价资料、竣工图纸等资料。接收项目相关资料后，审核组详细而认真地研究有关资料，包括项目的背景材料、国家的相关法规、项目的有关文件，以及与项目相关的其他情况资料。

2. 做好咨询服务工作组织

通过严谨的工作态度，科学合理的计划安排，优化人员配置，完善质量控制制度，多方的沟通协调等手段，按委托内容及时间要求完成委托任务，保证咨询成果的真实性、完整性、科学性。

3. 做好咨询服务的技术支持

对于造价咨询服务，技术支持是非常重要的一项工作。通过技术指导、技术培训和技术交流等技术支持工作，可以提高团队的专业水平和工作效率，同时还可以通过技术交流和经验分享，积累宝贵的经验和教训，提高咨询团队的综合能力。

4. 咨询服务的风险评估

在进行造价咨询服务时，需要对项目的风险进行评估。风险评估是为了识别和评估咨询服务过程中可能出现的风险。例如：

审核方案不合理。如果审核方案不合理，将势必引起工作方向出现偏差，将对整个审核工作造成严重的后果。

组织风险。如组织不合理，安排人员不能胜任审核工作或责任心不强，容易造成项目审核进度拖延或审核结果出现错误。

资料风险。若资料提供得不及时或不齐全，容易造成重复审核、拖延时间、可能或造成质量、审核结果偏差等风险。

工程量风险。竣工图与现场不一致，个别专业分包深化图纸绘制不规范等，容易造成工程量的误差以至影响到审核结果的偏差。

变更洽商风险。对合同条款理解不透彻、总包与分包施工分界不清，都容易造成变更洽商计价误差。

通过深入地了解项目，制订针对项目的风险清单并制定相应应对措施，规避了上述可能出现的风险对本项目的影响，也对保障咨询服务项目的时间、进度、质量起到了至关重要的作用。

5. 信息管理

信息化管理是非常重要的一项工作。信息化管理包括信息的收集、整理、分析和应用等。通过信息化管理，可以实现数据的共享和交流，提高工作的效率和质量。同时，还可以通过信息化手段，实现对项目的全面监控和管理，及时发现和解决问题。例如，在进行审核中，利用公司内部OA平台，随时将收集资料、审核进度、审核过程结果上传，对上传结果，可分层级、分权限进行访问，做到出现的问题随时追踪、随时解决。

6. 质量控制

为了保证咨询服务工作质量，建立三级复核质量保证制度。项目经理、质量控制部复核人员、技术负责人对工程造价咨询业务承办过程中所形成的业务报告书及其工作底稿的逐级复核，在工作实践中都起到了积极的作用。

三、针对本项目特点及难点的咨询服务实践

由于本项目较一般公建项目功能复杂且涉及建筑楼栋数量较多，计量工作较大，审核时间紧、任务重，加上疫情封控影响，对项目决算审核所需资料的传送及评审团队查阅纸版资料、沟通核对工作等造成很大困难；在项目总包单位招标时，专业分包、设备暂估价所占比例较高；设计图纸中也采用了新型材料设备及新工艺，加大计价工作审核难度且极易发生价格争议。针对本项目上述特点及难点，我公司在编制审核方案时，公司技术负责人、项目负责人及审核组成员经过讨论及分析，制订了以下相对全面的措施。

（一）组织管理

在审核组的人员组成上，采用老中青结合、各专业齐备，选择具有丰富的政府投资审核经验的咨询人员。安装专业审核工作分配时每个专业审核采用1至2名专业人员

负责各楼栋的计量、计价工作，节省了阅读专业相同的图纸说明、不同楼栋之间相同做法的变更或洽商内容的审核时间，且能保障审核原则的一致性。建筑装饰专业审核工作分配时采用同一专业人员负责一个楼栋的建筑及装饰专业工作审核，以便采用算量软件时可以在建筑主体模型构建完成的基础上迅速布置装饰做法，节约时间、提高效率，且能及时发现装饰与建筑专业是否存在重复计取工作内容等问题。

（二）技术支持

本公司建立有各专业专家库。针对本项目的新材料及特殊做法及工艺，充分发挥专家作用，审核过程中多次咨询相关专业专家，通过让专家把关，保障审核工作质量。

（三）软件技术应用

采用算量软件工具建模，加快计量工程量速度且为后期核对提供便捷高效的服务。

为使各专业工程师在过程中能及时应用所需资料，我公司利用了云盘存储技术的"实现跨地域的大规模存储设备的协同工作，共同对外提供服务"的特点，基本解决了在非常时期，由于不可抗力给审核工作带来由于资料过多、传输不便等给工作带来的不便，缓解了专业工程师在审核工作中的一些困扰。

由于不可抗力的影响，无法集中办公，给审核组成员之间的沟通及与委托单位、建设单位、项目参建单位的沟通都造成影响。为保障沟通顺畅，项目审核期间多次召开视频会议及时沟通解决问题。为方便资料查阅，安排相关人员把大量项目资料例如各类合同、招投标文件、变更洽商资料等扫描为电子版资料，采用网盘存储便于居家办公人员查阅使用，以保证按委托任务时间要求完成审核工作。

Ⅳ 服务实践成效

一、服务效益

通过审核组对本项目决算审核工作，帮助建设单位规范政府投资约4 965万元，也为新建此类研究所园区建设项目积累了大量工程造价数据。

二、经验启示

咨询人员只有充分理解了委托单位的要求、明确了施工界面的划分，在现场踏勘时对决算审核工程投资才能发挥至关重要的作用，同时为审核工作的顺利完成提供坚实的基础。

（一）审核人员应不断学习，熟悉造价相关法律法规等文件

本项目审核时对部分争议费用的处理，取决于对造价文件的熟悉程度，在沟通谈

判时以更有利的依据说服对方，例如：

本项目送审总包服务费181.32万元。此项费用在很多项目中常存在争议，是审核的重点之一。审核组依据《建设工程工程量清单计价规范》GB 50500—2013（以下简称"13规范"）术语中条文2.0.21"总承包服务费"之内容进行审核。条文规定"总承包人为配合协调发包人进行的工程分包、自行采购的设备、材料等进行管理、服务以及施工现场管理、竣工资料汇总整理等服务所需的费用。"且在13规范宣贯教材《2013建设工程计价计量规范辅导》中对总承包服务费进行了详细的说明，其中第1条"总承包服务费的性质是在工程建设的施工阶段实行施工总承包时，由发包人支付给总承包服务人的一笔费用。承包人进行的专业分包或劳务分包不在此列。"本项目的专业分包全部与总承包单位签订合同，即为总承包人进行的专业分包，故总包服务费应做核减处理。

本项目各专业工程共送审高层建筑增加费约400万元，经审核组核实科研楼、中试孵化楼均为地上6层，建筑高度分别为33m、30m。2012年《北京市建设工程计价依据——预算定额》中规定"定额的工效是按建筑物檐高25m以下为准编制的，超过25m的高层建筑物，另按规定计算超高施工增加费"，而13规范中对超高施工增加费描述为"单层建筑物檐口高度超过20m，多层建筑物超过6层时，可按超高部分的建筑面积计算超高施工增加费。计算层数时，地下室不计入层数。"建设单位提出科研楼、中试孵化楼的建筑高度超过20m，应依据定额规定计取超高施工增加费，审核组认为本项目是依据13规范基础上进行的招标、投标、签订合同工作，应以13规范为主要依据，科研楼、中试孵化楼建筑层数为6层，无超出6层部分建筑面积，故全部做核减处理。

（二）施工界面划分对投资产生的影响

本项目涉及总包单位及各专业分包等多家施工单位。为避免相同内容在不同施工合同中计入，项目审核之初要对合同界面做系统的梳理和登记工作，如本项目容易相互重复计取的施工界面有总包普通装修工程与专业分包精装修工程、总包单位给水排水工程及通风空调工程与专业分包洁净区域通风空调及给水工程等，在审核过程中，上述工作内容有重复计取情况。变配电室专业分包电气专业工作内容，也在总承包上报送审额中重复出现，审核组对此进行了及时纠偏。

（三）充分理解委托单位要求

因本项目是项目所在地市发改委委托的决算审核工作，其工作重点、原则与项目建设单位的需求有所区别，需要站在不同的层次对投资变化原因进行审核及分析。

审核组根据委托任务性质重点审核项目实际完成建设内容与批复建设内容、标准的符合程度，并对出现的差异进行分析、评价。审查初步设计概算的执行情况，对工程费、二类费的实际发生额，对照取费标准、相关合同、洽商、凭证等进行审核，对超投资原因进行重点分析；对项目是否履行审批手续，是否办理竣工验收，在工程实施中招投标工作情况等基本建设管理相关规定、工程财务管理规定的执行情况进行审核，并对建设单位、监理单位的职责履行情况进行说明。

在全面开展审核工作前，项目负责人安排审核人员详细阅读本项目的初步设计概算评审报告及对比明细，以便审核时与概算批复口径一致，并对未批复、不属于固定资产投资、变化较大的工作内容能及时发现并处理。

（四）现场踏勘对审核工作的重要性

资料收集后，及时组织审核组人员熟悉施工招投标资料、施工图、核对图纸会审记录、设计变更、现场签证和竣工图，了解结算包括的范围、合同结算方式等，将需要踏勘的问题、疑点一一记录下来。经项目负责人审核后，由各专业负责人带领各专业审核人员分别与建设单位、监理单位、施工单位相关专业人员到现场进行踏勘，并形成四方签字的现场踏勘记录。

审核组在踏勘现场时发现，报审决算费用中地下室通风排烟系统的通风管道刷漆工作内容，实际现场并未实施；食堂室内装饰柱竣工图标注为枫木防火板刷绿色艺术漆，实际现场为白色涂料等。审核时全部依据现场实际情况进行整改，为规范政府投资发挥了积极作用。

（五）对于工程建设其他费重点予以关注

工程建设其他费涉及内容繁多，在初审阶段把工程建设其他费按大类进行归集，熟悉相应的政策法规。对一些界定不明确的费用与建设单位多做沟通，了解费用产生的原因及与项目的关联性，剔除与项目建设内容不相关的费用。在具体审核过程中，重点关注了以下几点：严格控制建设单位管理费，不超出初步设计概算批复金额；存款利息收入要抵扣工程建设成本；勘察费、检测费等需核对工作成果文件是否与工作成果一致；是否有相关费用不属于建设期投资内容等。

（六）经验及数据与同行共享

通过本项目的决算审核工作，我公司对于实验室类型项目各专业的审核经验及基础数据有了一定的积累，为同类型项目造价咨询服务工作提供了经验及数据参考，并与同行们分享。

专家点评

该案例是典型的政府投资项目决算审核服务案例，该案例采用全面审核方法。此类服务的关注点往往集中于资金使用的合规性、预算执行情况、项目经济性和效益性、合同执行情况、项目管理和监督是否到位、风险管理等方面。在与委托单位充分沟通的基础上，从审核计划安排、组建专业团队、资料细致分类梳理，到高效应用算量技术和计价应用软件工具、多方面多渠道询价及专家库使用等方面，迅速推进审核进程，在审核过程中发现问题，找出解决问题的办法，并从中抓住重点，不漏掉超投资的关键点。同时将决算审核与初步设计概算批复规模、内容、范围及投资均做了细致的对比，较完美地达到了委托单位提出的评估要求，并对服务过程中的经验进行了梳理及总结，具备一定的决算审核咨询服务的参考价值。

同时该案例对于决算审核过程中法规和标准的遵循、与客户的沟通、定期对质量的检查、团队成员的培训等方面也进行了较好的实践，而且服务过程正值疫情防控期间，咨询服务团队并没有因此局限影响审核进程，出具了数据翔实且脉络清晰的审核报告，对咨询企业承接类似项目起到了引领示范作用。

指导及点评专家：连　欣　北京达朝科技有限公司

石双全　北京京园诚得信工程管理有限公司

某市交通枢纽道路及综合管廊建设工程结算审核咨询成果案例

编写单位：北京佳益工程咨询有限公司

编写人员：马　峰　李贵祖　毕玉启　赵重伟　卢传成

I　项目基本情况

一、项目概况

（一）项目背景

某市交通枢纽道路及综合管廊建设工程，是该市高铁站的配套设施。通过对本项目的建设，充分发挥该市外引内联的作用，做强以该市为核心城市群内的互联交通，充分实现城市功能的整合、互补和协同。同时，结合高铁站片区的城市设计和TOD（以公共交通为导向）规划，统筹布局各类城市交通设施和服务设施，综合利用城市空间资源，立体开发地下和地上空间资源，丰富和完善高铁站区域的服务能力，提升高铁站片区的服务水平与服务能级，形成具有该市特色的城站融合的新型城市副中心。

（二）项目基本信息

本项目批复概算工程费用6.5亿元。规划红线宽度35m，道路长度3 316.2m，机动车道按照双向四车道设计，机非绿化分离，非机动车道与人行道实行高差处理。标准路段横断面：中间3m中央分隔带+两侧各7.5m机动车道+两侧各2m绿化带+两侧各3.25m非机动车道+两侧各3.25m人行道。

主要建设内容包括：道路工程、管廊工程、雨污水工程、桥梁工程、照明工程、交通工程、管线综合等。

本项目结算审核开始于2021年6月，结算审核完成出具报告时间2021年12月20日。

（三）项目参建单位

建设单位：某市轨道交通集团。

勘察单位：某省地矿工程勘察院。

设计单位：某市城建集团有限公司。

施工单位：某大型国企集团有限公司。

监理单位：某市建设监理有限公司。

造价咨询单位：北京佳益工程咨询有限公司。

二、项目特点及难点

（1）建设单位前期拆迁工作不到位，增加拆除工程量，影响工程项目施工工期。红线范围内存在大量需要拆除的厂房和高压线杆，且结构形式多种多样，基础形式复杂，结算审核难度大。

（2）本项目施工范围狭长，与横穿的各类管线产生交叉，且多专业交叉作业，需增加施工保护措施，施工单位组织协调管理难度增大。多个单位工程之间存在界面交叉，交叉路口各单位工程与其他标段的界面处理、下翻段及正常段实施存在交叉，结算审核中既要防止重复核算，又要防止少算漏算，工程量核算难度很大。

（3）地质情况复杂，工程变更多，新增项目单价存在分歧。工程变更增加支护断面类型多达17种，而且地基加固、支护桩形式多样，包括：钻孔灌注桩、拉森钢板桩、水泥土搅拌桩、高压旋喷桩、水泥水玻璃双液浆基础加固，特别是新增了SMW工法桩[1]，新增单价项目多，计量计价存在分歧，大幅增加了结算审核的难度。

（4）工程项目受拆迁、地质，以及暴雨等天气情况这些实际因素的影响，工期延长，且工程变更增加了大量的型钢支护措施，租赁的钢板桩、钢支撑等型钢使用周期远大于正常工艺周期，定价时如何确定合理的租赁费用（涉及租赁费单价和租赁使用周期），是结算审核中最困难的问题之一。

II 咨询服务内容及组织模式

一、咨询服务内容

我公司咨询服务的工作内容包括：该工程项目咨询服务包括设计范围内的道路、排水、桥梁、管线综合、综合管廊、照明、交通、绿化，以及海绵城市建设等工程的结算审核，配合审计等相关服务。

二、咨询服务组织模式

我公司根据本工程项目的特点认真分析，将该工程项目结算审核工作分为三个审

---

[1] SMW工法桩（Soil Mixed Wall），又称型钢水泥土搅拌（桩）墙，即利用三轴搅拌桩钻机在原地层中切削土体，同时钻机前端低压注入水泥浆液，与切碎土体充分搅拌形成隔水性较高的水泥土柱列式挡墙，在水泥土浆液尚未硬化前插入型钢的一种地下工程施工技术。

核专业，分别为：土建部分（管廊主体）、安装部分（雨污水、照明工程）、市政部分（道路、桥梁、交通、管综、管廊支护、电力沟等）。

为保证本工程项目结算审核成果质量，我公司对结算审核报告实行三级复核制度。

结算审核项目组组织架构图见图1。

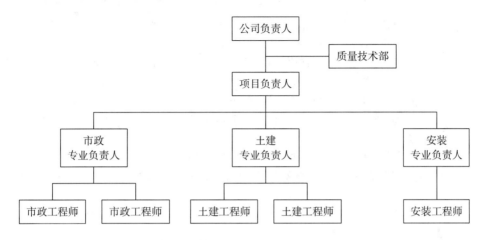

图1　结算审核项目组组织架构图

三、工作职责

我公司根据本项目结算审核的特点，对专业工程师的职责进行分工。岗位职责分工表见表1。

表1　岗位职责分工表

职务	职　责
公司（技术）负责人	（1）协助总经理管理公司事务，负责主持质量技术管理工作，并对质量技术管理的各项成果负责，审批成果文件。 （2）负责组织公司质量管理体系的建立、实施、保持和持续改进工作，组织建立、健全质量管理制度，保证公司质量管理制度体系的完整性、合法性、科学性。 （3）负责大力开发和推广应用新技术、新设备。 （4）负责组织质量技术问题分析会，定期通报各有关部门质量技术检查结果，对存在的质量问题制订纠正和预防措施并组织实施。 （5）负责质量技术工作的考核和绩效管理。 （6）审核质量技术部、项目负责人的审核职责是否切实履行。 （7）审核本项目争议问题是否得到解决和落实，是否与建设单位及相关方达成一致共识。 （8）审核成果文件格式是否规范，是否符合法律法规和合同约定
质量技术部	（1）收集的招标文件、施工图纸、勘察（测量）报告等有关资料是否齐全。 （2）工程量计算书是否完整且符合规定的质量要求。 （3）结算审核中的重大事项处理是否符合合同约定，是否符合法律法规、政策性文件要求。 （4）新增组价项目所执行的定额是否准确，选用的价目表、人工和材料价格、取费等是否符合合同约定，以及是否符合法律法规、政策性文件要求，价格水平是否在合理范围内。

职务	职 责
质量技术部	（5）复核分部工程造价指标，指标异常的分部由项目组进行复核，有错误的应予以调整，没有错误的应找到影响指标异常的原因。 （6）结算审核报告的内容是否全面、切合实际情况、相关说明的内容是否符合有关规定
项目负责人	（1）主持组织编制结算审核实施方案，对专业负责人、专业工程师进行交底。 （2）负责项目结算审核中各专业间的技术协调、组织管理、质量管理工作。 （3）负责处理咨询服务合同约定的全部事宜，熟悉建设单位合约管理规定，是否有合同约定之外的限制条款。 （4）与建设单位及其他项目参建单位沟通协调。 （5）根据结算审核实施方案，对项目组核算过程、核算成果进行监督审查，统一计算规则、技术条件，协调界面划分。 （6）协调各专业进度及发现的问题，研究解决存在的问题。 （7）综合编写项目结算审核文件的总说明、总目录，审核并按规定出具成果文件，呈报质量技术部及建设单位审核。 （8）根据审核意见，与质量技术部及建设单位沟通，形成最终成果，出具结算审核正式报告。 （9）对项目组人员进行考核
专业负责人	（1）按项目负责人的要求，组织本专业结算审核人员编制本专业结算审核实施方案。 （2）负责本专业结算审核业务的实施和质量管理工作，指导和协调专业结算审核人员的工作。 （3）动态掌握本专业结算审核业务的实施状况，对存在的问题进行研究，将解决方案向项目负责人汇报，共同商讨。 （4）负责本专业结算审核的整体工作，审核初稿向项目负责人汇报。 （5）组织编制本专业的结算审核成果文件，编写本专业的结算审核说明和目录，检查本专业的结算审核成果是否符合规定
专业工程师	（1）按本专业结算审核实施方案的要求，负责本专业工程量计算和套价，提出审核过程中发现的问题。 （2）熟悉本专业设计图纸，梳理本专业结算资料，根据需要踏勘现场，根据计量计价规则和合同约定计算工程量。 （3）依据设计图纸并对照现场实际情况对结算资料进行细致审核，发现争议及时向专业负责人汇报

Ⅲ 咨询服务的运作过程

一、咨询服务的理念及思路

我公司的服务理念是客观公正、独立守法、优质高效、严谨细致。

我公司的服务思路是按照建设单位委托合同约定，结合国家法律法规、政策性文件要求，以及行业相关规定。一是严守工程结算审核规程及相关纪律等规定要求，正确定位而不越位；二是按照结算审核实施方案和行业标准，规范化地开展结算审核工作；三是全面审核与重点审核相结合，按时保质保量完成结算审核工作。

为了能更全面地掌握本工程项目的实际情况，增强结算审核服务效率，提高审核成果质量，我公司在对该工程项目的结算工作实施阶段之初，即对工程前期资料进行收集、研究，以便对本项目有全面、深入、细致的了解。

二、咨询服务的目标及措施

（一）咨询服务的目标

根据合同约定，我公司制订了总体工作目标：保证造价咨询服务内容的合法性、公正性和科学性，在规定时间内完成结算审核，做到经审核的结算文件"查有实据、计算准确、合理有效"。

（1）服务成果与服务过程质量同时符合国家关于工程造价咨询的法律法规、规范、规程的规定，以及相关政府或国有投资项目造价咨询的政策性规定。

（2）公平公正地进行本项目结算审核工作，既为建设单位把好关，达到节约工程投资的目的，也不能无故扣减施工单位应得款项。

（3）通过对本项目的结算审核，为公司数据库增添综合管廊相关数据指标，也为今后类似工程项目的投资管理单位提供数据支持。

（4）按照建设单位要求的时间节点高质量地完成结算审核工作，为我公司在建设单位继续开拓市场奠定基础。

（5）解决拆除工作量大、横穿管线交叉、多作业交叉施工，地质情况复杂、工程变更多、工期延长等因素给该本项目结算审核工作带来的难点问题。

（二）咨询服务的措施

1. 制度保障措施

1）建立相关责任制度

在我公司常规制度的基础上，针对本项目制订《审核小组人员岗位责任制》，做好业务与专业分工，各专业设立专门负责人员，明确各专业负责人结算审核工作的进度、质量和廉洁责任，并健全责任考核制度。

（1）结算审核工作严格执行我公司《员工执业手册》的规定，《员工执业手册》对质量控制、业务管理、风险控制、操作指南，以及造价咨询程序和方法等诸方面进行了全面翔实的阐述和规定，确保执业人员规范执业。

（2）采用分层、分环节质量控制措施，关键点质量控制措施，三级复核制度对结算审核工作进行控制。

①分层质量控制措施：项目组各级别成员根据各自职责对本层次业务质量进行控制，高级别人员对下一级别层次的工作质量进行检查和督导，并及时提出改进意见，做到发现问题及时解决。

②分环节质量控制措施：对项目的不同环节采用"节节"审核法。根据每个业务

环节的质量控制内容和目标责任，对各环节的质量进行控制，对每一环节工作完成后，必须由专业负责人审核无误后再进入到下一个环节的工作。

③关键点质量控制措施：对本项目结算审核工作中和质量产生重大影响的关键点进行主要控制，既要保证本项目结算审核的整体质量，又要大幅提高结算审核的工作效率。

④三级复核制度：项目负责人作为项目组的组长，负责结算审核报告的一级审核；结算审核报告完成一级审核并改正后，由质量技术部负责二级审核；项目组与质量技术部对接完成后，报公司（技术）负责人进行三级审核，完成后呈报公司主管领导审批，出具正式结算审核报告。

2）资料交接制度

为避免资料混乱对该工程结算审核工作带来影响，我公司在接收资料时首先与建设单位对报送的资料进行登记及审核，对签章不全、事实不清及前后矛盾的变更单、签证单、联系单等资料进行退回，要求建设单位进一步完善相关手续；对符合要求的资料开展下一步的结算审核工作，避免了无效工作。

3）坚持碰头会制度

工程实施期间，各专业负责人跟踪发生的变更洽商、签证和索赔等事项，并进行指导和协调工作。

结算审核期间，项目负责人每天坚持召开结算审核碰头会，专业负责人将情况汇总并报告项目负责人，项目负责人对相似问题统一处理，专业问题集中进行磋商研究，节约了结算审核时间。

2. 工作流程措施

结算审核工作流程控制内容明细见表2。

表2　结算审核工作流程控制内容明细表

序号	流程名称	工作内容	过程文档	问题及其处理情况	操作人
1	接收资料登记	（1）接收委托资料； （2）催补漏缺资料	接收资料的清单	催补资料在规定时间内仍未补全，发退审（编）函	资料员（资料员按资料清单无法判断是否漏缺的，可由项目负责人审核）
2	下达任务单	（1）确定项目组成员； （2）在公司办公系统立项	人员任务安排表	组织项目组成员进行任务交底	部门经理
3	编制实施方案	（1）检查本工程资料完整性； （2）分析编审要点并确定工作时间； （3）下达各专业工作到参与人员； （4）召开各专业（项目）组负责人交底会，交代本项目应注意的重点、难点及应统一执行的共性部分； （5）资料不完整或编审存在疑点，发工作联系函	项目实施方案	资料不完整或资料存在疑点，发相应的工作联系函	项目负责人

序号	流程名称	工作内容	过程文档	问题及其处理情况	操作人
4	审核实施方案	（1）审核实施方案可行性； （2）审核执行或参考的依据正确性	质量问题表（或复核意见表）	若存在需要修改的问题，则流程上退回至"编制实施方案"	部门经理
5	现场勘察	对比现场与图纸是否存在差异	现场勘察记录表	若必须现场勘察却未能实施的，填写未勘察原因登记表	项目负责人及各专业负责人
6	编制工作底稿	（1）工程量计算，并将计算稿上传； （2）整理提供的各种计价依据文件； （3）专业软件套价	工程量计算稿	未用软件套价的，需说明原因	各专业工程师
7	初检	各专业负责人对工作底稿进行检查	初稿检查记录单	发现计量计价错误的由各专业工程师进行修改	专业负责人
8	核对	与施工单位进行工程量及价格的核对	核对记录表	双方将争议问题形成汇总表阶段性解决	项目负责人及专业负责人
9	争议解决	协调各单位召开交流会，对相关争议问题达成共识	会议纪要	解决与施工单位关于量价的争议	项目负责人及专业负责人
10	校正初稿	根据争议解决方案对初稿进行调整、汇总	审核报告初稿	（1）若无须校正，则跳过此流程； （2）若有再次补充资料或现场勘查，则需上传必要的文档到办公系统	专业负责人及专业工程师
11	审核初稿	审核该工程提交的初稿文档	质量问题表	若存在需要修改的问题，则流程上退回至专业负责人	项目负责人
12	质量技术部审核	审核项目负责人提交的审核文件及质量问题表	质量问题表	若存在需要修改的问题，退回至项目负责人	质量技术部
13	公司（技术）负责人审核正稿，报告签发	（1）审核该工程的审核报告； （2）审核质量技术部提交的质量问题表； （3）签发报告	三级复核表	若存在需要修改的问题，退回至质量技术部审核	公司（技术）负责人
14	发送报告登记	发送报告并要求接收单位登记	发送资料清单	接收单位无人登记签收时，发函至接收单位	负责人资料员
15	报告归档	报告及其必要的过程文档归档保存	归档审批表、归档资料	文档缺漏需写明原因	负责人档案管理员
16	归还资料登记	归还委托资料登记	归还委托资料	若委托资料无单位接收，则发函至发送单位	资料员

3. 节点控制措施

按照本项目的实施方案和特点，我公司将该工程项目的结算审核分为前期介入、

691

跟踪落实、结算启动、结算审核四个节点进行控制，从而达到整个工程项目的目标。

1）结算审核工作前置

要想高质量的圆满地完成项目结算审核，就得详细地掌握整个工程项目的实际情况。本项目签约后，我公司组织相关专业人员对建设单位的批复概算文件及相关材料、招标控制价、工程施工合同，以及施工单位的投标报价和施工组织方案进行认真分析研究，对有失公平公正和清单组价不合规的事项，列出问题清单，及时向建设单位提示，作为日后结算审核工作的关注点、难点和重点，为结算审核工作提前做好准备。

2）从前期资料入手，助力结算审核工作

通过从前期资料入手，结合施工过程资料，结算审核的难点重点逐渐展现。专业工程师通过查阅施工过程《跟踪日志（记录）》等资料，既全面掌握了较翔实的项目情况，又站在结算审核角度，收集了施工过程支撑结算审核的资料。比如，本项目型钢租赁，工程量大，属于新增组价项目，租赁时间成为结算审核工作的难点，施工过程中专业工程师通过查阅详细记录型钢使用时间情况，为结算审核时租赁时间的确定提供了有力的支撑。又如，本项目SMW工法桩，是变更增加项，且工程量大，属于当地新工艺。如何组价定价，如何确定工程量计算规则，结算审核时成为难点，也是审核的重点。专业工程师也是详细查阅了记录SMW工法桩施工过程的施工日志，并运用自己的经验和专业能力协助建设单位解决SMW工法桩计量组价与确认工作，助力了结算审核工作。再如，专业工程师发现部分横穿电力箱涵施工内容与图纸不符，便协助建设单位分析并解决问题，为结算审核工作增加了保障。

3）结算审核启动

审核启动阶段包括召开启动会、编制审核方案、明确工作分工和职责、资料梳理和熟悉、熟悉工作流程相关制度。

（1）2021年6月召开结算审核启动会，介绍项目情况、施工过程及建设单位要求，对咨询合同约定的时间要求、质量要求、奖罚条款进行交底。

（2）编制结算审核方案，明确组织架构、工作流程、工作职责、审核原则，根据进度目标要求，确定各专业核算工程量、组价定价完成节点，并预留争议处理和流程流转时间，针对本工程项目实际情况及合同要求制订针对性保障措施。

（3）项目负责人根据结算审核方案和公司人员配置情况，确定各专业负责人及专业造价工程师，根据工作量大小、专业特长、资料齐全程度进行分工，并明确各岗位工作职责。

（4）收集资料。包括项目现场技术资料及审核结算所需的政策性文件。由于本项目变更多，现场收量确认单杂乱，首先根据资料交接制度，对建设单位转呈的结算资料进行交接登记，同时对不合格的资料向建设单位说明情况，由建设单位进一步完善相关手续。同时收集与结算审核相关的其他依据性资料。如当地的工程造价信息、主管部门发布的计价调整文件等。

（5）熟悉资料。结算审核前必须熟悉施工合同、施工技术资料、经济资料。对于施工合同关注内容如下：确认结算审核范围与承包范围是否一致，有无不在承包范围，而计入结算总价的项目；确认合同是固定单价还是固定总价或是成本加酬金的形式；清楚合同价款调整的因素、方法、程序；了解变更的程序，清楚变更的计价原则。其中的重点是合同价款的调整，尤其是合同计算规则与《建设工程工程量清单计价规范》GB 50500—2013计算规则不同的地方，报价清单项目特征包含内容与《建设工程工程量清单计价规范》GB 50500—2013约定不同的地方。施工技术资料包括：施工组织设计、图纸会审、设计变更、隐蔽验收记录、施工工艺等。经济资料包括：工程洽商记录、签证确认单、材料价格询价认价单及索赔等。

（6）熟悉工作流程。

4）结算审核阶段

严格落实我公司制度，结合本工程项目制订的结算审核方案，严控审核进度和成果质量，按时保质保量完成结算审核工作。

（1）审查结算项目范围、内容与合同约定的项目范围、内容的一致性。

（2）审查工程量计算的准确性、工程量计算规则与合同约定计算规则的一致性。

项目组统一计算底稿格式，审核图纸工程量，并将报价清单中未包含的项目单独统计。招标图对应的项目列入核算工程量清单；招标图与施工图之间发生的变更项目，列入A类变更工程量清单；施工图出具后的变更项目工程量，列入B类变更工程量清单。

（3）审查新增项目组价是否符合施工合同约定及施工技术工艺要求。对于清单或定额缺项及采用新材料、新工艺的，我们根据施工过程中的合理消耗和市场价格审核结算单价。如水泥水玻璃双液浆注浆加固，报审结算组价时没有对其加固深度和水灰比参数进行换算调整，项目组结合图纸设计深度和参数确认资料进行换算调整后，核算造价约1 692.00万元，核减造价约1 204.00万元。

（4）审查变更、签证、索赔凭据的真实性、合法性、有效性，核准变更工程费用。

（5）审查人工、材料价差调整及取费是否符合合同约定，并审查取费依据的时效性、相符性。

（6）量价核对及争议解决。通过量价核对梳理出争议问题，对于本项目的特点难点解决在下文中有描述，常规的争议问题，解决思路主要从三方面着手，一是施工合同，包括招标时建设单位发出的工程量计算规则，二是图纸，三是现场的实际情况。比如：清单项目特征中明确挖淤泥包含外运，而报审结算中又重复计取淤泥弃置的费用，核减重复费用约600.00万元；项目现场土方存在平衡使用的情况，报审结算中大部分挖方均按外弃考虑，不符合项目实际情况，核减造价约260.00万元。项目组核算依据资料充分及现场实际情况熟悉的优势，解决了结算中的大部分争议。

（7）编制与结算相对应的结算审查对比表。

（8）工程结算审查初稿编制完成后，先在项目组内部按我公司要求进行复核。

（9）项目组复核无误后，报公司质量技术部，同时报建设单位，听取意见，然后进行合理调整。

（10）报公司（技术）负责人审批，出具正式结算审核报告。

三、针对本项目特点及难点的咨询服务实践

（1）红线范围内存在大量需要拆除的厂房及现状高压线杆，且结构形式多种多样，基础形式复杂，拆除任务较大，需要现场确认的拆除类工程量非常多，收量确认单74份，合计金额约700.00万元。报审结算中确认单是按照时间顺序整理，审核过程中，对桩号接近的部位需要反复查看对照其他确认单，是否存在内容重复和范围重叠。

项目组在审核过程中，将所有确认单按照桩号顺序，逐个重新进行核算，核对相同项目的项目名称、计量单位与中标清单是否一致。全部确认单整理核算完成后，按项目名称进行汇总，用道路红线总面积复核确认单核算面积，同时对有疑问确认单，与前期介入专业工程师共同商量确认，发挥其熟悉过程情况的优势。项目组通过调整确认单核算方式，将拆除工程量大、确认单复杂烦琐的问题进行了有效控制，尽可能地保证了数据核算的准确性，现场情况的客观性。

（2）工程项目施工范围狭长，与横穿的各类管线产生交叉，多个单位工程之间存在界面交叉，下翻段及正常段实施存在交叉，项目组在核算过程中发现由此引起的问题可以说是防不胜防。为了将误差降到最低，项目组采取了三种措施：

①项目组各专业工程师集中办公，随时交流和解决发现的疑问。

②专业负责人向项目负责人汇报时，不仅汇报自身认为需要重点复核的内容，而是从工程量计算、中标综合单价复核到公式链接、取费是否符合要求等等做全面汇报。

③所有参与本项目工作的各专业负责人，共同列会向项目负责人汇报工作，重点关注界面问题是否存在计算出入。比如在计算横穿电力沟工程量时，专业工程师、专业负责人均是按照图纸进行核算，而对前期资料及过程资料深入研究的专业工程师根据查阅核《跟踪日志（记录）》记载的情况，实际横穿电力沟有的因已有其他标段的预留，需连接贯通，有的没有预留，仅将电力沟箱涵做出红线外2m，与竣工图纸不同；另外横穿电力沟局部挖深达到7m，因处于道路路床范围，部分回填材料按设计采用水泥石屑，而横穿沟槽与雨污水、管廊均存在交叉。此时我公司内部进行审核工作的市政工程师及时与安装工程师沟通，避免重复计算这部分工程量。经核算，重叠部分造价约95.00万元。通过各专业工程负责人的详细汇报、各专业人员间的便捷沟通，最大限度地避免了重算漏算的问题，更好地保证了结算审核质量。

（3）由于招标图为放坡开挖，实际为桩支护开挖，而且支护断面多，支护类型多，包括通常采用的喷射混凝土、土钉、钢筋混凝土灌注桩、高压旋喷桩、水泥搅拌桩等，项目组严格依据合同文件新增单价相关条款的约定进行组价，工程量计算时，合同相关文件明确计算规则的按合同约定规则执行，未明确的按照合同要求执行《建设工程工程量清单计价规范》GB 50500—2013的相关规定。

如高压旋喷桩，项目组在熟悉建设单位计算规则时，已经注意到其计算规则"按设计图示尺寸以体积计算"与《建设工程工程量清单计价规范》GB 50500—2013的计算规则不同。施工图中有较多高压旋喷桩局部重叠进行布置，施工单位在报审结算中并

未扣除重叠部分体积，坚持按《建设工程工程量清单计价规范》GB 5050—2013执行，高压旋喷桩计算规则为"按设计图示尺寸以桩长计算"，并不扣除重叠面积。当我公司找出建设单位在招标时已经发出的计算规则，提供充分的证据后，施工单位才无奈接受扣除，扣除金额约290万元。

重新组价项目的难点之一是SMW工法桩。SMW工法桩采用三轴搅拌桩套接一孔的工艺施工，关键点在于套接的一孔是否重复计算搅拌成孔体积及掺加水泥。

首先，按照合同约定的组价条款，查找对应定额的章节说明，"水泥土搅拌墙按设计截面面积乘以设计长度以体积计算，搅拌桩成孔中重复套钻工程量已在项目考虑，不另行计算。"这里明确了套接一孔重叠体积不另行计算。其次，前期介入专业工程师提供了SMW工法桩的施工影像资料，并详细讲述其施工的过程，项目组先了解整个施工工艺，这时初步判断重叠部分的水泥是重复掺入施工的。为了得到确切的支撑依据，项目组认真学习了《型钢水泥土搅拌墙技术规程》JGJ/T 199—2010，对SMW工法桩的具体细节有了明确的掌握。JGJ/T 199—2010中规定，"型钢水泥土搅拌墙是以内插型钢作为主要受力构件，三轴水泥土搅拌桩作为截水帷幕的复合挡土截水结构。套接一孔法是指在连续的三轴水泥土搅拌桩中有一个孔是完全重叠的施工工法"。该规程中套接一孔法示意图见图2。该规程中对水泥用量有明确的说法，"水泥用量的计算：三轴水泥土搅拌桩单幅桩由3个圆形截面搭接组成。对于首开幅，单幅桩的被搅拌土体体积应为3个圆形截面面积与深度的乘积；采用套接一孔法连续施工时，后续单幅桩的被搅拌土体体积应为2个圆形截面面积与深度的乘积，圆形相互搭接的部分应重复计算。"据此SMW工法桩重叠部分计量计价得以顺利解决。

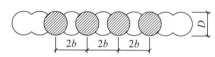

图2　套接一孔法示意图

（4）钢板桩、钢支撑、SMW工法桩中的型钢租赁费，涉及租赁费单价和确定租赁时间两个问题。调研市场价格时发现，由于当时这种类型的型钢支撑并不普遍，专业施工队伍存在垄断，一般询价很难得到真实的价格信息，为此，主要通过以下措施进行解决：

①通过以往项目合作单位资源，收集市场价格信息，得到相对准确的租赁价格。

②通过专业工程师查阅现场型钢实际使用时间的情况记录，现场有的施工段型钢使用时间与正常施工节奏基本吻合，但也存在较多沟槽已经回填，钢板桩可以拔出而未拔出的情况，或者钢板桩已经拔出，但堆积在施工场地并未运走的情况。争议点在于实际使用时间远远超过合理施工节奏时间时，实际使用时间是否都应计入租赁时间。通过进一步调研得知，当时钢板桩、钢支撑这类大型型钢租赁供不应求，应建设单位要求，为保证项目拆迁段具备施工条件后连续施工，部分周转型钢特意预留在现场。这种情况下，型钢实际租赁时间变得不可控，租赁时间变长。

③项目组调研类似项目的正常施工时间、型钢使用周期，对比本项目监理工程师、施工单位过程记录或施工（日志）记录，整理汇总出本项目合理工艺水平的租赁时间、类似项目的合理租赁时间、本项目型钢的平均租赁时间，向建设单位提出了合理建议，

最终建设单位参照我公司的建议并结合项目实际情况上会后确定了型钢使用时间。

钢板桩、钢支撑等这些与型钢租赁相关的项目，送审造价约 5 300 万元，核减造价约 1 100 万元。

Ⅳ 服务实践成效

一、服务效益

（1）合理节约建设单位投资。本项目结算送审金额 77 997.27 万元，审定金额 63 029.77 万元，核减金额 14 967.50 万元；同时将结算金额严格控制在批复概算建安工程造价（6.5 亿元）以内，合理节约投资 1 970.23 万元。

（2）急建设单位所急，化解农民工上访危机。本项目施工合同价 39 870.63 万元，实际结算价接近合同价两倍，根据施工合同约定进度款支付比例为完成产值的 85%，因工程变更增加造价多，导致未能及时支付进度款的比例较大，出现农民工多次上访，既对建设单位的形象造成不良影响，又影响建设单位的正常工作。为此，我公司项目组把握好结算审核进度，在建设单位要求的节点之前完成结算审核任务，建设单位按照结算审核金额及时顺利支付工程结算款，解决了建设单位无依据支付的困境，化解了农民工上访的危机。

（3）填补建设单位综合管廊工程造价指标。本项目实施时，该市较大规模的综合管廊项目比较少，翔实的造价指标正是建设单位急需，本项目最终审核结算金额远超出了批复概算期间预期的造价指标。本项目结算的造价指标为建设单位后续工作提供了重要的参考依据，比如，类似工程项目的招标控制价编制，以及类似项目的立项估算、初设概算的申报。

（4）通过我公司项目组的努力，本项目结算审核工作获得了建设单位的认可和好评，提升了企业形象和信誉。

二、经验启示

（1）项目实施及结算审核时，SMW 工法桩在当地属于少见的施工工艺，通过 SMW 工法桩定价过程，让我们切实感受到，施工工艺工法对造价咨询工作的重要性，只有掌握施工工艺工法，对该工艺的工程量核算和组价才能做到客观公正，因此，施工工艺工法是造价咨询专业人员务必掌握领会的基本功。

（2）本项目虽然为结算审核，但通过我公司安排专业工程师从前期资料入手，同时通过对项目施工过程中的资料进行细致、全面的查阅，从而对实际情况有了更准确的了解和掌握，为项目组结算审核工作提供了很大的便利，如型钢租赁费的确定、实际施工界面与图纸的差异解决等。因此，建设单位在项目建设中应尽可能安排造价咨询人员提前介入，特别是这种复杂的项目，更有利于投资控制和管理。

（3）结算审核中项目组对工程变更内容做了分类，将招标图与施工图之间的变化归为A类变更，这部分变更与施工过程没有关系，主要原因是图纸深度不够、建设单位需求调整、详勘与初勘有较大差别、拆迁等；施工图出具后，施工单位实施过程中的变更归为B类变更，这类变更原因主要是现场实际实施条件受到限制、地质情况与勘察差异较大等。本项目变更增加的金额，A类变更约20 246万元，B类变更约4 551万元，通过分类，使建设单位对设计深度影响造价的程度有直观的感受，为建设单位在项目竣工决算阶段对项目管理客观评价提供了依据。

（4）有效沟通是我公司项目组保证咨询成果质量的重要环节。不同专业工程间是否存在重复计量，交叉实施的项目中是否存在漏项漏量，项目负责人、专业负责人交底执行情况是否符合预期，包括成果质量的复核，与建设单位、施工单位的沟通，争议处理等，都离不开有效地沟通。通过有效沟通，项目结算审核中很多失误被消灭在萌芽中，最大限度地保证了结算审核成果质量。

👆 专家点评

本案例是某市高铁站综合交通枢纽配套建设项目，它的建成起到了城市外引内联的作用，实现了城市功能的整合、互补和协同。本案例结算审核达到了不突破批复概算的目的，为建设单位合理减少投资1 970.23万元，又为该省造价行业填补了综合管廊工程造价指标，项目结算审核工作获得了建设单位的认可和好评。

虽然北京佳益工程咨询有限公司仅对本案例所做的工程结算审核工作进行了分享，但该公司打破行业"结算仅对送审资料进行审核"的常规做法，在本案例中推行结算审核工作的关注点，提前至项目立项、可研、批复概算、招标投标及合同签订等整个造价环节的服务思路，始终围绕着结算审核这条主线，为建设单位提供了各个阶段可能出现的风险防控服务。

本案例咨询组织保障到位。北京佳益工程咨询有限公司本着为建设单位、施工单位及相关参建单位服务的思想开展结算审核工作，为建设项目制订了结算审核目标和服务宗旨，并从组织上支持、规章制度引领、经济技术等方面专家给予后台支持的方式，使得建设项目保证结算审核工作职责明确、专业划分清晰，圆满地完成了结算审核工作。

本案例咨询服务中的制度保障措施、工作流程措施、节点控制措施全面、翔实、具体，项目组在结算审核工作开展之初就针对项目批复概算等内容抓起，同时对招标控制价、投标报价、施工合同及相关文件等逐一梳理发现问题、寻找问题，编制问题清单。以问题清单为导向，针对项目特点和焦点、难点问题，提供有针对性的解决措施，协助建设单位有效化解问题清单。本案例结算审核模式，也为咨询服务行业提供了可供参考及借鉴的思路和实践方法。

指导及点评专家：陈立荣　中博信工程项目管理（北京）有限公司
　　　　　　　　石双全　北京京园诚得信工程管理有限公司

某煤炭码头EPC总承包工程竣工结算审核咨询成果案例

编写单位：中证天通（北京）工程管理咨询有限公司
编写人员：孙永学　边习彬　王　勇　王智永　肖　鹤

I　项目基本情况

一、项目概况

（一）项目建设背景

某煤炭码头一期工程是接卸转运某地区电煤的重要港口。

（二）项目建设规模及建设内容

本项目设计年吞吐量为千万吨以上，其中供某地电厂等用煤五百多万吨，铁路装车近千万吨，汽车装车百万吨，并建设若干吨级别的卸船泊位及若干个相应的堆场、工艺系统及配套设施等。工程类别为水工一类。主要工程内容包括：航道疏浚、工艺及设备、水工结构、陆域形成、地基处理、土建、供电照明、控制、通信、给水排水、消防、环保、劳动安全卫生、常规导助航和安全靠离泊检测系统等工程。

（三）项目建设投资

批复概算总投资额约23亿人民币。

（四）建设、监理及造价咨询单位

建设单位：某港口有限公司。
施工单位：央企某股份公司。
监理单位：某监理有限公司。
造价咨询单位：中证天通（北京）工程管理咨询有限公司。

（五）项目招标情况

业主单位于2011年8月完成本项目（包括勘察设计、装卸系统设备、水工建筑、地基处理等）EPC总承包工程的公开招标。中标单位为某总承包单位。

（六）本项目所获荣誉

（1）荣获2018年度某交通优质工程奖。

（2）荣获2015年度交通建设项目平安工程。

（3）荣获2014年度某省重点建设项目优胜奖。

（4）本项目的某一泊位荣获"某省优质码头"称号。

（七）项目技术创新及获得的实用新型及工法专利

1. 技术创新

在本项目施工中，由于采用逐跨整体吊装沉箱跨梁施工工艺，起吊梁段数量多，长度长、重量大，双船抬吊最大梁段重达600t。项目攻克了超大型沉箱跨梁整体吊装的双船同步性、组合式桁架吊具设计、精确调位同步顶升系统研发等大量技术难题，并通过现场实施取得验证。

适用范围：适用于施工区域广阔，水深、流速等满足大型浮吊作业，且对精度要求较高的海上大型沉箱跨梁或类似结构梁安装工程。

2. 实用新型专利

在本项目施工过程中，获得了"一种基于二级制编码的动力检修箱负载控制系统"实用新型专利。

本专利的有益效果：通过所述状态采集器采集动力维修箱内断路器合闸信息，经过所述二进制编码转换器进行数据转换后，发送至负载控制器，由负载控制器通过信号电缆控制合闸限制器，限制相应容量的断路器合闸，达到控制动力维修箱总容量的目的。

3. 工法专利

在本项目施工过程中，获得了"大型散货码头可逆皮带机调试工法"工法专利，本工法以本项目工程BQ3皮带机为依托，对可逆皮带机进行了纠偏调试研究。

适用范围：适用于所有大中型散货码头可逆带式输送机的跑偏调试。

二、项目特点及难点

（一）项目建设管理模式与合约特点

采用EPC总承包管理模式，联合体中标并签订EPC固定总价合同。

（二）项目特点与难点

1. 该项目特点

该项目是以码头工程为主的建设工程。陆域形成及疏浚、电厂专用航道改线等采用固定总价形式的EPC总承包工程合同，包括勘察设计、装卸系统设备、水工建筑、地基处理等工作内容，将项目设计、采购、施工的实施由总承包商统一运作管理，有利于发挥总承包商在设计、采购、施工技术和组织等方面进行整体优化，充分发挥总包方的积极性和创造性，促进新技术、新工艺的应用，使项目获得较高的经济效益。其中EPC项目特点如下：

（1）采用EPC固定总价合同模式，将大部分风险转移给总承包商，业主只承担较少风险，避免了更多的因设计而发生的工程变更，有利于控制工程造价。

（2）采用EPC总承包模式，总承包商处于项目管理的核心地位，责任重、风险大。对于业主来说组织管理和协调工作量小。

（3）本项目业主通过引入全过程跟踪审计及设计、监理等外部专业化队伍，对项目各阶段投资控制起到了重要的监管作用，取得了良好的投资控制效果。

2. 本项目难点

（1）本项目结算审核要求审核人员具备全面的专业知识和丰富的各类项目结算审核工作经验。

（2）本项目EPC总承包合同结算审核难点：

① 未实施应扣减项的核查。

② 如何界定合同范围外的变更签证。

③ 项目使用功能、建设规模、建设标准等变化调整的审核及费用确定。

④ 对工程范围的界限划分及增减项目的费用确定。

（3）因本项目投资额大、工期长、工艺复杂、沿海水工工程不可预见性大、采用EPC总承包模式等诸多因素，导致结算审核争议较多。

Ⅱ 咨询服务内容及组织模式

一、咨询服务内容

本项目包括勘察设计、装卸系统设备、水工建筑、地基处理、道路堆场、土建、绿化、给水排水、消防、供电、设备安装、综合办公楼、防风网等设计采购施工总承包工程。我公司受业主单位委托，对本项目进行结算审核。EPC合同金额158 582.83万元，送审金额167 177.75万元，审定金额156 214.22万元，审减金额10 963.53万元。

二、咨询服务组织模式

（1）项目组织机构图（图1）为公司在本项目中的组织模式。

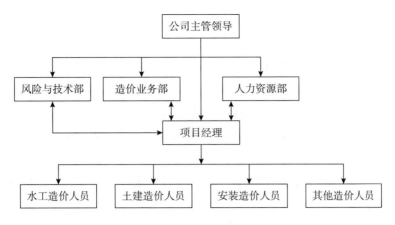

图1 项目组织机构图

（2）项目经理负责制：项目经理对整个结算审核咨询服务负责，安排并督导检查本项目各专业造价人员的工作。

（3）公司主管领导及管理部门对项目的管理模式：

①公司主管领导定期组织召开项目工作例会，牵头解决项目实施过程中遇到的项目组无力解决的问题，必要时亲自到项目现场指导工作，并对重要成果文件进行四级质量复核。

②造价业务部负责审批项目经理提交的项目总体咨询工作方案、阶段性工作计划，定期检查项目计划执行情况，对项目成果文件进行二级质量复核，负责对项目完成情况进行考核。

③风险与技术部提供技术支持，对总体咨询方案提出风险控制建议，定期检查项目实施过程中的风险控制情况，并对项目成果文件进行三级质量复核。

④人力资源部负责根据经审批的项目人员计划组织安排人员到位，并随时根据项目组人员计划调整需求进行人员调配。

（4）根据业主单位的管理要求，项目组制订了造价咨询服务工作的管理制度及工作流程，在管理制度中明确造价咨询服务工作的作用及地位。

（5）造价咨询服务形式：现场工作和公司后方工作相结合，公司给予业务上的支持和帮助，确保咨询服务工作的质量与成效，圆满完成任务。

三、咨询服务工作职责

（一）结算前期准备阶段主要工作职责

（1）踏勘现场了解和掌握建设项目基本情况，收集和整理必要的依据。

（2）根据项目具体情况确定项目负责人、配备具有相应执业资格的各专业造价审核人员，并制订相应的审计服务工作计划。

（3）提出需业主配合提供并收集的有关结算资料清单。

（二）工程竣工结算工作职责

1. 咨询项目组人员构成及职能分工

依据项目特点，按合理调配、专业齐全、重点突出的原则进行人员组织安排。我公司派出以注册造价工程师为主要力量的咨询服务人员，组成项目组。项目经理、专业负责人、专业造价人员三个执业层次展开咨询服务工作，主要职责如下：

1）项目经理

（1）接到委托任务并充分理解后，组织项目组成员召开交底会，确保项目结算审核工作有序开展。

（2）编制工作计划、实施方案报公司上级领导及委托方审批。

（3）负责对内、对外的沟通与协调。

（4）负责结算审核进度控制，及时了解、掌握工作进度情况，发生偏离时及时调整进度计划，动态掌握结算审核实施状况。

（5）负责结算审核成果文件的一级质量复核，提出复核修改意见，并就结算审核中发现的重大问题向委托方反映。

2）专业负责人

（1）负责本专业的结算审核业务实施和质量管理工作，指导和协调专业人员的工作。

（2）组织专业人员，核查资料内容、审计原则、计价依据、计算公式、软件使用等是否正确。

（3）动态掌握本专业的结算审核业务实施状况，协调并研究解决存在的问题。

（4）组织编制各专业的成果报告，编写各专业的审计说明和目录，检查成果报告是否符合规定，提出审核意见。

3）专业造价人员

（1）负责项目初审工作。

（2）负责踏勘现场。

（3）负责结算工程量和价格审核。

（4）负责设计变更、工程洽商、现场签证及索赔的审核。

（5）负责结算核对工作。

（6）根据实施方案要求，开展结算审核工作，选用正确的计算数据、计算方法、计算公式，做到内容完整、计算准确、结果真实可靠。

2. 竣工结算工作职责

（1）根据合同签订情况，针对已完成的工程，协助业主督促施工方整理相关资料，要求施工方及时编制并提供工程结算申请书。

（2）及时审核施工方提供的工程结算申请书，结合跟踪审计的情况，重点核对是否严格执行工程合同条款、设计变更及现场洽商签证是否合理、工程量计算是否准确、单价是否正确。

（3）根据初审结果在业主的参与下与施工方进行核对，根据核对情况进行相应调整，并做好审核记录。

（4）按照约定的时间向业主提供准确、真实、合法的审计报告。

（5）承担向业主提供的工程造价、结算等审计报告的相应的法律责任。

（6）相关资料存档。

Ⅲ　咨询服务的运作过程

一、咨询服务的理念及思路

（一）咨询服务理念

（1）我公司秉持的服务理念：专业、尽责、守矩、稳健、奉献、美好。

（2）以质量求生存，以信誉求发展。

（二）咨询服务思路

1. 提高造价咨询人员整体素质

工程结算审核是集工程技术及经济于一体的综合性业务工作，要求审核人员既要具备良好的职业道德修养，又要有较高的专业技能，此外还要通晓法律法规和政策，并能灵活采用适当的方法，抓住审核关键点及重要环节。

2. 注重咨询服务过程和客户沟通

结算审核咨询成果本质上是向客户传递无形的思想、理念、技术和方法，企业自身的发展也依赖于客户乃至社会的理解与认同，这些目标必须通过与客户的良好沟通得以实现。且通过与客户的有效沟通，可以把咨询单位的服务理念、工作方法、配合要求、基本原则等传达给客户，进而提高咨询服务的工作效率和客户的认可度。

3. 规范审核工作底稿制度

审核工作底稿是审核人员在审核工作进行过程中形成的对审核工作的全面记录。建立规范的审核工作底稿制度，对工作底稿的内容、格式，以及管理流程、复核机制等进行具体、明确的规定。

4. 妥善解决工程竣工结算争议问题

在工程结算审核过程中，对审核意见产生争议是比较常见的情况。由于施工合同当事人各方立场不同，存在施工单位追求利益最大化与建设单位投资管控的矛盾，通常会在结算过程中发生大量分歧。所以结算审核工作对审核人员的要求较高，简单说就是"既要讲原则，按法律法规办事，又要实事求是，做到既合法又合情理"。

处理结算争议问题要建立在充分掌握工程实际情况的基础上，并预判在争议谈判中可能产生的各种情况，对于违反法律法规、违背合同原则的主张要坚决予以否定。对确实有弹性的争议问题，在双方争执不下的情况下，可在合理范围内，综合考虑提出折中方案，使甲乙双方及早走出困境，提高结算效率。

二、咨询服务的目标及措施

（一）咨询服务目标

1. 造价控制目标

通过审核、比对、查证发现送审结算文件不符合施工合同或违反相关政策文件、现行计价取费标准及工程量计算规则的差错，以及其他人为错误。将总体造价控制目标按项目阶段、功能区域及专业分解为单元目标，只有保证实现各单元目标，才能完成总体造价控制目标，通过结算审核有效地控制工程造价，保证结算金额控制在概算范围内。

2. 时间目标

业主单位要求在2019年底完成工程竣工结算工作，尽管合同双方争议很大，结算谈判异常艰难（各方先后进行了二十几轮谈判），但在业主单位的大力支持下，于2019年12月24日最后一次工程竣工结算会议上，最终解决了所有争议问题，确定了竣工结算金额。

（二）本项目竣工结算审核主要措施

1. 竣工结算资料收集整理

工程竣工验收后，业主单位以书面方式督促施工单位在合同约定期限内编制、上报工程竣工结算书及相应的结算依据资料（纸版资料原件及电子版），以保证及时开展工程结算审核工作。

2. 召开项目启动会

及时召开项目启动会，下达项目任务书及计划工时。

3. 召开项目例会

定期召开项目例会。

4. 采用EPC合同竣工结算审核方法

依据EPC总承包合同、竣工验收单等竣工资料核实项目是否已全部施工完成，有无未施工项，有无甩项、有无洽商变更；若有未施工项、甩项，则据实扣减；若有洽商变更，着重审核洽商变更的费用是否在合同价款可调整范围内，对于在可调整范围内的洽商变更的工程量，综合单价，定额子目套用，人、材、机组价等进行详细审查。

1）项目规模及功能完成情况审核

依据招标文件技术规格书、施工图纸、总包合同及价格清单等，审核实际实施的工程内容是否满足上述文件对本项目的规模及功能要求，对未达到要求的依据合同约定进行费用核减。例如，未满足招标时技术规格书要求项，主要是指大型设备的采购项，设备的规格、型号或技术参数不能满足技术规格书的要求，依据满足程度相应进行审减。

2）合同未施工项审核

依据EPC总承包合同应由总承包单位实施，但未施工项，如与地方供电部门通信系统等未施工项，按照当地市场价或实际外委价进行审减。

3）合同增项审核

（1）EPC总承包模式下变更审核，原则上仅业主扩大规模、提高标准、改变功能、总平面布置调整及边界条件变化导致的工程变更才允许调整合同价款，非上述原因导致的设计变更不应调整合同价款，依据招标文件、总承包合同严格审查项目内容，严格区分合同内与合同外施工内容，对合同内已包含的施工内容，如发生一般性的设计变更，合同价款不予调整。

（2）业主单位变更及签证类审核：

①审核报送工程竣工结算书编制是否符合合同约定、《建设工程工程量清单计价规范》GB 50500—2008规定、现行行业或所在地建设工程预算定额及其配套文件规定、甲方要求等。

②审核结算书工程量的计算规则是否正确、工程数量是否准确、综合单价、选套单价及取费基础和费率是否正确。

③审核甲供设备、材料（如有）实际用量是否与图纸工程量及定额消耗量一致，并分析其原因，是否在结算书中按合同约定的程序和方式扣除。

④审核变更和现场签证是否存在重复计算的现象，各项金额计算程序及数量是否正确。

三、针对本项目特点及难点的咨询服务实践

（一）EPC总承包合同关于价格调整的约定

EPC总承包合同专用条款对合同价格调整约定如下：

（1）由于远期规划陆域岸线调整造成引桥、引堤长度调整，合同价款进行相应调整。

（2）本工程主要材料（钢材、水泥、地材），因价格涨跌因素引起的价差，调整办法双方另行商议。

（3）工程变更范围，仅甲方要求扩大生产规模、提高建设标准、功能调整才符合变更条件，其余一律均不视为变更。

（4）港池航道疏浚（含基槽开挖）吹填、航道炸礁、航政设施、陆域形成，系统设备，防风网等工程合同价为暂定金额，根据实际采购或分包招标情况确定结算造价。

（二）在EPC工程总承包模式下，工程结算审核服务实践经验总结

1. 工程量的审核

一般来说工程量是工程结算中影响工程造价最大的因素，但在EPC总承包模式下有所不同，由于该项目是在初步设计基础上进行的招投标，工程量清单是依据初步设计

编制的，在合同约定的工程范围内，初步设计工程量和实际实施的施工图工程量会有差异，甚至有些工程量差异还很大，但依据合同约定，只要总承包单位满足了建设单位对项目内容、规模、功能等各方面的要求及政府各相关部门对项目监管的要求，合同内容已经全部履行，中标工程量与实际实施的施工图工程量之间的差异，无论工程量增减结算都不进行调整。

2. 工程变更和现场签证的审核

依据合同条款，该项目工程变更及签证审核情况如下：

1）业主单位要求或因外界条件变化导致的工程变更，予以认可调整合同价格

（1）业主单位要求的变更增加项目及业主单位认可的提高标准的项目。例如，T26转运站改造、1#门卫室等属于超出合同范围业主要求增加的项目。

（2）一期工程为二期、三期工程预留衔接扩容的项目。例如，110kV·A降压站、前方候工楼、T24转运站等。

（3）项目红线外业主单位增加的项目。例如，红线外道路、市政供水连接管道等。

（4）港口岸线规划调整及功能区划调整引起的变更。例如，引桥引堤变更工程、110kV·A降压站地基处理等。

（5）铁路装车区平面调整引起的变更。例如，火车装车楼位置变化引起的廊道增加工程。

（6）边界条件变化引起的变更。例如，一期工程南区开山后护坡工程。

（7）业主单位要求新增加的，且初步设计中没有包含的工程等。例如，项目南侧排水沟工程等。

2）总承包单位自行修正、完善设计发生的设计变更

总承包单位自行修正、完善设计发生的设计变更与业主单位变更要区别对待，审核时应注意加以区分，如果是属于是总承包单位自我修正、完善、自我缺陷的修复，是为了满足招标文件及合同要求的需要而对设计进行修改完善，这种变更均不予调整合同价款。例如，引桥防撞设施、标识标牌等。

3）现场签证

业主单位签字盖章认可的现场签证，经现场核实后予以确认。

4）总承包单位提交的业主单位签字认可的变更

此类变更最多，也最为普遍。主要依据合同条款和业主单位的规章制度，审核变更事项的真实性、变更签字审批程序的合规性、是否按制度规定权限进行分级审批，以及是否符合合同条款约定。做到每份变更都必须到现场实际查看，对有疑问的工程量进行三方共同测量（业主单位或委托的监理单位、总承包单位及造价咨询单位）。例如：

（1）业主单位签字认可的新增加供水加压泵站工程，主要变更增加原因是码头前沿及部分转运站顶部供水不足，有时无法供水。我公司审核后认为依据合同条款，总承包单位应满足生产正常供水，这是生产上最基本的需求，也是总承包单位的基本责任，经与业主单位沟通对新增加加压泵站调增合同价款不予认可。

（2）业主单位签字认可的办公生活区增加护坡工程，主要变更增加原因是业主提

升办公生活区地基标高，从8.50m提高到11m，需增加护坡。经审核后确认标高8.50m以上部分的护坡应增加费用，标高8.50m以下护坡属于原合同范围内工程内容，不应增加费用。总承包单位以业主单位已确认为由，坚持要求增加全部护坡的费用，我公司通过查看现场、对初设图纸与施工图纸进行对比分析、模拟图形算量等手段据理力争，最终几方一致同意按我公司意见执行。

（3）业主单位签字认可的降压站院内地面工程量增加，增加原因是降压站院内地面除绿化部分外其他全部地面硬化厚度变更为300mm，但我公司通过对地面硬化实际厚度进行现场抽查，发现根本达不到设计变更要求。之后我公司邀请业主单位、施工总承包单位共同对现场取点进行挖掘测量，实测平均厚度不足150mm，根据实测结果据实进行结算调整。

3. 合同范围内未实施工程的审核

合同范围内未实施工程是EPC总承包项目结算审核的重点，对工程造价影响最大，必须引起高度关注。自分部分项工程乃至单位工程，逐项依据招标文件技术规格书要求、合同约定工程范围、报价清单等对施工图纸、竣工验收资料及项目现场进行查对核实。

例如，未实施的单位工程有2#食堂等，2#食堂工程造价审减234.30万元。

4. 设备交接验收的审核

（1）非安装设备的交接验收审核：对因业主单位要求取消的非安装设备，结算时根据实际情况进行费用扣减。例如，业主单位取消的设备70T汽车吊、40T平板车等。

（2）对需安装设备的实际采购安装数量比合同数量少的结算时进行扣减。例如，二次招标设备皮带机合同工程量13 445.16m，实际到货工程量13 101.86m，长度减少343.30m，造价调减399.23万元。

5. 暂定价（需二次招标）设备的审核

合同专用条款13.7.2条约定部分系统设备为暂定价，合同甲、乙双方进行二次联合招标。依据二次联合招标的中标价据实进行结算调整。

（1）皮带机系统（含附属设备和罩壳），合同暂定价15 635.37万元，二次招标中标价（交钥匙价，26条皮带机中标价）15 288万元，调减347.37万元。

（2）装载机12台，合同暂定价1 560万元，二次招标中标价924万元，调减636万元等。

6. 对二次招标设备包含的设备安装工程范围与原合同清单范围存在重复情况进行审核

分析二次招标设备工程范围及中标价格的构成，并与原来的清单报价明细相比对，找出重复计价部分，将重复计价部分审减。

例如，皮带机及附属设施系统设备，原来的清单报价中皮带机的安装费为1 195.48万元，予以审减。

7. EPC合同范围内业主另行委托其他施工单位实施工程的审核

依据EPC合同应由总承包单位实施而实际其未实施，业主单位另行委托其他施工单位实施的工程，根据给其他施工单位结算审定的造价从EPC总包结算中扣除。虽总承包单位对此有较大异议，经过艰难的谈判最终达成一致意见。

例如，引桥防撞设施及标识标牌等。

8. 材料价差审核

对材料价格深入市场调查，尤其是信息价没有而又大量使用的材料，组织业主单位、总承包单位共同进行询价，询比价不得少于三家。例如，本项目材料价差施工单位上报2 000万元，审定金额307.95万元，审减金额1 692.05万元。

9. 工期延期审核

合同工期：开工日期2011年10月16日，竣工验收日期2013年12月30日。实际竣工验收通过时间2016年9月15日。

合同双方在最后一次结算会议上协商后明确，工程延误是多种因素造成的，主要是客观原因，双方商定"互不索赔"。

10. 技术创新、实用新型及工法专利对工程结算的影响

本项目是在初步设计基础上进行的工程招标，合同模式采用EPC总承包模式，总承包单位处于项目管理的核心地位。在合同价格相对固定、不降低质量标准、不缺失基本功能，能满足建设单位对项目工程范围、建设规模、建设标准、设备规格参数及工艺性能、运行生产能力等各方面的需求及政府各相关部门对项目监管的要求下，促使总承包单位在施工图设计阶段狠下功夫，对项目设计进行深度优化，并对施工工艺不断进行技术创新，应用新技术、新工艺，提高施工效率，提高船机利用率，以达到降本增效的目的。例如，沉箱跨梁从起吊至落钩耗时从原来的6~8h降至3h，生产效率提高了一倍以上，船机利用率也得到了很大的提高，节省了人力、物力，降低了工程施工成本。总承包单位采用新技术、新工艺提高效率、降低成本，达到了预期的盈利目标，也为本项目竣工结算阶段的总体造价控制创造了有利条件。

总承包单位在项目实施过程中积极进行技术创新，并努力为本建设项目获得国家级奖项2项、省级奖项2项，高标准完成了本项目的工程建设，降低了缺陷导致的维修频率，提高了港口运营生产效率，降低了本项目全寿命周期的项目运营及工程维护成本，保证了项目的长远利益。

IV 服务实践成效

一、服务效益

（一）社会效益

本项目建设对某地区的电力保障具有重要意义，取得了良好的社会效益。作为竣工结算审核单位，我公司的精细化、专业化服务也为本项目的顺利竣工投产并达成投资控制目标做出了一份贡献。

（二）经济效益

工程竣工结算时，我公司充分利用掌握的现场实际情况和积累结算资料的优势，在工程竣工结算审核和结算分歧谈判中处于主导地位，真正做到了符合事实、有理有据，使工程造价得到有效控制，在工期延误的情况下，本项目实际决算总投资215 047.33万元，相比概算总投资230 893.37万元，为业主单位节约投资15 846.04万元。

（三）业主评价

业主单位对我公司工程竣工结算审核的工作成效、规范性及公平公正性给予了很高评价，为我公司赢得了良好的市场信誉。

二、经验启示

对于EPC总承包合同模式下工程竣工结算的经验启示总结如下：

（1）我公司通过深入工程现场掌握施工情况，记录与工程竣工结算有关的施工过程，尤其是隐蔽工程，对实际与施工图存在差异及其他问题进行记录取证，完全掌握第一手资料，为工程竣工结算审核打下坚实的基础。

（2）认真研究、分析与工程竣工结算有关的工程资料，从细微处着手，分析、总结报送工程结算书与工程现场实际情况、结算依据资料的差异，利用自身的工作经验及专业知识进行甄别，从而高效、高质量地完成了结算审核。

（3）对于EPC合同结算审核，应重点了解招标文件、投标文件、总承包合同及技术协议书中的质量标准、功能及达标达产的要求，通过审核发现未达到上述要求或因业主原因及边界条件变化发生的工程变更调整，对合同价款做相应的调整。

（4）在工程竣工结算过程中做好业主单位的专业顾问角色，多与业主单位沟通交流，在相关法规、专业技术方面给予大力支持，为项目竣工结算顺利高效推进发挥作用。

（5）工程结算审核不仅要审核工程量、价格、工程实施范围等，EPC总承包工程结算审核还应对工程设计、工程质量、工期、技术服务、员工培训等方面进行履约性审核，对于未能全面履约，给业主造成经济损失的，应在结算时进行费用扣减。

专家点评

本案例是码头工程建设项目的竣工结算审核，项目采取EPC工程总承包。

中证天通（北京）工程管理咨询有限公司咨询团队把如何解决竣工结算审核阶段出现的焦点争议问题，通过本案例向读者做出了很好的经验分享。

（1）在组织模式上，构建了三级审核全过程精细化管理的工作概念。项目组结算审核过程中驻扎工程现场，现场工作和公司后方工作相结合，公司给予业务上的支持和帮助，确保工作目标最优实现。

（2）在结算审核过程中，项目组深度介入工程现场，灵活运用工作方法，抓住审核关键点及重要环节，尤其注重咨询服务过程与业主单位、EPC单位、分包单位和监理单位等深度沟通，快速准确地了解各方需求，本着"既要讲原则，按法律法规办事，又要实事求是，做到既合法又合情理"的思想，妥善解决工程结算争议问题，提升了工作质量与效率。

（3）案例中提出的竣工结算审核主要措施、咨询服务实践总结、对于EPC总承包合同模式下工程竣工结算的经验启示等也都值得相关从业人员借鉴和参考。

指导及点评专家：崔文云　北京城建安装集团有限公司
　　　　　　　　石双全　北京京园诚得信工程管理有限公司

综合类成果篇

基于核算单元理念的成本核算体系在企业经营中的作用

编写单位：北京政平建设集团有限公司
编写人员：杨春利

I　政平成本核算体系引入的必要性

一、建筑企业经营现状及分析

（一）经营数据

企业经营数据模糊，管理者无法通过数据直观看到企业实际经营状况，以至于影响决策。

（二）工作导向

以规章制度或部门职能为工作导向，而不是以人、以效益为导向。

（三）绩效评估

公司考核指标完成情况很好，却完不成效益目标。"苦劳"大于"功劳"，奖金没少发，员工却总抱怨，没有公平的衡量标准。

（四）目标制订

企业目标制订不合理，制订时，各部门讨价还价，经营目标制订好后，部门之间又存在管理冲突，导致难以落地。

（五）成本控制

市场环境波动大，成本持续增长，企业领导关心经营却找不到成本控制点，找不到责任人。

（六）政策环境

随着建筑行业的政策和标准不断变化，建筑企业需要及时了解和适应相关政策，同时在政府采购和招投标等方面要面对激烈竞争。

（七）人力资源

建筑行业对于高素质、专业化的人才需求较高，建筑企业需要加强人才培养和引进，提高员工的技术水平和管理能力。

（八）市场竞争

建筑行业竞争激烈，市场低价竞标，企业面临来自国有企业、外资企业，以及其他企业的竞争压力。企业需要不断提高自身的竞争力，包括技术创新、质量管理、成本控制等方面。

（九）资金压力

建筑项目通常需要大量的资金投入，而企业在融资方面相对困难。企业需要积极寻找融资渠道，包括银行贷款、股权融资、项目合作等方式，以确保项目的顺利进行。

（十）环境保护和可持续发展

随着社会对环境保护和可持续发展的要求越来越高，建筑企业需要关注环境影响和资源利用的可持续性，积极采用绿色建筑技术和可再生能源等。

尽管面临一些挑战，但建筑企业也有很多机遇。例如，城市化进程的推进、基础设施建设的需求增加、乡村振兴战略的实施等，这些都为建筑企业提供了广阔的市场空间和发展机会。此外，成本核算体系的改进和管理理念的提升也为企业提供了提高效率和降低成本的可能性，实现向管理要效益。

二、政平成本核算体系概况

2019年12月政平集团基于阿米巴管理理念，开始引入政平成本核算体系，旨在通过政平成本核算体系，完善企业的经营管理办法，实现成本控制和效益提升的目标，促进企业的可持续发展。具体措施包括实行开放式会计核算和目标管理、精益生产和持续改进、建立奖励机制和重视员工培训、加强成本控制和成本分析、建立绩效评估体系、建立信息共享平台等。

Ⅱ 政平成本核算体系目标

政平成本核算体系是一种以效益为中心的管理方法，旨在激励和激发企业内部各个部门或项目团队的创造力和积极性，以实现整体经营目标。对于建筑企业来说，政平成本核算体系通过内部市场化实现目标传导，目标制订自上而下：集团公司→管理中心→事业部/部门→项目→个人；通过企业文化、规章制度及激励，目标完成自下而上：个人→项目→事业部/部门→管理中心→集团公司，从而可以帮助企业实现以下目标：

一、效益最大化

政平成本核算体系通过将企业划分为小型利润中心，使每个利润中心的负责人成为"小老板"，他们有权决策并承担利润和损失的责任。这种分权的管理方式可以激励员工积极工作，提高效率，从而实现整体利润最大化的目标。

二、利于成本控制

政平成本核算体系强调每个利润中心的自负盈亏，每个利润中心都需要自行负责成本控制。鼓励各个利润中心的负责人精打细算，寻找成本节约的机会，并通过内部结算的方式进行成本分摊，从而提高企业整体的成本控制能力。

三、方便绩效评估

政平成本核算体系通过设立明确的利润中心目标和绩效评估指标，可以对每个利润中心的绩效进行评估和奖惩。这可以激发员工的工作动力，促使他们努力实现目标，并为企业的长期发展做出贡献。

四、加强内部合作与协同

政平成本核算体系鼓励不同利润中心之间的合作与协同。每个利润中心都有自己的专业领域和核心竞争力，通过合作共享资源和经验，可以实现优势互补，提高整体的竞争力和效益。

综上所述，建筑企业通过实施政平成本核算体系，可以实现利润最大化、成本控制、绩效评估和内部合作，从而提高企业的竞争力和盈利能力。

III 政平成本核算体系经营策略

一、划分经营小组

认清各自在企业经营中的价值；促使员工思维向老板思维转变；只有精打细算才能产生高效益；实现全员真正参与企业的经营。不同企业、不同部门的经营会计报表如何构建才能反映经营能力？这是一个重要课题。

（一）小单元划分原则

按照不同的职能组织进行划分，比如组织的规模、业务类型、发展阶段和管理需求等方面来考虑划分，可以实现职能专业化、协同合作。

（二）组织核心能力

在市场竞争激烈的环境下，任何企业包括建筑行业，建立时必须具备用户导向、创新、高效三个组织核心能力。

（三）相互关系作用

是指不同部门、团队和个体之间的互动和合作关系。这些关系对于一个企业的运作和绩效至关重要。

（1）协同合作：不同部门和团队之间的协同合作是组织机构的核心。通过有效地沟通和协作，各部门能够共同追求组织的目标，避免冲突和重复工作，提高工作效率和质量。

（2）信息共享：组织机构中的各个部门和个体需要相互分享信息和知识。信息共享可以促进跨部门的合作和决策的准确性，避免信息孤岛和信息不对称的问题。

（3）互相支持：在组织机构中，不同部门和个体之间需要相互支持和帮助。通过提供资源、知识和技能的支持，可以增强组织的整体能力，解决问题和应对挑战。

（4）决策和权责明确：组织机构的相互关系应该建立清晰的决策和权责分配机制。决策和权责明确可以避免决策的模糊性和责任的不清晰，提高组织的决策效率和执行力。

（5）绩效评估和激励：组织机构的相互关系应该与绩效评估和激励机制相结合。通过对个体和团队的绩效进行评估，并提供相应的激励措施，可以激发其积极性和创造力，推动组织的发展和创新。

二、实行开放式会计核算和目标管理

建立政平成本核算体系，将企业划分为若干个核算单元，每个核算单元设立自己的利润中心，实行开放式会计和目标管理，让每个核算单元成为一个小型企业，实现自主经营和自负盈亏。

（一）经营会计报表分析的意义

核算单元的分权模式与经营会计是相互作用的，会计是量化赋权的工具。经营者的个人能力是有限的，企业越大就越需要分权。因此，首先要将经营的权利给予各个核算单元，使其在遵守整体目标和发展方向的前提下，享有相对自由的经营决策权，并实行独立核算。这种情况下核算单元作为独立的盈利单位，会担负起提高收益、降低成本的责任。这就需要通过核算单元经营会计报表分析掌握各核算单元的实际运行情况，实现权利和责任的高度统一。

日本著名实业家稻盛和夫曾经说过，在他担任京瓷社长的时候，不论是在公司还是出差，一有时间就会查看经营会计报表，通过报表掌握企业经营的实际状况。每个核算单元领导也可以从报表上知晓经营状况及下个月的行动计划。因此，要想真正发挥出经营会计的作用，必须认真分析研究会计报表每一个数据背后的问题，而不仅仅是发挥其简单的数据统计功能。

经营会计报表分析也是稻盛和夫先生理念及自己的经营经验总结和完善的一个会计体系，有别于常规经营分析，划分为四级科目。经营会计报表模板，见表1。

这样划分更加系统详细，且简单易懂，各项成本的组成一目了然，使每个员工都能清楚收入、成本数据的情况，也方便后续横向对比分析预警等功能的实现。实行核算单元经营的目的是"让所有员工都参与企业经营"。经营，不只是经营者的责任，每个员工也需要管理好自己的收支，相互协助、集思广益，争取做到节约成本降低费用的同时，努力提高收入，对利润负责。核算单元经营会计报表可以很好地实现这个功能。

（二）核算单元经营会计报表分析的作用

核算单元经营会计报表可以贯穿事前计划、事中控制、事后分析。

（1）事前计划：计划比实际更重要。核算单元经营会计报表除了记录经营的各种数据，还会以附加价值作为衡量标准，要求在每个月的月初为每个数据的达成制订一个计划。计划的制订是在现有资源和条件的基础上进行，即预计如何利用现有资源来开展业务，要达到什么样的目标，计划水平的高低是企业经营管理水平高低的直接体现。

（2）事中控制：在实际经营的过程中，时刻将现场数据同计划进行对比。在此种情况下，经营者得以与经营现场直接关联，一旦某项数据偏离计划，就需要迅速找出问题的差距所在，并分析原因。若是计划制订不当，要及时调整计划，若是执行计划不到位，就要加强执行力度，严格贯彻。

（3）事后分析：用核算单元经营会计报表来评价各个核算单元完成计划的情况，针对各核算单元的评价结果，分别提出相应的措施。在保证公平竞争的前提下，经营成果好的核算单元可以在整个企业推广其经营经验，经营成果较差的核算单元需要加强学习、吸取教训，全力以赴提高经营成果。

表 1　经营会计报表模版

三级科目

一级科目	编号	二级科目	项目名称	合同金额	开工—2019年底			上期末累计完成金额			2020.12月完成金额			本月末累计完成金额			开工至本月末累计完成金额			合同内完成占合同比例	累计完成占合同同比例
					合同内	合同外	小计	合同内	合同外	小计	合同内	合同外	小计	合同内	合同外	小计	合同内	合同外	小计		
营业收入	1	对外收入	直接收入																		
	2		……																		
	3		税金																		
	4		小计																		
	5		进项税																		
	6		合计																		
	7	对内收入	人员借调																		
	8		……																		
	9		合计																		
	10	对内支付	人员借调																		
	11		……																		
	12		合计																		
		净销售额																			
变动费用	13	人工费	专业分包																		
	14		……																		
	15	材料费	主材消耗																		
	16		……																		
	17	机械费	设备租赁费																		
	18		……																		

三级科目

一级科目	编号	二级科目	项目名称	合同金额	开工—2019年底			上期末累计完成金额			2020.12月完成金额			本月末累计完成金额			开工至本月末累计完成金额			合同内完成占合同比例	累计完成占合合同同比例
					合同内	合同外	小计	合同内	合同外	小计	合同内	合同外	小计	合同内	合同外	小计	合同内	合同外	小计		
变动费用	19	销项税	销项税																		
	20	间接费用	项目拓展费																		
	21		……																		
		变动费用合计																			
固定费用	22	工资及福利	人员工资																		
		总公司成本中心	……																		
	23	固定费用合计																			
	24	经营利润																			
四级科目	25	投入人数																			
	26	人均月贡献额																			
	27	人均产值																			

三、内部市场化

没有内部交易，各小单元就无法实现独立核算；摸清市场运行规律，模拟市场交易方式来组织内部生产经营活动交易，真正让各部门感受市场压力的传递，员工真正参与企业经营、感受企业经营，充分挖掘各部门潜力，增强集团公司活力，在提高市场运作效率的同时，提高企业的整体经济效益。

市场是平等和诚信的平台，集团公司也是遵循合约与定价原则的组合，最终目的是通过内部交易实现利益共同体。例如，集团公司各部门提取一定比例的项目收益作为部门运营资金，自负盈亏，员工收入来源于项目收益与部门结余，共同实现以自身作为经营载体，全体成员本着节约成本的理念，并且全身心投入到项目经营中去，实现全员经营。

（一）内部市场化的优势

有利于增强全员的经营意识，使集团公司全面进入市场参与竞争。

责权利落实到每个员工身上，使得员工收入高低与自己主管项目的效益、回款等联系起来，破除平均主义，实现多劳多得、少劳少得、不劳不得，成就员工，最终实现员工、集团公司共赢。

管理者也要参与竞争，形成干部职工能上能下的格局，让更多的行政管理人员向生产一线转移。市场化经营，灵活性大，吸引力强，行政管理人员焦点转向生产第一线，才能更好地关注项目、服务于项目，做好后勤保障，使项目管理人员全身心投入到项目经营中去，个人收入上不封顶，下不保底，最大限度地挖掘人、材、物的潜力，实现项目和集团公司利益最大化。

实现内部市场化管理，各部门能自觉地把生产经营过程中所发生的各类费用变为自己的费用，从而把单纯的行政管理变为职工的自我管理。各部门的工资收入均与节余挂钩，这就激励职工注意节支降耗，努力减少费用支出，使生产成本不断降低。

实现内部市场化管理后，集团公司内部的各种资源都可以通过价格引导而合理流动，各部门按照生产需要和利润最大化原则优化劳动组织，人多了调动到其他需要的部门或者自行下岗分流，人少了合理招聘员工，上岗、下岗由需求来确定，员工得以自然流动。

全员经营可以让集团公司自动化运转，将企业领导从繁重的日常事务管理中解脱出来，集中精力考虑事关企业全局的战略性问题。

（二）内部市场化的意义

推行内部市场，从实质上能够促使集团公司不断改进和加强内部管理，达到提高经济效益的目的。未实行内部市场前，由于靠行政命令干预的多，生产经营常常表现出压力传递不均，内部缺乏动力，一些单位自我求生存、求发展的意识比较淡薄。同时，由于责权利统一不够，造成管理中制约不严，有丢失浪费的现象。而内部市场化后，由于各生产、经营单位的地位变了，责权利与过去不同了，真正形成了等价交换，运用经济杠杆来调整和规范单位的经济往来关系，从而进一步调动了各部门和广大职工加强内部管理、堵塞漏洞、挖掘潜力、提高经济效益的积极性。

推行内部市场，决定了企业必须经受大市场的考验，主动参与市场的竞争。如果不加强内部管理，不提高效率，不节约成本，将会在市场中失去竞争力，难以生存。企业要生存、要发展，有效的办法就是引入市场机制。否则，对外是市场经济，对内依然沿用过去的管理模式，那样企业迟早就会垮下来。因此，推行内部市场，对集团公司的发展有着重要意义。

四、加强数字化升级与提升分析能力

加强数字化升级与提升分析能力便于企业与项目提高成本控制和成本分析的精准度，实现精细化管理，降低成本支出，提高企业的盈利能力。

（一）收入维度

效益靠过程经营，过程经营又分为一次经营、二次经营、三次经营。

1. 一次经营、二次经营、三次经营的概念

一次经营就是企业为了获取工程项目所发生的一切经营行为。它的最终目的是在固化的条件下获取合同。

二次经营就是指甲乙双方履行合同时所发生的一切经营行为。它的最终目的是在合同履行过程中通过降本增效获取最好的管理效益。

三次经营就是指在项目完工后，售后服务、竣工结算、审计和清欠过程所发生的一切行经营行为。

2. 如何做好一次经营、二次经营、三次经营

目前，土木工程建筑市场日益规范，施工企业面临激烈的竞争，只有充分重视、统筹规划好项目的多次经营工作，才能脱颖而出，才能发展和壮大。

一次经营。企业投标人员在投标前需要充分了解项目信息，做好现场踏勘和成本预测工作，以投标为核心，处理好投标和二次经营的关系，做好投标报价。投标报价是一次经营的关键，实质是将工程量清单的综合单价分别作为工期时间和分项工程数量的函数，即在报价时经过分析，有意识地预先对时间参数与验工计价的收入款项做出对承包商有利的分配，从而使承包商尽早收回款项并增加流动资金。

报价主要分成两方面的工作，一方面是早收钱，另一方面是多收钱。"早收钱"的实质是利用资金的时间价值，在投标报价时把工程量清单里先完成的工程量的单价，在合理的范围内适当调高；后完成的工程量的单价，在合理的范围内适当调低。尽管后边的单价利润较低或者可能亏损，但由于在履行合同的前期早已收回了成本，减少了内部管理的资金占用，有利于施工资金的周转，财务应变能力也得到提高，因此只要能保证

整个项目最终能够盈利就可以。

二次经营。为项目能够实现盈利提供了一种新的途径，在保证工程安全与质量的前提下，通过缩短工期、降低成本，有效地进行合同、风险与信息等控制，对自身组织与施工行为的优化管理，适当协调对外对内的关系，为项目带来增值，实现项目效益的最大化。具体做法有：

（1）合同的理解与把握：合同包括业主合同与分包合同，是甲乙双方相互间行使权利与义务的依据，项目部成员要明确和理解合同的意图、管理要点及合同的执行计划，熟悉自己权利的界限、义务的范围、工作的程序和法律后果，摆正自己在合同中的地位，这样可以有效地防止由于权利、义务的界限不清引起内部责任争议和外部合同责任争议的发生，提高合同管理的效率。

（2）质量与安全的控制："工欲善其事，必先利其器"，质量与安全是完成项目经营的保证。很多承包商的安全管理只注重形式，不知有多少项目因安全质量问题而整改停工，增加了项目成本，降低了利润。故集团公司人人讲安全质量，严格按照质量安全相关规定进行施工作业，定期和不定期安排巡检，坚决保证安全、高质量完成施工任务。

（3）劳动力管理：施工过程中要想提高工作的动力，就需要管理者能够把握好每道工序的内容，合理安排劳动力的配置，可将一些工序简单、容易计量的工作进行承包，实行多劳多得、少劳少得、不劳不得的分配机制，以及行之有效的激励机制。

三次经营。三次经营的目标是结算，根据合同的约定及履约过程中积累的凭据，实现企业结算利益最大化。在这个阶段我们必须关注几个要点：一是结算的时间商定，合同条款和建设部都有规定，通常在一定的期限内商定完成最终结算；二是结算资料清单，要留意是否能及时提供结算资料清单；三是落实结算最终决定权，防止多轮审计。俗话说三分干，七分算，一定程度上反映了结算工作和结算人员素养的重要性，在三次经营阶段，也是结算工作的重要阶段，是决定结算成败的关键。结算策划要先行，结算策划要从合同签约阶段开头，变更签证时效、限价材料审批等需在合同中一一明确。进场收到图纸后，要尽快进行图纸内部会审，结合各类做法，综合分析清单报价和现场施工条件后，从设计入手，变更和修改一些做法，优化设计。施工阶段要职责明确，分系统、分部门、定时间落实责任。结算阶段要讲策略，分析业主的目标成本、及早锁定自身成本及效益，结合应收账款情形，判定结算完成时间和成效取舍。

结算目标要明确客观，结算资料报出前，要先确定工程自身成本。依据目前已经发生成本，估计尚需发生成本，包括财务费用、维修成本、后续现场经费等，同时要尽量把握业主的目标成本，综合分析之后，确定结算目标，同时一并制订结算完成时间，这就需要与工程的收款情形结合，假如应收账款过多，而业主资金面很好，那就应当考虑以收款为主，结算时间就要提前。

结算过程要抓大放小，求同存异。总之，竣工结算是一个系统工程，贯穿工程始终、策划先行、重视过程、讲究策略，方可成就预期效益。

（二）变动成本维度、固定成本维度、利润维度

成本控制要进行"三算"对比。对比内容包括工、料、机的耗费、临建费、管理人员费用等成本，通过实际成本收入、预算收入与项目工地的目标支出成本相比较，目标支出成本低于预算收入的那部分成本耗费，直接纳入项目部目标计划利润，项目部以项目目标成本为目标组织施工，完工后实际发生的成本与目标成本的差额算作项目部的利润，归项目部自己支配，按照相应比例分配给项目各负责人作为奖励。这样能调动大家的积极性，全员参与到节约成本中去，以使项目利润达到最大化。

（三）人效维度

企业管理的核心就在于有效的人才管理。只有充分激发了企业人才潜能，才能有高价值的创新和效果，实现利润最大化，帮助企业达成战略目标。

提高企业的人效，首先要做的是盘点企业的核心业务和核心人才，重新树立岗位职责，对企业有价值的是哪些人要搞清楚。具体来说，就是分析岗位的工作量，干活的是谁、不干活的是谁，把人理清，清退不作为的员工。其次，整理工作清单，聚焦专业岗位，通过技术手段提高工作效率，比如钉钉，OA协同办公等。对于核心岗位任务，公司的目标，薪酬成本，人均产值等指标清楚合理。再次，需要优化薪酬激励的机制，把员工分级分类，根据业绩、专业水平、能力、价值观等进行综合评估。凡是抱着消极态度的、价值观有问题的员工坚决淘汰，有潜力的员工提供培训支持，同时在市场上招聘有能力的新员工。解聘问题员工招聘新人，一方面为提高企业的运营效率输送"新鲜血液"，另一方面可以增强老员工的危机意识，在企业内部形成良性竞争的氛围。

（四）现金管理

企业现金管理的目的，首先是获得最大的现金收益，其次是保证日常生产经营业务的现金需求。

"现金为王"一直以来都被视为企业资金管理的中心理念。现金流量管理水平往往是决定企业存亡的关键所在。市场竞争日益激烈，企业面临的生存环境复杂多变，通过提升企业现金流的管理水平，才能控制运营风险，提升企业整体资金的利用效率，从而不断加快企业自身的发展。

企业为了生存、发展、扩大需要购买原材料、支付工资、购买固定资产、对外投资、偿还债务等，这些经营活动都会导致企业现金流的流出。如果企业没有足够的现金流来面对这些业务的支出，其结果是可想而知的。从企业整体发展来看，现金流比利润更为重要，它贯穿于企业的每个环节。在现实生活中我们可以看到，有些企业虽然账面盈利颇丰，却因为现金流量不充沛而倒闭；有的企业虽然长期处于亏损当中，但其却可以依赖着自身拥有的现金流得以长期生存。企业的持续性发展经营，靠的不是高利润，而是良好、充足的现金流。

规划现金流主要是通过运用现金预算的手段，并结合企业以往的经验，来确定一个

合理的现金预算额度和最佳现金持有量。如果企业能够精确的预测现金流,就可以保证充足的流动性。企业的现金流预测至关重要,通常期限越长,预测的准确性就越差。同时企业的现金流预测还可以根据现金的流入和流出两方面,来推断一个合理的现金存量。

目前政平集团每月初需对本月所有资金的使用进行规划,规划内的资金经审批后可以正常支出,未在规划内的则需评判是否有必要支出。资金规划制度,很好地预测了资金的未来使用情况,便于财务人员管理控制现金流量。

五、精益生产和持续改进

企业应通过实施精益生产和持续改进,优化生产流程,降低生产成本,提高生产效率。以下是一些具体的方法和措施:

(一)价值流分析

通过对生产流程进行价值流分析,识别出价值增加和浪费的环节,找到改进的重点和机会。

(二)流程改进

基于价值流分析的结果,对生产流程进行改进。可以通过减少浪费、优化布局、设立标准化工作流程等来提高生产效率。

(三)持续改进

建立持续改进的文化和机制,鼓励员工提出改进意见和参与改进活动。可以采用工具如PDCA循环(计划、执行、检查、处理)的方式不断优化生产流程和工作方法。

(四)质量管理

注重质量管理,通过提高工程质量,减少返工率,降低生产成本。可以采用工具如质量控制图、过程能力分析等来监控和改进质量。

(五)培训与技能提升

提供员工培训和技能提升机会,使其具备更高的生产技能和管理能力。这有助于提高员工的工作效率和质量水平,进而提高生产效率。

(六)供应链优化

与供应商建立紧密的合作关系,优化供应链管理。通过减少库存、提高物料供应的及时性和准确性,降低采购成本和生产周期。

通过以上方法和措施,落地建筑企业可以实现生产流程的优化,降低生产成本,提高生产效率,从而提升企业的竞争力和盈利能力。

六、建立奖励机制和重视员工培训

建立奖励机制，激发员工积极性，提高企业的整体绩效。重视员工培训，提高员工素质，提升企业的核心竞争力。

（一）奖励机制

建立一个公平、可持续性的奖励机制可以激发员工的积极性和创造力。这可以包括以下几个方面：

（1）绩效奖励：根据员工的绩效表现，给予相应的奖励，如年终奖金、提成、分红激励等。这可以将员工的努力成果与奖励相匹配，公正公平地回报他们的工作表现。

（2）职业发展机会：为员工提供晋升和发展的机会，让他们看到未来的发展前景。这可以激励员工不断学习和提升自己，为企业的长期发展做出贡献。

（3）公平竞争机制：建立公平的竞争机制，通过竞赛、评比等方式，激发员工之间的良性竞争，吸引和留住优秀人才，推动企业的持续发展和壮大。

（二）员工培训

员工是企业最重要的资产，提高员工素质可以提升企业的核心竞争力。以下是一些员工培训的方法和建议：

（1）技术培训：根据员工的工作岗位和需求，提供相关的技术培训，帮助他们掌握必要的技能和知识。这可以提高员工的工作能力，增强他们的自信心。

（2）领导力培训：培养员工的领导能力和管理技巧，帮助他们更好地承担责任和管理团队。这可以提高企业的管理水平和执行力。

（3）激励培训：培训员工激励他们的方法和技巧，帮助他们更好地激发自己和团队的积极性。这可以提高员工的工作动力和团队合作能力。

（4）持续学习机制：建立一个鼓励员工持续学习和自我提升的机制，如提供学习资源、组织内部培训等。这可以帮助员工不断更新知识和技能，适应快速变化的市场环境。

通过建立奖励机制和重视员工培训，企业可以激励员工的积极性，提高整体绩效，并提升企业的核心竞争力。

七、建立信息共享平台

建立信息共享平台，实现企业内部信息的共享，提高企业的整体协同能力。

目前政平集团的信息流为：项目工长每月25日统计项目完成情况→报至经营部的商务经理处审核确认产值→事业部经理审批→招采部审批→审计部审批→经营副总审批→财务部。

为此，我集团公司基于这套体系单独开发了ERP内部管理软件，作为企业内部的网络系统、云平台、协同办公工具，具有良好的安全性、可扩展性和易用性。ERP内部管理流程图，见图1。

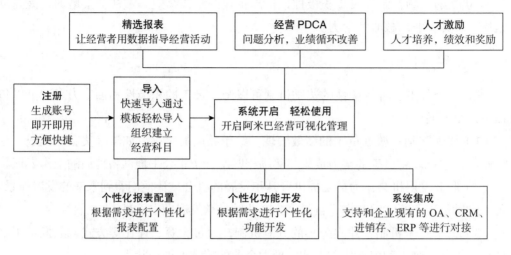

图1　ERP内部管理流程图

（1）内容分类和组织：将企业内部的信息按照不同的分类和部门进行组织和管理，确保信息的结构化和易查找。例如，可以按照项目、部门、任务等进行分类，方便员工快速找到需要的信息。

（2）权限管理：设置不同层级的权限，确保信息只对需要的人可见，并保护敏感信息的安全。例如，高层管理人员可以访问更多的信息，而普通员工只能访问与其工作相关的信息。

（3）信息推送和通知：通过平台实现即时的信息推送和通知功能，确保员工及时获取重要信息。可以通过邮件、短信、应用通知等方式实现。

（4）互动和讨论功能：提供互动和讨论功能，让员工可以在平台上进行交流和讨论。有助于促进团队合作和知识共享，提高协同能力。

（5）培训和支持：为员工提供必要的培训和支持，确保他们能够正确使用信息共享平台。可以包括培训课程、用户手册、在线支持等。

通过建立核算单元管理软件信息共享平台，企业可以打破信息孤岛，促进内部沟通和协同，提高企业的整体协同能力和工作效率。同时，还可以促进知识共享和创新，推动企业的持续改进和发展。

Ⅳ　政平集团成本核算体系已经取得的成果

政平集团成本核算体系已经取得以下成果：

（1）研发政平ERP内部管理软件，实现信息化、数据化。

（2）培养经营型人才，一专多能，形成全员经营，员工积极性提高，员工收入大幅提高。

（3）独立核算与内部交易，打破部门墙，实现利益共同体。

（4）组织化小单元，化解授权风险，让实战者做决策。

（5）通过业绩持续的循环改善，实现精益化管理。

（6）基层服务意识增强，客户满意度显著提升。

（7）企业整体绩效得到提升：成本支出降低5%以上；生产效率提高10%以上；经营利润增加3%以上。

（8）企业的市场核心竞争力显著提升。

专家点评

本文主要介绍了北京政平建设集团有限公司内部的成本核算体系。文章开篇分析阐述了当下建筑行业发展现状及大部分建筑施工企业经营中或多或少存在的主要问题、面临的挑战、建筑行业的发展机遇等。

文中重点介绍了北京政平建设集团为了解决生产经营中的问题，基于国外先进的管理理念，引入政平成本核算体系。政平成本核算体系是一种以效益为中心的管理方法，旨在激励和激发企业内部各个部门或项目团队的创造力和积极性，以实现整体经营目标，即建筑企业通过实施成本核算体系，完善企业的经营管理办法，实现成本控制和效益提升的目标，促进企业的可持续发展，可以实现利润最大化、成本控制、绩效评估和内部合作，从而提高企业的竞争力和盈利能力。文中详细阐述了政平成本核算体系采取的具体措施，包括实行开放式会计核算和目标管理、精益生产和持续改进、建立奖励机制和重视员工培训、加强成本控制和成本分析、建立绩效评估体系、建立信息共享平台等。

文章最后阐述了政平核算体系已经取得的成果。实践证明，政平成本核算体系在政平集团的应用非常成功，它在保证企业正常运营的基础上，带给员工更大的利益，同时提高了企业的整体绩效，进而帮助企业获得更大的竞争优势。政平成本核算体系理念不仅仅可以应用于施工企业的内部成本管理，亦可应用于其他企业的经营管理。

指导及点评专家：吴巧云　中瑞华建工程项目管理（北京）有限公司

从风险评价的角度，助力投资决策咨询成果案例

编写单位：北京金和通工程咨询有限公司

编写人员：田华伟　邢雪霞　郝胜涛　马卓伟　李守华

I　项目基本情况

一、项目概况

北京金和通工程咨询有限公司（以下称"金和通"）受某外资公司（以下称"委托人"）委托，对其欲承租的坐落于某市建设项目（以下称"该项目"）进行工程技术经济分析调查工作。

该项目位于某市的经济开发区，占地面积33 831.3m²，总建筑面积为8 225.85m²；共有三栋单体建筑，分别为中试车间（地上2层，1 222.6m²）、生产车间1和辅助车间（地上1层，4 284m²）、生产车间2（地上1层，2 719.25m²）。

金和通工作团队于2020年6月17日前往某市的该项目进行了现场调查复核，制作了现场踏勘部分照片纪录表（表1）。通过对项目前期资料的梳理和现场数据的采集，对项目现场情况（结构、建筑及装饰、机电）进行技术分析（以结构描述为例，表2），同时也对该项目中存在的风险进行评估、定级（表3），并提出专业的意见与建议，最终形成《某市该项目技术尽职调查报告》，为委托方后续项目实施提供可借鉴的精准专业调查文件。

表1　现场踏勘部分照片纪录表（部分）

序号 No.	照片记录 Photo Record	备注 Notes
1.1		位置：2号楼桁车（1跨3台，1台5t和2台10t，共2跨） Location: Building No. 2 truss car (1 span 3 units, 15t and 210t, a total of 2 spans)

表2 现场情况技术分析（结构描述）表

楼栋/楼层 Building/Floor	功能 Function	现有状态 Existing state
中试车间/1层 Pilot workshop/Floor 1	办公区（未使用） Office area (unused)	钢筋混凝土框架结构，桩承台基础，基础墙采用页岩砖，M7.5水泥砂浆砌筑；地上梁、板、柱设计混凝土强度等级为C30；结构状态整体良好 Reinforced concrete frame structure, pile cap foundation, foundation wall made of shale brick, M7.5 cement mortar; ground beam, slab, and column design concrete strength grade is C30; overall structural condition is good
中试车间/2层 Pilot workshop/Floor 2	办公区 Office area	
生产车间1 Production workshop1/Floor1	生产车间 Production workshop	钢结构，排架基础，基础墙采用页岩砖，M10水泥砂浆砌筑；地上梁、柱均为钢结构；结构状态整体良好 Steel structure, bent foundation, the foundation wall is made of shale bricks, M10 cement mortar; the ground beams and columns are steel structures; the overall structure is in good condition
生产车间2 Production workshop2/Floor1	生产车间 Production workshop	
辅助车间 Auxiliary workshop/Floor 1	休息室、更衣室 Lounge, dressing room	砖混结构，条形基础，基础墙采用页岩砖，M10水泥砂浆砌筑；地上墙体采用M7.5混合砂浆砌筑；结构状态整体良好 Brick-concrete structure, strip foundation, foundation wall is made of shale brick and M10 cement mortar; the above-ground wall is made of M7.5 mixed mortar; the structure is in good overall condition

表3 风险评估、定级表

风险等级	定级标准
高 High	非常重大的风险，将会从根本上影响到投资者的投资目标，如：违反现行建筑条例的问题或对公共安全有直接危害。建议立即进行整改 Extraordinary significant risks will fundamentally affect investors' investment objectives, such as violation of existing building regulations or direct harm to public safety. It is suggested that rectification is supposed to be carried out immediately
中 Medium	对投资者的利益产生影响或需要被注意到的风险，如：违反现行建筑条例的问题，但对公众安全没有任何直接的危险；或者，一个可能会影响运营的风险或问题。建议在下一个维护期改进 Risks that affect the interests of investors or need should be noticed, such as problems that violate existing building regulations, but posing no any direct risk to public safety, or risk or problem that may affect operations. It is suggested to improve in the next maintenance period
低 Low	不会对投资或运营产生过多影响的问题，但是需要在投资过程中被注意到 There is not too much impact on investment or operation, but it needs to be noticed in the process of investment

二、项目特点及难点

（一）项目特点

（1）技术专业度高。尽职调查报告的委托人为外资企业，报告中的专业术语需符合国际规范，且名词互译需精准，需具备较高水准的工程技术、经济综合能力和语言能力方可胜任此项工作。

（2）报告体例创新。本尽职调查报告基于委托人提供的项目档案资料及现场勘察的实际情况形成，主要内容包括资产概述、现场参观/考察、整体性建议、风险概述、证照材料整理分析、现场情况技术分析、现场照片等章节，异于常规咨询成果的报告方式和体例。

（3）评价结论独特。该报告利用风险等级对目标资产进行风险评估，并针对风险等级提出防控方向，对后期投资提出专业意见与建议（如：提供风险的防控程序及风险的防控办法）。针对项目具体状况将风险定义为：高、中、低三个等级，此形式在常规工程咨询案例中较为少见，结论独特。可依据委托人实际能力、具体偏好及对不同风险的敏感程度，将存在的具体风险内容逐项进行分析比对，结合委托人自身能力和特点做出相应等级的风险评价，提供具有实操性的整体解决方案或预警信息。为委托人在恰当的时间，采用恰当的方式，组织资源解决矛盾，处理风险问题，提供准确的依据和借鉴，充分发挥尽职调查在投资控制管理中的重大意义。

（4）服务内容新颖。该项目为委托人提供现场调查、证照整理、风险评估、技术分析等方面的专业技术顾问服务。有别于传统的工程造价咨询服务围绕"工程量和价格"开展工作，从技术专业性向项目综合性转变，标志着造价咨询工作由"专业控制"向"整体策划"的全面跃升，从而改变了造价咨询服务企业只能提供造价服务的传统理念，使造价咨询行业的服务范围扩大，市场潜力变得巨大。更反映造价咨询企业在新形势下，高质量供给、引领新需求的理念创新，对造价咨询业务创新是有益的探索。

（二）项目难点

在咨询服务中，关键的工作环节扮演着至关重要的角色，同时也是项目获得成功的难点，具体内容如下：

1. 需求分析环节

通过深入了解客户需求，为其提供满足期望的服务。可以避免不必要的资源浪费，并将资源集中在满足客户关键需求上，提高效率和竞争力。

委托人是该项目未来的承租人（也是投资人）。为了对其需求分析有更深刻的了解，金和通从其欲承租该项目的使用目的入手，看项目周边的环境配套及现有的建筑、结构型式是否满足未来生产、生活的需要；房屋产权（包括土地使用权）年限是否满足承租期限等方面进行需求分析，使得服务指向性更加明确。

2. 团队内部的协调与沟通

咨询服务需要实施团队的紧密合作、及时沟通，确保需求和各方意见及建议的准确传达，并得到有效实施。

本案例涉猎的专业较多、交叉工作内容也多，金和通采用了专人专责，定期汇报、向专人（项目负责人）汇报的形式，以保证项目负责人能全面、及时掌握项目的进展及具体过程情况。

3. 项目沟通渠道畅通

金和通根据本项目特点，派遣具有从业资格的专业技术人员，在充分了解项目基本情况和评估风险的基础上，制订项目咨询实施方案。在方案取得委托人认可后，挑选经验丰富、能力称职的技术人员组成专业团队开展具体咨询服务，在过程中，定期收集客户对咨询服务的意见和建议，为咨询服务的动态优化提供全面参考与借鉴，通过不断交换意见，修改完善，形成正式咨询成果。

因项目在外地，与公司总部的沟通、交流全靠通信工具，故采取了线上沟通、线下汇总、事后确认的方式，以保证沟通渠通顺畅，使跨地域作战的问题得以解决，同时也制订了项目负责人定期向公司总经理汇报机制，使得整个尽职调查工作始终受控。

II 咨询服务内容及组织模式

一、咨询服务内容

通过对项目区位坐落，周边市政配套完善度、现有建筑质量状况、区域附属水电气暖、消防设施设备保障能力等方面的具体勘察调研，在结合产权证明、技术文件、图纸资料等档案材料全面审查的基础上，分析总结委托人需求，拟制项目尽职调查报告，针对存在的问题和风险提出适应性改造方案及建议，以满足委托人实现改造目的，保障项目按期投产实现预期效益。

二、咨询服务组织模式

金和通根据委托工作的具体内容，成立在总经理领导下、项目经理负责制的服务团队，辅以专家支持团队，解决服务过程中出现的各类疑难杂症。项目管理组织模式见图1。

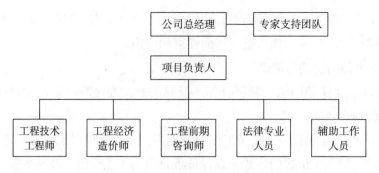

图1　项目管理组织模式

三、咨询服务工作职责

金和通服务团队通过与委托人的沟通协调，了解委托人的需求和目标，并以此为基础制订尽职调查工作计划，提供切实可行的解决方案。如拟制需求清单：针对清单项，制订详细的调查工作计划，并就该计划与委托人进行细致沟通调整，以期达成尽调内容的共识，确保提供的尽职调查咨询服务内容和解决方案满足委托人要求和期望，并能够切实解决问题。根据双方确认的工作方案和工作计划，组成专业的服务团队，通过专业知识和技能，为委托人解决问题，提出建设性建议和意见，协助客户实现目标。

团队的所有上述工作，都是在项目负责人直接领导、团队成员紧密配合下完成的。他们在团队服务过程中，都发挥着不可或缺的作用。

（一）项目负责人

委任具有丰富咨询服务实践经验的专业技术人员作为项目尽调咨询服务的项目负责人，组成以项目负责人为核心的专业服务团队。项目负责人的主要职责是，负责对外部的沟通与内部协调；通过前期接触，充分了解委托人的需求后，定制服务方案及方案的实施落地，以满足项目服务的需要。经总经理确认后，便可进入正常的工作程序。在人员配置方面，依据委托事项，根据服务的不同阶段，安排各专业工程师有序进入现场踏勘及其他实质性工作。通过组织项目团队成员对前期建设情况进行资料查询、现场情况进行勘察复核、市场情况进行价格调研、项目周边环境情况进行巡查，以获得编制初步尽职调查报告的第一手资料。编制初步尽职调查报告后，报专家组审核，再根据专家组反馈意见不断完善报告内容，努力为委托人提供最专业的服务。

（二）工程前期咨询师

工程前期咨询师根据所报送的资料，检查是否具有土地所有权或使用权（对于仅为使用权限的情况，要留意剩余的使用权年限是否与欲签署的租赁年限相匹配）；城市规划情况；检查在消防部门、规划部门及建设委员会等各政府部门应办理的手续是否齐全。

（三）工程技术工程师

作为工程技术人员，工程技术工程师对建筑物本身（包括结构、装修及安装专业）及室外工程的施工图纸与现状的差异情况做对比分析。尤其是对于使用过程中可能会造成安全隐患的内容做重点排查，记录在案。查验是否有竣工验收单及竣工图纸等资料（以备后期维修及保养）。

（四）工程经济造价师

工程经济造价师通过现场勘验过程中发现的，需要通过补正方可达到使用要求的分项工程，进行统计、评估，出具工程造价文件，报委托人悉知，作为最终决策的支持文件。

（五）法务专员

法务专员针对预签出租合同，以及未来承租过程中可能存在的法律上的风险，进行事前评估，提示委托人在投资决策中进行防范和规避。

（六）辅助工作人员

配合其他各专业人员，做相关辅助工作。

Ⅲ　咨询服务的运作过程

一、咨询服务的理念及思路

（一）咨询服务的理念

1. 从宏观的角度来看咨询服务的理念

从提高投资效益、规避风险的角度出发，更加注重对市场的深入分析，技术方案的先进、适用性评价，产业、产品结构的优化；从以人为本的角度出发，全面关注投资建设对所涉及人群的生活、生产、教育、发展等方面所产生的影响；从全面发展的角度出发，深入分析投资建设对转变经济增长方式和促进社会全面进步所产生的影响；从协调发展的角度出发，综合评价投资建设对城乡、区域、人与自然和谐发展等方面的影响；从可持续的角度出发，统筹考虑投资建设中资源、能源的节约与综合利用，以及生态环境承载力等因素，促进循环经济的发展。

2. 从微观的角度来看咨询服务的理念

要有客户至上、为客户提供专业化咨询服务为己任的服务理念，帮助客户解决实质性问题。对于该项目来说，就是综合运用我们的专业技能，帮助委托人在投资评估阶段，对固定资产部分进行风险评估，并提出专业意见，以期有效的规避风险，为委托人后续的生产、经营等工作做好基础性工作。

（二）咨询服务的思路

咨询服务是一个系统化的过程，需要遵循一定的步骤和原则。从明确目标开始，通过建立合作关系、收集信息、分析问题、制定解决方案、实施方案、评估效果、总结和反馈等步骤，进行系统化的咨询过程。在每个步骤中，将调查成果及调查过程的合法性与合规性的概念灌输于始终，与委托人的有效沟通和合作才会最顺畅，所以这也是非常关键的一个环节。只有与委托人紧密配合，才能取得良好的咨询效果。

二、咨询服务的目标及措施

咨询服务是专业技术人员通过与委托人沟通交流、分析问题，提供解决方案和建议，并帮助委托人解决问题、实现目标，提供持续支持和指导的过程。从服务初期到最终提交咨询服务成果报告，咨询服务的目标也是在不断演变和提升。无论是协助委托人了解咨询服务的重要性，还是协助委托人解决复杂的问题，咨询服务团队都扮演着重要的角色。同时咨询团队也是在不断学习和实践的过程中提升自身，为委托方提供更加专业和有效的咨询服务，协助委托人实现项目整体目标。

咨询服务的具体目标，在各个服务阶段也是各有侧重。各服务阶段的服务目标及措施如下：

（一）服务初期

服务初期，服务团队与委托人建立业务联系，以便我们了解咨询服务的基本情况，也让委托人了解所提供咨询服务的范围、流程、服务标准，同时要求委托人在约定的时间内，根据列出的所需资料清单，提供相应咨询服务所需的资料。

通过服务团队的专业沟通，协助委托人明确自身的需求，使委托人了解各种服务结果可能会给其带来的利弊，从而与委托人建立良好的信任基础。

（二）中期咨询

服务中期，服务团队与委托人深入沟通协作，帮助委托人进一步分析问题的本质，通过搜集和分析相关数据和信息，提供客观的建议和意见。与委托人一起制订具体的实施方案，以便得到委托人的理解和支持，此时服务团队与委托人已达成共识，所以能共同努力、奔赴预期目标。

根据制订的尽职调查工作方案和工作计划，项目团队各相关专业人员对项目区位，周边市政配套完善度，现有建筑质量状况、区域附属水电气暖、消防设施设备保障能力，后续项目改造实施适应性，存在隐患等方面进行现场调查复核，获得全面翔实准确的调查数据，为其后编制尽职调查报告奠定了坚实的基础。

（三）终期咨询

服务团队按照尽职调查工作计划及团队成员各自职责所收集汇总的现场数据，同时借鉴委托人提供的相关资料，合理安排相关投入，确保报告能够按计划实施。在充分满足委托人需求的前提下，结合委托人自身情况，提出风险点、问题处置方案和矛盾解决措施，完成尽职调查报告的初稿编制工作。

向委托人提交尽职调查报告初稿后，组织项目团队与委托人就报告成果进行充分沟通交流，对委托人就报告内容提出的问题进行细致深入的讲解和释疑，并结合该项目的实际情况，对报告局部内容进行调整，提交最终成果文件。

在终期咨询服务过程中，随着调查过程的不断深入，咨询服务成果也越来越明晰，充分而又专业的沟通交流，使委托人对金和通服务团队处理、解决案例问题的过程有了较清楚的认识和了解，帮助委托人在后期出现的复杂情况时能做出正确的判断，并最终实施有效的解决方案。正是由于委托人对项目的服务过程的了解，所以金和通提供的最终咨询服务成果也更容易得到委托人的认可。

（四）后续工作的支持

委托人在项目后续实施过程中，金和通项目团队安排专人及时随访，给予技术支持，以帮助其将咨询成果落地，获得理想的收益。

三、从不同视角评价风险并出具整体性建议书

（一）从出租方和承租方的视角评价风险

本案例的咨询服务工作，不同于以往的工程造价咨询服务工作，更多的是站在出租方（项目产权人）和承租方（委托人）的视角，以风险评估为切入点，为委托人提供可供参考的、对后续投资有价值的服务。

（1）从出租方的角度来看，就是对项目进行的部分后评价工作，是从项目规划、立项等相关手续的合法合规性开始，到实现目标、后续经济影响等情况进行公正、客观的评价，供承租方在投资决策前，做出对该项目是否投资的第一步判定。

（2）从承租方（委托方）的角度来看，既引用了从出租方角度对现有项目做出的评价，又从承租方的角度，引用了对项目投资风险进行的评价。

（3）对项目投资前风险的评价。本案例中，对投资前风险按高、中、低三个风险级别进行分类，在本次咨询服务成果报告中，均给出了较为全面的建议。该项目风险高、中、低三个级别的界定标准，详见实例中的风险评估、定级表。

通过对该项目的风险评价，让委托人了解到项目存在的风险有多少、每个风险可能造成的损失有多大、解决风险的难易程度大小，以便使委托人提前做好预控，对是否投资本项目有了充分的认知和依据。

实例：本项目出具的关于风险方面的成果文件（节选）

序号 No.	发现的问题 Discovered Problem	影响 Impact	建议 Advice	风险 Risk	公司澄清 Ltd.Clarify
（一）证照材料 Document					
1	公司未能提供房屋产权证	房屋交易	建议公司对此事向雇主做出澄清，并尽快完善房屋产权证的办理程序 另建议雇主在与公司的租赁合同中明确因此风险导致雇主所带来的损失由出租方承担责任	高	我方因需要项目改造而进行项目备案所导致目前尚未取得房屋产权证，我方在2020年10月31日前尽快完善房屋产权证的办理程和取得房屋产权证
2	公司未能提供建设工程消防验收意见书	房屋使用	建议公司对此事向雇主做出澄清，并尽快办理建设工程消防验收，并取得消防验收合格证书 另建议雇主在与公司的租赁合同中明确因此风险导致雇主所带来的损失由出租方承担责任	中	我方已提供建设工程消防备案书，相关部门已对厂区建设工程消防验收已完毕，建设工程消防验收意见书已在相关部门进行办理当中，我方预计在2020年7月30日前取得建设工程消防验收意见书

除了对各个专业的风险进行评价，成果报告也对整个工程项目的风险情况出具了整体性建议。

整体性建议 GENERAL RECOMMENDATIONS

本次技术尽职调查期间委托方和████████████████公司所提供的资料总体上齐全，但是存在部分文件未能提供的情况（具体详见4证照材料整理分析）。

结合所提供的竣工图纸、其它技术资料，以及现场踏勘的情况分析，未发现重大的技术性缺陷问题。

因此，通过对本项目所提供的资料分析、现场踏勘情况分析及总体评估后，得到以下结论：

████████设备工程项目一期主体结构安全，电气系统的保护措施及安装满足设计图纸要求和规范要求，尽职调查过程中发现的问题都在可接受范围内，后期委托方只需关注房东澄清和后期整改方案即可满足相关的使用需求。

During the technical due diligence period, the information provided by the entrusting party and ████████ Co., Ltd. was generally complete, but some documents could not be provided (for details, please refer to the analysis of 4 license materials).

Combining the provided completion drawings, other technical materials, and the analysis of the site survey, no major technical defects were found.

Therefore, through the analysis of the data provided by the project, the analysis of the site survey and the overall evaluation, the following conclusions were obtained:

The main structural safety of the first phase of the ████████ Equipment Engineering Project, the protection measures and installation of the electrical system meet the requirements of the design drawings and specifications, and the problems found during the due diligence process are within the acceptable range, and the client only needs to pay attention to the landlord's clarification and The later rectification plan can meet the relevant use requirements.

（二）灵活处理特殊问题

采用跨区域企业联合方式，灵活咨询企业工作方式。由于本案例签订服务合同正值新冠疫情期间，约定服务周期不足一个月。签订合同后，金和通虽然有派相关的工程师去现场踏勘的经历，但在后续的工作中，发现尚需补充一部分现场的资料。受到项目所在地城市疫情管控的影响，再派工程师去现场无法实现。

为了不影响项目尽职调查工作的进行，经委托方同意，金和通采取了跨区域企业联合为委托方服务的方式，即：联合工程所在地的咨询服务企业，根据金和通的特定要求，对该项目指定专业、指定内容、指定位置做现场情况专项勘察。联合企业将勘察结果报送金和通，作为后续尽职调查报告相关内容的原始依据，从而解决了在特定时期，由于不可抗力事件对服务工作的影响，同时也加深了同业间的交流与联系。

（三）拓展新思路

随着造价行业的市场需求减少，企业的生存空间变得狭小。金和通希望通过这种不同于以往工程造价咨询服务的案例实践，能为整个造价咨询服务行业发展提供新思路。

IV 服务实践成效

一、服务效益

为委托方提供尽职调查服务，提供了可视、可演的风险评估尽职调查报告，使委托方能在有效的时间内，通过掌握项目的风险情况，做出正确的判断，为后续项目的投资管理做出决策。

通过风险管理的实践，金和通也发展了团队建设，形成了技术优势。根据委托方的需求，在公司内部组建项目管理团队、选择配置专家团队，对难点问题进行综合分析、诊断，开拓了适用于企业发展形式的，集工程管理、技术、经济及法律相融合的业务之路。

二、经验启示

作为工程造价咨询单位，金和通发挥专业优势，整合工程、设计、造价、法律等各专业人员，提供适合委托人目标的服务报告，为委托人提供工程造价体系外而又贴近委托人目标的调查报告，是造价咨询行业服务内容的延伸、拓展和创新。而本案例的服务理念正与该思路相契合。

风险管理对投资方项目实施具有重大意义，但国内的投资管理方未能给予应有的重视。本尽职调查咨询服务为投资风险及控制管理提供了思路和范例，为项目投资者提供了投资控制中的风险识别及风险避免、转移、减轻及自担等有关风险控制方面的建议和意见，更好的防范投资风险。

本案例咨询服务内容涵盖了参与项目尽调管理流程、设计优化、投资风险控制等内容，体现了咨询服务价值的提升。本案例在项目的市场调研与投资决策阶段提供咨询服务，将造价咨询服务延展到投资拓展阶段，更好地为建设工程投资全程保驾护航。同时展示了尽调咨询服务对投资方投资决策的风险分析及风险控制方法和措施，对业内拓宽咨询服务是一次大胆的探索和尝试，对提升造价咨询服务具有重要的指引作用。

对于本案例而言，我们也是本着实事求是的工作原则，以解决问题为导向，在工作中坚持走理论与实践、技术与经济相结合之路，从实践中总结，在理论中深化并指导实践，来研究建设工程投资风险管理问题，探索工程建设咨询领域中风险管理在投资管理中的新技术和新方法，努力为投资管理中的风险管理实践找寻一条新路。

专家点评

本项目是北京金和通工程咨询有限公司接受外资公司委托，进行咨询服务工作，最终形成咨询成果文件——场地尽职调查报告的案例。本篇文章对此案例进行了详尽的阐述和分析，将风险评价和风险控制贯穿于整个项目咨询工作，并结合委托人自身能力特点，在调查报告中给出相适应的风险等级评价和风控建议。

此案例将造价咨询服务延展到投资拓展阶段，并引入风险管理思维，同时注重咨询服务过程中与委托人的沟通，本着以委托人的目标为目标，不断修正咨询成果，同时咨询服务的目标也是在不断演变和提升，得到委托人的深度认可。在咨询过程中，灵活整合技术力量、业务模式、运作方式等，开拓了集工程管理、技术经济及法律相融合的业务之路。虽是看似简单的尽职调查，但本项目服务内容涵盖了尽调流程管理、设计优化、同业协作、投资风险控制等，提升了咨询服务的价值和含金量，将造价咨询服务由"专业控制"向"整体策划"拓展，扩大了造价咨询服务的范围，深挖市场潜力，将风险管理和风险控制纳入工程咨询服务中，为整个造价咨询服务行业的发展提供了新的思路，可供同行学习参考。

指导及点评专家：张　洁　北京鼎晖工程管理有限公司

招标采购小程序，发挥合规大作为

编写单位：中建一局集团第三建筑有限公司
编写人员：张英伟　孙雪娇　李飞宏

I　引　言

建设工程招标投标领域一直以来都是国家经济发展和基础设施建设的重要领域，对于推动经济增长、促进社会进步具有重要的作用。

近年来，我公司市场份额逐年扩大，以房屋建筑为根基，做精做强的同时，积极拓展其他领域市场，成为一家在房屋建筑、市政基础设施和房地产等多领域跨越式发展型企业。面对众多领域的同时发展，开源节流对于企业发展相当重要，而招标采购业务尤为重要。

随着集团各子公司施工区域范围扩大，在某些施工区域，价格把控难度指数增加，亟须一种新的管理模式，以应对当前局势。新冠疫情之后，建筑行业市场行情变化迅速，价格摸排难度加大，显然，传统的招标方式已经不能满足快速发展的招投标活动的要求，种种不确定因素导致施工招标难以把控，企业利益无法得到最大保障，如此环境之下，集团为了进一步保障各方利益，尽可能杜绝招投标市场上的围标串标、业绩造假、恶意投诉等违规现象，集中进行招标采购。

伴随着集团的高速发展，我公司中标项目逐渐增多，如何能够快速并以更加合理的价位选择集采库内中标单位前往各自项目履约，也成为我们招采管理工作的一大痛点，通过多次调研与研讨，我们决定将招标采购平台与集采库的搭建有机结合，为我们项目合理选择下游单位保驾护航。

招标采购平台的应用，是在上级单位集采库的基础上进行二次研发，是在合规的前提下获得最优的招标采购结果。通过招标采购平台的应用，实现企业降本增效的目的，使企业效益目标最大化。自2023年6月该招标采购平台正式投入使用，半年内已完成100多笔招标采购任务，创效效果显著。

II　平台建设

一、集采库的搭建

（一）开展集采前期准备工作，确保集采招标科学合理

一是开展集采调研工作，根据上一年度末采购量及区域分析下一年度需招标品

类，根据调研结果及综合研判设定当年招标品类及覆盖区域；二是分析统计下一年度采购需求量，根据需求量确定拟中标供应商数量；三是设定集采授权人权限，根据集采招标区域，对集采涉及人员进行相应授权，包含招标授权、评审授权、签署框架协议等权限。

（二）招标计划管理前置，确保招标采购的准确性

上级单位建立的招标平台设有招标计划管理，其中包含项目总计划、月招标计划、年集采招标计划。以年集采招标计划为例：根据年初设定的集采计划，在招标平台设定招标计划，招标计划一般包括招标内容、招标方式、概算金额、招标开始时间、招标结束时间、负责人、承办单位、区域等内容，通过引用招标计划发起招标任务，确保计划管理的准确性。

（三）实施年度集中招标采购工作，确保集采成果输出

招标平台遵循"公开、公平、公正和诚实信用"的招标投标原则，在平台开展"透明化、科学化"招标。此平台共设置"5阶段、20分项"招标环节，确保招标采购合规性。

1. 资格预审阶段

此阶段包括设置招标基本信息、编制和发布资格预审公告、报名与资审、资审结果通知等。首先需要按照调研结果设置招标信息，例如招标品种、招标方式（公开招标）、概算金额、招标项目名称、所属地区、招标清单等关键内容，让投标单位了解招标基本信息；其次是编制并发布资格预审公告，资格预审公告主要内容为投标单位投标条件及所需资格预审报名文件（包括不限于营业执照、资质证书、安全生产许可证、企业情况基本信息表、法人代表人身份证明、授权委托书、业绩证明等文件），通过发布后，平台所有对应品种供应商均可自由报名；最后在投标单位报名时间截止后，招标人对投标单位上传资格预审文件进行详细审查，如发生报名IP地址重复、工商信息关联、经常同时报名等关系即判断围标串标情形，将对其进行淘汰，对于符合资格预审公告中相关要求的单位出具资审合格报告，并在网站进行公示，资审合格单位成为有效投标单位，进入下一环节进行报价，确保了招标的合规性。

2. 投标阶段

此阶段包括编制招标文件及保证金设置要求、发布招标文件、审查投标情况等。首先要对参与投标单位进行初步审查，根据招标文件要求查看各投标单位的资质情况，只有资质符合要求并通过了资格预审的单位才能成为有效投标单位；其次是编制并发布招标文件，招标文件的主要内容为约定有效投标单位需提交的投标资料，包含商务标（投标函、承诺书、报价清单）、资信标、技术标及合同范围（包含不限于工期、质量要求、工程款支付条款、技术要求等要求），招标文件发布通过后，有效投标单位可根据文件内约定内容进行背对背投标；最后是在投标单位投标时间截止后，投标单位的投标结束，不可以再修改投标文件。

3. 开标阶段

此阶段包括开标环节、开标大厅、开标结果等。首先根据计划安排，设置开标时间，在到达开标时间后，组织开标人输入开标秘钥进行公开开标，将各投标单位投标结果进行开标，确保投标资料的保密性；其次通过平台可实现各单位投标IP地址、投标报价关系是否呈规律性报价，如有此情况或者未响应招标文件，未上传所需文件，则将其淘汰，确保有效投标单位的合规性。招标单位招标负责人设置为开标人，可确保投标的严肃性。

4. 评标阶段

此阶段包括评标人员设置、评标办法设置、评标环节等。首先设置5人以上单数人员对此次招标进行评标，其次设置评标内容，包含评标办法、拟中标供应商数量、淘汰不合理报价单位数量等。通过评标环节，得出有效投标单位最终分数，平台会主动进行中标单位的排名。

5. 定标阶段

此阶段设置定标报告及定标通知。按照评标得分最高的有效投标单位推荐为拟中标单位，如拟中标单位数量为N，集采拟中标单位与有效投标单位数量关系为：$1.6N$向上取整。在符合招标采购流程的前提下进行定标，并发布中标单位名单。

以上阶段为集采库搭建的全过程，所有环节均为线上，可追溯、可查询，在各环节评审人员均为多区域授权人，非1人同意即定标，确保招标的公开化、透明化，拒绝任何违法招标投标工作。

（四）联动集采中标单位，签订年度框架战略协议

在定标结果公示结束且无投诉举报行为后，集采牵头单位与中标单位进行沟通，编制框架战略协议，并在平台合同管理内发起协议评审，双方盖章，协议评审待内部主管部门确认后，集采协议正式生效。

（五）制订长期考核机制，实现优胜劣汰

集采库内供应商采取年度考核机制，重点设置履约打分和信用打分。履约打分为在项目履约过程中对施工质量、施工进度、配合度等方面进行综合打分；信用打分为注册资本金、证件有效性、工资支付、诚信经营及社会责任履行等方面，在履约及信用占比综合打分后，90分以上及排名前10%为优秀供应商、60分以下为不合格供应商，在下一年度进行禁用处理。

二、招标采购平台

（一）招标采购平台功能介绍

1. 前期招标调研

为确保高质量开展企业招标投标活动，我公司在项目开展招投标活动前，需要根

据实际需求编制招标策划，一般采用项目或二级单位实地调研、网络搜索、档案资料研究、分析对比等方法，落实招标条件、调研潜在投标人、研究同类项目工程招标经验及采购要求，初步形成策划报告。

按照我公司要求，项目调研潜在投标人是了解掌握拟参与招标竞争的潜在投标人的数量、规模实力、人员资质、技术装备、供货业绩等。通过调研潜在投标人，为项目标段划分、明确招标要求等提供可靠充分的依据。

同时我公司配合项目研究分析已完成的同类招标项目，包括投标人竞争情况、投标报价及投标方案、合同签订后执行情况等。通过经验反馈，为项目招标活动提供参考，避免相同或类似问题重复发生。

2. 招标文件编制发布

按照我公司规定招标采购平台中发布的招标文件，一般由招标须知、合同条款及格式、技术要求、供货要求或招标人要求等组成。禁止存在以不合理的条件限制、排斥潜在投标人的情形。另外，招标文件内容须完整，文字的意思表示严谨，避免出现文件前后不一致、条款存在歧义或重大漏洞等现象。

合同条款及格式主要由通用合同条款、专用合同条款和合同附件三部分组成。项目可根据自身具体情况，提供我公司不同类别的合同文本模板，如专业分包合同、劳务分包合同、机械租赁合同、采购合同等（部分合同文本模板见图7-1和图7-2）。根据实际需要编制并上传项目招标工程量清单，并设定指导价，必要时可附加上传图纸、技术标准和要求、设备需求一览表、技术性能指标、检验考核要求等内容。

项目招标文件按照上述要求编制完成后，先提交校对人校对，一般由项目商务经理负责，校对的重点内容包括：

（1）招标文件中涉及的招标项目概况、项目名称、招标范围、时间期限、资格条件、合同条款及格式、技术要求等内容与项目实际信息是否相符合.

（2）是否存在文字、格式等方面的错误。项目每次招标文件的发布都需要经过准备、编制、校对过程，确保每一份招标文件高质量完成。

招标文件编制完成后，在招标采购平台上，建立竞价邀请单，填写项目具体信息，上传招标文件及其相关附件。

✎ 实例1: 合同文本模版（节选）

第一部分　分包合同协议书

承包人（全称）：_____（以下简称"甲方"）

分包人（全称）：_____（以下简称"乙方"）

依照《中华人民共和国民法典》《中华人民共和国建筑法》《建设工程质量管理条例》《保障农民工工资支付条例》（国务院令第724号）等相关法律、法规、规章和规范性文件的规定，遵循平等、自愿、公平和诚实信用的原则，双方就本工程有关事项协商一致，共同达成如下协议：

1. 分包工程概况

1.1 工程名称：（必须与当地备案名称一致，也须与发票上备注工程名称一致）

1.2 工程地点：_____

1.3 承包方式：包工包料/包工包辅材、机械

1.4 承包范围：××（具体的楼号或者施工界面划分）

2. 签约合同价与合同价格形式

2.1 签约合同（暂估）价为：人民币（大写）：_____（_____元），其中不含增值税金额_____元，人工费（不含税）_____元，增值税税金_____元。

本分包工程适用税率或征收率 _____（2）

（1）3%　　　　（2）9%　　　　（3）13%　　　　（4）其他

2.2 签约合同价格形式：_____（1）

（1）固定单价

（2）固定总价

（3）固定点让利

合同清单为暂估清单，在业主收入（ 不含税 ）基础上，让利____%后为本分包工程价格，分包价格＝业主收入（ 不含税 ）×（1-____%）

2.3 分包合同清单价格明细表：

序号	项目	项目特征及工作内容	单位	暂估工程量	不含增值税单价/元	不含增值税合价/元	其中不含增值税人工费单价/元	备注
1	××	××	××	××	××	××	××	××

第二部分　专用条款

1. 双方的权利义务

1.1 甲方代表

1.1.1 甲方项目经理姓名：_____　联系电话：_____

1.1.3 甲方指令、通知发出人：□执行经理　　□生产经理

姓名：_____　联系电话：_____

1.2 甲方的工作及职责

1.2.8 合同约定甲方其他工作及职责：

1.2.8.1 提供临时用电提供至二级配电箱。临时用水提供至每层楼主水管，其余设施由乙方承担；

1.2.8.2 _____

1.3 乙方代表

1.3.1.1 乙方项目经理姓名：_____　联系电话：_____

1.3.2.1 乙方现场代表姓名：_____ 联系电话：_____

1.3.3.1 乙方商务代表姓名：_____ 联系电话：_____

1.4 乙方的工作及职责

1.4.17 合同约定乙方其他工作及职责：

1.4.17.1 对承包人提供的临水、临电设备及设施要予以妥善保护（如有），如有丢失、损坏，分包人照价赔偿，分包人必须节约用水用电，否则每次100元/次；

1.4.17.2 乙方需将施工垃圾清理至甲方指定地点，由甲方统一外运出场；

1.4.17.3 生活区水电费由甲方统一挂表计量，工人宿舍每间每月限用____度电，每间每月限用____吨水，超过限用额度的水电费用由乙方承担；双方每月核对一次水电费，以此作为结算依据，甲方在每月月度结算中扣除乙方当月所发生的水电费用；

1.4.17.4 乙方施工人员的办公室、材料仓库在施工期间由乙方自行解决，费用由乙方自行承担。如果租用甲方的房间，则____元/间/月；

1.4.17.5 因乙方工期延误导致甲方提供的大型机械或者外架延期退场，增加的租赁费用由乙方承担；

1.4.17.6 施工过程资料、竣工资料、施工方案均由乙方负责，并按规定及时收集、编制工程技术资料，按甲方要求时间提供符合规定的竣工资料，并达到甲方和当地档案馆的要求。

〜〜〜〜〜〜〜〜〜〜〜〜〜〜〜

3. 邀请供应商

我公司招标采购平台以上级单位集采库为基础，一般是向符合需求的集采库中的供应商发出投标邀请，邀请供应商进行投标报价，单次招标邀请的供应商数量不能少于3家，项目根据自身招标规模的大小确定所邀请的供应商的数量，一般我们要求是3~7家。必要时，项目可以组织接受邀请的供应商进行现场踏勘。

按照上级单位和我公司的招投标管理要求，项目招标不能以特定行政区域或者特定行业的业绩、奖项作为招标条件。如果招标项目需要以投标人的类似项目的业绩、奖项作为评标标准的，应考虑具有类似项目业绩条件的潜在投标人数量能够保证竞争，并从项目本身具有的技术管理特点需要和所处自然环境条件的角度对投标人完成类似项目的规模、质量和数量等做出规定，并要求投标人在投标前出具证明材料，以此达到公平公正的目的，否则一经发现，按无效招标处理，并且对相应项目及相关人员做出严肃处分。

招标人在招标采购平台选定邀请供应商后，通过平台同一时间向各供应商发出招标邀请，在规定时间内，供应商登录网上平台进行查看招标文件，查看项目详细情况，本次招标内容及招标指导价，若对招标内容无争议，在规定时间内均可投标，如供应商对本次招标有异议，或无意向投标，可放弃投标；若规定时间内供应商未投标，无论是否对招标内容有无异议，均无法再投标，平台将自动视为供应商放弃投标。

4. 供应商报价

报价作为招标采购平台的重要一环，也是关键一环。如今市场比价渠道很多，施工的成本不再是"企业机密"，企业的隐形利润越来越少。为了最大程度招到合理价格，在缩减成本的同时，保障履约也极为重要。

招标采购平台在供应商报价时，必须要求投标供应商在指定地点，指定时间内在招标人监督下进行多轮报价。平台拥有自主数据处理中心，内置报价大厅。供应商在指定时间内进入报价大厅内报价，且供应商报价实时更新，招标人可随时查看各家供应商报价情况，根据各家供应商报价，平台自动出具报价排名。为保障招标公平性及各家供应商报价隐私性，在报价大厅中，各家供应商仅可以看到自身报价及报价排名，无法查看最低报价和其他单位价格；每一轮报价结束后，供应商可根据自身报价排名进行选择，继续报价或退出本次报价。

项目操作过程中，一般通过供应商报价、预估成本、供应商的能力和积极性这几方面来评估供应商综合实力。其中，报价不是越低越好，报价低于成本价，将不利于彼此长期合作，也会给企业带来不可估量的履约风险。供应商的生产能力、技术能力要满足施工要求，否则会出现不可预知的质量问题；若多轮报价后，价格无法实现有效竞争，可根据项目需要，通过报价大厅对各参与单位进行答疑，答疑结束后继续开启报价。

5. 确定供应商

在招标采购平台中，供应商参与的每一轮报价，系统都会进行一次初步评标，并产生评标结果，经过多轮淘汰，项目从供应商报价、预估成本、供应商的能力和积极性等方面，不断筛选出最优质供应商。最后，招标人在采购平台上选择中标候选人，根据顺位进行现场确认洽谈，对合同细节问题及其他相关内容进行确认，并留存洽谈记录文件作为合同签订依据。双方洽谈后并且无任何争议，招标人在招标采购平台上发布中标通知书，并着手进行后续合同签订事宜。

✎ **实例2：洽谈记录模版**

中建一局三公司招标采购洽谈记录				
项目名称				
分供方名称				
招标内容				
洽谈地点			洽谈时间	
参加人员名单	洽谈小组成员：			
	分供方	参加人员姓名：		
		参加人员电话：		

洽谈结果：
1．分包商已充分了解项目情况及招标文件要求，报价中已充分考虑；
2．价格：采用固定综合单价形式，具体详见价格清单明细表，报价总额为　　　　元（暂估），税率为　　　　%；
3．调价方式：
4．支付条件：
5．支付形式：
6．结算方式：
7．品牌要求：
8．其他约定：

洽谈结果确认	洽谈小组成员（签字）：	分供方代表（签字）：

（二）招标采购平台应用特点

1．消除时空障碍，优化招投标流程

线上开放性及实时性，一定程度上打破了地域差别和时空限制，实现了信息的有效传播，增强了信息的透明度。不同地域的供应商可通过线上获取招标信息，实现线上投标。供应商可以通过电子平台随时随地浏览和投标，无须费时费力地向招标方索取招标资料；相比传统的招标投标工作需要大量的人力和物力去搜集、整理和传递招标信息，招标采购平台上的招标人则可以通过供应商线上投标操作，实现资源合理配置，提高工作效率。

2．招投标高效快捷，降低双方成本

招标投标过程中，招标人登录招标采购平台，只需要将招标文件上传至平台，我公司相关审核人员可以通过招标采购平台对招标文件进行审核，审核通过后进行发布，而供应商只需进行线上报价就可以完成投标。招标采购平台提供了高效快捷的无纸化流程，可以节约双方的经济成本和时间成本，有效推进项目工期进程。

3．杜绝暗箱操作，营造阳光的招投标环境

招标采购平台的透明性和公开性可以有效地避免投标过程中的暗箱操作、腐败等行为。一旦项目采用招标采购平台招标，其招标文件、评标结果甚至评标过程等都要在网上进行留档，同时各类操作留有痕迹和日志，可在后台进行追踪并反查。另外，为避免围标串标事件的发生，供应商在报价过程中无法通过平台查看其他参与单位具体情况，一定程度上"孤立投标单位"。传统的招标投标工作容易存在信息不对称、腐败现象等问题，招标采购平台全程受到投标人、招标人的共同监督，暗箱操作、腐败等行为无所遁形。使招标过程阳光透明化，能够有效防止信息泄露和舞弊行为的发生，确保招

标活动的公平公正。

4. 数据全部电子化处理，省时省力

招标人将招标文件上传至平台，供应商根据招标资料在同一时间内同时进行投标报价，投标数据实时传送，减少了纸质文件的传递，省去了评审人员的大量时间和精力，在一定程度上实现了智能评标。

5. 累积基础数据，建立招标资源信息库

随着我公司招标采购平台的应用，平台可以采集大量的数据信息，通过一定时间的积累形成招投标资源信息库，有利于公司分析总结招标采购工作，研判各区域市场行情，为今后项目的招投标工作提供依据和参考基础。

（三）招标采购平台应用改进方向

1. 提供全面的采购信息管理功能

我公司招标采购平台的应用方便项目的同时，也需要提高平台数据的实用性，在报价结束之后，通过建立完善的信息管理模块，直接引用到合同中，方便项目签约流程，提高信息处理的效率和准确性。

2. 建立供应商评估体系

建立科学有效的评估体系，有利于进一步提升平台应用效果。通过评估供应商的资质、信誉、交货能力等条件，项目根据平台即可筛选出合适的供应商，降低采购风险。另外根据供应商评估的工具和指标体系，帮助项目进行决策最优质的供应商。

Ⅲ 应用案例

我公司的北京某综合体项目需要组织地面和墙面的防水工程施工，按照我公司的管理要求，项目部需要选择防水分包供应商，包括提供防水材料和施工工作，鉴于我公司的招标采购平台已经建立，公司要求项目部使用此平台进行防水供应商的采购工作。

一、招标采购过程

（一）招标文件的编制

项目部商务人员，根据本项目的特点，编制了《防水工程招标文件》，在该招标文件中，详细列明了本项目的特点、地理位置、拟签约合同清单、付款方式等信息，以供分包商在报价过程中予以参考，招标文件中投标须知重点内容如下：

（1）工程概况：包括工程名称、工程地点、总包单位、承包范围和承包方式等。

（2）投标单位资格：包括企业基本要求和资格要求；类似工程经验和业绩；管理人员要求；履约能力等。

（3）拟签约合同清单见表1。

表1 签约合同清单

序号	施工部位	项目特征	单位	暂估工程量	不含税单价	合价
1	消防水池、雨蓄水池	玻璃钢内衬（三布五油。布采用玻璃纤维布，油为环氧树脂防水涂料）	m²	1 072.91		
2	地面、墙面涂膜防水	1.5厚聚合物水泥基防水涂料	m²	13 937.71		
3	地面、墙面涂膜防水（集水坑底面、侧面）	1.5厚单组分聚氨酯防水涂料	m²	517.80		
4	地下汽车坡道、自行车坡道开口部位板顶涂膜防水	1.5厚水泥基渗透结晶型防水涂料	m²	546.92		
	不含税合计					
	增值税金额					
	含税合计					

（4）合同付款条件：从进场施工后，每月预结算一次，预结算截止日期为每月15日。工程款的支付为每月25日前支付上月预结算额的60%，其中人工费由总包方代付；所有当月罚款、违约金及签证、洽商变更等相关费用均计入月度预结算中，如施工过程中业主及甲方对防水质量提出书面不合格文件或停付甲方防水部分的进度款，甲方有权针对业主意见对乙方进行停付工程款措施。本分包工程竣工验收后，支付至已完工程量的70%，其中人工费由总包方代付；双方办理完正式结算后，支付至完工结算额的80%；甲方与业主竣工结算办理完毕后累计支付至分包工程完工结算额的97%，剩余3%为质保金。待保修期满后14天内无其他费用一次性无息付清。（以上付款节点遇节假日顺延）

（5）投标说明：

①本次投标通过网络（招标采购平台https://crm.××.com.cn/）投标方式，各项要求以本招标文件约定为准。

②招标人通过网络向中标人发布"中标通知书"，双方7日内签署具体供货合同。对未中标的单位不做经济或其他方面的赔偿，也不做解释，谨对合作表示衷心的感谢。

③中标人在签订合同时无权调整合同范本条款，否则被视为中标人放弃中标资格。

④若招标人认为投标人在本次招标项目的竞争中有违规或欺诈行为，则有权宣布其投标为废标或中标无效，并有权在中建系统内部通报其不良行为。

（二）邀请投标

1. 供应商（分包单位）的邀请

项目商务系统人员，依据集采库中标单位名录，与各位中标供应商取得联系，详细说明了本项目的情况，对于有意向参与本项目防水工程的分包单位，告知其于2023年6月26日上午9：00到达综合体项目部，通过招标采购平台进行报价。

同时要求前来参加报价的相关人员，需要具有决定权，因招标采购平台会进行多轮报价，每轮报价最高者将会被淘汰，无法参与下轮竞价，每轮报价时长将不超过10分钟。故前来参与报价人员，若无决定权，可能会出现电话商议报价金额用时过长超过报价时限，导致超时无法报价而被淘汰的情形。

2. "竞价邀请单"的编制

项目商务人员首先打开浏览器，输入采购方招标采购平台网址，进入招标采购平台登录界面，输入采购方账号密码后，点击"登录"按钮，进入采购方用户界面。

采购方用户界面中，查看左侧工具栏，点击左侧工具栏中"工作台"按钮，弹出工作台窗口，在工作台窗口中依次点击"商务管理"按钮，"招采管理"按钮，"竞价邀请单"按钮，点击"竞价邀请单"选项后，弹出"竞价邀请单"窗口，该窗口中采购方可以查看历史单据信息，若需要建立新的"竞价邀请单"，点击单据上方左侧"新增"按钮，进入竞价邀请单编辑页面，在编辑页面中，采购可根据需求编制招标信息。

"竞价邀请单"编辑页面，分为详细栏、竞标单位栏和填报信息栏。

项目商务人员在详细栏中选择项目名称，填写拟中标单位数量为1，选择竞价主持人为本人，确定本次竞价开始时间为2023年6月26日上午9:30，将编制好的竞价内容、竞价规则进行填写，以上信息填写无误后，选择开标组成员，本次开标组成员为项目班子人员、分公司招采负责人、公司招采负责人及公司纪检监督人员。

填报竞标单位：项目商务人员在招标采购平台点击"选择单位"按钮，选择已确认前来参与竞标的投标单位，确定后，填写客商被邀请理由，客商联系人及联系人电话，确保邀请的客商信息无误。

（三）招标采购平台应用

经过邀约的5家分包单位，均为集采库中标单位，在集采阶段，已对所有报名单位进行了资格审查，凡是通过资审单位才可继续参与后续的投标报价环节，故集采中标供应商，均为资质符合相关要求，故在"招标采购平台"竞价阶段，将不再设立资审环节。

5家分包单位人员于2023年6月26日上午9:00准时到达项目部，项目商务人员带领各投标单位人员到达预先预定好的会议室、洽谈室、办公室，确保各单位均在不同地点报价且每一报价室内均有项目人员留守，避免各单位商在同一屋内相互穿通报价或通过电话等通信设备沟通报价，确保了此平台报价的公平性。

第一轮报价中，各分包单位均上报了各单位的初始报价，通过招标采购平台，我项目部人员可查看各分包单位报价及排名，各分包单位仅可查看自身报价及排名，按照招标采购平台的报价原则，各分包单位还需要按照招标人要求进行多轮报价。各分包单位可以在初始报价的基础上，按自身所能承受的范围进行降价。

第二轮报价中，永某公司因报价703 823.91元为最高报价而被淘汰，将无法参与第三轮报价。

第三轮报价中，宏某公司因报价661 594.50元为最高报价而被淘汰，将无法参与第四轮报价。

第四轮报价中，京某公司因报价 624 111.86 元为最低报价，且符合当前市场价，被选定为中标单位。

在招标前期，项目部已对当前市场价格进行了详细的调研，对于当前的成本价格已知悉，故对于想通过恶意低价而取得中标资格者能够及时知悉，对于报价明显低于成本价格的单位，项目部招标人员可在"招标采购平台"进行手动删除，禁止其继续参加下轮报价。

二、采购创效

（一）履约情况

因项目部在初筛邀约单位时，均为已合作或已了解的口碑良好分包单位，我公司对于各分包单位每半年进行一次考核，考核分数低者或低价中标而不履约者，将会在招标采购平台黑名单中进行录入，在黑名单取消前，将无法承接我公司任意项目。

我们在"招标采购平台"邀标阶段，已排除恶意低价中标而不履约情形的可能性，故在项目实际履约过程中，合作良好，确保了项目顺利履约情况。

（二）结算创效

中标分包单位为公司战略合作单位，具有多次完美履约经历，施工质量较好，竣工至今未发生任何维保、返修事件，已按签约清单办理完工结算，无任何溢价情况发生。

通过招标采购平台，成本金额由初始 703 823.91 元降至 624 111.86 元，减少 79 712.06 元，该项防水工程收益率由 –3.25% 提升至 8.43%。

专家点评

本文阐述了中建一局三公司为解决企业在内部二次招标采购活动过程中能够合规、合法、合理确定供应商，同时能够提高招标采购效益，获取最合适价格供应商的一种招标采购管理程序。该招标采购管理程序是和上级公司的集采库资源相结合，在集采库基础上进行了二次研发。为此本文首先介绍了集采库建立的全过程和择优选择合格供应商的基本原则和年度考核机制，以保证集采库的供应商是最大限度满足企业要求的。其次重点介绍了招标采购平台的主要环节、使用特点和改进方向，主要环节包括了前期调研、招标文件编制发布、邀请供应商、供应商报价和确定供应商等，这个平台完全采用电子化可以规避招标采购过程中的一些常规风险，提高透明度，实现招标采购的最优选择。最后通过具体案例介绍了招标采购平台的使用、招标人和投标人如何使用这个平台，以及最终确定供应商的过程，同时通过供应商实际履行情况说明招标采购实现了保质争效，节约成本的最终效果。本文介绍的招标采购平台能够帮助企业有效解决招标采购的程序和效率问题，能够科学合理地解决招标采购的过程控制，体现招标采购的透明和公平，同时通过招标采购平成功的使用，企业在短期内已经获得一定经济效益，有较大的推广价值。

指导及点评专家：陈　滨　北京双圆工程咨询监理有限公司